DIBUJO TÉCNICO

Geometría Plana, Geometría Descriptiva y Normalización

Ejercicios resueltos

DIBUJO TÉCNICO

Geometría Plana, Geometría Descriptiva y Normalización

Ejercicios resueltos

Editor
José Andrés Díaz Severiano

Autores

José Antonio Gurruchaga Mendive
Francisco Gutiérrez Pellón
José Ramón Gutiérrez Pellón
Gaspar Regato Abascal
Ángel Badiola de Miguel
Milagros Canga Villegas
José Andrés Diaz Severiano
César Otero González

PUbliCan
Ediciones
Universidad de Cantabria

Dibujo técnico : geometría plana, geometría descriptiva y normalización : ejercicios resueltos / editor, José Andrés Díaz Severiano ; autores, Ángel Badiola de Miguel ... [et al.]. -- Santander : PUbliCan, Ediciones de la Universidad de Cantabria, 2010.

ISBN 978-84-8102-569-9

Dibujo Técnico-- Problemas, Ejercicios, Etc.
Geometría-- Problemas, Ejercicios, Etc.
Díaz Severiano, José Andrés, ed. lit.
Badiola de Miguel, Angel.

744(076.5)
514(076.5)

Diseño de cubierta: Juan Gutiérrez Castañeda (www.juanhacecosas.com)

Avda. de los Castros, 52. 39005 Santander
Teléf.-Fax: 942 201 087
www.editorialuc.es

ISBN: 978-84-8102-569-9
Depósito Legal: S. 843-2010

Impreso en España. *Printed in Spain*
Impresión: Kadmos

“Nada son las palabras de mi libro, el propósito lo es todo, un libro autónomo, libre del resto, que el intelecto no capta, pero que a ti, a vosotros, os emocionará en cada página con inauditas cosas latentes”.

Walt Whitman

PRESENTACIÓN

Es motivo de especial satisfacción ver publicada esta obra de problemas resueltos de Dibujo Técnico, que surge a petición de un importante grupo de profesores –entre los que se encuentran los propios autores–, tanto de la Universidad de Cantabria como de diversos centros de Enseñanzas Medias.

Propiciada por el buen ambiente de trabajo que existe entre los profesores de ambos colectivos, esta obra ha sido realizada por profesionales con largos años de experiencia en la enseñanza del Dibujo Técnico. Es nuestro deseo común que del esfuerzo conjunto resulte una publicación de referencia que sirva al alumno como complemento de los conocimientos teóricos aprendidos en el aula.

La obra se presenta en bloques o pruebas de tres ejercicios: uno de Geometría Plana, otro de Geometría Descriptiva y un tercero de Normalización, todos de indudable valor pedagógico, científico y técnico. Es esta consideración, junto a la metodología seguida en la resolución de los problemas, lo que garantiza su utilidad como:

- Afianzamiento de la formación teórica.
- Herramienta de trabajo y preparación para los alumnos que pretendan acceder a carreras técnicas y para los universitarios que precisen de un refuerzo en el inicio de sus carreras.
- Libro necesario en los Departamentos de Dibujo.
- Medio útil para mejorar la capacidad espacial y preparación científica.

Las pruebas han sido numeradas correlativamente desde la 1 hasta la 62, y en todas ellas la dificultad ha sido compensada de manera que cada conjunto de tres ejercicios pueda resolverse en un tiempo comprendido entre 1,5 y 2 horas, lo que le permitirá al alumno desarrollar su autoevaluación.

Un deseo más profundo ha animado también esta publicación. Afrontamos estos días en nuestro país la remodelación de los Planes de Estudio de todas las titulaciones universitarias. Hoy más que nunca es necesario recordar que el estudio de la Geometría y los Sistemas de Representación ha enseñado a pensar a los futuros universitarios, contribuyendo a desarrollar su raciocinio y visión del espacio, e instruyéndoles en el manejo de un lenguaje universal. Estos valores no deben caer en el olvido; antes bien, todos nosotros debemos tener presente que tan sólo el adecuado dominio de los conocimientos y las destrezas que el estudio del Dibujo Técnico requiere pueden capacitar a los estudiantes de Bachillerato para afrontar con confianza y garantía de éxito las carreras que están a punto de comenzar. Ojalá que estas páginas faciliten tal empeño.

Sirvan finalmente estas palabras para dar las gracias con cariño a todos los que de alguna manera han contribuido con su tiempo y con su trabajo en la elaboración de este libro.

Los autores

SUMARIO

PRUEBA Nº 1 13
PRUEBA Nº 2 17
PRUEBA Nº 3 21
PRUEBA Nº 4 25
PRUEBA Nº 5 31
PRUEBA Nº 6 35
PRUEBA Nº 7 41
PRUEBA Nº 8 47
PRUEBA Nº 9 51
PRUEBA Nº 10 57
PRUEBA Nº 11 61
PRUEBA Nº 12 65
PRUEBA Nº 13 69
PRUEBA Nº 14 75
PRUEBA Nº 15 79
PRUEBA Nº 16 83
PRUEBA Nº 17 87
PRUEBA Nº 18 93
PRUEBA Nº 19 99
PRUEBA Nº 20 103
PRUEBA Nº 21 107
PRUEBA Nº 22 111
PRUEBA Nº 23 117
PRUEBA Nº 24 121
PRUEBA Nº 25 127
PRUEBA Nº 26 131
PRUEBA Nº 27 135
PRUEBA Nº 28 139
PRUEBA Nº 29 143
PRUEBA Nº 30 149
PRUEBA Nº 31 153
PRUEBA Nº 32 159
PRUEBA Nº 33 165
PRUEBA Nº 34 169
PRUEBA Nº 35 177
PRUEBA Nº 36 181
PRUEBA Nº 37 185
PRUEBA Nº 38 191

PRUEBA Nº 39 197
PRUEBA Nº 40 203
PRUEBA Nº 41 209
PRUEBA Nº 42 213
PRUEBA Nº 43 219
PRUEBA Nº 44 225
PRUEBA Nº 45 229
PRUEBA Nº 46 235
PRUEBA Nº 47 239
PRUEBA Nº 48 245
PRUEBA Nº 49 251
PRUEBA Nº 50 259
PRUEBA Nº 51 265
PRUEBA Nº 52 271
PRUEBA Nº 53 275
PRUEBA Nº 54 281
PRUEBA Nº 55 285
PRUEBA Nº 56 291
PRUEBA Nº 57 297
PRUEBA Nº 58 301
PRUEBA Nº 59 307
PRUEBA Nº 60 313
PRUEBA Nº 61 319
PRUEBA Nº 62 327
ÍNDICE DE TÉRMINOS POR TEMAS 331

PRUEBA Nº 1

EJERCICIO 1 [3 PUNTOS] Dibujar la circunferencia de radio 30 milímetros que corta a las rectas r y s de la figura 1 en cuerdas de 50 y 40 milímetros respectivamente.

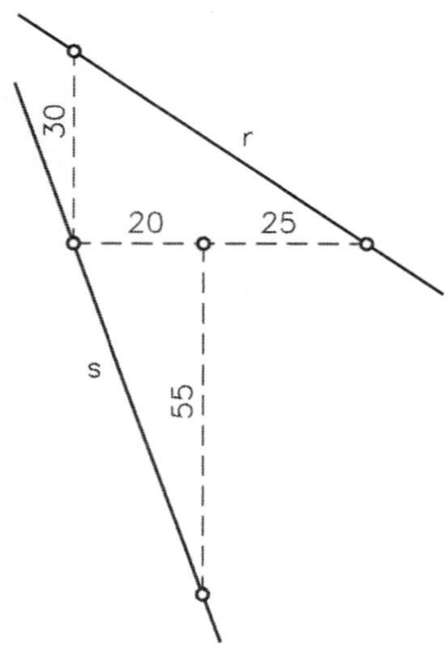

Figura 1
Cotas en mm

EJERCICIO 2 [5 PUNTOS] Dado el plano α, dibujar las proyecciones diédricas del triángulo equilátero contenido en él, que tiene su centro coincidente con el punto A y uno de sus lados horizontal. Se escogerá la solución que deja el lado horizontal con menor cota y al triángulo completamente dentro del primer diedro.

Datos: A(-20, ?, 30), α(20, 20, 40).

Cotas en milímetros. Origen de coordenadas en el centro del papel.

EJERCICIO 3 [2 PUNTOS] Dada la perspectiva de la figura 2, en la que se representa una pieza con dos planos de simetría, uno vertical y otro horizontal, se pide:

Obtener las vistas planta, alzado y perfil, a escala 2/3, en el Sistema Europeo, acotándolas debidamente para su correcta definición.

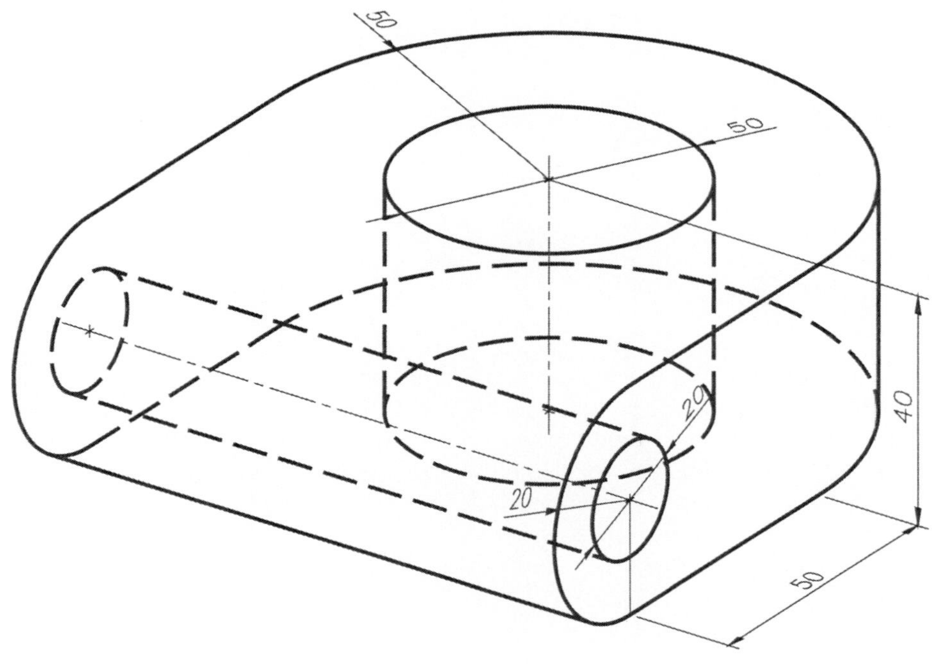

Figura 2
Cotas en mm

SOLUCIÓN EJ. 1

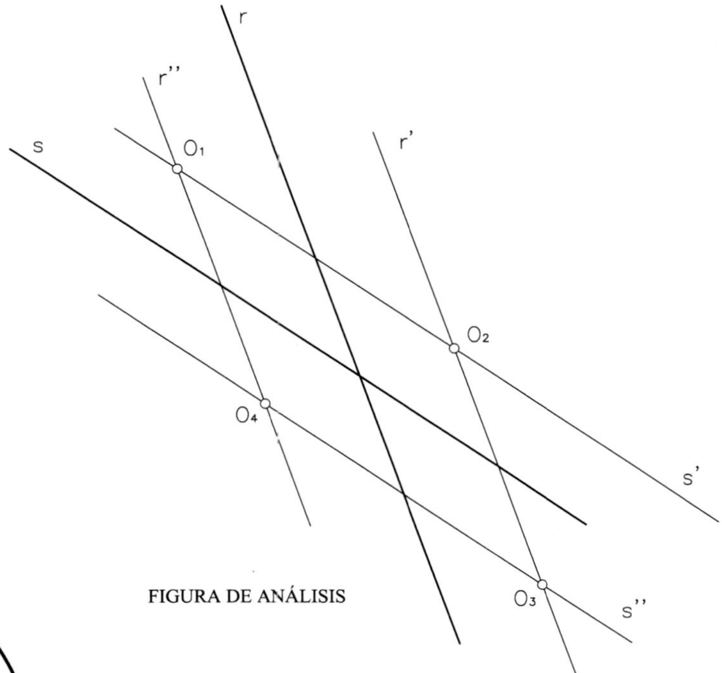

FIGURA DE ANÁLISIS

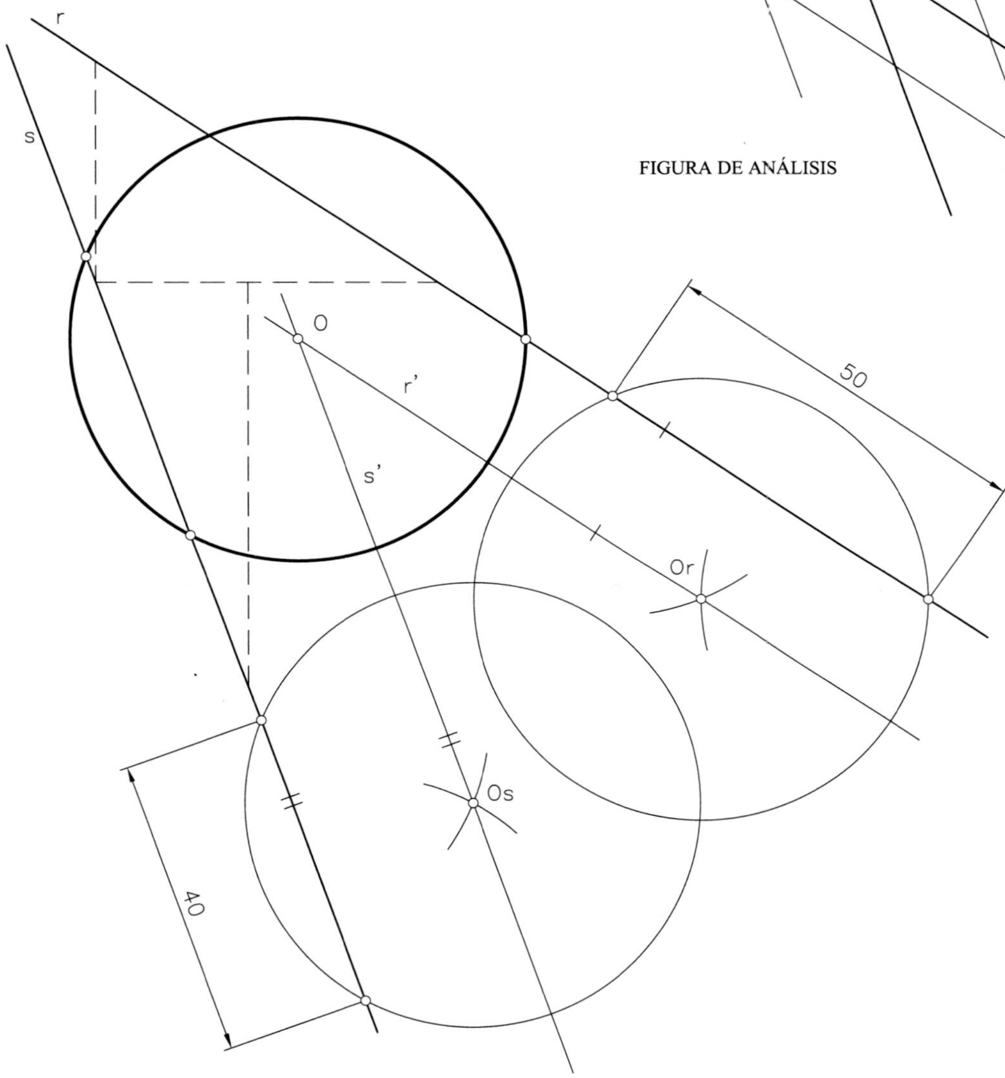

Comentario: Dibujar un segmento arbitrario de 50 mm sobre la recta r. A continuación una circunferencia de radio 30 mm que pase por esos dos puntos. El lugar geométrico de los centros de las circunferencias de radio 30 mm que son interceptadas por la recta r bajo cuerdas de 50 mm es otra recta r' paralela a ella que pasa por Or. Si se repite el proceso para la recta s, con cuerdas de 40 mm, se tiene otro lugar geométrico s'.
La intersección de r' y s' es el centro de la circunferencia solución.

Nota: En el caso general este ejercicio admite cuatro soluciones combinando los posibles lugares geométricos (ver figura superior).

SOLUCIÓN EJ. 2

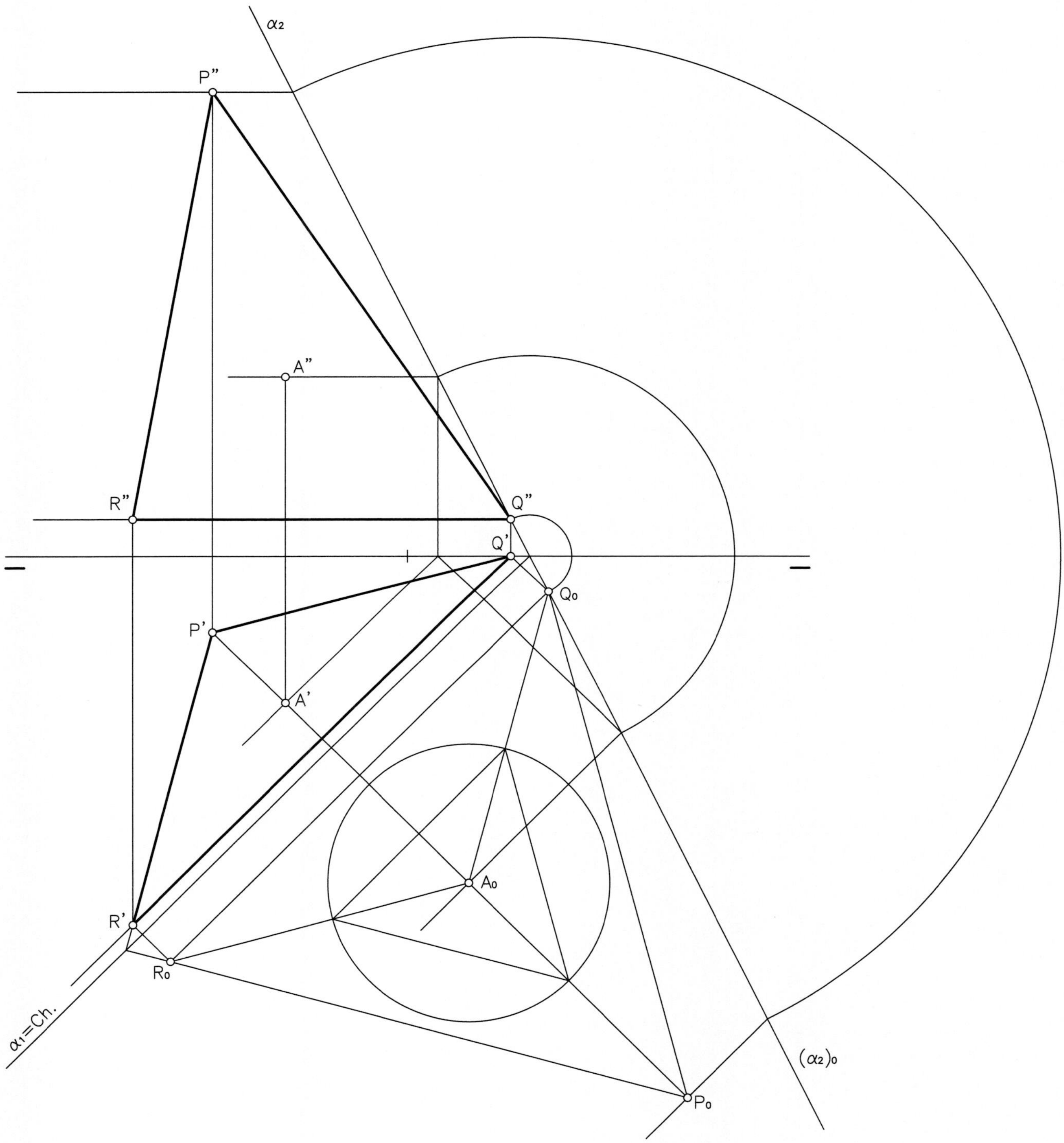

Comentario: Se abate el plano α y se dibuja un triángulo equilátero con centro en el punto A^0 y uno de sus lados paralelo a la traza horizontal de α. La longitud del lado del triángulo es arbitraria. Se ejecuta a continuación una homotecia con centro A_0 que proyecte uno de los vértices del triángulo sobre la traza vertical del plano α. Finalmente se desabate el triángulo.

SOLUCIÓN EJ. 3

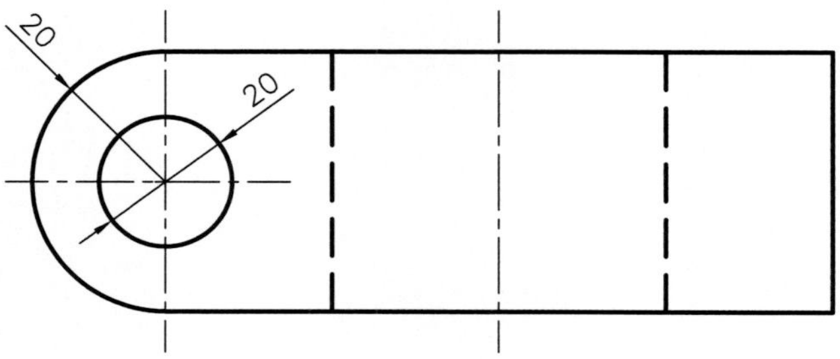

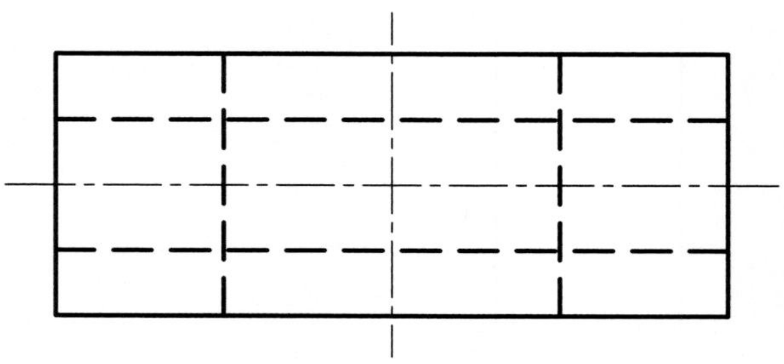

(Vista no necesaria)

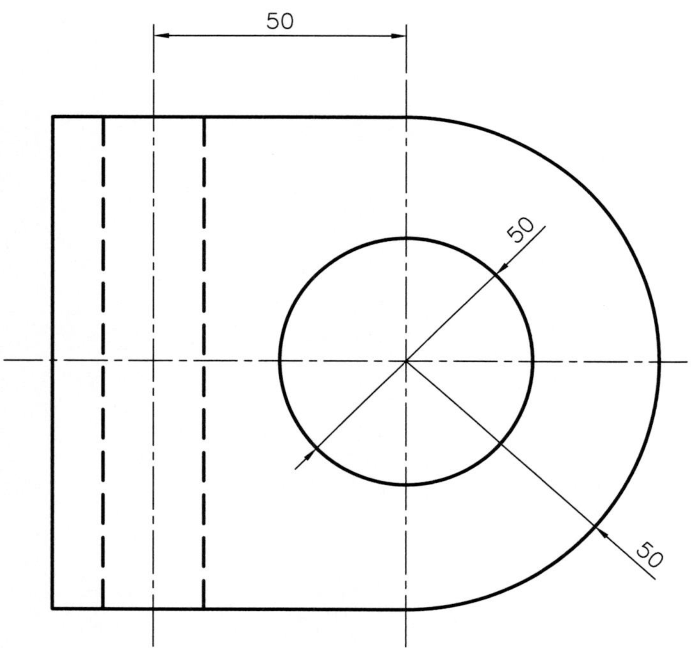

Cotas en mm

Escala 2:3

PRUEBA Nº 2

EJERCICIO 1 [3 PUNTOS] Dibujar un rombo en el que la diagonal menor vale 40 milímetros y la distancia entre lados paralelos 35 milímetros.

EJERCICIO 2 [5 PUNTOS] Dibujar la perspectiva caballera de la pieza de caras planas representada en la figura 1.

Escala 1/1. $\varphi=135°$, $\mu=5/8$.

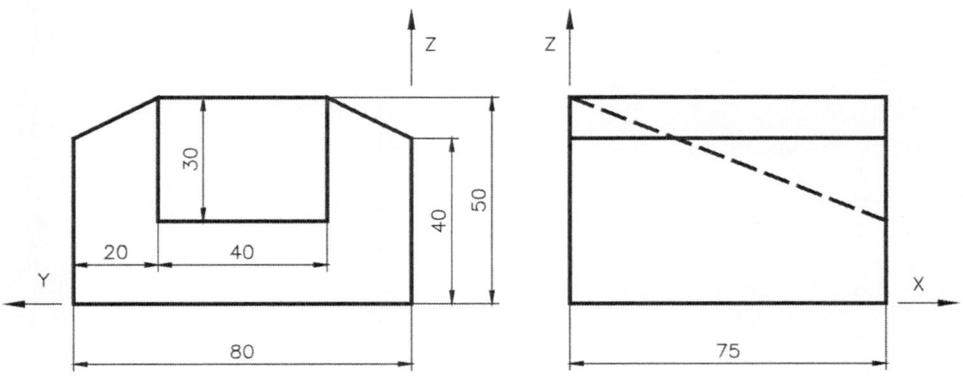

Figura 1
Cotas en mm

EJERCICIO 3 [2 PUNTOS] Dada la perspectiva de la figura 2, en la que se representa una pieza con dos planos verticales de simetría, se pide:

Obtener las vistas planta, alzado y perfil, a escala 1/2, en el Sistema Europeo, acotándolas debidamente para su correcta definición.

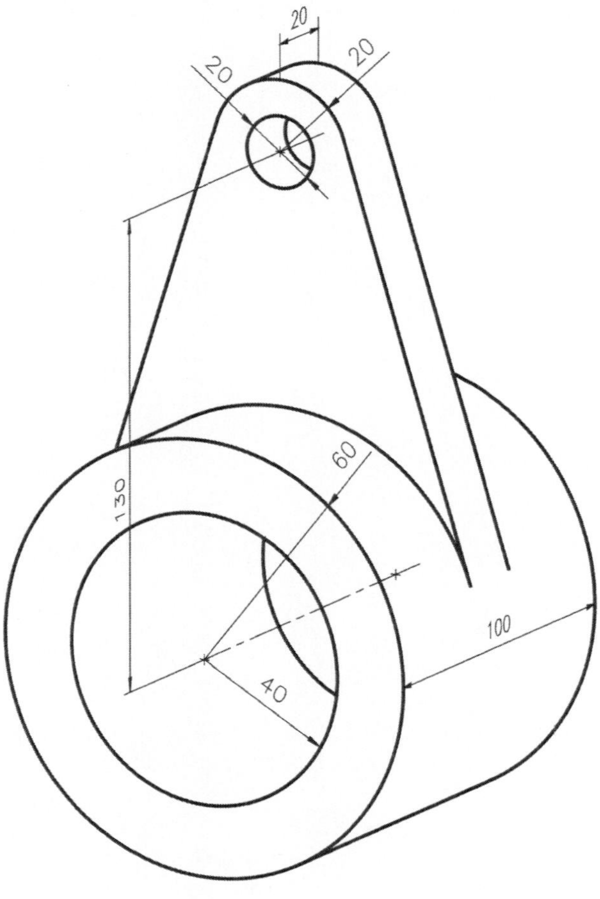

Figura 2
Cotas en mm

SOLUCIÓN EJ. 1

Procedimiento 1

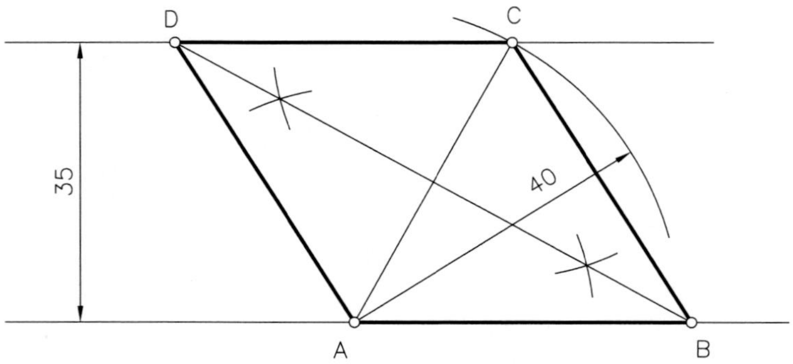

Comentario: Dos rectas paralelas separadas 35 milímetros contienen a dos lados opuestos del rombo. Fijado un vértice A, el opuesto C dista de él 40 mm. La mediatriz de $\overline{AC}$ contiene a los vértices B y D.

Procedimiento 2

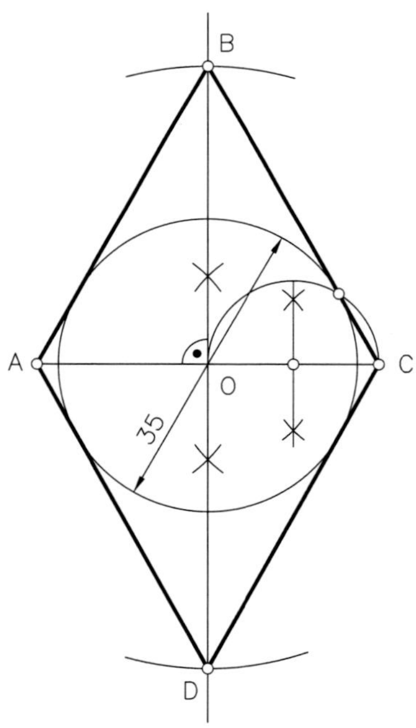

Comentario: Dibujar la diagonal $\overline{AC}$ = 40 mm y su mediatriz que contiene a los vértices B y D. Los lados opuestos han de ser tangentes a la circunferencia de centro O y diámetro 35 mm, distancia entre ellos.

SOLUCIÓN EJ. 1

Procedimiento 3

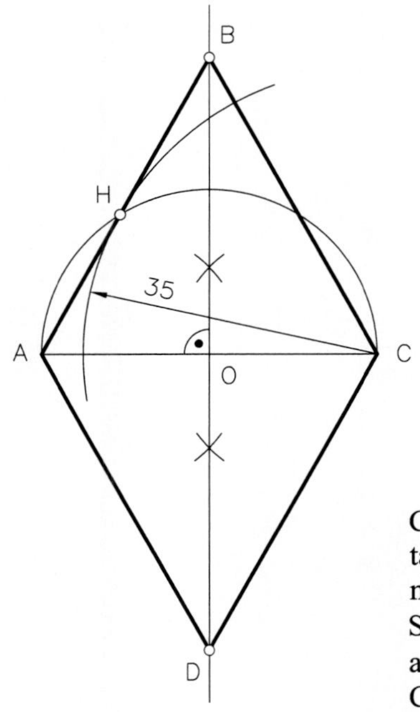

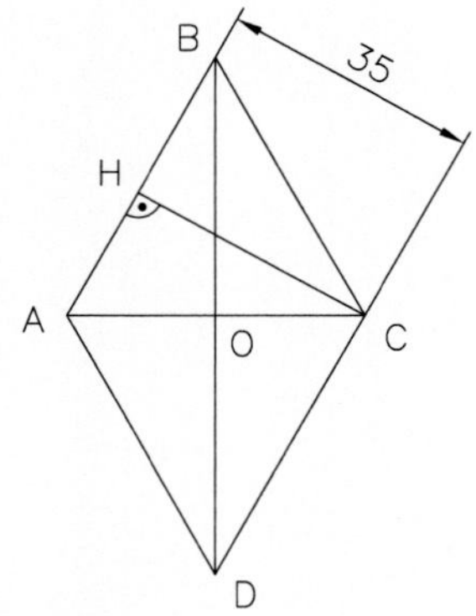

FIGURA DE ANÁLISIS

Comentario: Los lados que parten del vértice A son tangentes a la circunferencia de centro C y radio 35 mm. Por simetría se completan los otros tres lados. Se dibuja la semicircunferencia de diámetro $\overline{AC}$, arco capaz de 90° sobre los extremos del segmento. Con centro en uno de los extremos, en este caso C, se dibuja un arco de circunferencia de radio 35 mm. El punto H es el pie de la altura y punto de paso del lado $\overline{AB}$.

SOLUCIÓN EJ. 2

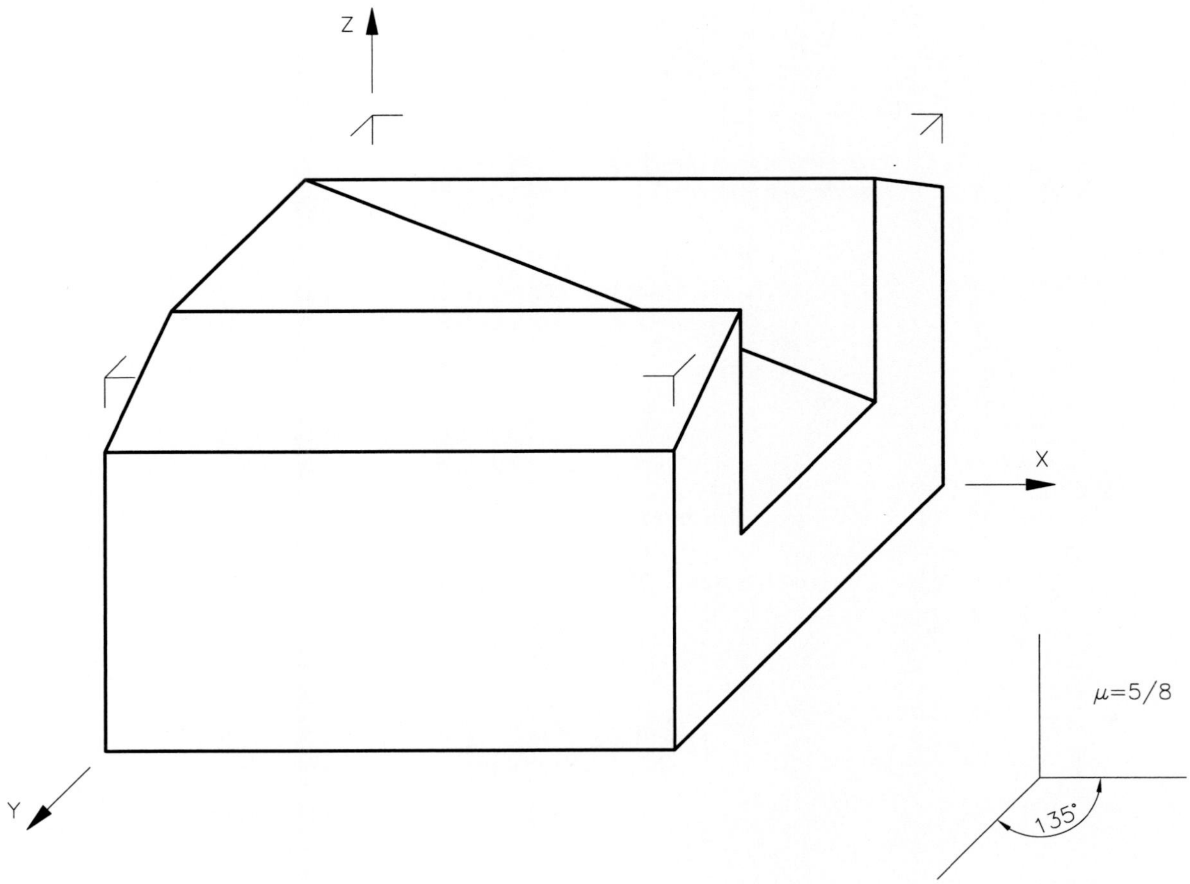

Escala 1:1

SOLUCIÓN EJ. 3

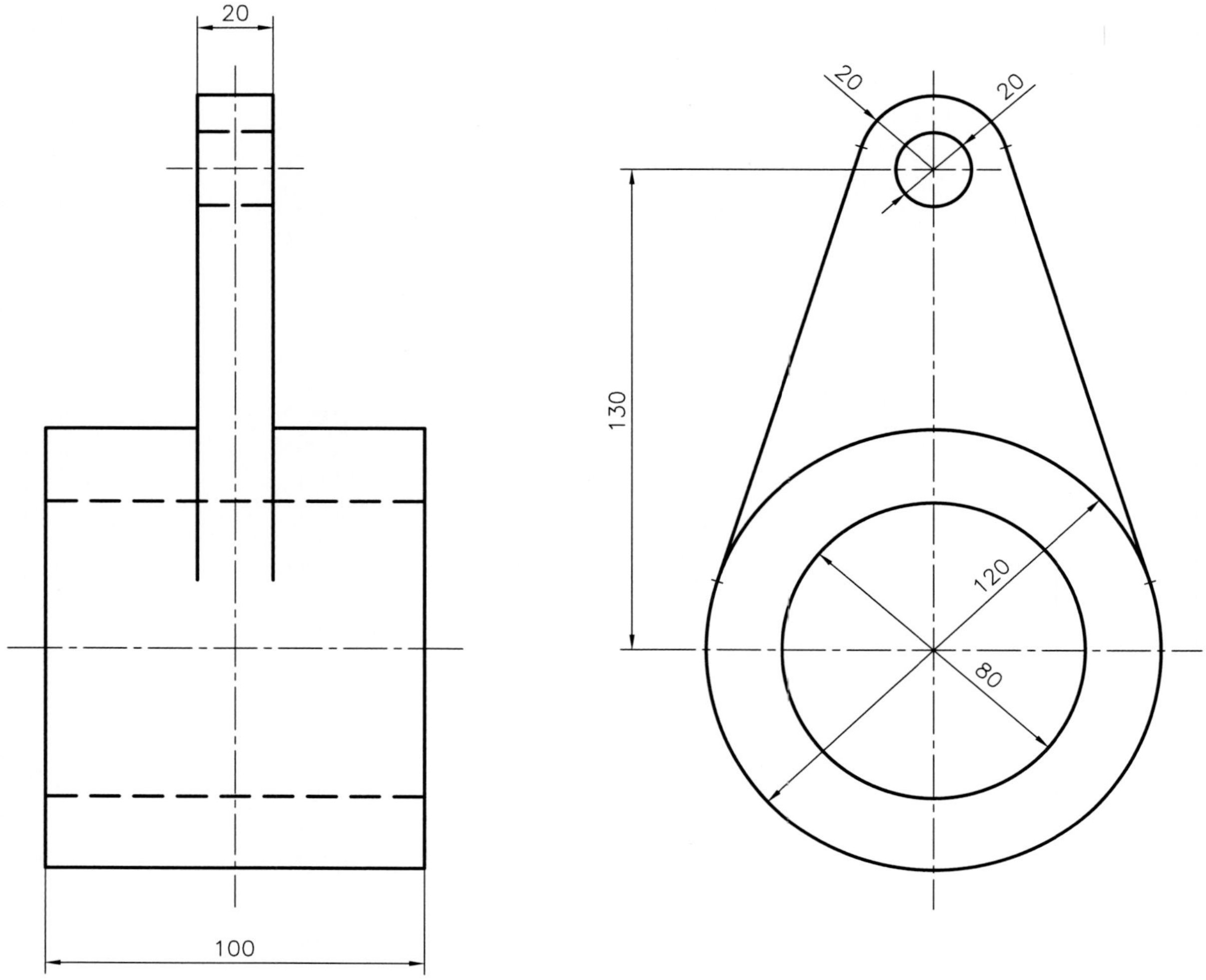

Comentario: Las líneas ficticias de intersección de superficies unidas por un redondeo pueden representarse mediante unas líneas finas llenas que no toquen los contornos (Norma UNE 1-032-82. Intersecciones ficticias).

Cotas en mm

Escala 1:2

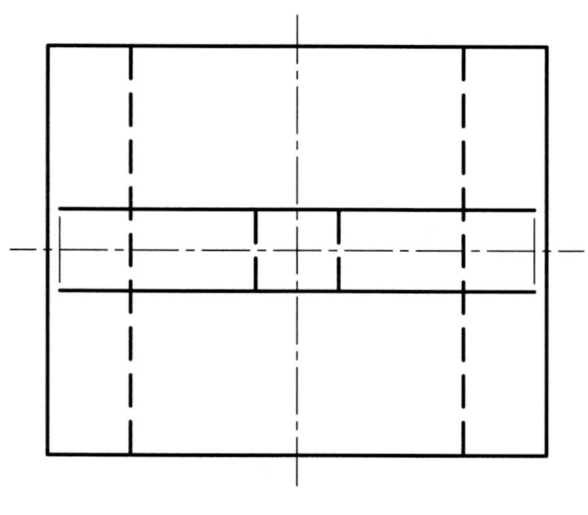

(Vista no necesaria)

PRUEBA Nº 3

EJERCICIO 1 [3 PUNTOS] Dibujar el triángulo isósceles que tiene su lado menor de valor 60 milímetros y el radio de su circunferencia inscrita 20 milímetros.

EJERCICIO 2 [5 PUNTOS] Dibujar, en el sistema diédrico, las trazas del plano que contiene a los puntos A y B y es perpendicular a α.

Datos: A(-30, 0, 5), B(10, -25, 25), α(40, 20, 40).

Cotas en milímetros. Origen de coordenadas en el centro del papel.

EJERCICIO 3 [2 PUNTOS] Dada la perspectiva de la figura 1, en la que se representa una pieza con un plano vertical de simetría, se pide:

Obtener las vistas planta, alzado y perfil, a escala 1/1, en el Sistema Europeo, acotándolas debidamente para su correcta definición.

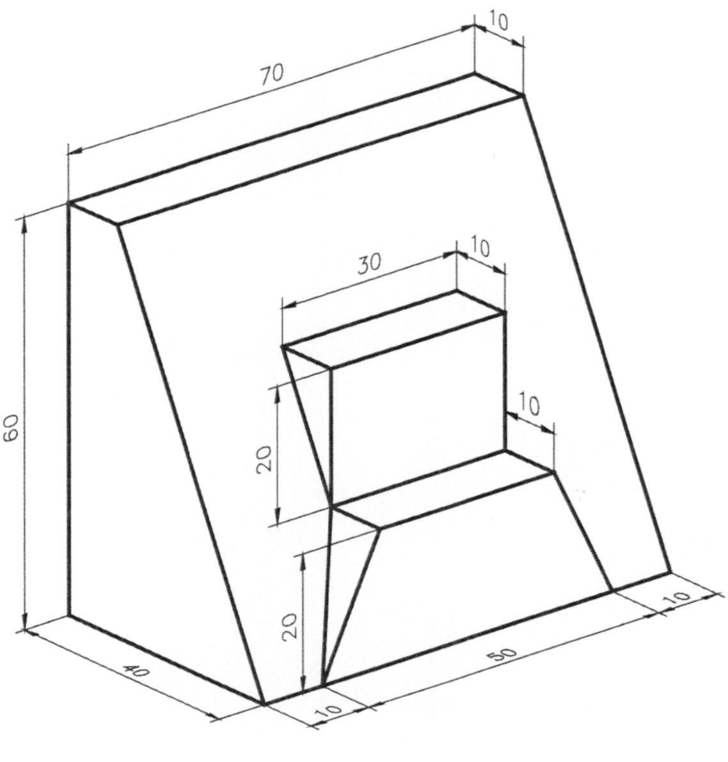

Figura 1
Cotas en mm

SOLUCIÓN EJ. 1

Procedimiento 1

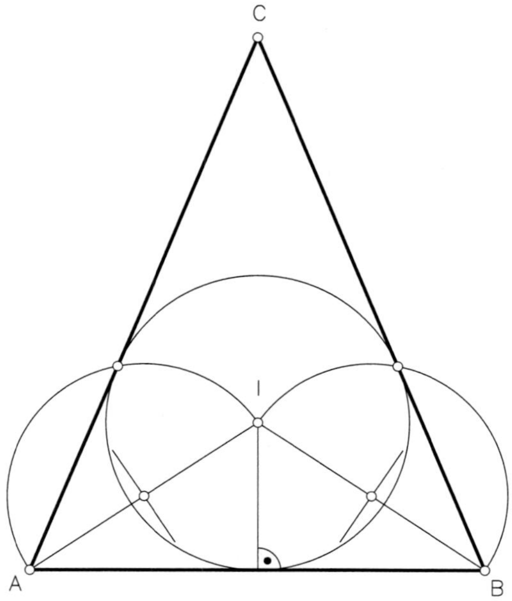

Comentario: Dibujar el lado menor $\overline{AB}$=60 mm y la circunferencia inscrita de centro el punto I y radio 20 mm.
Las rectas tangentes a la circunferencia inscrita trazadas desde A y B contienen a los lados mayores. El tercer vértice es el punto de corte de estas tangentes.

Procedimiento 2

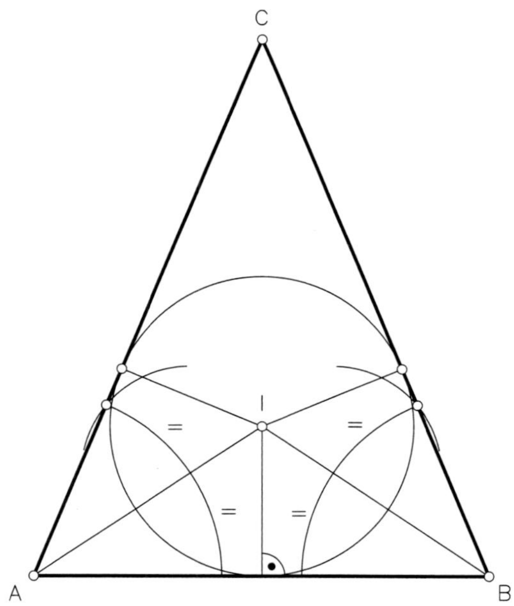

Comentario: Dibujar el lado menor $\overline{AB}$=60 mm y la circunferencia inscrita de centro el punto I y radio 20 mm.
Duplicando los ángulos $\widehat{IAB}$ e $\widehat{IBA}$ se tienen las semirrectas que contienen a los lados (véase como una simetría respecto a las bisectrices AI y BI del triángulo). El punto de intersección de ambas es el vértice C.

SOLUCIÓN EJ. 2

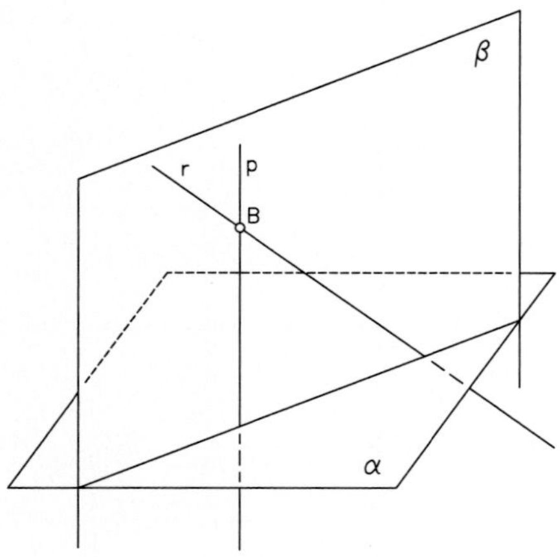

FIGURA DE ANÁLISIS

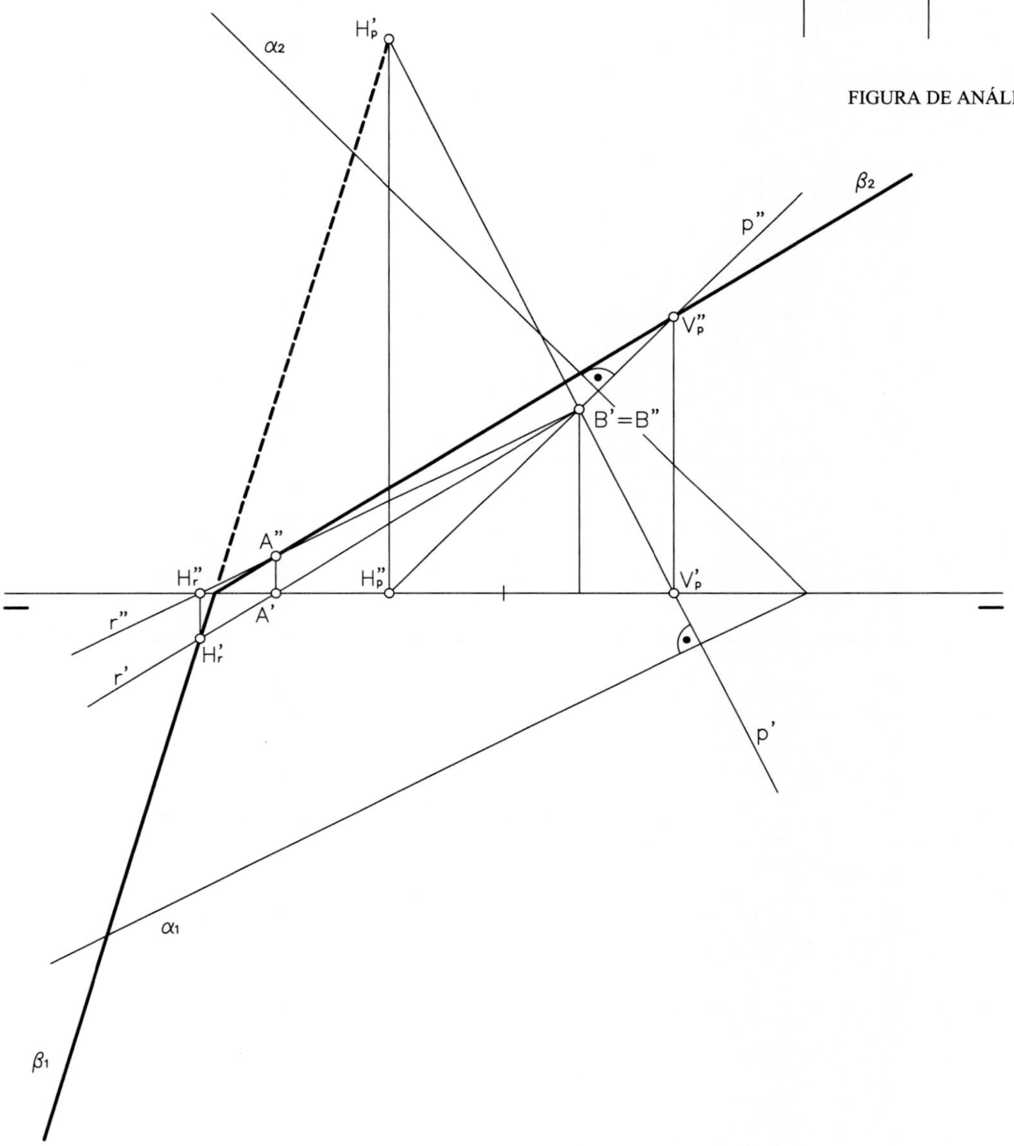

Comentario: Dos planos son perpendiculares cuando uno de ellos contiene a una recta perpendicular al otro. Uniendo los puntos A y B se obtiene la recta r. Por un punto de r, en este caso B, se traza la recta p perpendicular al plano α (sus proyecciones son perpendiculares a las correspondientes trazas del plano). El plano solución β es el definido por las rectas r y p.

Nota: Obsérvese que en este caso el punto A coincide con la traza vertical de la recta r.

SOLUCIÓN EJ. 3

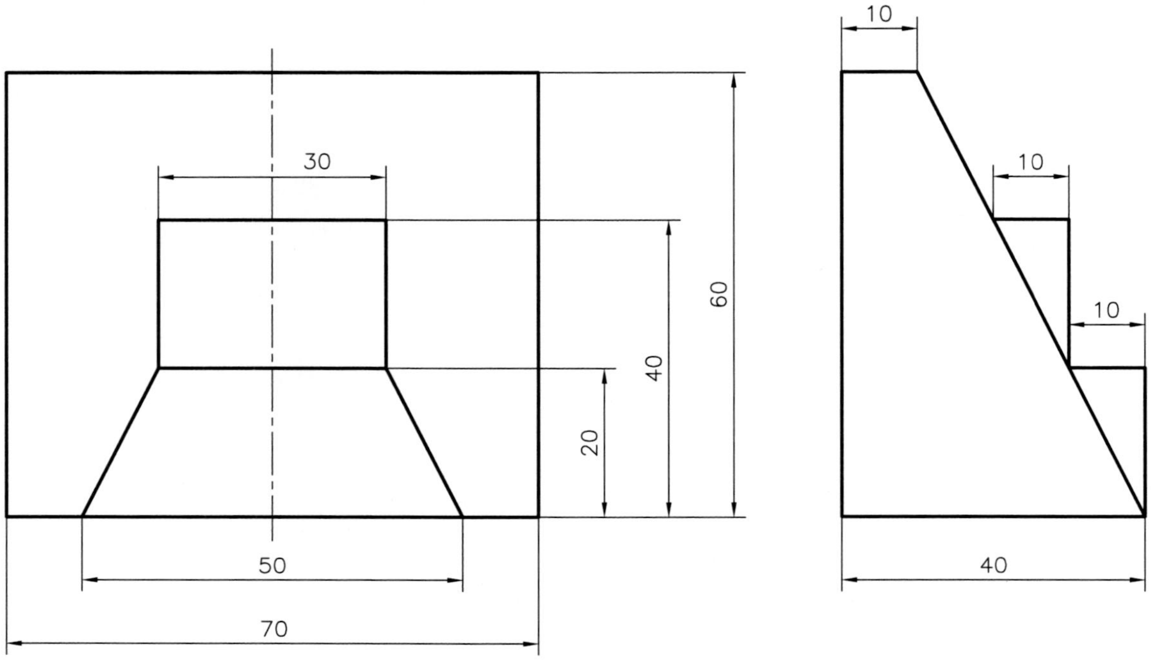

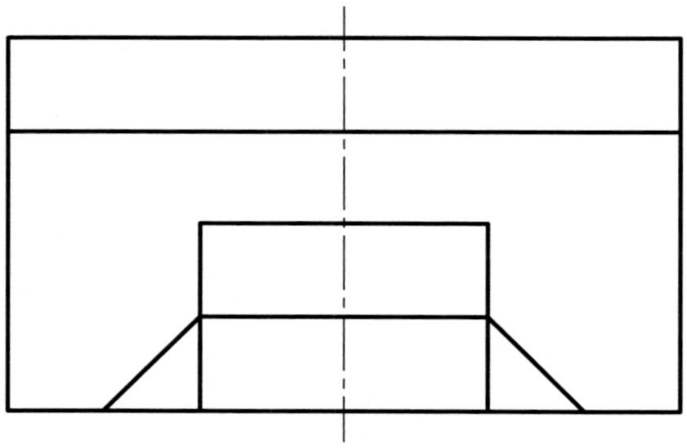

(Vista no necesaria)

Cotas en mm

Escala 1:1

Comentario: Las cifras de cota deben colocarse paralelamente a sus líneas de cota y preferentemente en el centro, por encima y ligeramente separadas de la línea de cota.

Las cifras deben inscribirse para ser leídas desde abajo o desde la derecha del dibujo (Norma UNE 1-039-94. Inscripción de las cifras de cota. Método 1).

PRUEBA Nº 4

EJERCICIO 1 [3 PUNTOS] Dadas las circunferencias C_1 y C_2 de la figura 1, obtener las circunferencias tangentes a ambas que lo sean a la C_1 en el punto P.

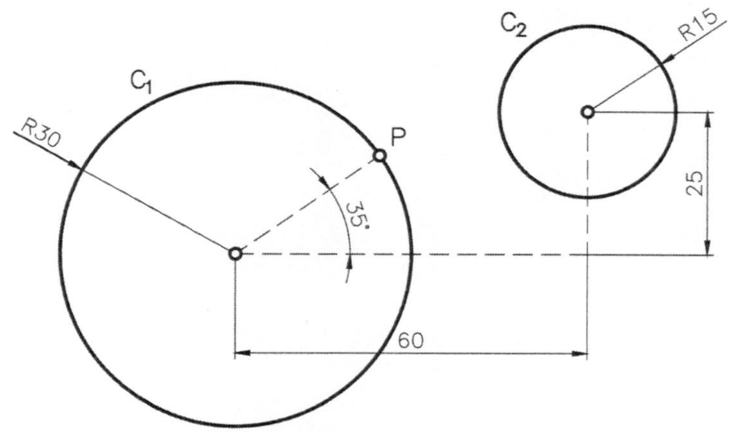

Figura 1
Cotas en mm

EJERCICIO 2 [5 PUNTOS] Dadas las proyecciones alzado y perfil de un sólido de caras planas en la figura 2, se pide dibujar, a escala 1/1, la perspectiva isométrica de dicho sólido, así como su intersección por un plano que contenga a los puntos A, B y C, eliminando el trozo de pieza que se encuentra por encima del plano.

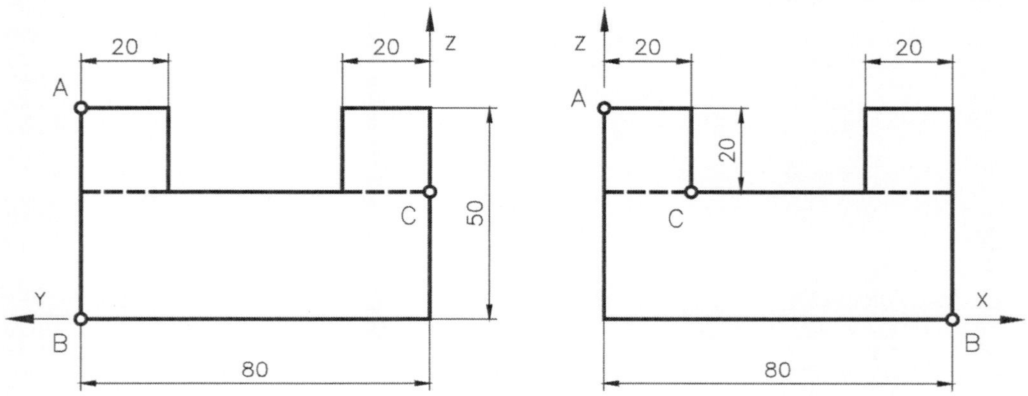

Figura 2
Cotas en mm

EJERCICIO 3 [2 PUNTOS] Dada la perspectiva de la figura 3, en la que se representa una pieza con dos planos verticales de simetría, se pide:

Obtener las vistas planta, alzado y perfil, a escala 3/4, en el Sistema Europeo, acotándolas debidamente para su correcta definición.

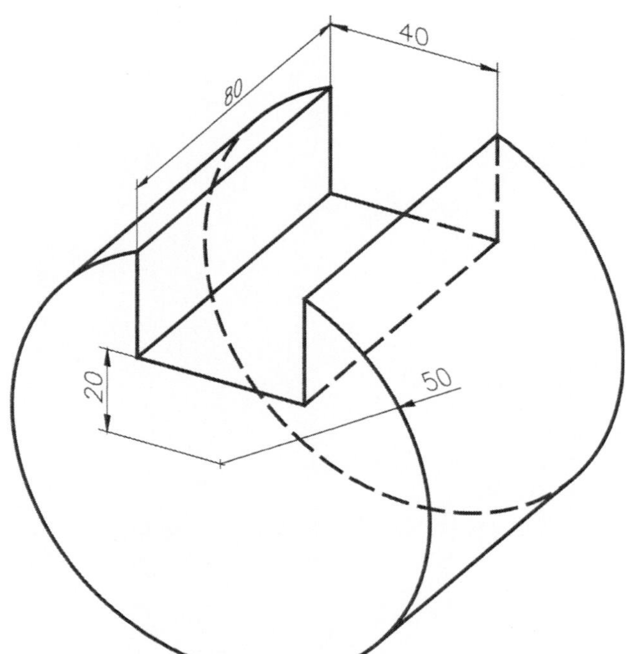

Figura 3
Cotas en mm

SOLUCIÓN EJ. 1

Procedimiento 1

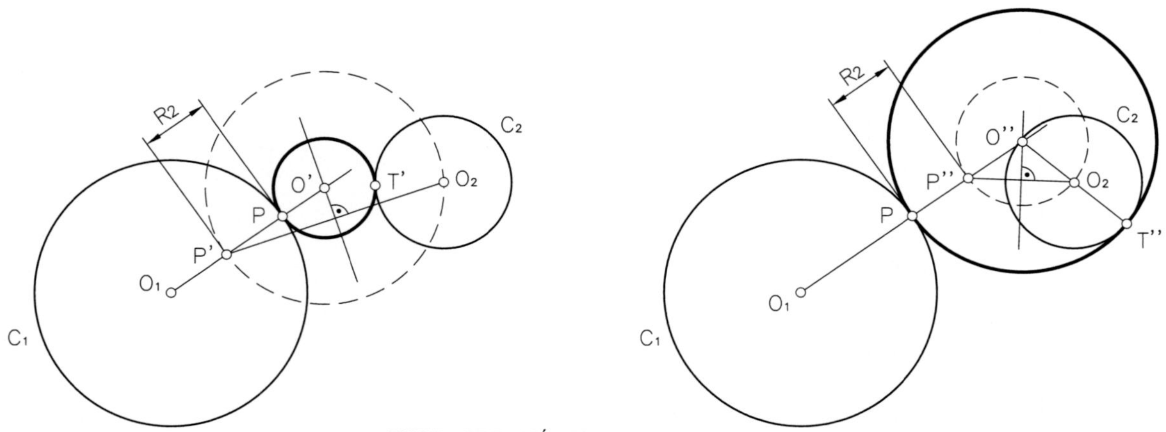

FIGURAS DE ANÁLISIS

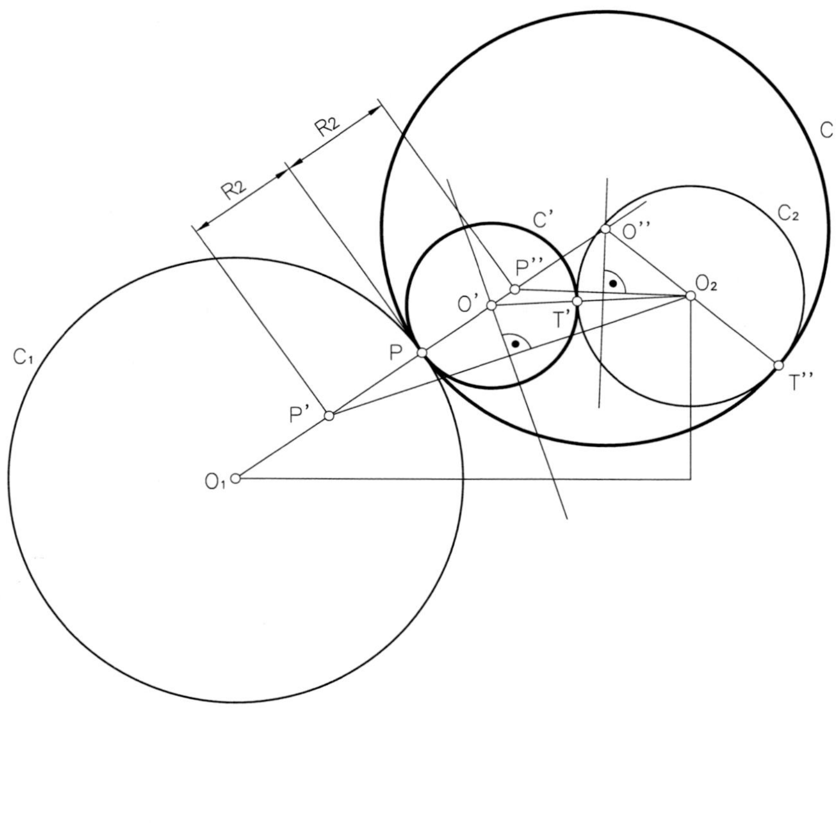

Resolución por contracción-dilatación.

Comentario: Si las circunferencias solución C' y C'' las dilatamos hasta que pasen por O_2, el punto P se desplazará hasta P' o P''. Las mediatrices de los segmentos $\overline{P'O_2}$ y $\overline{P''O_2}$ cortan a la recta O_1P en los centros de las soluciones, O' y O''.

SOLUCIÓN EJ. 1

Procedimiento 2

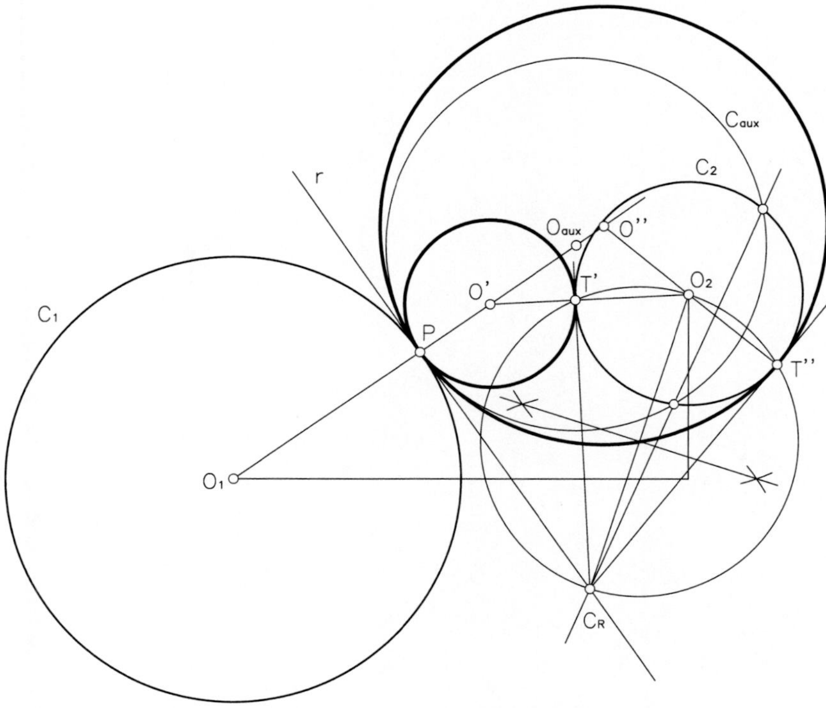

Resolución por potencia.

Comentario: Las circunferencias solución son tangentes a la recta r, que es tangente a C_1 en P. Mediante una circunferencia auxiliar se halla el centro radical C_R de las circunferencias tangentes a la recta r en el punto P y que sean tangentes a la de centro O_2. Las rectas tangentes a C_2 trazadas desde el centro radical dan los puntos de tangencia T' y T''. Uniendo T' y T'' con O_2 se obtienen los centros O' y O''.

Procedimiento 3

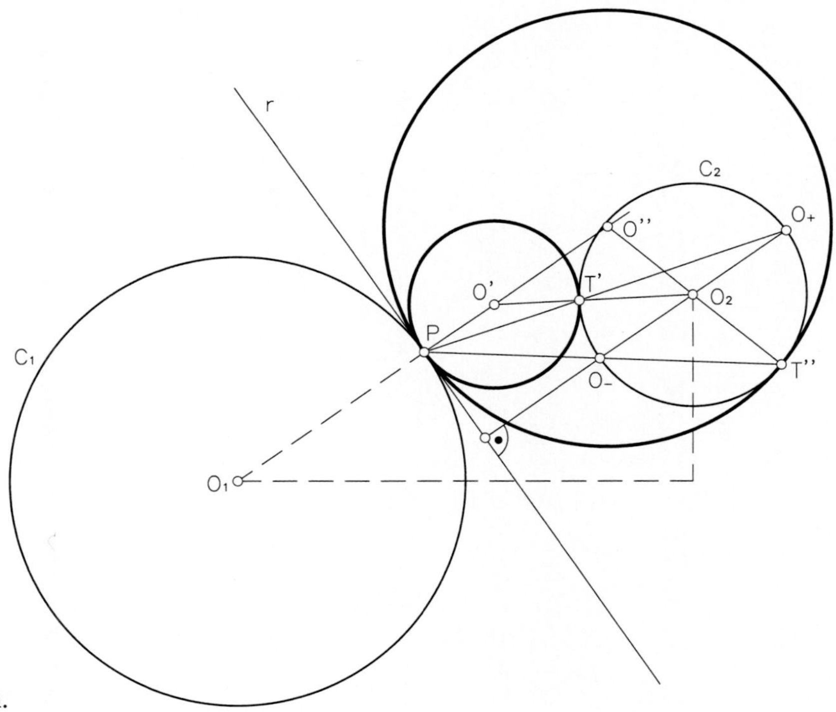

Resolución por inversión.

Comentario: Las circunferencias solución son tangentes a la recta r, tangente a C_1 en P.
Dibujar una perpendicular a r por el centro O_2 de la circunferencia C_2, que la corta en los puntos O_+ y O_-. Tomando como centro de inversión O_+ (potencia positiva) y considerando la recta r y la circunferencia C_2, inversas, el inverso de P es T'. Si se repite el proceso con O_- (potencia negativa) como centro de inversión, el inverso de P es T''. Uniendo T' y T'' con O_2 se obtienen los centros O' y O'' de las circunferencias solución.

SOLUCIÓN EJ. 2

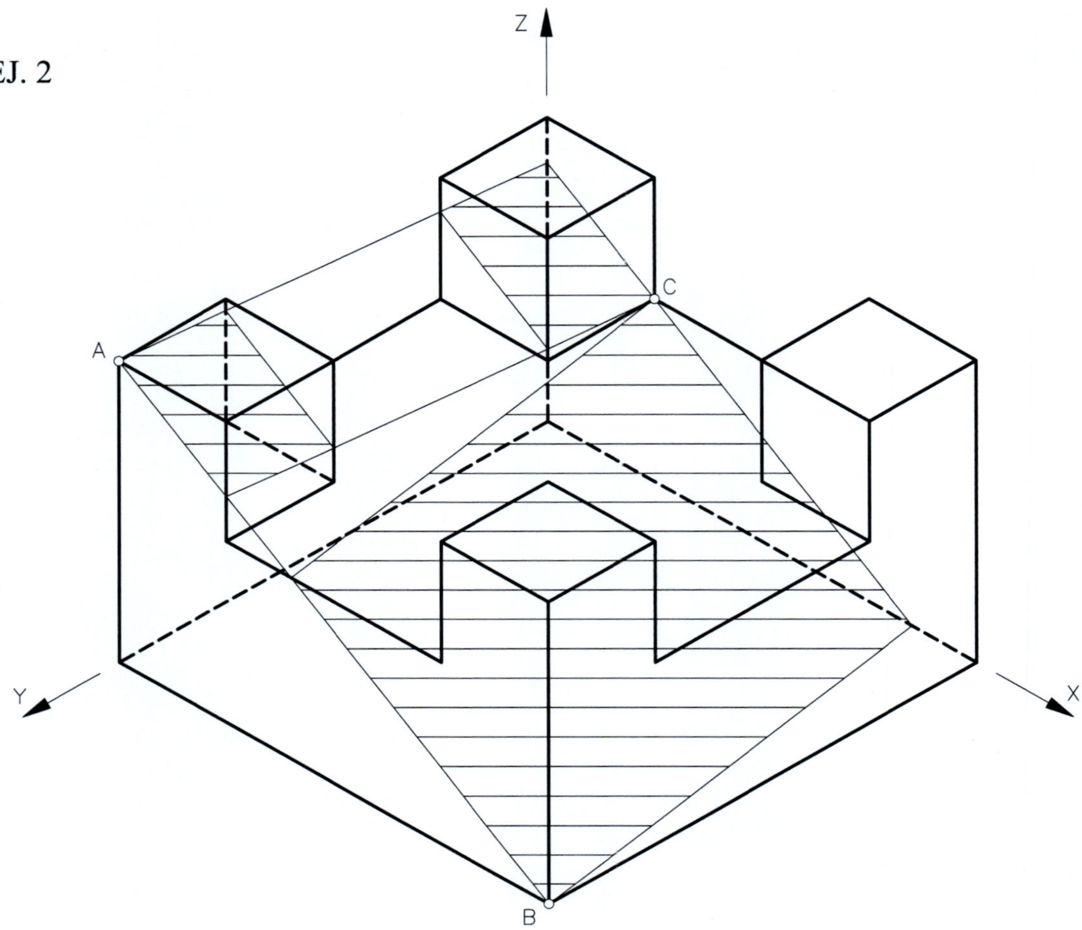

Comentario: La intersección AB es inmediata al tratarse de puntos pertenecientes a un mismo plano de la pieza (coplanarios); el resto de intersecciones se determinan teniendo en cuenta que "las intersecciones de un plano cualquiera con dos planos paralelos son rectas paralelas".

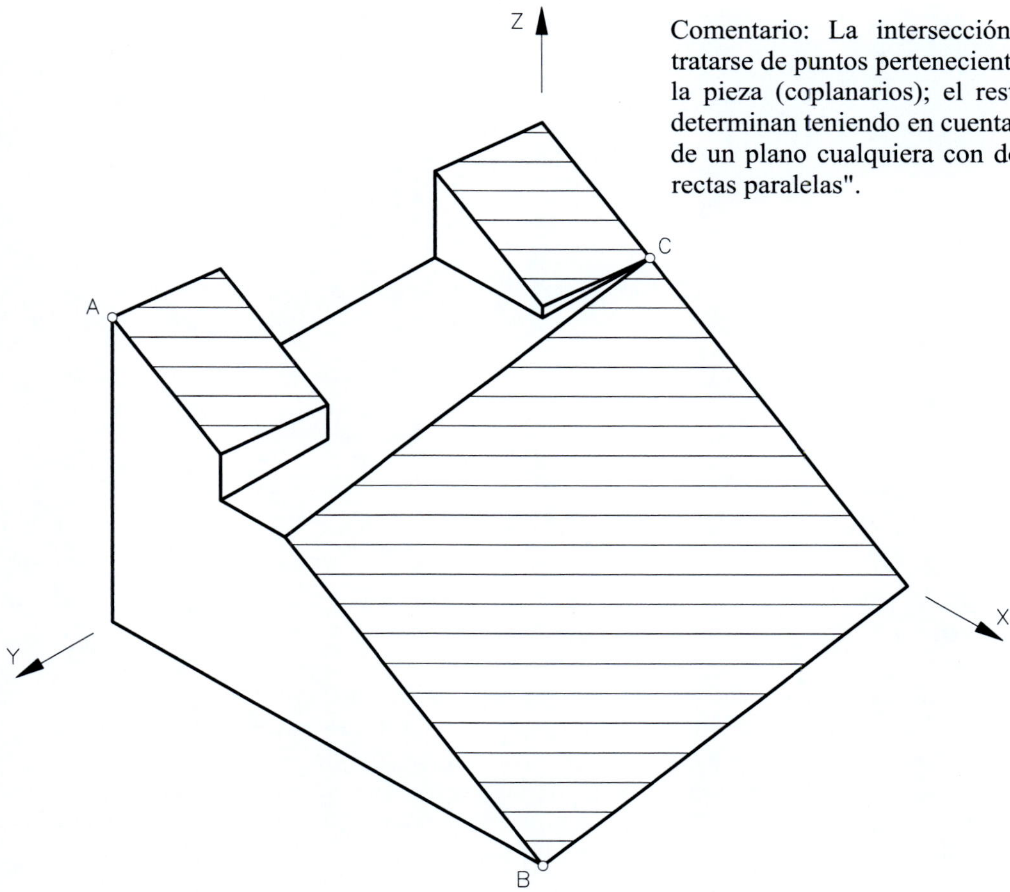

Escala 1:1

SOLUCIÓN EJ. 3

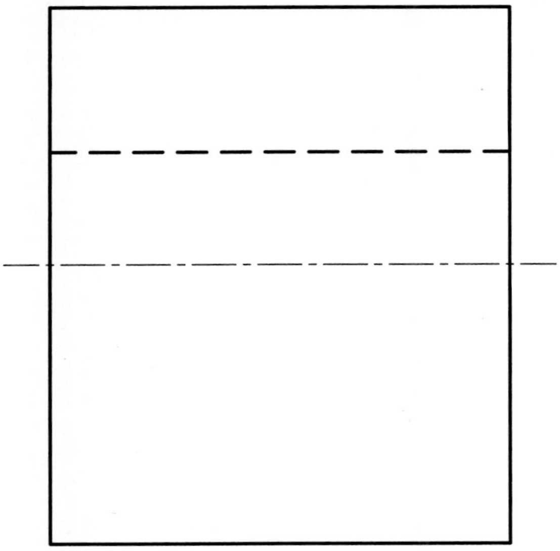

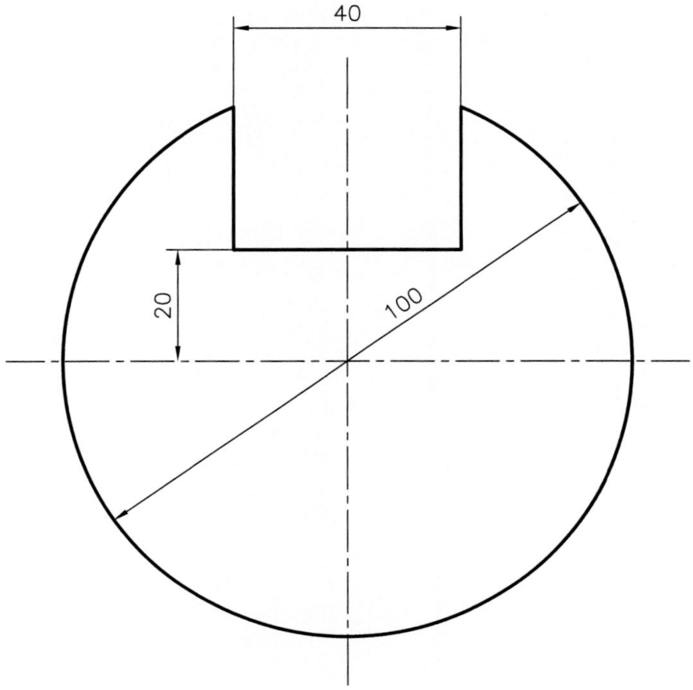

(Vista no necesaria)

Cotas en mm

Escala 3:4

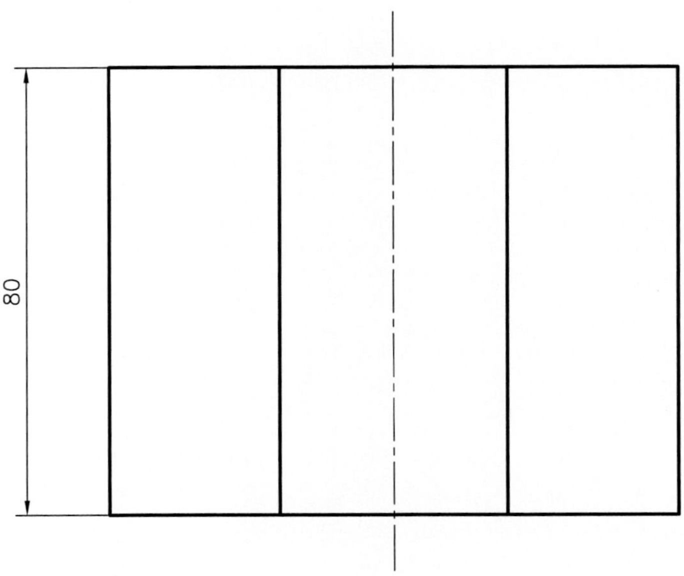

PRUEBA Nº 5

EJERCICIO 1 [3 PUNTOS] Dadas las rectas r, s y t de la figura 1, se pide:

Dibujar el triángulo equilátero que tiene su centro y un vértice en la recta r y los otros dos vértices en las rectas t y s respectivamente. (Dos soluciones).

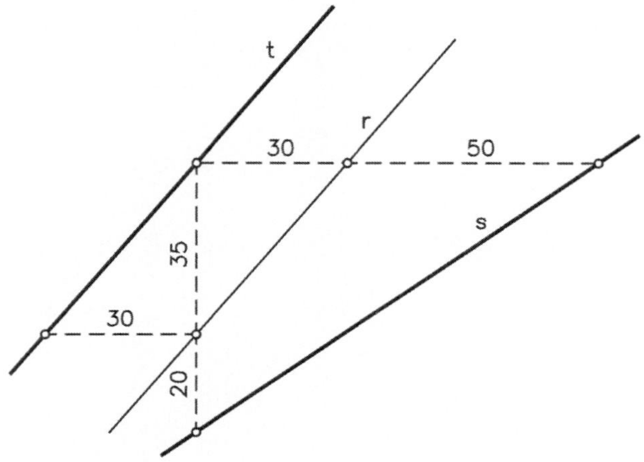

Figura 1
Cotas en mm

EJERCICIO 2 [5 PUNTOS] Dibujar, en el sistema diédrico, las trazas del plano que contiene a la recta r, que pasa por A y B, y que es paralelo a la recta s, que pasa por C y D.

Datos: A(-60, 30, 10), B(21, 10, 50), C(10, 20, 10) y D(0, 50, 50).

Cotas en milímetros. Centro de coordenadas en el centro del papel.

EJERCICIO 3 [2 PUNTOS] Dada la perspectiva de la figura 2, en la que se representa una pieza con un plano vertical de simetría, se pide:

Obtener las vistas planta, alzado y perfil, a escala 3/2, en el Sistema Europeo, acotándolas debidamente para su correcta definición.

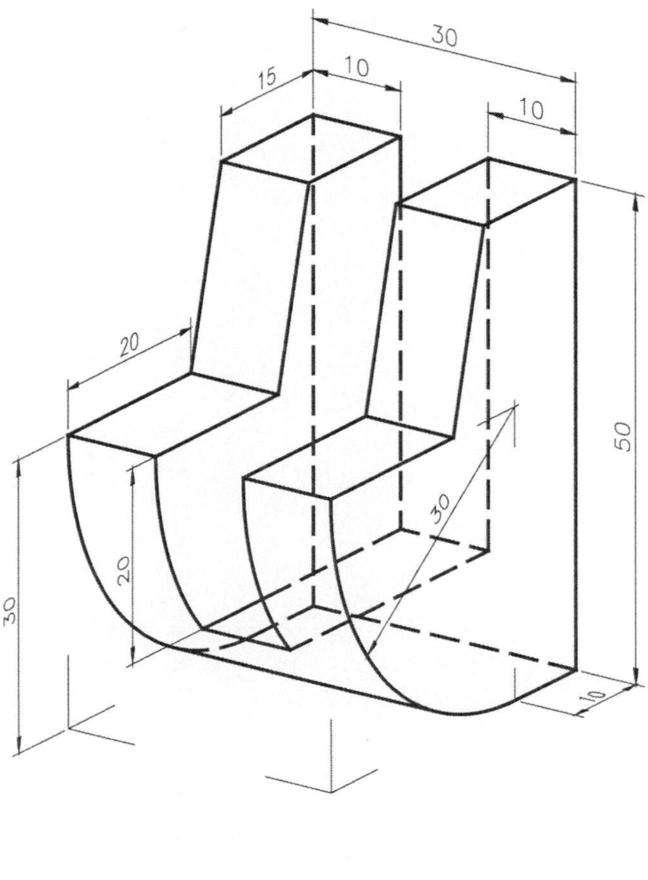

Figura 2
Cotas en mm

SOLUCIÓN EJ. 1

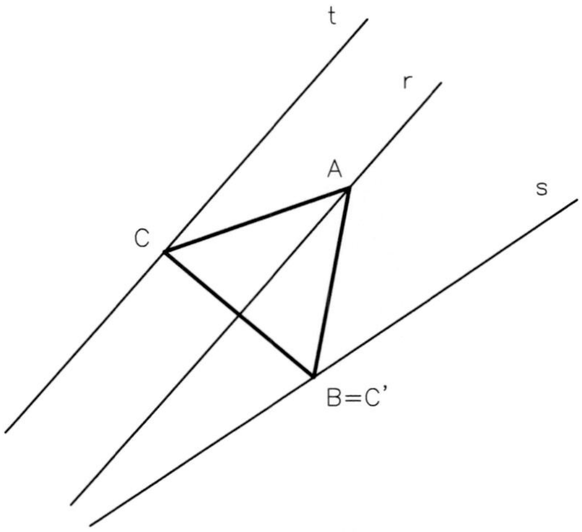

FIGURA DE ANÁLISIS

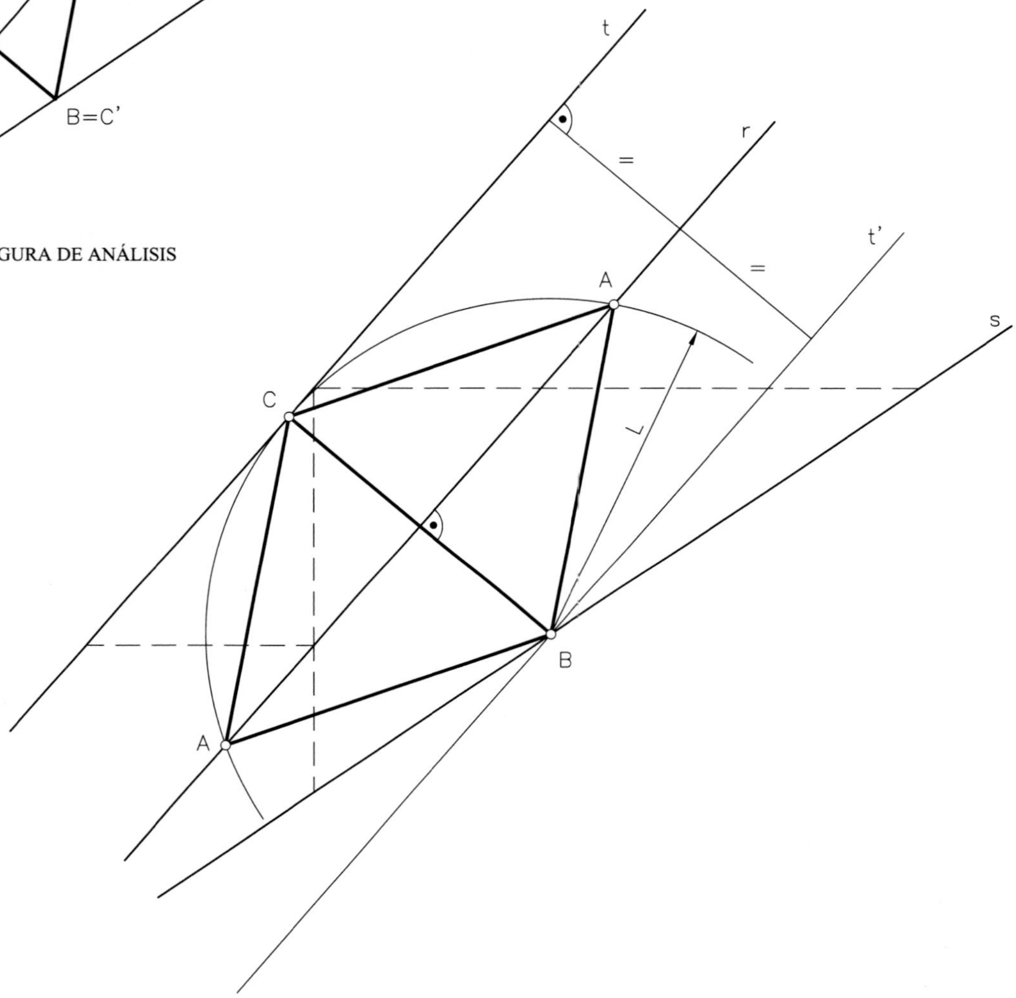

Comentario: El triángulo buscado, por tener su centro y un vértice en r, es simétrico respecto de esta recta y, por lo tanto, los vértices B y C también son simétricos respecto de r. La recta simétrica de una de las otras dos respecto de r, en este caso t', corta a s en el vértice B del triángulo. La perpendicular a r trazada por B corta a t en C. El arco de centro B y radio $\overline{BC}$ define el tercer vértice del triángulo equilátero.

Nota: El problema admite dos soluciones.

SOLUCIÓN EJ. 2

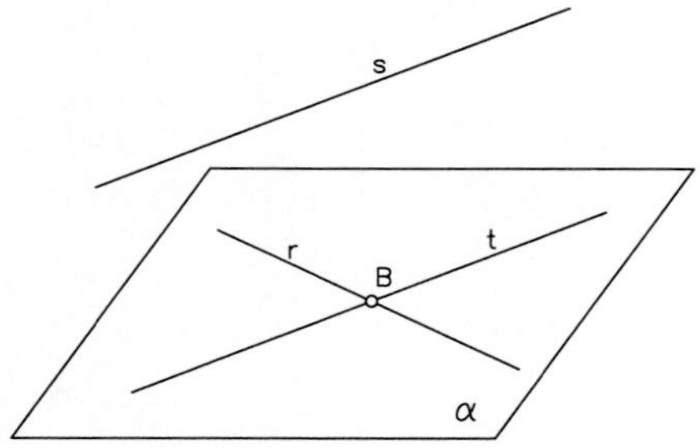

FIGURA DE ANÁLISIS

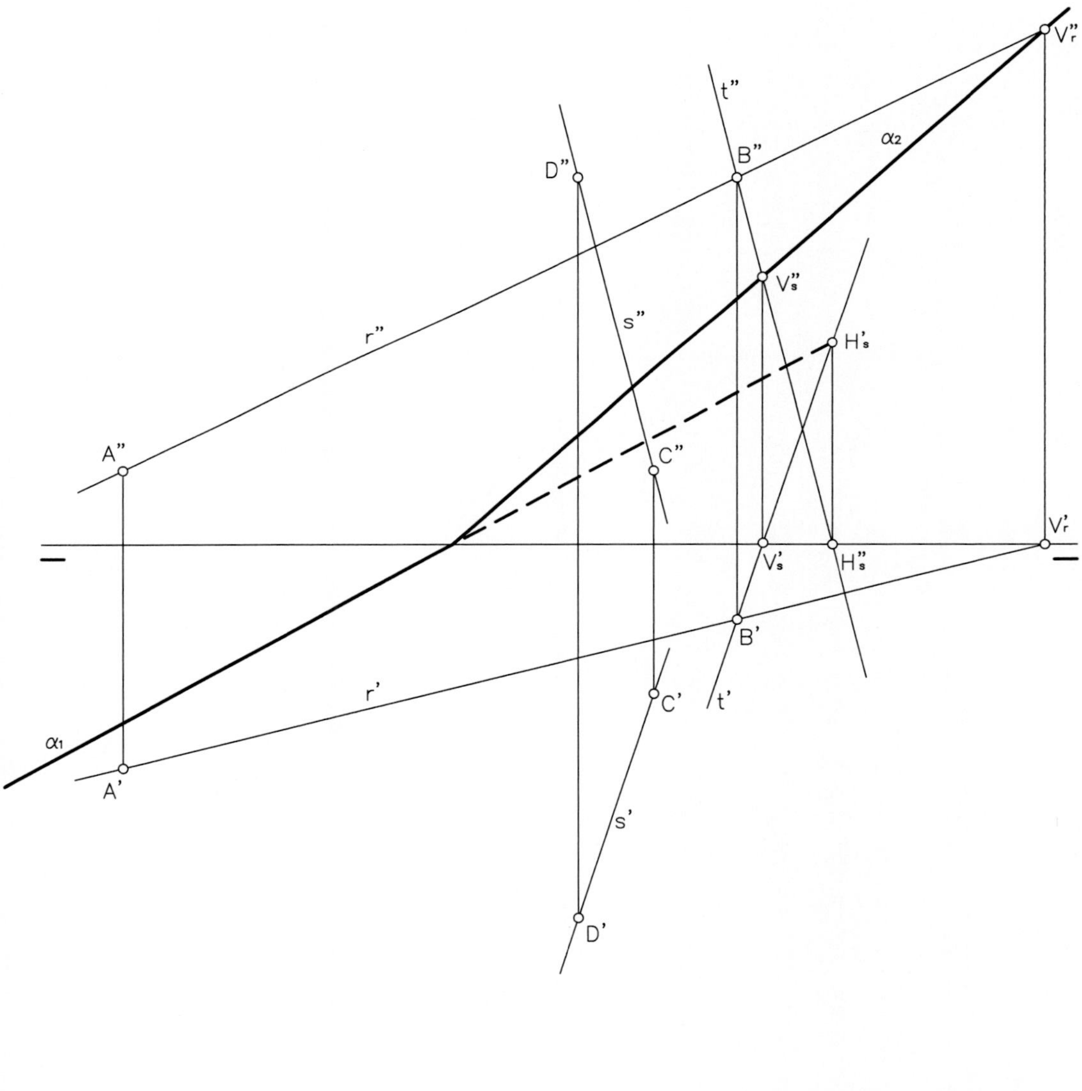

Comentario: Un plano es paralelo a una recta cuando contiene a una recta paralela a la primera. Dibujadas las rectas r y s, se traza por un punto de la recta r (punto B) la recta t paralela a s. Las rectas r y t definen el plano solución α.

SOLUCIÓN EJ. 3

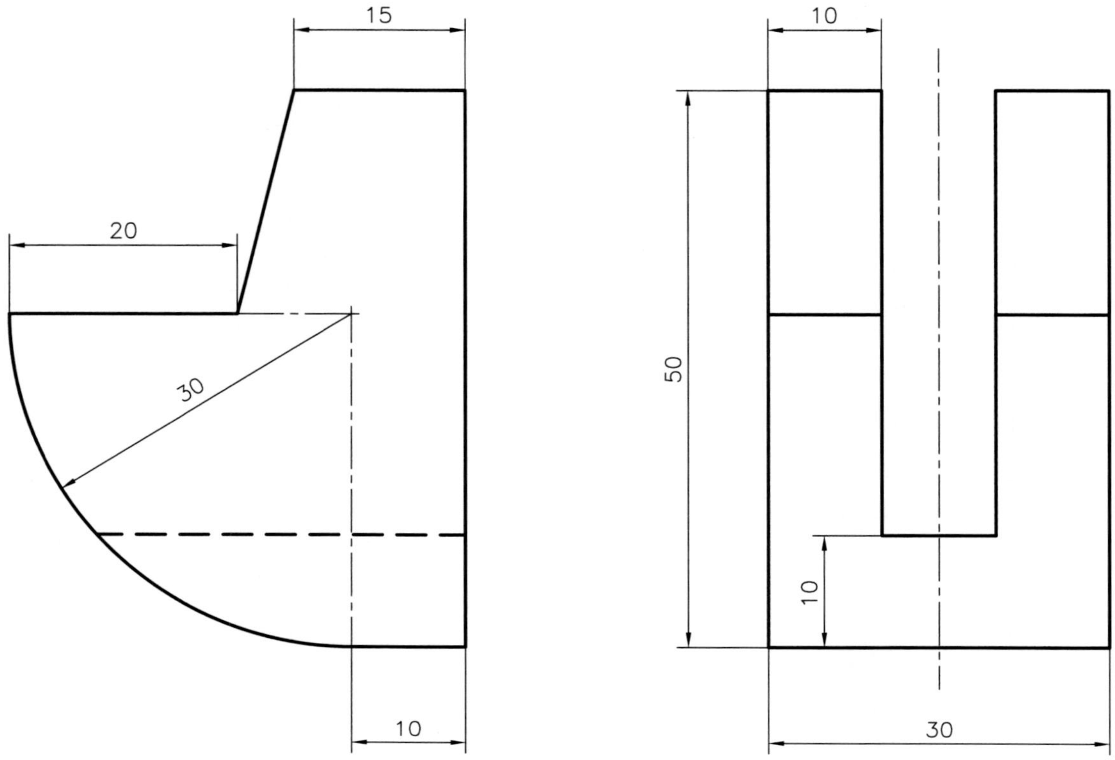

Cotas en mm

Escala 3:2

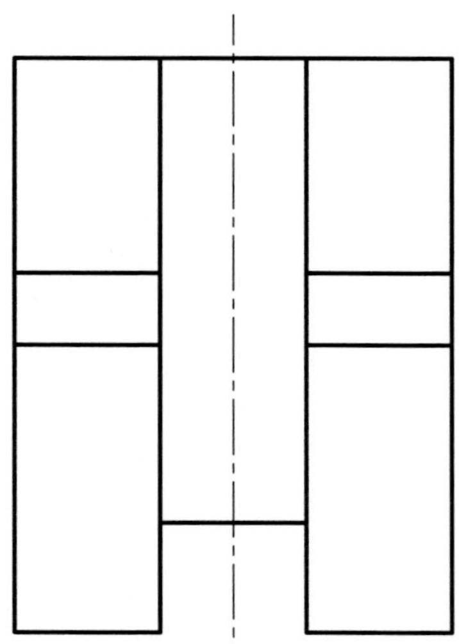

(Vista no necesaria)

PRUEBA Nº 6

EJERCICIO 1 [3 PUNTOS] Dibujar el triángulo rectángulo isósceles de mediana al cateto de valor 50 mm.

EJERCICIO 2 [5 PUNTOS] Dibujar la perspectiva isométrica de la pieza cuyas vistas se proporcionan en la figura 1. Escala 1/1.

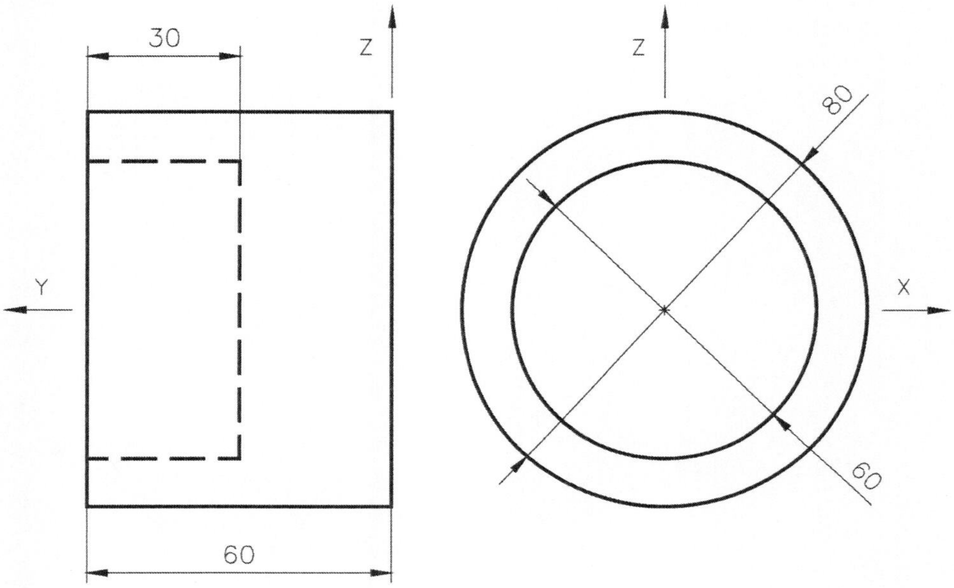

Figura 1
Cotas en mm

EJERCICIO 3 [2 PUNTOS] Dada la perspectiva de la figura 2, en la que se representa una pieza de caras planas, se pide:

Obtener las vistas planta, alzado y perfil, a escala 1/1, en el Sistema Europeo, acotándolas debidamente para su correcta definición.

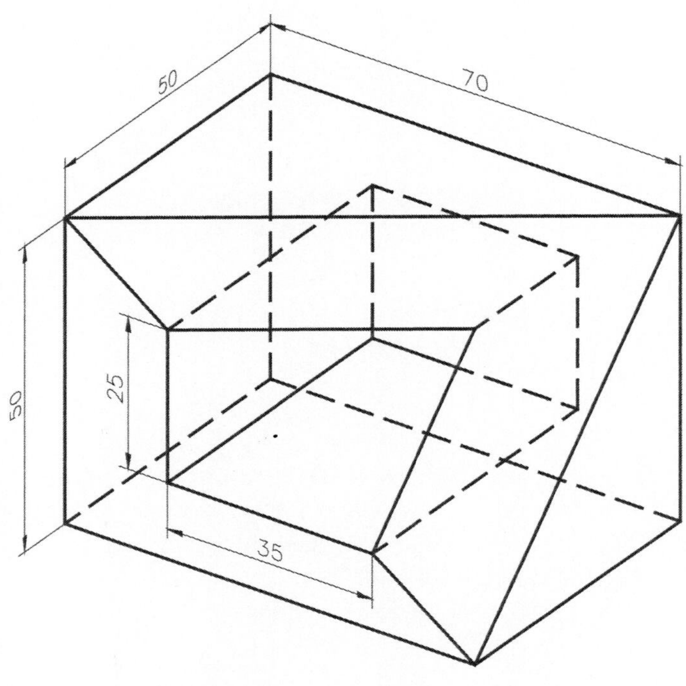

Figura 2
Cotas en mm

SOLUCIÓN EJ. 1

Procedimiento 1

Comentario: Dibujar un triángulo rectángulo isósceles A'B'C' arbitrario. Establecer una homotecia de centro C', que transforme la mediana $\overline{C'M'}$ en otra $\overline{CM}$ = 50 mm.

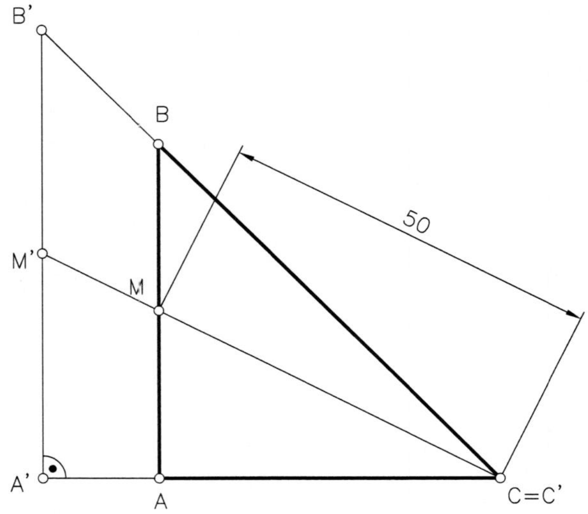

Procedimiento 2

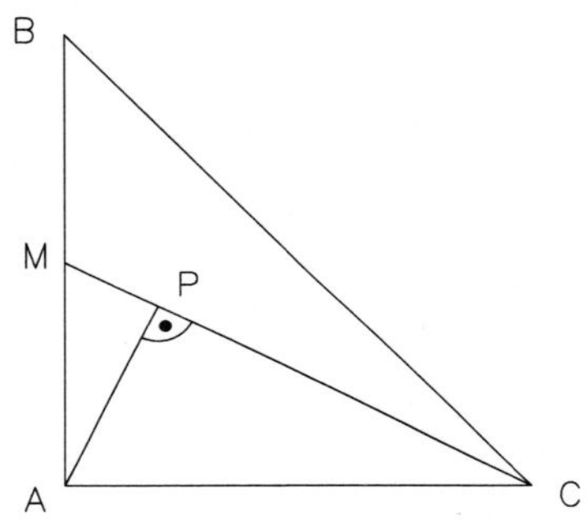

FIGURA DE ANÁLISIS

Comentario: En el triángulo rectángulo AMC, el cateto $\overline{AM}$ mide la mitad del $\overline{AC}$ y P es la proyección del vértice del ángulo recto A sobre la hipotenusa $\overline{MC}$. Aplicando el teorema del cateto se puede escribir que:

$\overline{AM}^2/\overline{MP} = \overline{AC}^2/\overline{PC}$.

Teniendo en cuenta que: $\overline{AC}/\overline{AM} = 2$, resulta que:

$\overline{CP} = 4\,\overline{MP}$.

Comentario: Dibujar la mediana $\overline{CM}$ = 50 mm. El vértice A del ángulo recto se localiza en el arco capaz de 90° sobre $\overline{CM}$ y en la perpendicular a $\overline{CM}$ por P (donde: $\overline{CP} = 0.8\cdot\overline{CM}$). Llevando $\overline{MB} = \overline{AM}$ se completa el triángulo.

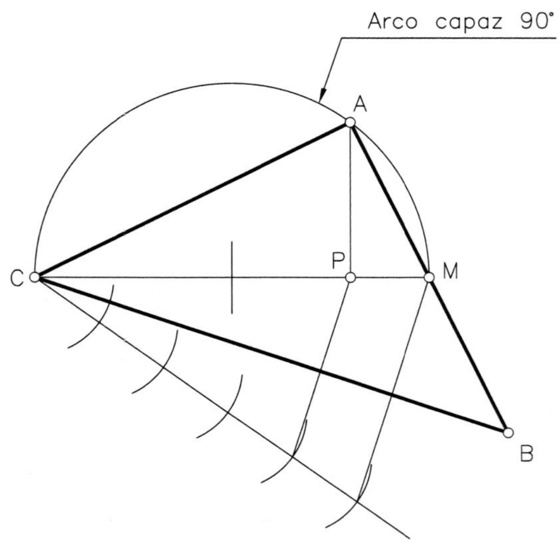

SOLUCIÓN EJ. 1

Procedimiento 3

Comentario: El triángulo ACM_b es rectángulo en A y el cateto $\overline{AC}$ es doble que el $\overline{AM_b}$. La hipotenusa CM_b es mediana del triángulo pedido, ABC.

Se dibuja un triángulo rectángulo $A'M'_bC'$ arbitrario cuyos catetos estén en proporción 1/2. Se trata de encajar un segmento de 50 mm, paralelo a la dirección de la hipotenusa, y cuyos extremos se apoyen sobre los catetos del triángulo dibujado.
Se aplica una traslación paralela al cateto para encajar la mediana y se completa el triángulo ABC haciendo que $\overline{AB} = \overline{AC}$.

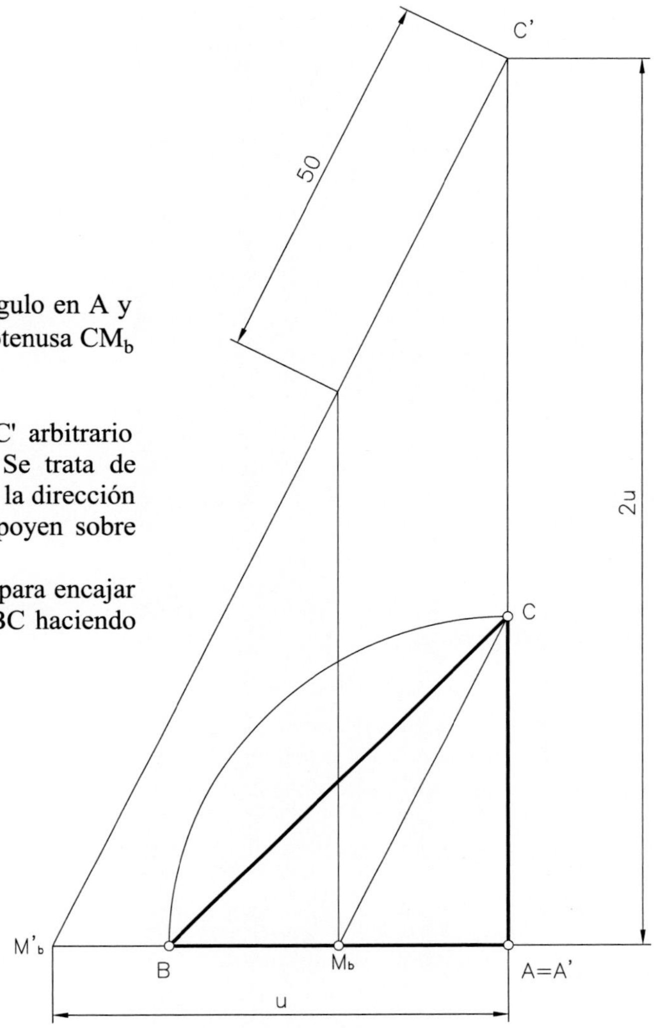

SOLUCIÓN EJ. 2

DETERMINACIÓN EJES ELIPSE

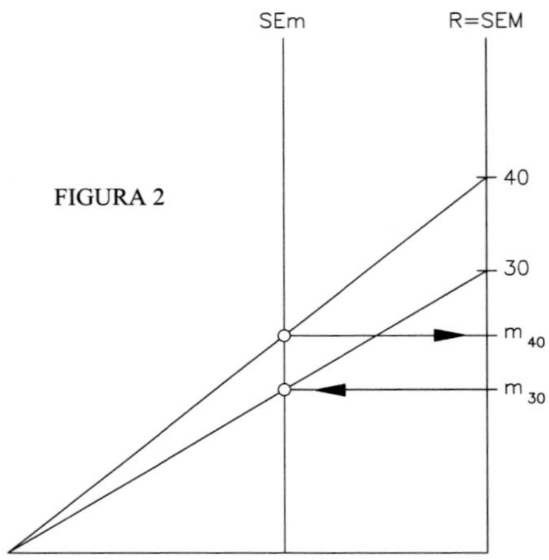

FIGURA 2

SEm: SEMIEJE MENOR

SEM: SEMIEJE MAYOR

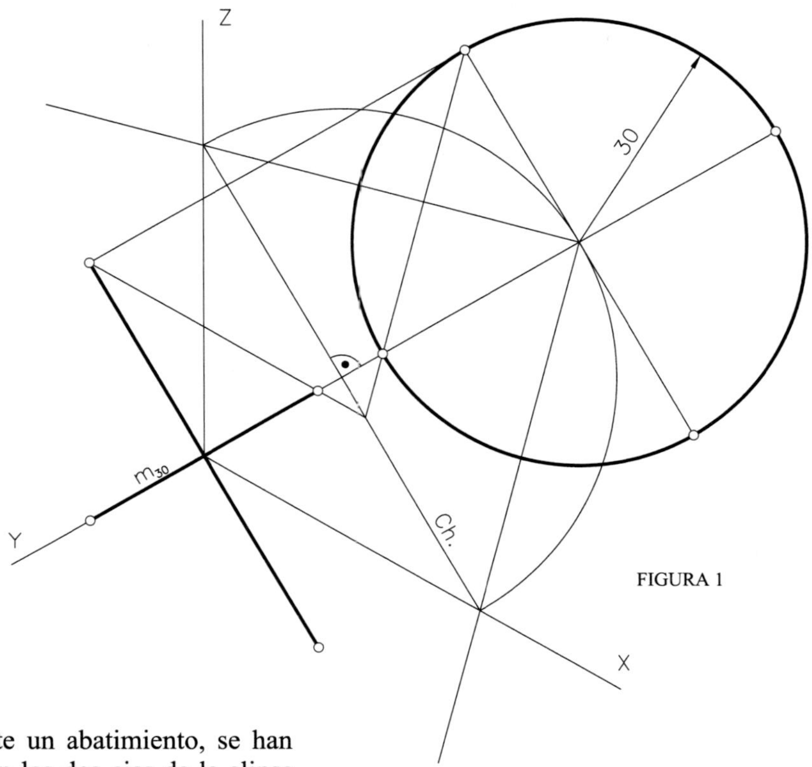

FIGURA 1

Comentario: En la figura 1, mediante un abatimiento, se han caracterizado en magnitud y dirección los dos ejes de la elipse correspondiente a la circunferencia de radio 30 mm. Los ejes de la otra elipse mantienen la misma dirección y su magnitud se ha obtenido por aplicación del teorema de Thales en la figura 2.

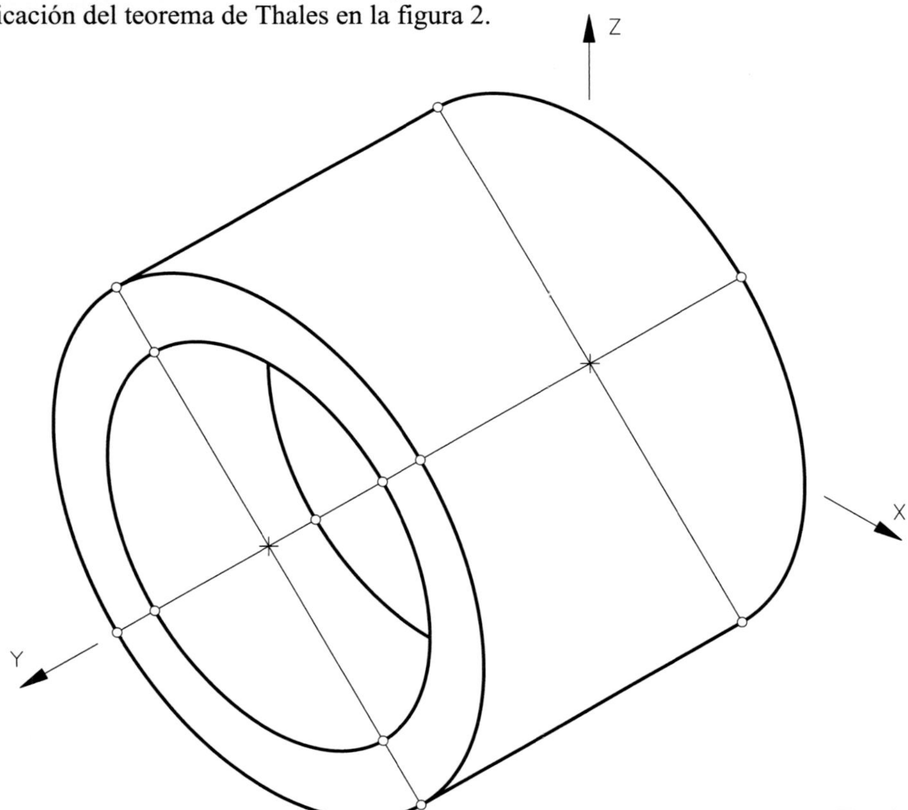

Escala 1:1

SOLUCIÓN EJ. 3

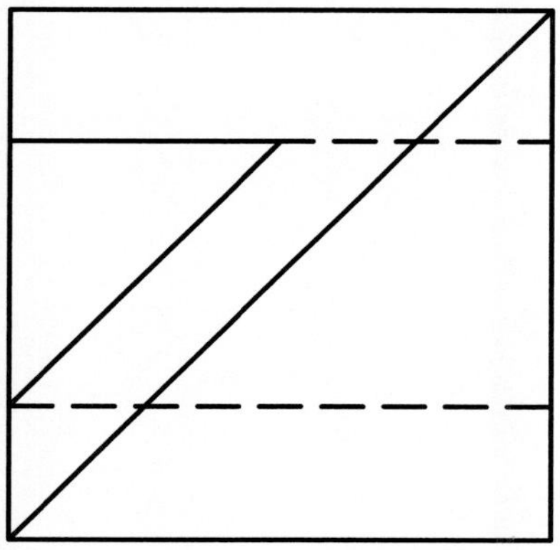

(Vista no necesaria)

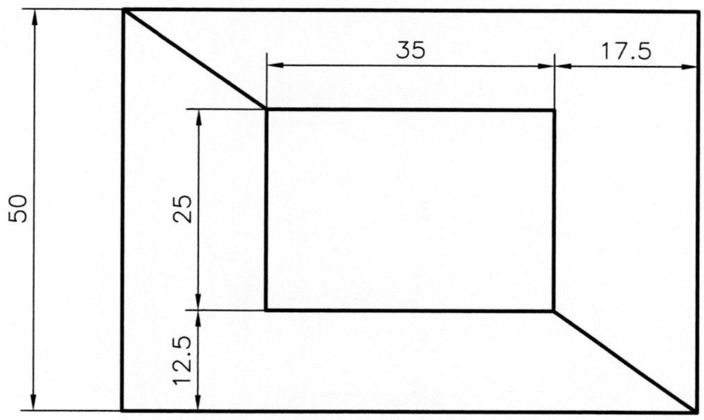

Cotas en mm

Escala 1:1

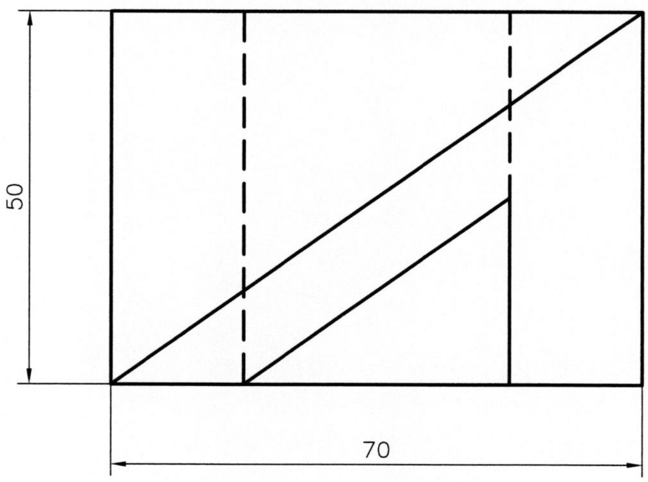

PRUEBA Nº 7

EJERCICIO 1 [3 PUNTOS] Dadas las rectas r y s, y el punto P de la figura 1, se pide:

Dibujar el cuadrado de centro P y con dos vértices opuestos, uno en r y el otro en s.

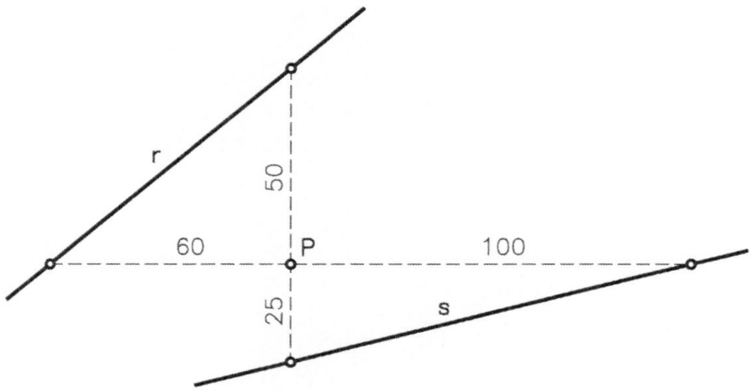

Figura 1
Cotas en mm

EJERCICIO 2 [5 PUNTOS] Dibujar, en el sistema diédrico, la recta paralela al plano α, que sea horizontal y pase por A, y la recta de perfil que pase por B y sea paralela asimismo al plano α.

Datos: α(10, -5, 10), A(-50, 20, 20), B(-10, -40, 20).

Cotas en milímetros. Origen en el centro del papel.

EJERCICIO 3 [2 PUNTOS] Dada la perspectiva dibujada en la figura 2, que corresponde a una pieza con cuatro planos de simetría, y sabiendo que:

- los centros de las circunferencias marcadas forman un triángulo equilátero de lado 40 milímetros; y que,
- el taladro central es pasante,

se pide:

Obtener las vistas planta, alzado y perfil, a escala 1/1, en el Sistema Europeo, acotándolas debidamente para su correcta definición.

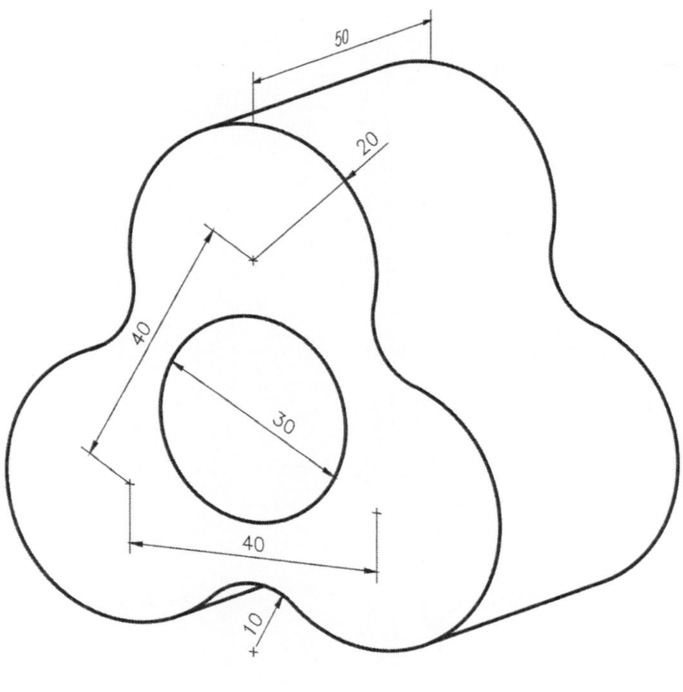

Figura 2
Cotas en mm

SOLUCIÓN EJ. 1

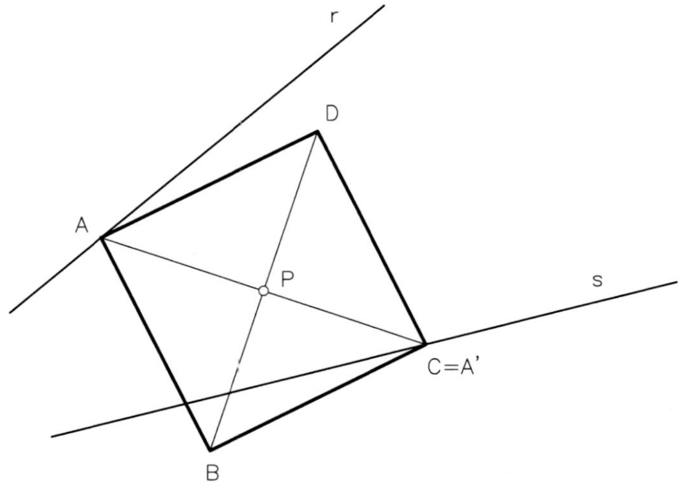

FIGURA DE ANÁLISIS

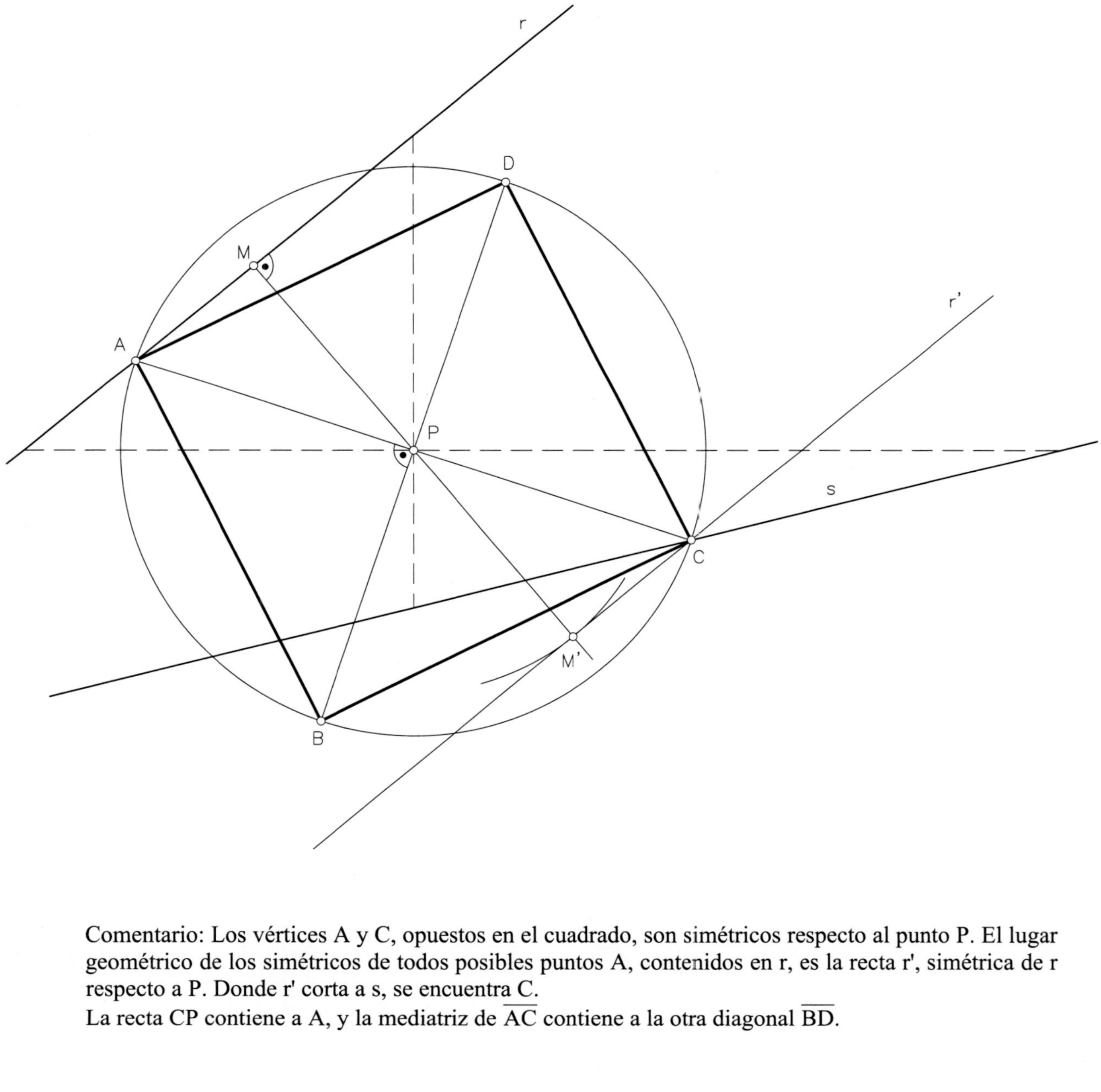

Comentario: Los vértices A y C, opuestos en el cuadrado, son simétricos respecto al punto P. El lugar geométrico de los simétricos de todos posibles puntos A, contenidos en r, es la recta r', simétrica de r respecto a P. Donde r' corta a s, se encuentra C.
La recta CP contiene a A, y la mediatriz de $\overline{AC}$ contiene a la otra diagonal $\overline{BD}$.

SOLUCIÓN EJ. 2

Procedimiento 1

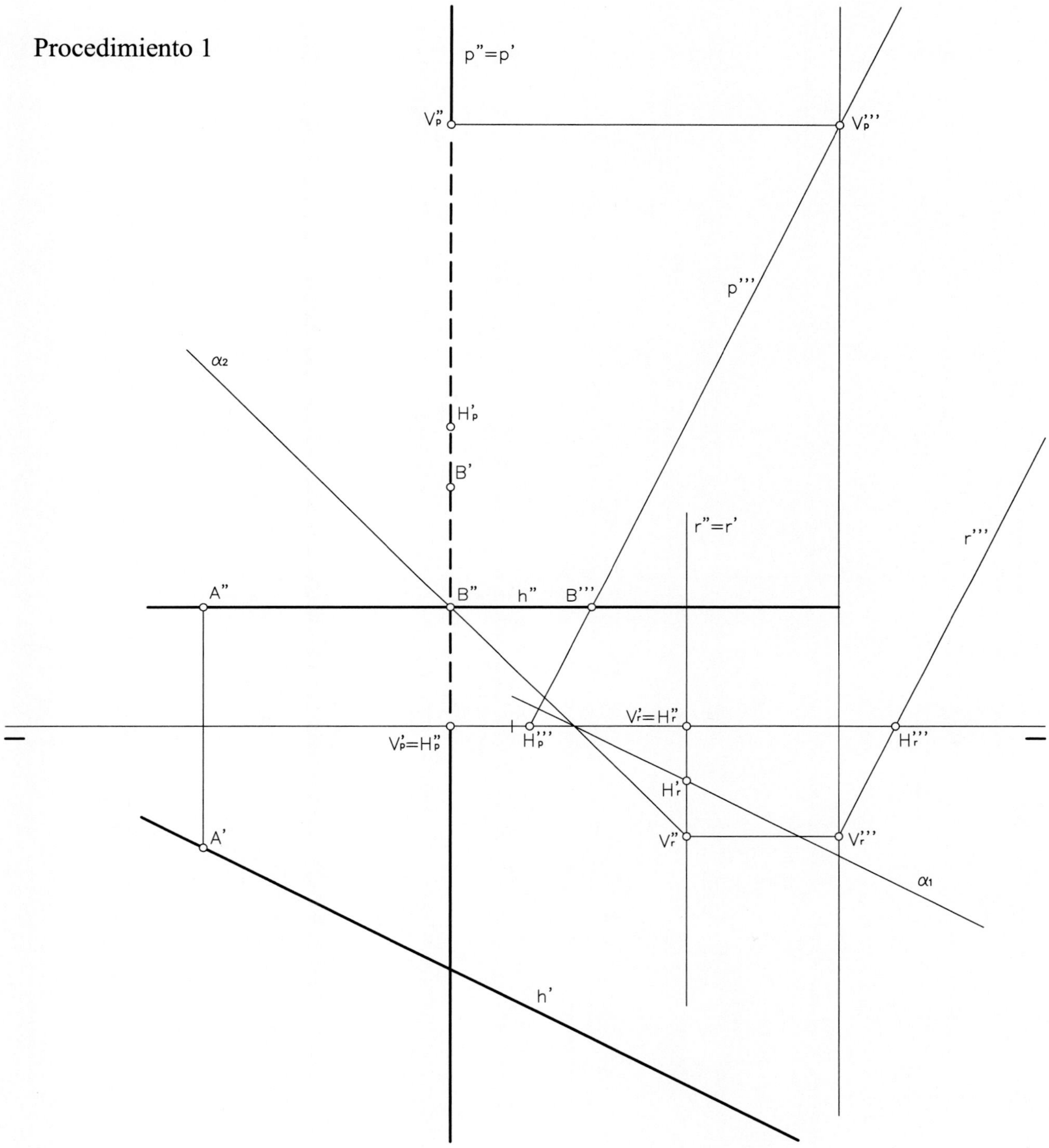

Comentario: El trazado de la recta horizontal h que pasa por el punto A y es paralela al plano α es directo: es suficiente que h' sea paralela a la traza horizontal del plano.
Para obtener la recta de perfil p paralela al plano se sitúa en éste una recta de perfil r y por el punto B se traza la paralela a ella, recta p. Recordemos al efecto que una recta es paralela a un plano cuando es paralela a otra contenida en dicho plano.
Para el trazado de la recta p paralela a r se acude al perfil.

SOLUCIÓN EJ. 2

Procedimiento 2

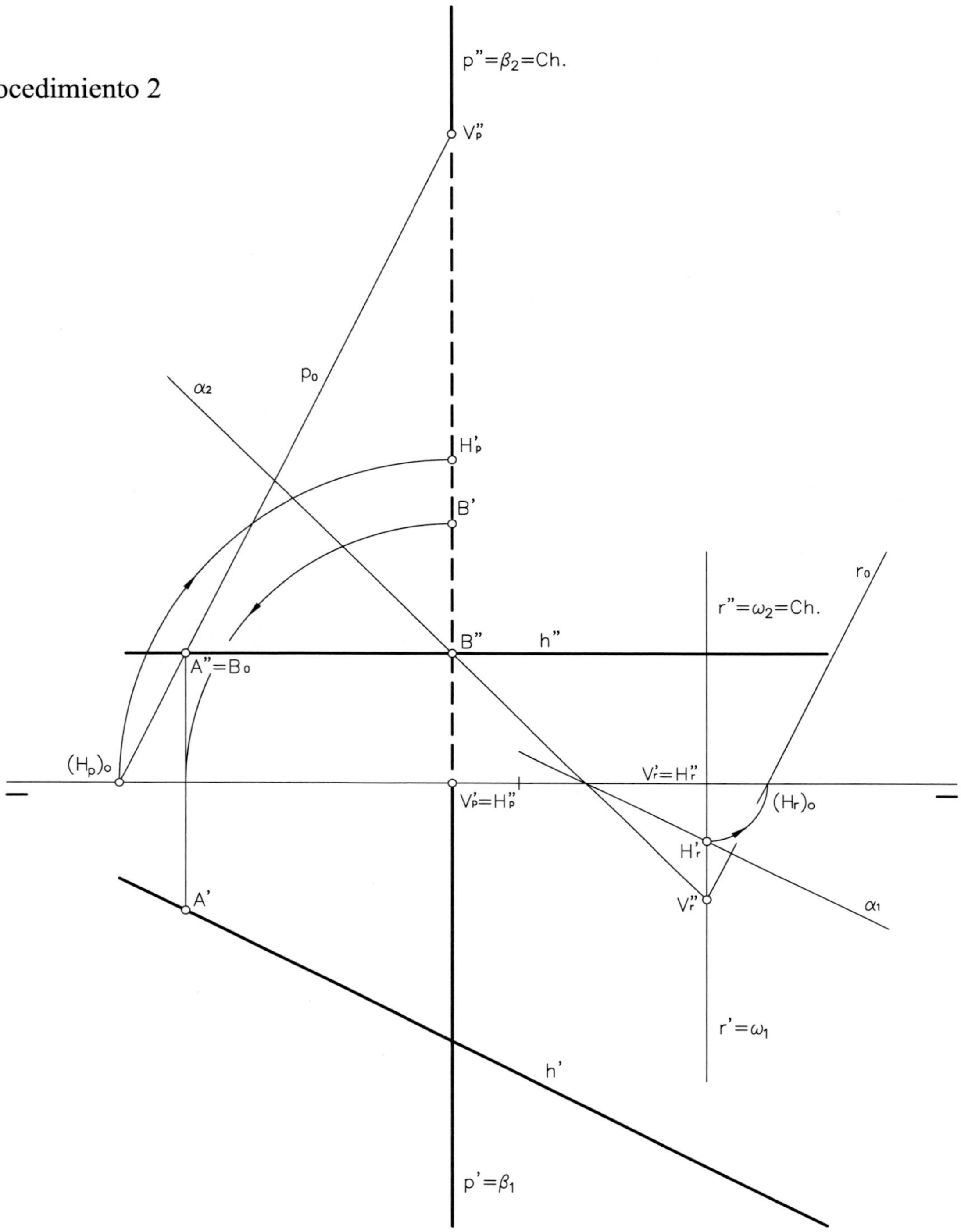

Comentario: El trazado de la recta horizontal h que pasa por el punto A y es paralela al plano α es directo: es suficiente que h' sea paralela a la traza horizontal del plano.
Para obtener la recta de perfil p paralela al plano α se sitúa en éste una recta de perfil r y por el punto B se traza la paralela a ella, recta p. Recordemos al efecto que una recta es paralela a un plano cuando es paralela a otra contenida en dicho plano.
Para el trazado de la recta p paralela a r se abaten sobre el plano vertical sus planos proyectantes: en el abatimiento, las dos rectas (r_0 y p_0) han de ser paralelas.

SOLUCIÓN EJ. 2

Procedimiento 3

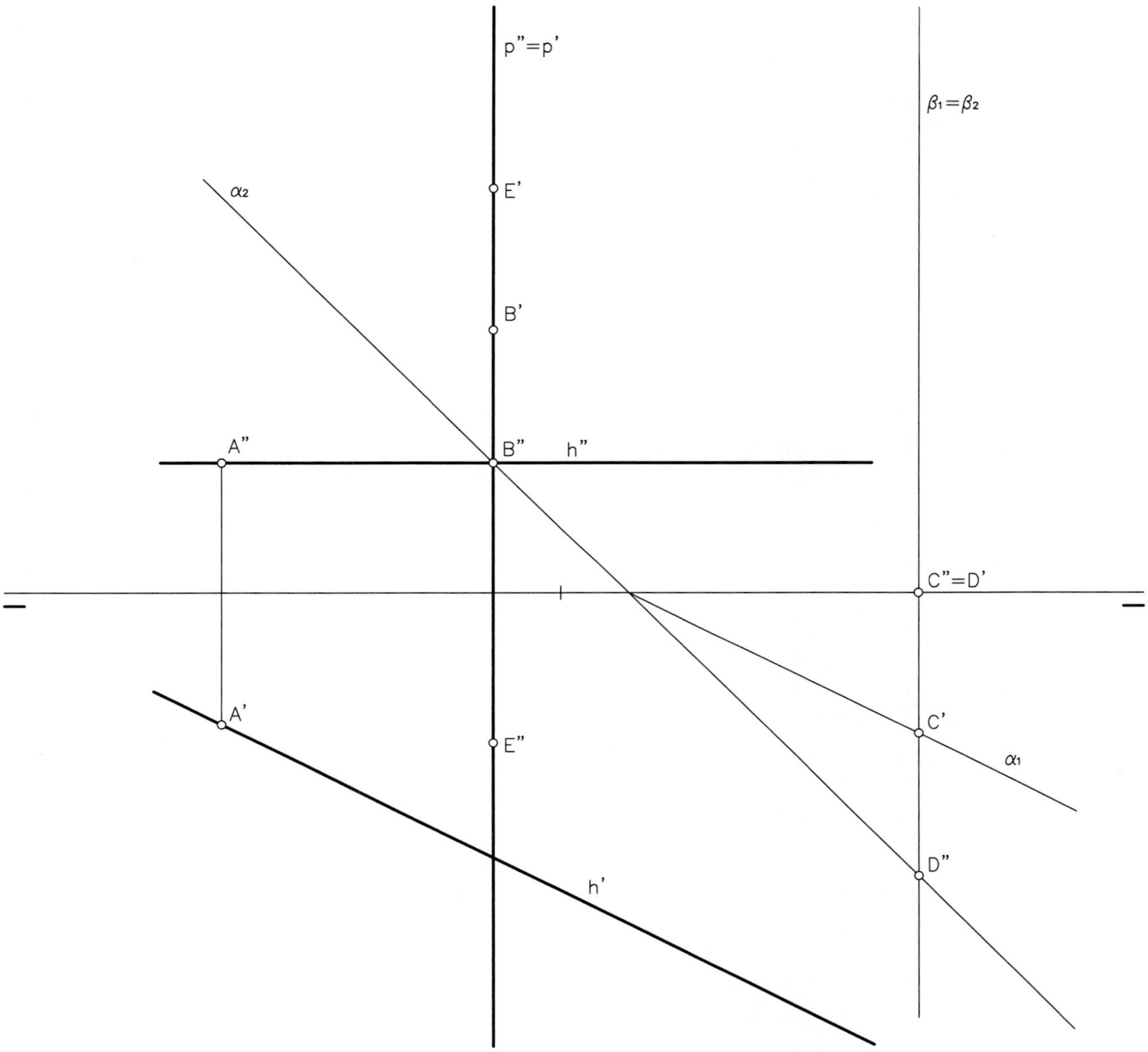

Comentario: El trazado de la recta horizontal h que pasa por el punto A y es paralela al plano α es directo: es suficiente que h' sea paralela a la traza horizontal del plano.
Para obtener la recta de perfil p paralela al plano se define la intersección del plano α con un plano de perfil β y se caracteriza por sus trazas: puntos C y D. La recta pedida se define por los puntos B y E, entre cuyas proyecciones existe la misma separación que entre las proyecciones de los puntos C y D.

Nota: A diferencia de los procedimientos anteriores, en éste no se visualizan las partes vistas y ocultas al quedar definida la recta por dos puntos y no ser necesaria la obtención de las trazas para su representación.

SOLUCIÓN EJ. 3

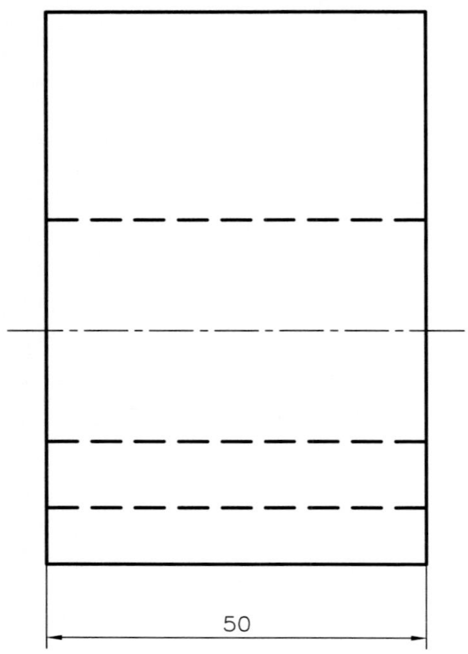

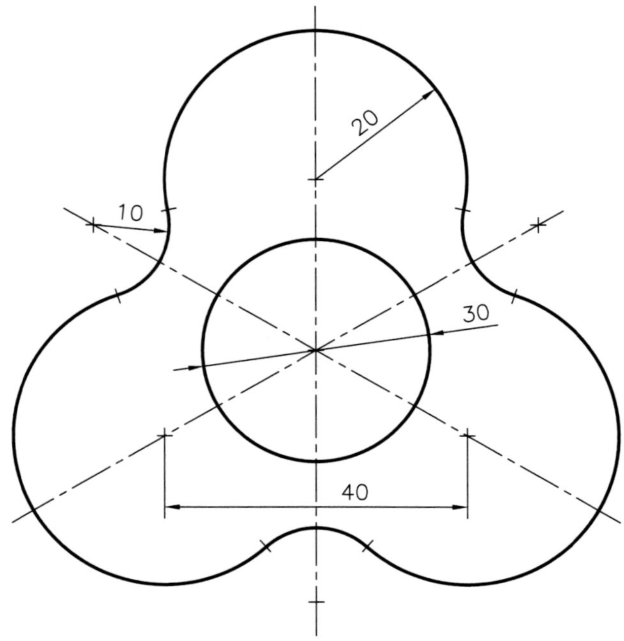

Cotas en mm

Escala 1:1

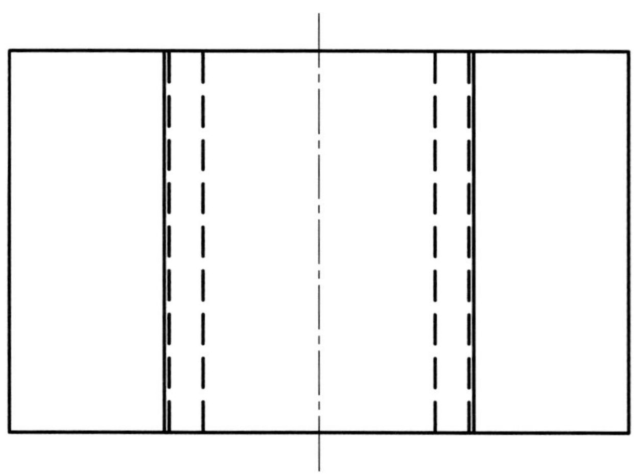

(Vista no necesaria)

PRUEBA Nº 8

EJERCICIO 1 [3 PUNTOS] Dibujar el paralelogramo de lado 40 milímetros y diagonales de valor 60 y 50 milímetros.

EJERCICIO 2 [5 PUNTOS] Dadas las proyecciones del sólido de la figura 1, dotado de cinco planos de simetría, se pide:

Dibujar, a escala 1/1, la perspectiva caballera del cuerpo. $\varphi = 135^\circ$, $\mu = 4/5$.

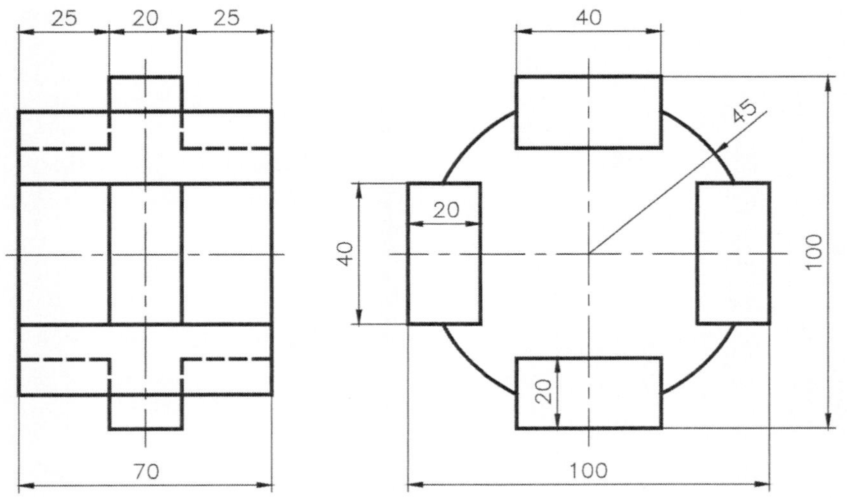

Figura 1
Cotas en mm

EJERCICIO 3 [2 PUNTOS] Dada la perspectiva de la pieza de caras planas dibujada en la figura 2, se pide:

Obtener las vistas planta, alzado y perfil, a escala 3/2, en el Sistema Europeo, acotándolas debidamente para su correcta definición.

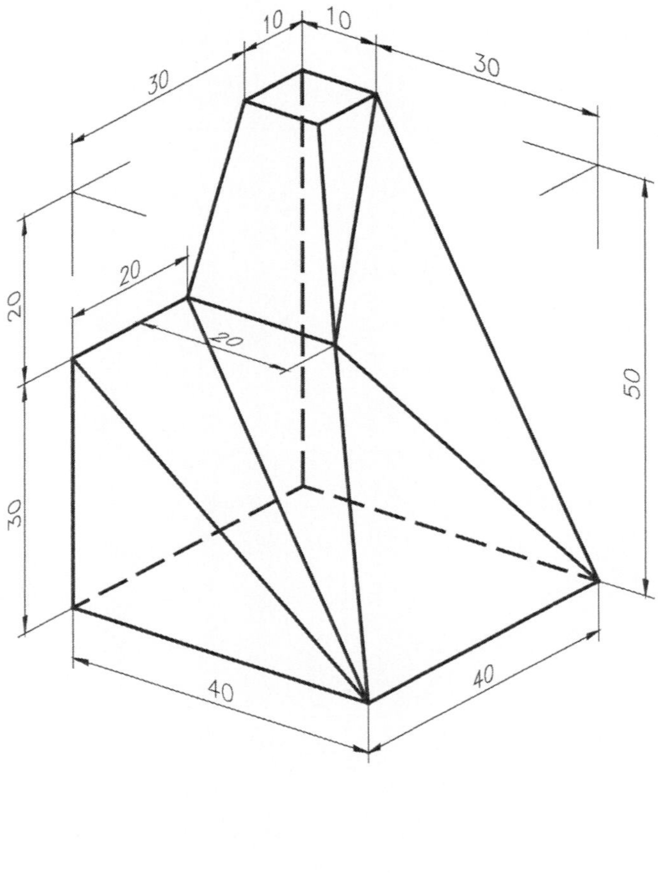

Figura 2
Cotas en mm

SOLUCIÓN EJ. 1

Procedimiento 1

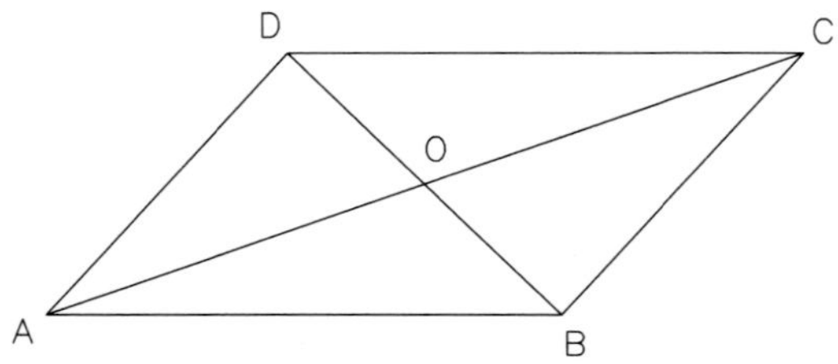

FIGURA DE ANÁLISIS

Propiedad: Las diagonales de un paralelogramo (romboide) se cortan en su punto medio:
$\overline{AO} = \overline{CO}$, $\overline{BO} = \overline{DO}$

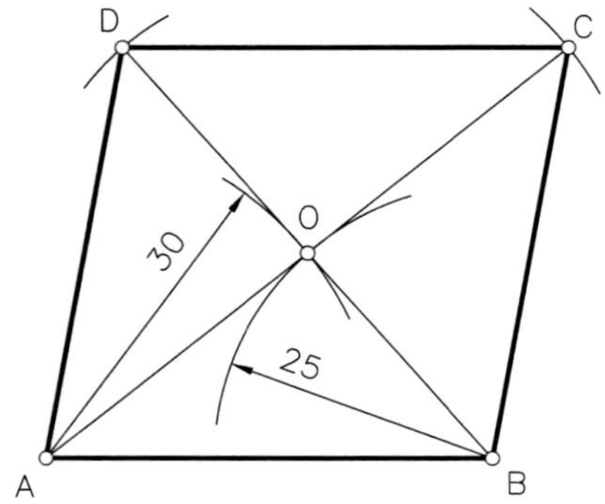

Comentario: Dibujar el lado $\overline{AB}$ = 40 mm. Haciendo centros en A y B y radios la mitad de las diagonales respectivas, se obtiene el centro O del cuadrilátero. Prolongando las diagonales hasta completar su longitud, se obtienen los otros dos vértices.

Procedimiento 2

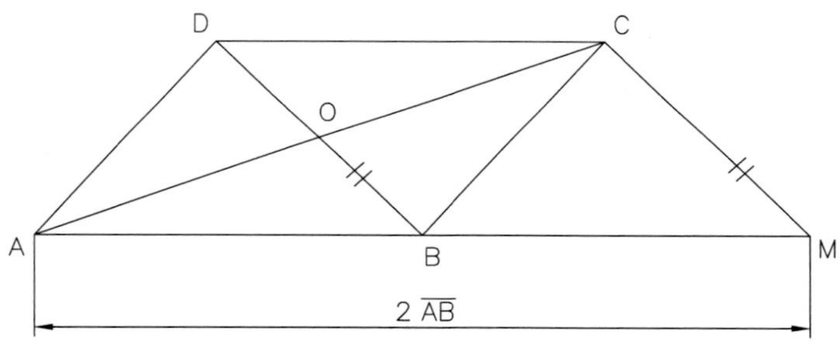

FIGURA DE ANÁLISIS

Traslación paralela a la base menor DC que convierte la diagonal $\overline{BD}$ en $\overline{MC}$.

Comentario: Dibujar $\overline{AB}$ = 40 mm y $\overline{AM}$ = 80 mm. Haciendo centros en A y M y radios las diagonales respectivas, se obtiene el vértice C. Por paralelismo se obtiene el vértice D.

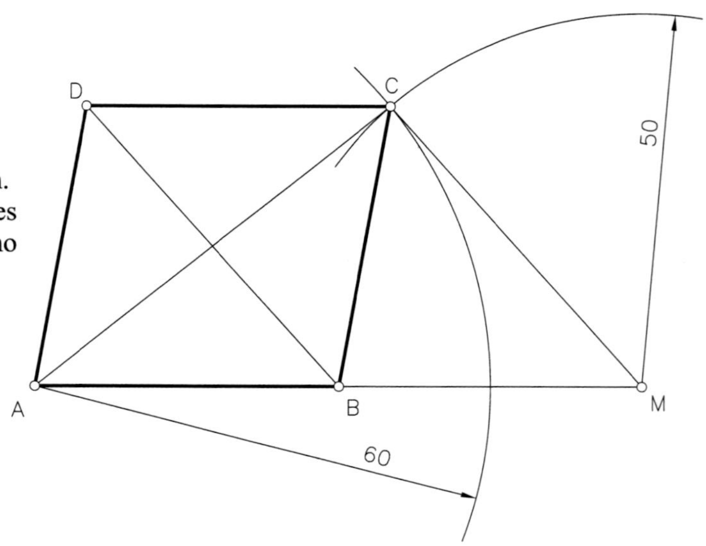

SOLUCIÓN EJ. 2

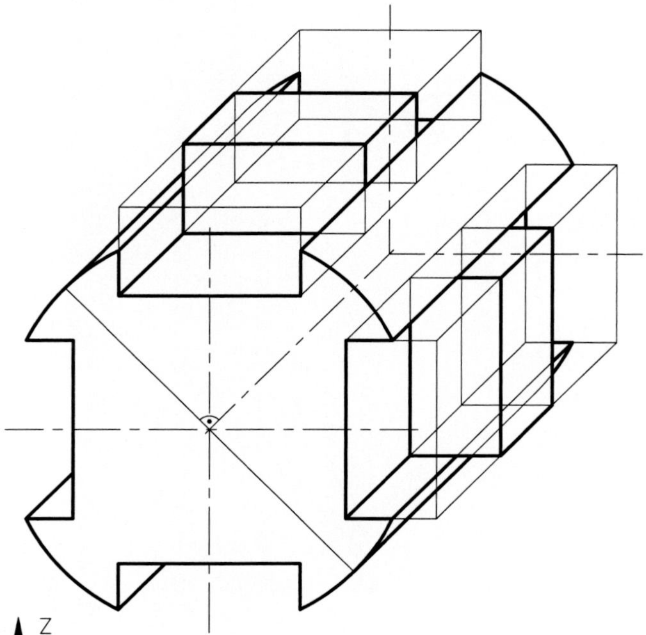

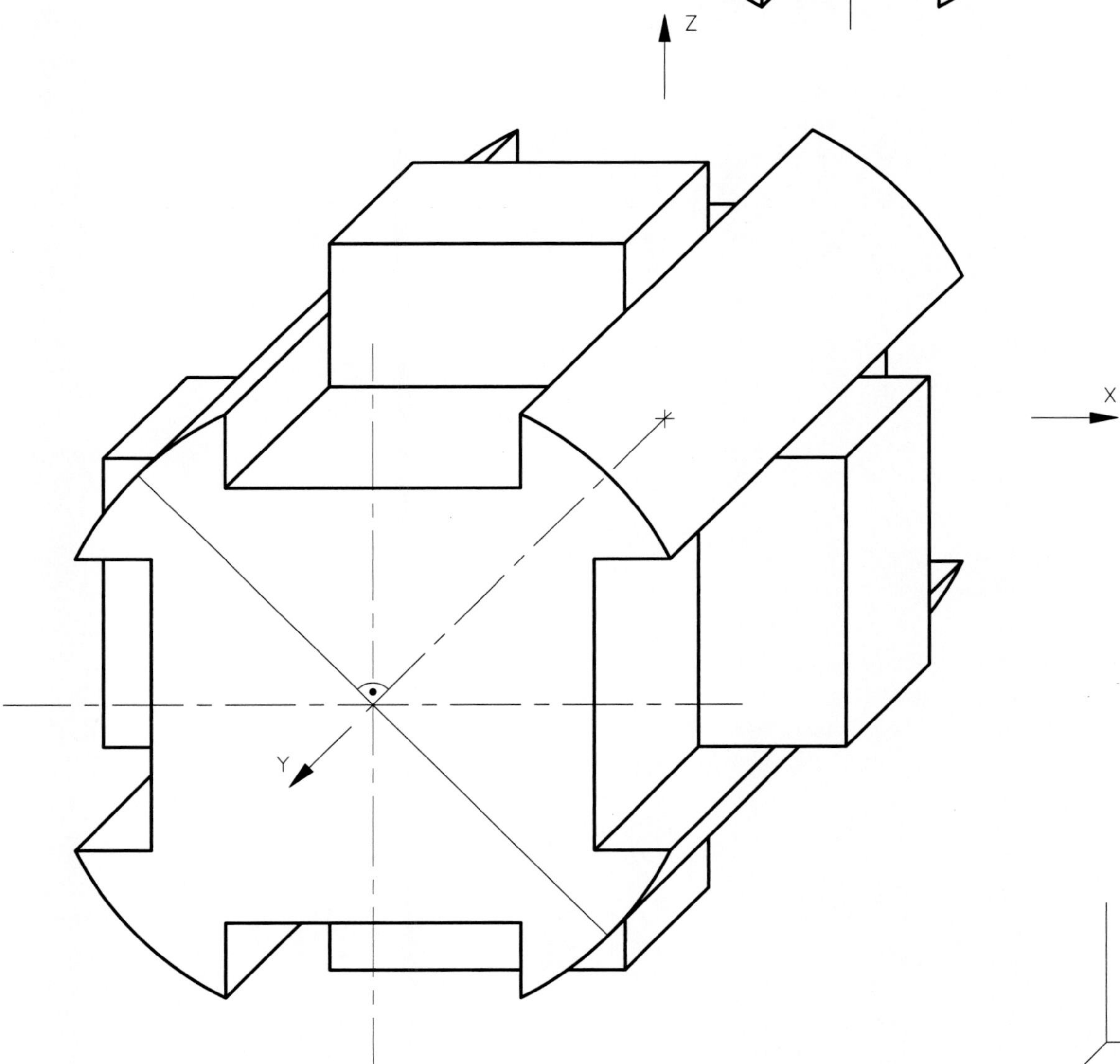

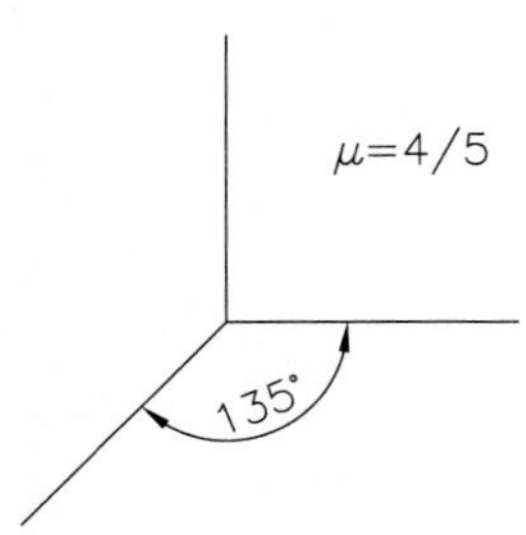

Comentario: Es importante definir los puntos de tangencia de las generatrices de contorno de las superficies cilíndricas. Estos puntos se determinan trazando perpendiculares a las generatrices y, por lo tanto, al eje del cilindro, por los centros de las secciones circulares.

Escala 1:1

SOLUCIÓN EJ. 3

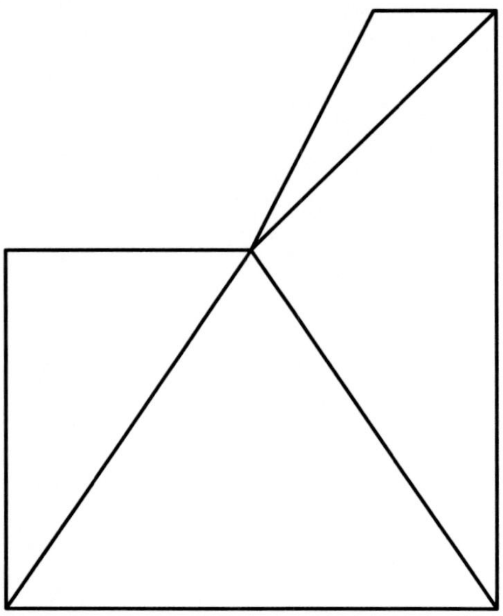

(Vista no necesaria)

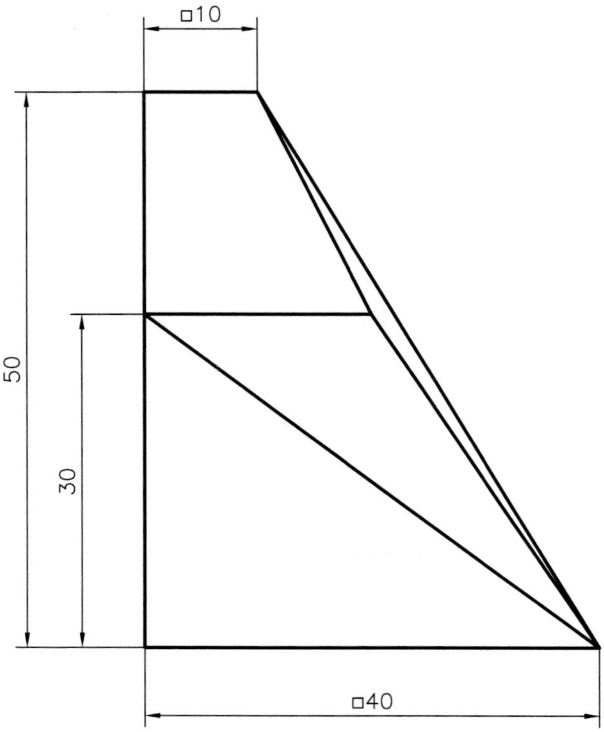

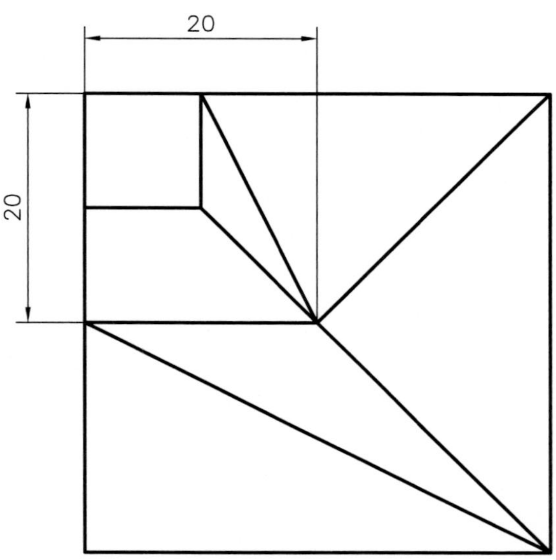

Comentario: El símbolo del cuadrado debe preceder a la cifra de cota (Norma UNE 1-039-94. Inscripción de las cifras de cota).

Cotas en mm

Escala 3:2

PRUEBA Nº 9

EJERCICIO 1 [3 PUNTOS] En un triángulo rectángulo de catetos 5 y 7 cm se pretende inscribir un triángulo equilátero de forma que cada uno de sus vértices esté sobre cada uno de los lados del triángulo rectángulo y que los vértices que están sobre los catetos disten lo mismo del vértice del ángulo recto.

Dibujar ambos triángulos, el rectángulo y el equilátero inscrito.

EJERCICIO 2 [5 PUNTOS] Dado el plano definido por los puntos A, B y C, en proyección diédrica, obtener el ángulo formado por sus trazas y la distancia desde el origen O a ese plano.

Datos: A(-50, 30, 10), B(35, -5, 35), C(55, -50, 25)

Cotas en milímetros. Origen de coordenadas en el centro del papel.

EJERCICIO 3 [2 PUNTOS] Dada la perspectiva de la figura 1, en la que se representa una pieza con dos planos verticales de simetría, se pide:

Obtener sus proyecciones planta, alzado y perfil, a escala 2/3, debidamente acotadas, para su correcta representación.

Figura 1
Cotas en mm

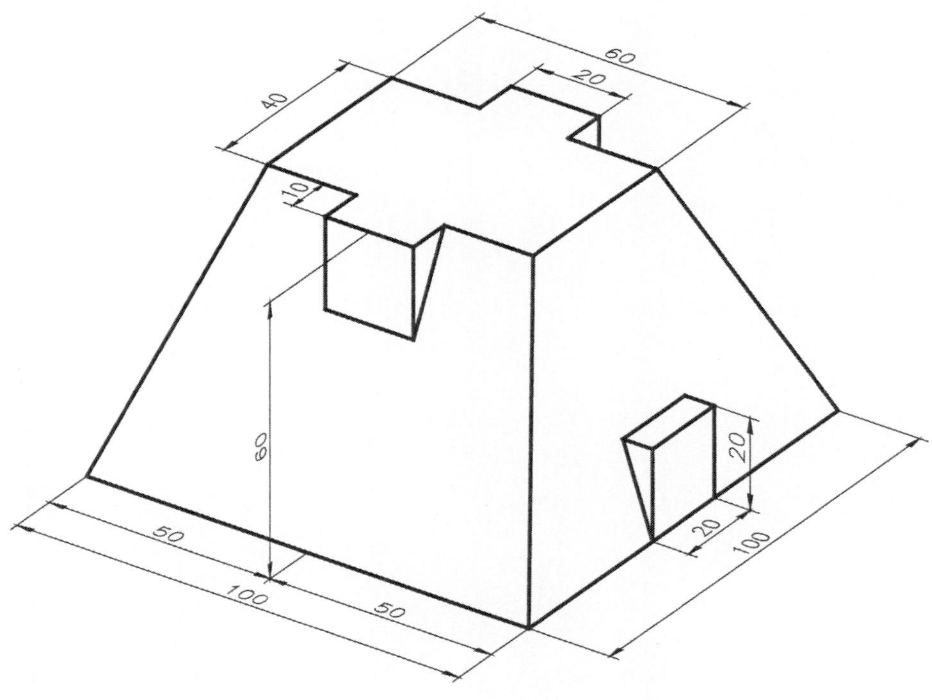

SOLUCIÓN EJ. 1

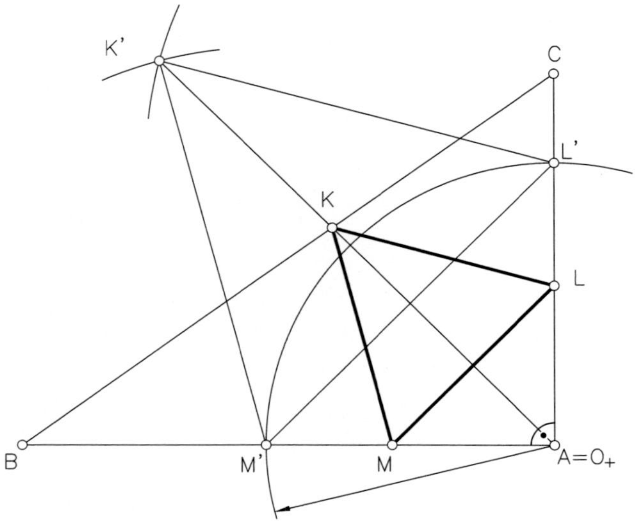

Procedimiento 1

Comentario: Para inscribir en ABC el triángulo equilátero KLM, se puede dibujar otro K'L'M' homotético de la solución de manera que las distancias AL' y AM' sean iguales. Si A es el centro de homotecia positivo, los puntos K' y K son homotéticos y están alineados con O_+. Como dos segmentos homotéticos son paralelos, L y M se obtienen por paralelismo.

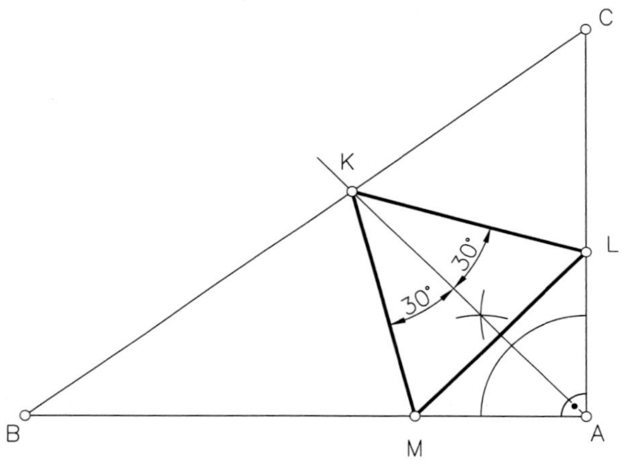

Procedimiento 2

Comentario: Otra forma de obtener el triángulo equilátero inscrito es dibujar la bisectriz del ángulo recto A, la cual corta en K a la hipotenusa de ABC. La bisectriz anterior también lo es del ángulo K del triángulo KLM, con lo cual los ángulos AKL y AKM son de 30º. Al trazar las rectas que pasando por K forman 30º con KA se obtienen los vértices L y M.

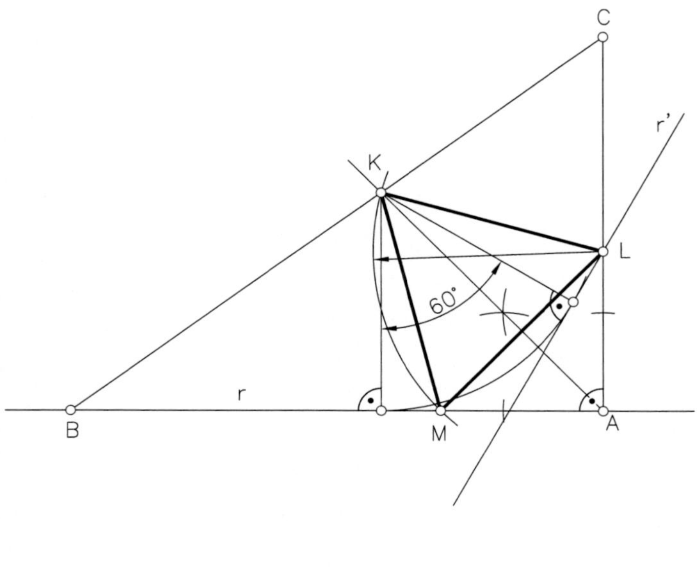

Procedimiento 3

Comentario: Una tercera manera de inscribir en ABC el triángulo equilátero KLM es relacionar mediante un giro de 60º los lados $\overline{KM}$ y $\overline{KL}$. El vértice K se obtiene como en el caso anterior. Si giramos la recta r, que contiene al cateto $\overline{AB}$ y a M, 60º en sentido antihorario se tiene r', que corta al cateto $\overline{AC}$ en L. Para completar el triángulo solución, llevar $\overline{LM} = \overline{LK}$ mediante un arco de circunferencia.

SOLUCIÓN EJ. 2

Procedimiento 1

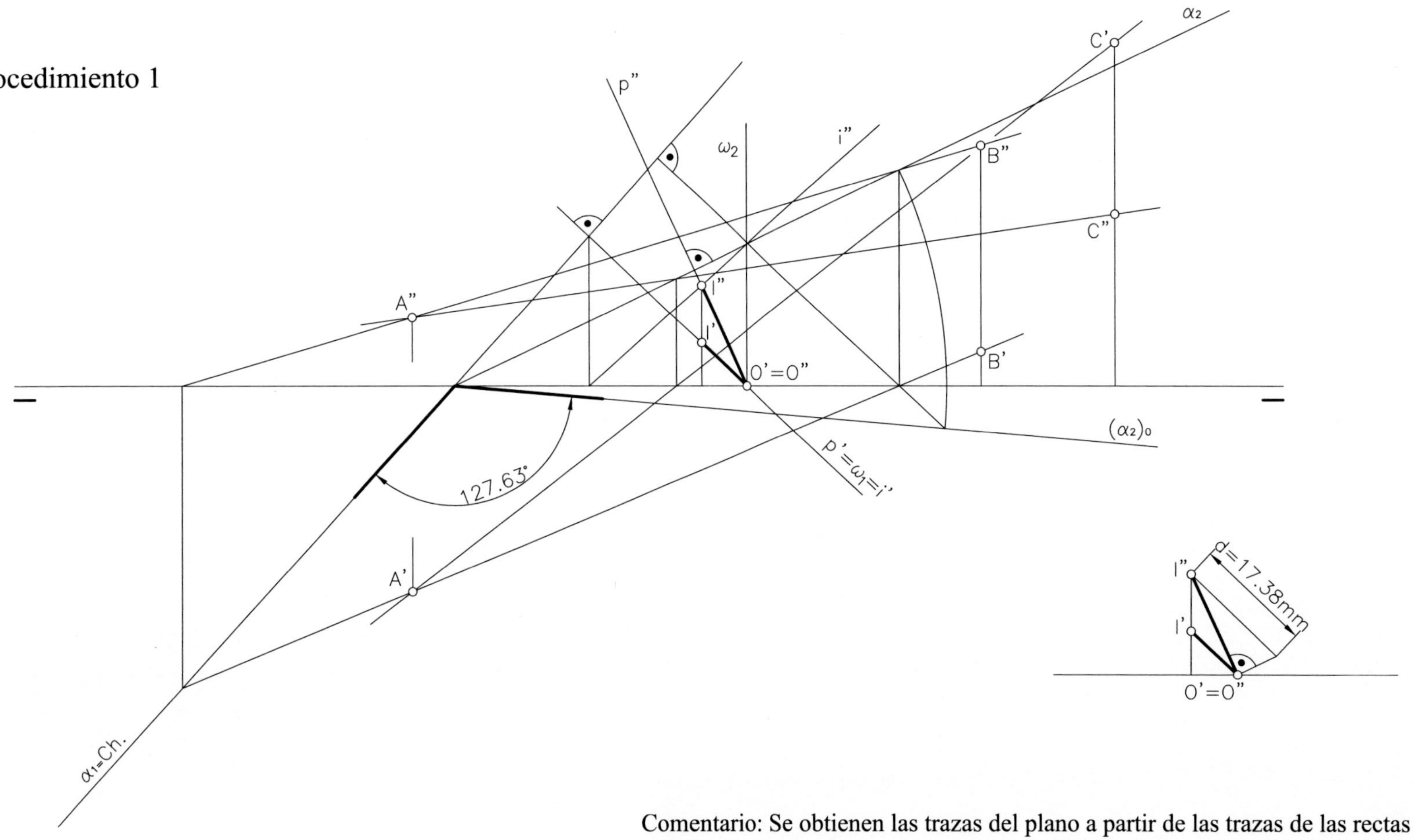

Comentario: Se obtienen las trazas del plano a partir de las trazas de las rectas AB y AC. Abatido el plano sobre el horizontal, se obtiene el ángulo que forman sus trazas.

Desde el origen se traza la recta p perpendicular al plano; mediante el plano ω, proyectante horizontal de la recta p, se halla el punto de intersección de ésta con el plano ABC. La distancia del origen al plano la define el segmento OI. Su verdadera magnitud se ha obtenido mediante diferencia de alejamiento en figura aparte.

SOLUCIÓN EJ. 2

Procedimiento 2

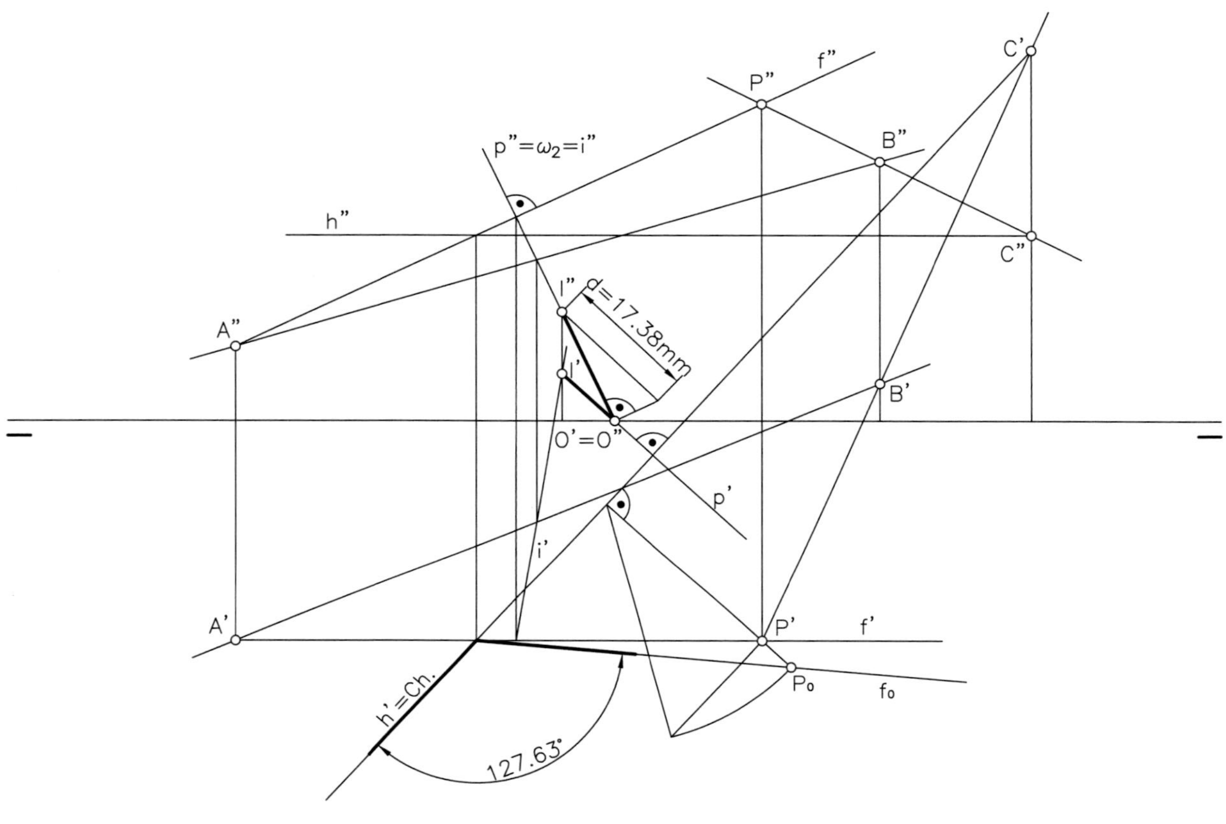

Comentario: Se sitúa en el plano ABC una frontal y una horizontal. Tomando la horizontal como charnela se abate la frontal. El ángulo que forman entre sí la horizontal y la frontal es igual al formado por las trazas del plano.
Desde el origen se traza la recta p perpendicular al plano; mediante el plano ω, proyectante vertical de la recta p, se halla el punto de intersección I de ésta con el plano ABC. La distancia del origen al plano la define el segmento OI. Su verdadera magnitud se ha obtenido mediante diferencia de alejamiento.

SOLUCIÓN EJ. 3

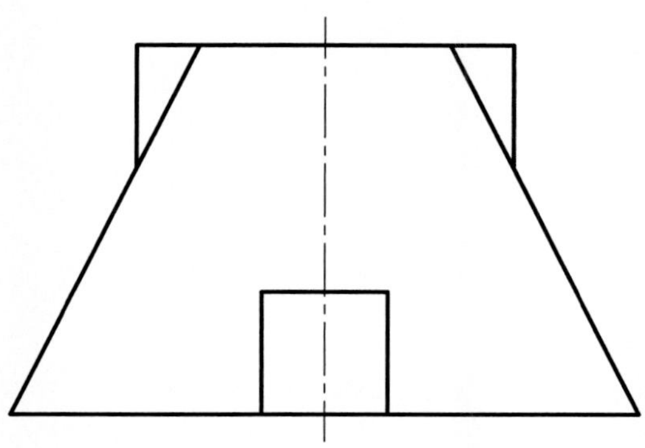

(Vista no necesaria)

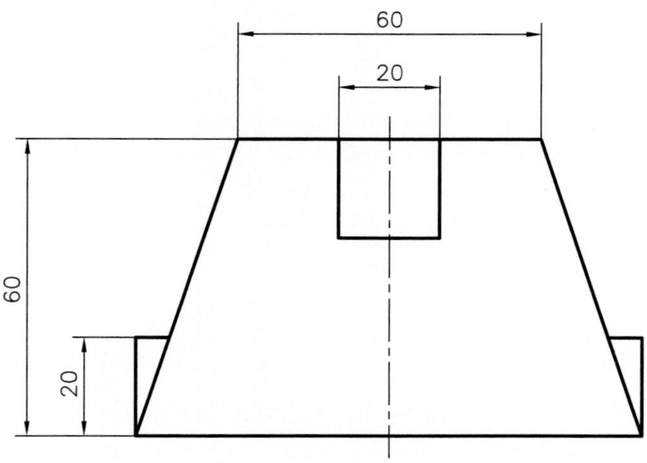

Cotas en mm

Escala 2:3

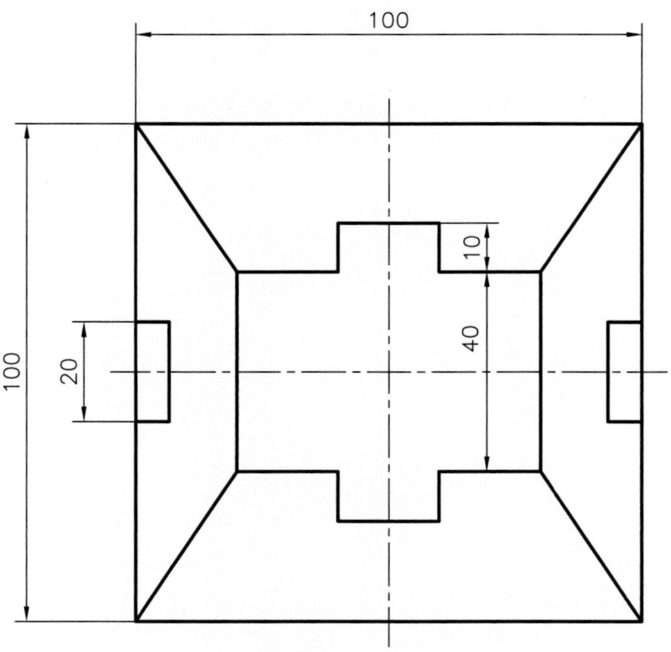

PRUEBA Nº 10

EJERCICIO 1 [3 PUNTOS] Un rombo tiene un ángulo de 45º en uno de sus vértices. La distancia desde ese vértice al punto medio de uno de los lados del rombo que no pasan por él es de 6 cms. Se pide:

Representar dicho rombo.

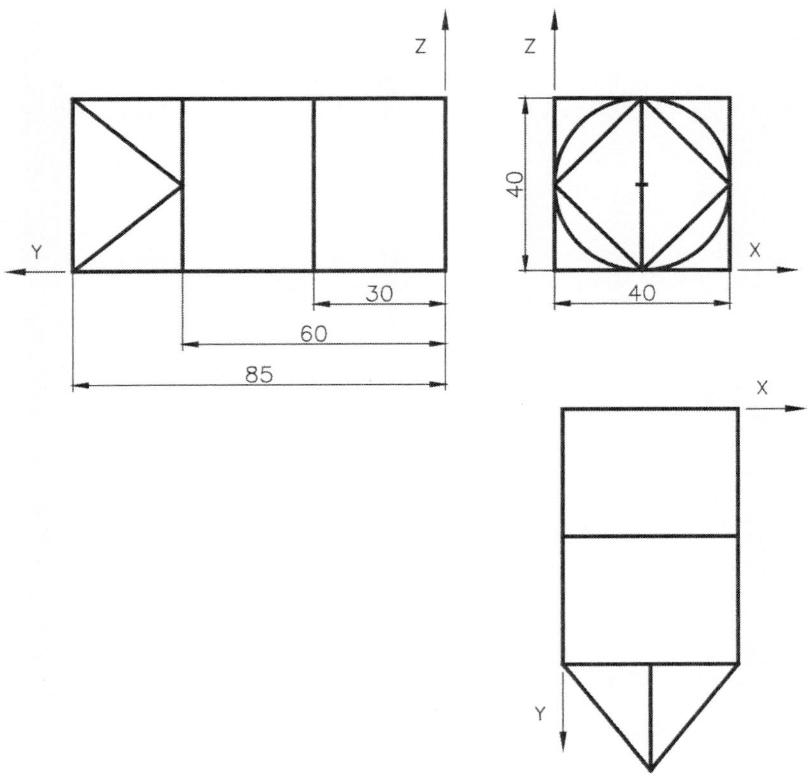

EJERCICIO 2 [5 PUNTOS] Dibujar la perspectiva isométrica de la pieza representada en la figura 1.

Escala 1/1.

Figura 1
Cotas en mm

EJERCICIO 3 [2 PUNTOS] Dada la perspectiva de la figura 2, en la que se representa una pieza con dos planos verticales de simetría, se pide:

Obtener sus proyecciones planta, alzado y perfil, a escala 1/1, debidamente acotadas, para su correcta representación.

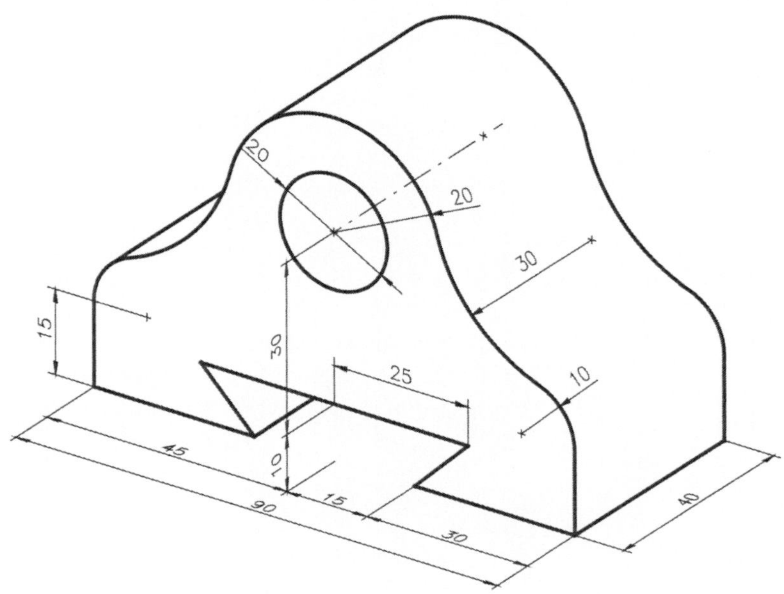

Figura 2
Cotas en mm

SOLUCIÓN EJ. 1

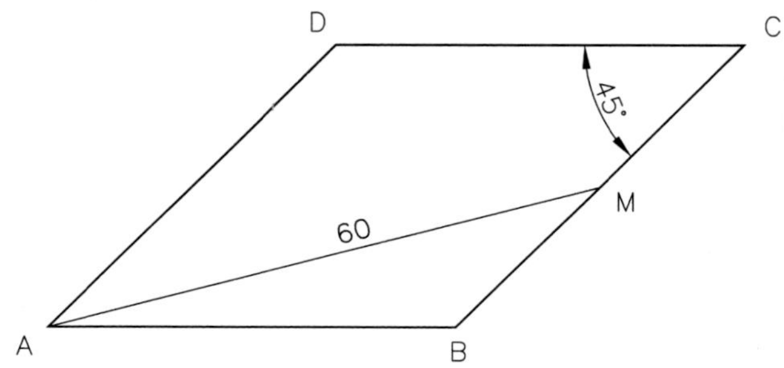

FIGURA DE ANÁLISIS

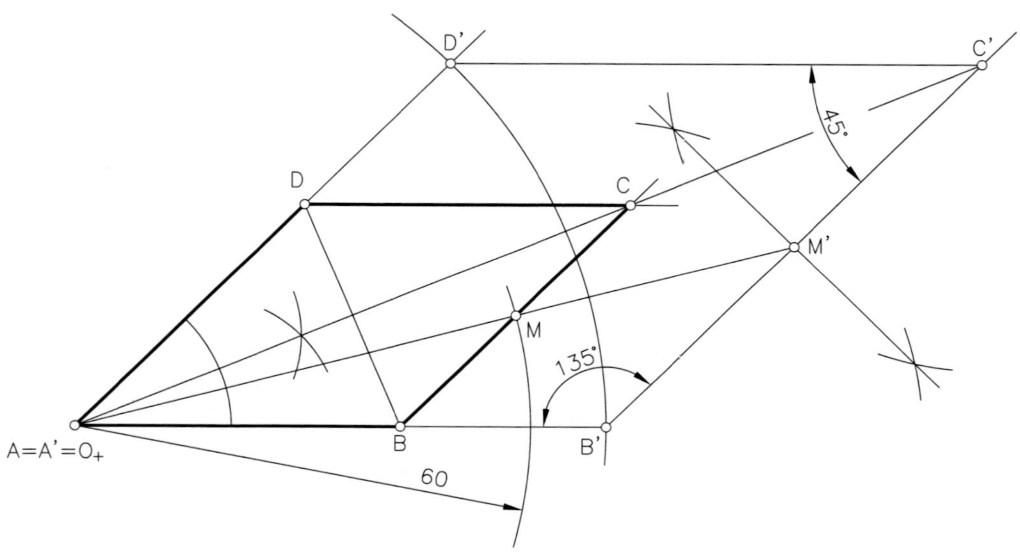

Comentario: Dibujar un rombo A'B'C'D' cualquiera semejante al pedido, esto es, de ángulos 45º y 135º. Si se toma A como centro de homotecia, los puntos medios M' y M son homotéticos y tal que $\overline{AM}$ = 6 cm. Por paralelismo se obtienen el resto de lados y vértices.

SOLUCIÓN EJ. 2

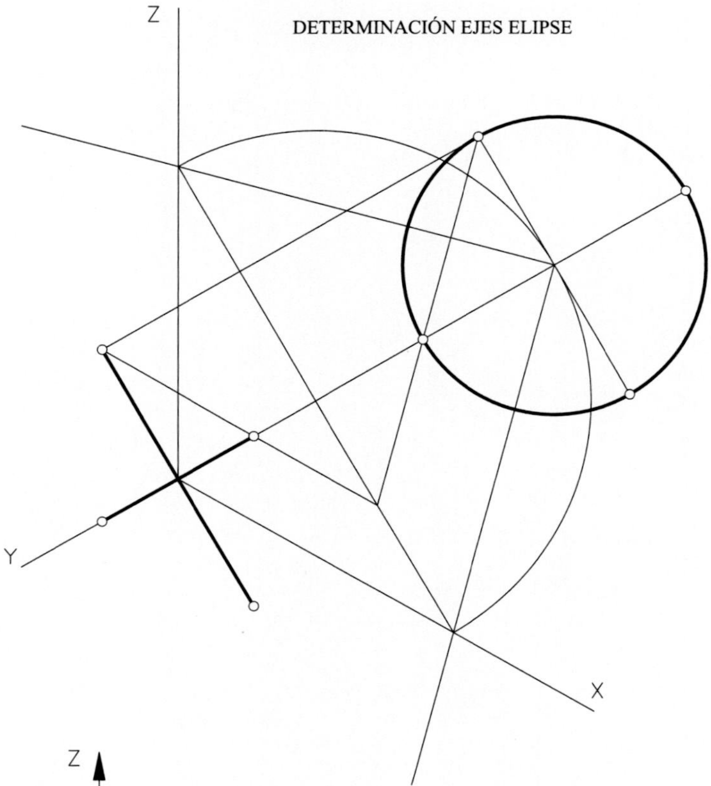

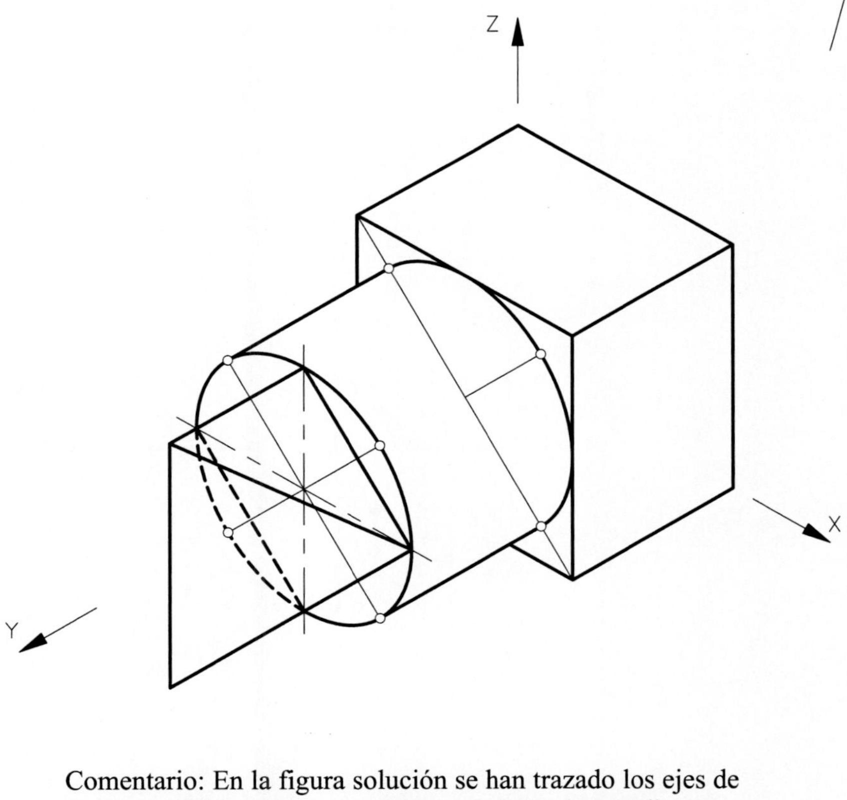

Comentario: En la figura solución se han trazado los ejes de las elipses, determinados mediante el abatimiento adjunto.

Nota: Se han representado algunas de las aristas ocultas de la pieza para facilitar su interpretación.

Escala 1:1

SOLUCIÓN EJ. 3

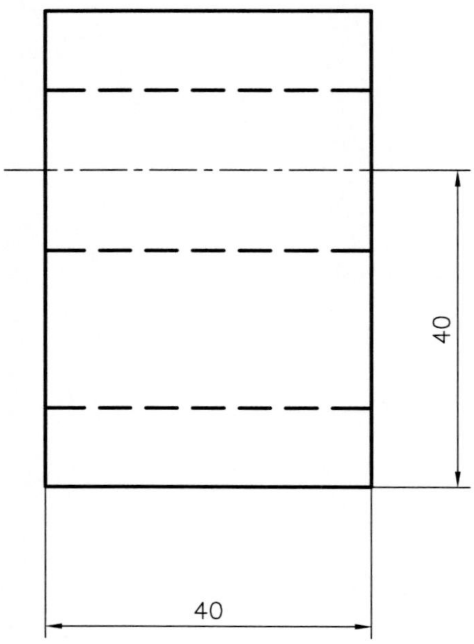

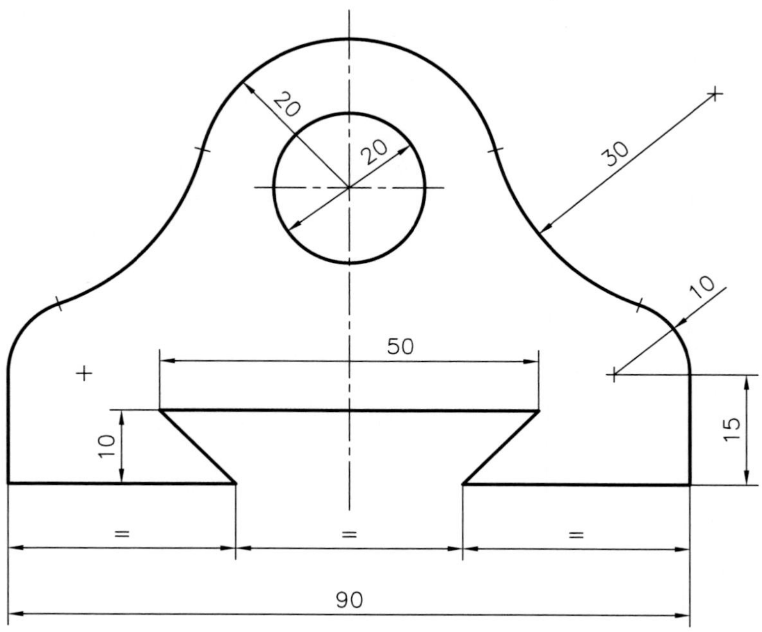

Cotas en mm

Escala 1:1

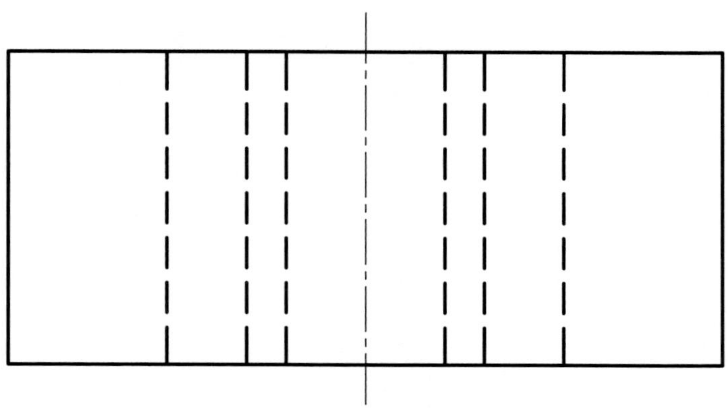

(Vista no necesaria)

PRUEBA Nº 11

EJERCICIO 1 [3 PUNTOS] Un trapecio isósceles tiene los lados paralelos de valor 6 y 4 cm y su diagonal vale 6 cm. Se pide:

Dibujar dicho trapecio.

EJERCICIO 2 [5 PUNTOS] Dado el plano definido por los puntos A, B y C, en proyección diédrica, se pide:

Obtener el punto D para que ABCD sea un paralelogramo (D opuesto a A), así como la verdadera magnitud de dicho paralelogramo.

Datos: A(-50, 15, 25), B(-40, 10, 40), C(25, 30, 20).

Cotas en milímetros. Origen de coordenadas en el centro del papel.

EJERCICIO 3 [2 PUNTOS] Dada la perspectiva de la figura 1, en la que se representa una pieza con cinco planos de simetría, se pide:

Obtener sus proyecciones planta, alzado y perfil, a escala 1/2, debidamente acotadas, para su correcta representación.

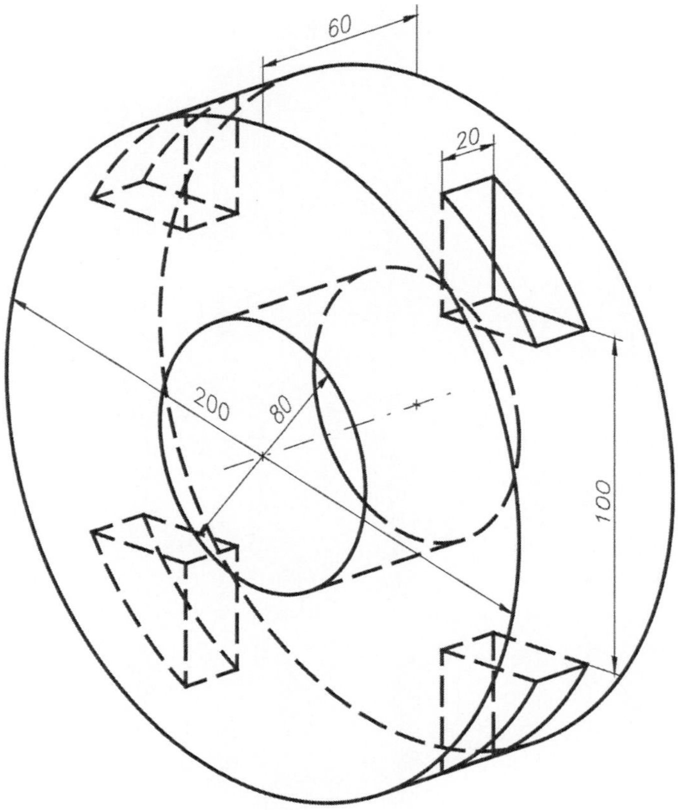

Figura 1
Cotas en mm

SOLUCIÓN EJ. 1

Procedimiento 1

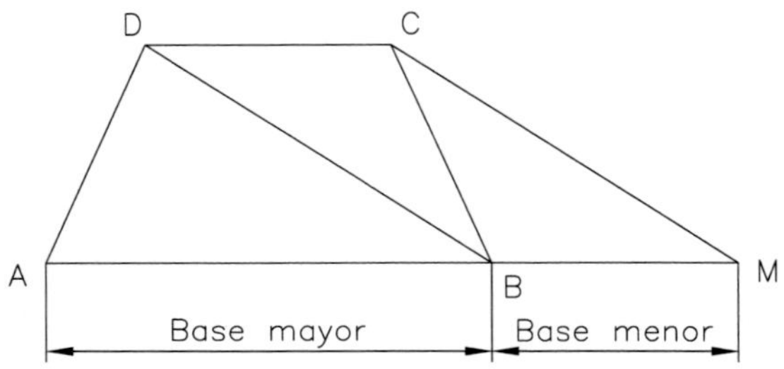

FIGURA DE ANÁLISIS

Comentario: Si se ejecuta una traslación de la diagonal $\overline{BD}$ paralela a la base menor $\overline{DC}$, el segmento $\overline{AM}$ es igual a la suma de las bases. El triángulo AMC es isósceles por tener los lados $\overline{AC}$ y $\overline{MC}$ iguales a la diagonal del trapecio.

Dibujar $\overline{AM} = 10$ cm y con centros A y M dibujar dos arcos iguales de radio 60 mm (diagonal del trapecio); así se obtiene C. Medir $\overline{CD} = 40$ mm sobre una paralela a la base mayor.

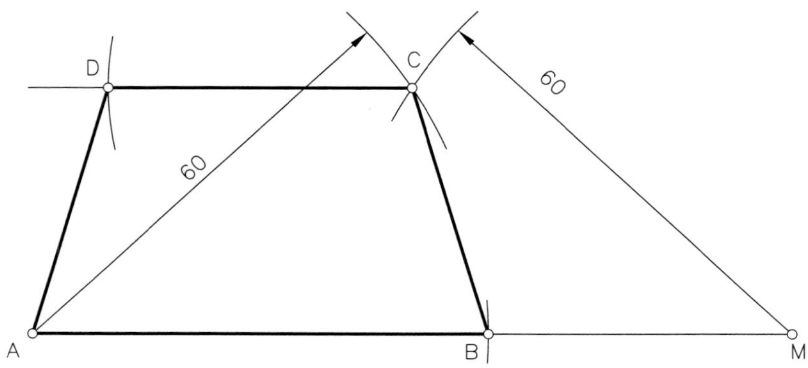

Procedimiento 2

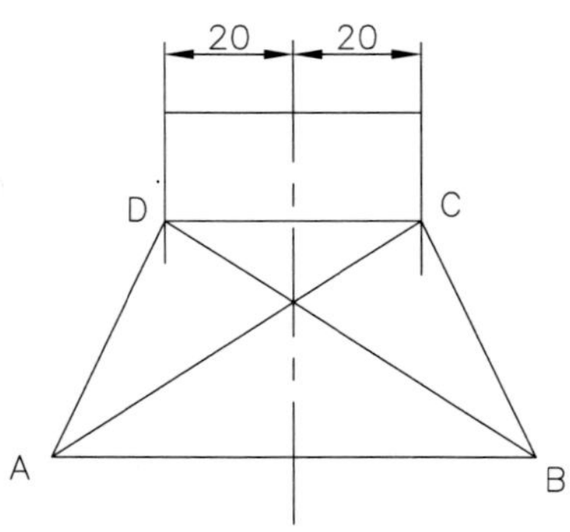

FIGURA DE ANÁLISIS

Comentario: Otra forma de afrontar este ejercicio es la siguiente. Los vértices C y D están sobre dos paralelas a la mediatriz de las bases y separadas de ella 2 cm; además, se encuentran sobre los arcos de centros A y B y radio 6 cm.

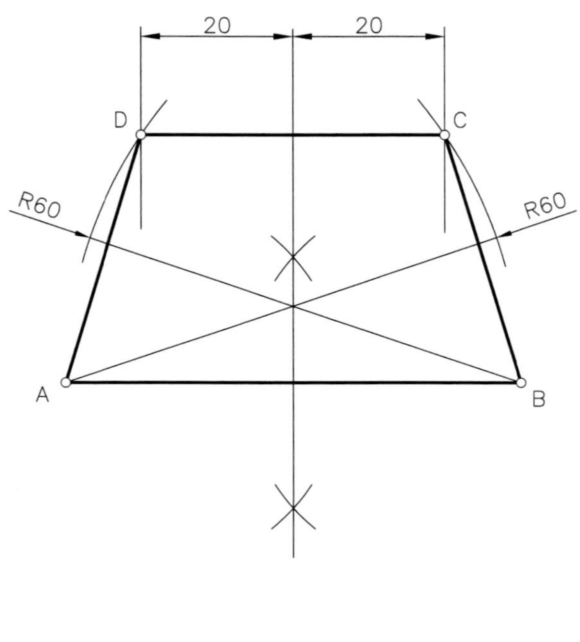

SOLUCIÓN EJ. 2

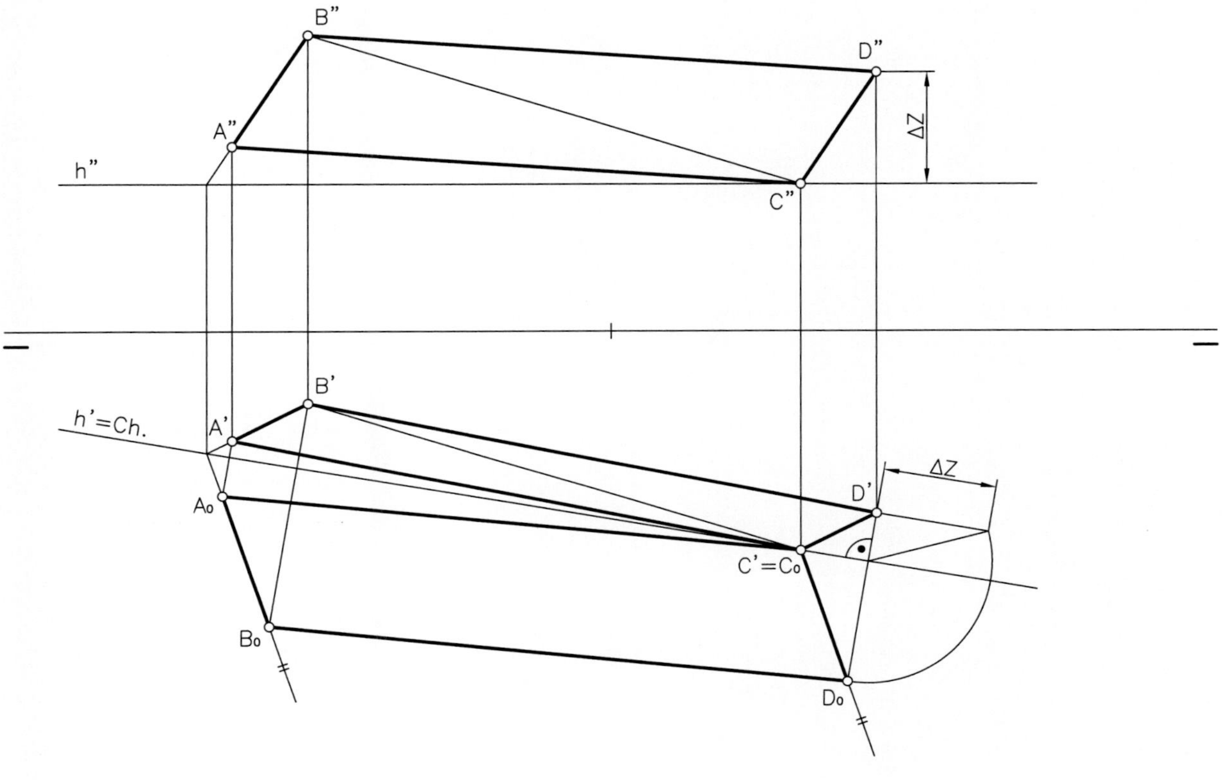

Comentario: Mediante paralelismo se define el vértice D.
La verdadera magnitud del paralelogramo se obtiene mediante un abatimiento en torno a la horizontal de plano h.

SOLUCIÓN EJ. 3

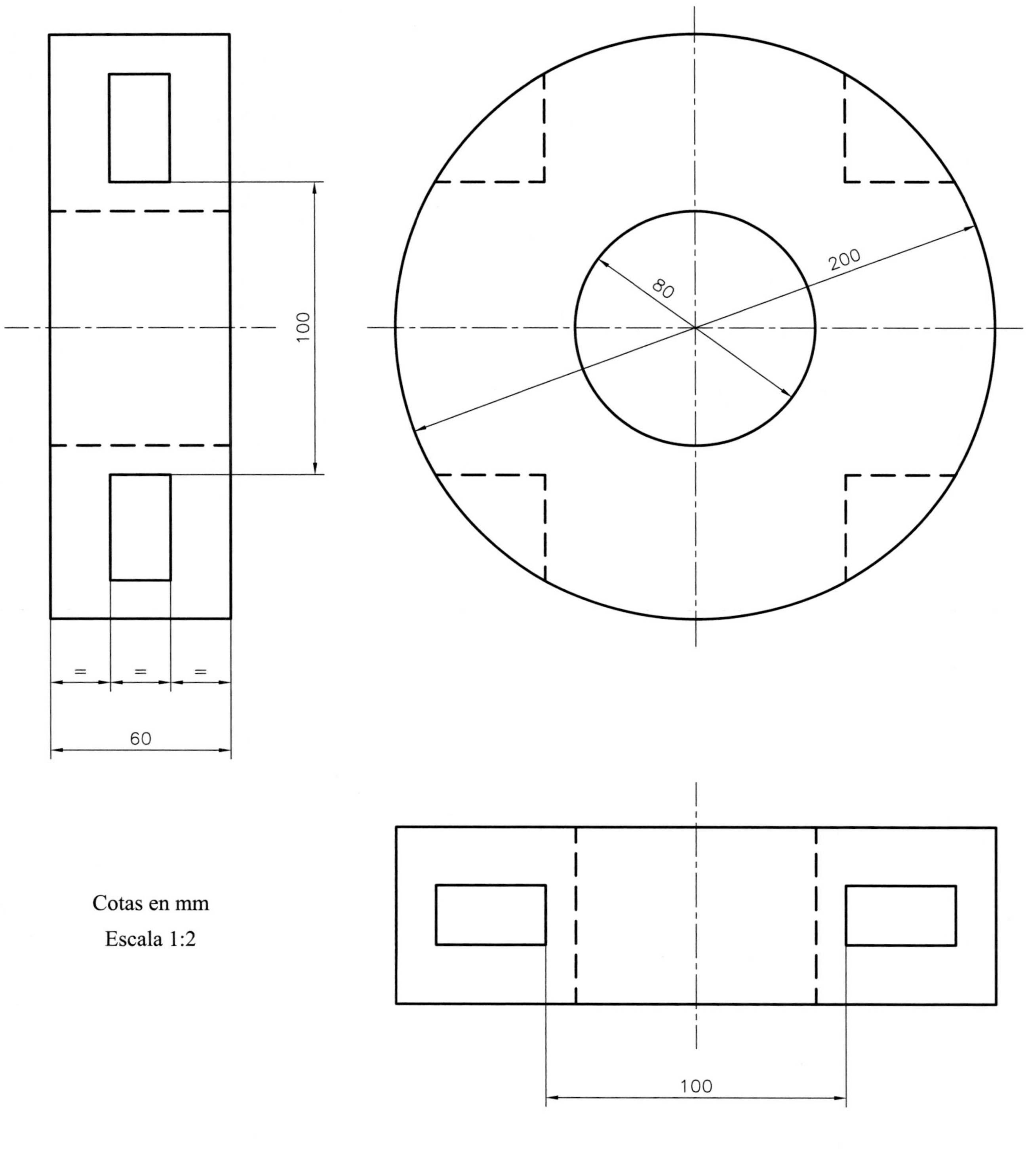

Cotas en mm

Escala 1:2

PRUEBA Nº 12

EJERCICIO 1 [3 PUNTOS] Dibujar un pentágono regular de forma que dos de sus vértices contiguos y el centro del pentágono se encuentren en una circunferencia de radio 2 centímetros.

EJERCICIO 2 [5 PUNTOS] Dadas las proyecciones alzado y perfil del sólido de la figura 1, se pide:

Dibujar, a escala 1/1, la perspectiva caballera de dicho sólido, con $\varphi=120^o$, $\mu = 4/5$.

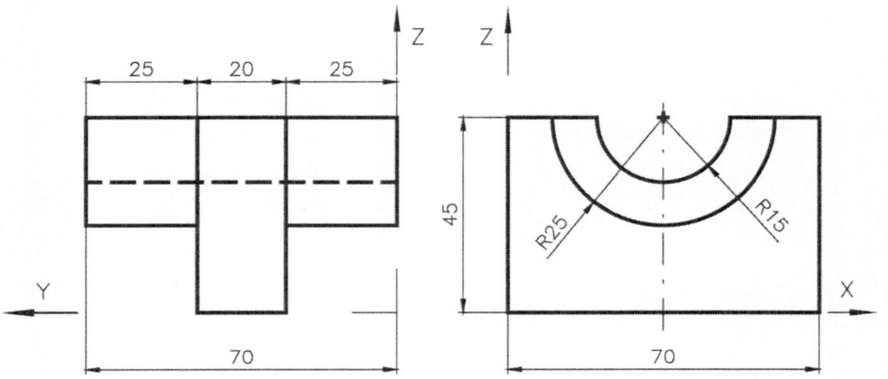

Figura 1
Cotas en mm

EJERCICIO 3 [2 PUNTOS] Dada la perspectiva de la figura 2, se pide:

Obtener sus proyecciones planta, alzado y perfil, a escala 4/5, debidamente acotadas, para su correcta representación.

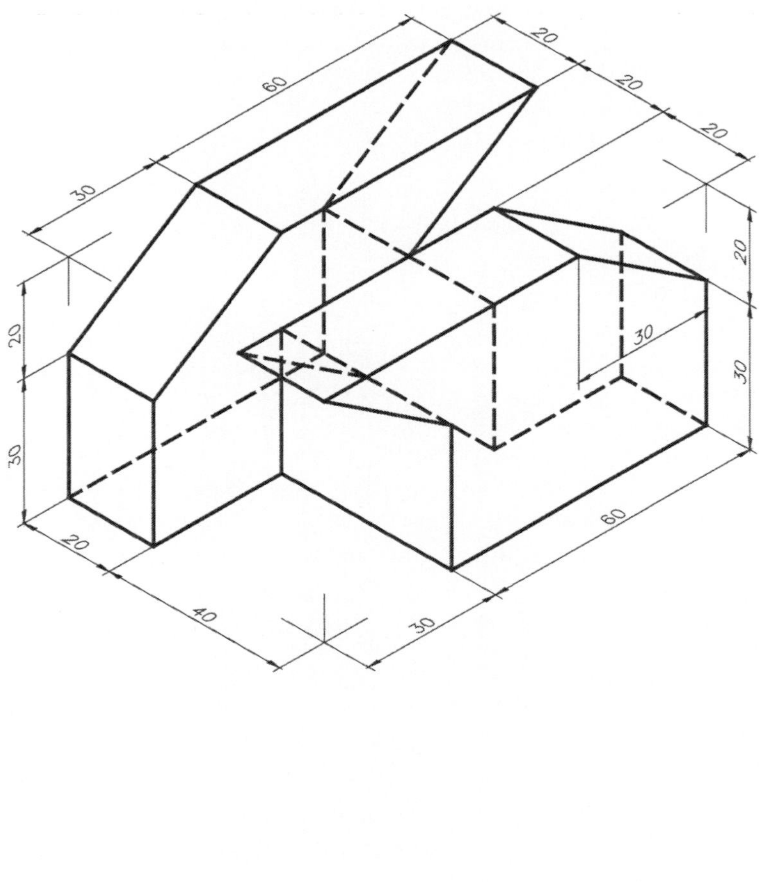

Figura 2
Cotas en mm

SOLUCIÓN EJ. 1

Procedimiento 1

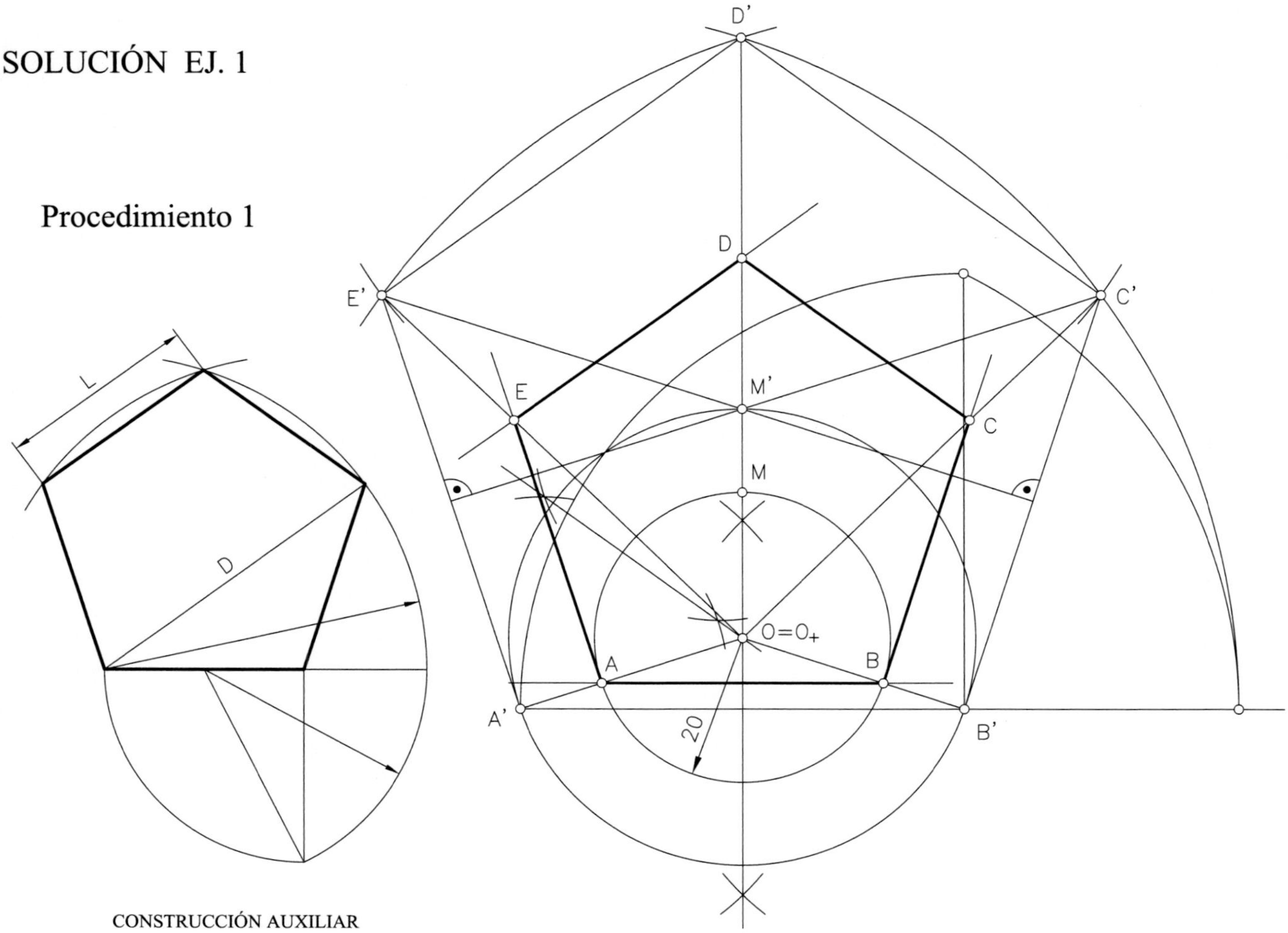

CONSTRUCCIÓN AUXILIAR

Φ=D/L

Comentario: Dibujar un pentágono regular de lado $\overline{A'B'}$ arbitrario. Su centro M' coincide con la intersección de las perpendiculares trazadas desde los vértices a los lados opuestos. Dibujar la circunferencia de centro O que pase por A', B' y M'. Estableciendo una homotecia de centro O=O+, los puntos A, B y M que estén en la circunferencia de centro O y radio 2 cm pertenecen a la solución. El resto de vértices, C, D y E, están alineados con los vértices respectivos del pentágono A'B'C'D'E'.

Procedimiento 2

Comentario: Dibujar la circunferencia de radio 20 mm que contiene al centro M y a los vértices contiguos, A y B. El ángulo en M ha de coincidir con el ángulo central de un pentágono regular (360°/5 = 72°); allí donde la prolongación de sus lados corta a la circunferencia se sitúan los puntos A y B.

Por otra parte, el ángulo que forman dos lados contiguos de un pentágono es:

$a_n = 180°\cdot(n-2)/n$, siendo n el número de lados

$a_5 = 180°\cdot(5-2)/5 = 108°$

El resto de la construcción es inmediata.

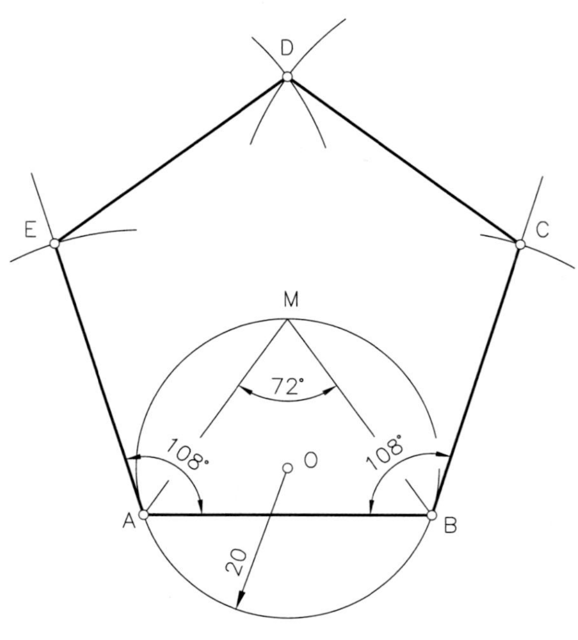

SOLUCIÓN EJ. 2

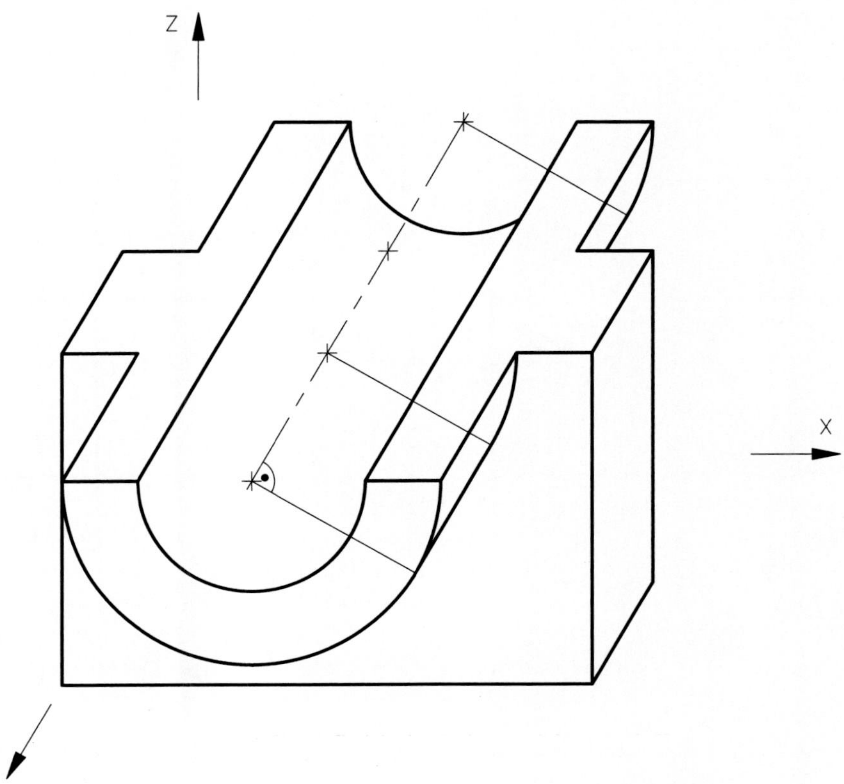

Comentario: Es importante definir los puntos de tangencia de las generatrices de contorno de las superficies cilíndricas. Estos puntos se determinan trazando perpendiculares a las generatrices y, por lo tanto, al eje del cilindro, por los centros de las secciones circulares.

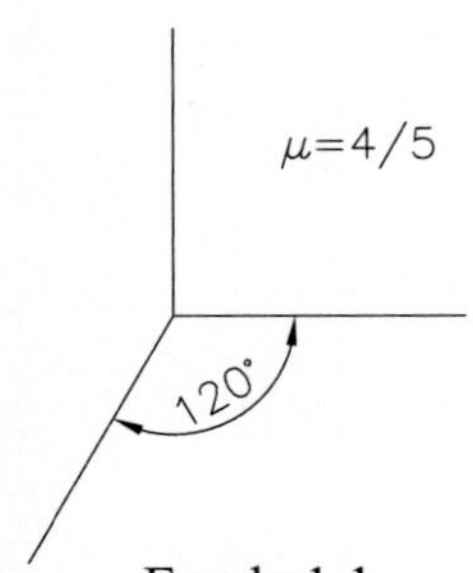

Escala 1:1

SOLUCIÓN EJ. 3

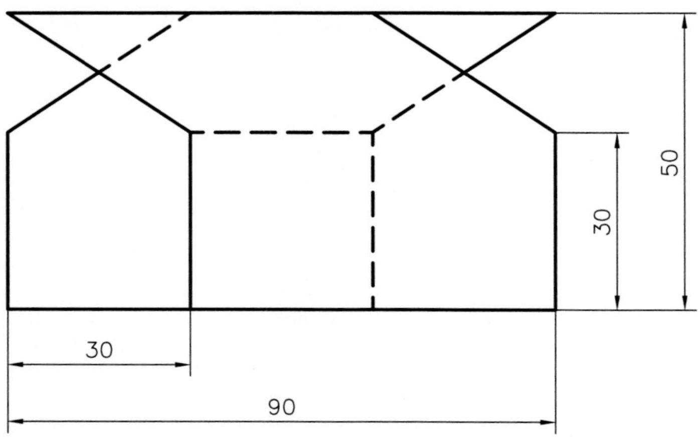

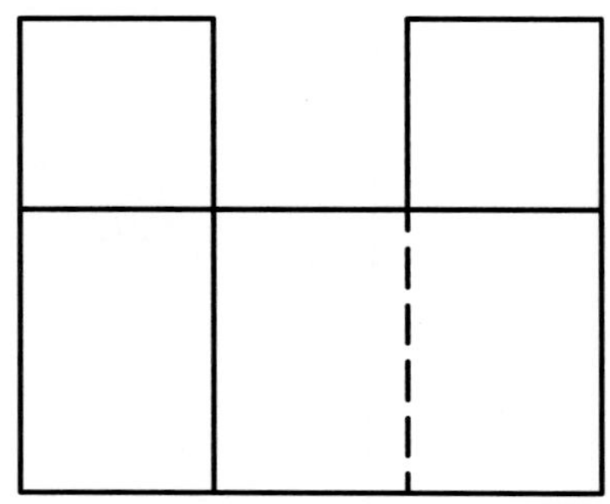

(Vista no necesaria)

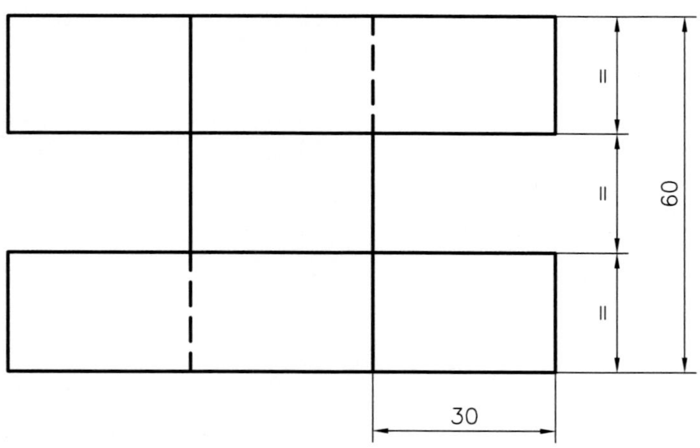

Cotas en mm

Escala 4:5

PRUEBA Nº 13

EJERCICIO 1 [3 PUNTOS] Dos circunferencias tienen radios de 6 y 4 centímetros, y sus centros se encuentran a 5 centímetros de distancia. Se pide:

Dibujar todas las circunferencias tangentes a las dos y de radio 2 centímetros.

EJERCICIO 2 [5 PUNTOS] Dados en el sistema diédrico dos planos α y β, este último paralelo a la línea de tierra, y el punto A(60, 35, 60), se pide:

- Obtener el punto X, simétrico del A respecto de α.
- Obtener el punto Y, simétrico del X respecto de β.
- Obtener la distancia AY.

Datos: α(65, 45, -60), β(-, 45, -10).

Cotas en milímetros. Origen de coordenadas a tres centímetros del borde izquierdo.

EJERCICIO 3 [2 PUNTOS] Dada la perspectiva de la figura 1, en la que se representa una pieza con cinco planos de simetría, se pide:

Obtener sus proyecciones planta, alzado y perfil, a escala 2/3, debidamente acotadas, para su correcta representación.

Figura 1
Cotas en mm

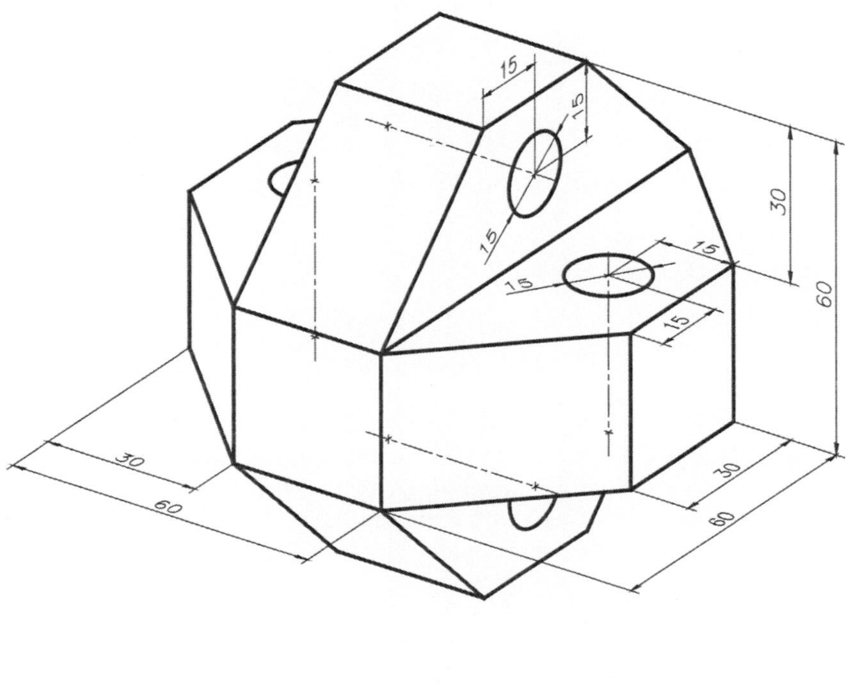

SOLUCIÓN EJ. 1

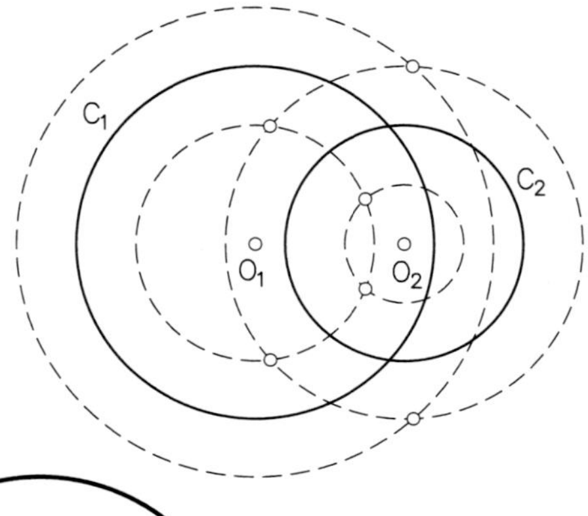

FIGURA DE ANÁLISIS

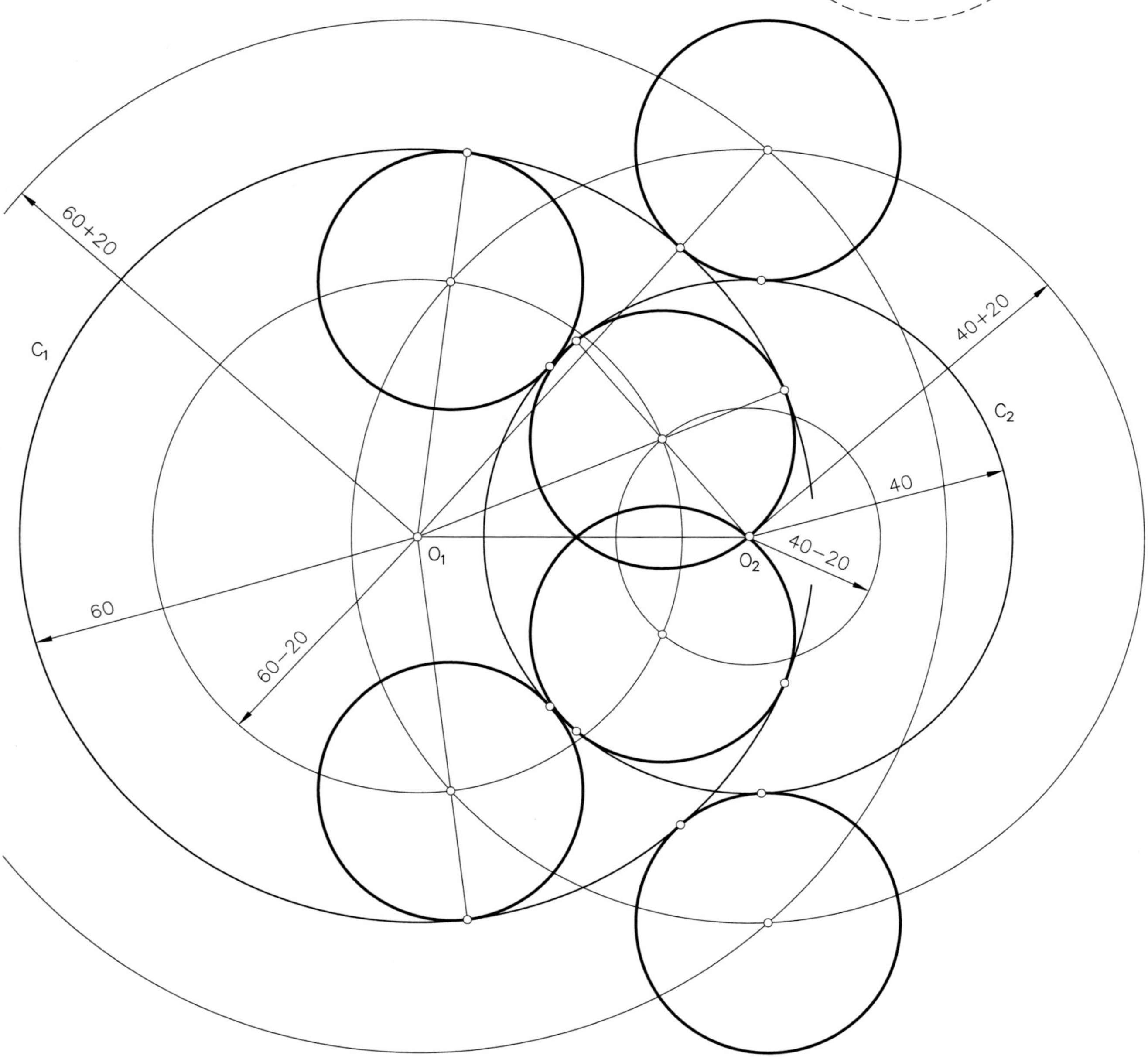

Comentario: La distancia entre los centros de dos circunferencias tangentes exteriores (interiores) es igual a la suma (resta) de sus radios. El lugar geométrico de todos los centros de circunferencias tangentes exteriores (interiores) a otra es una circunferencia concéntrica con ella de radio la suma (diferencia) de sus radios: es suficiente con aplicar una dilatación (contracción).

Por lo tanto, la intersección de ambos lugares geométricos, circunferencias de radios (60+20) y (60-20) con las de radios (40+20) y (40-20), da como resultado los centros de las circunferencias pedidas. En este caso hay seis soluciones, aunque el problema general admite hasta ocho.

Los puntos de tangencia se encuentran en las líneas que unen los centros de las circunferencias dato con los centros de las circunferencias solución.

SOLUCIÓN EJ. 2

Procedimiento 1

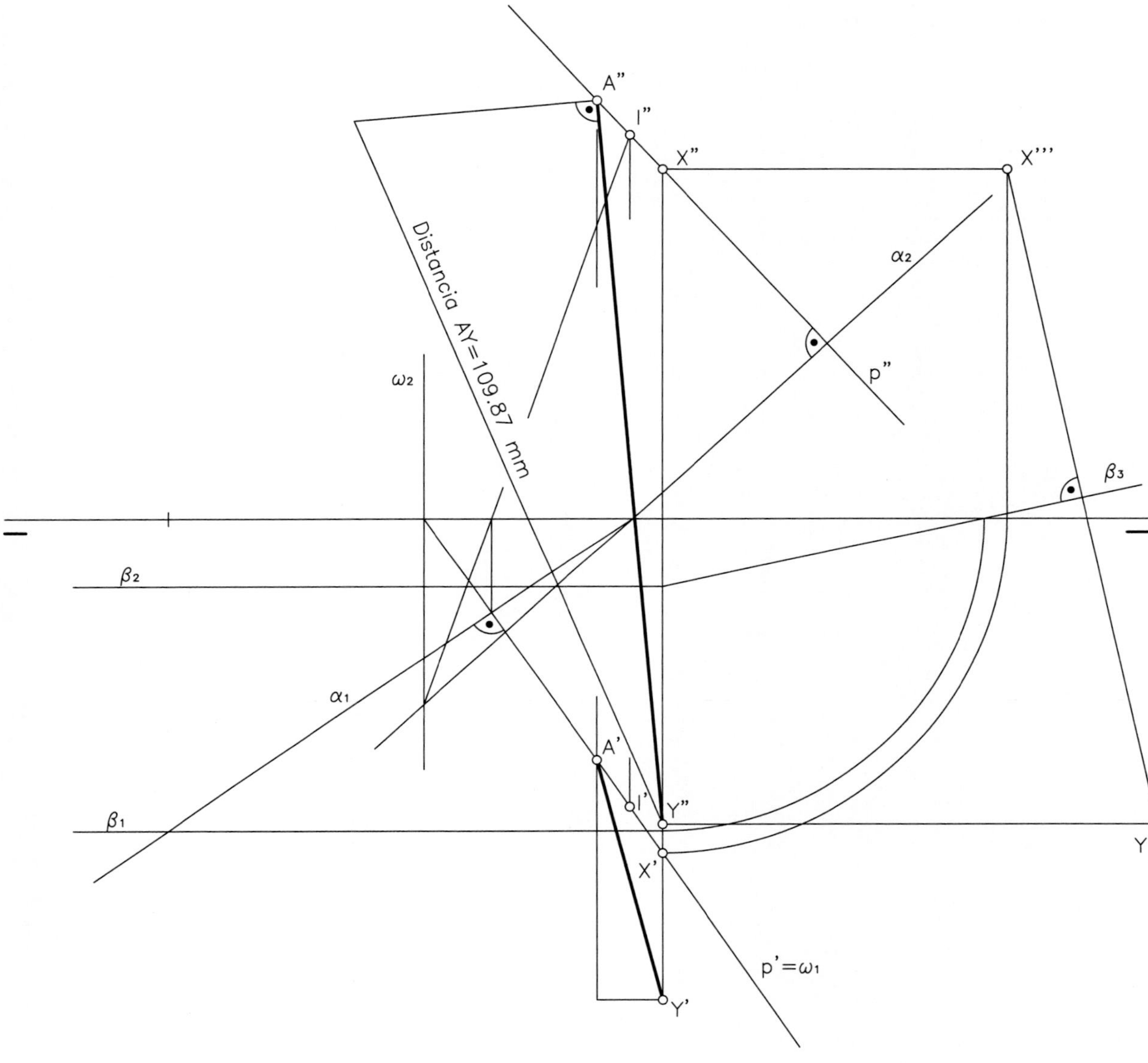

Comentario: Recta p perpendicular al plano α por el punto A. Mediante el plano auxiliar ω se determina el punto I de intersección de la recta p con el plano α. El punto X se obtiene sobre la recta p de tal manera que AI = IX.

El simétrico del punto X respecto al plano β se obtiene de forma directa en el perfil: punto Y.

La verdadera magnitud del segmento AY se obtiene en el alzado mediante diferencia de alejamiento entre el punto A y el punto Y.

SOLUCIÓN EJ. 2

Procedimiento 2

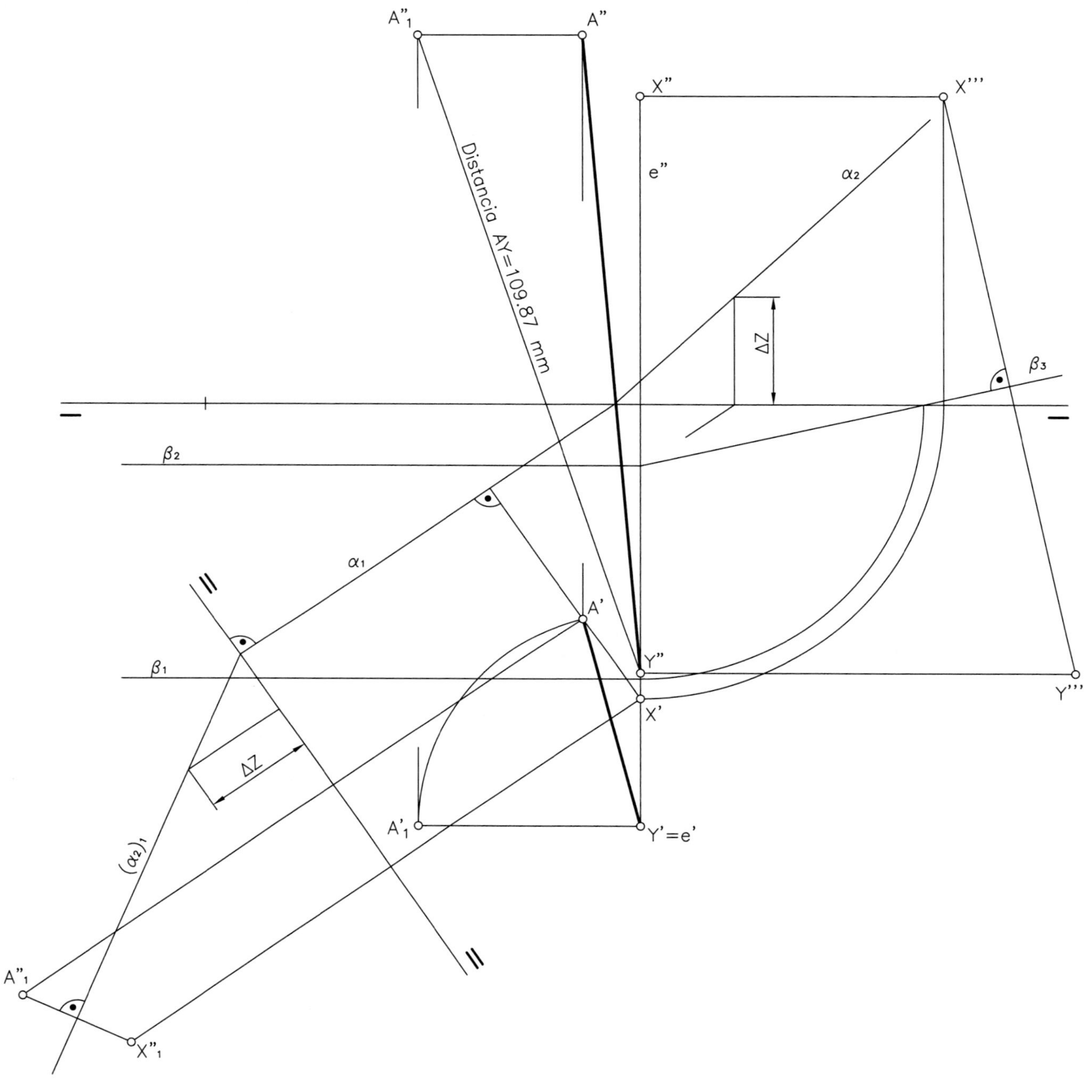

Comentario: Para facilitar el trazado se transforma, mediante un alzado auxiliar, el plano α en proyectante vertical, obteniendo el punto X simétrico de A respecto al plano α.
El simétrico del punto X respecto al plano β se obtiene de forma directa en el perfil: punto Y.
La verdadera magnitud del segmento AY se obtiene transformando éste en frontal mediante un giro en torno al eje vertical e que pasa por el punto Y.

SOLUCIÓN EJ. 3

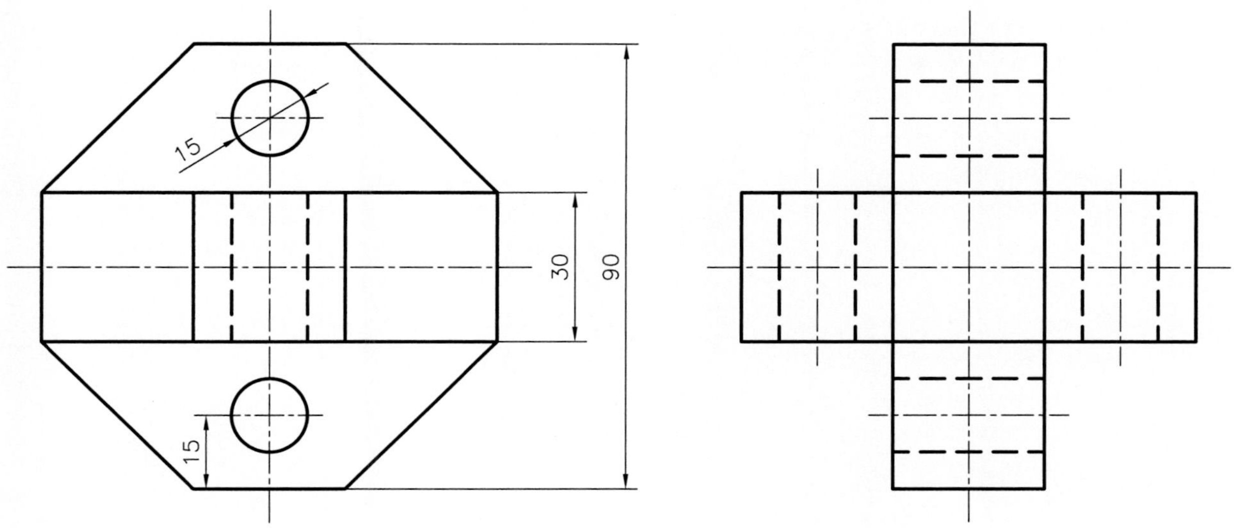

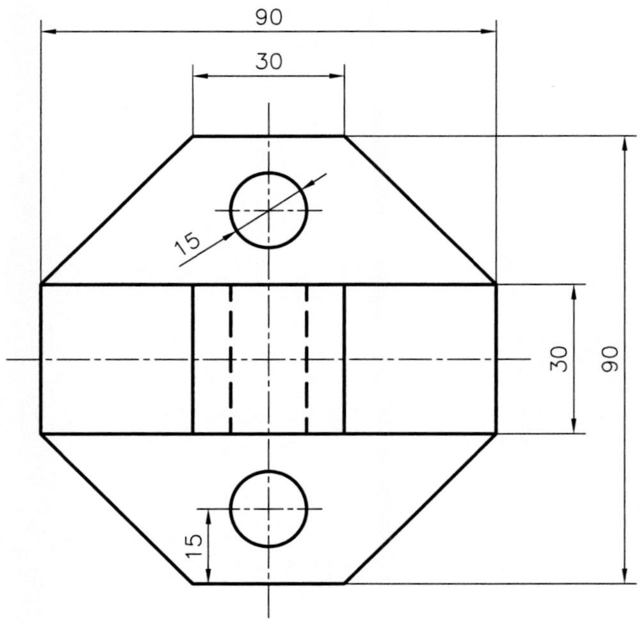

Cotas en mm

Escala 2:3

PRUEBA Nº 14

EJERCICIO 1 [3 PUNTOS] Construir un trapecio rectángulo cuya base mayor vale 9 centímetros y sus diagonales 10.5 y 7.5 centímetros.

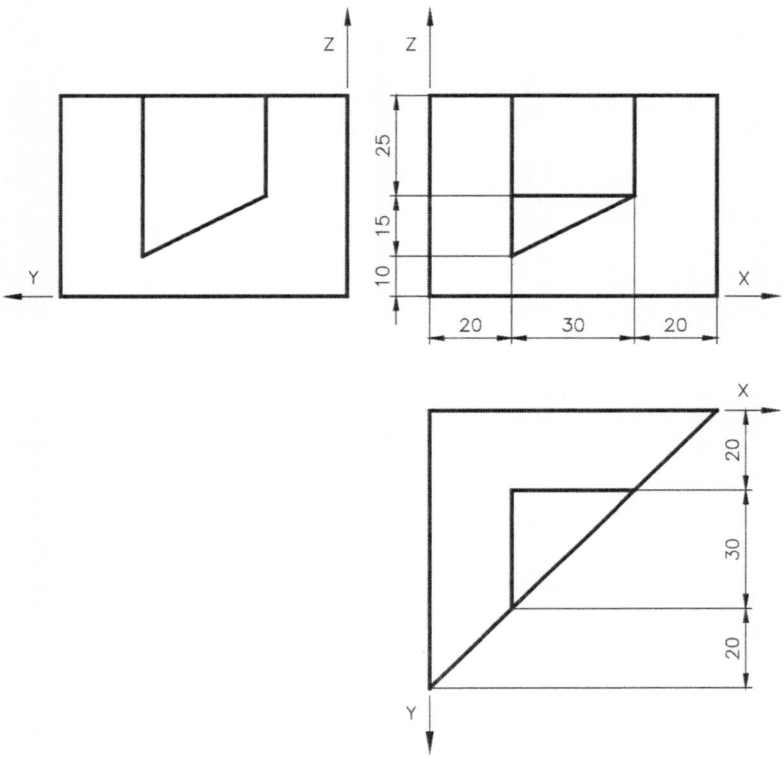

EJERCICIO 2 [5 PUNTOS] Dadas las proyecciones alzado y perfil del sólido de la figura 1, se pide:

Dibujar, a escala 1/1, la perspectiva caballera de dicho sólido, con φ=135º, μ=3/5.

Figura 1
Cotas en mm

EJERCICIO 3 [2 PUNTOS] Dada la perspectiva isométrica de la figura 2, se pide:

Obtener sus proyecciones planta, alzado y perfil, a escala 1/1, debidamente acotadas, para su correcta representación.

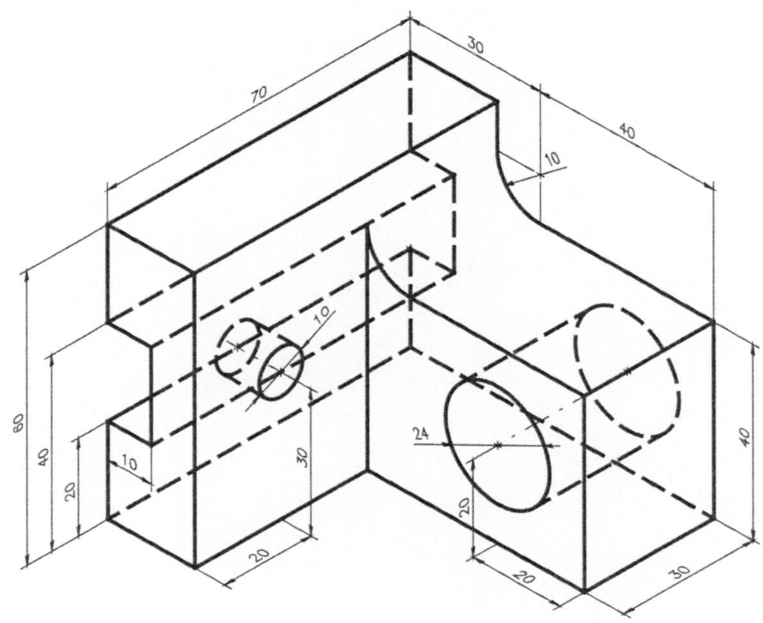

Figura 2
Cotas en mm

SOLUCIÓN EJ. 1

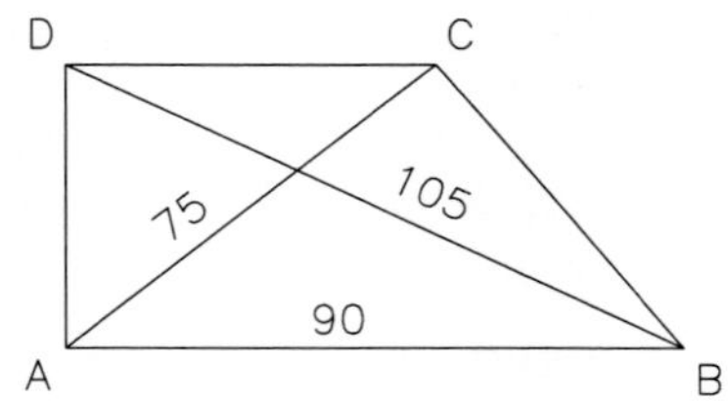

FIGURA DE ANÁLISIS

Comentario: Dibujar la base mayor $\overline{AB}$ = 90 mm. El vértice D se encuentra en la intersección de la perpendicular a $\overline{AB}$ por A y el arco de centro B y radio 105 mm. El vértice C se halla en la intersección de la perpendicular a $\overline{AD}$ por D y el arco de centro A y radio la otra diagonal, 75 mm.

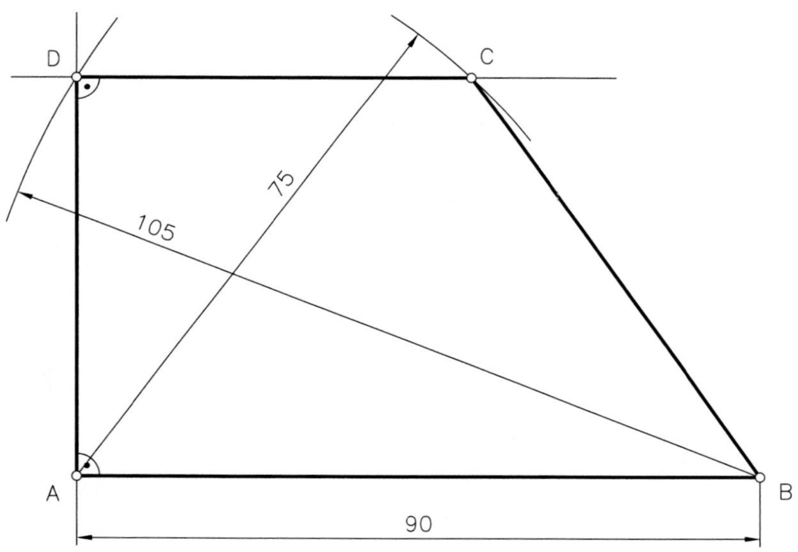

SOLUCIÓN EJ. 2

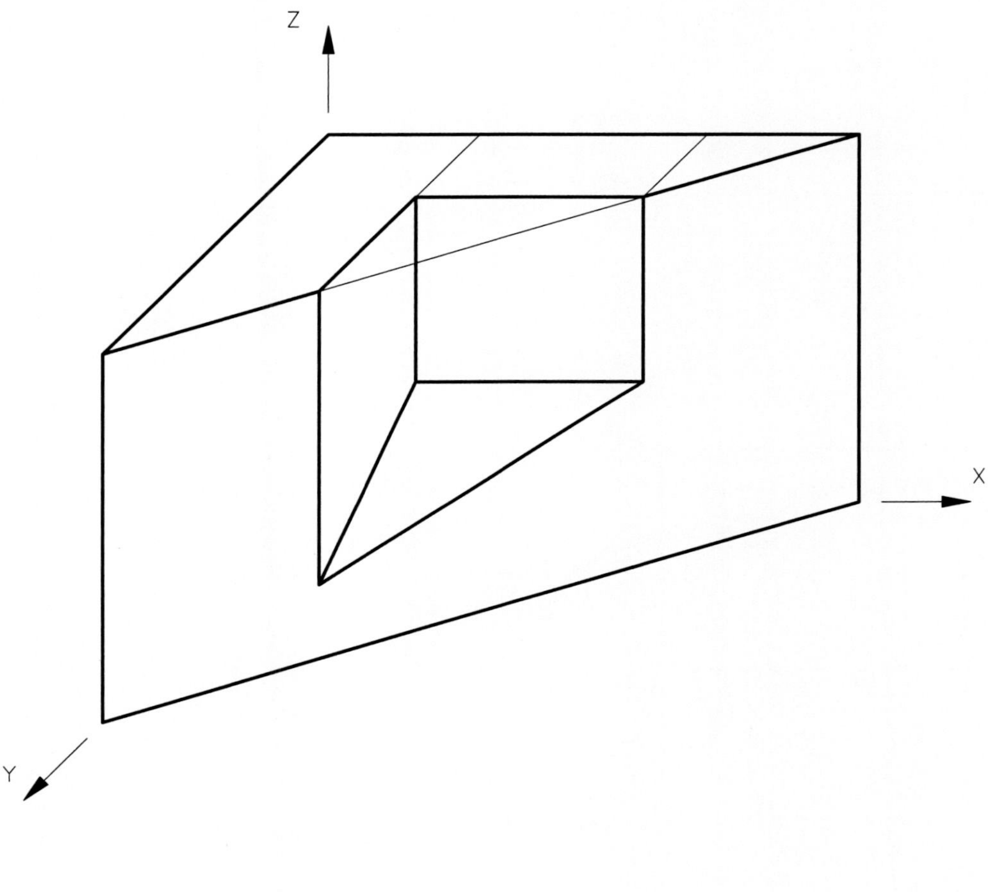

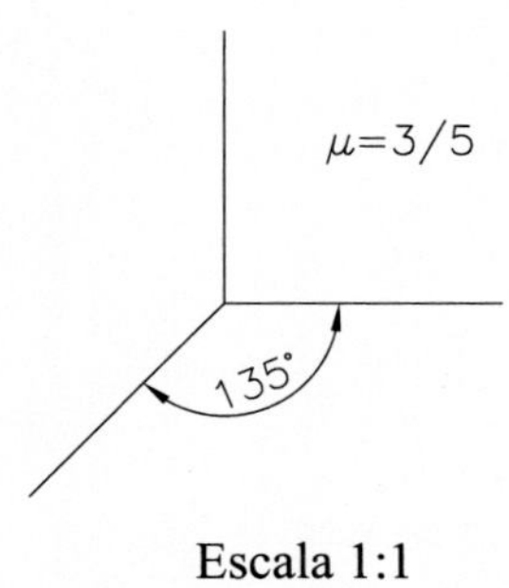

Escala 1:1

SOLUCIÓN EJ. 3

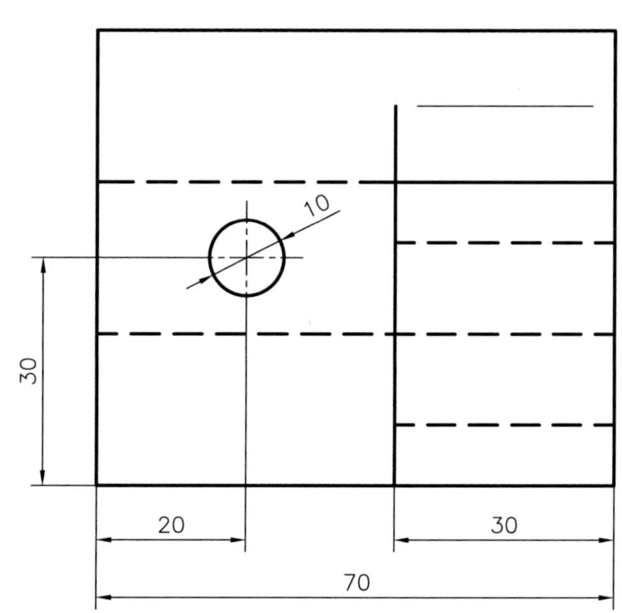

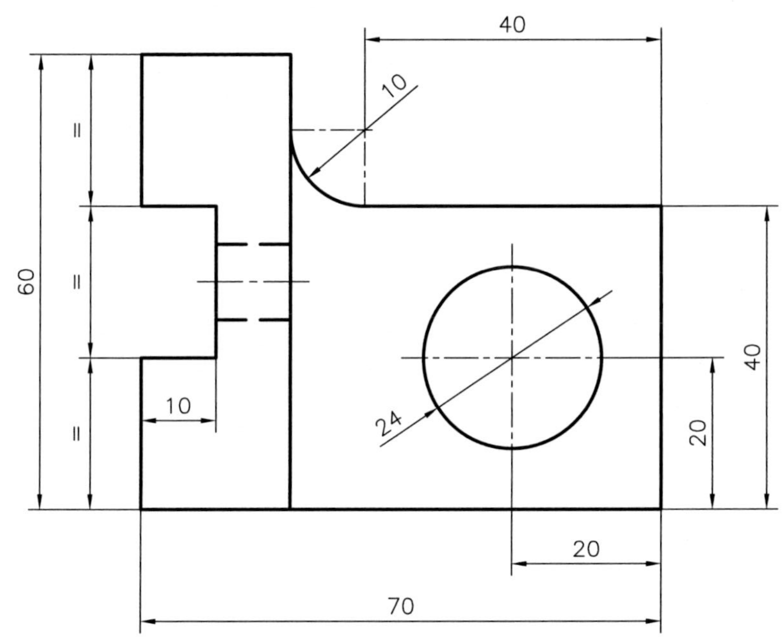

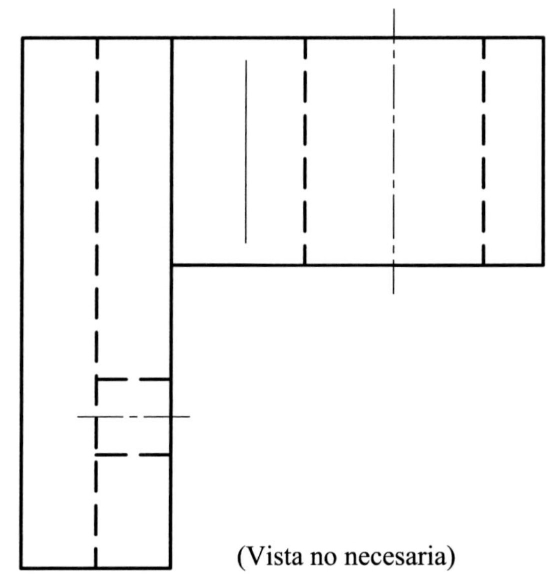

(Vista no necesaria)

Comentario: Las líneas ficticias de intersección de superficies unidas por un redondeo pueden representarse mediante unas líneas finas llenas que no toquen los contornos (Norma UNE 1-032-82. Intersecciones ficticias).

Cotas en mm

Escala 1:1

PRUEBA Nº 15

EJERCICIO 1 [3 PUNTOS] Construir el triángulo de lados proporcionales a 4, 5 y 6 circunscrito a la circunferencia de radio 2 centímetros.

EJERCICIO 2 [5 PUNTOS] Dibujar, en el sistema diédrico, la proyección horizontal de la circunferencia que pasa por los puntos M, N y P.

Datos: M(0, 30, 30), N(20, 30, 60), P(-30, 10, 30).

Cotas en milímetros. Origen en el centro del papel.

EJERCICIO 3 [2 PUNTOS] Dada la perspectiva de la figura 1, se pide:

Obtener sus proyecciones planta, alzado y perfil, a escala 3/4, debidamente acotadas, para su correcta representación.

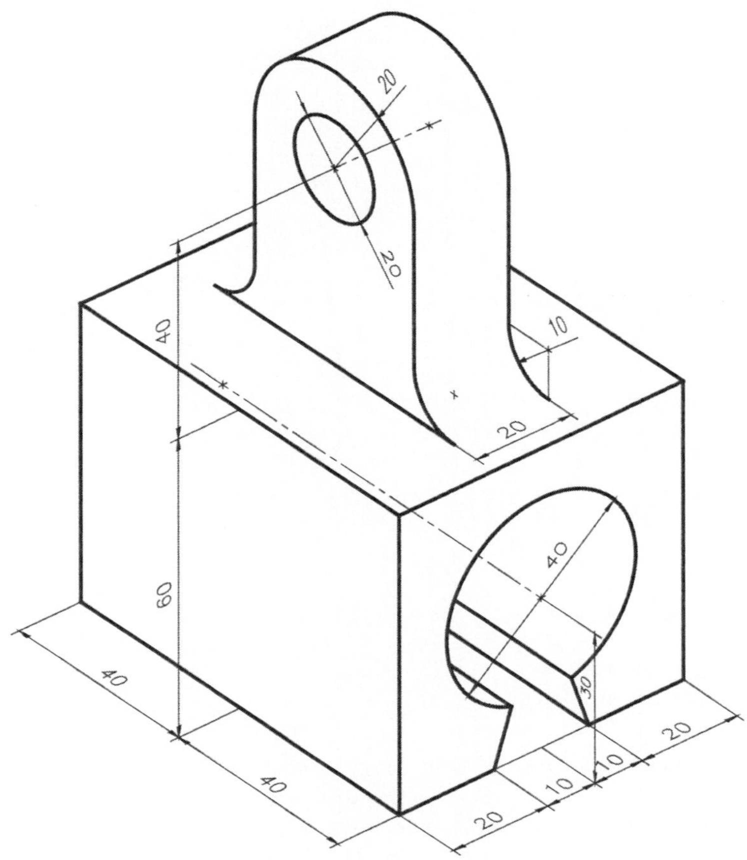

Figura 1
Cotas en mm

SOLUCIÓN EJ. 1

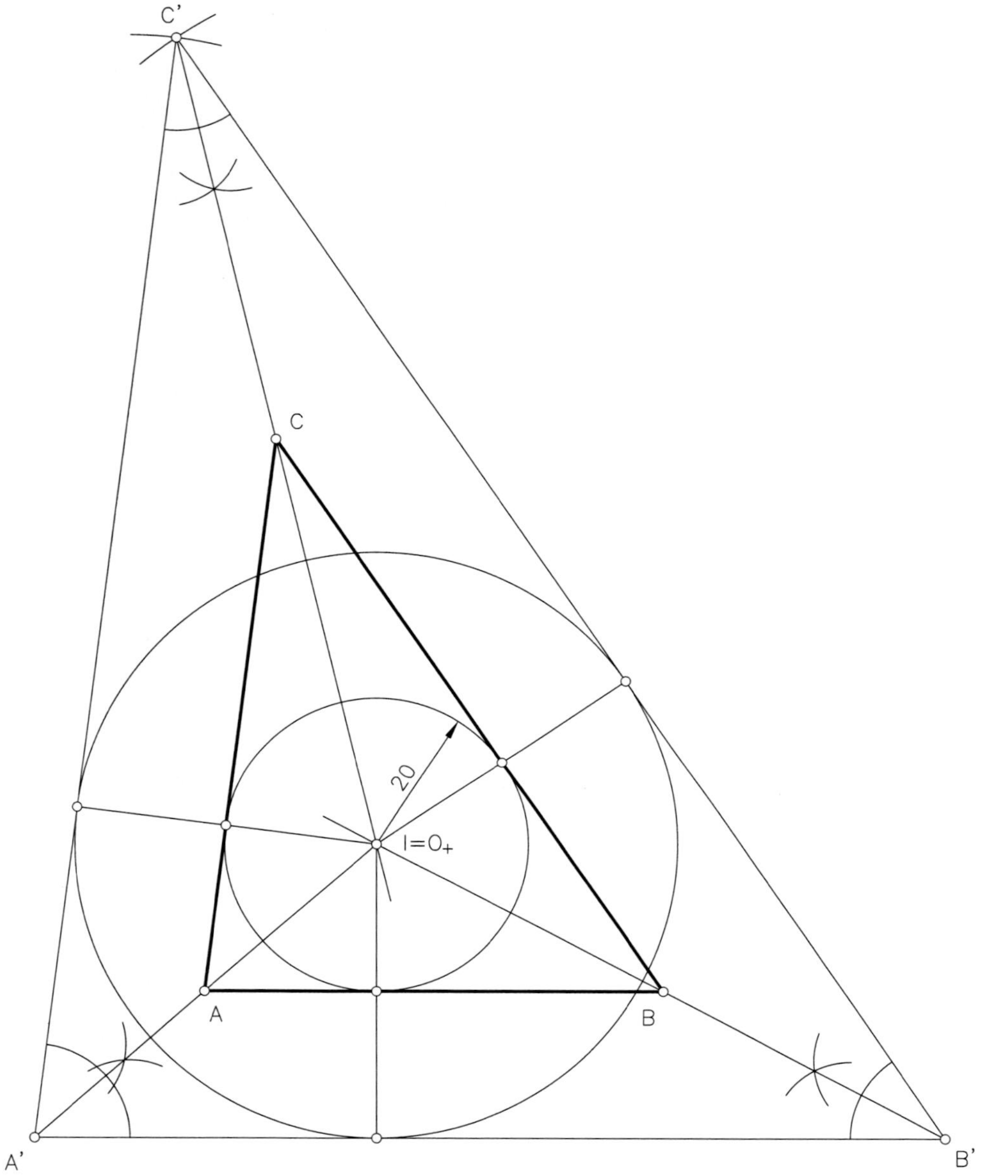

Comentario: Se dibuja primeramente un triángulo A'B'C' semejante al buscado (de lados proporcionales a 4, 5 y 6 cm). Se traza su circunferencia inscrita, de centro I (intersección de las bisectrices de los ángulos). Se dibuja la circunferencia de centro I y radio 2 cm. Tomando I como centro de homotecia positivo, los puntos de tangencia de las dos circunferencias inscritas son homotéticos y están alineados con O_+; los lados de los dos triángulos homotéticos son paralelos.

SOLUCIÓN EJ. 2

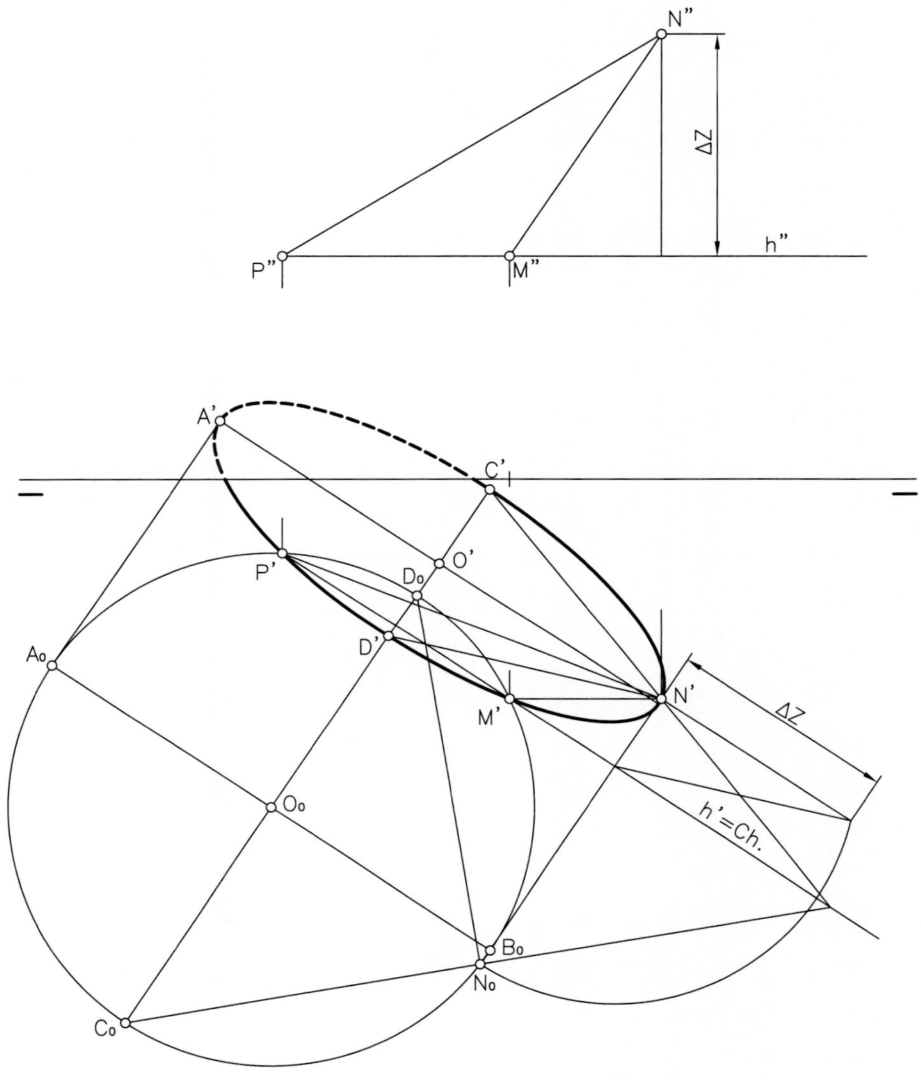

Comentario: Se abate el plano MNP empleando como charnela la horizontal h. En el abatimiento se traza la circunferencia que pasa por los tres puntos. Se definen dos diámetros, paralelo y perpendicular a la charnela h que, una vez desabatidos, definen los ejes de la elipse, proyección horizontal de la circunferencia.

Nota: No se ha representado el vértice B de la elipse por su proximidad al punto N.

SOLUCIÓN EJ. 3

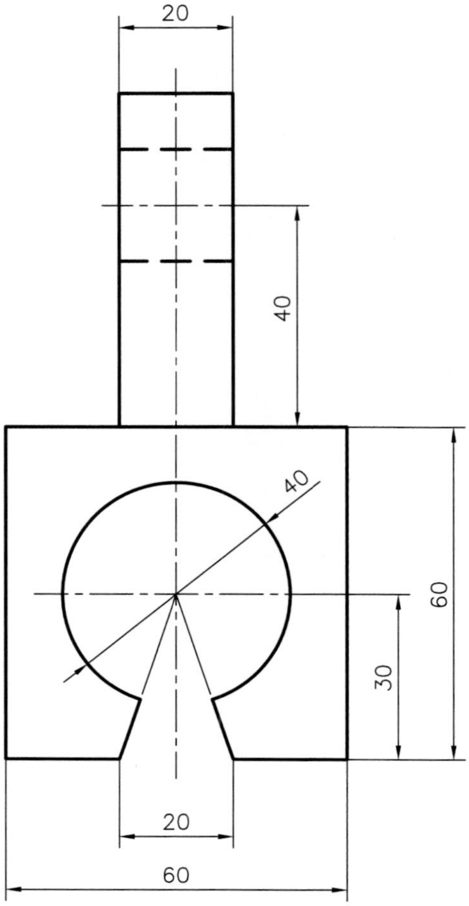

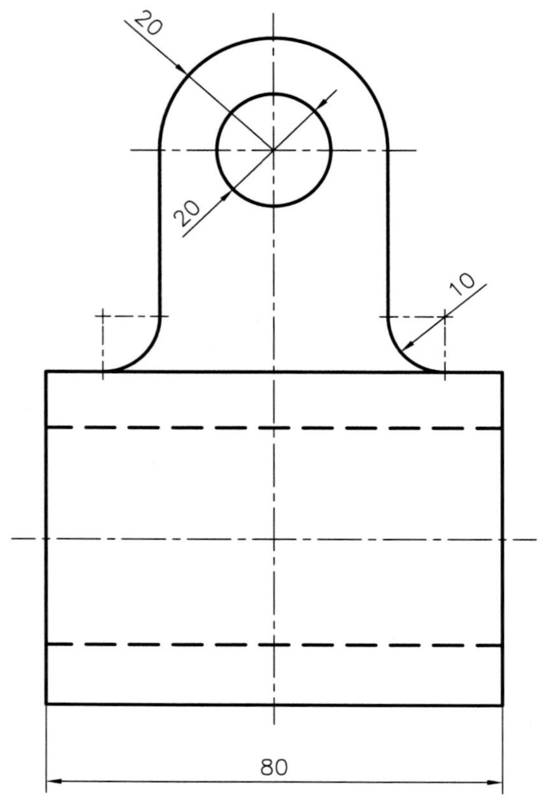

Cotas en mm

Escala 3:4

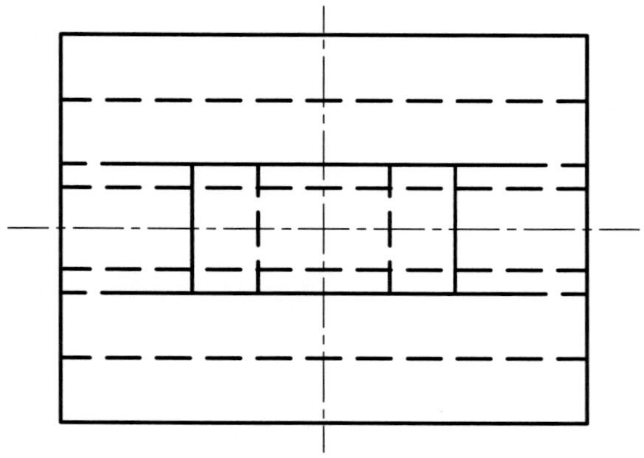

(Vista no necesaria)

PRUEBA Nº 16

EJERCICIO 1 [3 PUNTOS] Dibujar un hexágono regular inscrito en un triángulo isósceles de base 10 cm y altura 6 cm, de forma que un lado del hexágono esté sobre la base del triángulo y los vértices opuestos a ese lado se encuentren sobre los lados iguales del triángulo.

EJERCICIO 2 [5 PUNTOS] Dadas las proyecciones del sólido de la figura 1, se pide:

Dibujar, a escala 3/2, la perspectiva isométrica del cuerpo.

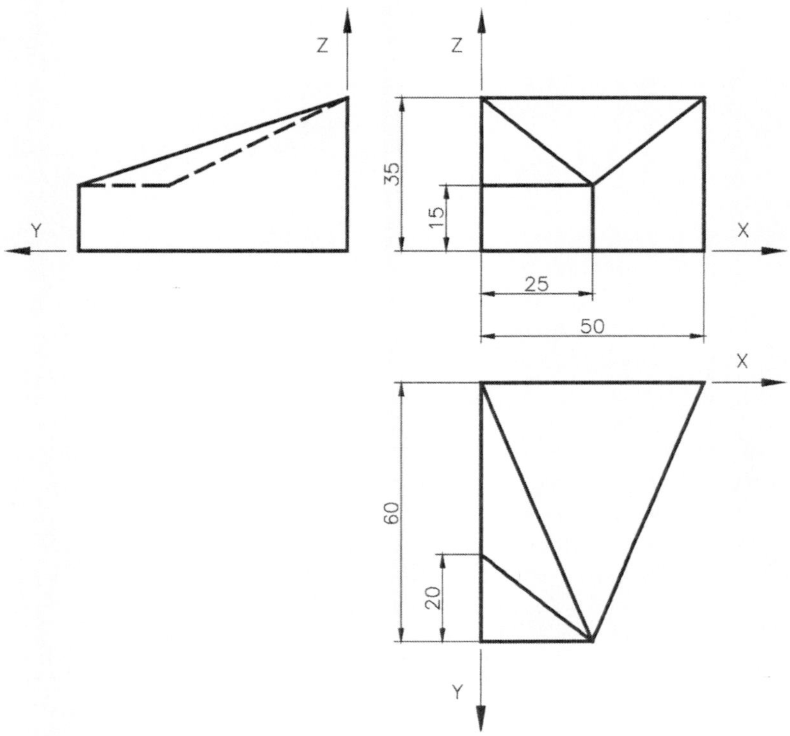

Figura 1
Cotas en mm

EJERCICIO 3 [2 PUNTOS] Dada la perspectiva de la figura 2, se pide:

Obtener sus proyecciones planta, alzado y perfil, a escala 1/1, debidamente acotadas, para su correcta representación.

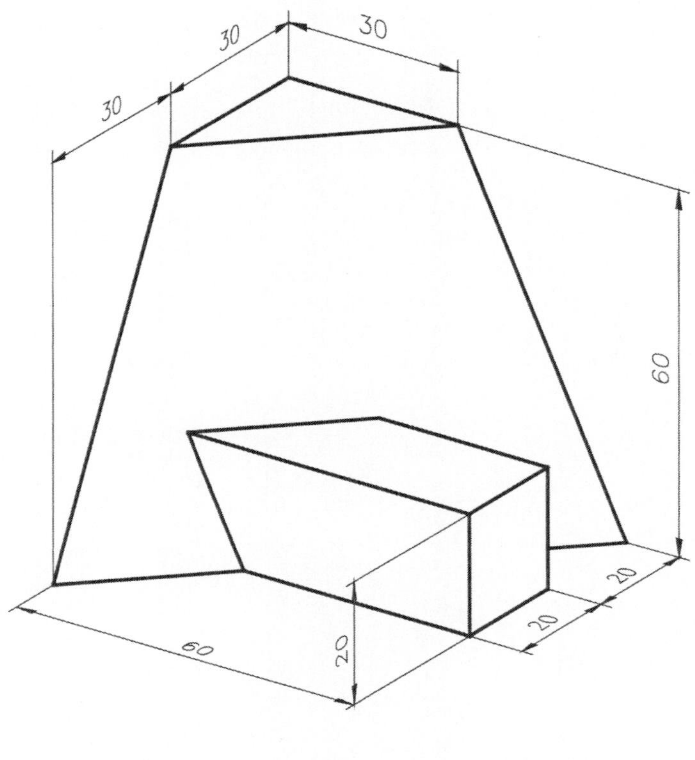

Figura 2
Cotas en mm

SOLUCIÓN EJ. 1

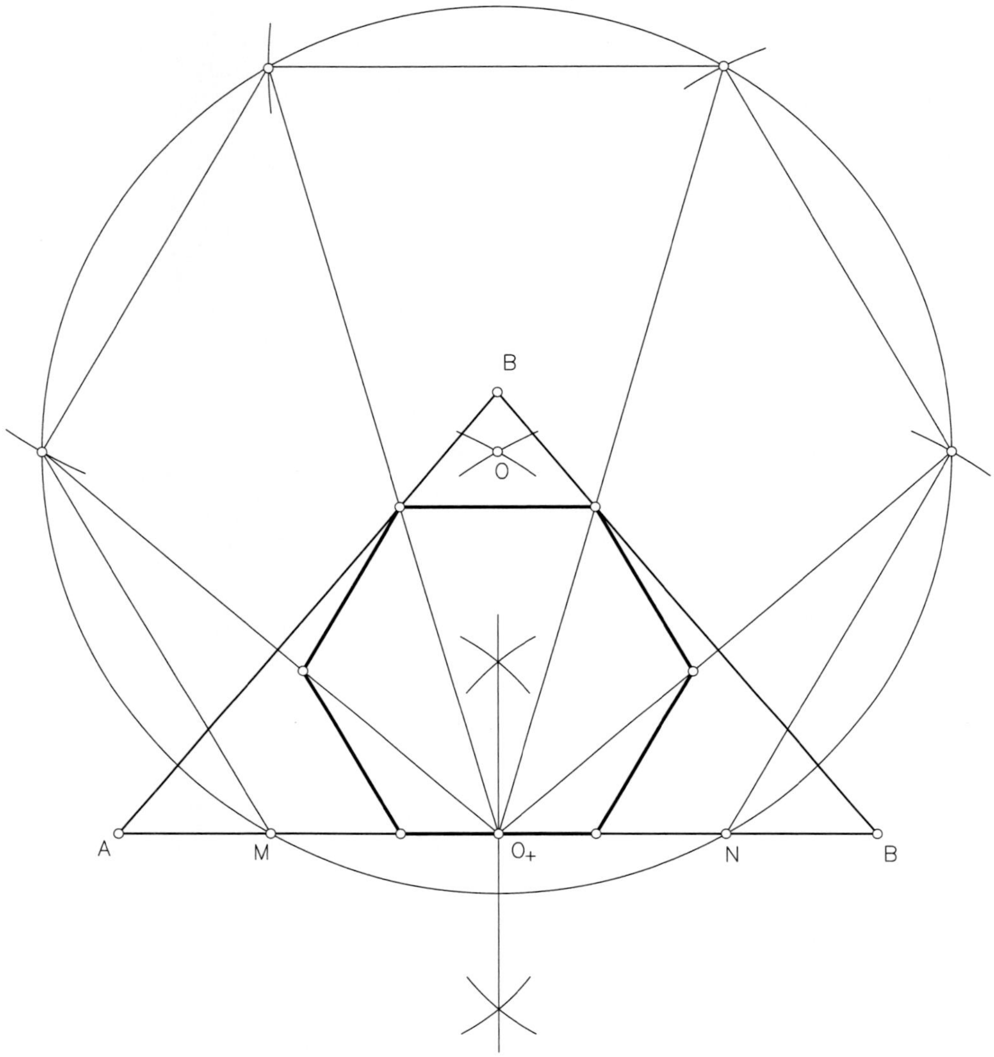

Comentario: Primeramente se dibuja el triángulo isósceles. Por la simetría respecto a la altura del triángulo, el punto medio del lado del hexágono solución contenido en $\overline{AB}$, coincide con el punto medio de ese lado del triángulo. Si dibujamos un hexágono cualquiera con la condición anterior, por ejemplo el de lado $\overline{MN}$, y hacemos una homotecia de centro O_+, se obtienen el resto de vértices.

SOLUCIÓN EJ. 2

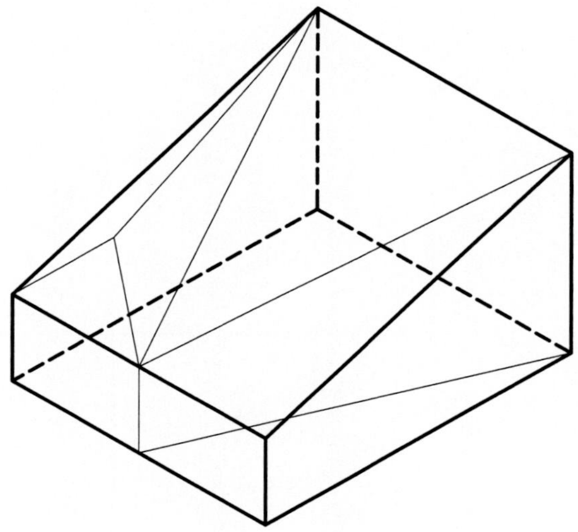

PIEZA INTERMEDIA

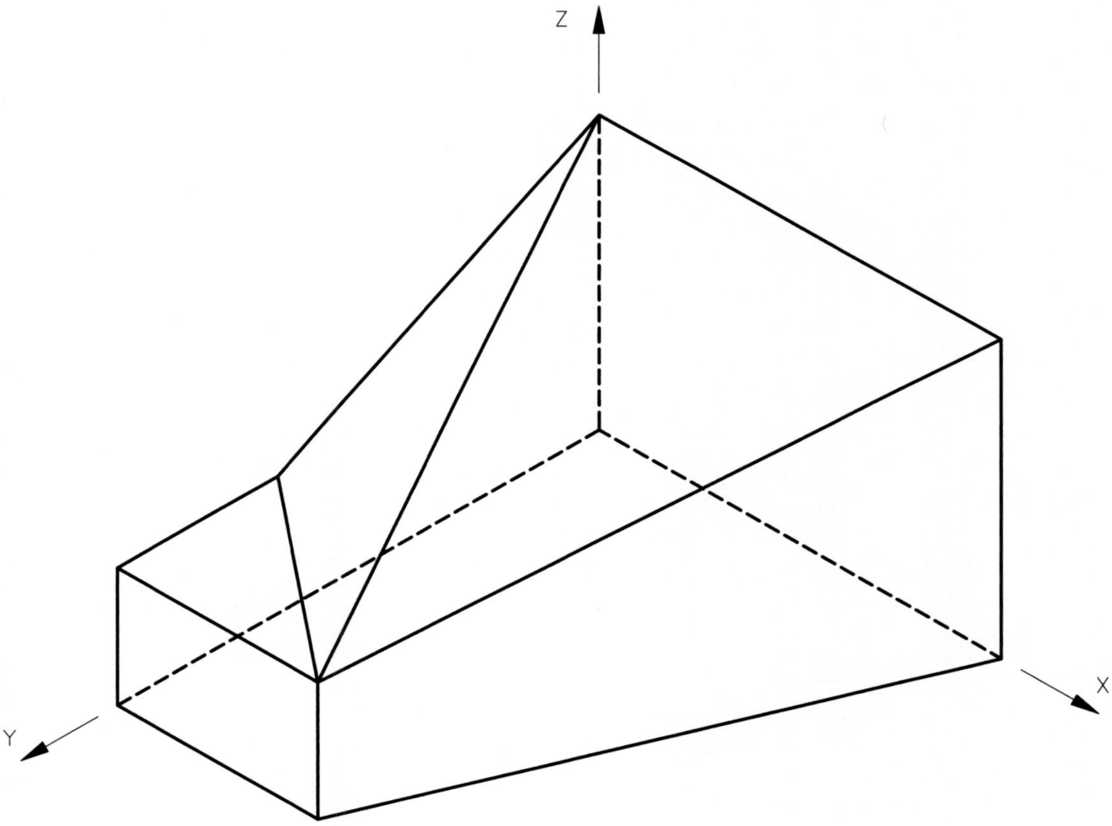

Escala 3:2

SOLUCIÓN EJ. 3

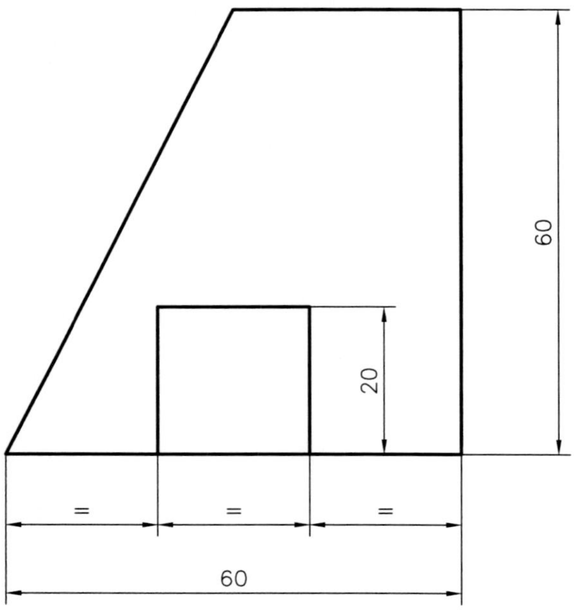

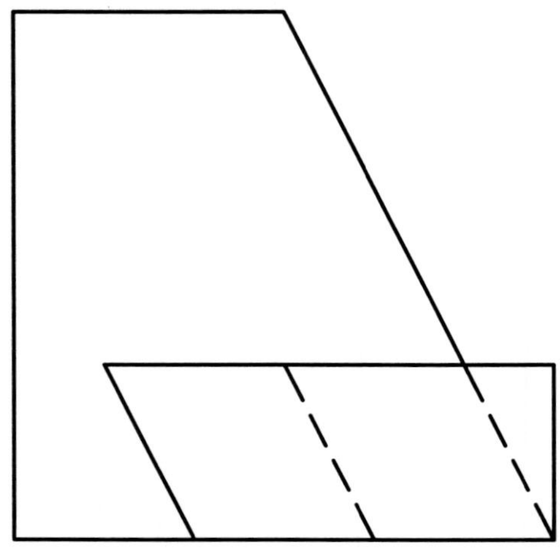

(Vista no necesaria)

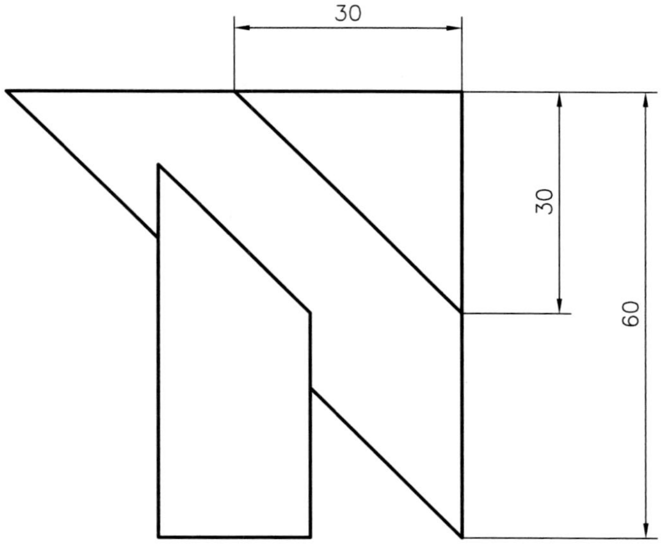

Cotas en mm

Escala 1:1

PRUEBA Nº 17

EJERCICIO 1 [3 PUNTOS] Dibujar un triángulo sabiendo que uno de sus lados mide 8 cm y que las medianas que salen de los vértices de ese lado miden 7 y 6 cm.

EJERCICIO 2 [4 PUNTOS] Dibujar las proyecciones diédricas de un hexágono regular situado en un plano que contiene a la línea de tierra sabiendo que el segmento AB es uno de sus lados.

Datos: A(0, 30, 40) y B(0, 60, ?).

EJERCICIO 3 [3 PUNTOS] Dada la perspectiva de la figura 1, en la que se presenta una pieza con cuatro planos verticales de simetría, se pide:

Dibujar, a escala 1/20, las vistas normalizadas debidamente acotadas para su correcta representación.

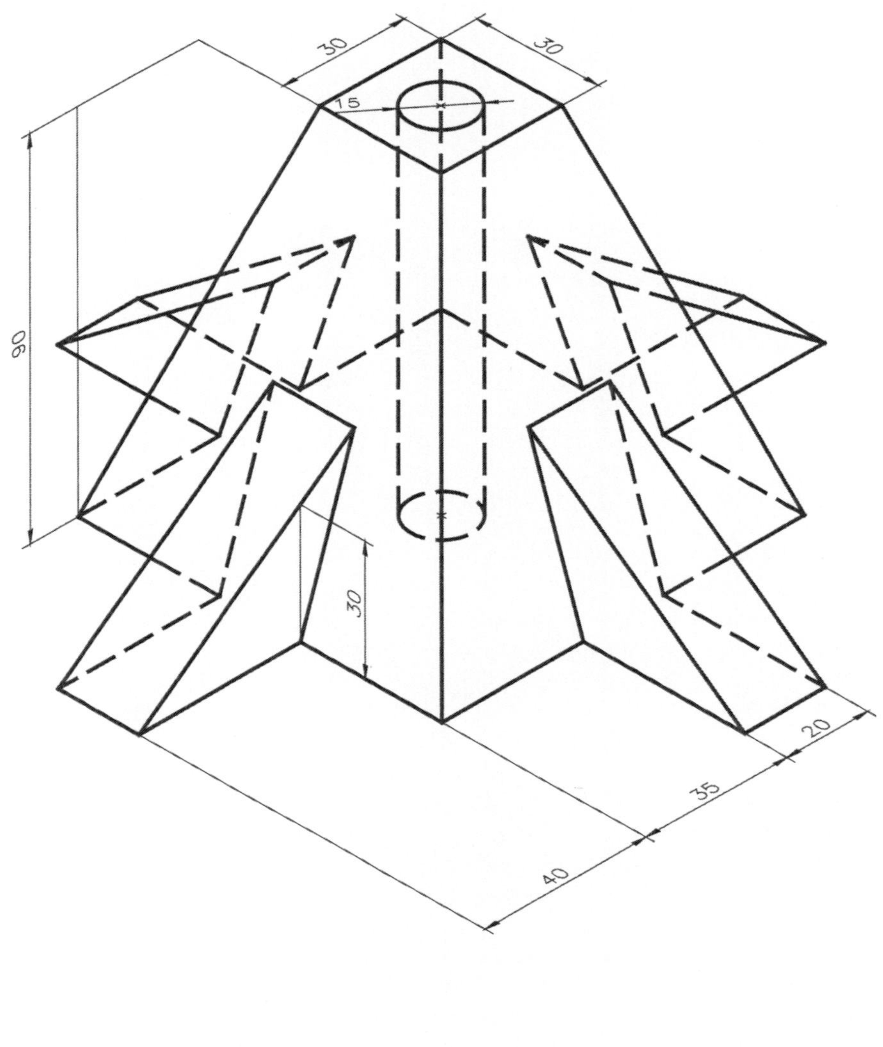

Figura 1
Cotas en cm

SOLUCIÓN EJ. 1

Procedimiento 1

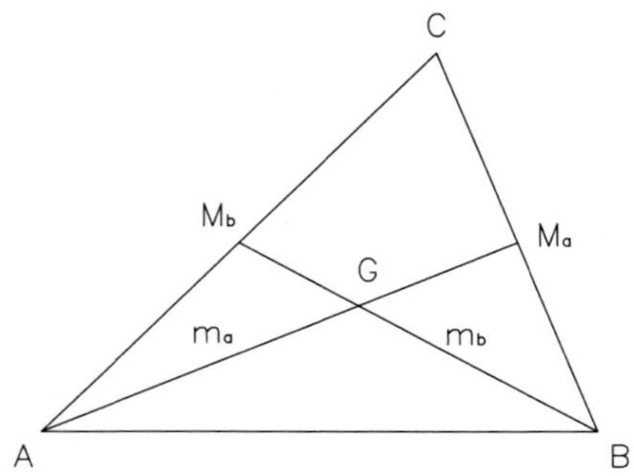

FIGURA DE ANÁLISIS

Propiedad
Las medianas de un triángulo se cortan en el baricentro (G), el cual las divide en dos partes, una doble que la otra ($\overline{GA}=2\cdot\overline{GMa}$)

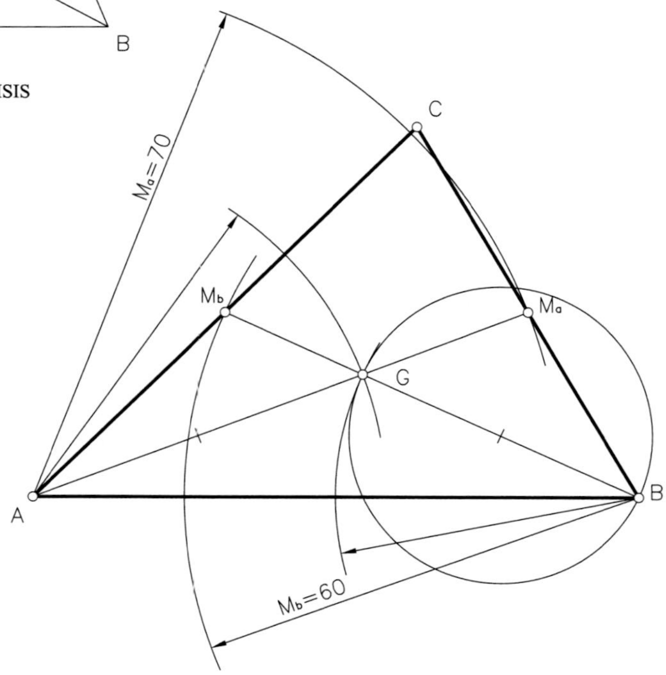

Comentario: Dibujar el lado $\overline{AB}$=80 mm. Haciendo centros en A y B y radios ⅔ de las medianas correspondientes, se dibujan dos arcos que se cortan en el baricentro G. Midiendo 70 mm desde A sobre la semirrecta AG se tiene M_a, punto medio del lado a. Midiendo 60 mm desde B en la semirrecta BG se obtiene M_b, punto medio del lado b. El vértice C se encuentra en la intersección de las semirrectas AM_b y BM_a.

Procedimiento 2

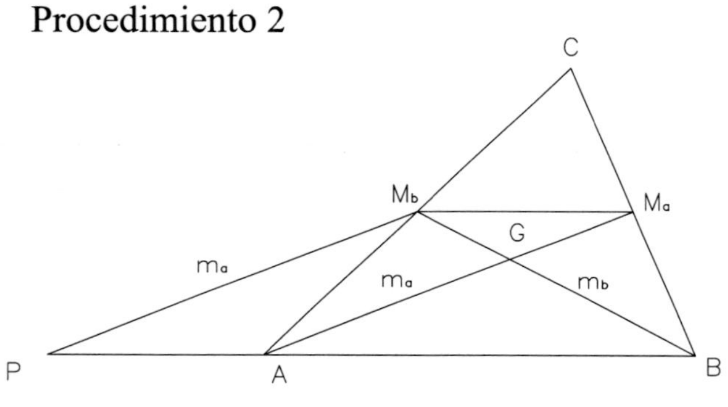

FIGURA DE ANÁLISIS

Comentario: Si se ejecuta una traslación de la mediana m_a paralela al segmento M_aM_b hasta que se encuentre en la posición $\overline{PM_b}$, se materializa el triángulo PM_bB del que conocemos los tres lados. El segmento $\overline{M_bM_a}$ que une los puntos medios de los lados b y a , mide la mitad del lado $\overline{AB}$ (Thales) y es igual al segmento $\overline{PA}$.

Comentario: Dibujar el triángulo PM_bB del que conocemos $\overline{PB}$=40+80 mm, $\overline{PM_b}$=70 mm y $\overline{BM_b}$=60 mm. $\overline{M_bM_a}$ es paralelo al lado AB y mide 40 mm. El vértice C se encuentra en la intersección de las semirrectas AM_b y BM_a.

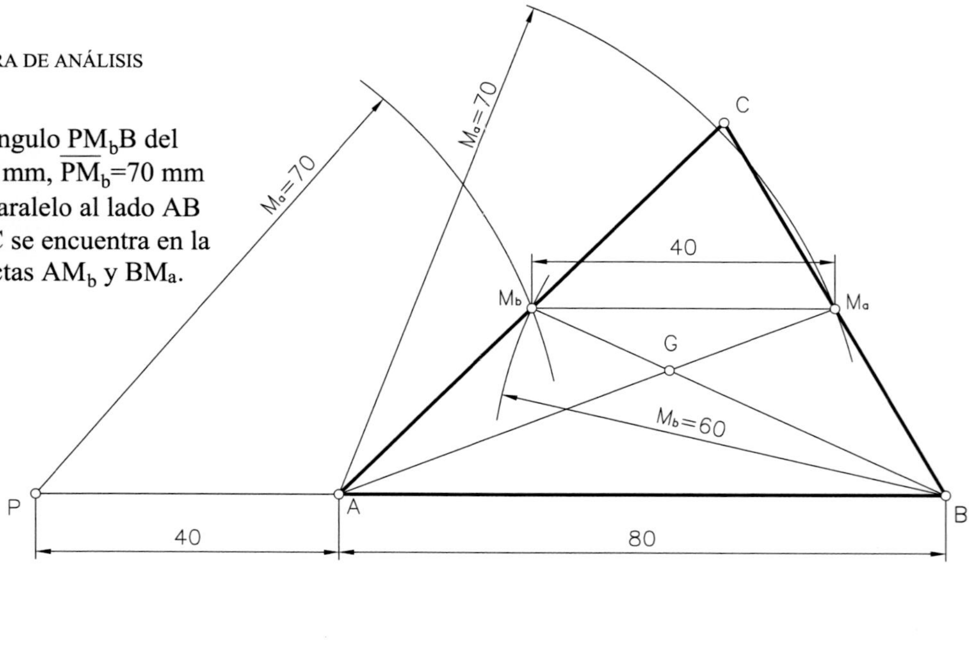

SOLUCIÓN EJ. 2

Procedimiento 1

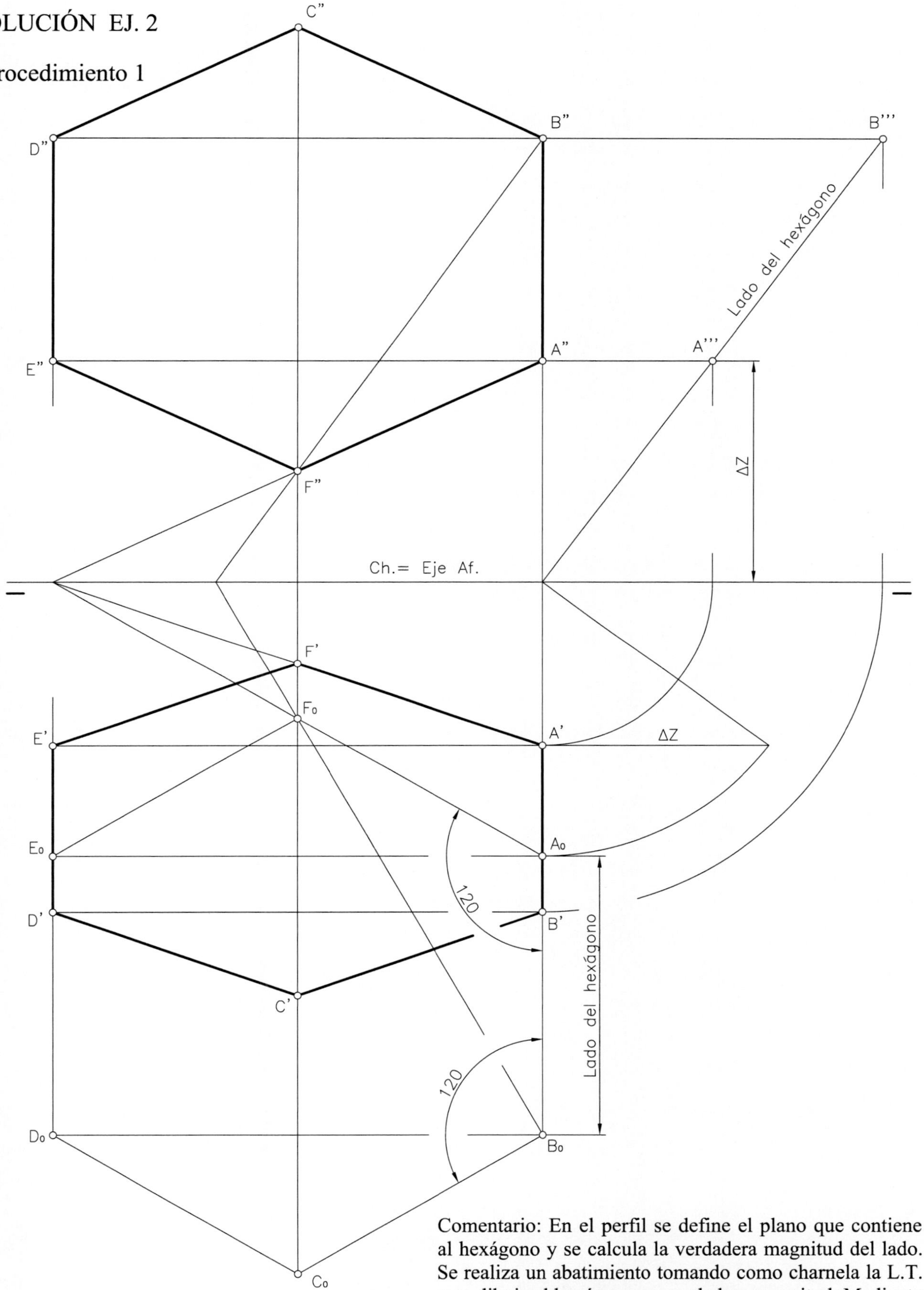

Comentario: En el perfil se define el plano que contiene al hexágono y se calcula la verdadera magnitud del lado. Se realiza un abatimiento tomando como charnela la L.T. y se dibuja el hexágono en verdadera magnitud. Mediante una doble afinidad ortogonal de eje la L.T. se obtienen la planta y alzado del hexágono pedido.

SOLUCIÓN EJ. 2

Procedimiento 2

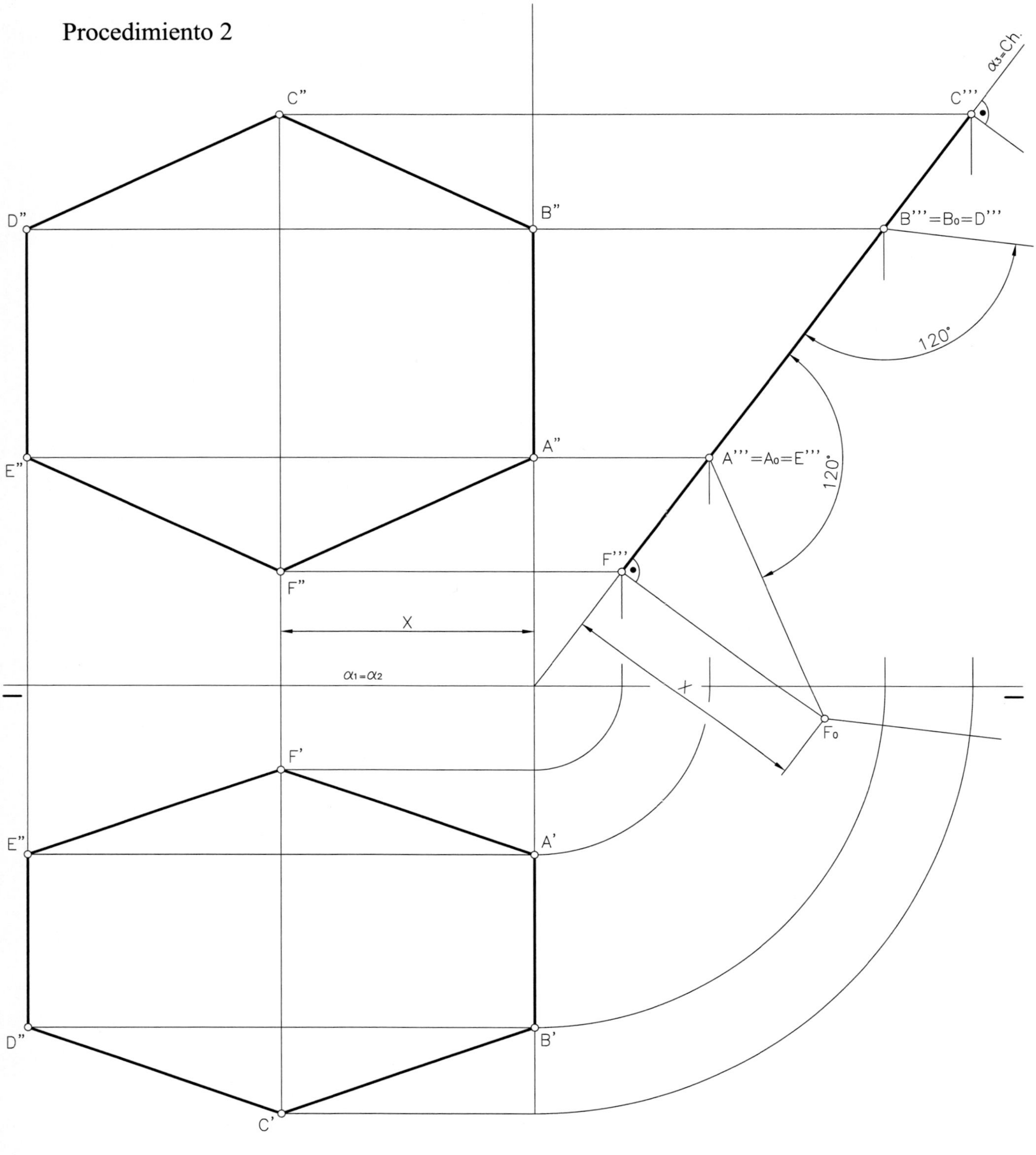

Comentario: En el perfil se define el plano que contiene al hexágono y se obtiene la verdadera magnitud del lado.
Se efectúa un abatimiento del plano sobre el perfil con charnela α_3, obteniendo el hexágono en verdadera magnitud (sólo se representan los vértices A_0, B_0 y F_0).
Una vez desabatido se obtienen las proyecciones.

SOLUCIÓN EJ. 3

Comentario: Se pueden representar las piezas simétricas por una fracción de su vista completa (Norma UNE 1032. Vistas de piezas simétricas).

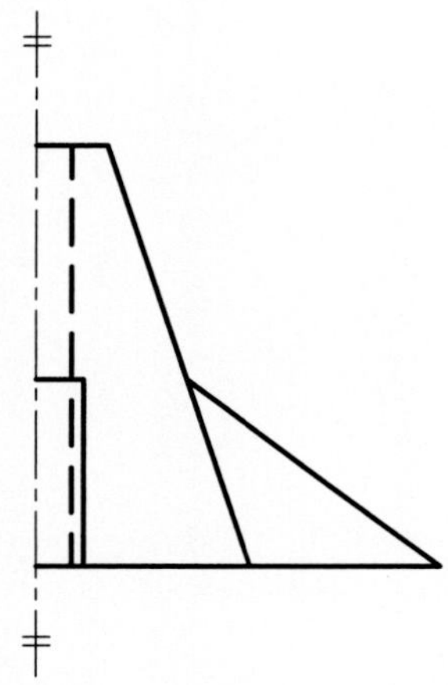

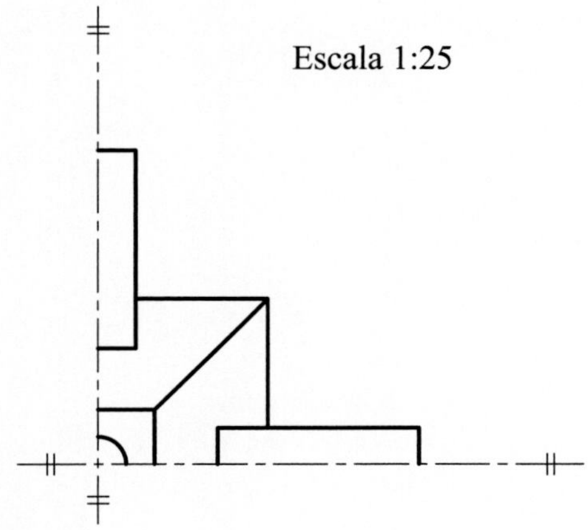

Escala 1:25

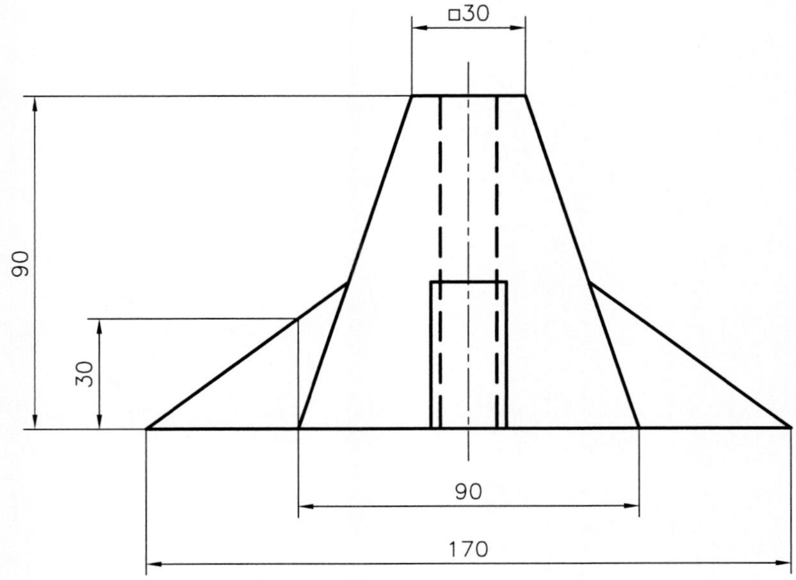

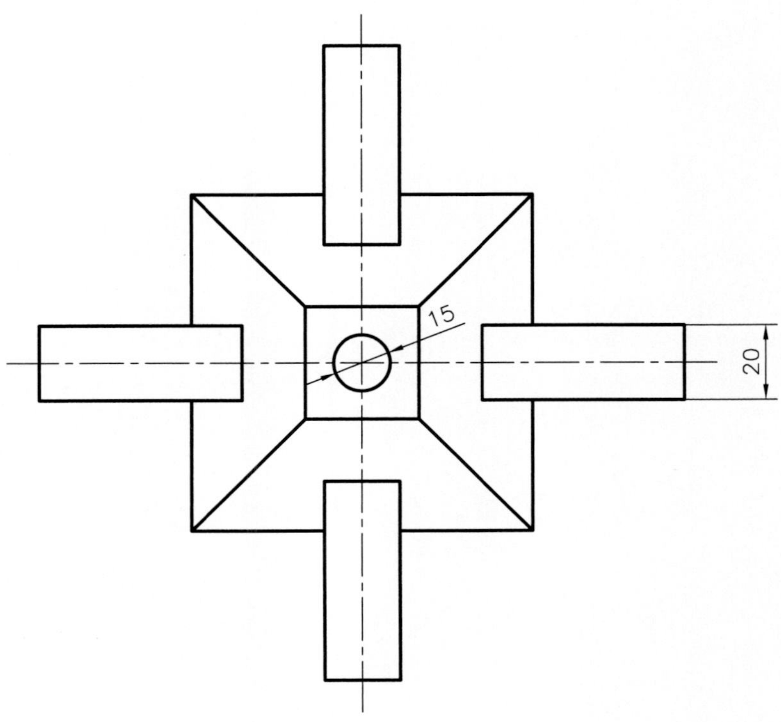

Cotas en cm

Escala 1:20

PRUEBA Nº 18

EJERCICIO 1 [3 PUNTOS] Dibujar todas las circunferencias que a la vez sean:

- Tangentes a una circunferencia de radio 4 cm.
- Tangentes a una recta que dista 3 cm del centro de la circunferencia anterior.
- Pasan por un punto que está sobre la circunferencia y dista 1 cm de la recta.

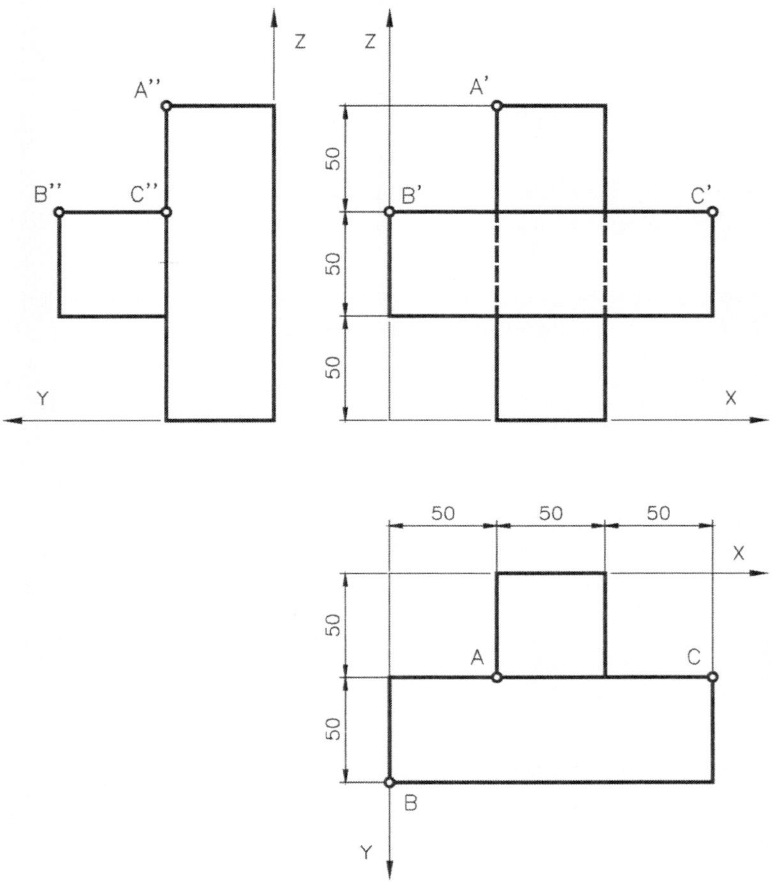

EJERCICIO 2 [4 PUNTOS] Dadas las vistas del sólido de la figura 1, se pide:

- Dibujar, a escala 1/20, la perspectiva caballera del cuerpo: φ=135º, μ=3/4.
- Dibujar la sección que produce en dicho cuerpo el plano definido por los puntos A, B y C.

Figura 1
Cotas en cm

EJERCICIO 3 [3 PUNTOS] Dada la perspectiva de la figura 2, en la que se presenta una pieza con tres planos de simetría, se pide:

Dibujar, a escala 1/10, las vistas normalizadas debidamente acotadas para su correcta representación.

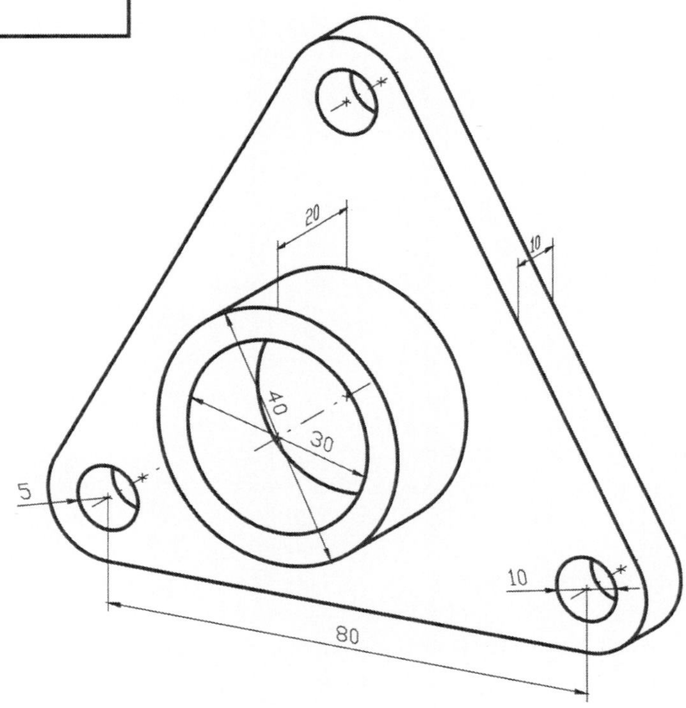

Figura 2
Cotas en cm

SOLUCIÓN EJ. 1

Procedimiento 1

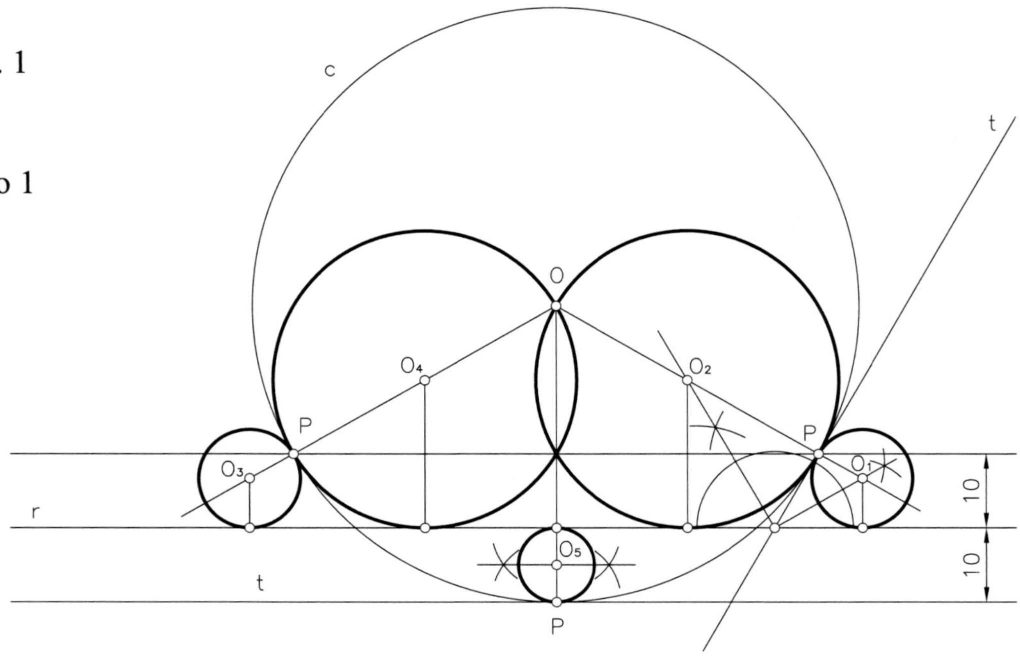

Comentario: Dibujar dos rectas paralelas a la recta r que cortan a la circunferencia en tres puntos P que son los de tangencia entre las circunferencias solución y la dada. Los centros de las circunferencias solución están sobre las líneas que unen el centro O de la circunferencia con los puntos de tangencia, P.
Si se traza por el punto P la recta t tangente a la circunferencia, el problema se transforma en r, t, P. Los centros de las circunferencias solución se encuentran en la intersección de las bisectrices de r y t con las líneas que unen el centro de la circunferencia dada con los puntos P.
Los centros O_3 y O_4 se obtienen por simetría.

Procedimiento 2

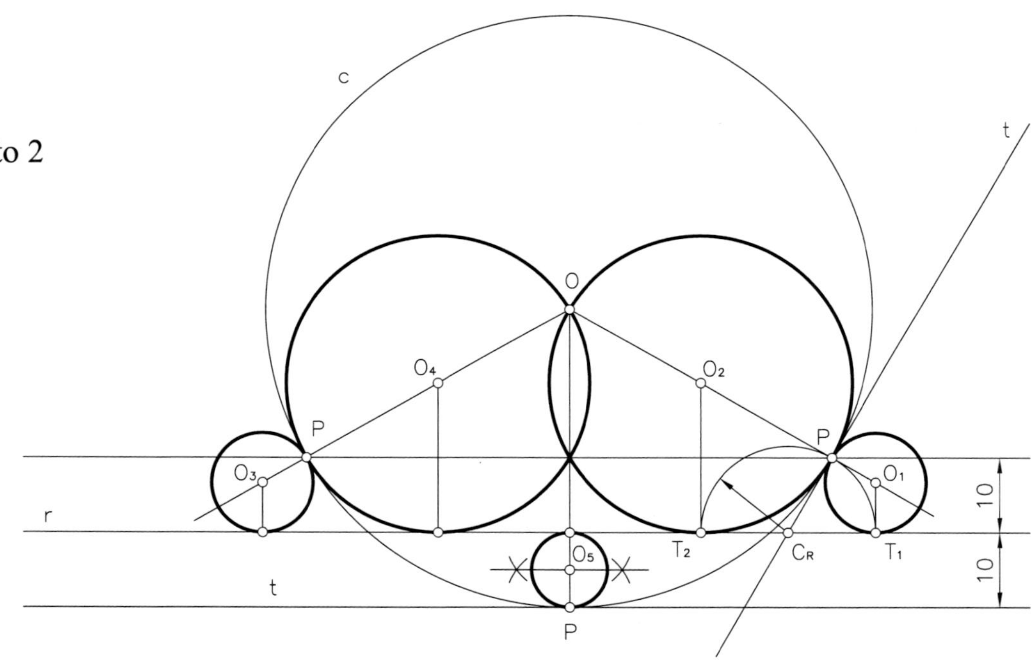

Comentario: Se localizan los puntos de tangencia P de igual forma que en el procedimiento 1.
Por aplicación de la potencia de punto respecto a circunferencia, se sabe que el centro radical C_R de la recta r, la circunferencia c y las soluciones de centros O_1 y O_2 se encuentra en el punto de corte de r y con la tangente a la circunferencia dada en el punto P. Basta llavar desde el centro radical la distancia $\overline{C_RP}$ sobre la recta r para obtener los puntos de tangencia T_1 y T_2 con las circunferencias buscadas. Trazando perpendiculares a r por T_1 y T_2 se localizan sus centros en la intersección con la línea que une P con O.
Los centros O_3 y O_4 se obtienen por simetría.

SOLUCIÓN EJ. 2

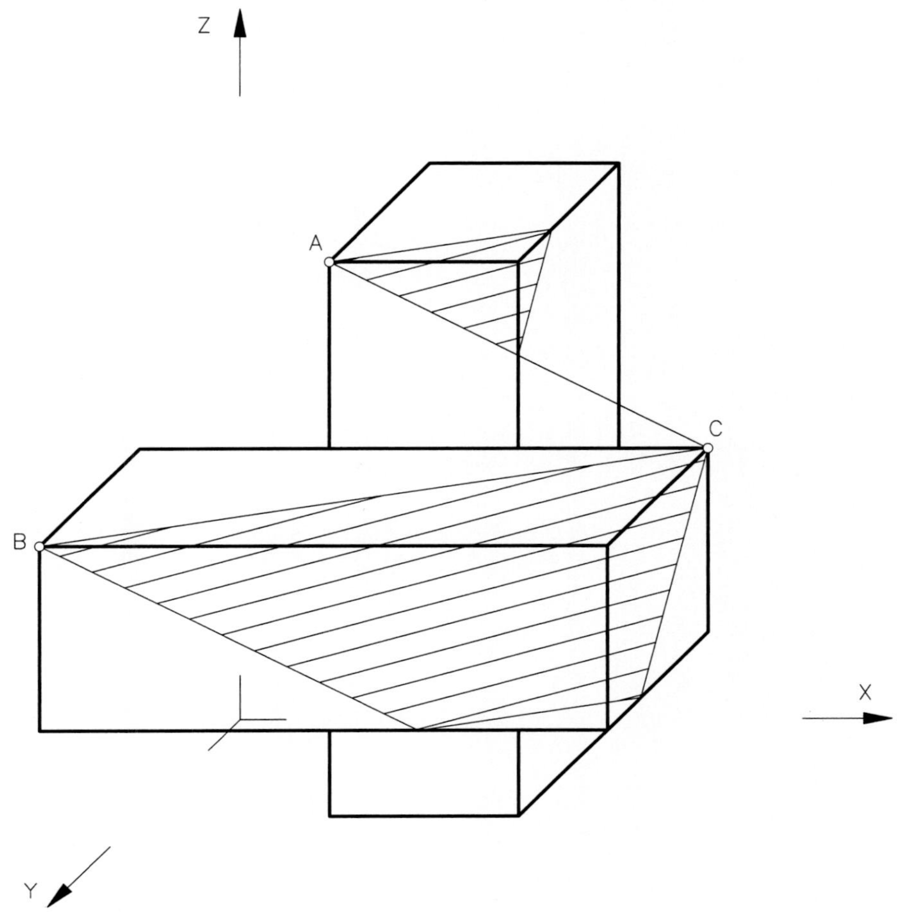

Comentario: Las intersecciones AC y BC son inmediatas al localizarse dichos puntos sobre caras de la pieza (puntos coplanarios); el resto de intersecciones se determinan teniendo en cuenta que "las intersecciones de un plano cualquiera con dos planos paralelos son rectas paralelas".

Nota: A la izquierda se ha representado la pieza cortada para facilitar su visualización.

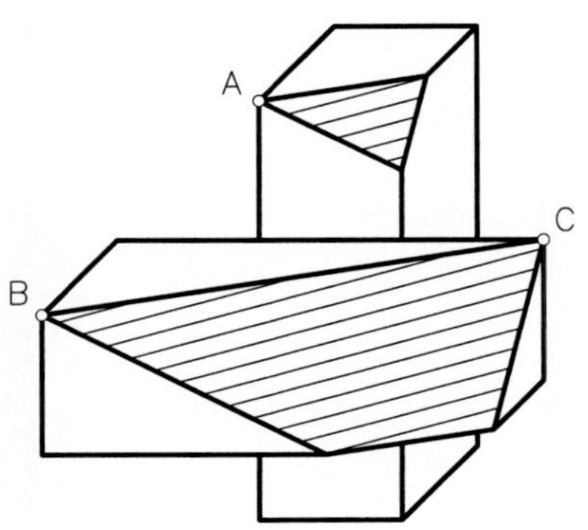

PIEZA CORTADA

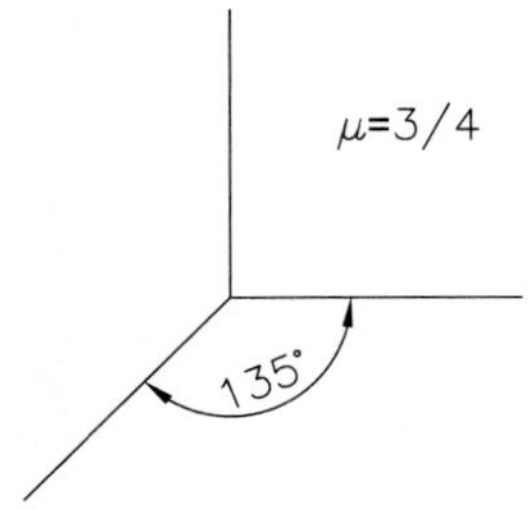

Escala 1:20

SOLUCIÓN EJ. 3

Procedimiento 1

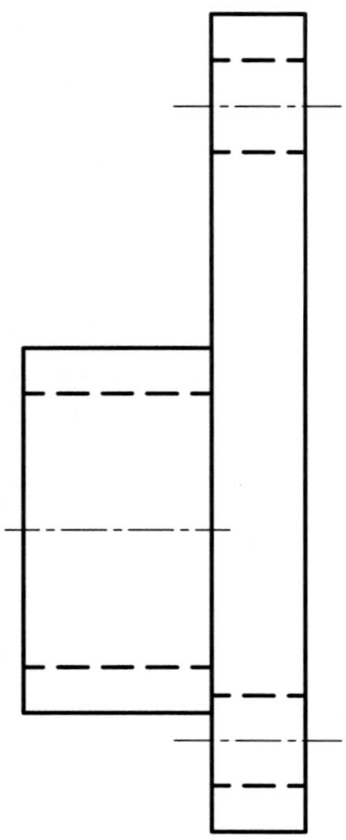

(Vista no necesaria)

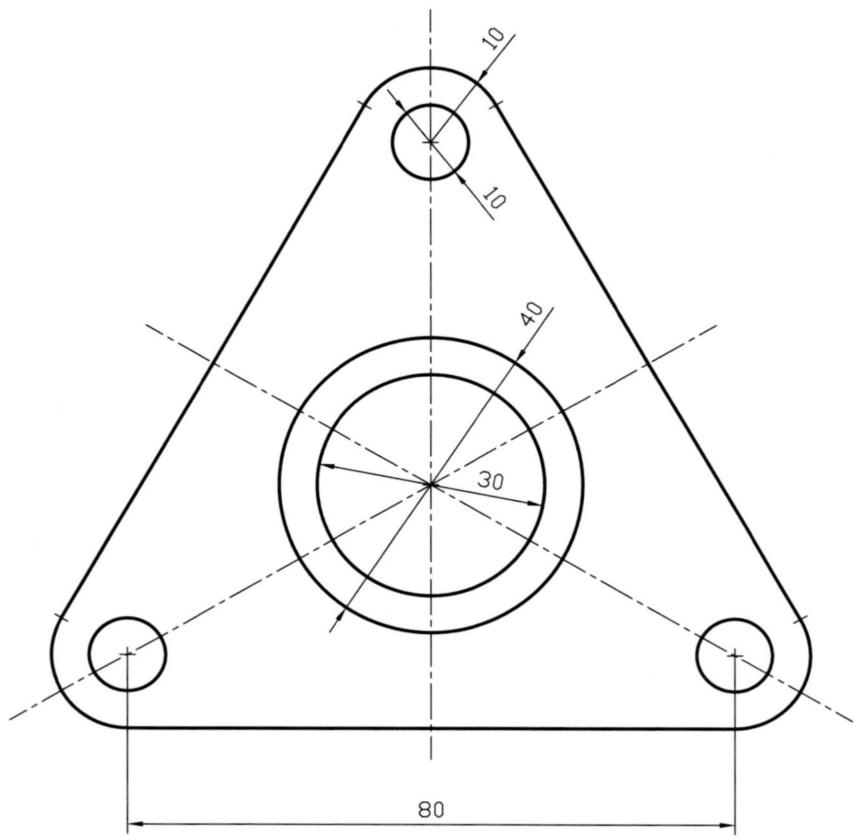

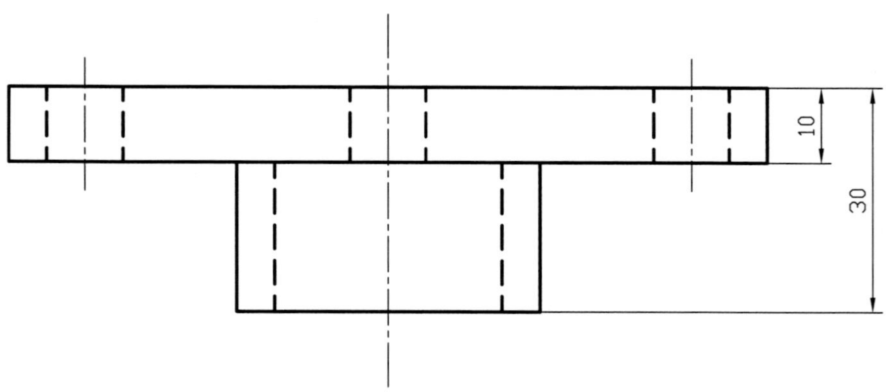

Cotas en cm

Escala 1:10

SOLUCIÓN EJ. 3

Procedimiento 2

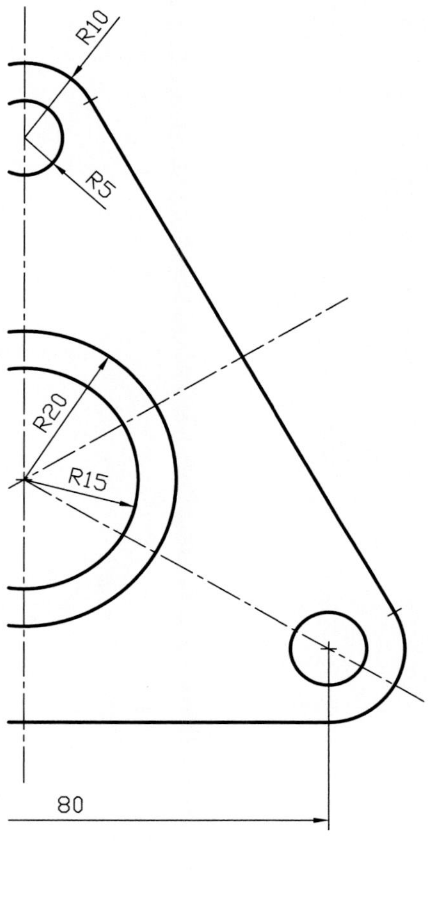

Comentario: Se pueden prolongar las líneas representativas de las piezas más allá de la traza del plano de simetría. En este caso, pueden omitirse los dos pequeños trazos parlalelos (Norma UNE 1-032-82. Vistas de piezas simétricas).

Cotas en cm

Escala 1:10

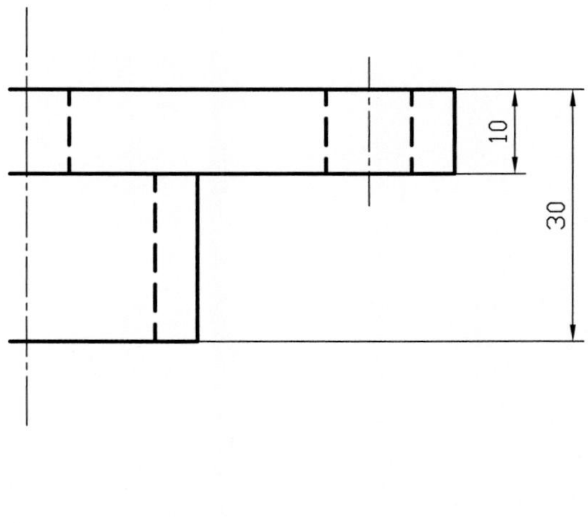

PRUEBA Nº 19

EJERCICIO 1 [3 PUNTOS] Dibujar un triángulo ABC sabiendo que:

- El lado AB mide 7 cm.
- La altura del lado AB mide 8 cm.
- El ángulo opuesto al lado AB mide 30º.

EJERCICIO 2 [4 PUNTOS] Obtener las proyecciones diédricas del ortocentro del triángulo ABC.

Datos: A (0, 10, 30), B (50, 20, 80), C (80, 50, 20).

EJERCICIO 3 [3 PUNTOS] Dada la perspectiva de la figura 1, en la que se presenta una pieza con dos planos verticales de simetría, se pide:

Dibujar, a escala 3/4, las vistas normalizadas debidamente acotadas para su correcta representación.

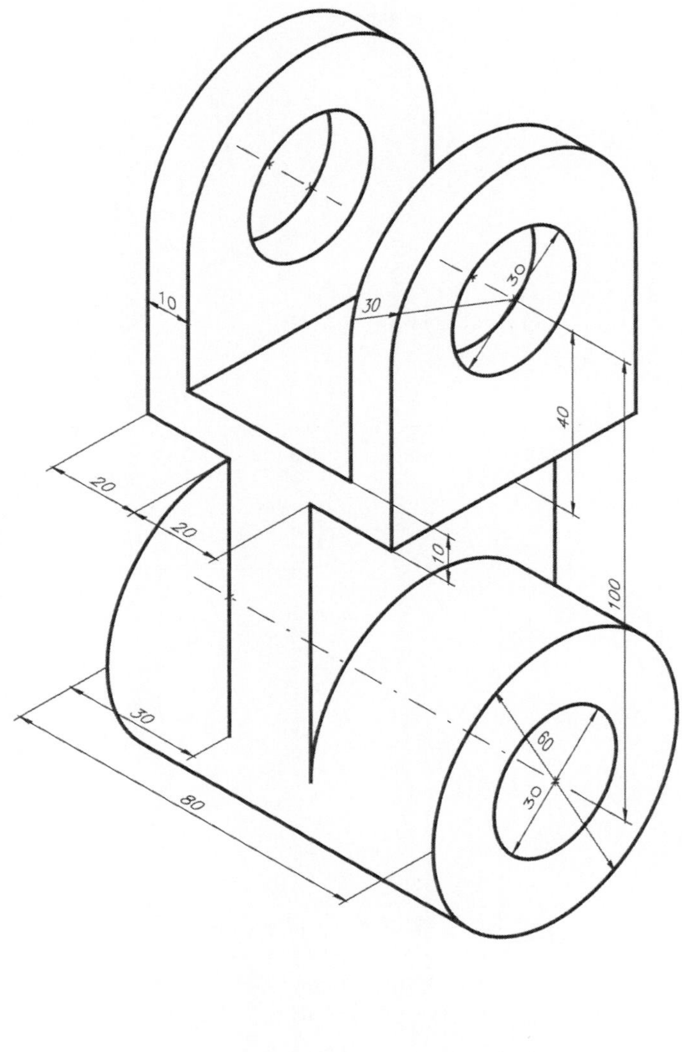

Figura 1
Cotas en mm

SOLUCIÓN EJ. 1

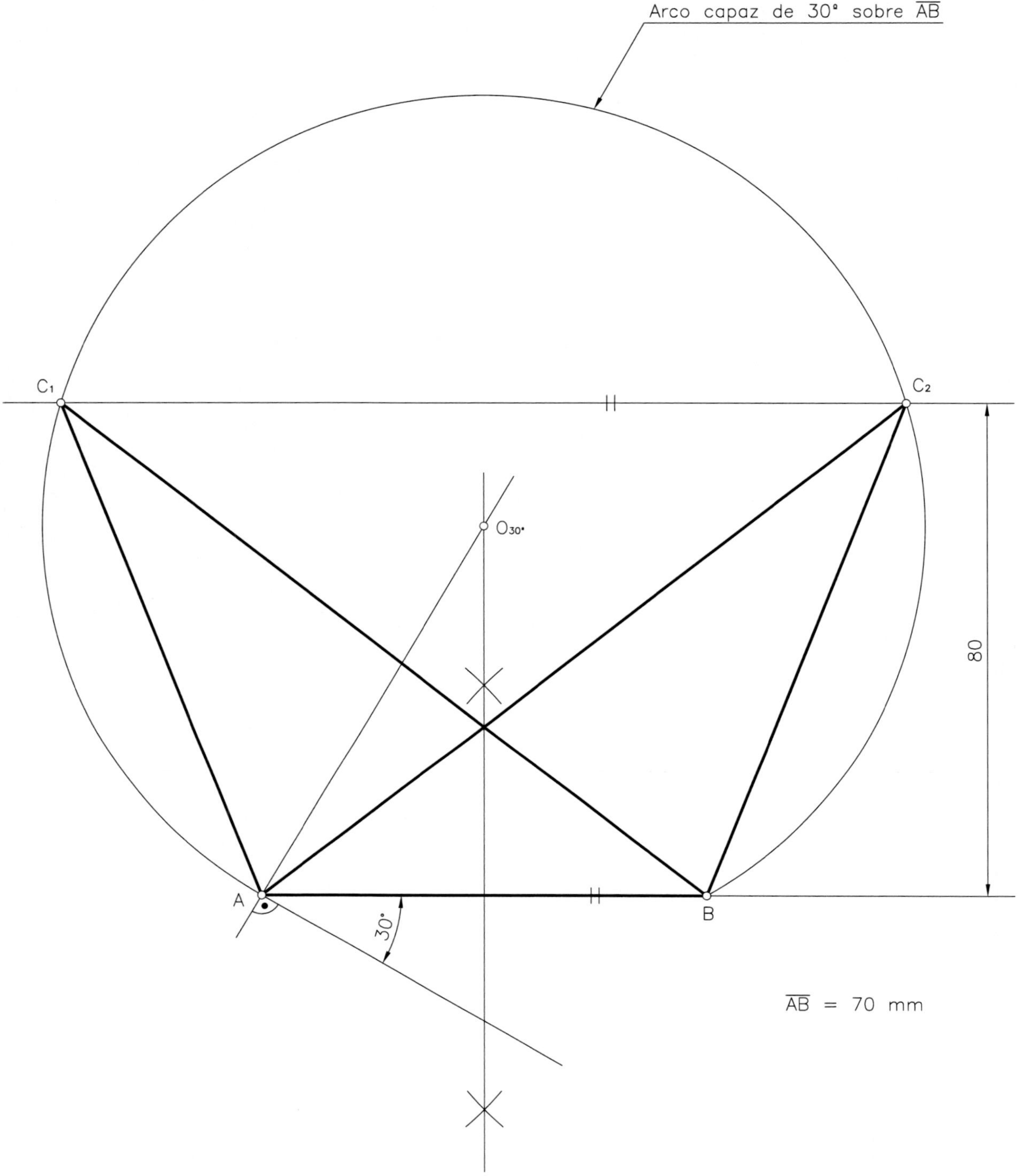

Comentario: Dibujar el lado $\overline{AB}$ = 70 mm. El vértice C se encuentra en la intersección de los lugares geométricos siguientes:

- la paralela a $\overline{AB}$ a 80 mm, y
- el arco capaz de 30º sobre el segmento $\overline{AB}$.

Nota: El problema admite cuatro soluciones, las dos dibujadas y sus simétricas respecto a la recta AB.

SOLUCIÓN EJ. 2

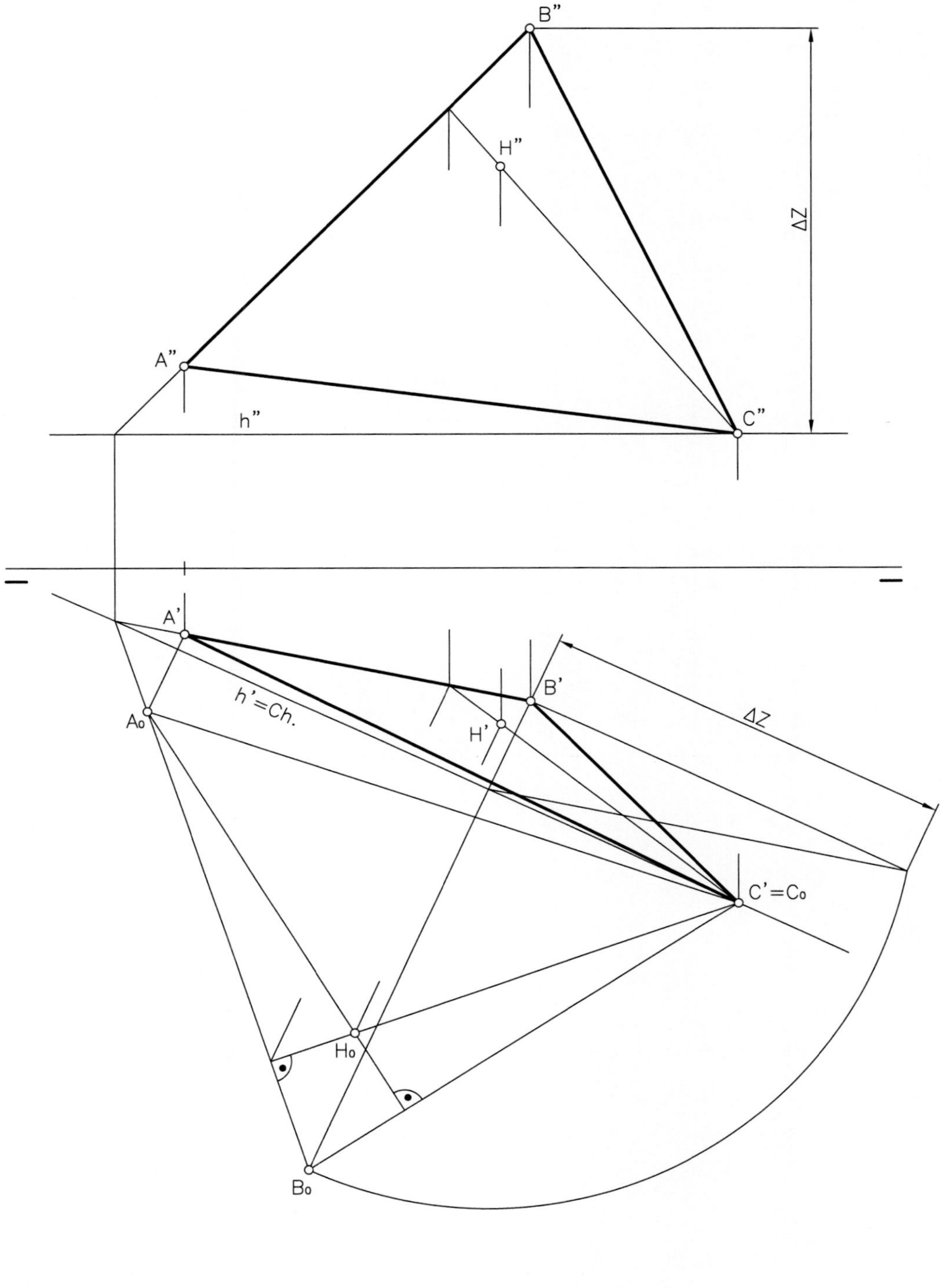

Comentario: Se abate el triángulo respecto a la horizontal h del plano que lo contiene. En el abatimiento se obtiene el ortocentro H como punto de corte de las alturas.

SOLUCIÓN EJ. 3

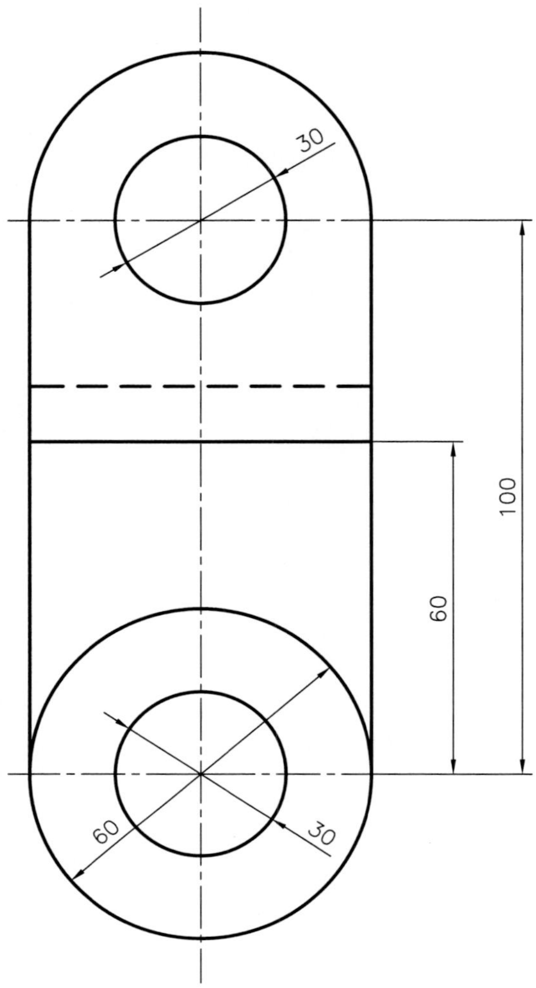

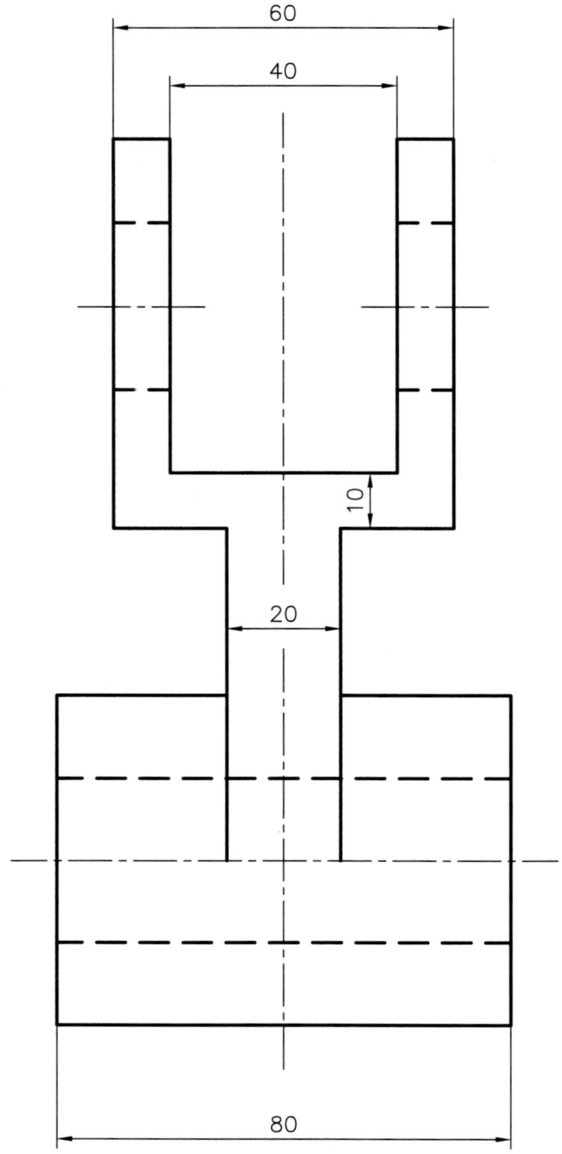

Cotas en mm

Escala 3:4

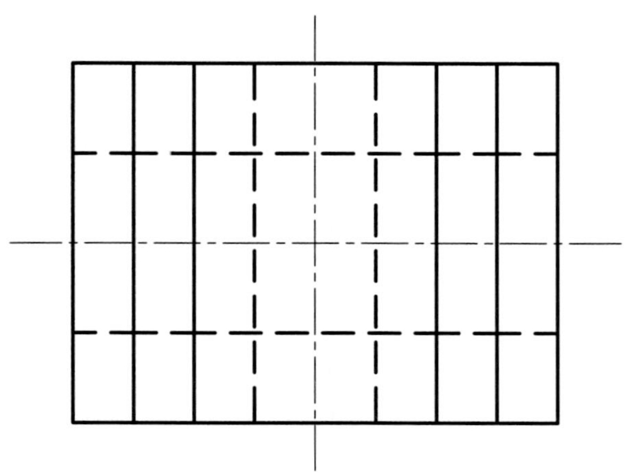

(Vista no necesaria)

PRUEBA Nº 20

EJERCICIO 1 [3 PUNTOS] Sobre un segmento AB de 5 cm se dibujan dos circunferencias de la siguiente forma:

- Los puntos A y B son los extremos de un diámetro de la circunferencia C_1.
- El punto A es el centro de la circunferencia C_2 que pasa por B.

Se pide:

Dibujar todas las circunferencias de 3 cm de diámetro que son tangentes, a la vez, a C_1 y a C_2.

EJERCICIO 2 [4 PUNTOS] Dadas las vistas del sólido de la figura 1, se pide:

- Dibujar, a escala 1/10, la perspectiva caballera del cuerpo. $\varphi=135°$ y $\mu=3/4$.
- Dibujar la sección que produce, en dicho cuerpo, el plano definido por los puntos A, B, C.

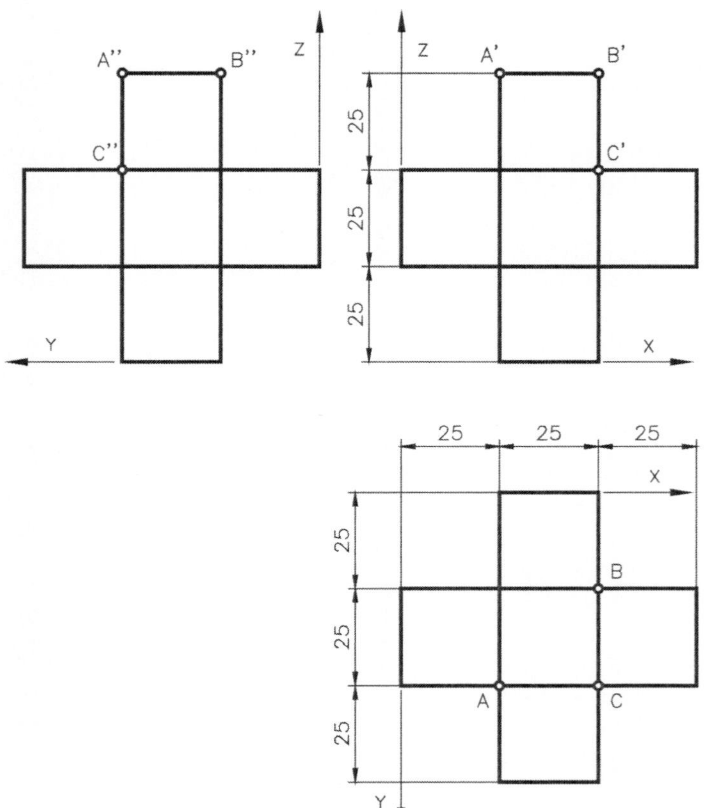

Figura 1
Cotas en cm

EJERCICIO 3 [3 PUNTOS] Dada la perspectiva de la figura 2, en la que se presenta una pieza con seis planos verticales de simetría y un plano de simetría horizontal, se pide:

Dibujar, a escala 3/4, las vistas normalizadas debidamente acotadas para su correcta representación.

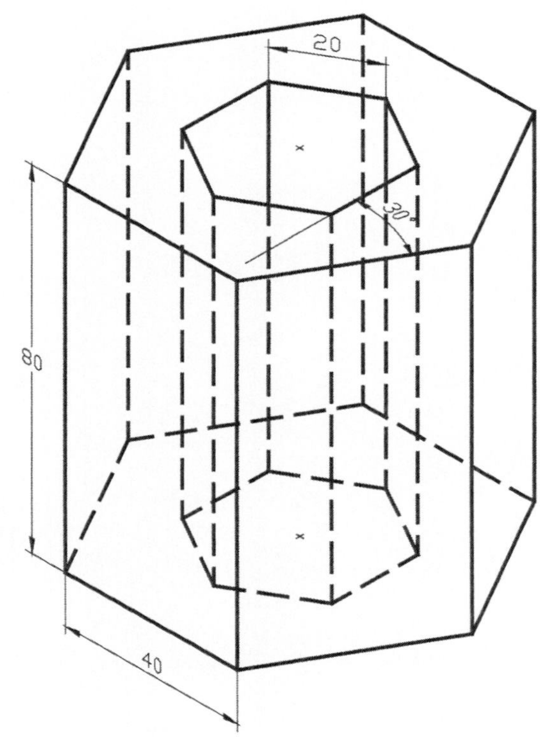

Figura 2
Cotas en mm

SOLUCIÓN EJ. 1

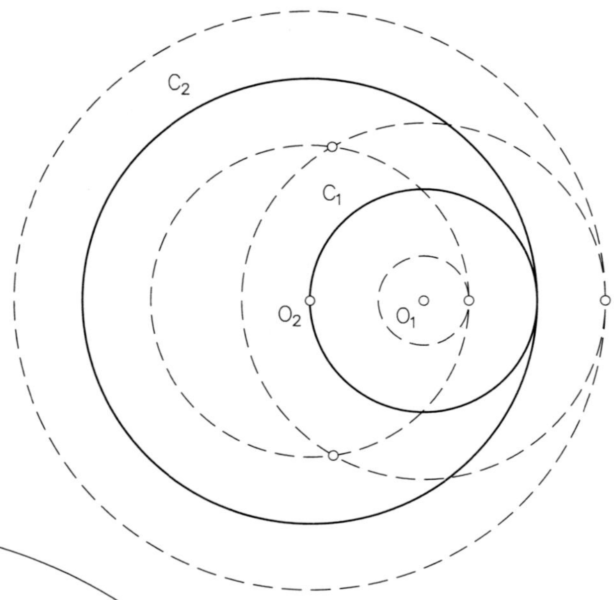

FIGURA DE ANÁLISIS

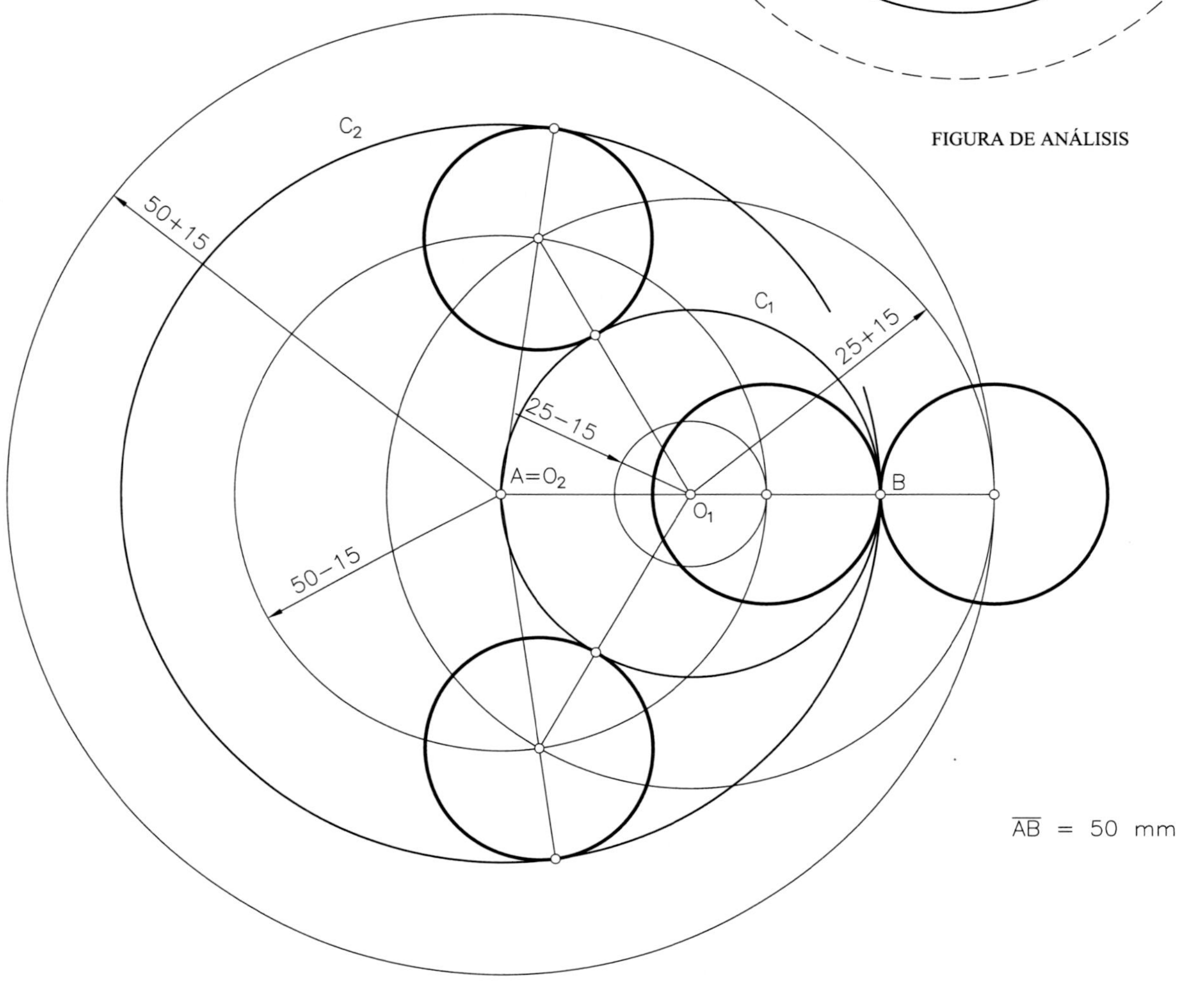

Propiedades

El lugar geométrico de los centros de las circunferencias tangentes exteriores a otra, conocido el radio de la solución, es una circunferencia concéntrica a la dada y de radio la suma de ambos radios, dada y solución (dilatación).

El lugar geométrico de los centros de las circunferencias tangentes interiores a otra, conocido el radio de la solución es una circunferencia concéntrica a la dada y de radio la diferencia de ambos radios, dada y solución (dilatación negativa o contracción).

Comentario: Los centros de las circunferencias solución se encuentran en las intersecciones de los lugares geométricos suma y diferencia de radios de las dadas y las soluciones.

SOLUCIÓN EJ. 2

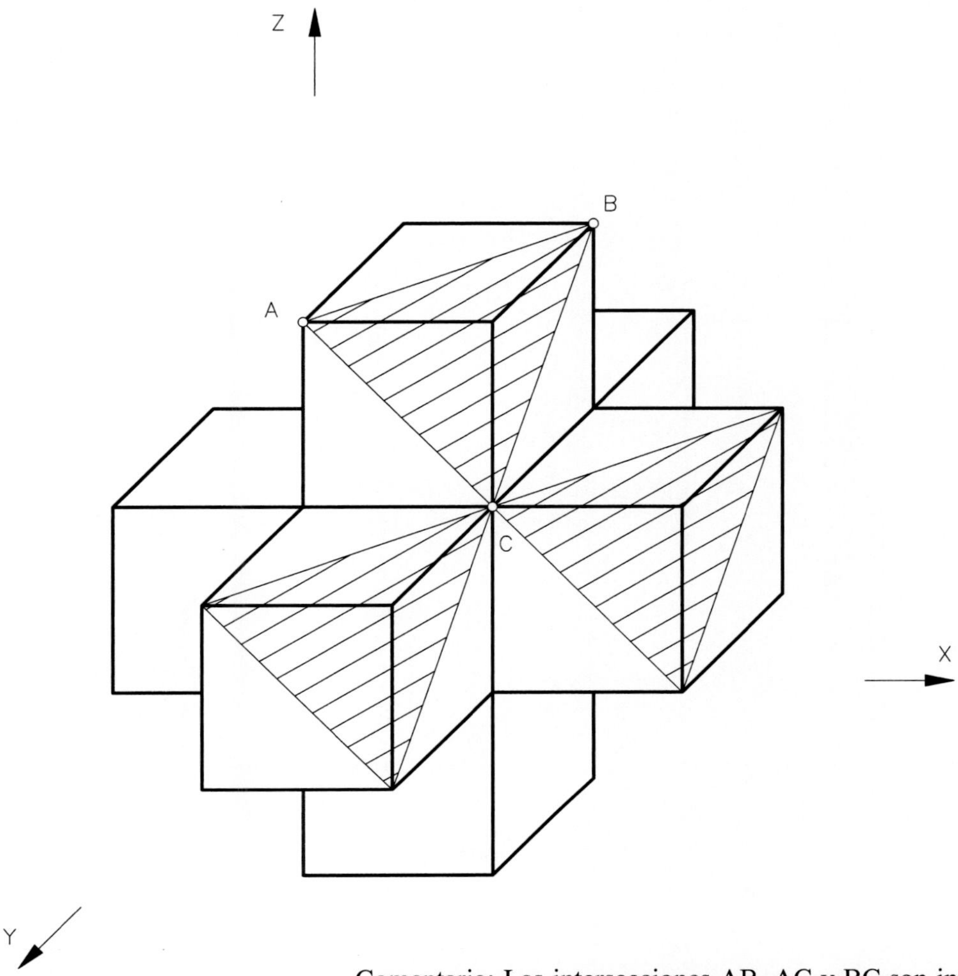

Comentario: Las intersecciones AB, AC y BC son inmediatas al localizarse dichos puntos sobre caras de la pieza (puntos coplanarios); el resto de intersecciones se determinan teniendo en cuenta que "las intersecciones de un plano cualquiera con dos planos paralelos son rectas paralelas".

Nota: En la parte inferior se ha representado la pieza cortada para facilitar su visualización.

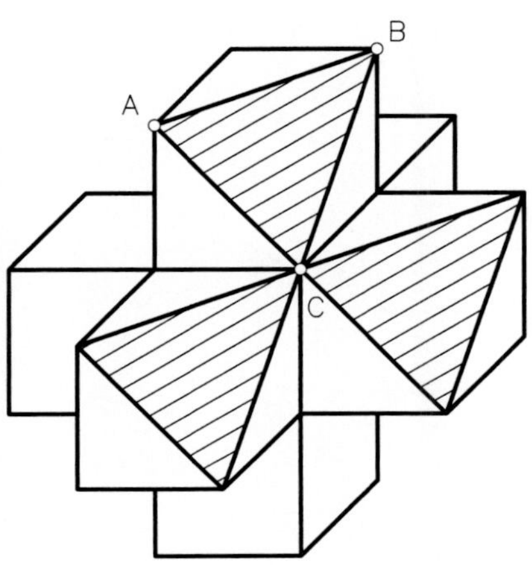

PIEZA CORTADA

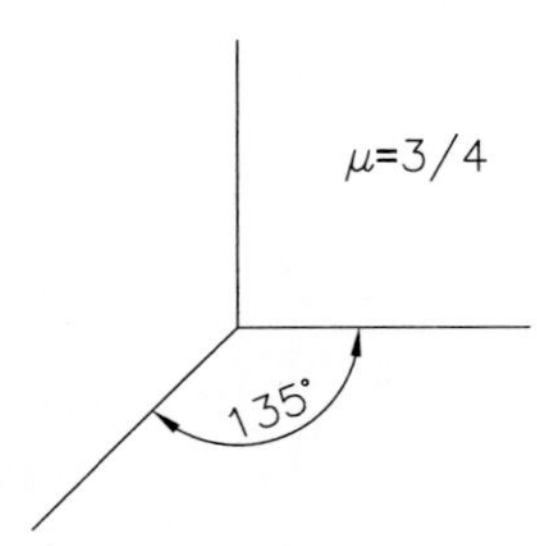

Escala 1:10

SOLUCIÓN EJ. 3

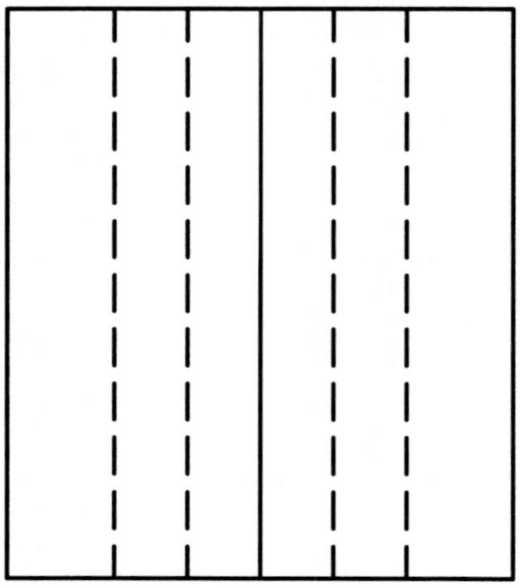

(Vista no necesaria)

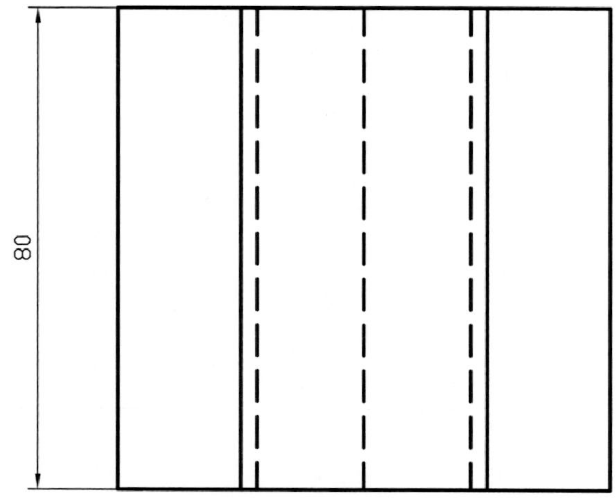

Cotas en mm

Escala 3:4

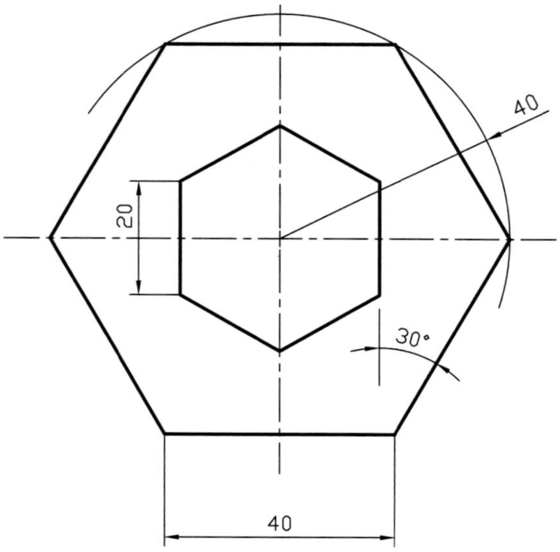

PRUEBA Nº 21

EJERCICIO 1 [3 PUNTOS] Dibujar un triángulo ABC sabiendo que:

- El ángulo en el vértice A es de 45º y en el vértice B de 30º.
- La distancia AD medida sobre la bisectriz del ángulo de 45º es de 6 cm. El punto D es la intersección de esa bisectriz con el lado BC.

EJERCICIO 2 [4 PUNTOS] Obtener las proyecciones diédricas del circuncentro del triángulo ABC.

Datos: A (0, 10, 20), B (60, 10, 80), C (90, 60, 20).

EJERCICIO 3 [3 PUNTOS] Dada la perspectiva de la figura 1, en la que se presenta una pieza con dos planos verticales de simetría, se pide:

Dibujar, a escala 3/4, las vistas normalizadas debidamente acotadas para su correcta representación.

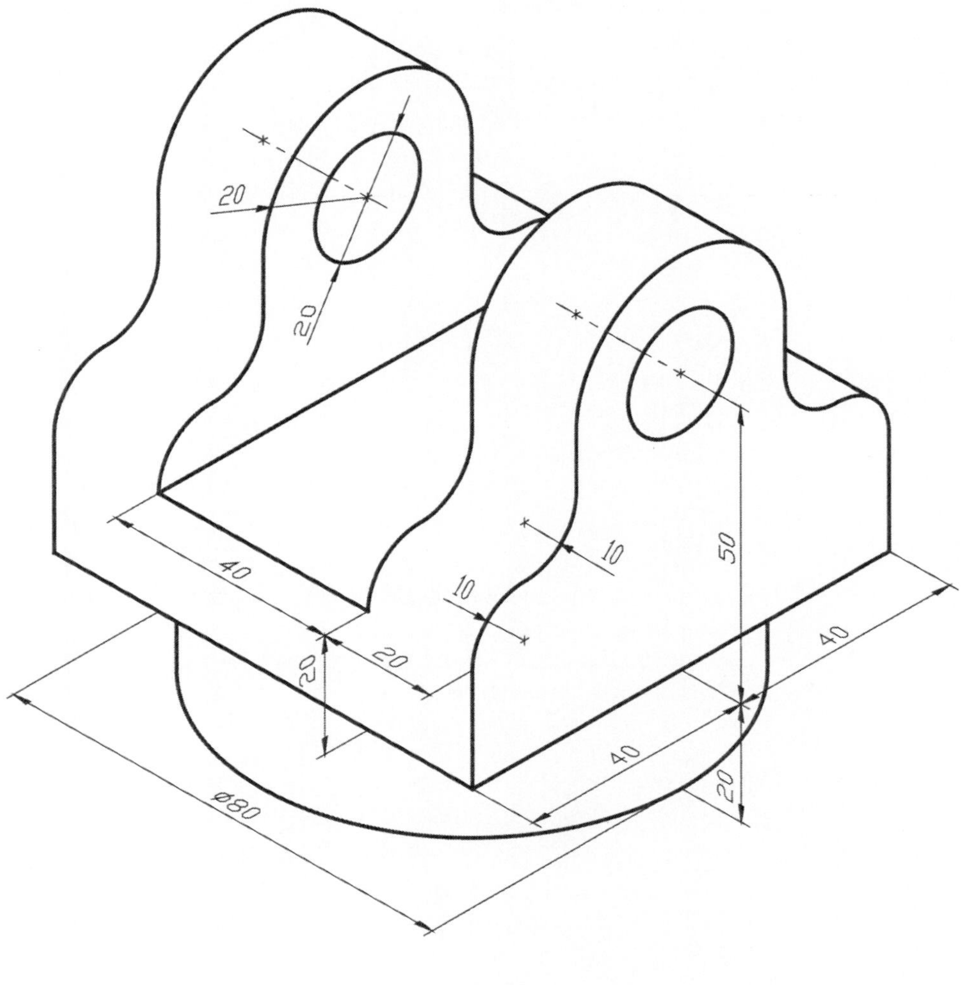

Figura 1
Cotas en mm

SOLUCIÓN EJ. 1

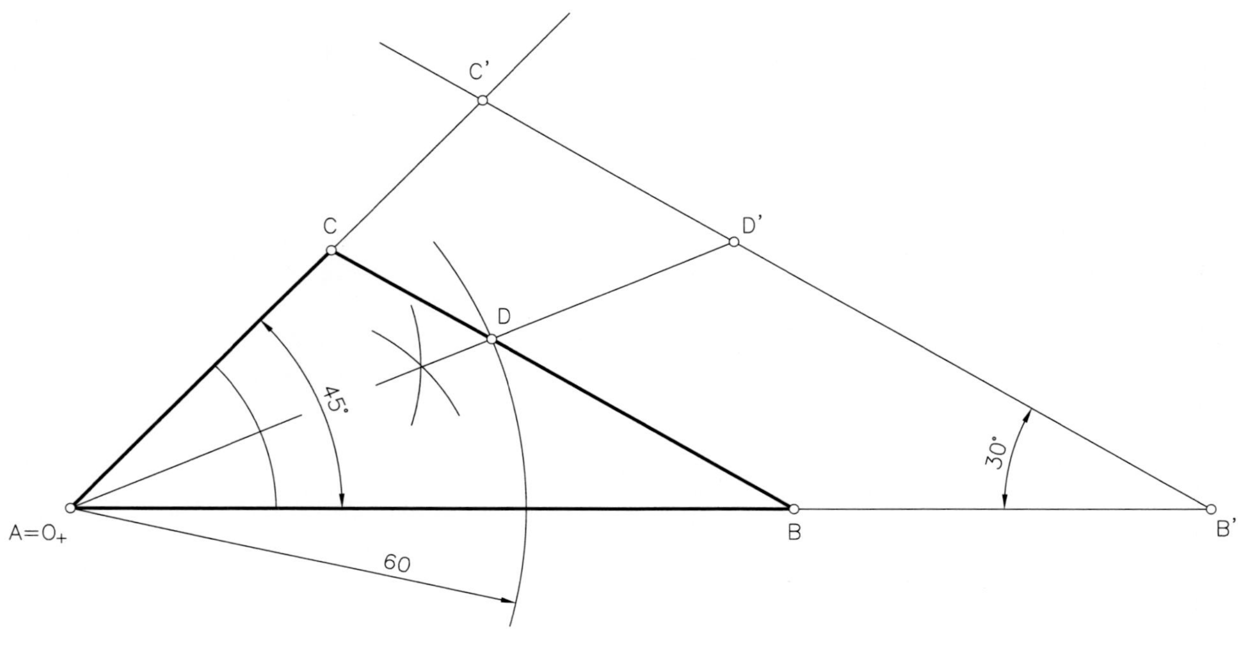

Comentario: Dibujar un triángulo AB'C' cualquiera, semejante al buscado, de ángulos conocidos.
La bisectriz del ángulo de 45° corta al lado B'C' en D'.
Se ejecuta una homotecia de centro A que transforme el segmento AD' en otro AD=60 mm. Por paralelismo se obtienen los vértices B y C.

SOLUCIÓN EJ. 2

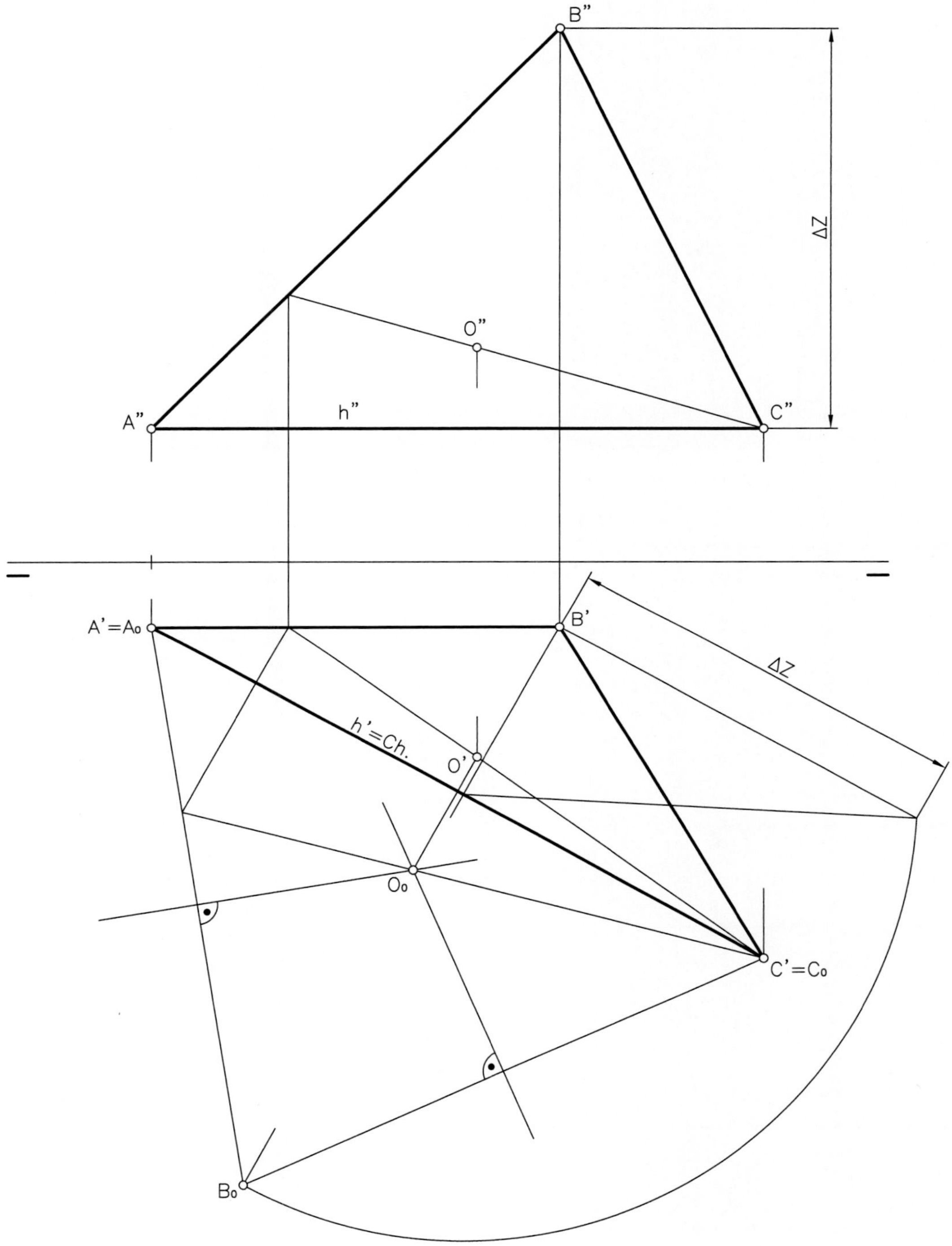

Comentario: Se abate el triángulo respecto a la horizontal AC del plano que lo contiene. En el abatimiento se obtiene el circuncentro O como punto de corte de las mediatrices de los lados.

SOLUCIÓN EJ. 3

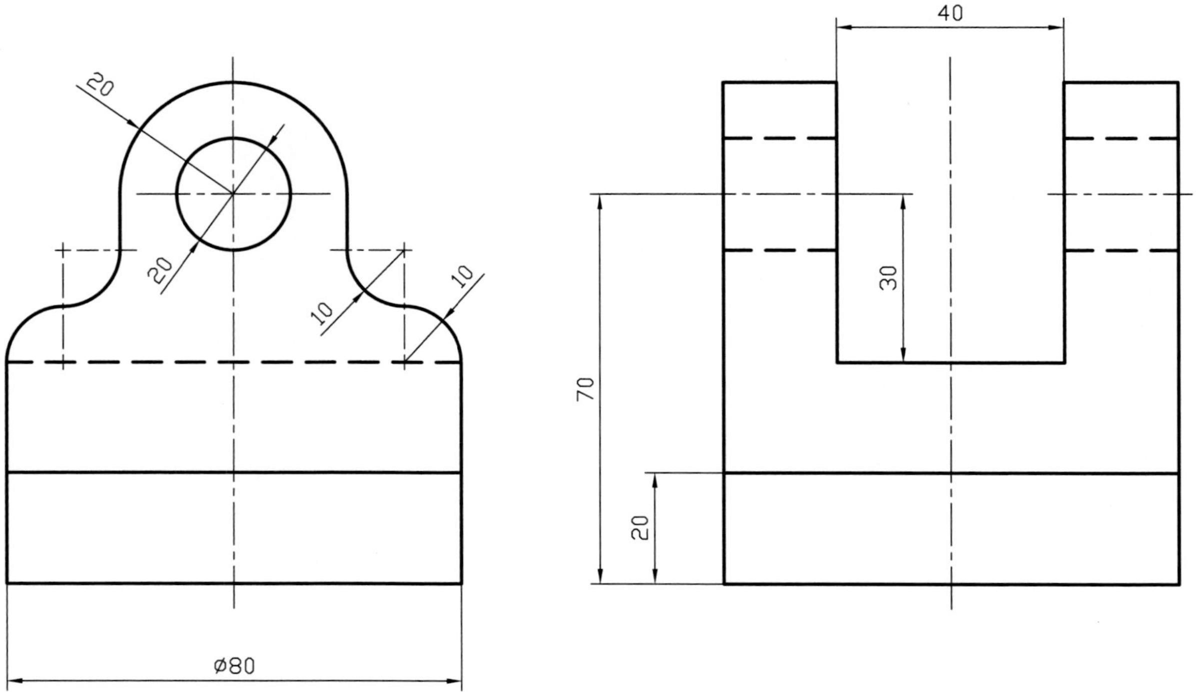

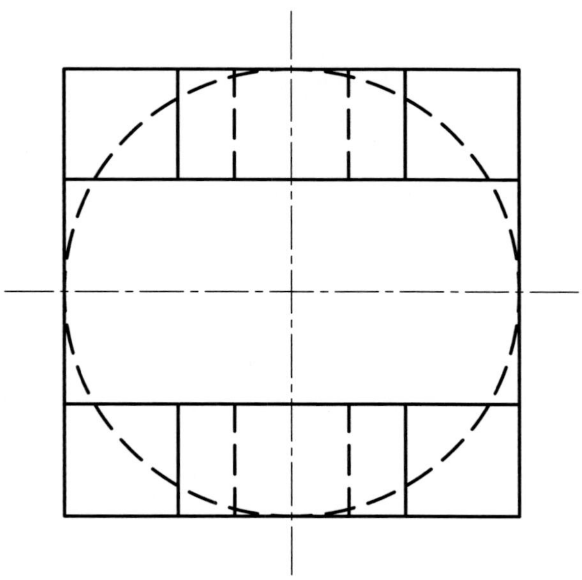

(Vista no necesaria)

Comentario: El símbolo del diámetro (Ø) se antepone a la cifra de cota cuando no se aprecia la forma circular como tal (Norma UNE 1-039-94. Inscripción de las cifras de cota).

Cotas en mm

Escala 3:4

PRUEBA Nº 22

EJERCICIO 1 [3 PUNTOS] Dada una circunferencia C_1 de radio 6 cm y una recta que dista 1 cm del centro de esta circunferencia, se pide:

- Dibujar la circunferencia C_2 de mayor radio, interior a C_1, tangente a ella y a la recta.
- Dibujar la circunferencia C_3 de mayor radio, tangente a C_1, a C_2 y a la recta.

EJERCICIO 2 [4 PUNTOS] Dibujar la perspectiva isométrica de una pirámide regular de 120 mm de altura y base un triángulo equilátero, sabiendo que:

- Se apoya en el plano XOY.
- Una de las aristas de la base es el segmento AB.
- El otro vértice de la base tiene una coordenada **y** mayor de 20 mm.

Datos: A(20, 40, 0), B(120, 20, 0).

EJERCICIO 3 [3 PUNTOS] Dada la perspectiva de la figura 1, en la que se presenta una pieza con dos planos verticales de simetría, se pide:

Dibujar, a escala 1/15, las vistas normalizadas debidamente acotadas para su correcta representación.

Figura 1
Cotas en cm

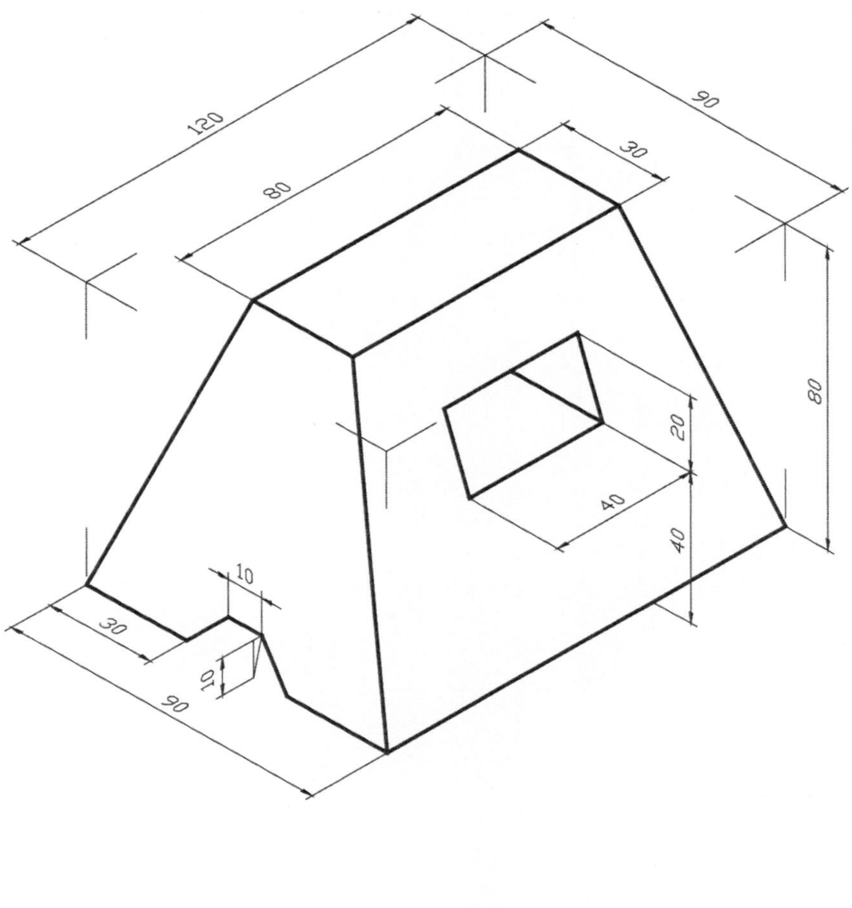

SOLUCIÓN EJ. 1

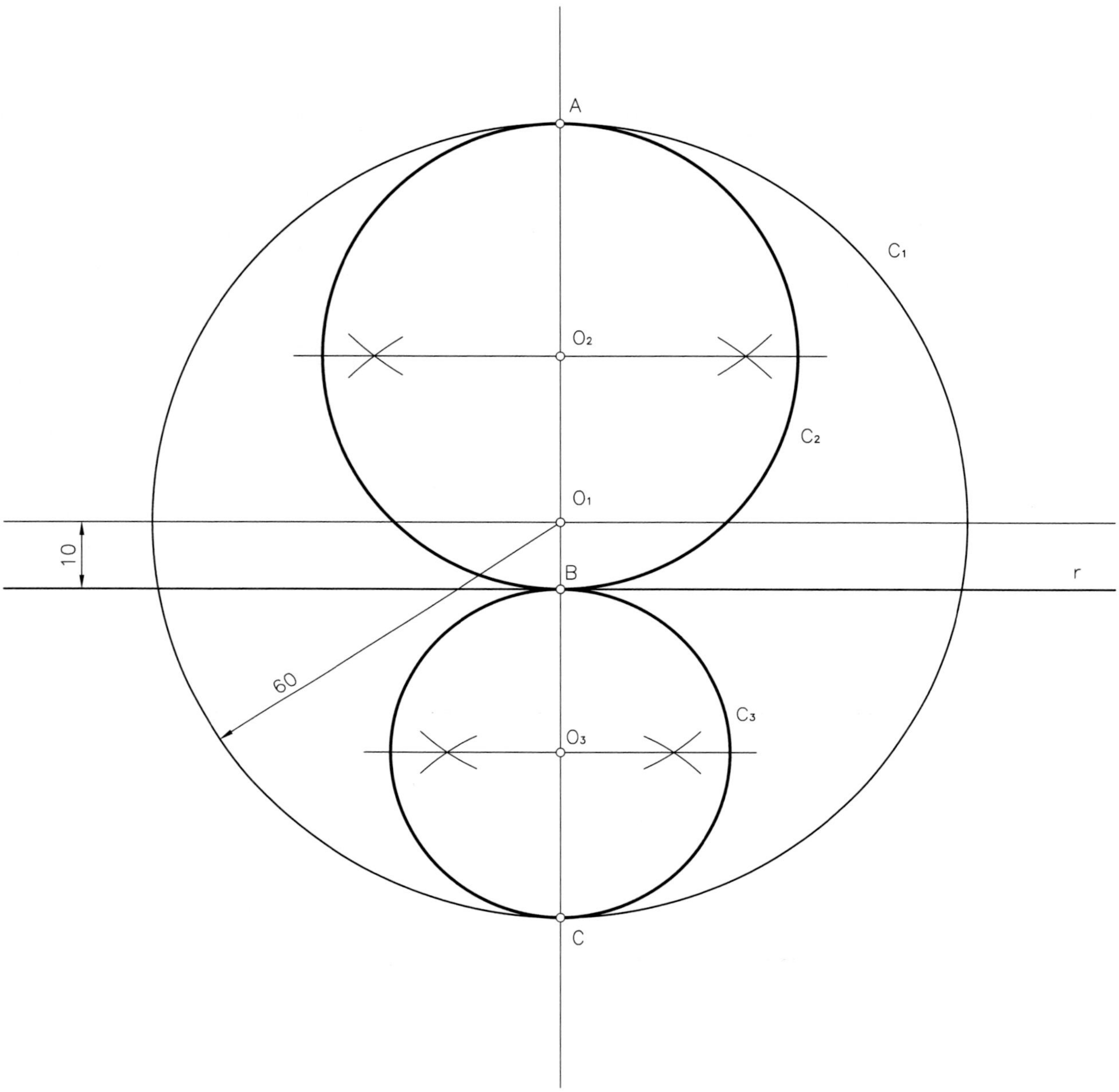

Comentario: De las infinitas circunferencias tangentes interiores a C_1 y tangentes a r, la de mayor radio es la que tiene su centro sobre el diámetro de C_1 perpendicular a r. Igualmente, la circunferencia C_3 de mayor radio tangente a la C_1, a la C_2 y a r, es la que tiene el centro en el mismo diámetro que la anterior.
Las mediatrices de los segmentos $\overline{AB}$ y $\overline{BC}$ contienen a los centros O_2 y O_3 de las soluciones.

SOLUCIÓN EJ. 2

Procedimiento 1. Hoja 1

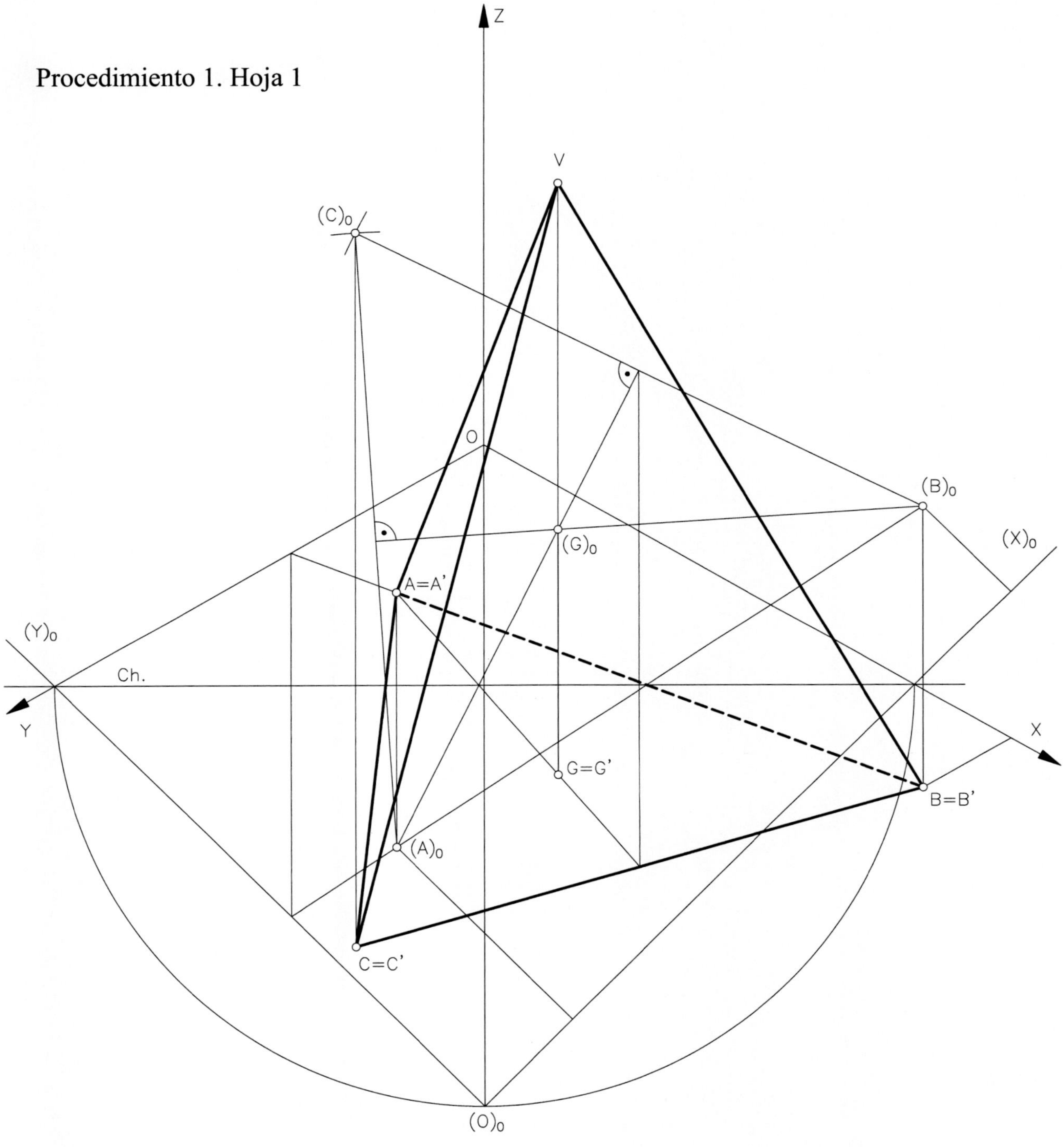

Comentario: Se abate el plano (X)(Y), se representa el segmento $(A)_0(B)_0$ y se determina $(C)_0$, tercer vértice del triángulo de la base (no se considera la otra solución pues tendría coordenada y negativa). También se determina en el abatimiento el centro $(G)_0$ del triángulo. Se desabaten los cuatro puntos obteniéndose el triángulo ABC y su centro G. La altura de la pirámide se determina aplicando el coeficiente de reducción, o bien, observando que es igual a la componente x del punto B.

Escala 1:1

SOLUCIÓN EJ. 2

Procedimiento 2. Hoja 1

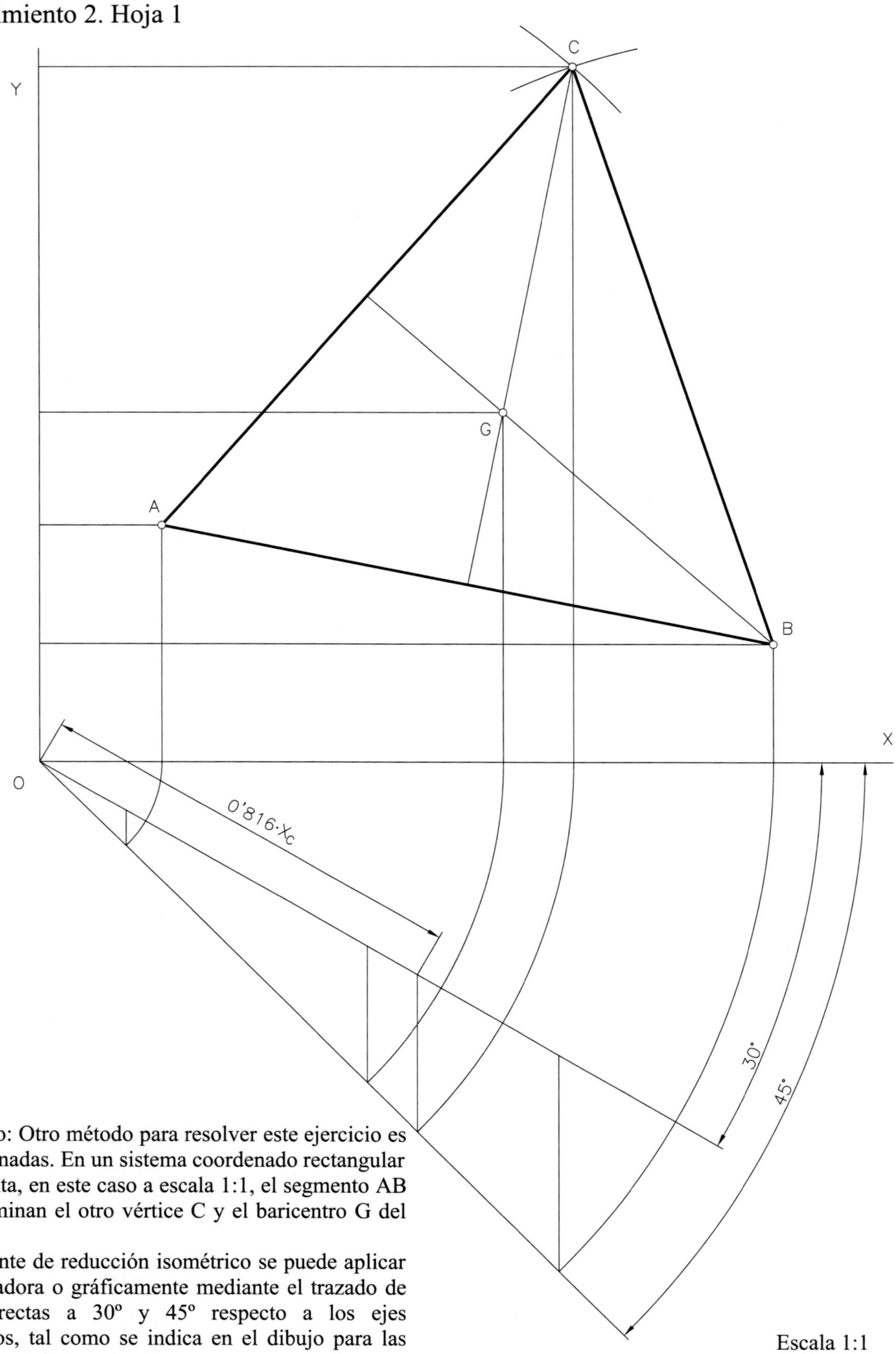

Comentario: Otro método para resolver este ejercicio es por coordenadas. En un sistema coordenado rectangular se representa, en este caso a escala 1:1, el segmento AB y se determinan el otro vértice C y el baricentro G del triángulo.

El coeficiente de reducción isométrico se puede aplicar con calculadora o gráficamente mediante el trazado de dos semirrectas a 30º y 45º respecto a los ejes coordenados, tal como se indica en el dibujo para las coordenadas x de los puntos.

Escala 1:1

SOLUCIÓN EJ. 2

Procedimientos 1 y 2. Hoja 2

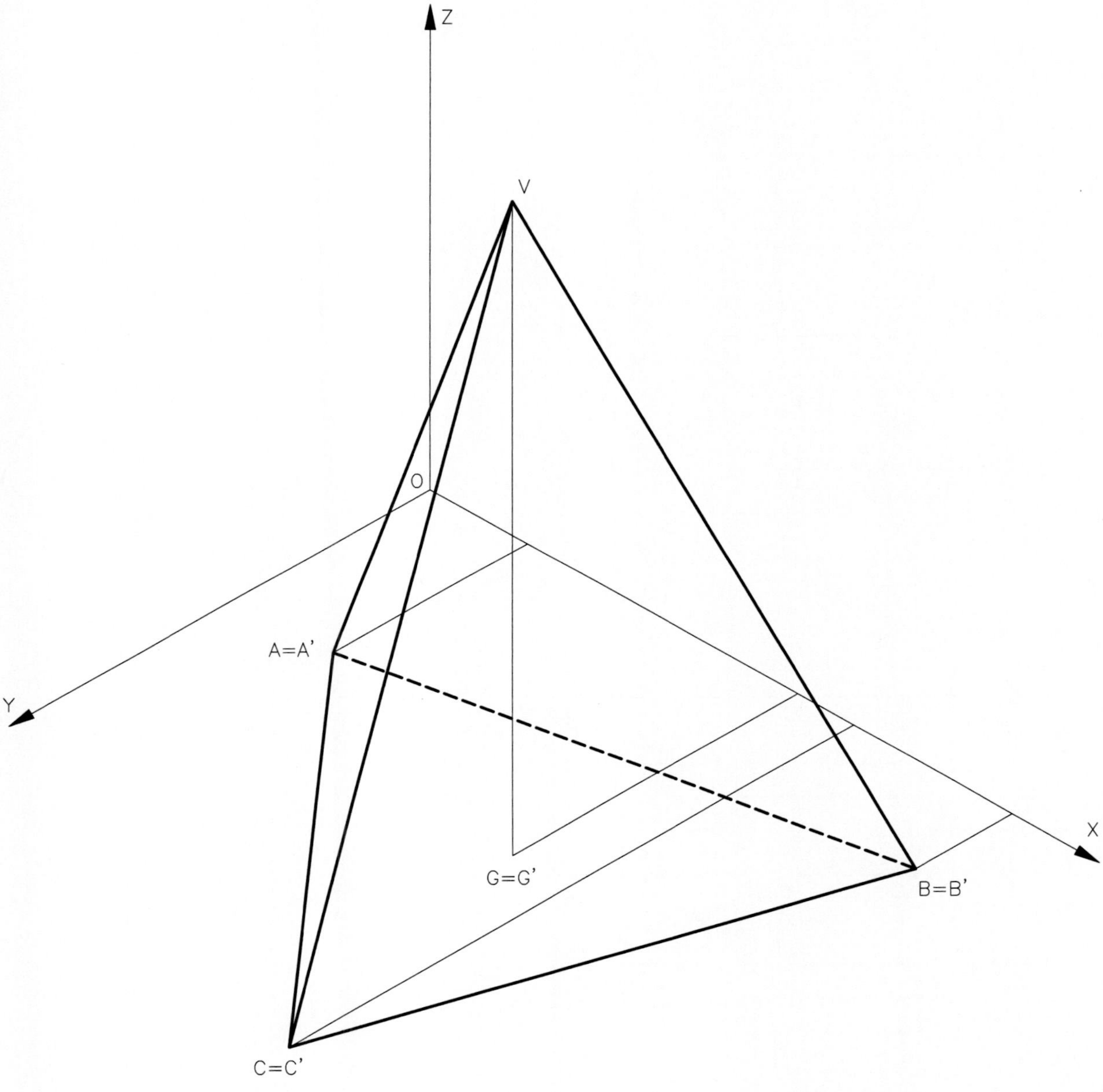

Comentario: Una vez representados por abatimiento o por coordenadas el triángulo ABC, base de la pirámide, y su baricentro, la altura de la pirámide se determina aplicando el coeficiente de reducción, o bien, observando que es igual a la componente x del punto B.

Escala 1:1

SOLUCIÓN EJ. 3

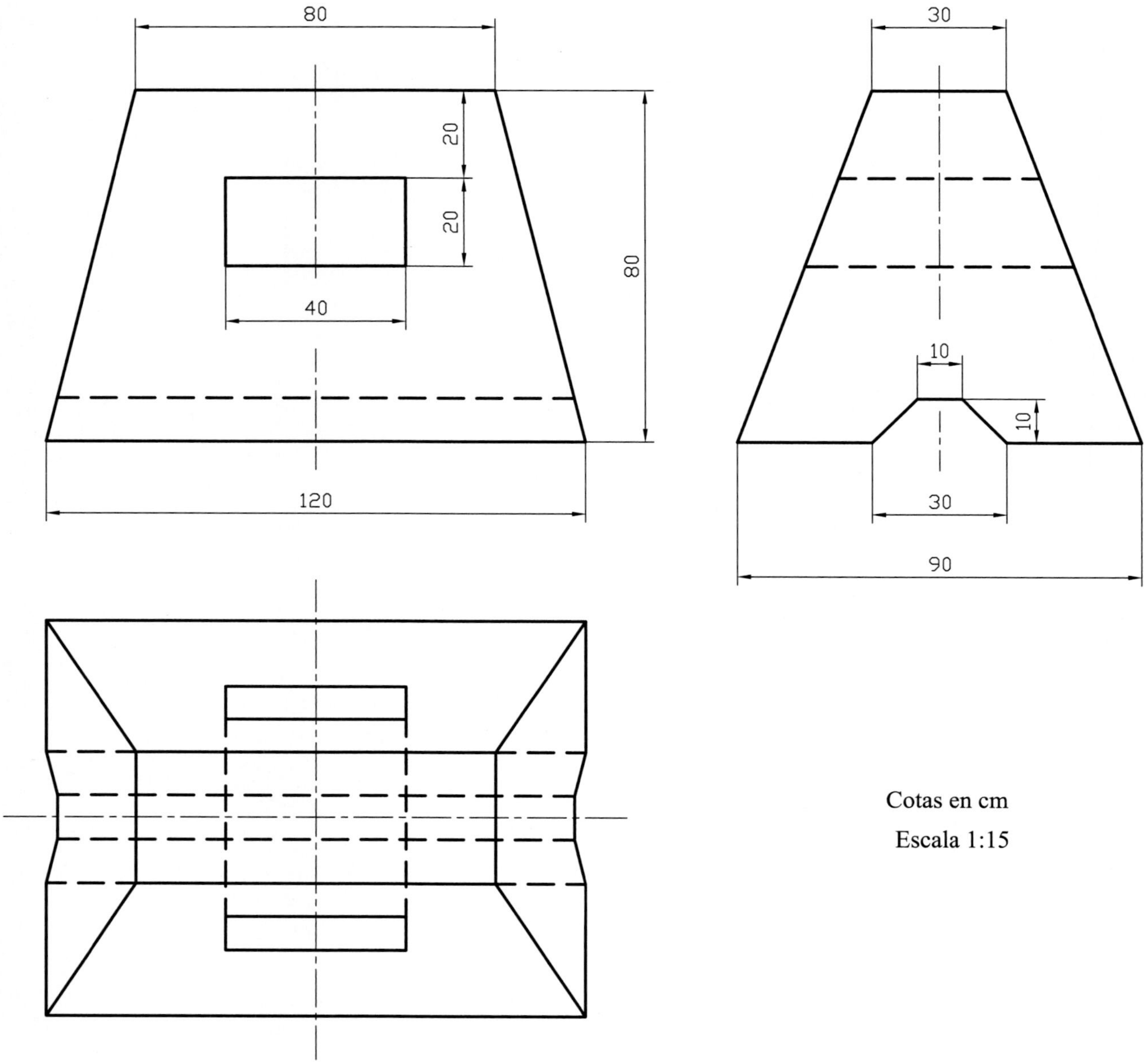

Cotas en cm
Escala 1:15

(Vista no necesaria)

PRUEBA Nº 23

EJERCICIO 1 [3 PUNTOS] Dadas dos rectas que forman un ángulo de 30º, se pide:

Dibujar todos los segmentos de 4 cm que tengan sus extremos sobre las rectas y formen con cualquiera de ellas un ángulo de 45º.

EJERCICIO 2 [4 PUNTOS] Dibujar las proyecciones diédricas del cuadrado de lado el segmento AB y que está situado en un plano paralelo a la línea de tierra. El cuadrado se encuentra por completo en el primer diedro.

Datos: A(-20, 40, 40), B(20, 60, 20).

EJERCICIO 3 [3 PUNTOS] En la perspectiva de la figura 1 se presenta una pieza cuya base está delimitada por un hexágono regular y un rectángulo con el mismo centro, de forma que la pieza tiene un plano vertical de simetría. Se pide:

Dibujar, a escala 3/4, las vistas normalizadas debidamente acotadas para su correcta representación.

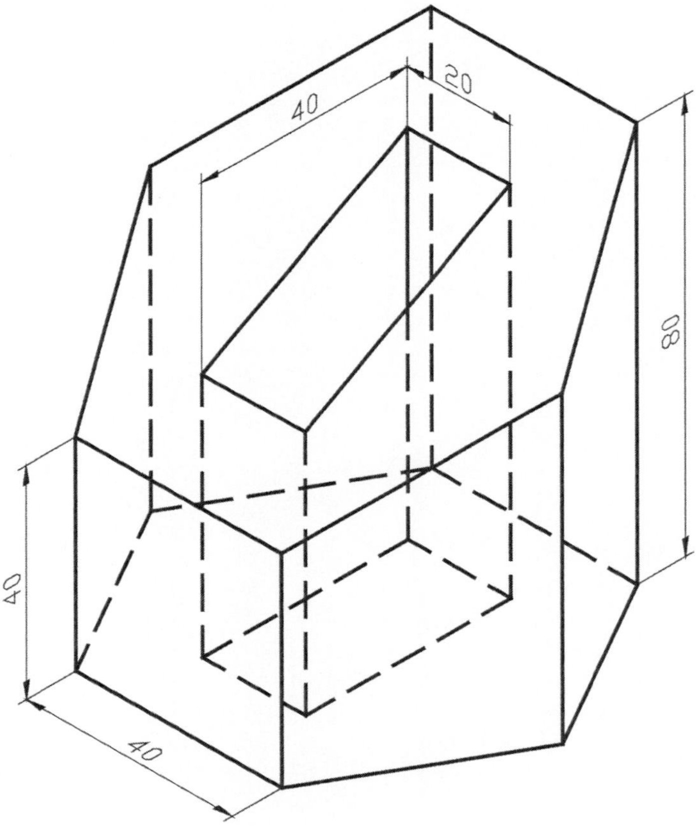

Figura 1
Cotas en mm

SOLUCIÓN EJ. 1

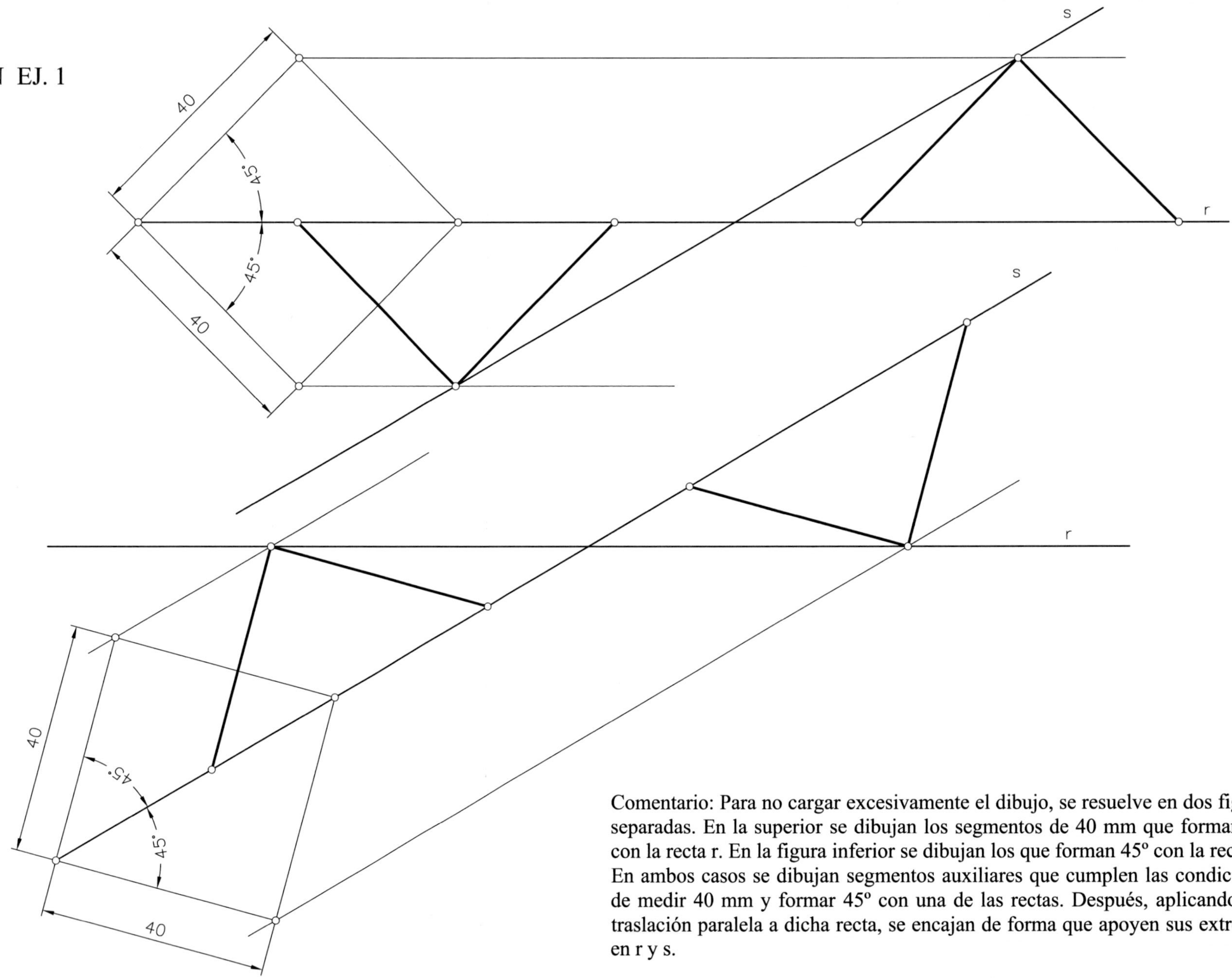

Comentario: Para no cargar excesivamente el dibujo, se resuelve en dos figuras separadas. En la superior se dibujan los segmentos de 40 mm que forman 45º con la recta r. En la figura inferior se dibujan los que forman 45º con la recta s. En ambos casos se dibujan segmentos auxiliares que cumplen las condiciones de medir 40 mm y formar 45º con una de las rectas. Después, aplicando una traslación paralela a dicha recta, se encajan de forma que apoyen sus extremos en r y s.

SOLUCIÓN EJ. 2

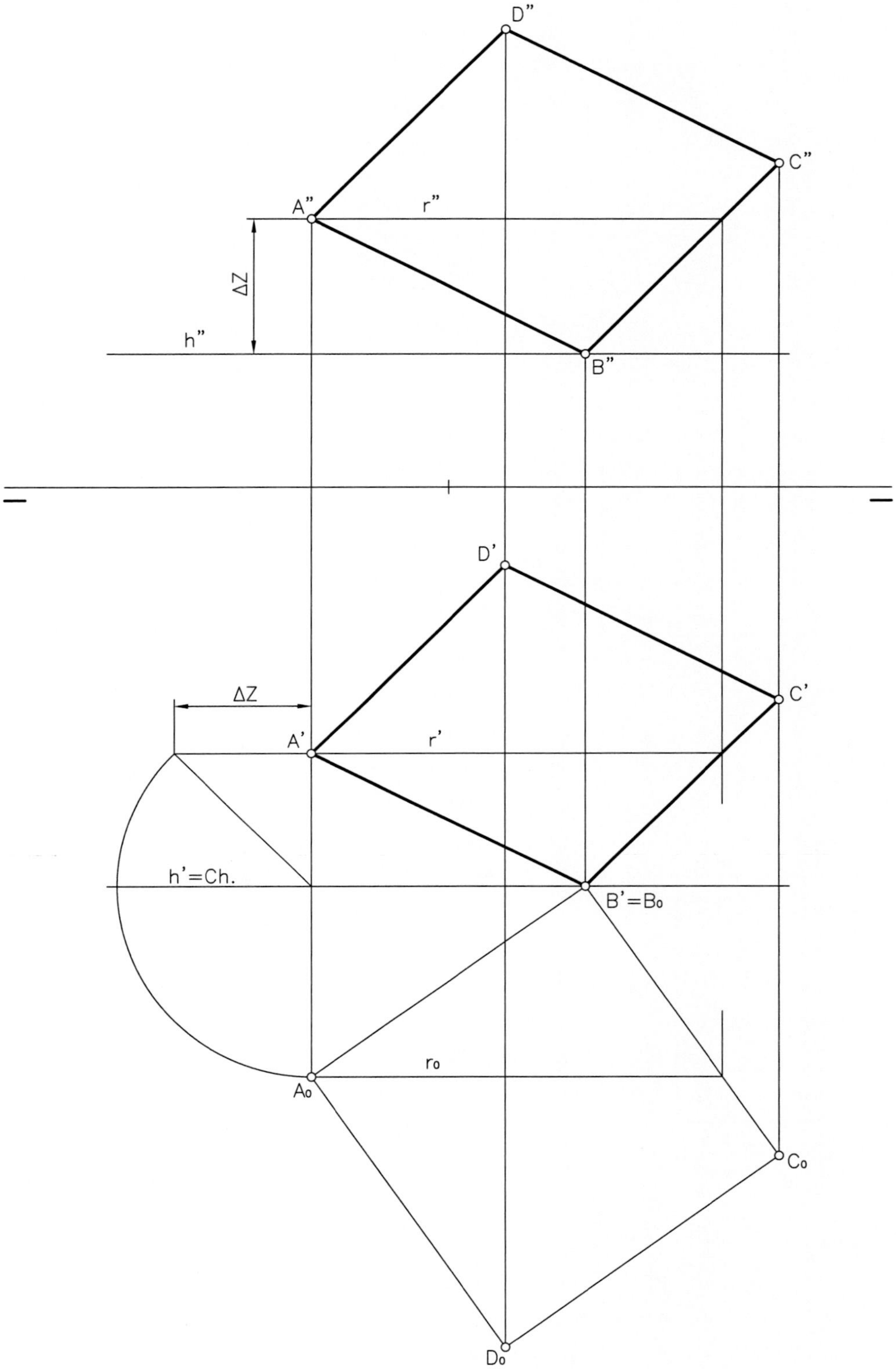

Comentario: Dado que el plano que contiene al cuadrado es paralelo a la L.T. sus horizontales de plano son paralelas a dicha L.T.
Para abatir el plano que contiene al cuadrado se emplea la horizontal h de plano que pasa por el vértice B.
Se desabate y se obtiene el alzado con la ayuda de la horizontal r que pasa por el vértice A.

SOLUCIÓN EJ. 3

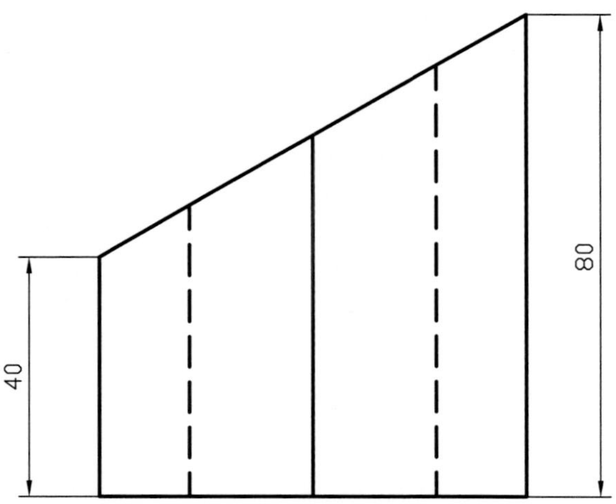

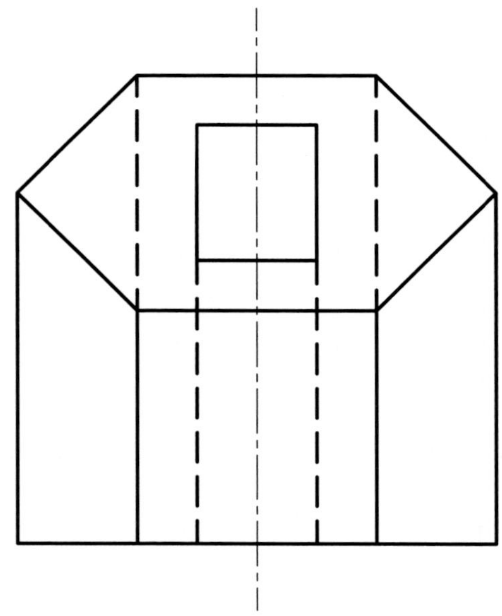

(Vista no necesaria)

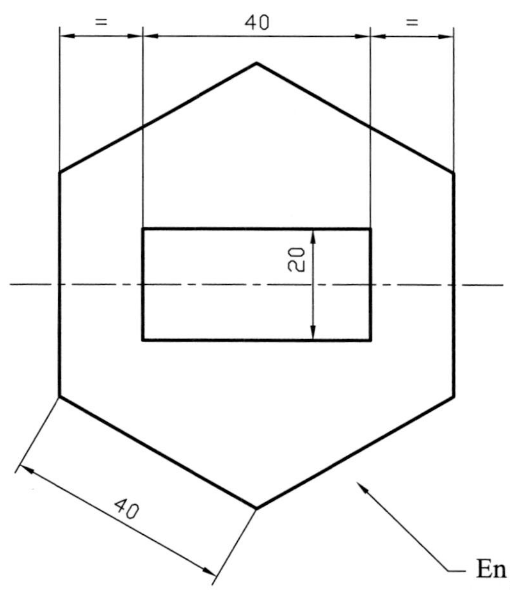

Cotas en mm

Escala 3:4

En planta el contorno exterior coincide con un hexágono regular de lado 40 mm.

PRUEBA Nº 24

EJERCICIO 1 [3 PUNTOS] Dadas dos rectas que forman un ángulo de 60º, se pide:

Dibujar todas las circunferencias tangentes a las dos rectas que tengan los puntos de tangencia sobre dichas rectas y a 3 cm del punto de intersección.

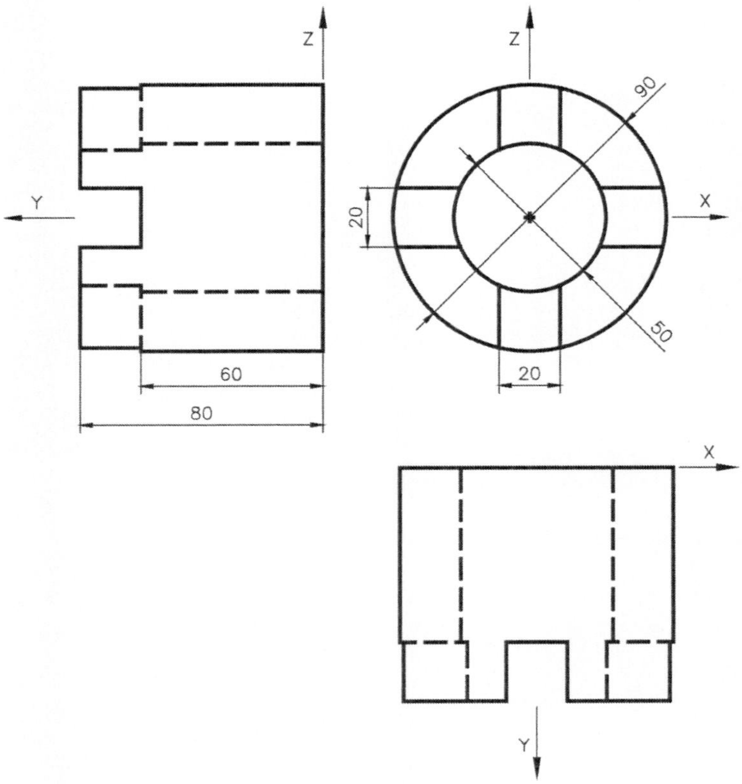

EJERCICIO 2 [4 PUNTOS] Dadas las vistas del sólido de la figura 1, se pide:

Dibujar, a escala 1/1, la perspectiva caballera del cuerpo. φ=135º y μ=1/2.

Nota: No se dibujarán las líneas ocultas.

Figura 1
Cotas en mm

EJERCICIO 3 [3 PUNTOS] Dada la perspectiva de la figura 2, en la que se presenta una pieza con dos planos de simetría, se pide:

Dibujar, a escala 2/5, las vistas normalizadas debidamente acotadas para su correcta representación.

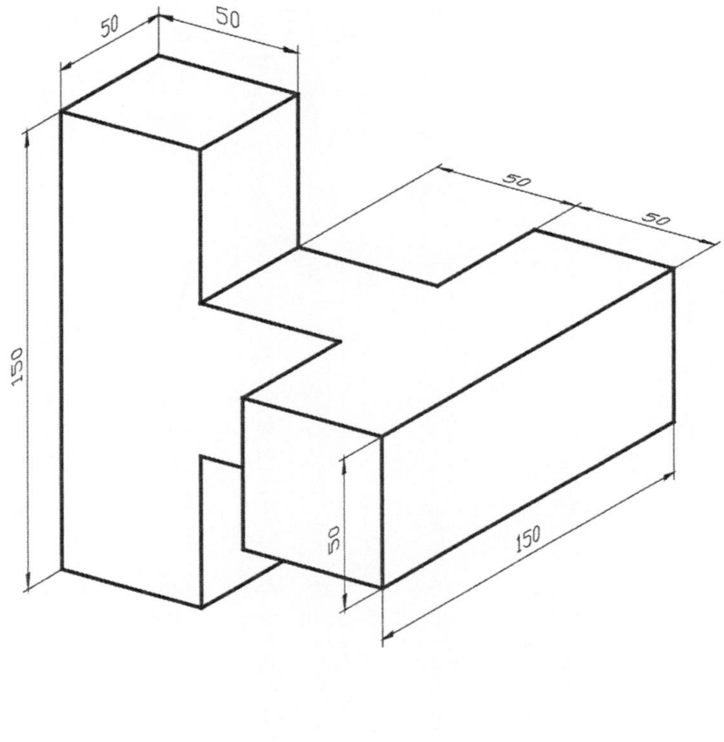

Figura 2
Cotas en mm

SOLUCIÓN EJ. 1

Procedimiento 1

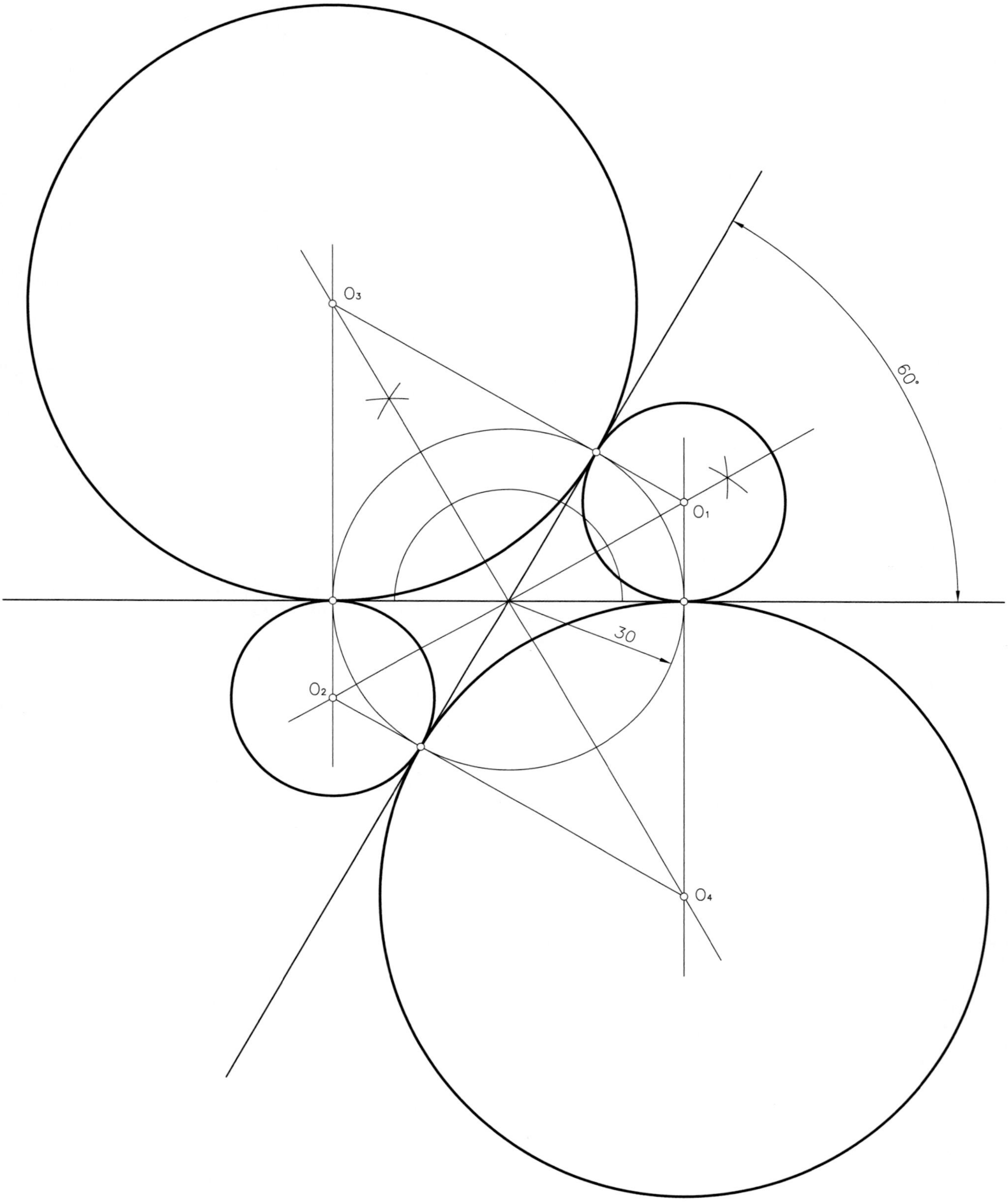

Comentario: Los centros de las circunferencias solución se encuentran en la intersección de las bisectrices de los ángulos que forman las rectas y las perpendiculares a las rectas dadas por los puntos de tangencia.

SOLUCIÓN EJ. 1

Procedimiento 2

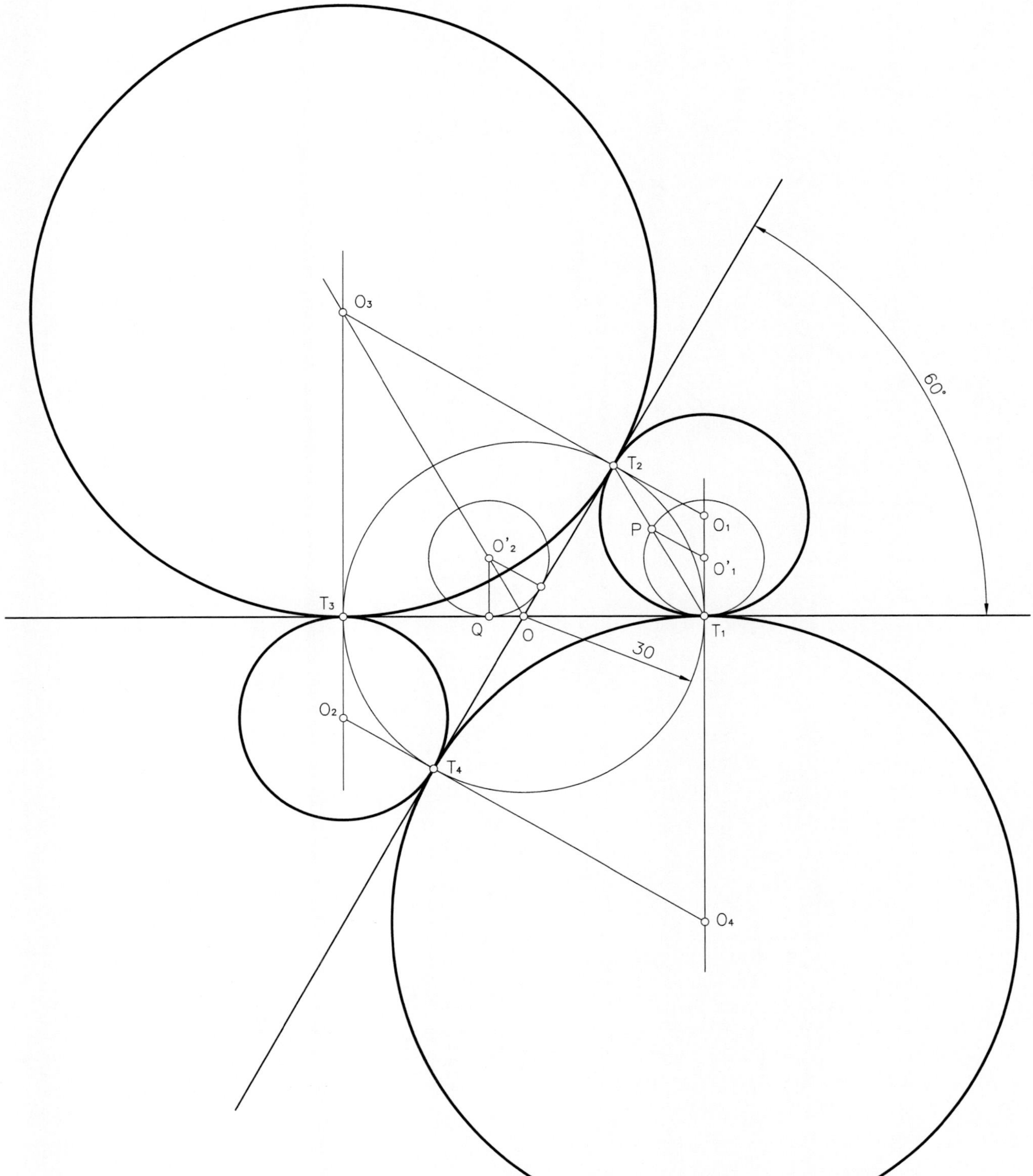

Comentario: El ejercicio se resuelve aplicando cualquiera de las dos homotecias que se definen a continuación:
- homotecia de centro T_1 y razón T_1T_2/T_1P; o bien,
- homotecia de centro O y razón OT_3/OQ.

SOLUCIÓN EJ. 2

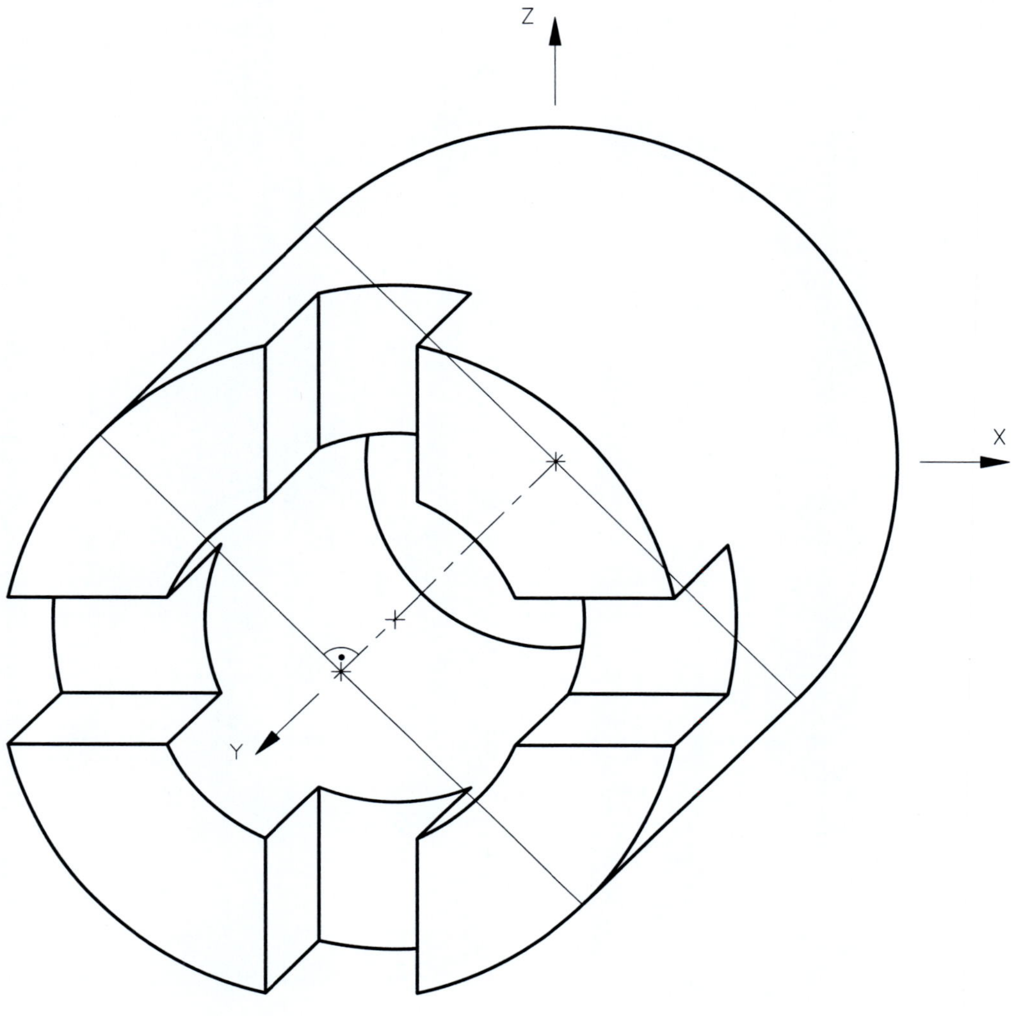

Comentario: Es importante definir los puntos de tangencia de las generatrices de contorno de las superficies cilíndricas. Estos puntos se determinan trazando perpendiculares a las generatrices y, por lo tanto, al eje del cilindro, por los centros de las secciones circulares.

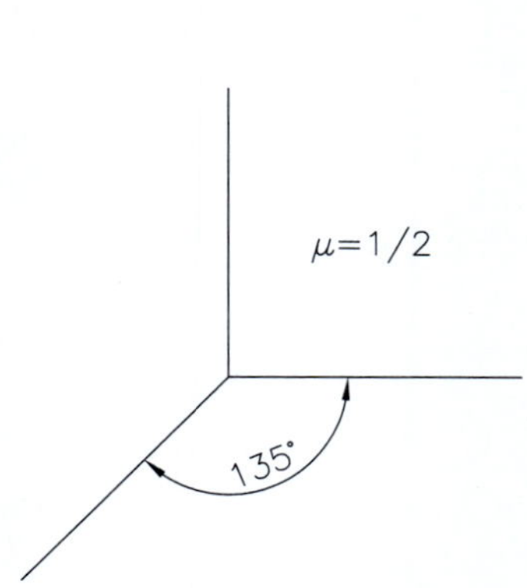

Escala 1:1

SOLUCIÓN EJ. 3

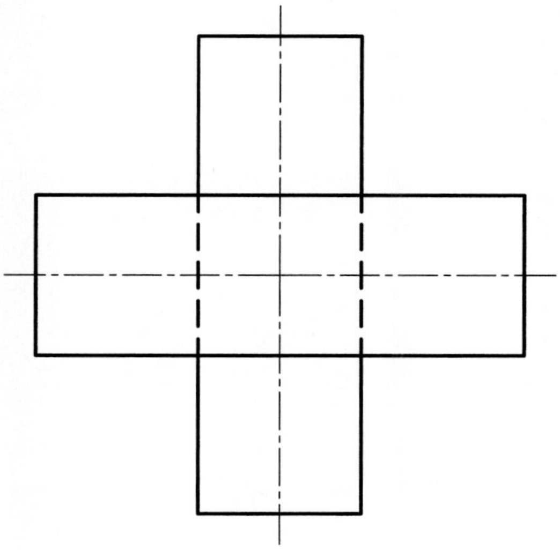

(Vista no necesaria)

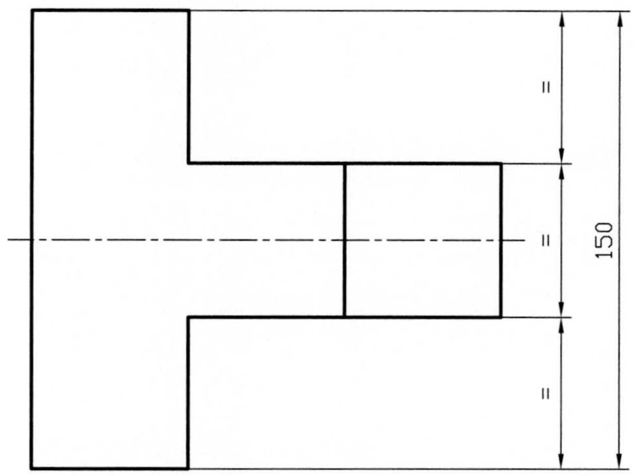

Comentario: La acotación en paralelo consiste en la disposición de un cierto número de líneas de cota paralelas entre sí, espaciadas suficientemente para inscribir la cota sin dificultad. Este sistema de acotación es utilizado cuando varias cotas con la misma dirección se refieren a un origen común (Norma UNE 1-039-94. Acotación a partir de un elemento común).

Cotas en mm

Escala 2:5

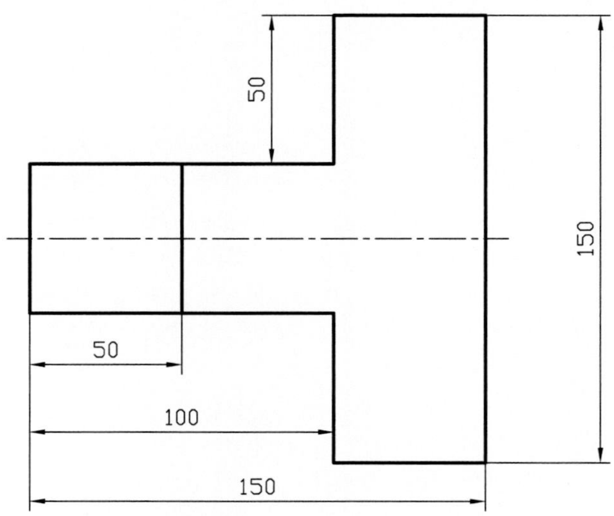

PRUEBA Nº 25

EJERCICIO 1 [3 PUNTOS] De un rectángulo se sabe que su perímetro es igual a 15 cm y la relación entre sus lados desiguales es igual a raíz cuadrada de 2. Se pide:

Dibujar el rectángulo definido.

Nota: el ejercicio se resolverá por métodos gráficos.

EJERCICIO 2 [4 PUNTOS] Los puntos A(-30, 30, 20), B(40, 70, 80) y C(60, 10, 60) definen el plano α. Se pide:

- Dibujar las proyecciones diédricas de la recta horizontal paralela al plano α y que pasa por el punto D(0, 10, 70).
- Dibujar las proyecciones diédricas de la recta frontal paralela al plano α y que pasa por el punto D.
- ¿Qué definen las dos rectas dibujadas? (Escribir la respuesta a un lado del dibujo).

EJERCICIO 3 [3 PUNTOS] Dada la perspectiva de la figura 1, en la que se presenta una pieza con dos planos de simetría, se pide:

Dibujar, a escala 1/2, las vistas normalizadas debidamente acotadas para su correcta representación.

Figura 1
Cotas en mm

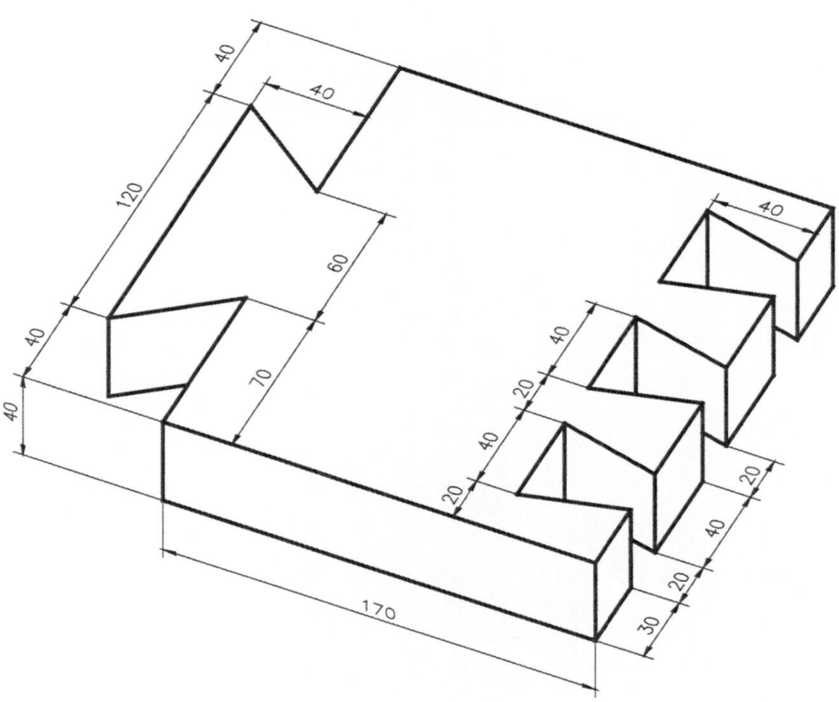

SOLUCIÓN EJ. 1

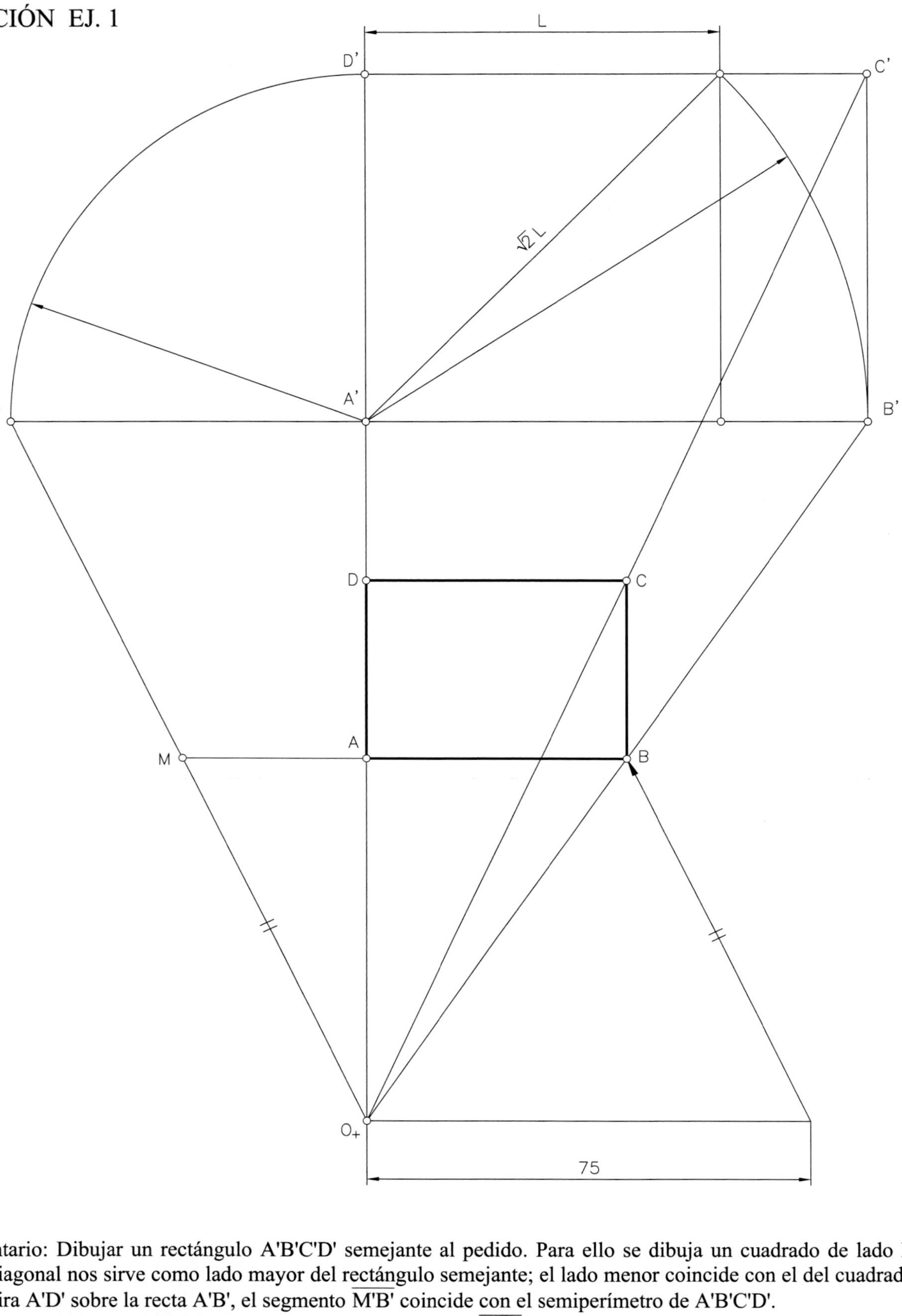

Comentario: Dibujar un rectángulo A'B'C'D' semejante al pedido. Para ello se dibuja un cuadrado de lado L, cuya diagonal nos sirve como lado mayor del rectángulo semejante; el lado menor coincide con el del cuadrado. Si se gira A'D' sobre la recta A'B', el segmento $\overline{M'B'}$ coincide con el semiperímetro de A'B'C'D'.

Mediante una homotecia de centro arbitrario O_+ se compara $\overline{M'B'}$ con el semiperímetro del rectángulo pedido, que es 75 mm. Por traslación paralela se lleva hasta $\overline{MB}$, siendo B uno de los vértices buscados.

Por paralelismo se obtienen el resto de vértices.

SOLUCIÓN EJ. 2

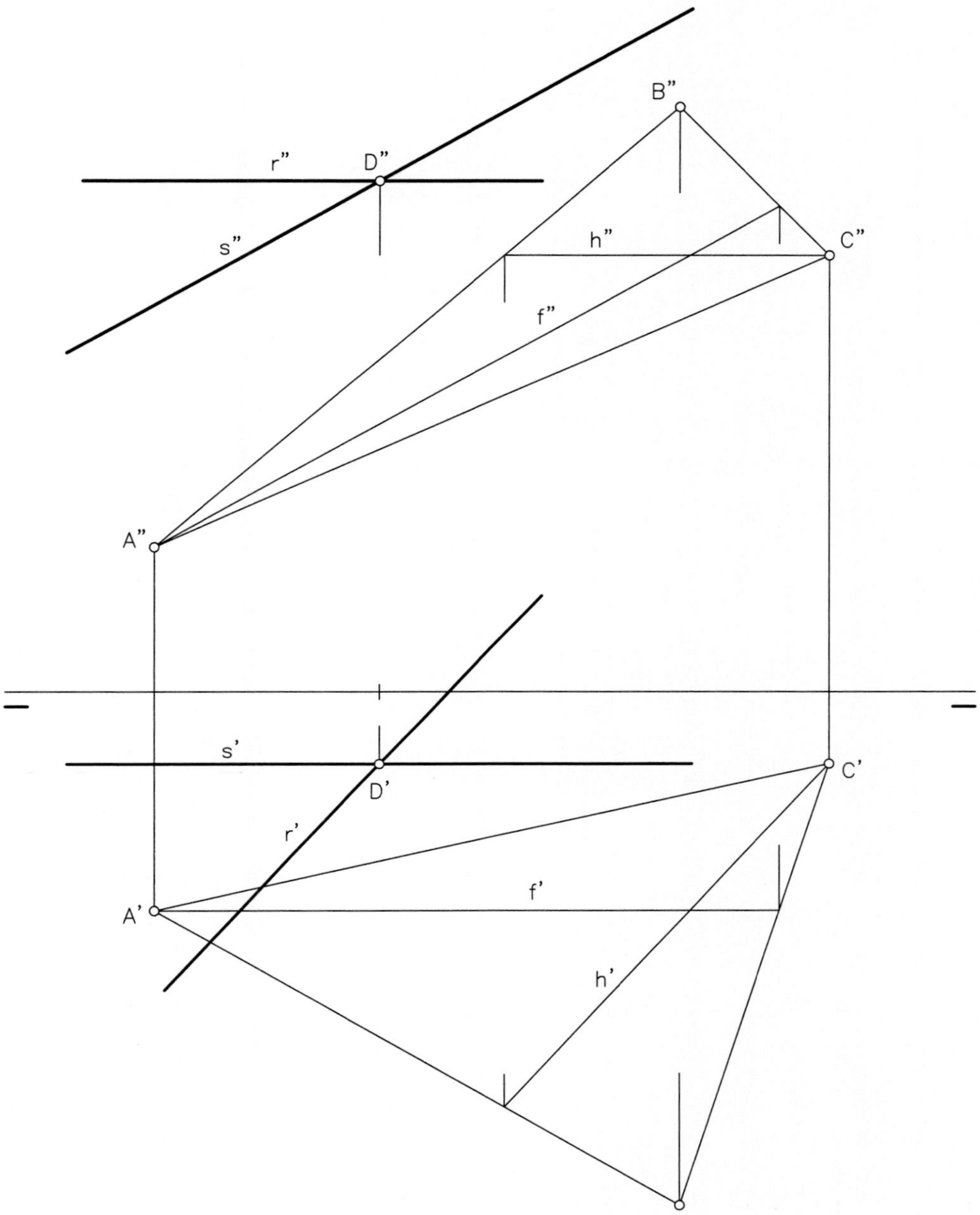

Comentario: Se sitúan en el plano ABC una horizontal h y una frontal f de plano.
Se trazan por el punto D las rectas r y s paralelas a la horizontal y frontal anteriores.
Las rectas r y s definen un plano paralelo al ABC que pasa por el punto D.

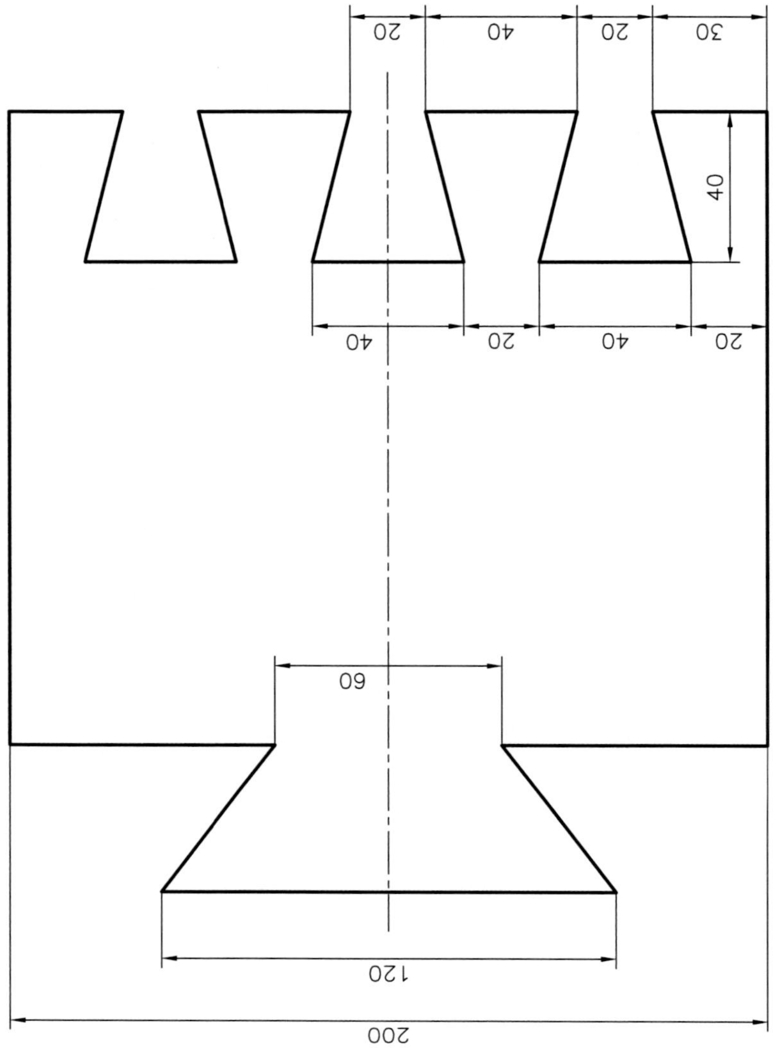

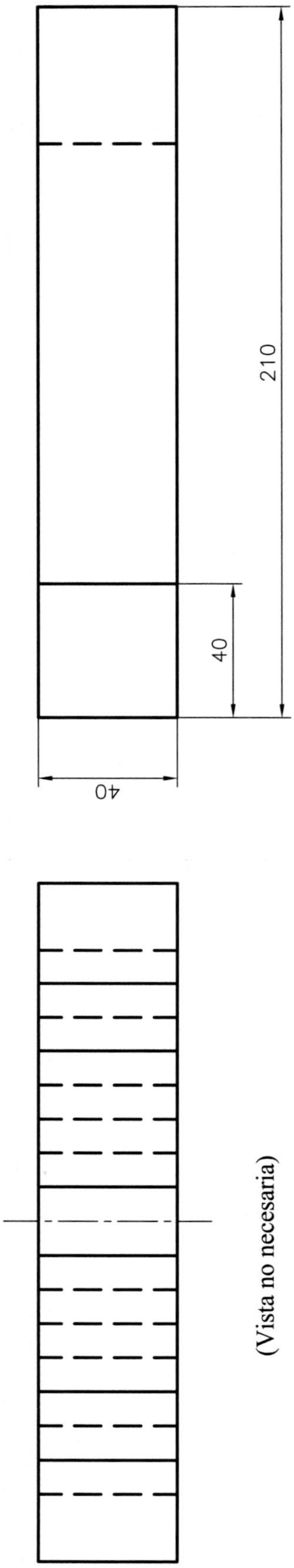

(Vista no necesaria)

SOLUCIÓN EJ. 3

Cotas en mm

Escala 1:2

PRUEBA Nº 26

EJERCICIO 1 [3 PUNTOS] Dadas dos rectas paralelas que distan 50 mm y una tercera recta que las corta formando un ángulo de 40º, tal y como aparece en el croquis de la figura 1, se pide:

- Dibujar todas las circunferencias que sean tangentes a la vez a las tres rectas.
- Dibujar todas las circunferencias de radio 10 mm tangentes a las vez a dos de las rectas y exteriores a las soluciones del apartado anterior.

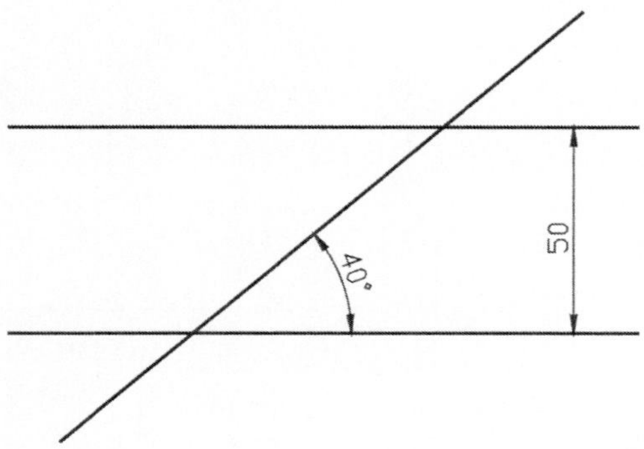

Figura 1

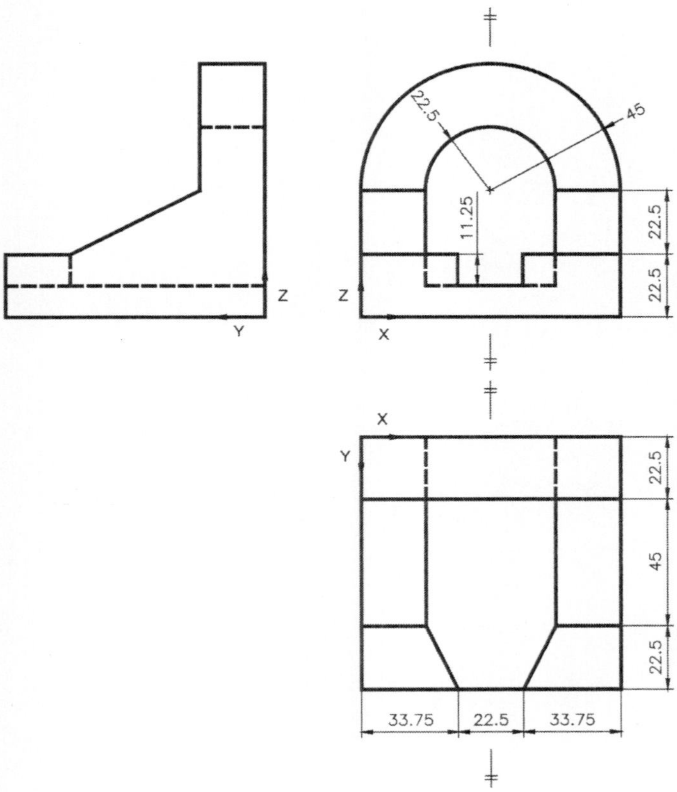

EJERCICIO 2 [4 PUNTOS] Dadas las vistas del sólido de la figura 2, se pide:

Dibujar, a escala 1/10, la perspectiva caballera del cuerpo. φ=145º y μ=1/2.

Figura 2
Cotas en cm

EJERCICIO 3 [3 PUNTOS] Dada la perspectiva de la figura 3, en la que se presenta una pieza con dos planos verticales de simetría, se pide:

Dibujar, a escala 1/10, las vistas normalizadas debidamente acotadas para su correcta representación.

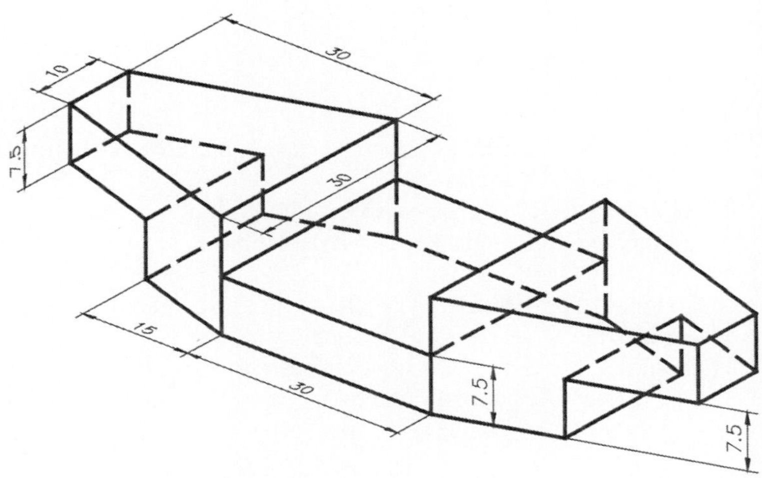

Figura 3
Cotas en cm

SOLUCIÓN EJ. 1

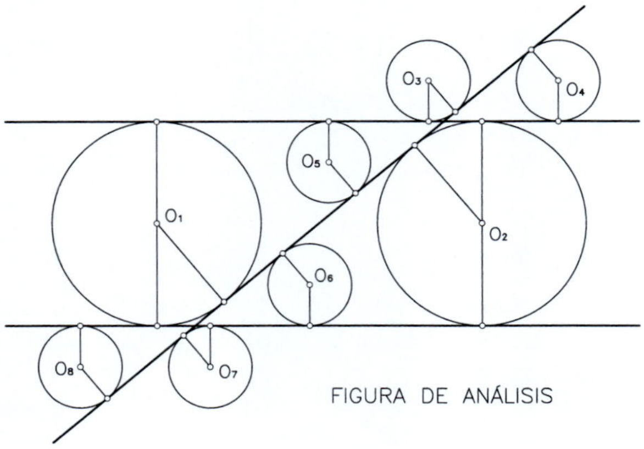

FIGURA DE ANÁLISIS

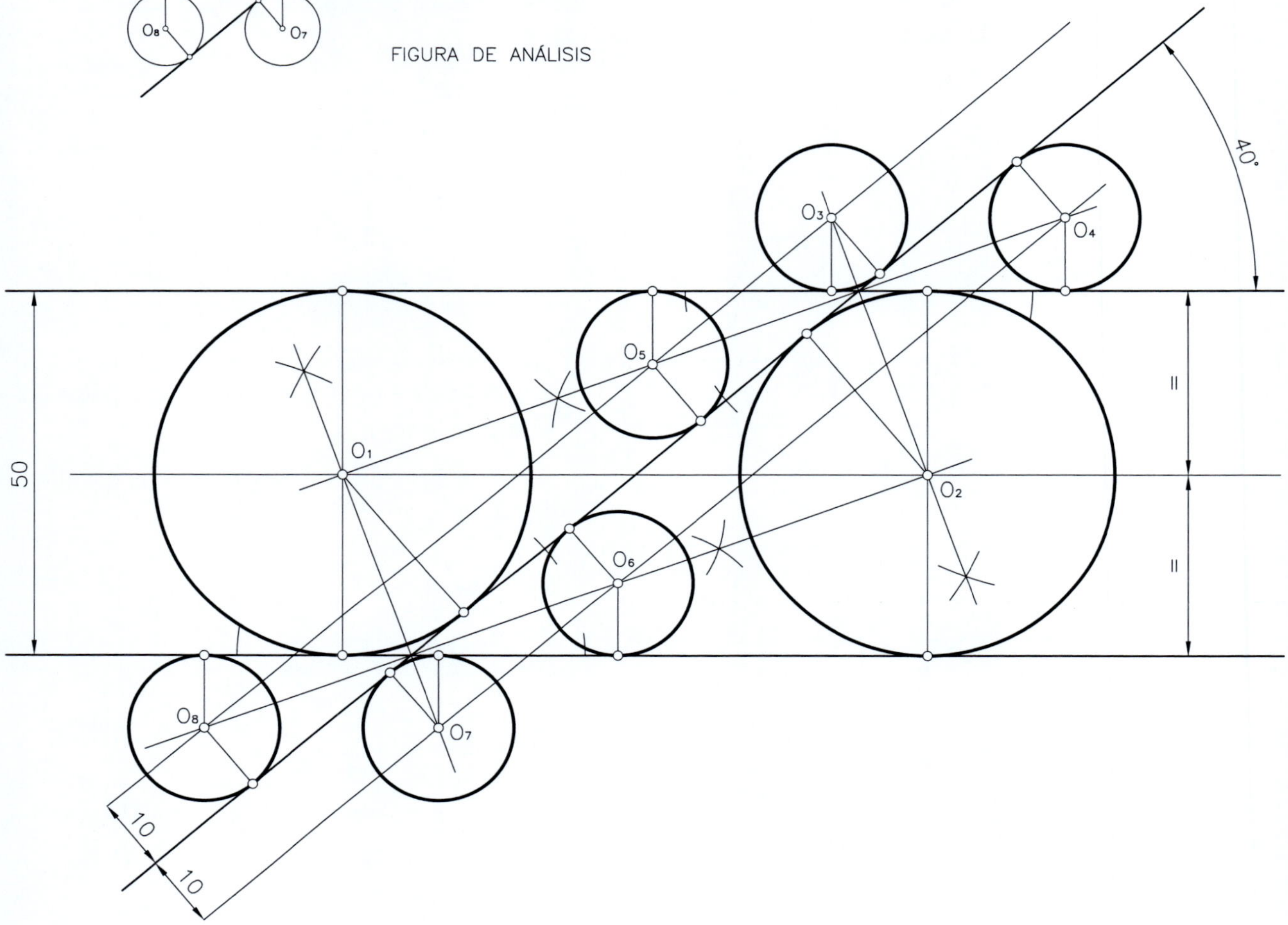

Propiedades

El lugar geométrico de los centros de las circunferencias tangentes a dos rectas son las bisectrices de los ángulos que forman esas dos rectas.

El lugar geométrcio de los centros de las circunferencias de radio conocido, tangentes a una recta dada, son las rectas paralelas a la dada a la distancia del radio.

Apartado 1: los centros O_1 y O_2 de las circunferencias solución se encuentran en la intersección de las bisectrices de los ángulos que forman las parejas de rectas.

Apartado 2: los centros de las circunferencias de radio 10 mm se encuentran en la intersección de las rectas paralelas a la oblicua a 10 mm con las bisectrices de los ángulos que define la oblicua con cada una de las otras dos. Aunque el problema general admite ocho soluciones, sólo se dibujan las seis que son exteriores a las circunferencias de centros O_1 y O_2. Soluciones: O_3, ... O_8.

SOLUCIÓN EJ. 2

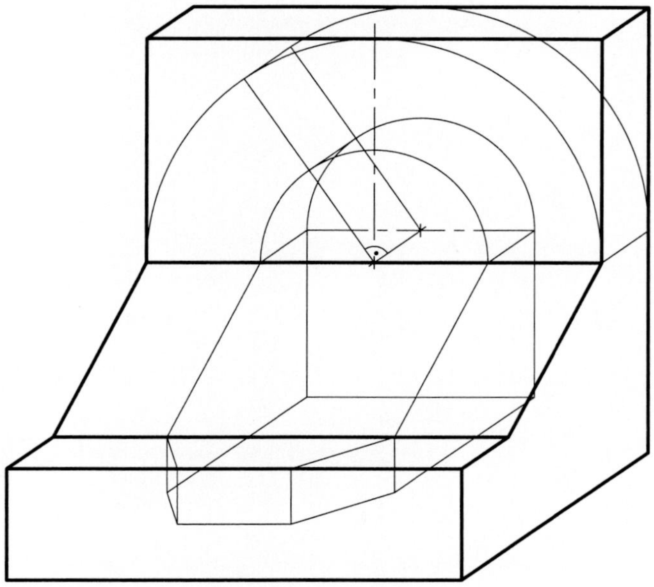

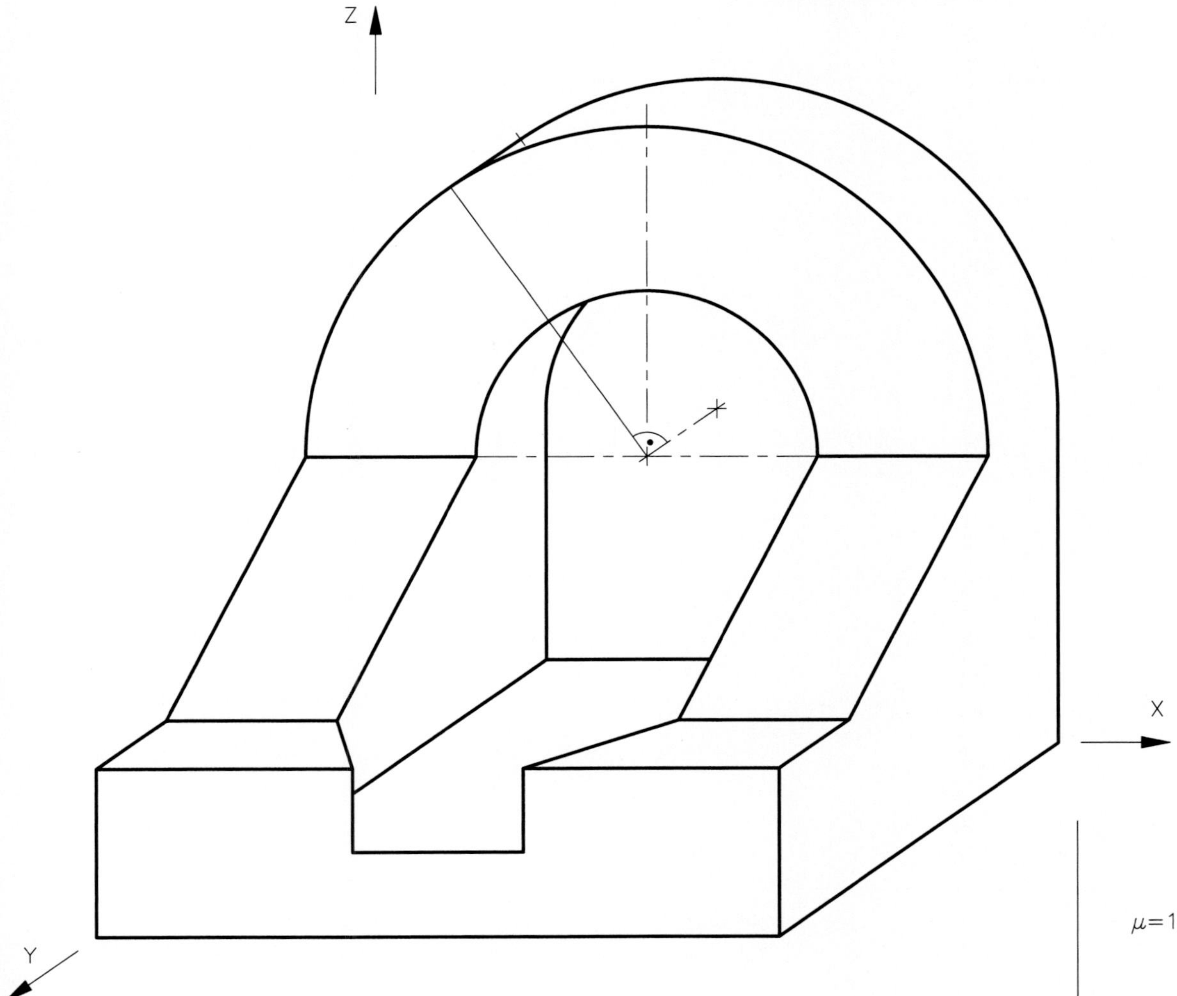

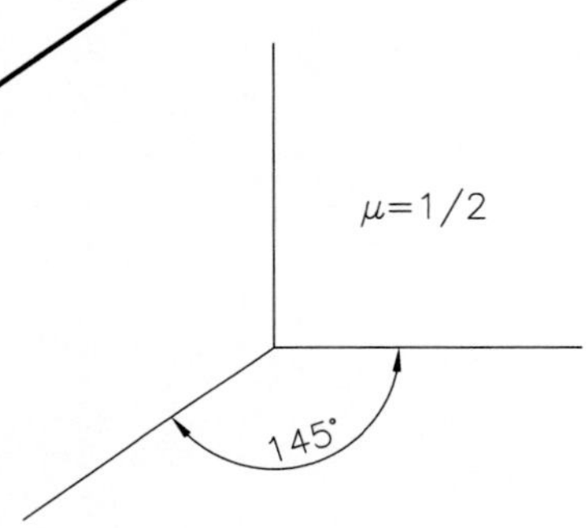

Comentario: Es importante definir los puntos de tangencia de las generatrices de contorno de las superficies cilíndricas. Estos puntos se determinan trazando perpendiculares a las generatrices y, por lo tanto, al eje del cilindro, por los centros de las secciones circulares.

Escala 1:10

SOLUCIÓN EJ. 3

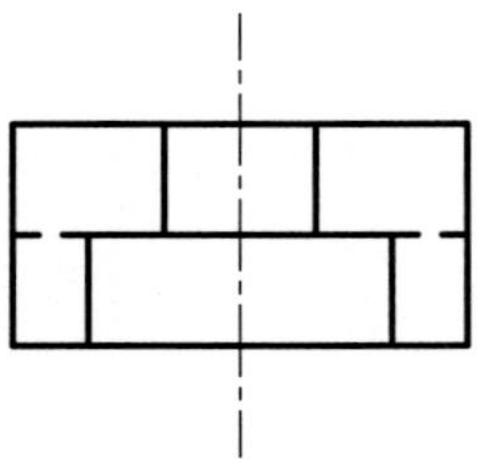

(Vista no necesaria)

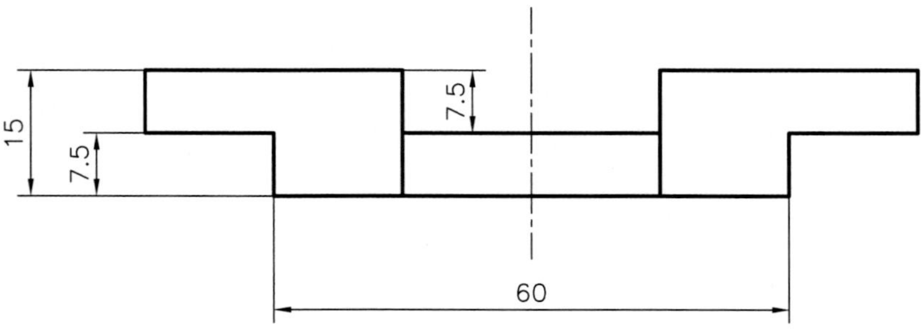

Cotas en cm

Escala 1:10

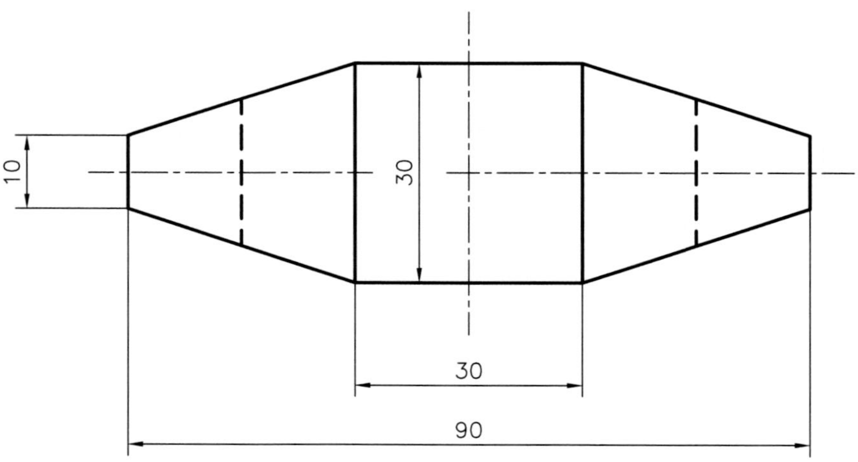

PRUEBA Nº 27

EJERCICIO 1 [3 PUNTOS] Dos puntos A y B se encuentran a 8 m de distancia. Un observador que inicialmente se posiciona en un punto de la alineación AB se mueve en dirección perpendicular a AB. Cuando ha caminado 6 m ve los puntos A y B bajo un ángulo de 60º.

¿A qué distancia se encuentra el observador del punto A o del punto B en la posición inicial?

Nota: el problema se resolverá por métodos gráficos.

EJERCICIO 2 [4 PUNTOS] En el plano α(-60, 60, 60) hay dos puntos, A(30, 0, ?) y B(10, ?, 0). Se pide:

- Obtener las proyecciones diédricas del segmento AB.
- Calcular la verdadera magnitud del segmento AB.

EJERCICIO 3 [3 PUNTOS] Dada la perspectiva de la figura 1, en la que se presenta una pieza con un plano vertical de simetría, se pide:

Dibujar, a escala 1/1, las vistas normalizadas debidamente acotadas para su correcta representación.

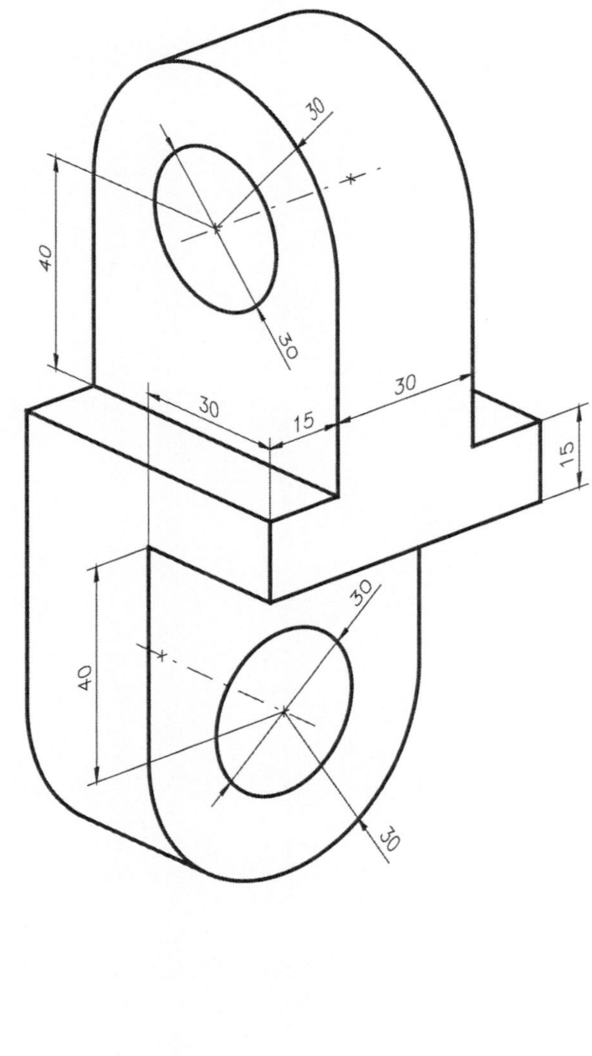

Figura 1
Cotas en mm

SOLUCIÓN EJ. 1

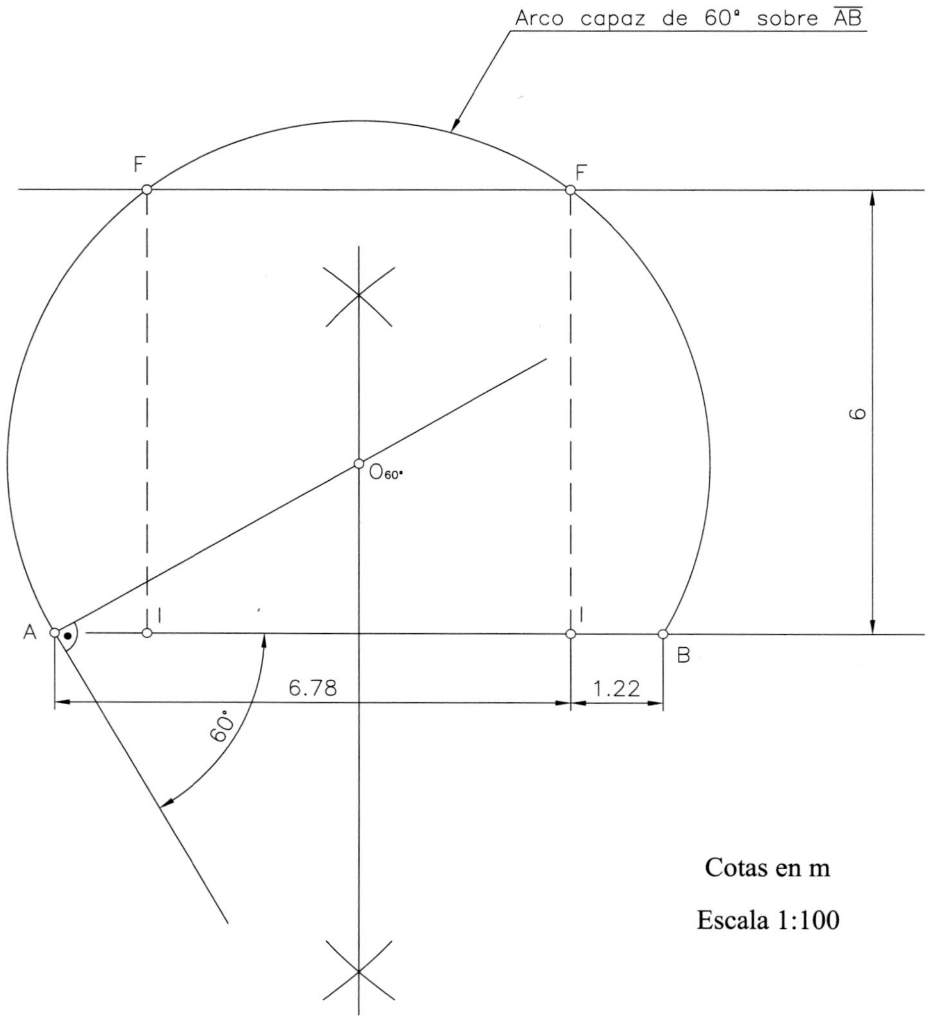

Cotas en m

Escala 1:100

Comentario: El lugar geométrico de los puntos desde los cuales se ven los puntos A y B bajo un ángulo de 60º es el arco capaz.
El lugar geométrico de los puntos que distan 6 m de $\overline{AB}$ es una paralela a esa distancia.
Los puntos finales (F) se encuentran en la intersección de los dos lugares geométricos anteriores.
Dibujando sendas perpendiculares a $\overline{AB}$ por F se obtienen los posibles puntos de partida (I).

SOLUCIÓN EJ. 2

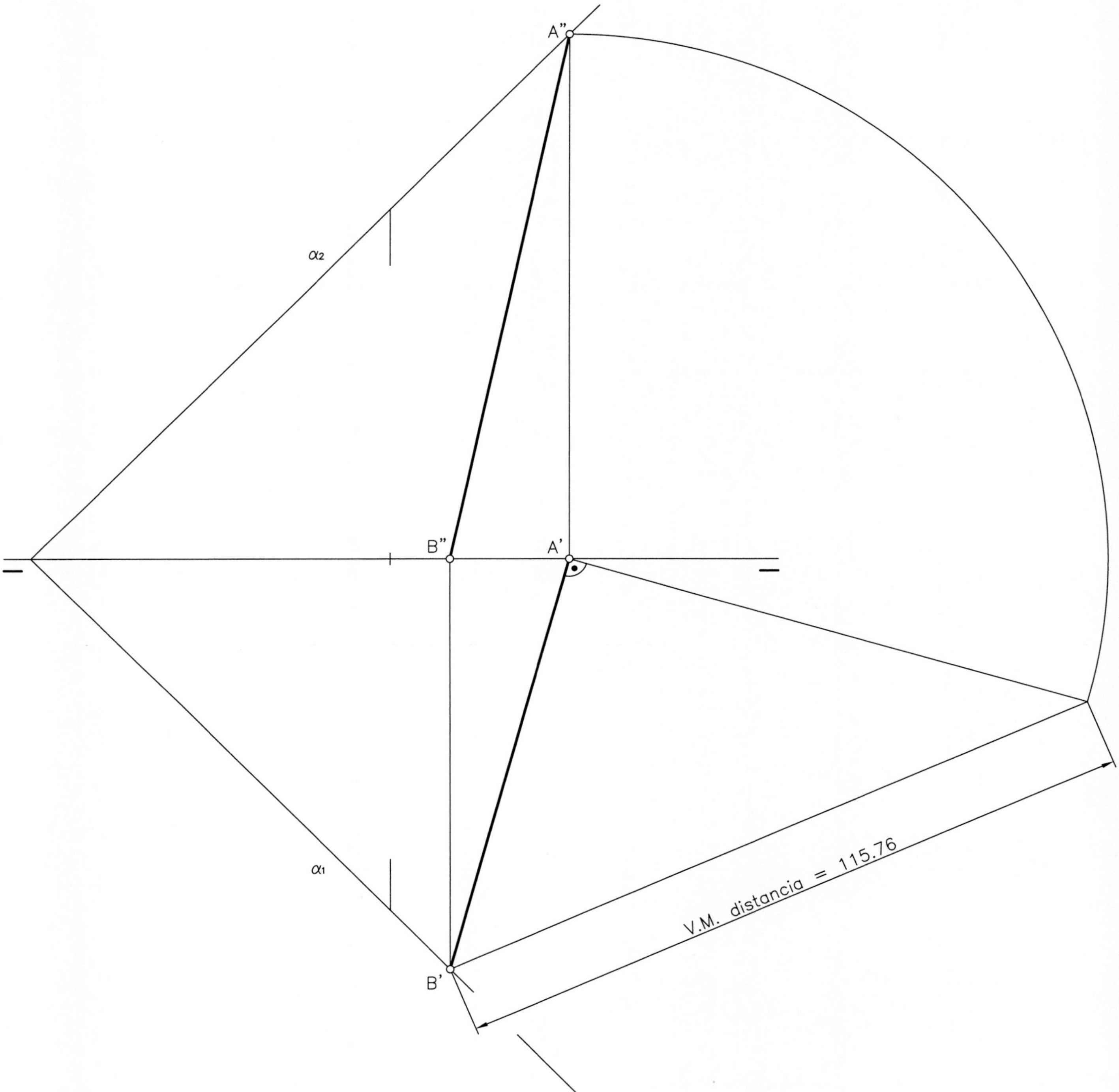

Comentario: Los puntos A y B pertenecen a los planos vertical y horizontal de proyección, luego se sitúan sobre las trazas correspondientes del plano.

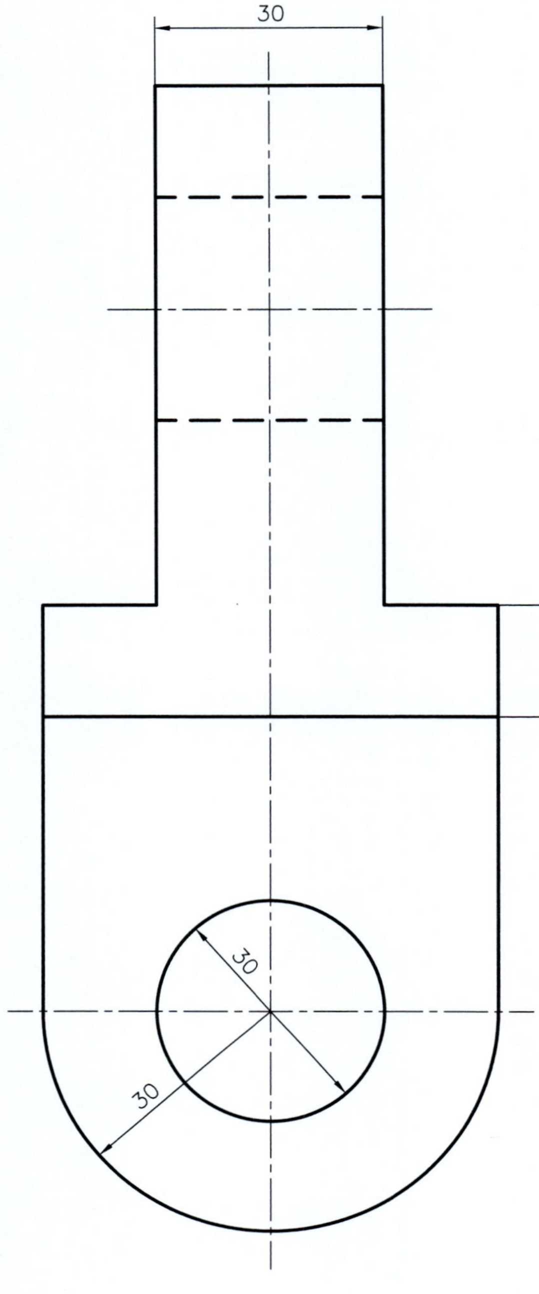

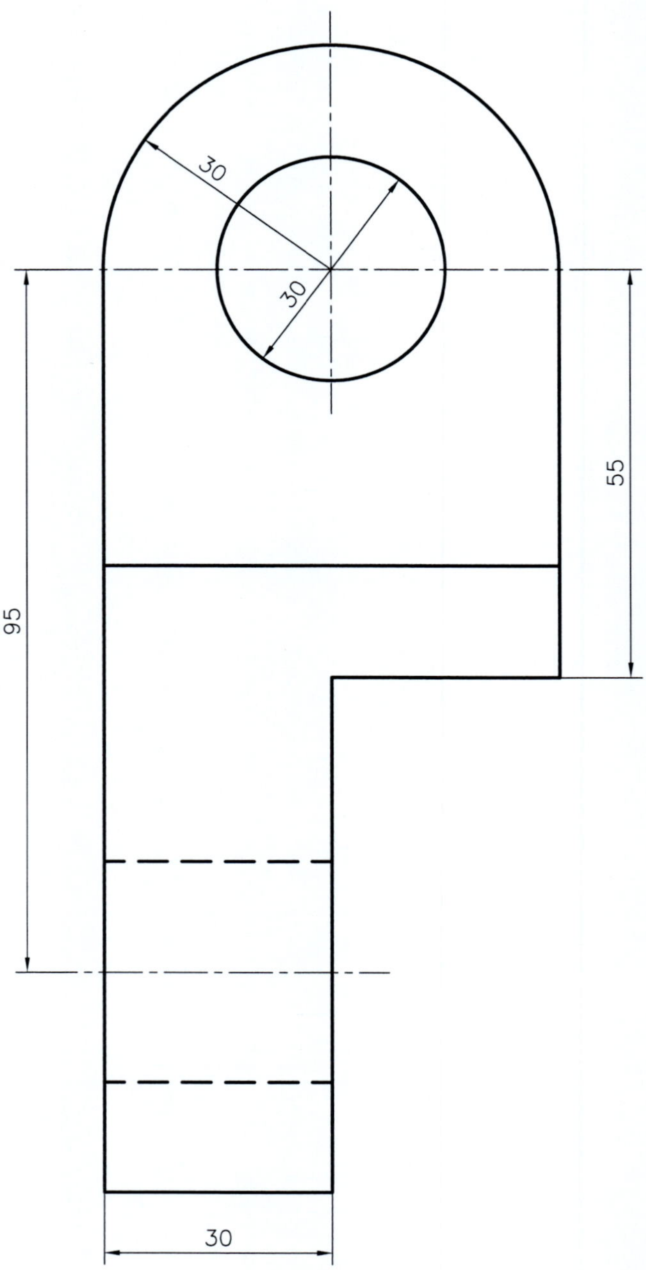

SOLUCIÓN EJ. 3

Cotas en mm

Escala 1:1

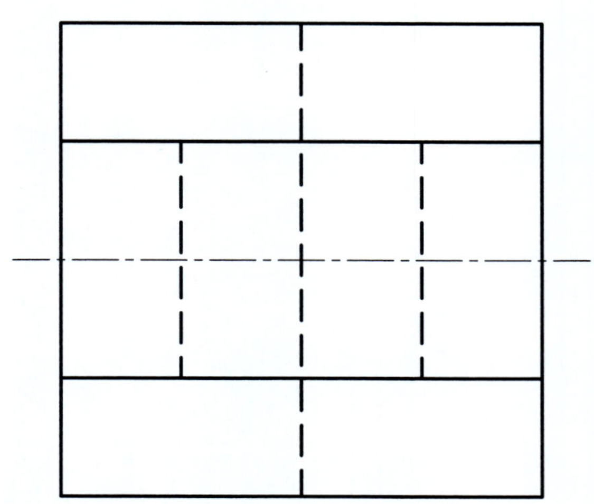

(Vista no necesaria)

PRUEBA Nº 28

EJERCICIO 1 [3 PUNTOS] Dado un triángulo equilátero de lado 10 cm, dibujar las tres circunferencias de igual radio interiores al triángulo tangentes entre sí, y cada una de ellas tangente a dos lados del triángulo.

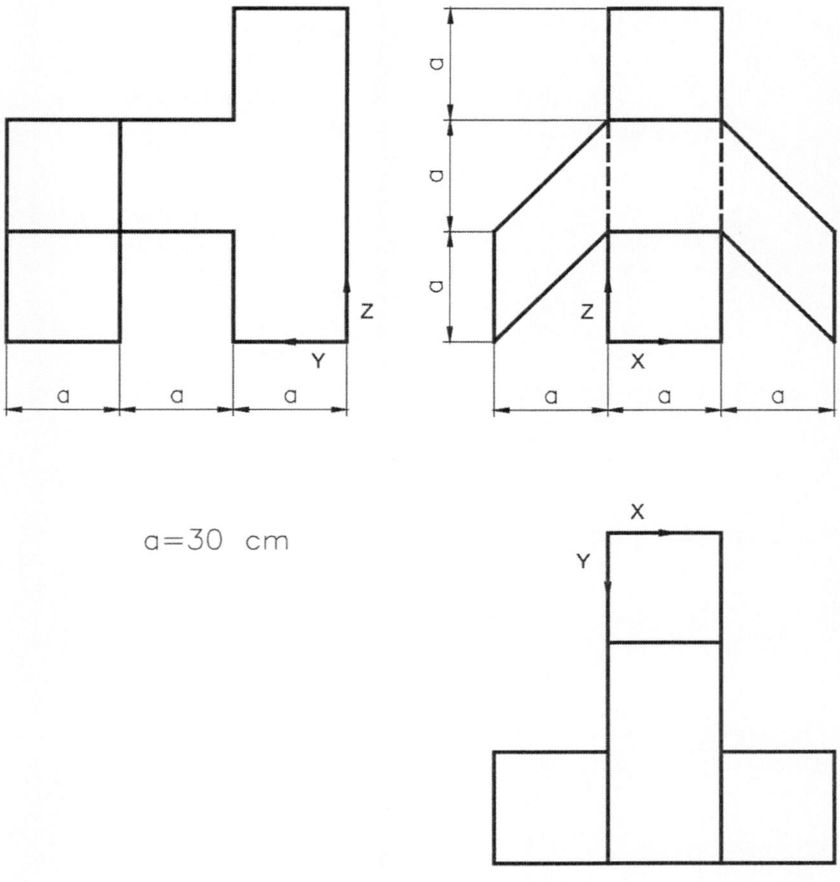

EJERCICIO 2 [4 PUNTOS] Dadas las vistas del sólido de la figura 1, se pide:

Dibujar, a escala 1/10, la perspectiva isométrica del cuerpo.

Figura 1
Cotas en cm

EJERCICIO 3 [3 PUNTOS] Dada la perspectiva de la figura 2, en la que se presenta una pieza con dos planos verticales de simetría, se pide:

Dibujar, a escala 3/4, las vistas normalizadas debidamente acotadas para su correcta representación.

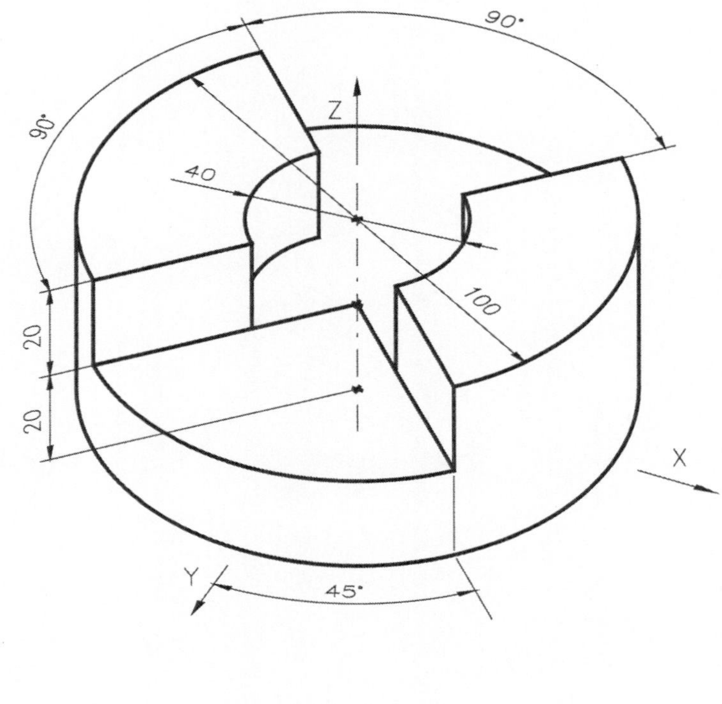

Figura 2
Cotas en mm

SOLUCIÓN EJ. 1

Procedimiento 1

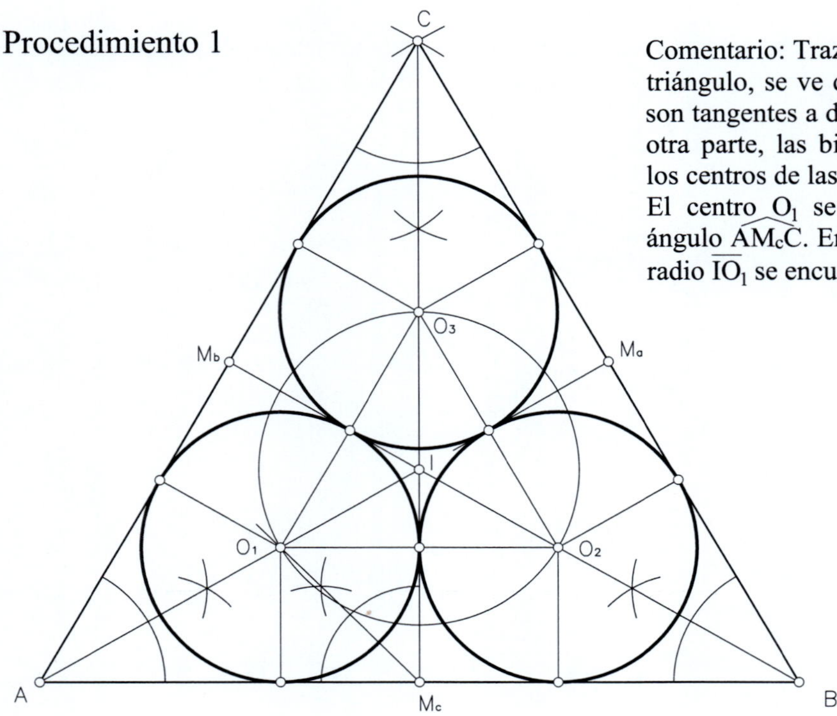

Comentario: Trazadas las bisectrices interiores al triángulo, se ve que las circunferencias solución son tangentes a dos lados y a dos bisectrices. Por otra parte, las bisectrices interiores contienen a los centros de las soluciones.

El centro O_1 se encuentra en la bisectriz del ángulo $\widehat{AM_cC}$. En la circunferencia de centro I y radio $\overline{IO_1}$ se encuentran O_2 y O_3.

Procedimiento 2

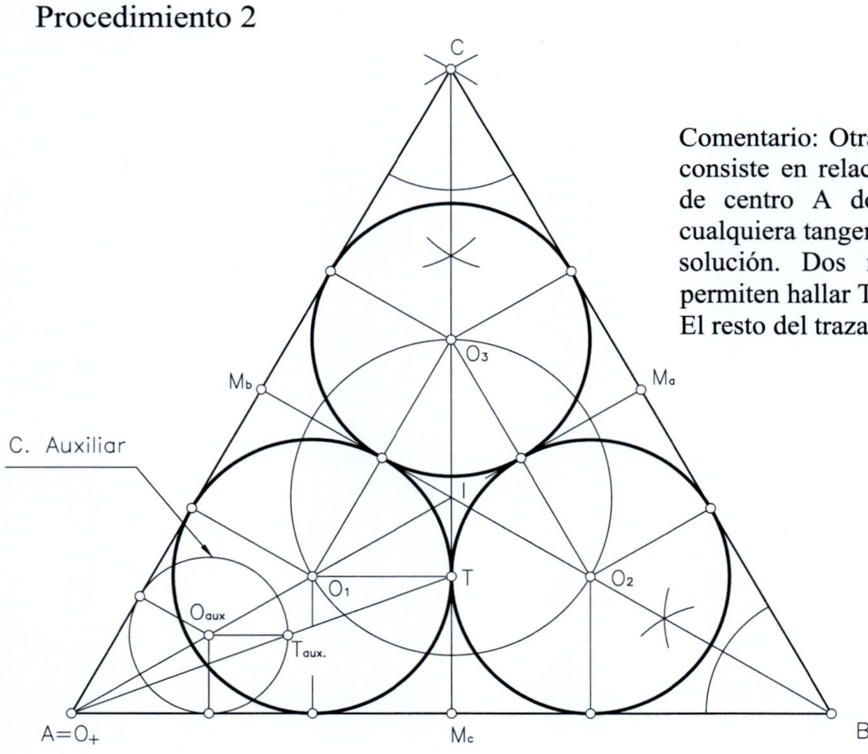

Comentario: Otra forma de afrontar este ejercicio consiste en relacionar a través de una homotecia de centro A dos circunferencias: una auxiliar cualquiera tangente a dos lados del triángulo y una solución. Dos radios horizontales homotéticos permiten hallar T y O_1.

El resto del trazado es igual al del método anterior.

SOLUCIÓN EJ. 2

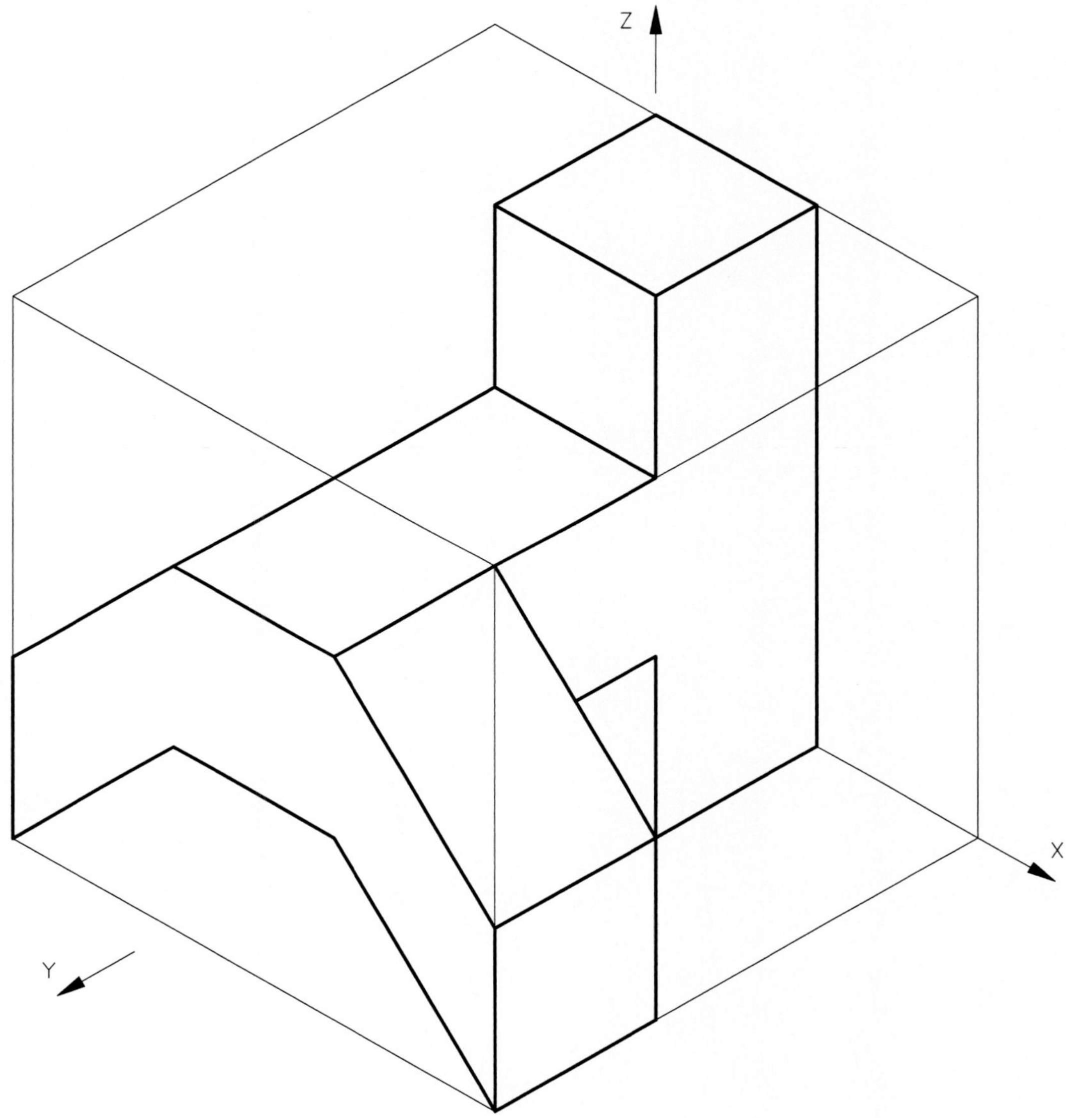

Escala 1:10

SOLUCIÓN EJ. 3

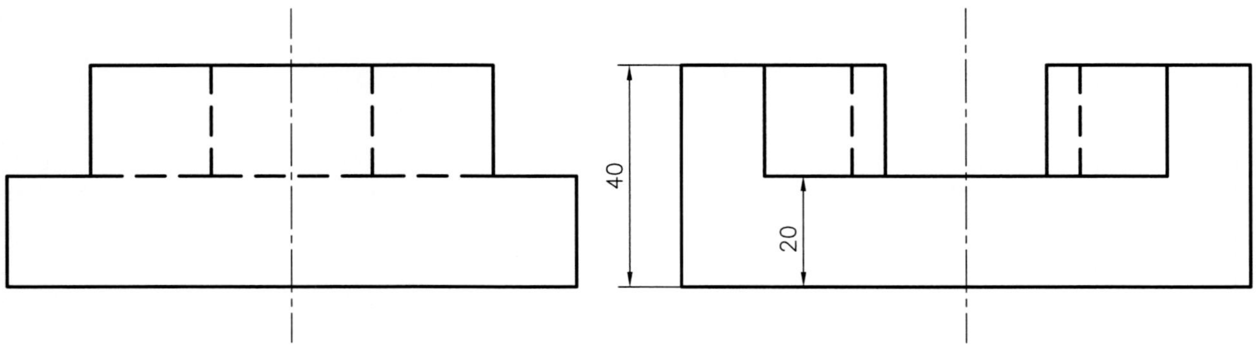

(Vista no necesaria)

Cotas en mm

Escala 3:4

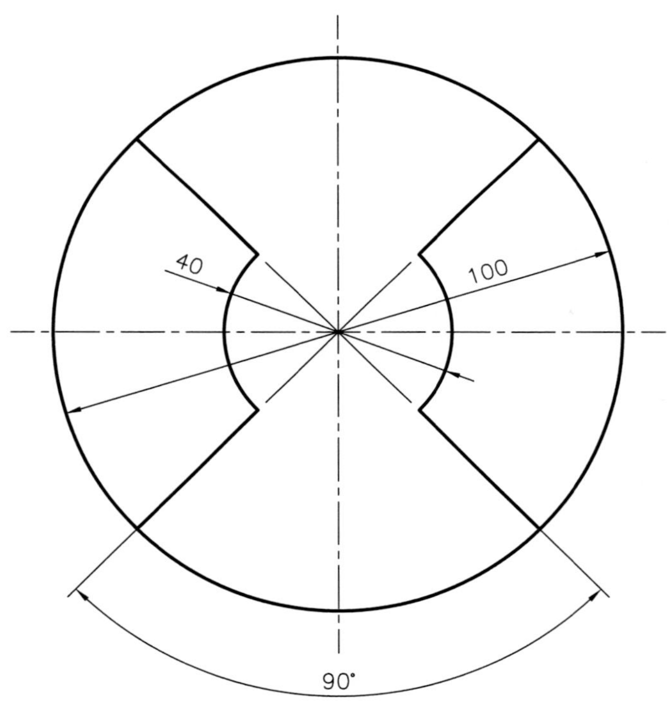

PRUEBA Nº 29

EJERCICIO 1 [3 PUNTOS] Partiendo de un octógono regular se puede dibujar un octógono estrellado uniendo cada vértice (V_1) del octógono con otros dos vértices (V_2) separados del primero por dos vértices intermedios. La distancia V_1V_2 es el lado del octógono estrellado.

Dibujar un octógono estrellado de lado 10 cm.

EJERCICIO 2 [4 PUNTOS] Los puntos A, B y C definen el plano α. Se pide:

- Dibujar las proyecciones diédricas de la recta perpendicular al plano α y que pasa por el punto D.
- Encontrar el punto de intersección de esta recta con el plano α.
- Calcular la distancia del punto D al plano α.

Datos: A(-40, 30, 20), B(40, 80, 80), C(60, 20, 60) y D(-50, 10,70).

EJERCICIO 3 [3 PUNTOS] Dada la perspectiva de la figura 1, se pide:

Dibujar, a escala 1/15, las vistas normalizadas debidamente acotadas para su correcta representación.

Figura 1
Cotas en cm

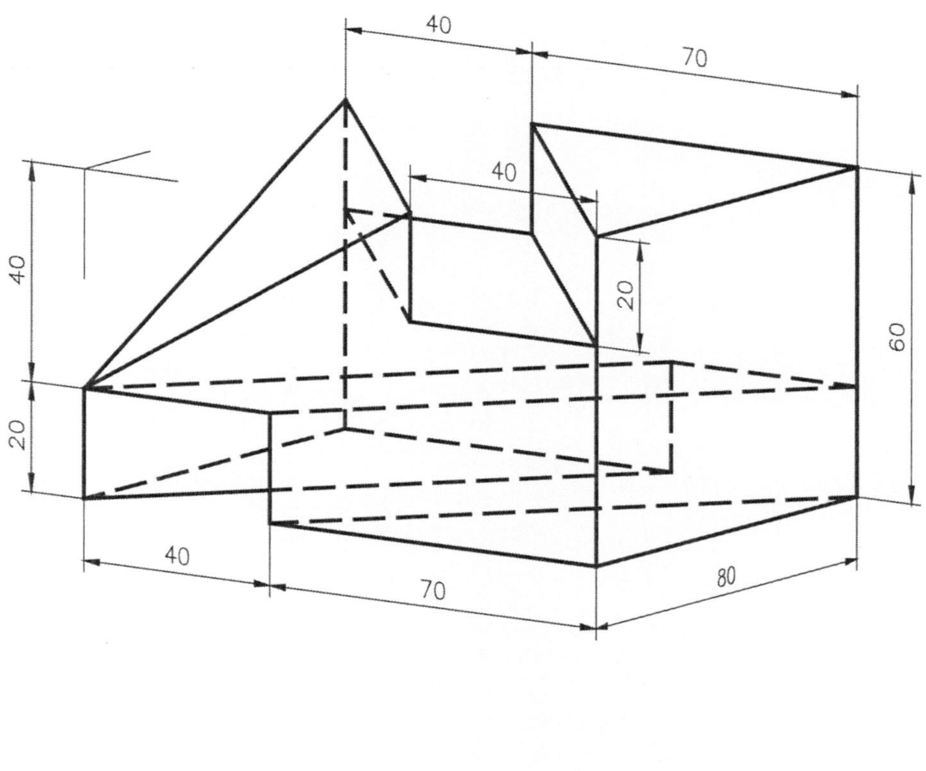

SOLUCIÓN EJ. 1

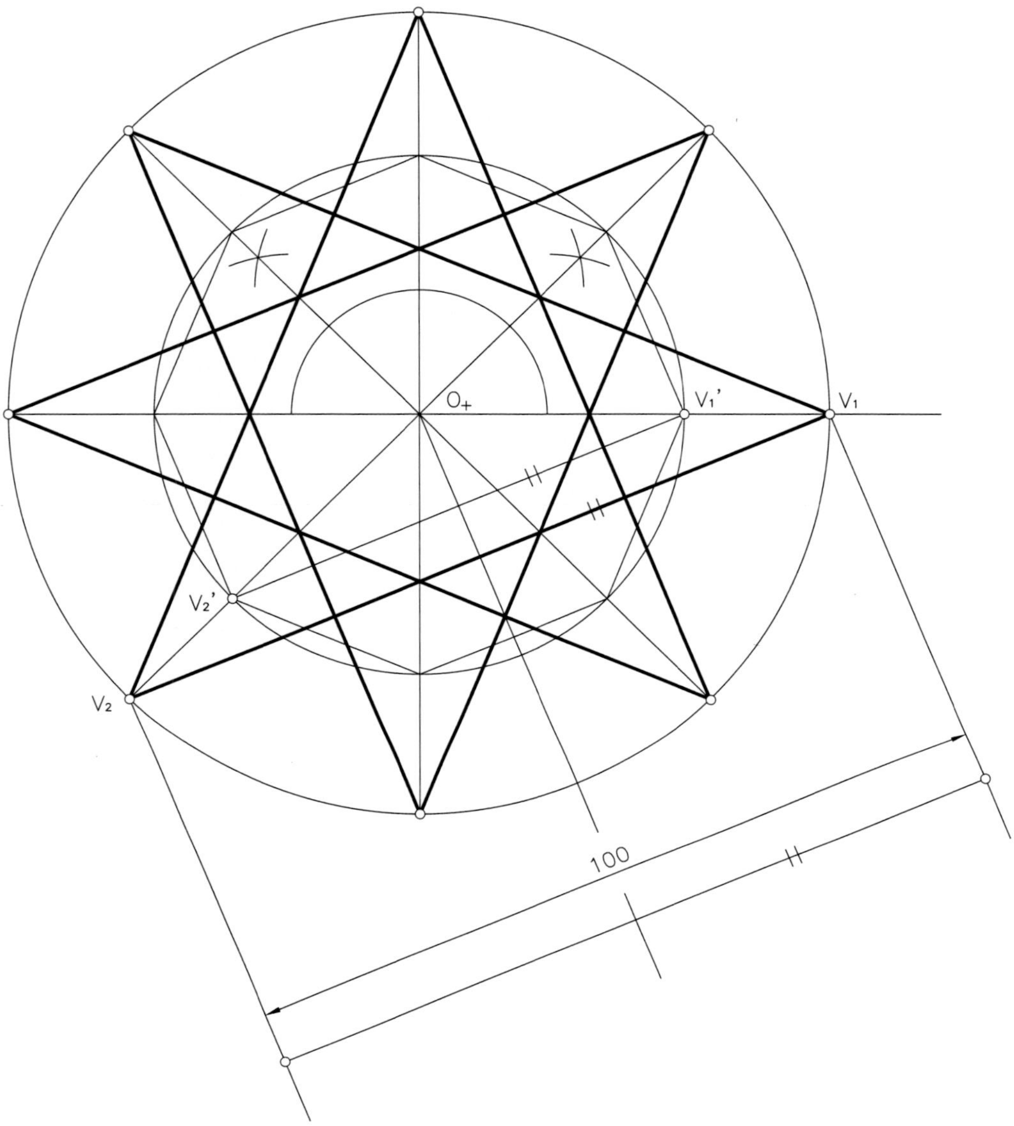

Comentario: Dibujar un octógono regular inscrito en una circunferencia cualquiera. Los puntos V_1' y V_2' son los extremos de uno de los lados de un octógono estrellado inscrito en esa circunferencia. Si se ejecuta una homotecia de centro un punto cualquiera, aquí se utiliza el propio centro del octógono (O_+), y se transforma el segmento $\overline{V_1'V_2'}$ en otro de $\overline{V_1V_2}$ = 100 mm, los puntos V_1 y V_2 son vértices del octógono regular estrellado pedido.

SOLUCIÓN EJ. 2

Procedimiento 1

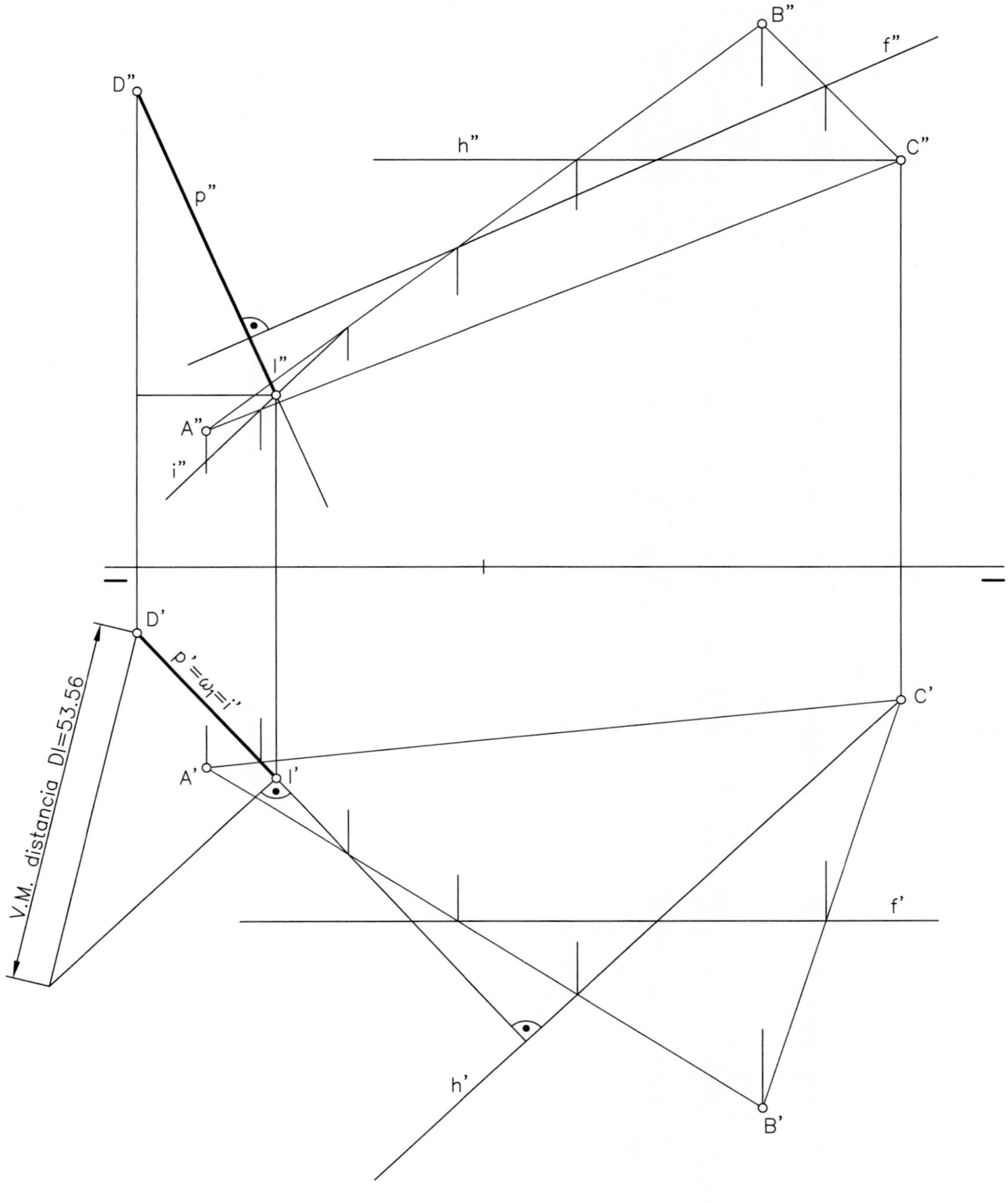

Comentario: Para trazar la recta p perpendicular al plano ABC se sitúan en éste una horizontal h y una frontal f de plano. Las proyecciones de p son perpendiculares a las proyecciones correspondientes de la horizontal y de la frontal de plano.
La intersección de la recta p con el plano ABC se obtiene, en este caso, con el plano auxiliar proyectante horizontal de la recta: plano ω.
La verdadera magnitud de la distancia DI que separa al punto del plano ABC se obtiene mediante diferencia de cota entre ambos puntos.

SOLUCIÓN EJ. 2

Procedimiento 2

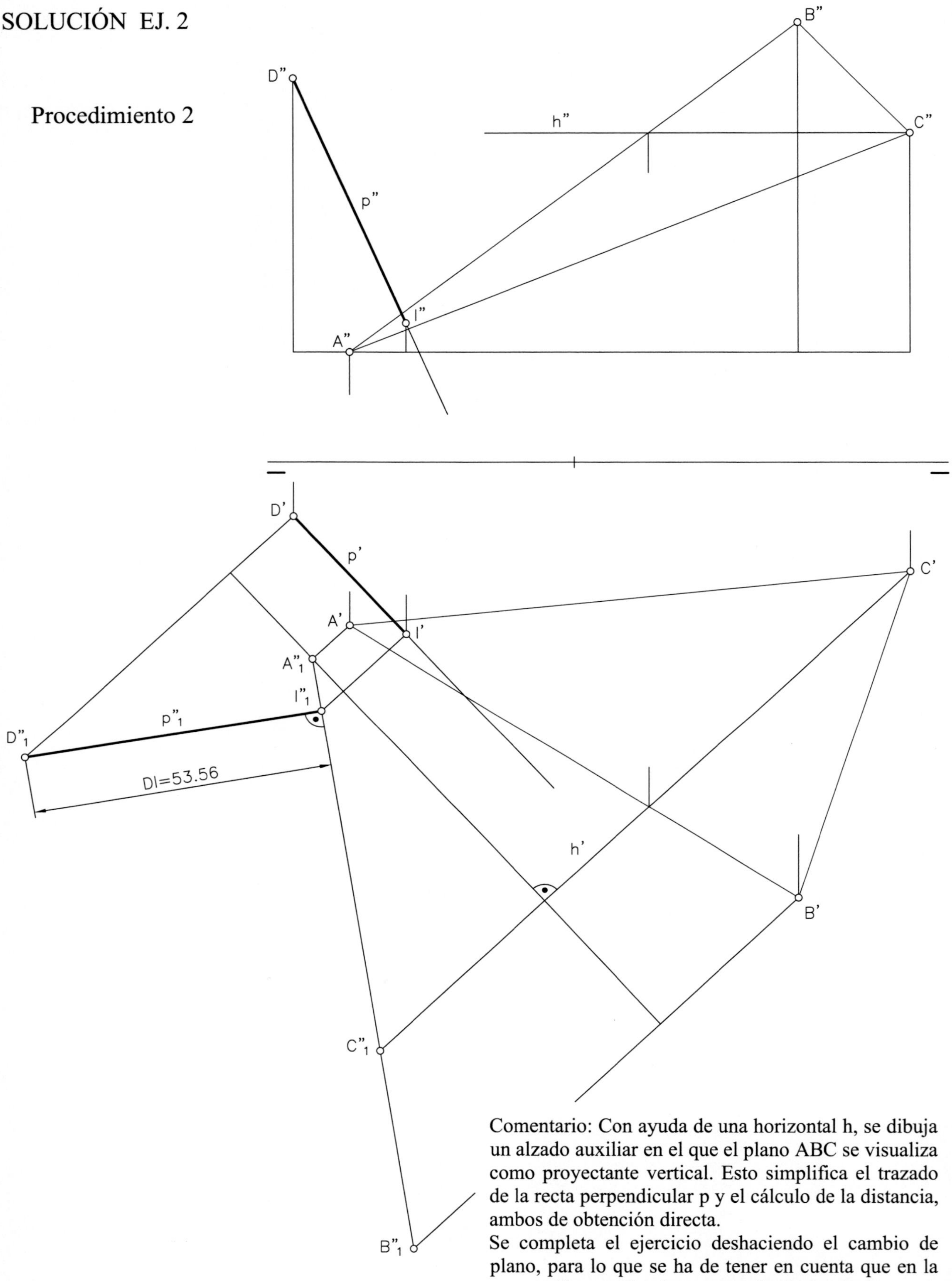

Comentario: Con ayuda de una horizontal h, se dibuja un alzado auxiliar en el que el plano ABC se visualiza como proyectante vertical. Esto simplifica el trazado de la recta perpendicular p y el cálculo de la distancia, ambos de obtención directa.

Se completa el ejercicio deshaciendo el cambio de plano, para lo que se ha de tener en cuenta que en la proyección auxiliar las perpendiculares al plano son rectas frontales.

SOLUCIÓN EJ. 3

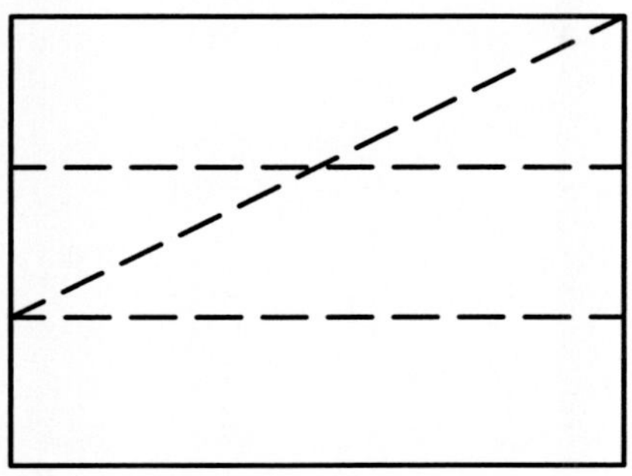

(Vista no necesaria)

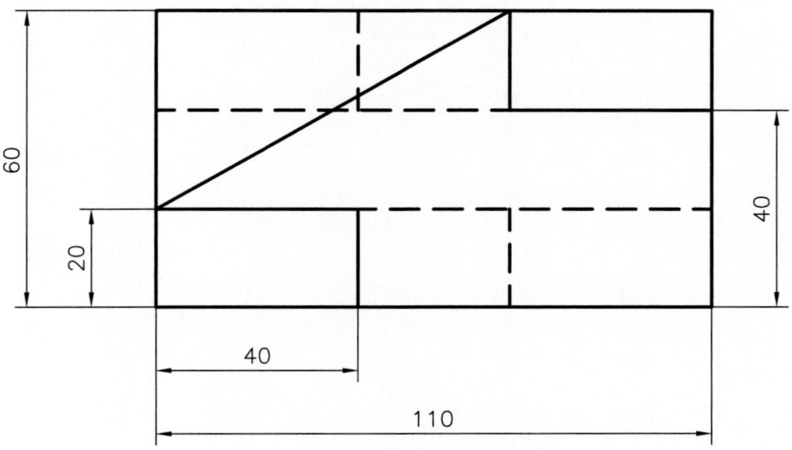

Cotas en cm
Escala 1:15

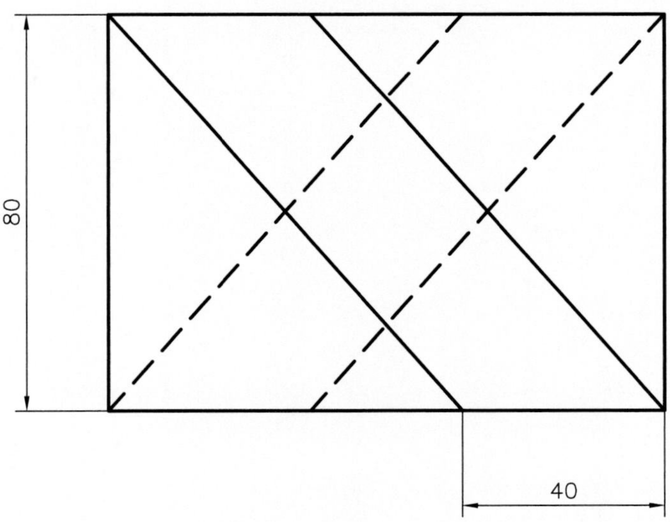

PRUEBA Nº 30

EJERCICIO 1 [3 PUNTOS] Dos circunferencias C_1 y C_2, cuyos centros distan 6 cm, tienen radios de 6 y 4 cm respectivamente. Se pide:

Dibujar todas las circunferencias de 15 mm de radio tangentes a la vez a C_1 y C_2.

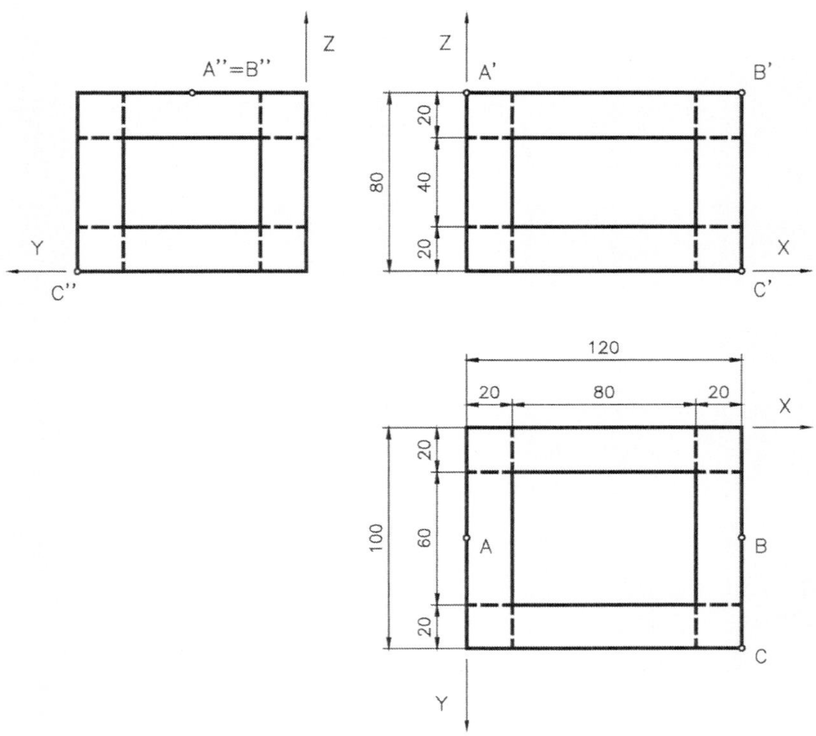

EJERCICIO 2 [4 PUNTOS] Dadas las vistas del sólido de la figura 1, se pide:

- Dibujar, a escala 1/10, la perspectiva isométrica del sólido.
- Obtener la sección que se produce en el sólido al ser cortado por el plano que pasa por los puntos A, B, y C (los puntos A y B coinciden con puntos medios de arista).

Figura 1
Cotas en cm

EJERCICIO 3 [3 PUNTOS] Dada la perspectiva de la figura 2, que tiene un plano vertical de simetría, se pide:

Dibujar, a escala 3/4, las vistas normalizadas debidamente acotadas para su correcta representación.

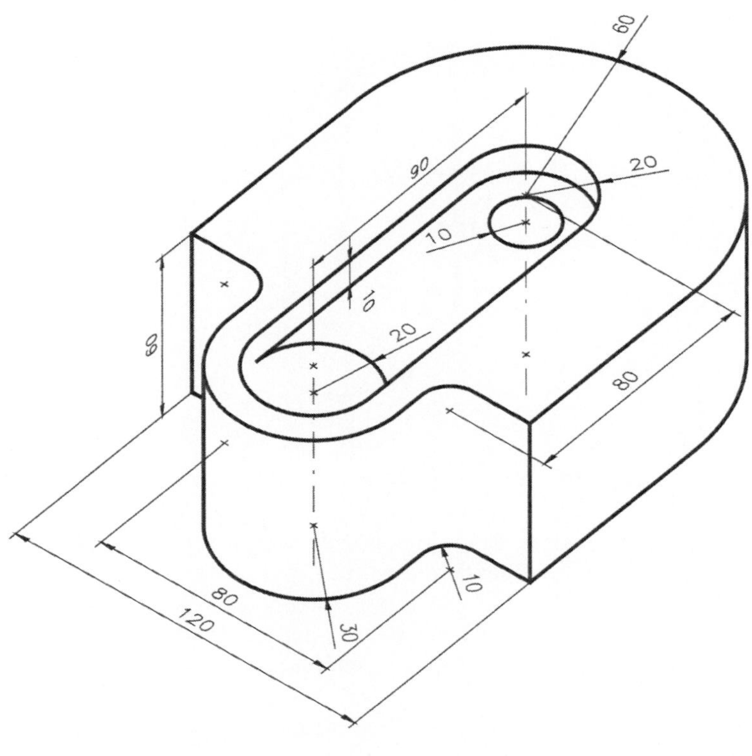

Figura 2
Cotas en mm

SOLUCIÓN EJ. 1

FIGURA DE ANÁLISIS

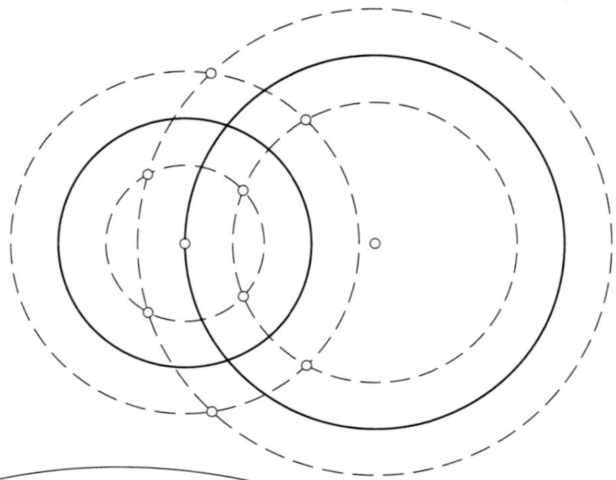

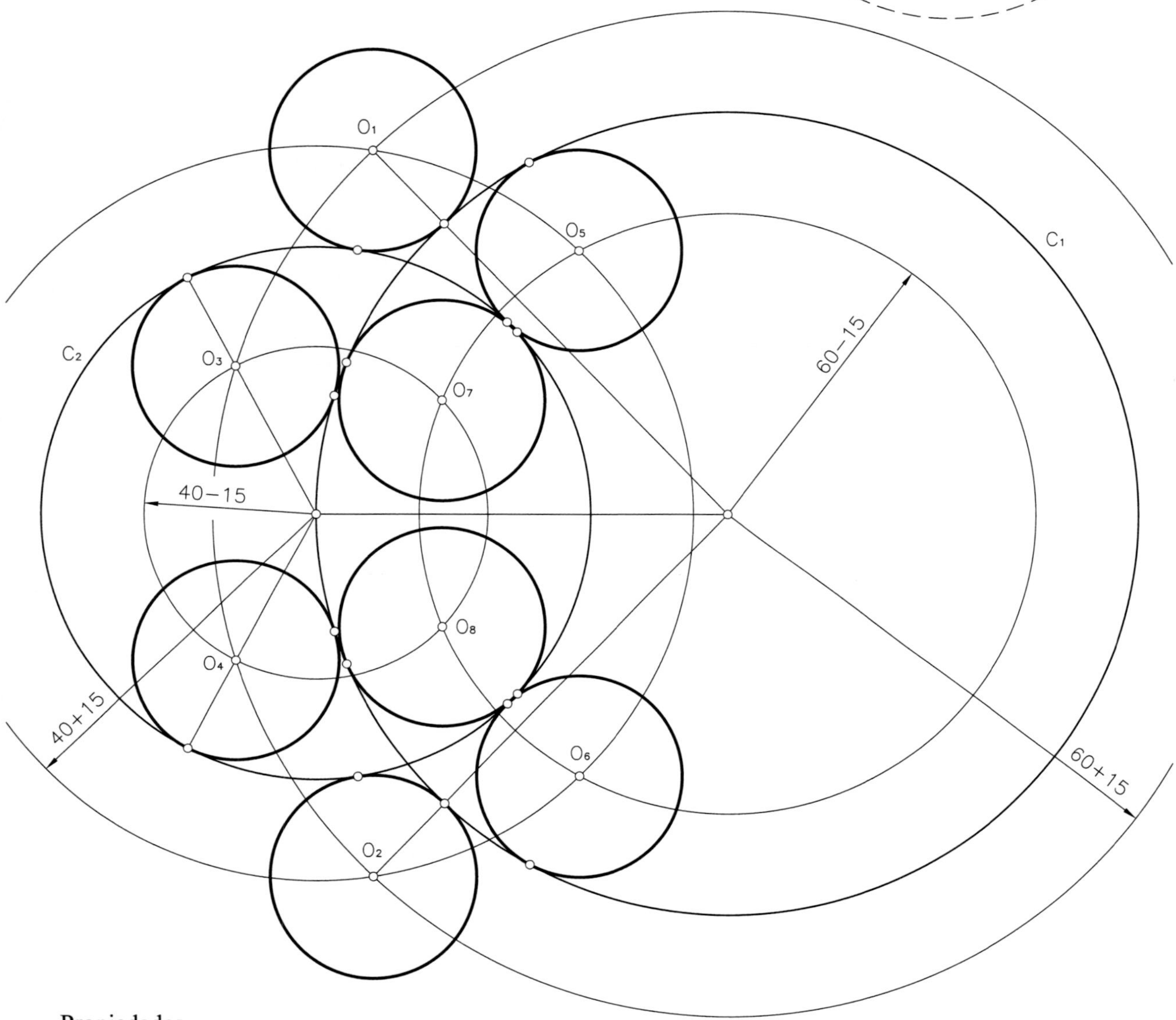

Propiedades
El lugar geométrico de los centros de circunferencias de radio conocido tangentes exteriores a otra, es otra circunferencia concéntrica con ella de radio suma de radios. El lugar geométrico de los centros de circunferencias de radio conocido tangentes interiores a otra, es otra circunferencia concéntrica con ella de radio diferencia de radios.

Comentario: Los centros de las cirunferencias de radio 15 mm tangentes a las dos dadas se encuentran en las intersecciones de las circunferencias de suma (60+15, 45+15) y diferencia (60-15, 45-15) de radios. En este caso hay el máximo número de soluciones posibles, ocho. Puede haber desde ninguna hasta ocho soluciones, dependiendo de la disposición particular de los datos.

SOLUCIÓN EJ. 2

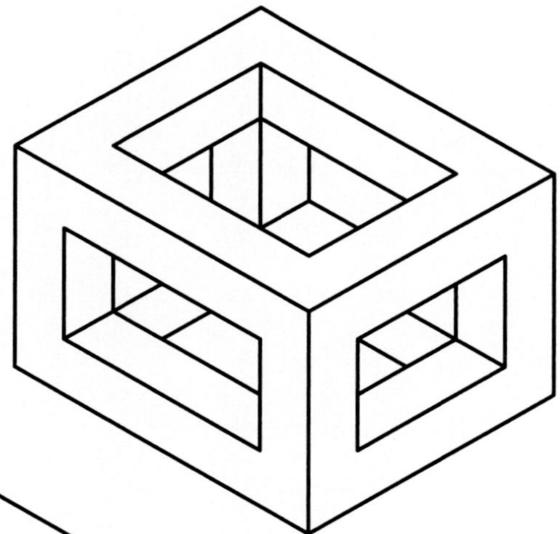

PIEZA SIN SECCIONAR

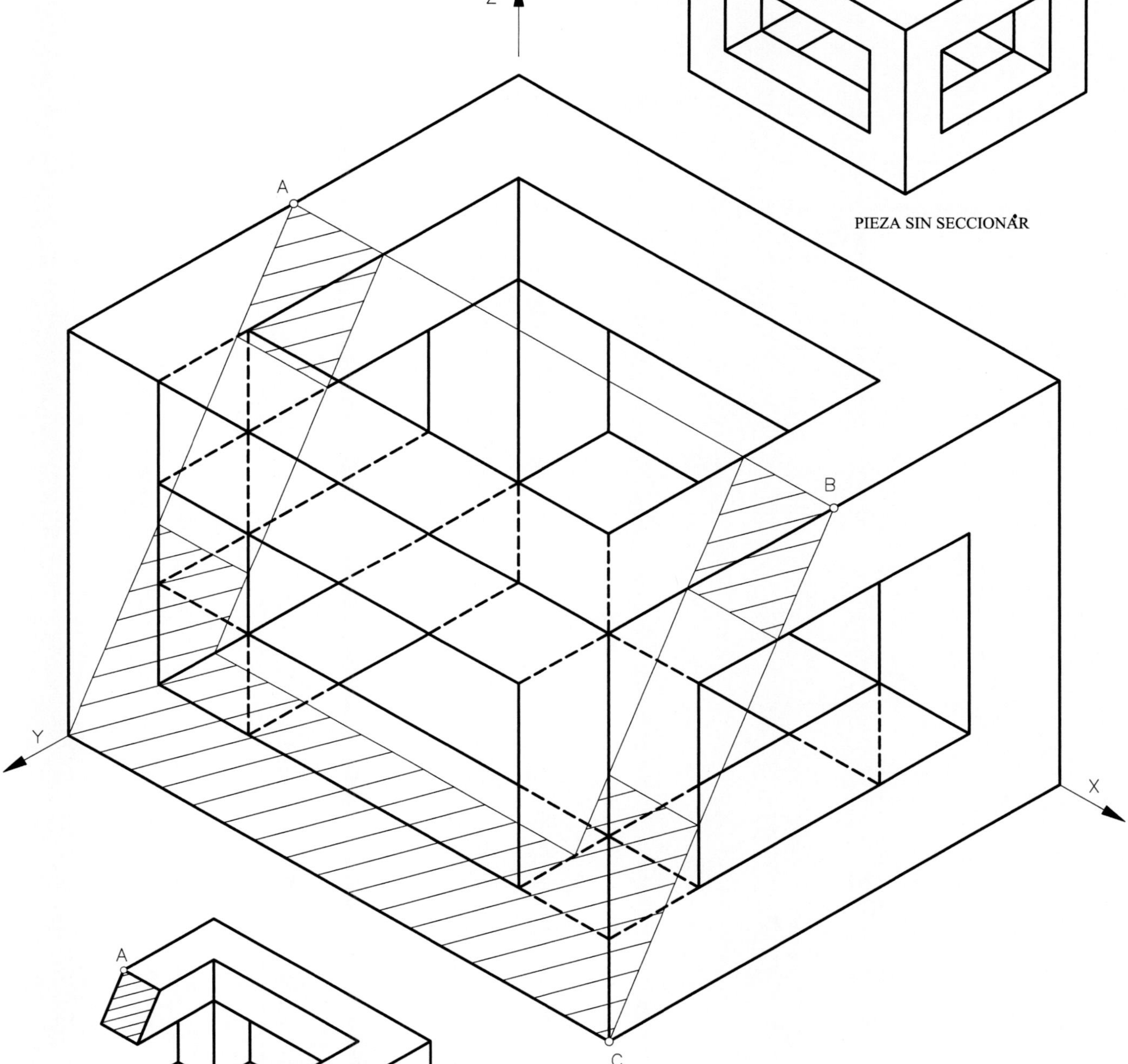

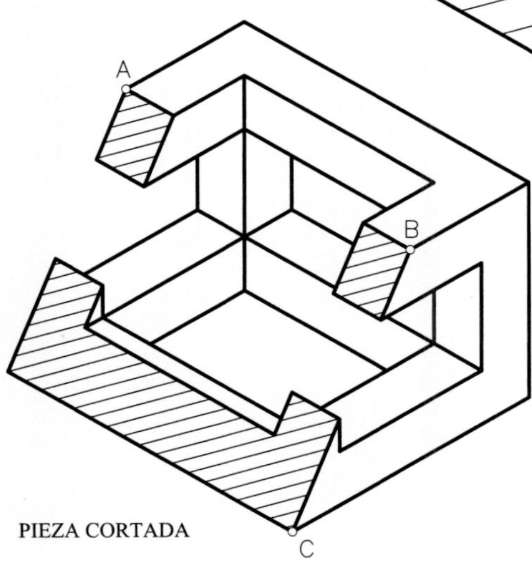

PIEZA CORTADA

Comentario: Las intersecciones AB y BC son inmediatas al localizarse los puntos sobre caras de la pieza (puntos coplanarios); el resto de intersecciones se determinan teniendo en cuenta que "las intersecciones de un plano cualquiera con dos planos paralelos son rectas paralelas".

Nota: A la izquierda se ha representado la pieza cortada para facilitar su visualización.

Escala 1:10

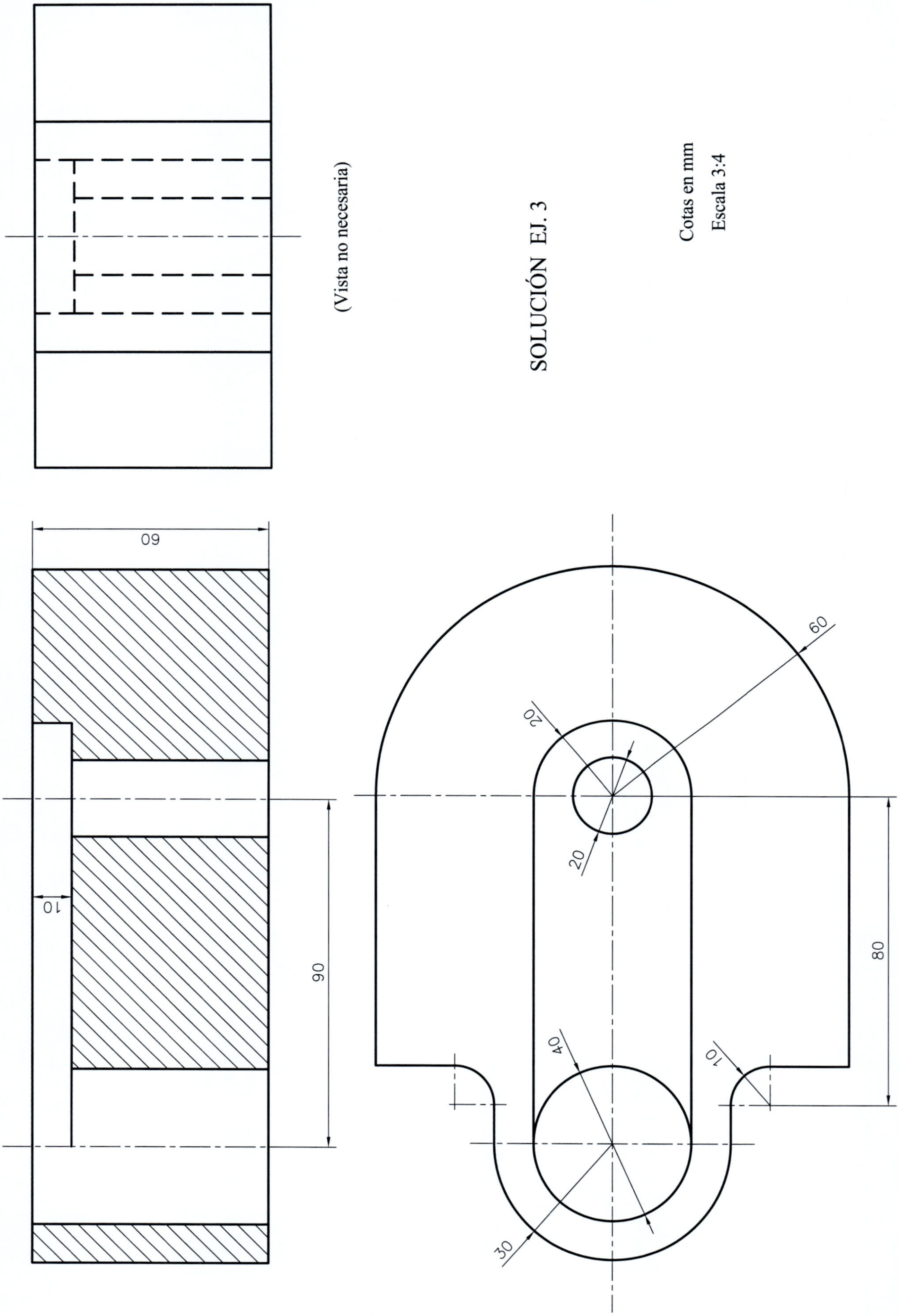
(Vista no necesaria)
SOLUCIÓN EJ. 3
Cotas en mm
Escala 3:4
60
10
90
60
20
20
40
10
30
80

PRUEBA Nº 31

EJERCICIO 1 [3 PUNTOS] Dibujar un trapecio isósceles del cual se sabe que:

- Los lados paralelos del trapecio miden 70 y 35 mm.
- El ángulo que forma el lado oblicuo con la diagonal del trapecio, y que tiene su vértice en uno de los extremos de la base menor, mide 60º.

EJERCICIO 2 [4 PUNTOS] Conocidos los puntos A(-20, 20, 40) y B(20, 40, 20), se pide:

- Dibujar las proyecciones diédricas del triángulo equilátero ABC, situado en un plano vertical y por completo en el primer diedro.
- Calcular el área de dicho triángulo.
- A partir del triángulo antes definido, dibujar el triángulo coplanario que tiene el mismo centro que el anterior y está girado 60º.

EJERCICIO 3 [3 PUNTOS] Dada la perspectiva de la figura 1, en la que se presenta una pieza con dos planos verticales de simetría, se pide:

Dibujar, a escala 1/1, las vistas normalizadas debidamente acotadas para su correcta representación.

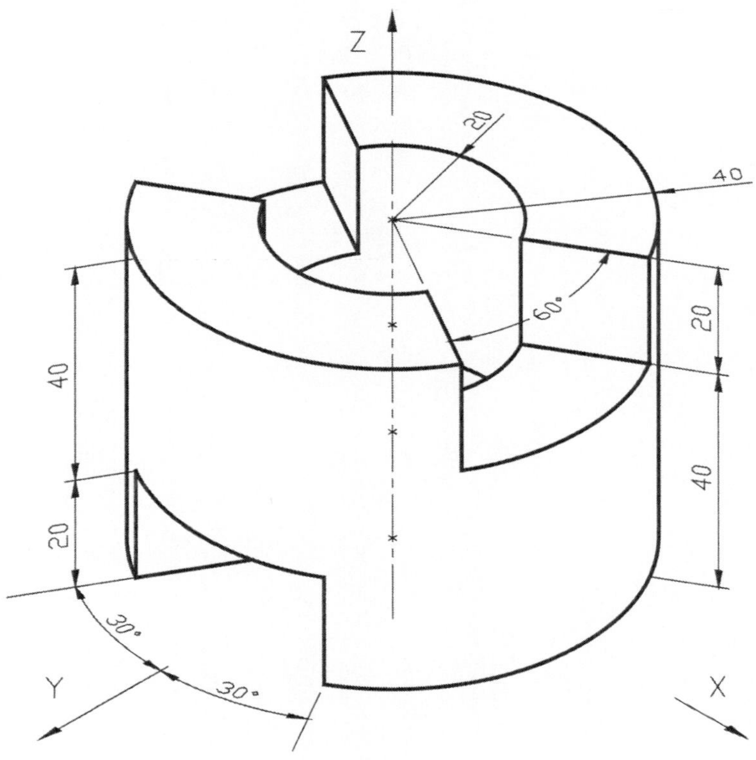

Figura 1
Cotas en mm

SOLUCIÓN EJ. 1

Procedimiento 1

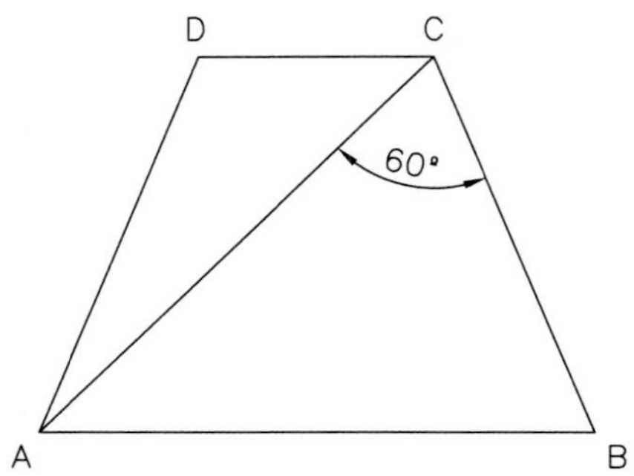

FIGURA DE ANÁLISIS

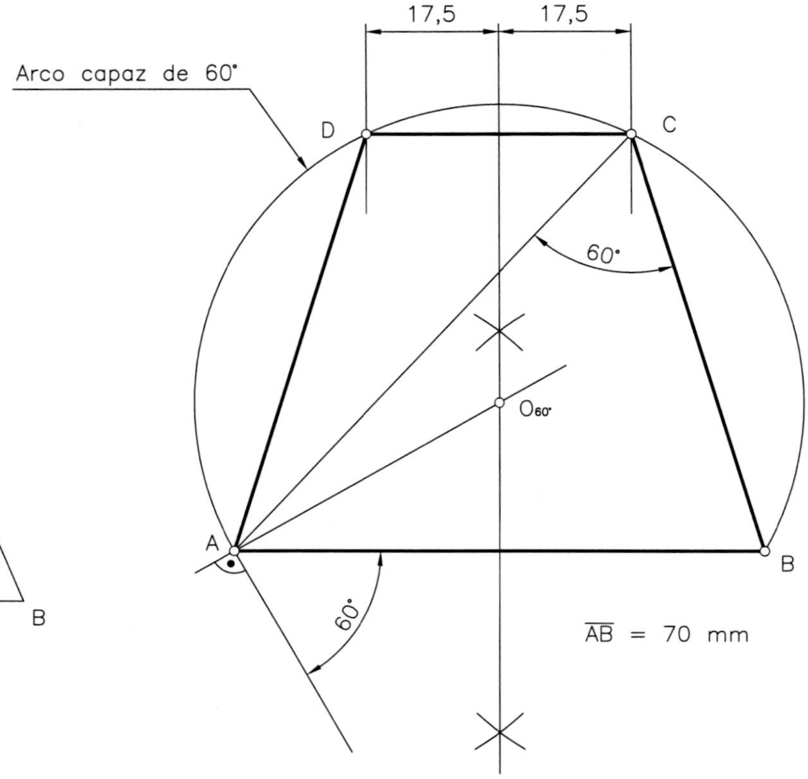

Comentario: El vértice C del ángulo ACB se encuentra en el arco capaz de 60° sobre la base mayor $\overline{AB}$. Dibujar la base mayor $\overline{AB}$ = 70 mm. Después dibujar el arco capaz de 60º sobre $\overline{AB}$. Como los vértices C y D de la base menor equidistan del eje de simetría del polígono (mediatriz de $\overline{AB}$), encajar mediante traslación paralela un segmento de 35 mm paralelo a la base mayor; así se obtienen C y D.

Procedimiento 2

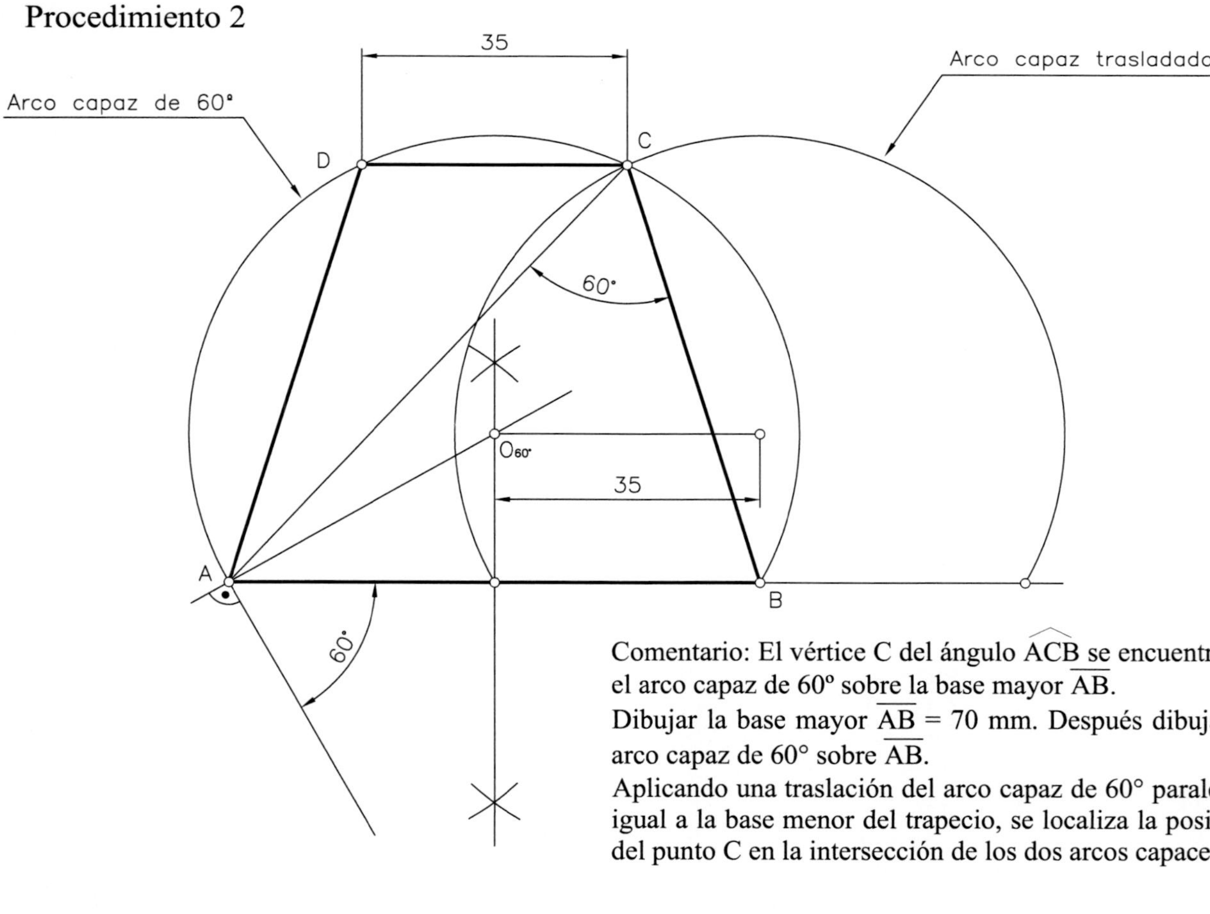

Comentario: El vértice C del ángulo $\widehat{ACB}$ se encuentra en el arco capaz de 60º sobre la base mayor $\overline{AB}$.
Dibujar la base mayor $\overline{AB}$ = 70 mm. Después dibujar el arco capaz de 60° sobre $\overline{AB}$.
Aplicando una traslación del arco capaz de 60° paralela e igual a la base menor del trapecio, se localiza la posición del punto C en la intersección de los dos arcos capaces.

SOLUCIÓN EJ. 2

Procedimiento 1

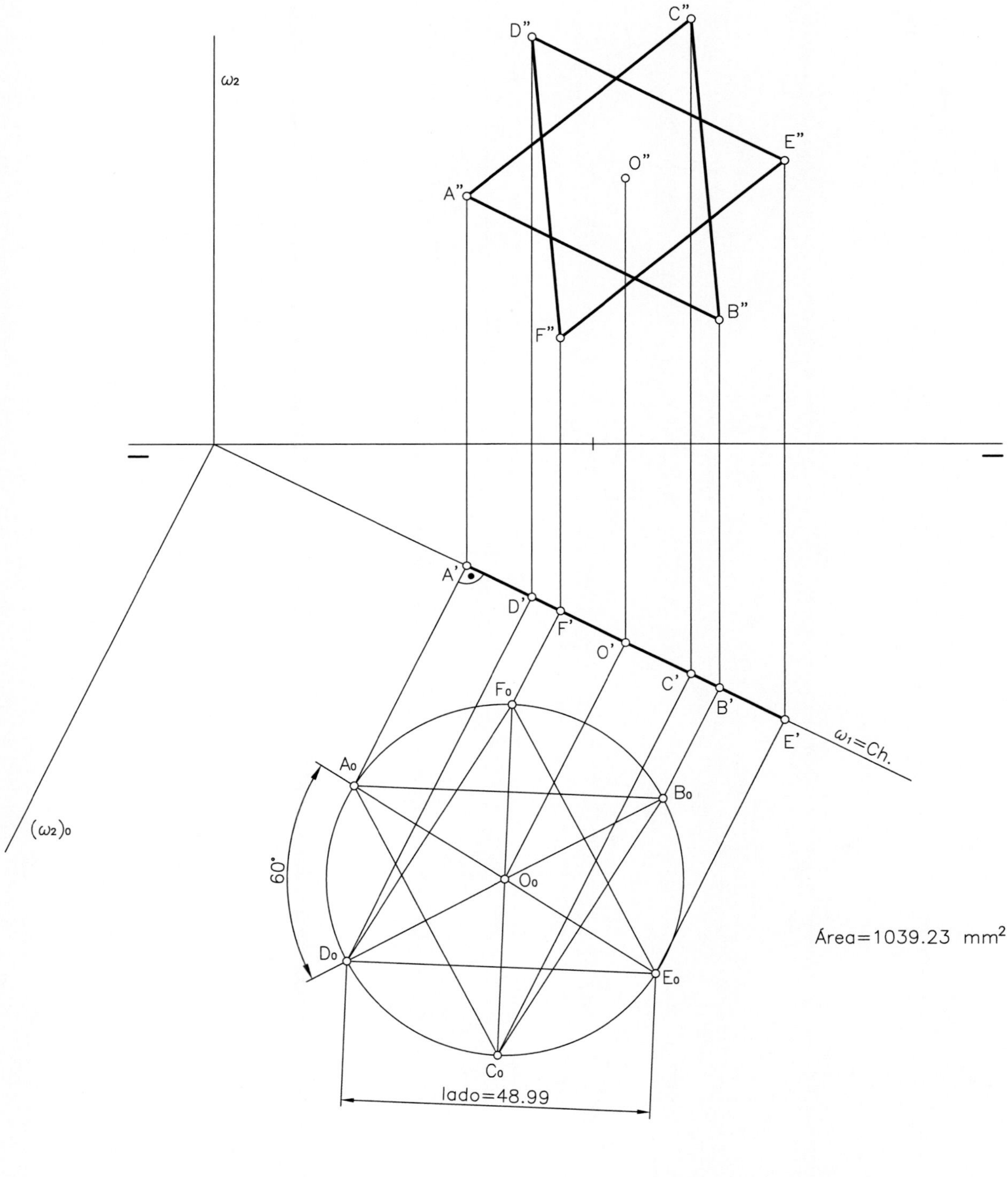

Comentario: Abatido el plano, se dibuja en verdadera magnitud el triángulo ABC y se efectúa el giro de 60º con centro el centro del triángulo dado.
Los vértices de los dos triángulos se proyectan en planta sobre la traza del plano (plano vertical ω o proyectante horizontal). Las cotas de los vértices en la proyección vertical se obtienen directamente del abatimiento.

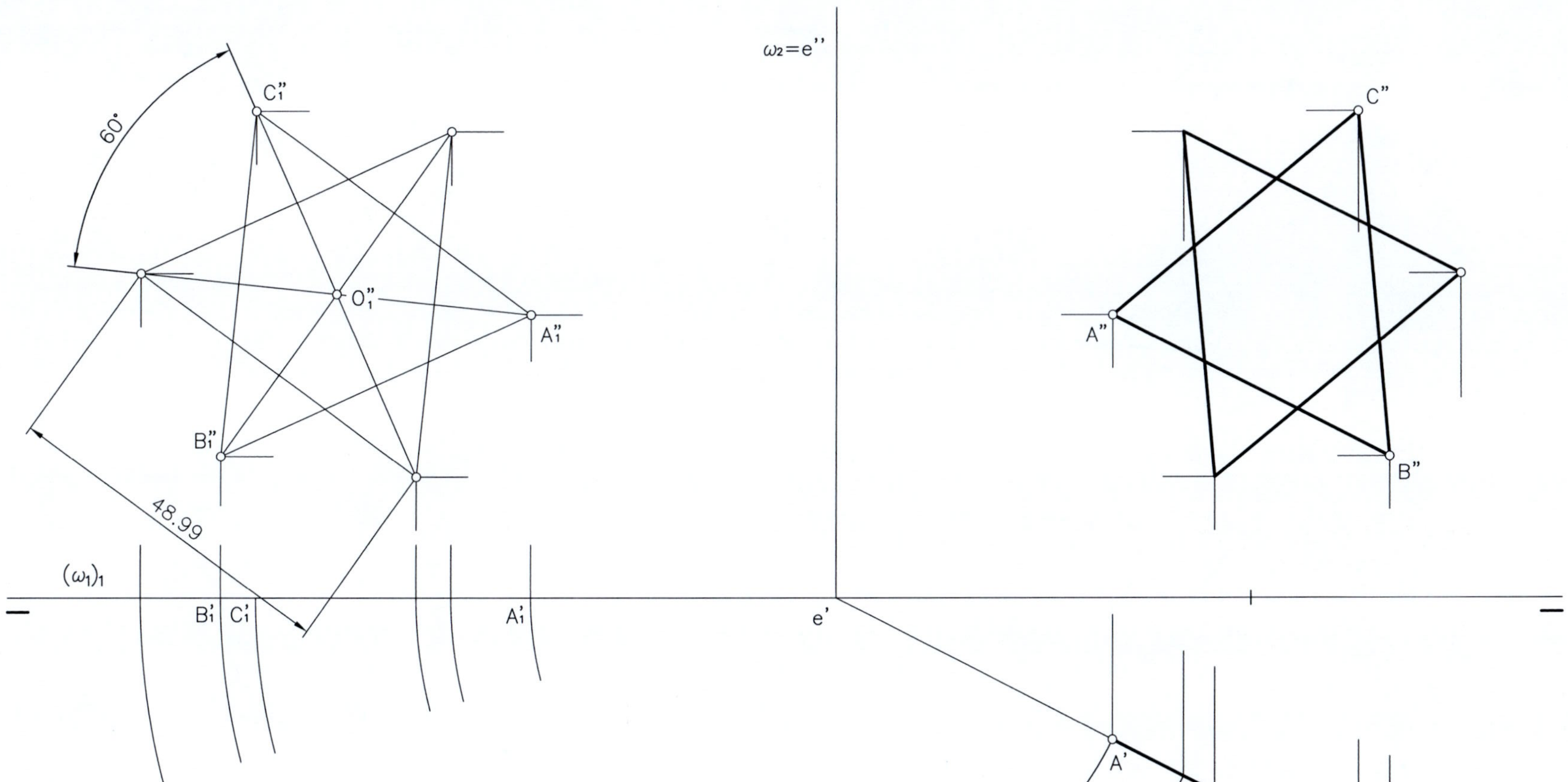

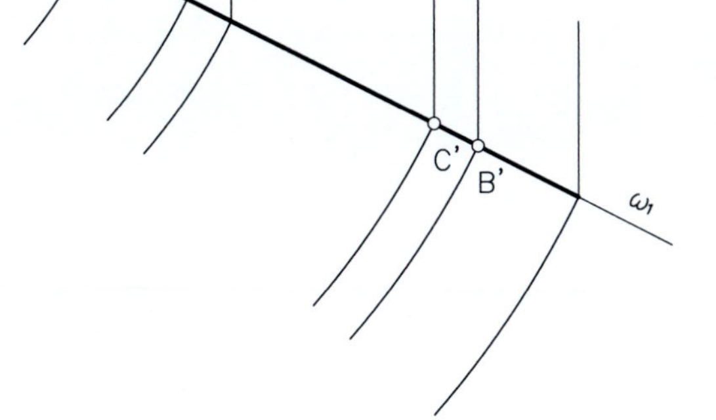

SOLUCIÓN EJ. 2

Área=1039.2305 mm^2

Procedimiento 2

Comentario: Se gira el plano ω en torno al eje vertical e hasta hacerlo coincidir con el plano vertical de proyección. Se construyen el triángulo y el triángulo girado 60º en verdadera magnitud. A continuación, se deshace el giro de ambos triángulos.

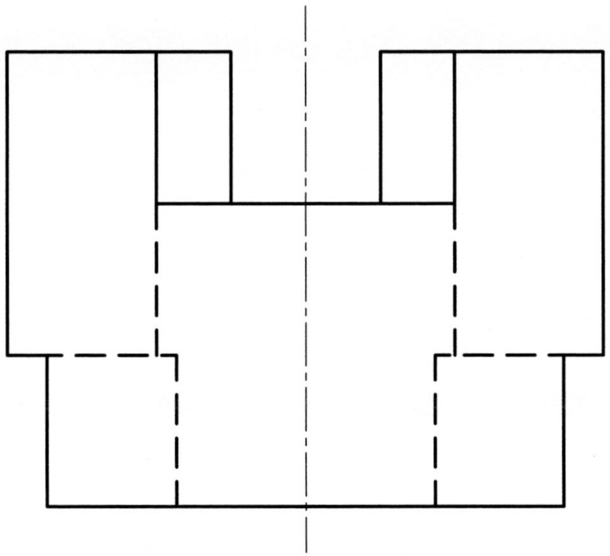

(Vista no necesaria)

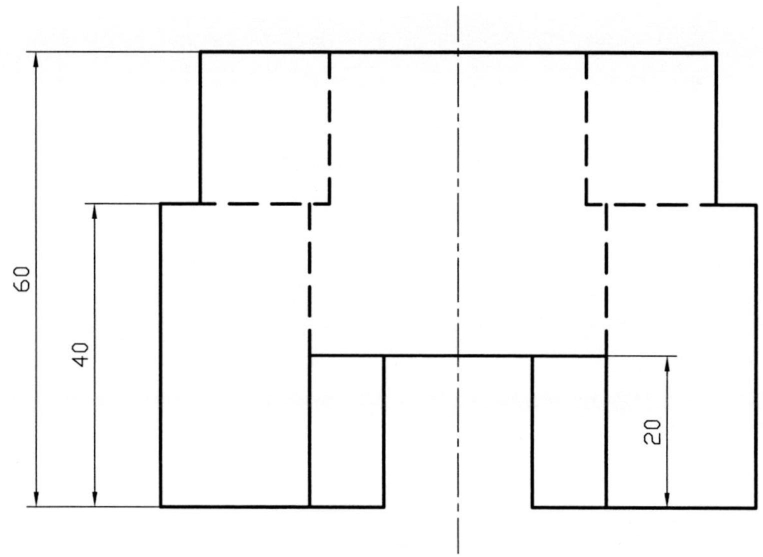

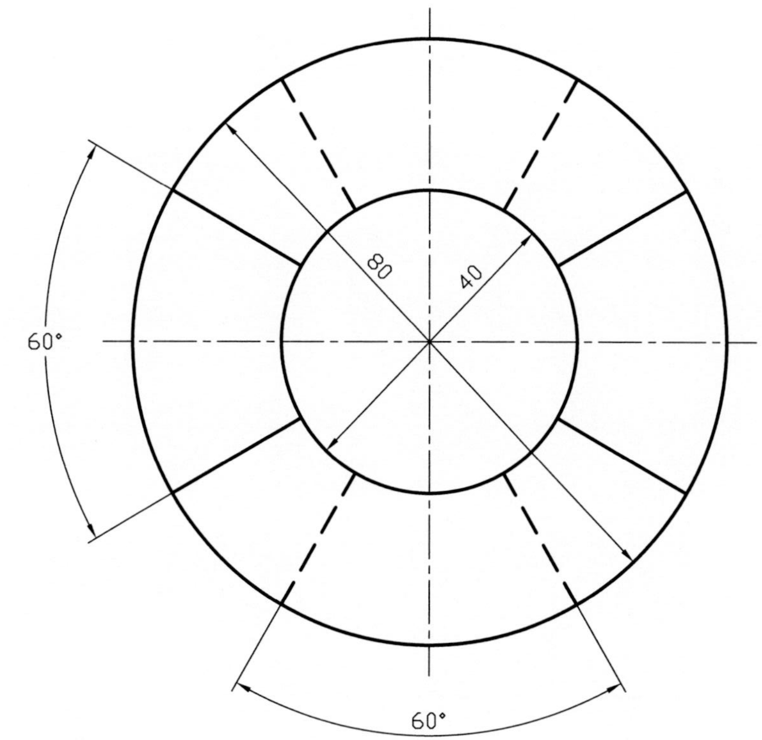

SOLUCIÓN EJ. 3

Procedimiento 1

Precepto: Se evitará en lo posible acotar a líneas ocultas y se acotarán sólo las aristas vistas y los contornos.

Cotas en mm

Escala 1:1

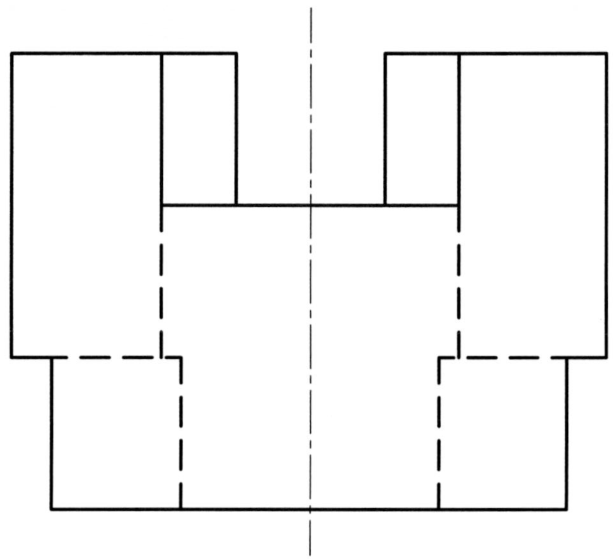

(Vista no necesaria)

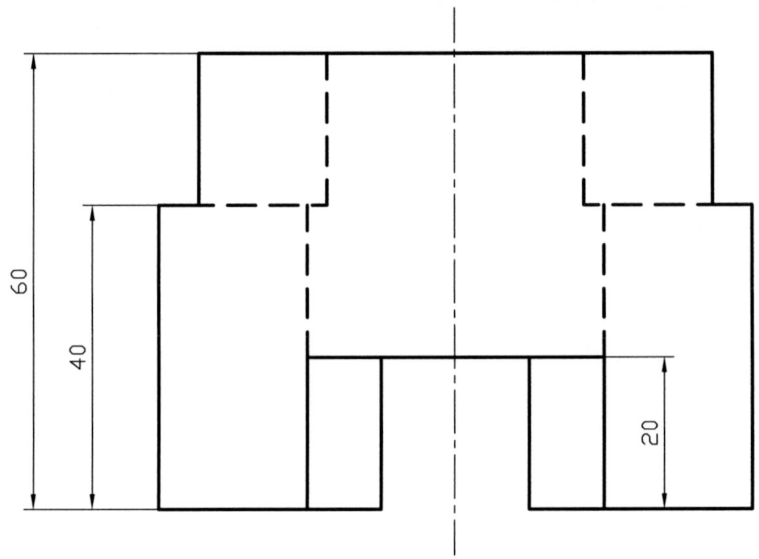

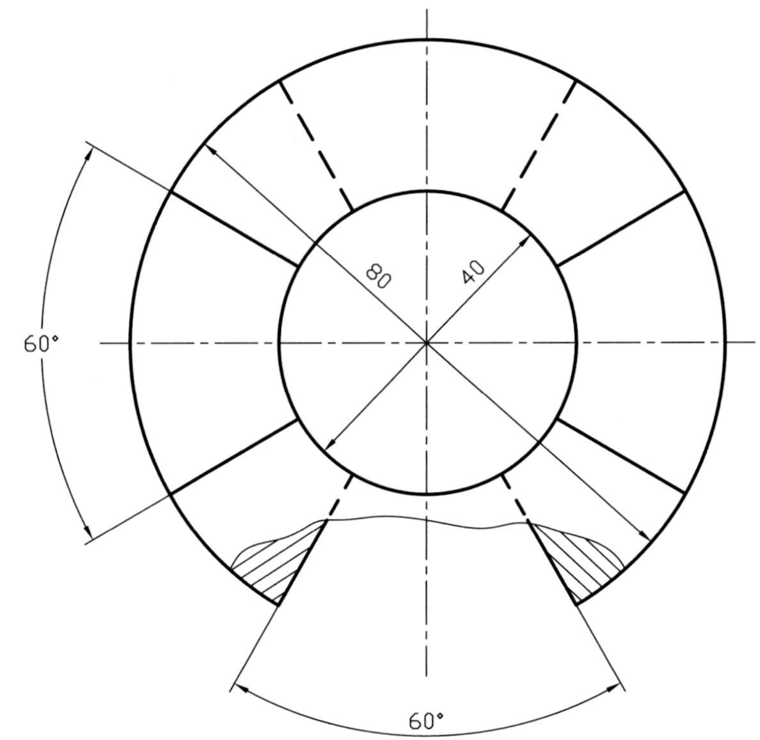

SOLUCIÓN EJ. 3

Procedimiento 2

Precepto: Se acotarán sólo las aristas vistas y los contornos, nunca las partes ocultas. Se dispondrán de las vistas, los cortes y las secciones necesarias para definir totalmente la pieza.

Comentario: Para evitar la acotación a líneas ocultas, se introduce un corte parcial de la pieza (Norma UNE 1-032-82. Cortes locales).

Cotas en mm

Escala 1:1

PRUEBA Nº 32

EJERCICIO 1 [3 PUNTOS] Se define el segmento horizontal PO = 5 cm y dos circunferencias concéntricas, con centro en O, una de radio 3 cm y otra de radio 6 cm. Se pide:

Dibujar todas las circunferencias tangentes a las dos circunferencias dadas que pasan por el punto P.

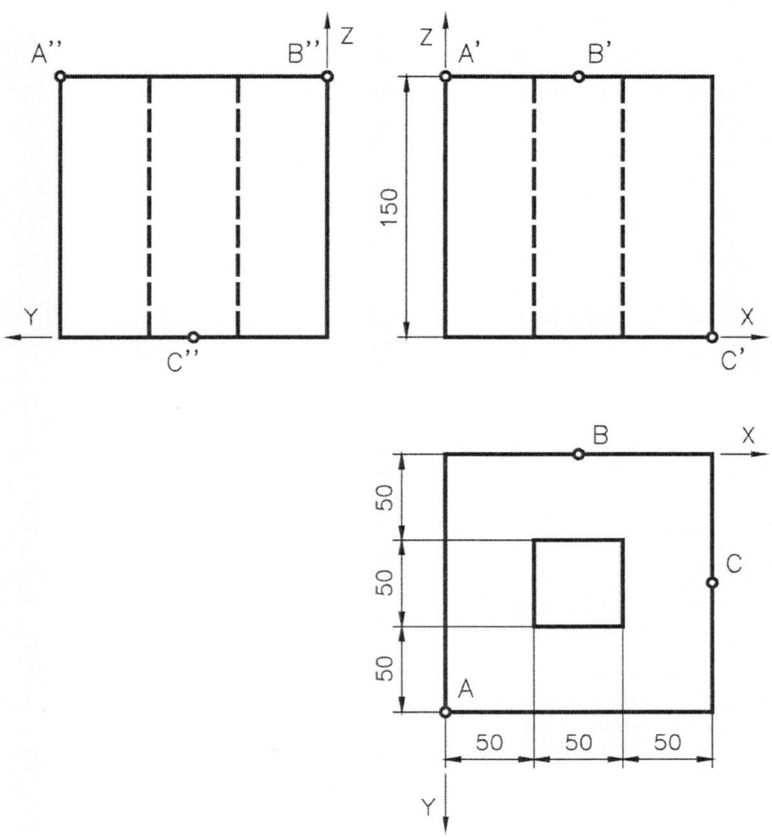

EJERCICIO 2 [4 PUNTOS] Dadas las vistas del sólido de la figura 1, se pide:

Dibujar, a escala 1/2, la perspectiva isométrica del cuerpo que queda al cortar el sólido definido por el plano que pasa por los puntos A, B, C y retirar la parte superior.

Figura 1
Cotas en mm

EJERCICIO 3 [3 PUNTOS] Dada la perspectiva de la figura 2, en la que se presenta una pieza con dos planos verticales de simetría, se pide:

Dibujar, a escala 3/4, las vistas normalizadas debidamente acotadas para su correcta representación.

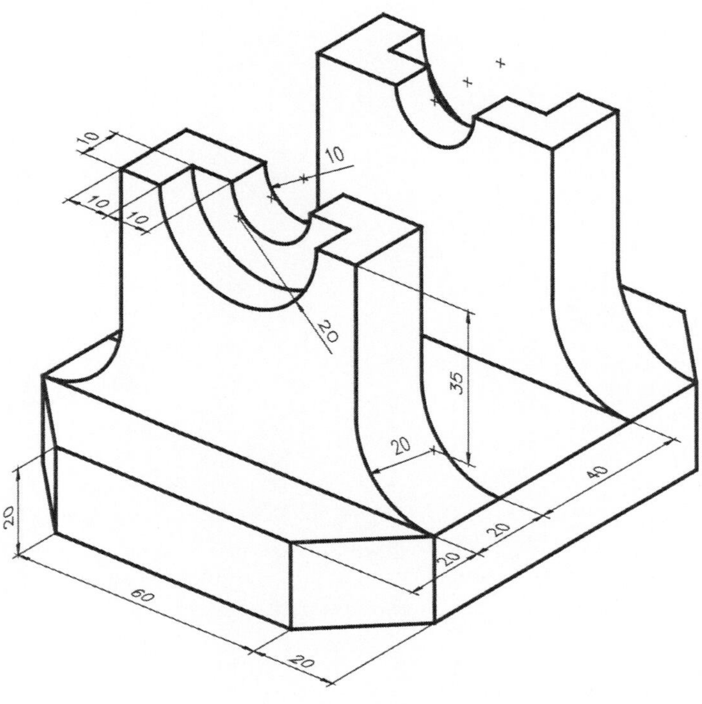

Figura 2
Cotas en mm

SOLUCIÓN EJ. 1

Procedimiento 1

Comentario: Las cuatro circunferencias solución se pueden emparejar dos a dos.
El diámetro de las soluciones de centros O_1 y O_2 es la diferencia entre los radios de las dadas (60-30 = 30): radio = 15 mm.
Las soluciones de centros O_3 y O_4 tienen por diámetros la suma del diámetro menor más la diferencia de radios [60+(60-30)=90]: radio = 45 mm.

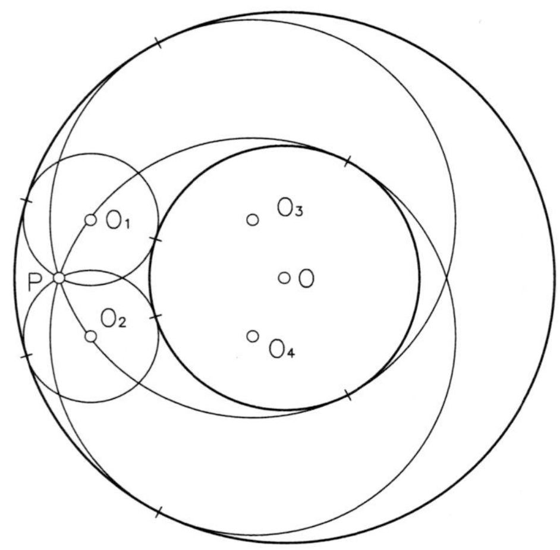

FIGURA DE ANÁLISIS

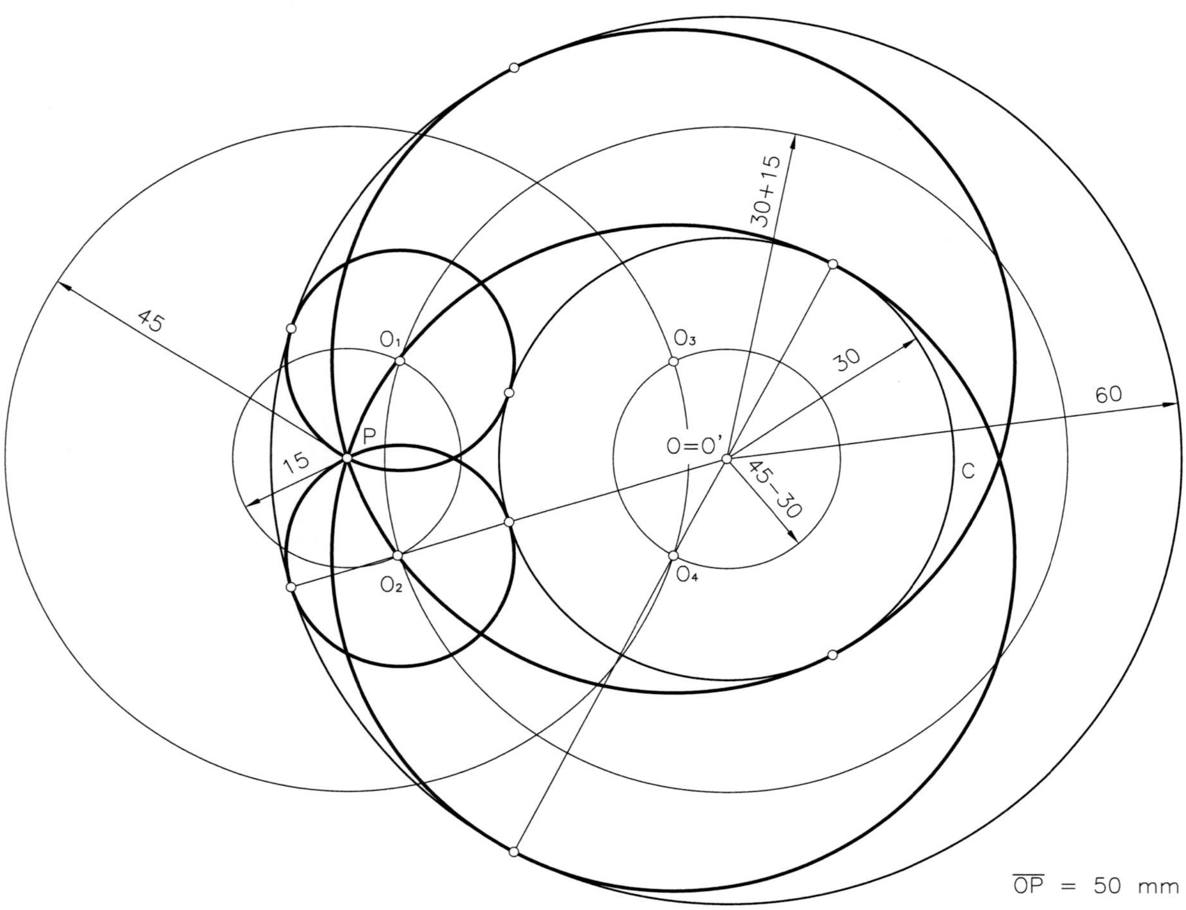

Los centros O_1 y O_2 se encuentran en las intersecciones de la circunferencia de centro P y radio 15 mm con la de centro O y radio 30+15 mm.
Los centros O_3 y O_4 se encuentran en las intersecciones de la circunferencia de centro P y radio 45 mm con la de centro O y radio 45-30 mm.

SOLUCIÓN EJ. 1

Procedimiento 2

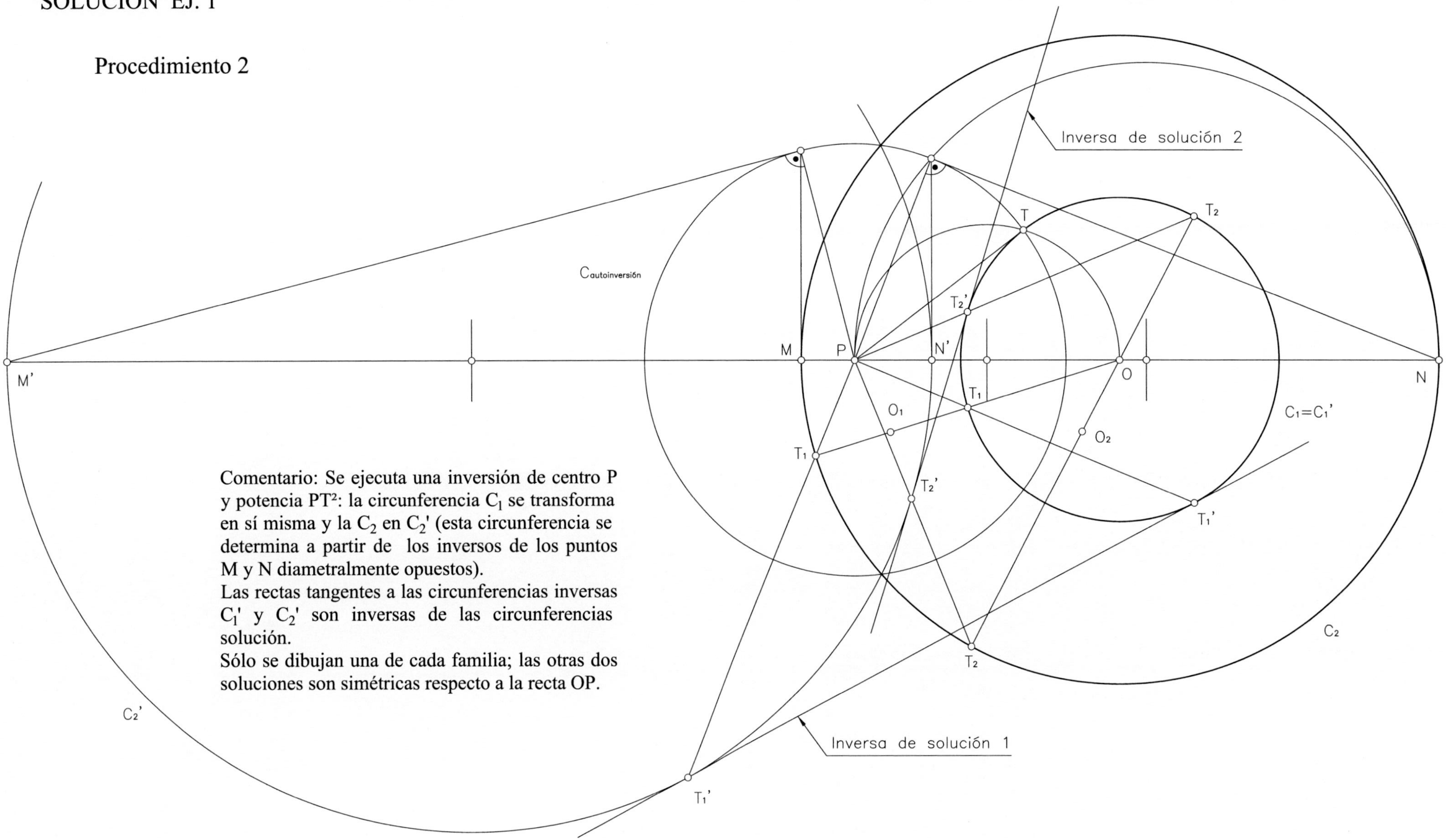

Comentario: Se ejecuta una inversión de centro P y potencia PT^2: la circunferencia C_1 se transforma en sí misma y la C_2 en C_2' (esta circunferencia se determina a partir de los inversos de los puntos M y N diametralmente opuestos).
Las rectas tangentes a las circunferencias inversas C_1' y C_2' son inversas de las circunferencias solución.
Sólo se dibujan una de cada familia; las otras dos soluciones son simétricas respecto a la recta OP.

SOLUCIÓN EJ. 2

Comentario: La intersección AB es inmediata al tratarse de puntos pertenecientes a un mismo plano de la pieza (coplanarios). Se continúa con la intersección C1, paralela a AB en virtud de que "las intersecciones de un plano cualquiera con dos planos paralelos son rectas paralelas".

Definidas las aristas A1, B2 y C2, se comienza la intersección con la "chimenea" interior a partir del punto 3, perteneciente a AB, y se completa la sección por paralelismo.

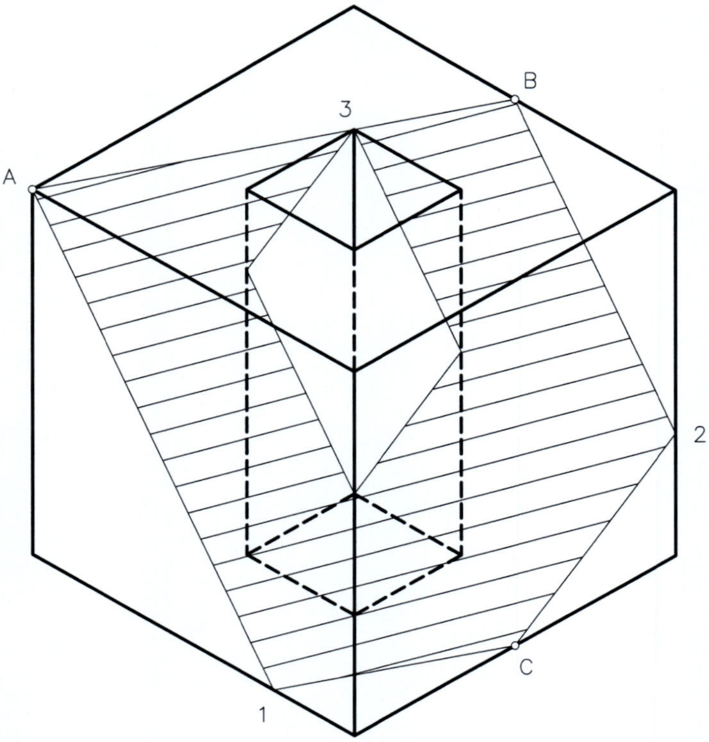

Escala 2:5

PIEZA SECCIONADA

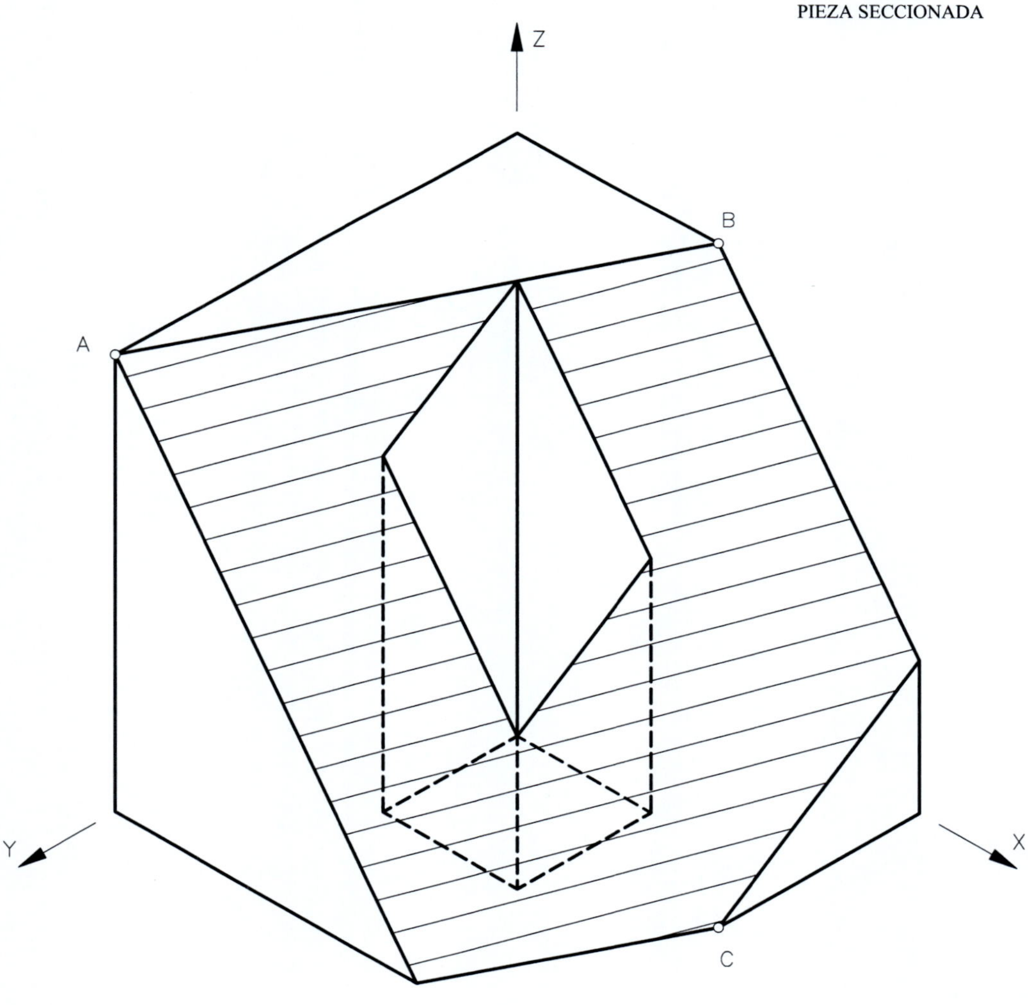

Escala 1:2

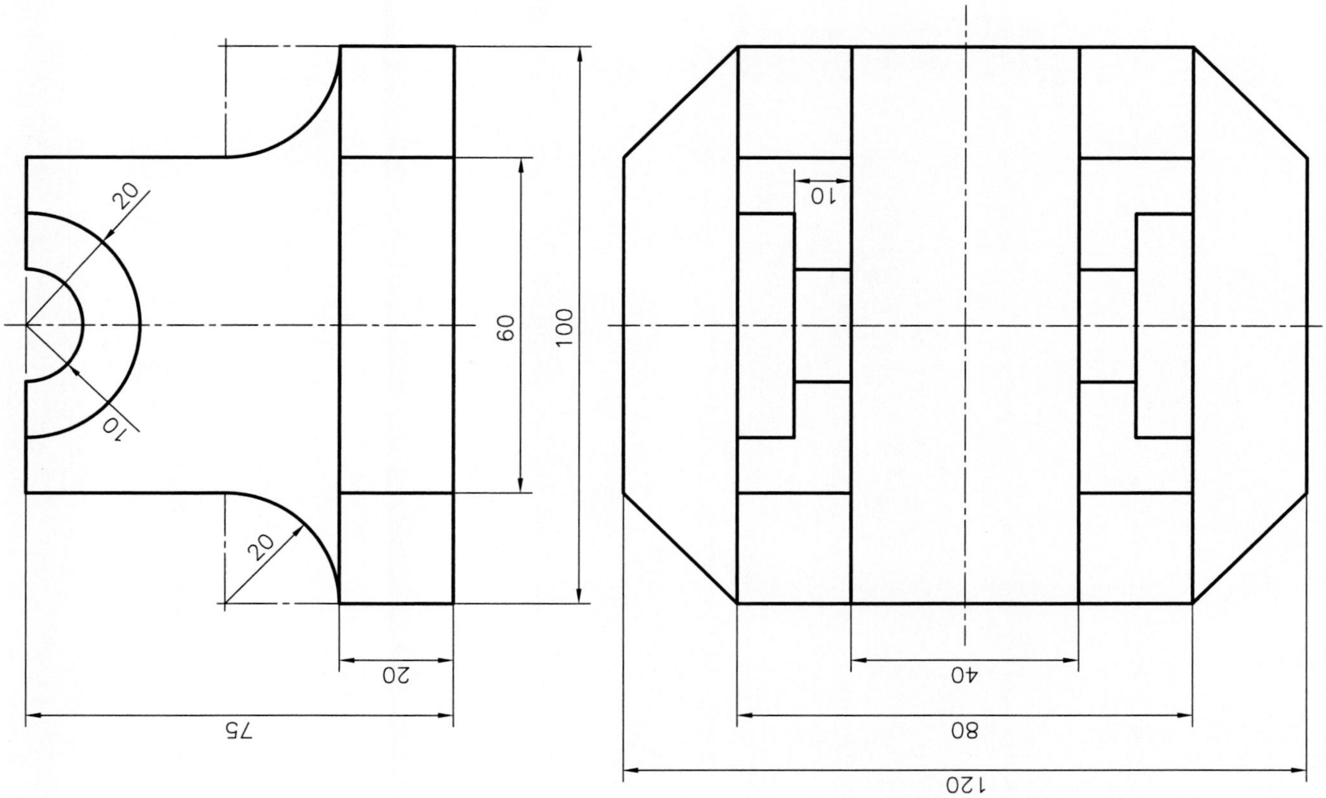

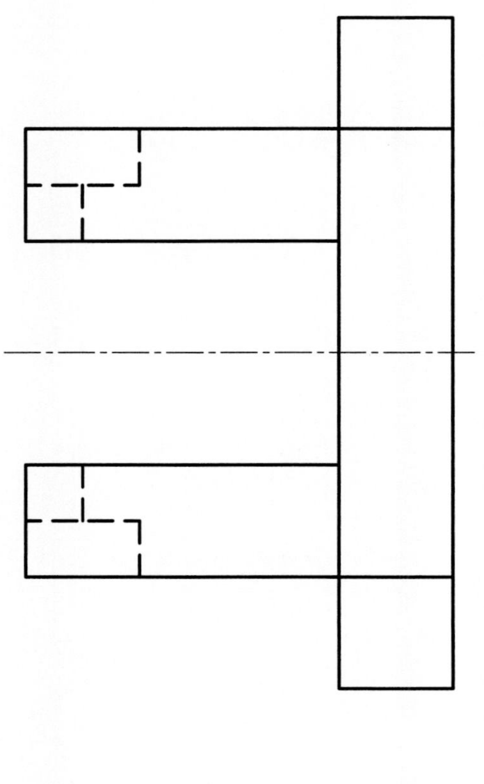

(Vista no necesaria)

SOLUCIÓN EJ. 3

Cotas en mm

Escala 3:4

PRUEBA Nº 33

EJERCICIO 1 [3 PUNTOS] Dado un segmento BC de 7 cm de longitud, se dibujan las circunferencias C_1 de diámetro BC y C_2 de centro B y que pasa por C. Se pide:

- Dibujar la circunferencia C_3 de radio 8 cm tangente a C_1 y a C_2 y de la cual éstas son interiores.
- Dibujar las circunferencias C_4 de radio 5 cm que pasan por el centro de C_3 y son tangentes C_1.

EJERCICIO 2 [4 PUNTOS] Dado el triángulo ABC, se pide:

- Obtener las proyecciones diédricas del incentro del triángulo.
- Calcular el área del triángulo.

Datos: A (-10, 20, 30), B (60, 30, 90), C (90, 60, 30).

EJERCICIO 3 [3 PUNTOS] Dada la perspectiva de la figura1, en la que se presenta una pieza con cuatro planos verticales de simetría, se pide:

Dibujar, a escala 1/20, las vistas normalizadas debidamente acotadas para su correcta representación.

Figura 1
Cotas en cm

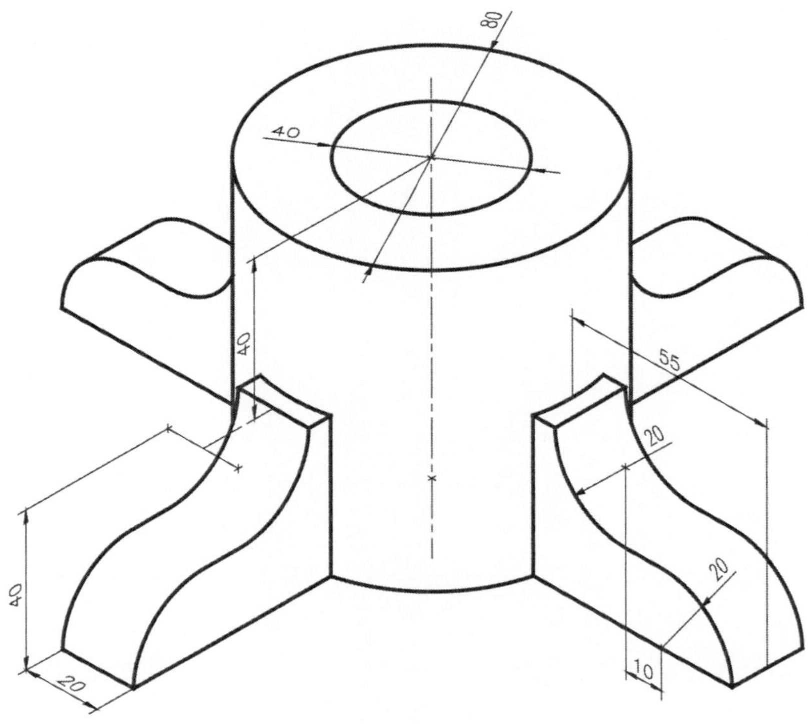

SOLUCIÓN EJ. 1

FIGURA DE ANÁLISIS
(Apartado 2)

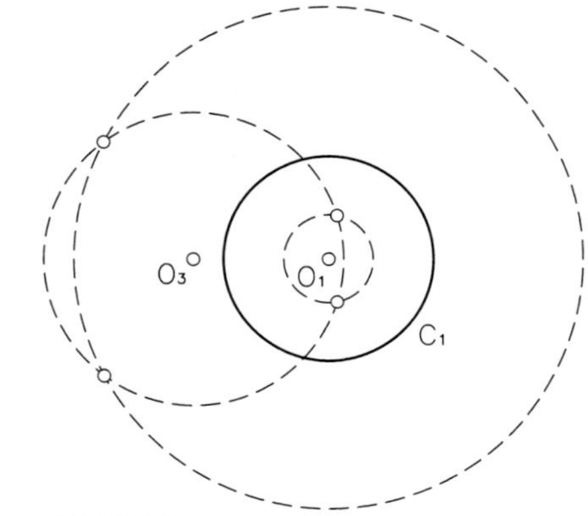

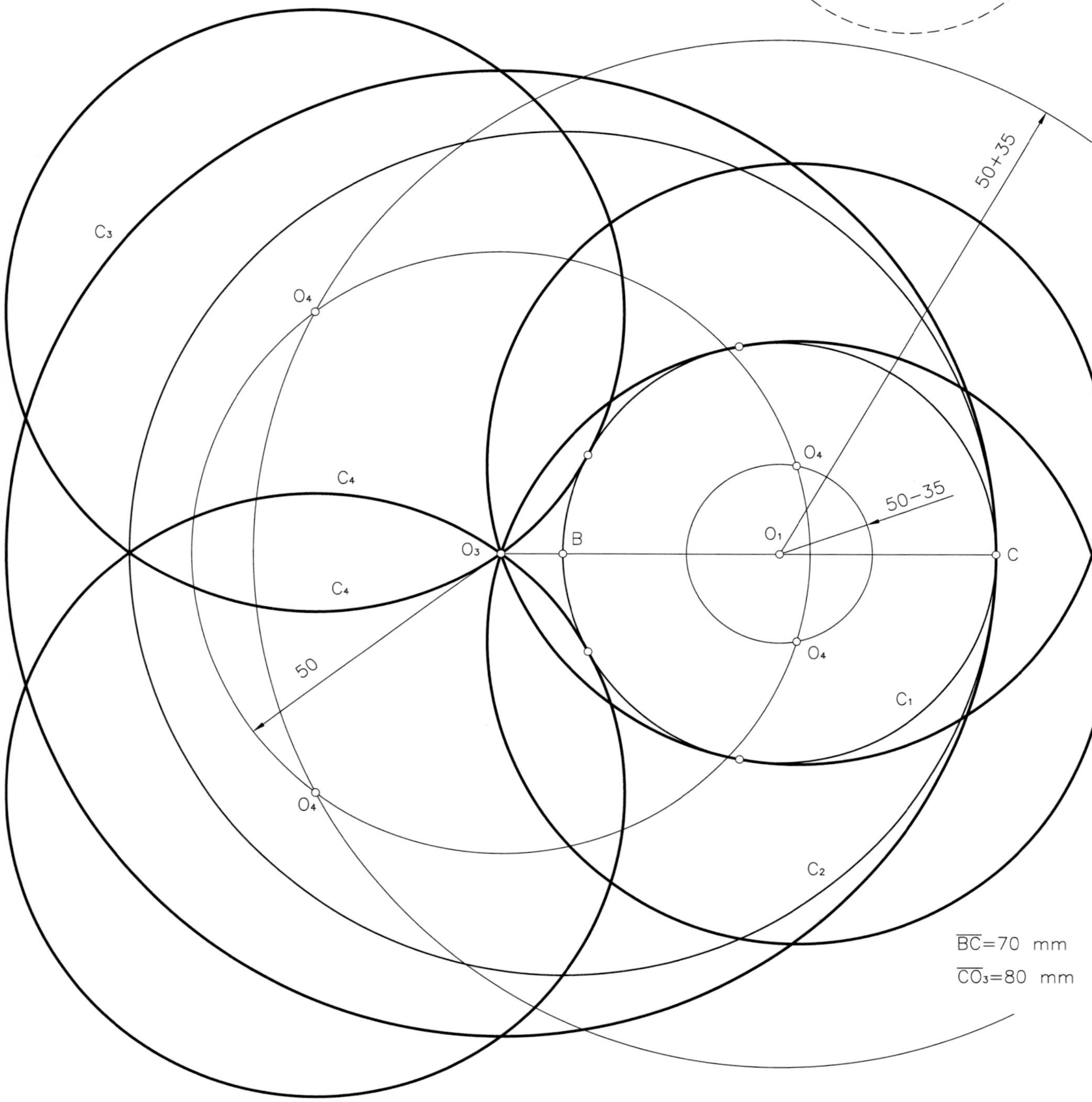

Comentario: La circunferencia C_3 es tangente a las circunferencias C_1 y C_2 en el punto C. Los centros de las circunferencias C_4 se encuentran en las intersecciones de la circunferencia de centro O_3 y radio 50 mm con las de centro O_1 y radios ($50+R_1$) y ($50-R_1$).

SOLUCIÓN EJ. 2

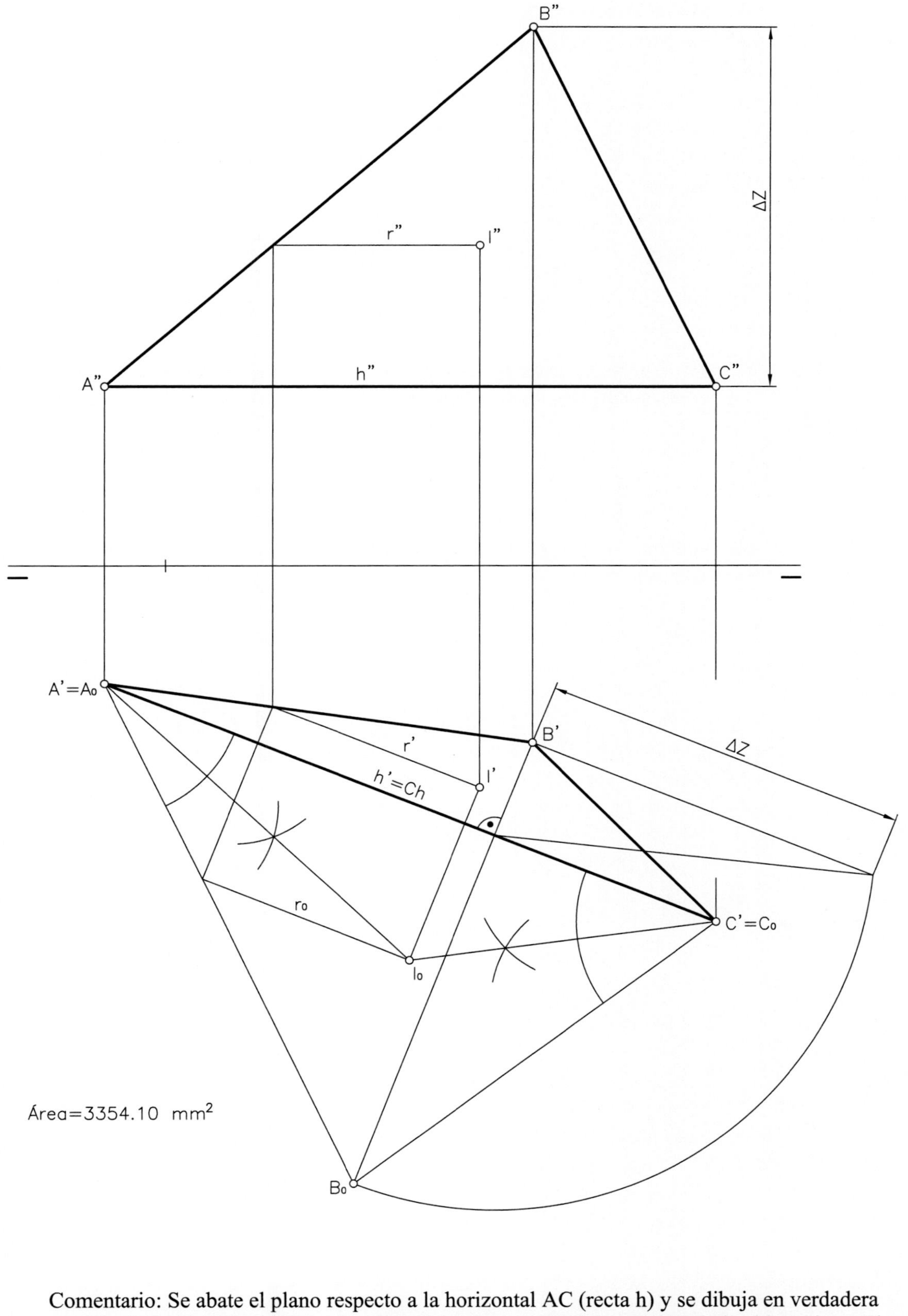

Comentario: Se abate el plano respecto a la horizontal AC (recta h) y se dibuja en verdadera magnitud el triángulo ABC; se localiza el incentro como intersección de las bisectrices. El incentro, punto I, se desabate mediante una horizontal de plano r.

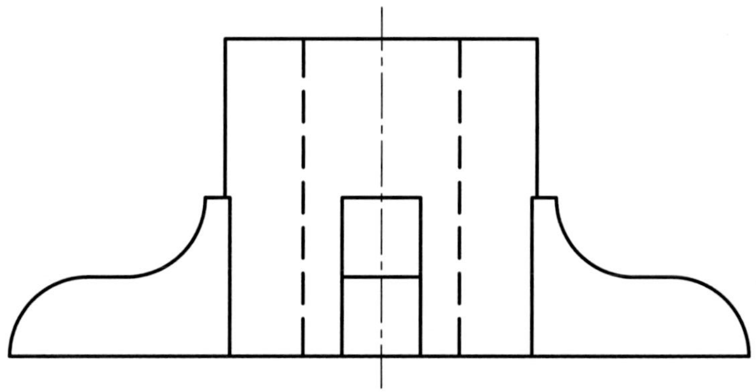

(Vista no necesaria)

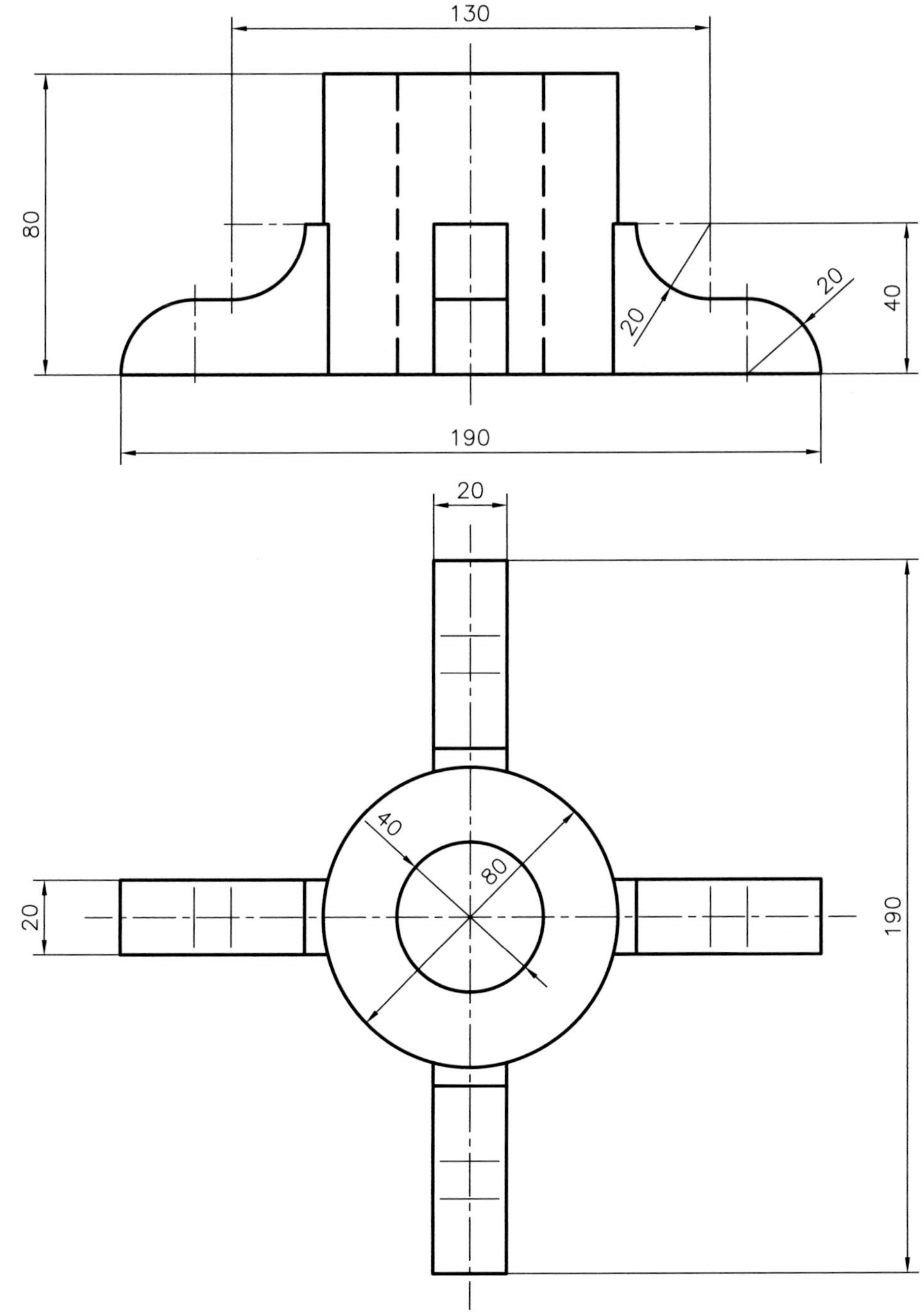

SOLUCIÓN EJ. 3

Comentario: Las líneas ficticias de intersección de superficies unidas por un redondeo pueden representarse mediante unas líneas finas llenas que no toquen los contornos (Norma UNE 1-032-82. Intersecciones ficticias).

Cotas en cm

Escala 1:20

PRUEBA Nº 34

EJERCICIO 1 [3 PUNTOS] Dibujar un pentágono regular de 70 mm de diagonal.

EJERCICIO 2 [4 PUNTOS] Dibujar, a escala 1/1:

- La perspectiva isométrica de un prisma recto de 120 mm de altura y base un triángulo equilátero, sabiendo que:
  - Se apoya en el plano XOZ.
  - Una de las aristas de la base es el segmento AB.
  - El otro vértice de la base tiene una coordenada **z** positiva.
- Obtener la sección que produce en este prisma un plano paralelo al XOY que pasa por el punto P.

Datos: A(20, 0, 40), B(120, 0, 20), P(0, 0, 60).

EJERCICIO 3 [3 PUNTOS] Dada la perspectiva de la figura 1, en la que se presenta una pieza con un plano vertical de simetría, se pide:

Dibujar, a escala 1/1, las vistas normalizadas debidamente acotadas para su correcta representación.

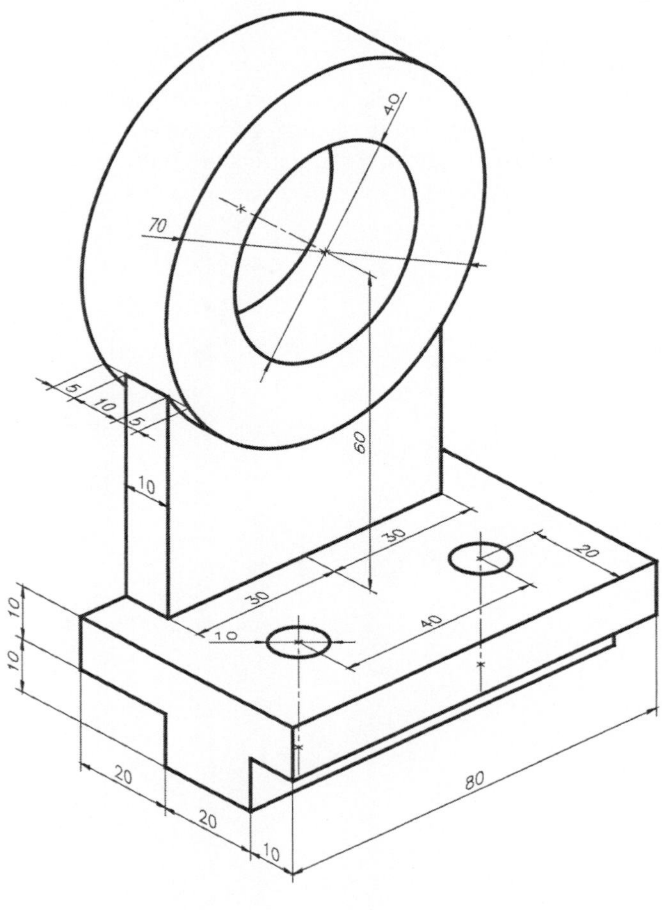

Figura 1
Cotas en mm

SOLUCIÓN EJ. 1

Procedimiento 1

Comentario: Dibujar un pentágono A'B'C'D'E' cualquiera. Haciendo una homotecia de centro un vértice, A' en este caso, transformar la diagonal $\overline{A'D'}$ en $\overline{AD} = 70$ mm. Completar por paralelismo.

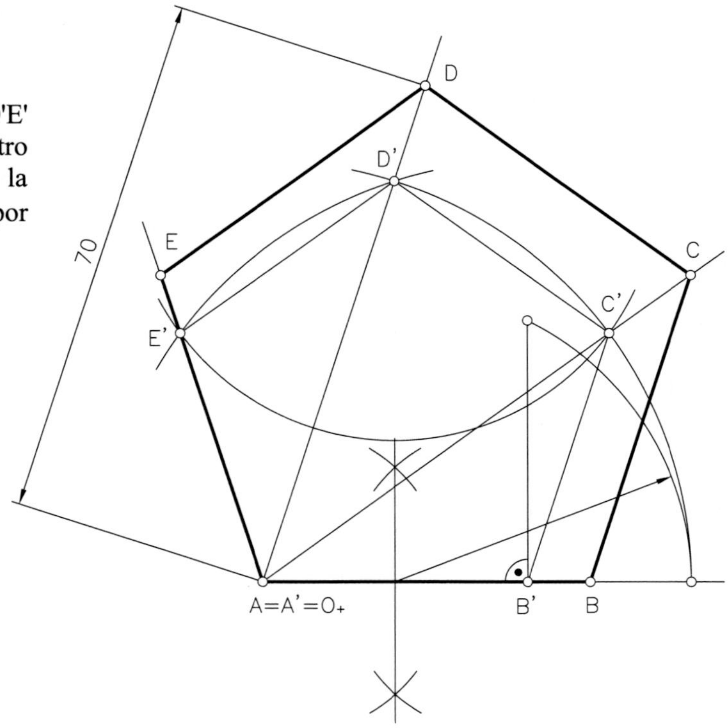

Procedimiento 2

Comentario: La relación existente entre el lado L_5 y la diagonal D_5 en un pentágono regular es igual a la propoprción áurea: Φ. En la figura auxiliar se obtiene el lado del pentágono a partir de su diagonal.

$$\Phi = \frac{D_5}{L_5}$$

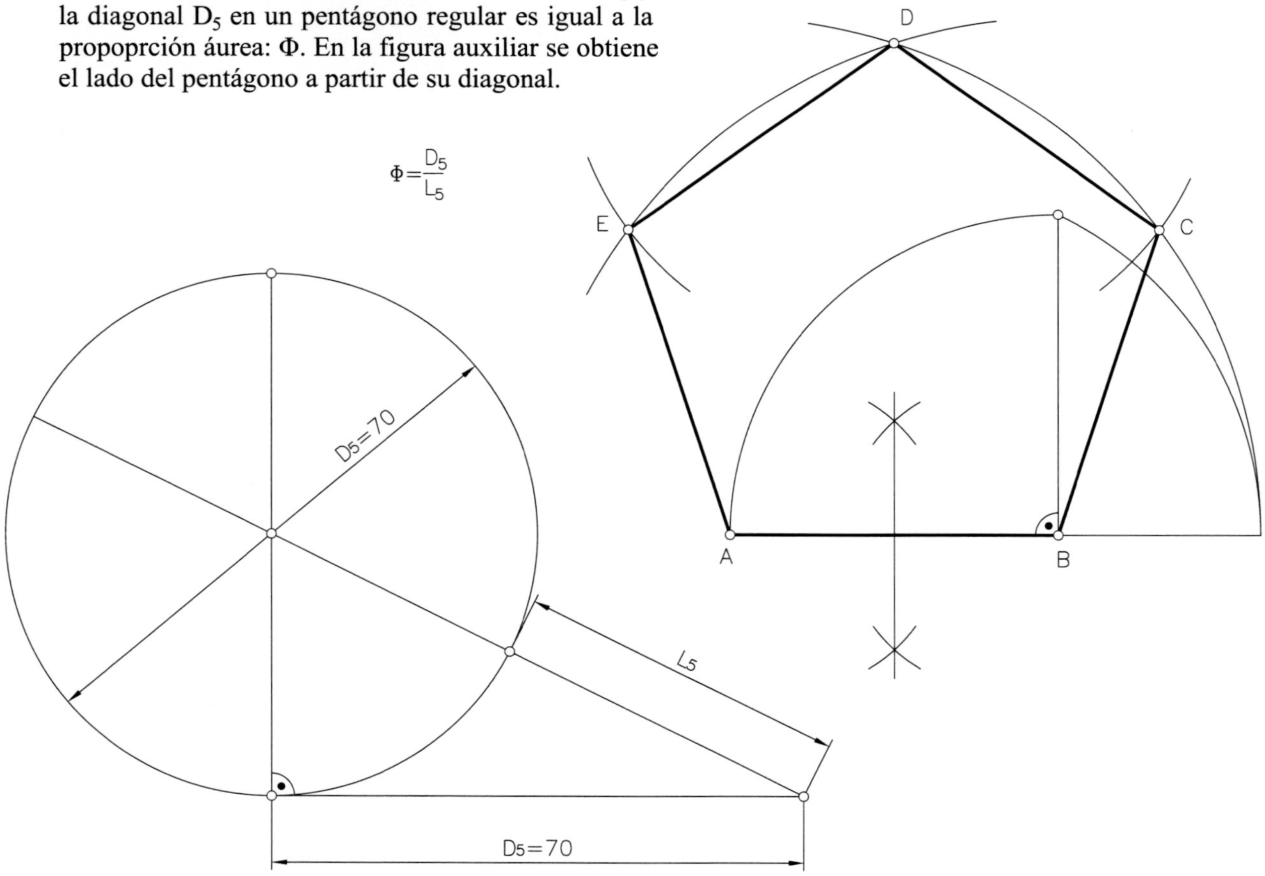

SOLUCIÓN EJ. 2

Procedimiento 1. Hoja 1

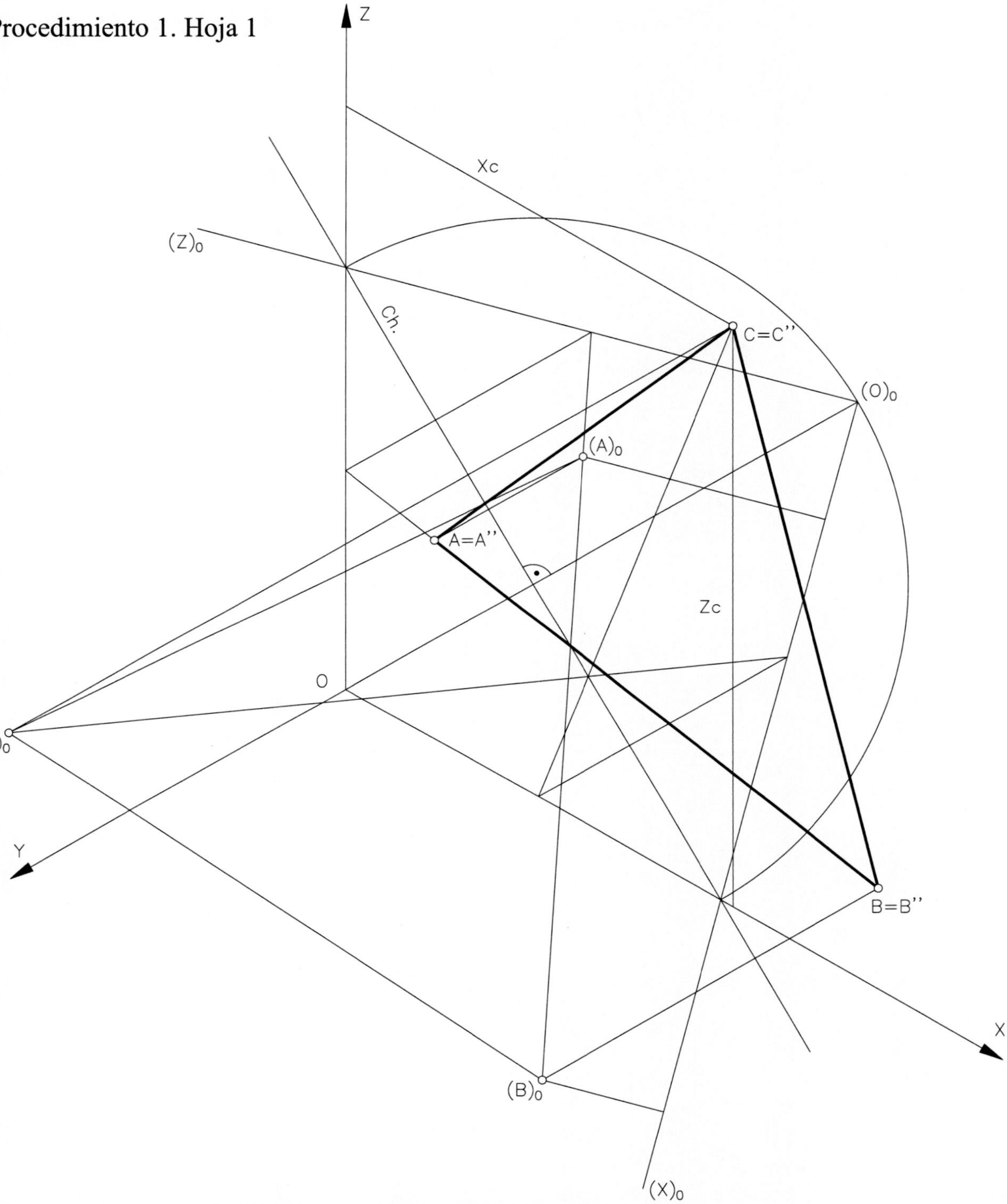

Comentario: Para representar la cara ABC se abate el plano (X)(Z), se dibuja el segmento $(A)_0(B)_0$ y se determina $(C)_0$, tercer vértice del triángulo de la base (no se considera la otra solución pues tendría coordenada z negativa).
Se desabaten los tres vértices, obteniéndose el triángulo ABC.

Escala 1:1

SOLUCIÓN EJ. 2

Procedimiento 2. Hoja 1

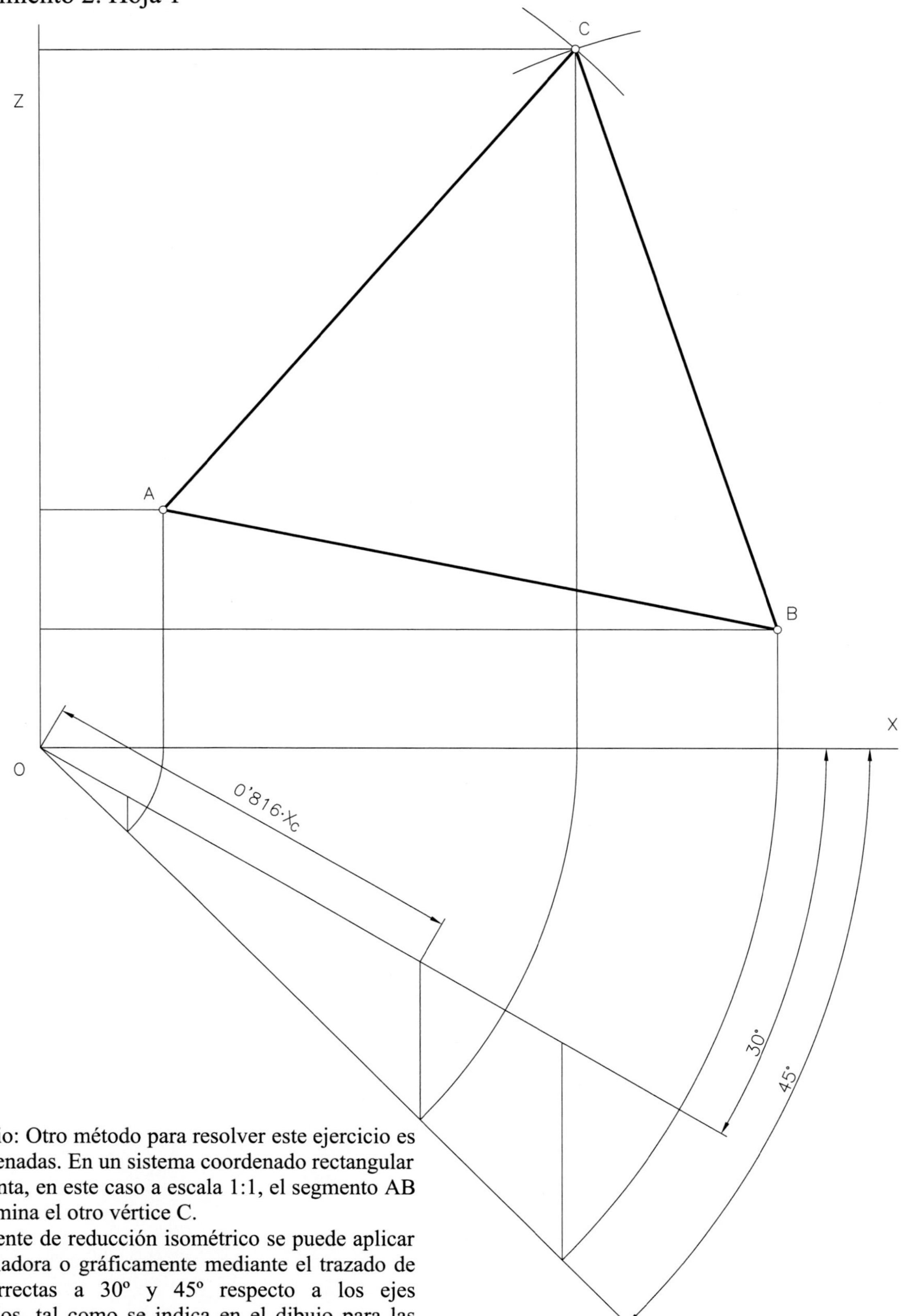

Comentario: Otro método para resolver este ejercicio es por coordenadas. En un sistema coordenado rectangular se representa, en este caso a escala 1:1, el segmento AB y se determina el otro vértice C.
El coeficiente de reducción isométrico se puede aplicar con calculadora o gráficamente mediante el trazado de dos semirrectas a 30º y 45º respecto a los ejes coordenados, tal como se indica en el dibujo para las coordenadas x de los puntos.

Escala 1:1

SOLUCIÓN EJ. 2

Procedimientos 1 y 2. Hoja 2

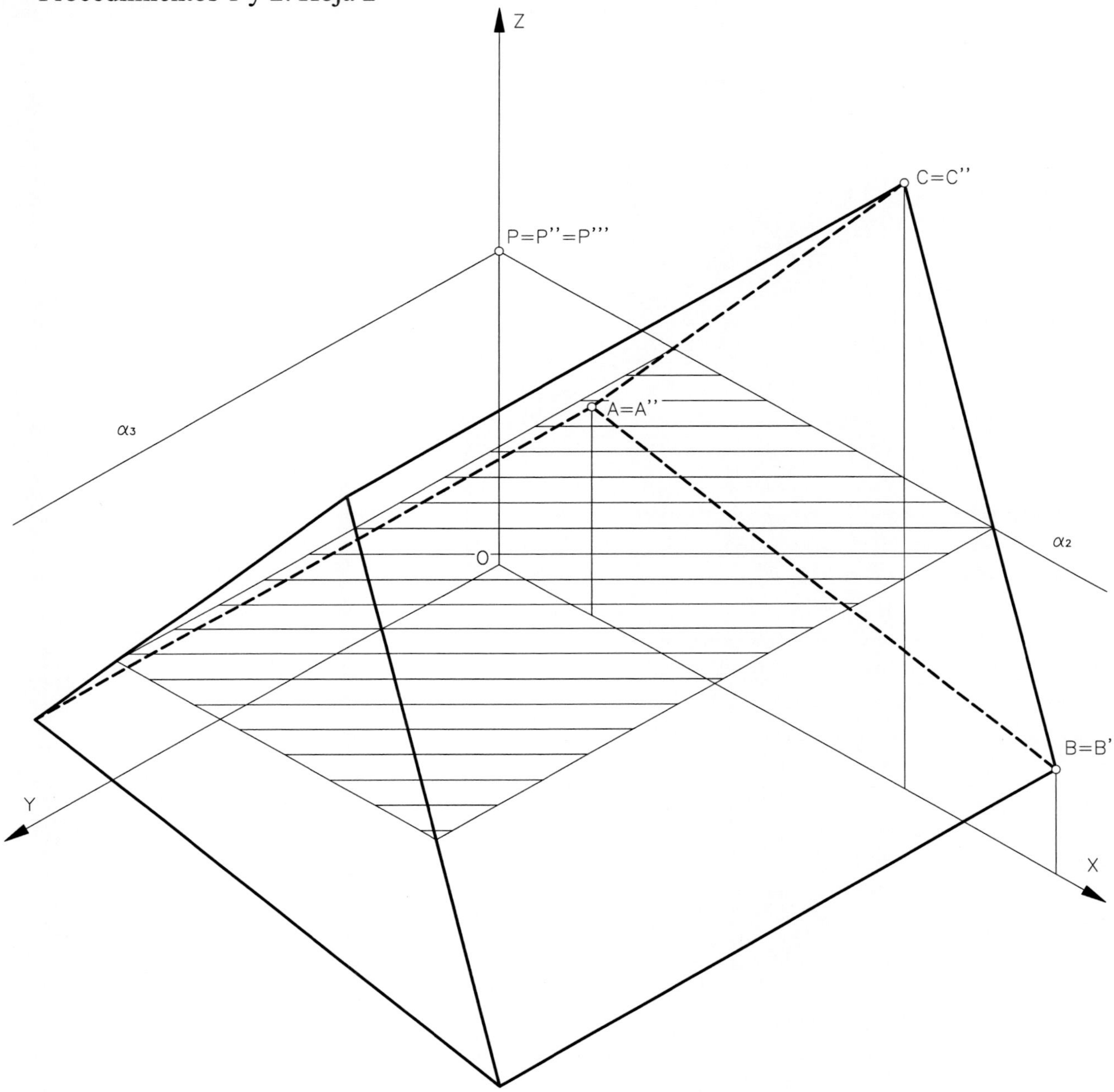

Comentario: Una vez representada la cara ABC mediante abatimiento o por coordenadas, se completa el resto del prisma. Sobre las aristas laterales paralelas al eje OY se ha aplicado también el correspondiente coeficiente de reducción.
Se representa el plano sección, paralelo a XOY que pasa por el punto P, y de forma inmediata se obtiene la sección que produce en el prisma.

Escala 1:1

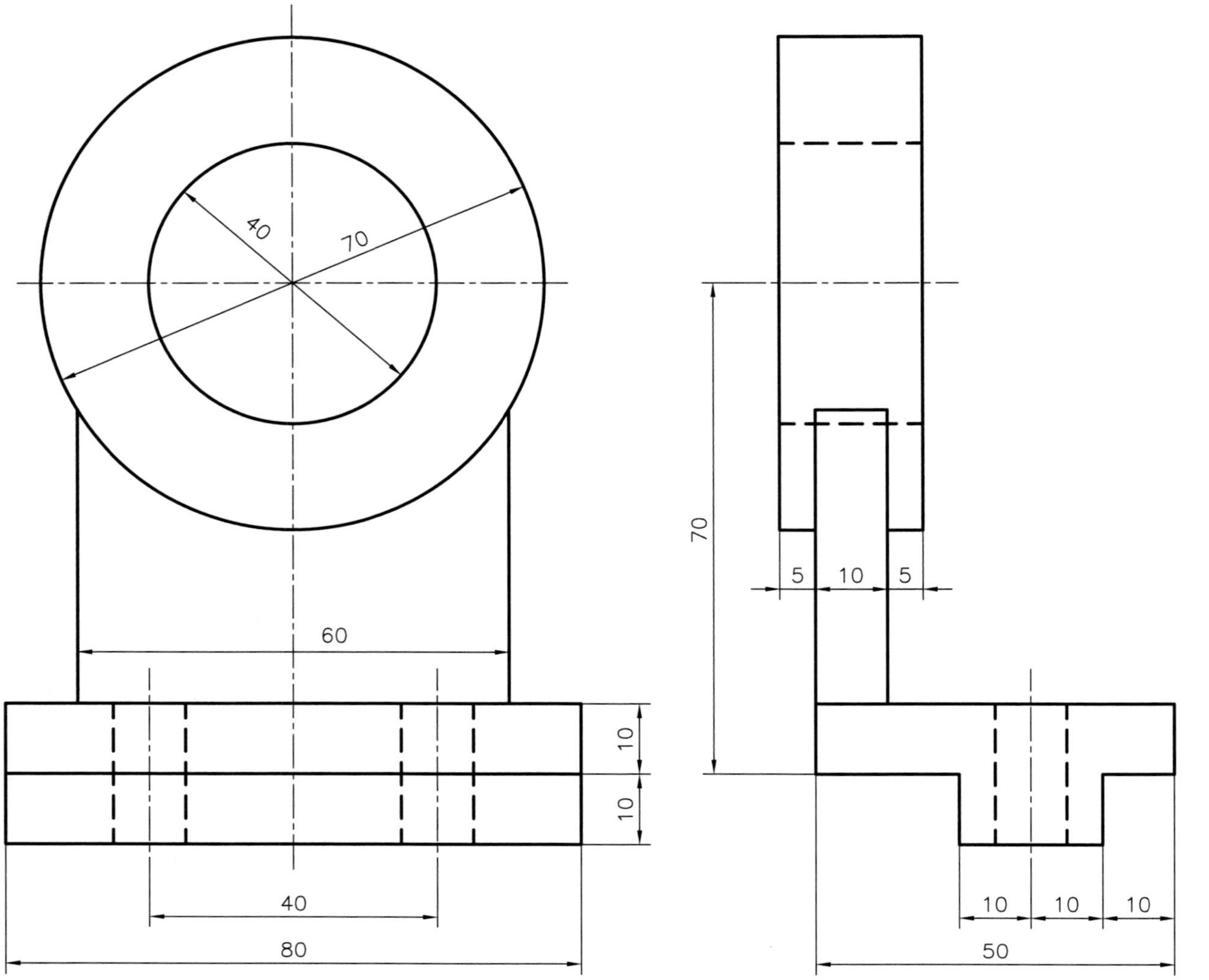

SOLUCIÓN EJ. 3

Procedimiento 1

Cotas en mm

Escala 1:1

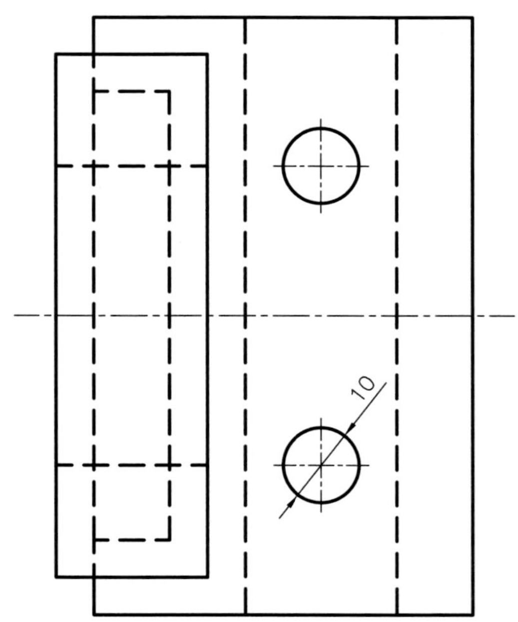

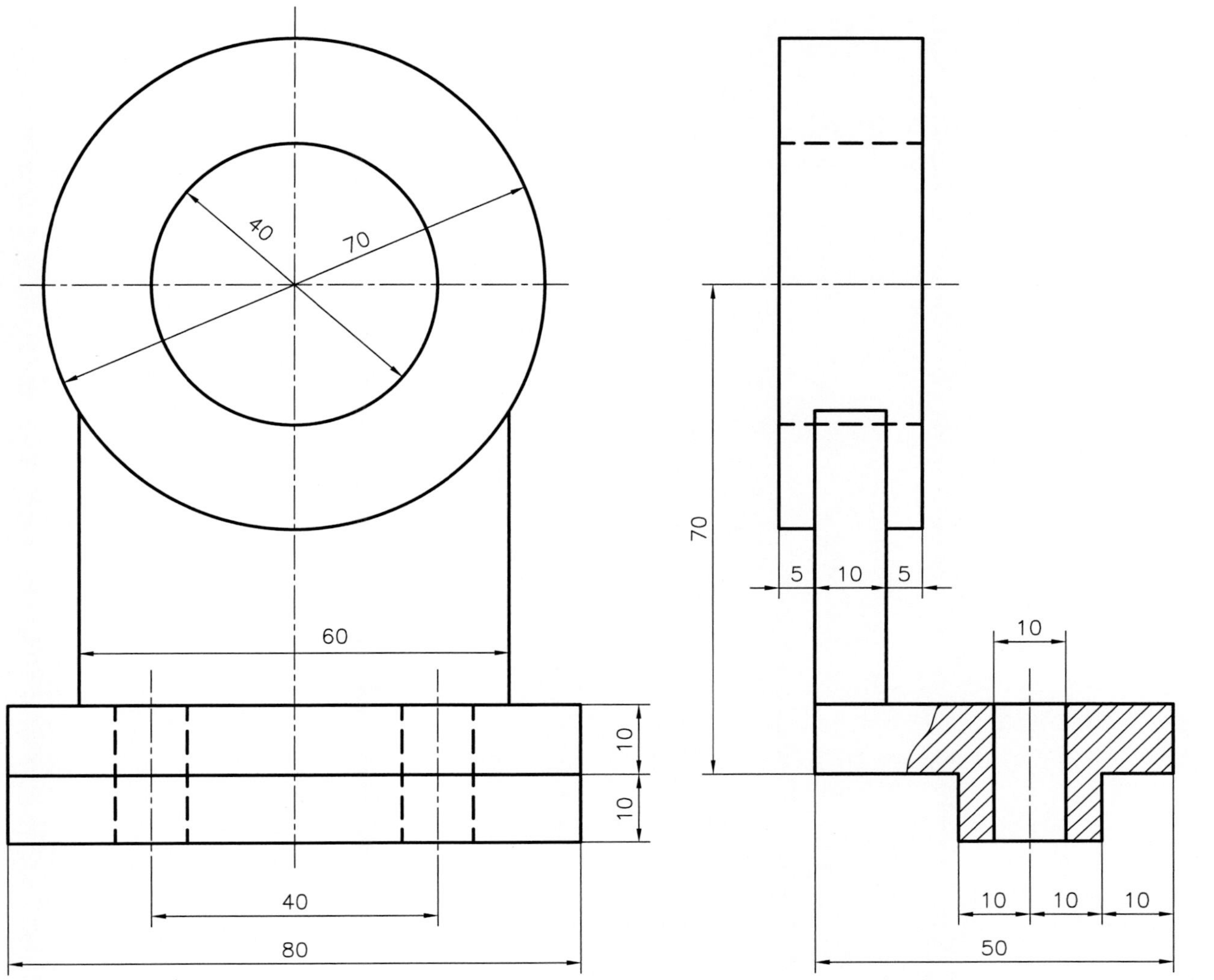

SOLUCIÓN EJ. 3

Procedimiento 2

Comentario: Puede dibujarse un corte parcial si no conviene un corte total o un medio corte. El corte parcial se limita por una línea llena fina a mano alzada o por una línea llena fina con zigzag (Norma UNE 1-032-82. Cortes locales).

Comentario: Una sección representa exclusivamente la parte cortada del objeto. Un corte representa la sección y la parte del objeto situada detrás del plano secante (Norma UNE 1-032-74. Cortes y secciones).

Cotas en mm

Escala 1:1

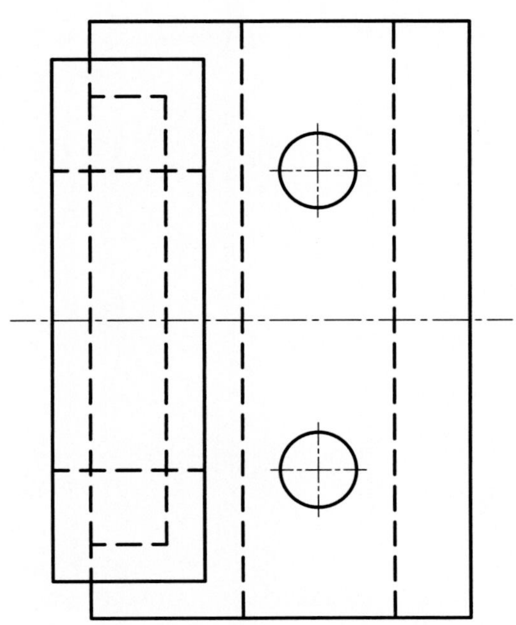

(Vista no necesaria)

PRUEBA Nº 35

EJERCICIO 1 [3 PUNTOS] Dibujar un triangulo isósceles del cual se sabe que:

- Su lado desigual mide 80 mm.
- La mediana correspondiente a uno de sus dos lados iguales mide 75 mm.

EJERCICIO 2 [4 PUNTOS] Dado el triángulo ABC, se pide:

- Obtener las proyecciones diédricas de la recta perpendicular al plano que contiene al triángulo y que pasa por el baricentro del mismo.
- Colocar sobre la recta obtenida un punto V a 80 mm del baricentro (el punto V quedará contenido en el primer diedro).
- Dibujar las proyecciones diédricas de la pirámide de base ABC y vértice V.

Datos: A(-10, 20, 30), B(60, 30, 90), C(90, 60, 30) (datos en mm).

EJERCICIO 3 [3 PUNTOS] Dada la perspectiva de la figura 1, en la que se presenta una pieza con dos planos de simetría, se pide:

Dibujar, a escala 2/1, las vistas normalizadas debidamente acotadas para su correcta representación.

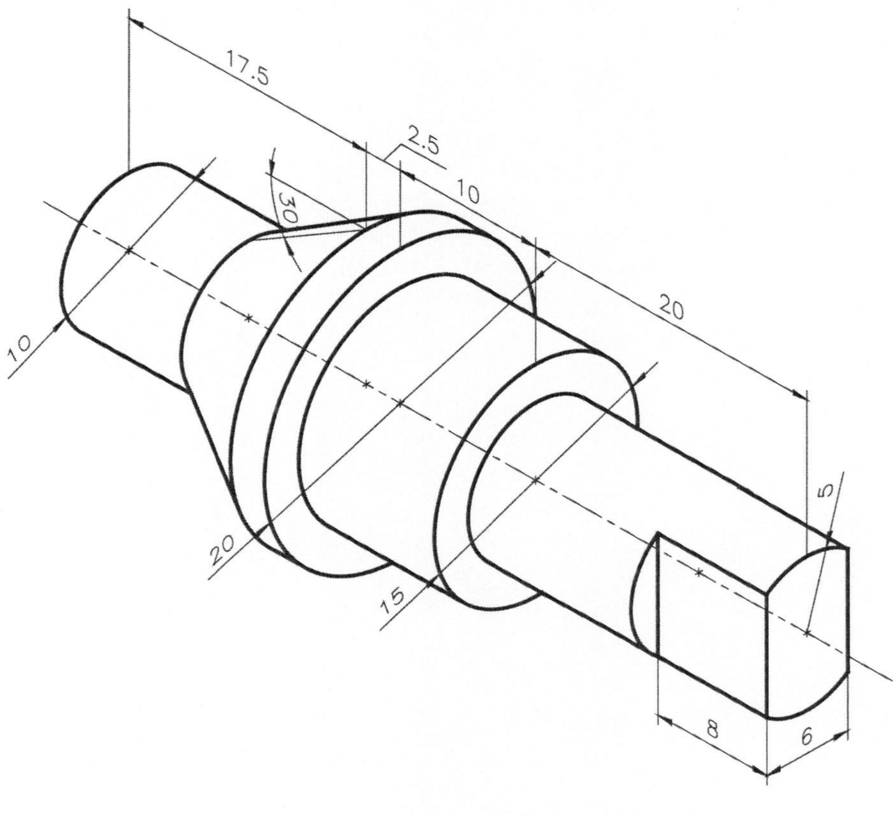

Figura 1
Cotas en mm

SOLUCIÓN EJ. 1

Procedimiento 1

Propiedad: La distancia desde un vértice al baricentro G es igual a ⅔ de la mediana correspondiente.

Comentario: Dibujar el lado desigual $\overline{AB} = 80$ mm.
Desde los vértices A y B al baricentro hay ⅔ de 75 mm.
Los puntos medios de los lados a y b distan 75 mm de los vértices opuestos y se localizan sobre las direcciones AG y BG, respectivamente.

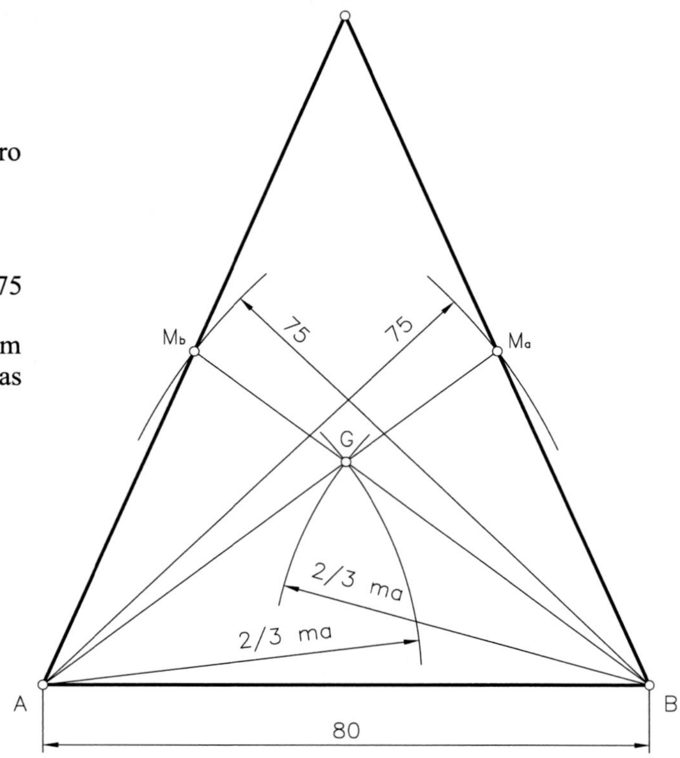

Procedimiento 2

Comentario: La distancia entre los puntos medios de los lados iguales $\overline{M_aM_b}$ es igual a la mitad del lado desigual (Thales). $\overline{M_aM_b} = 40$ mm.
Si se ejecuta una traslación paralela a $\overline{M_aM_b}$ que convierta la mediana m_a en el segmento $\overline{PM_b}$, se define el triángulo PBM_b. Este triángulo se puede construir porque sus tres lados son conocidos.
Trazando dos arcos de centros P y B y radio 75 mm se obtiene M_b. Una paralela a $\overline{AB}$ de 40 mm desde M_b define Ma.

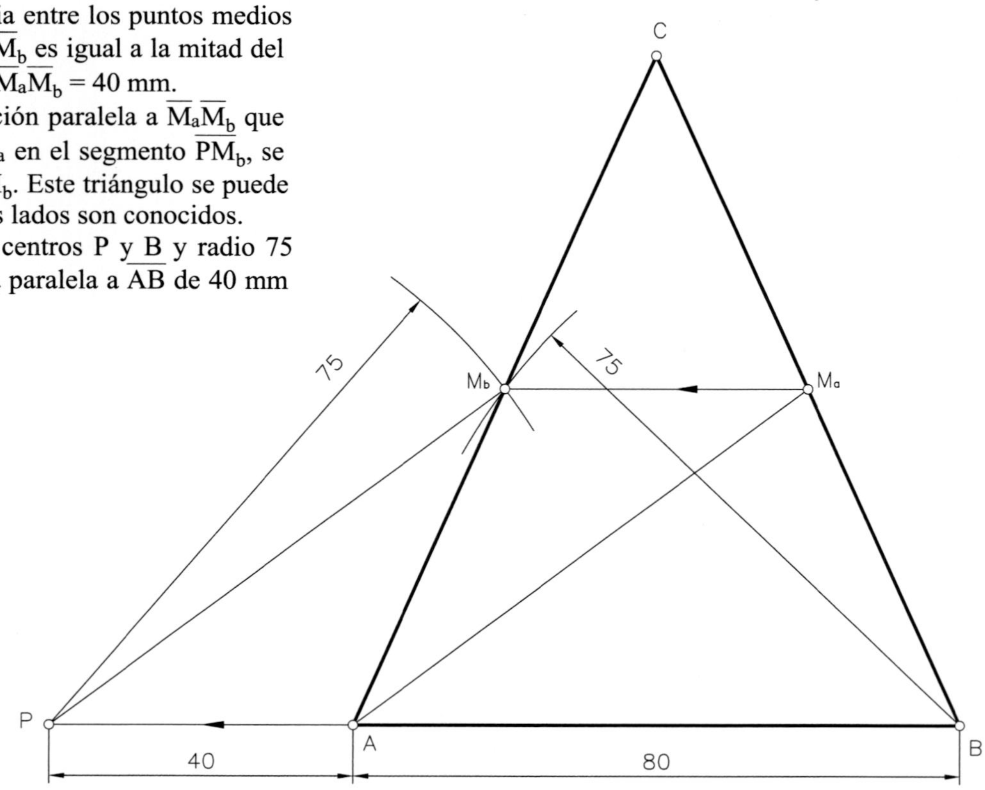

SOLUCIÓN EJ. 2

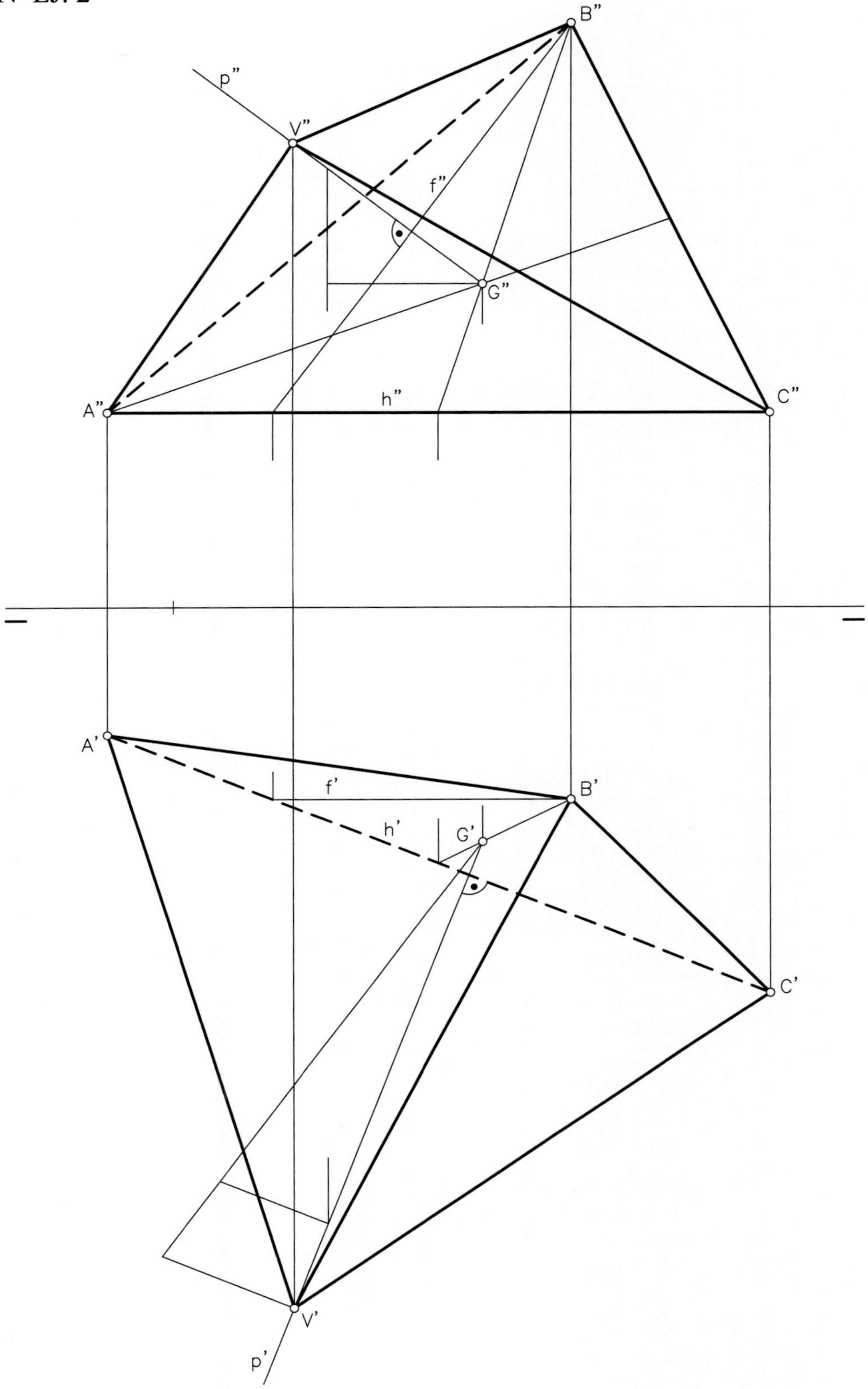

Comentario: Se localiza el baricentro G, punto de intersección de las medianas. Obsérvese que no es necesario abatir el plano ABC para situar este punto.
La recta p perpendicular al plano ABC se dibuja haciendo uso de una horizontal de plano h y de una frontal f. Sobre la recta perpendicular p se lleva la altura de la pirámide (80 mm) mediante incremento de cota.

SOLUCIÓN EJ. 3

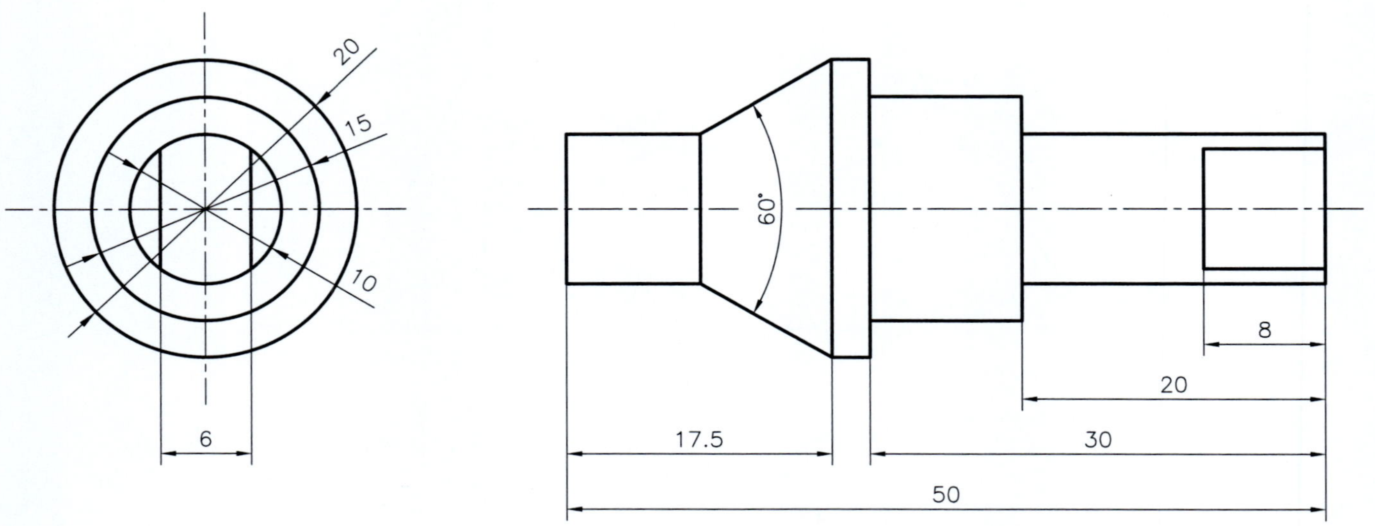

Cotas en mm

Escala 2:1

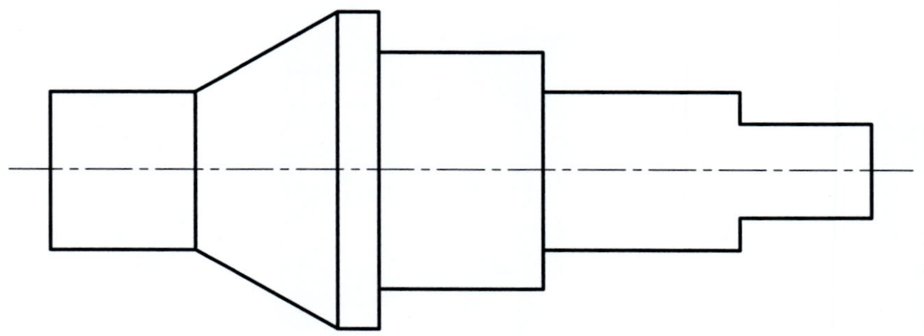

(Vista no necesaria)

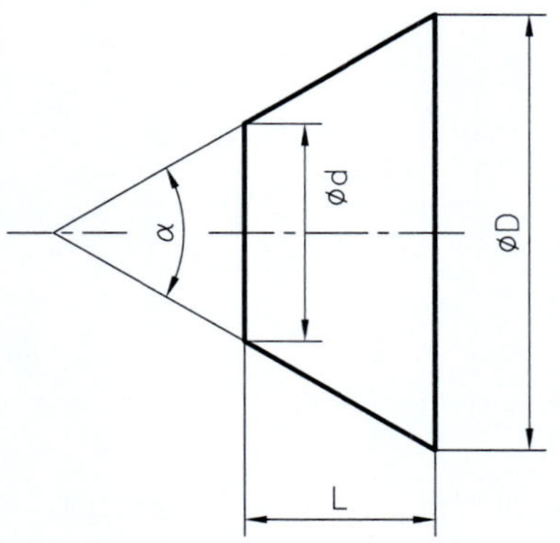

Comentario: Por motivos didácticos, se ha acotado la conicidad de la pieza de manera simplificada.

Definición de Conicidad (C): Relación entre la diferencia de los diámetros de dos secciones de un cono y la distancia entre ellas. Se expresa según la fórmula siguiente: C=(D-d)/L (Norma UNE 1 122:1996. Definición).

PRUEBA Nº 36

EJERCICIO 1 [3 PUNTOS] Dibujar todas las circunferencias que pasan por el centro de un cuadrado de lado 10 cm y son tangentes a dos lados contiguos del cuadrado.

Se explicará brevemente el procedimiento empleado para resolver el ejercicio.

EJERCICIO 2 [4 PUNTOS] Dibujar, a escala 1/1:

- La perspectiva caballera de un cubo, sabiendo que:
  - $\varphi = 135^\circ$ y $\mu = 2/3$.
  - Se apoya en el plano XOY.
  - Una de las diagonales de la base es el segmento AB.
- Obtener la sección que produce en este cubo un plano perpendicular al XOY que pasa por los puntos $P_1(10, 90, 0)$ y $P_2(120, 60, 0)$.

Datos: A(10, 60, 0), B(100, 60, 0).

Nota: todos los datos están expresados en mm.

EJERCICIO 3 [3 PUNTOS] Dada la perspectiva de la figura 1, en la que se presenta una pieza con dos planos verticales de simetría, se pide:

Dibujar, a escala 1/2, las vistas normalizadas debidamente acotadas para su correcta representación.

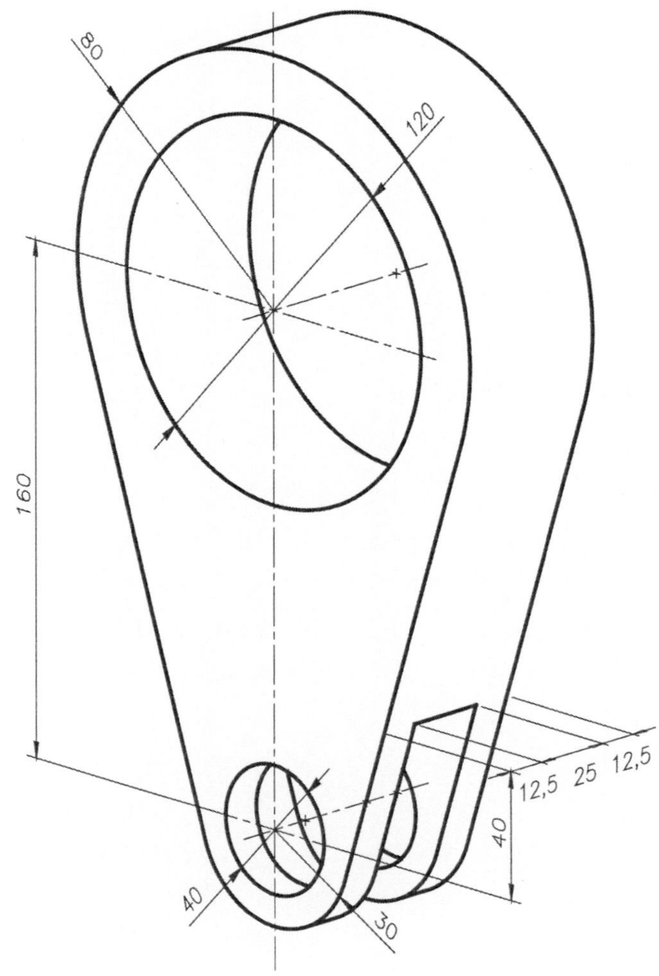

Figura 1
Cotas en mm

SOLUCIÓN EJ. 1

Procedimiento 1

Comentario: Dibujar el cuadrado de lado $\overline{AB}$=100 mm y sus diagonales. Los centros de las circunferencias solución se encuentran en las bisectrices de los ángulos que forman las diagonales con los lados.

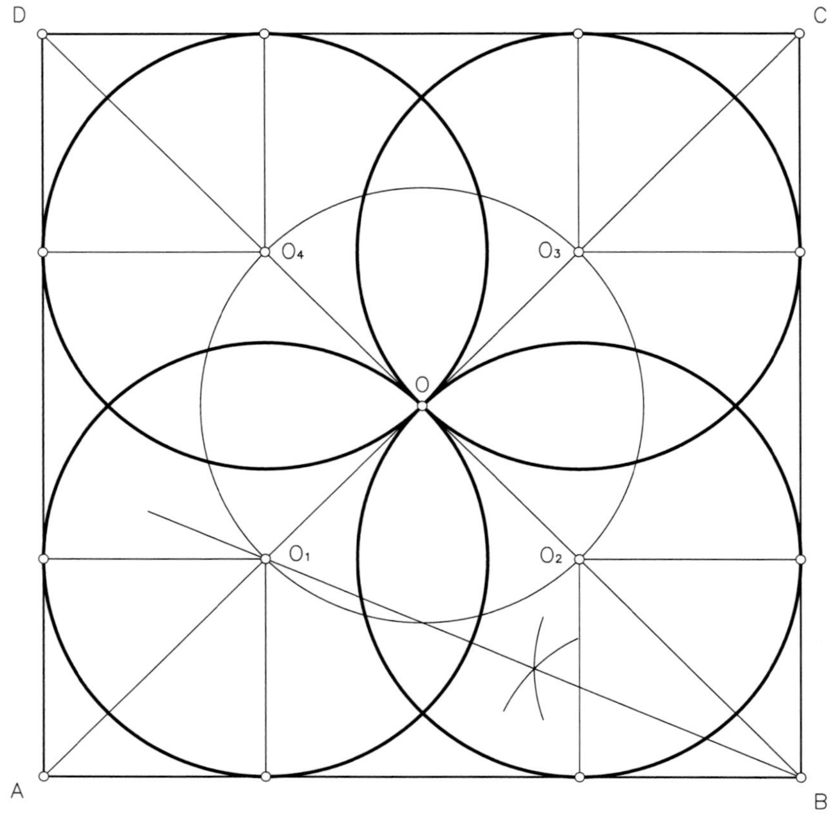

Procedimiento 2

Comentario: Dibujar el cuadrado de lado $\overline{AB}$=100 mm y sus diagonales. Se dibuja una circunferencia auxiliar de radio arbitrario, de centro O_{aux} y tangente a dos lados del cuadrado. Una homotecia de centro A y razón $\overline{AO}/\overline{AP}$ transforma la circunferencia en una de las soluciones y permite definir su centro O_1 y los puntos de tangencia T con los lados del cuadrado.

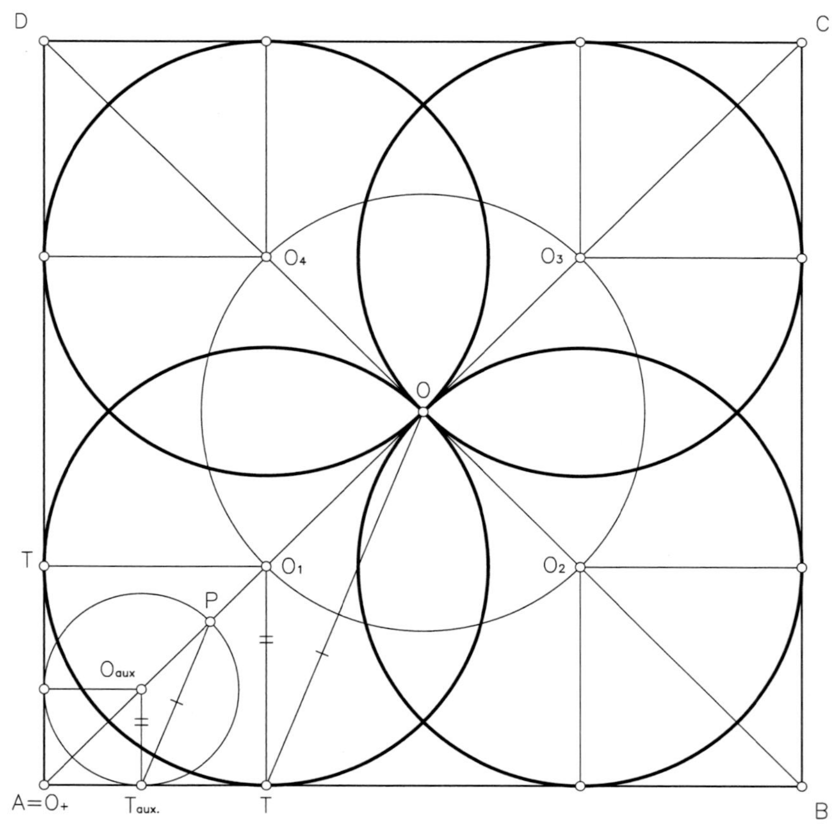

SOLUCIÓN EJ. 2

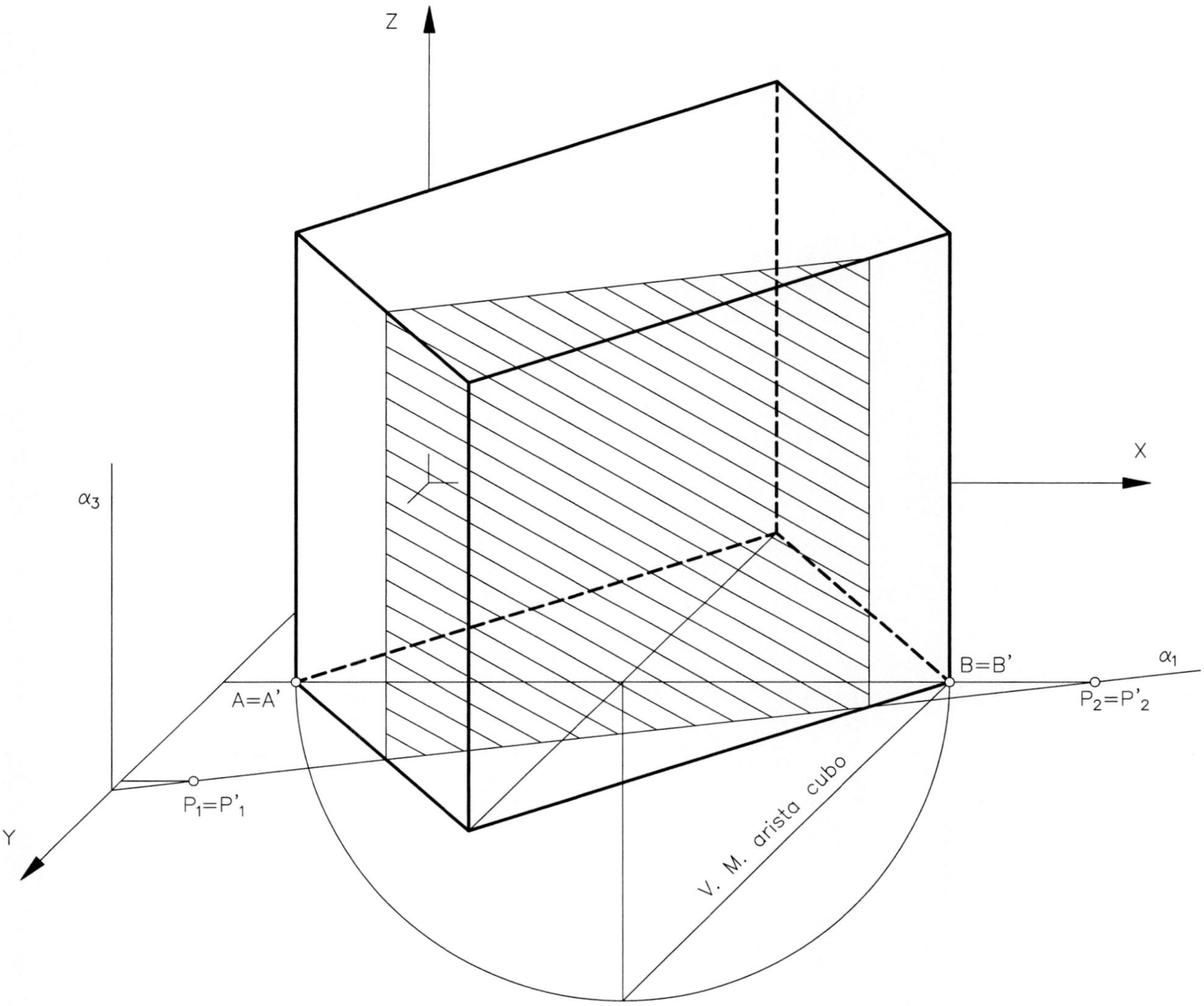

Comentario: Al representarse la diagonal AB en verdadera magnitud por ser paralela al eje X, la determinación de la arista del cubo es inmediata. Esta medida es necesaria para poder dibujar las caras laterales del poliedro.

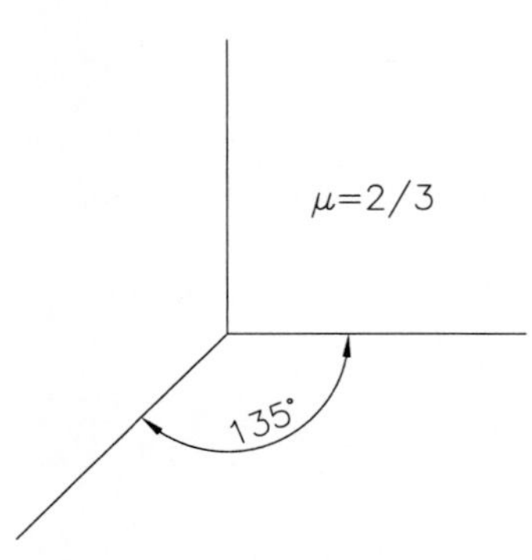

Escala 1:1

SOLUCIÓN EJ. 3

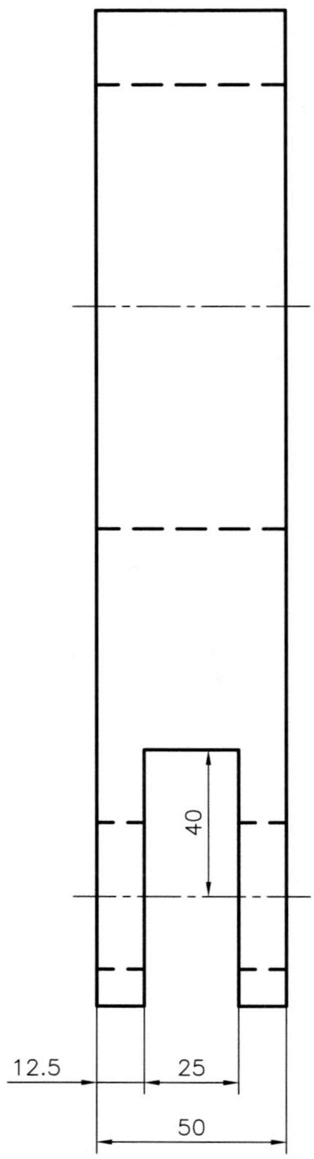

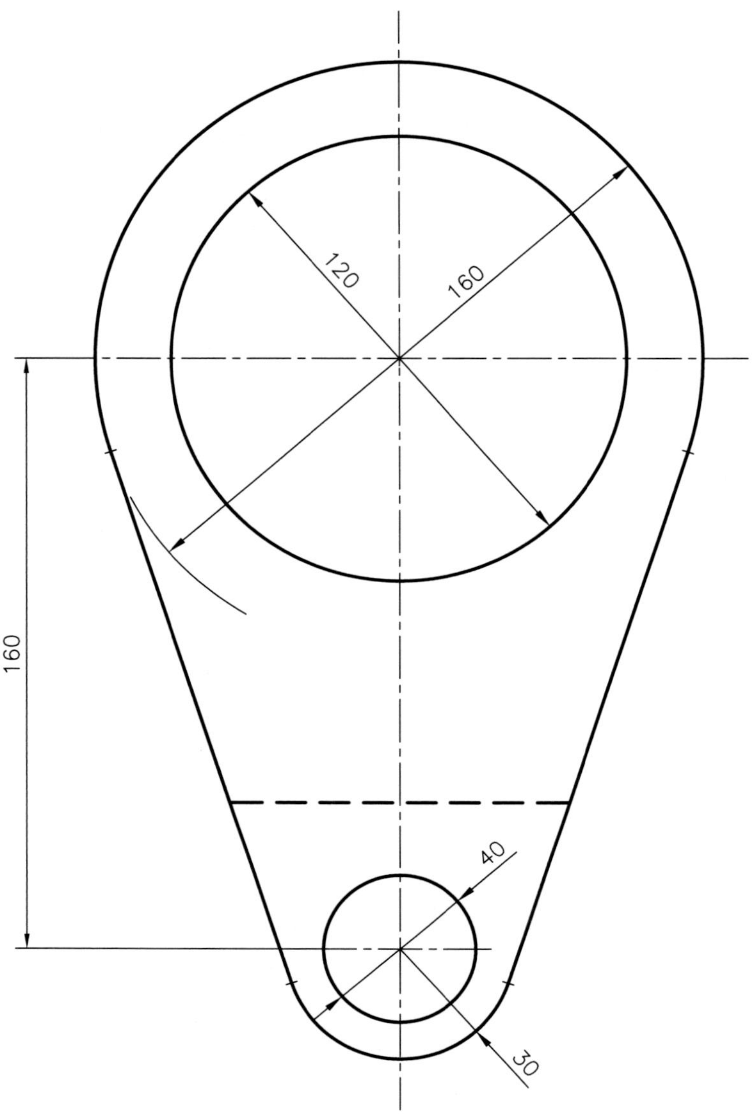

Cotas en mm

Escala 1:2

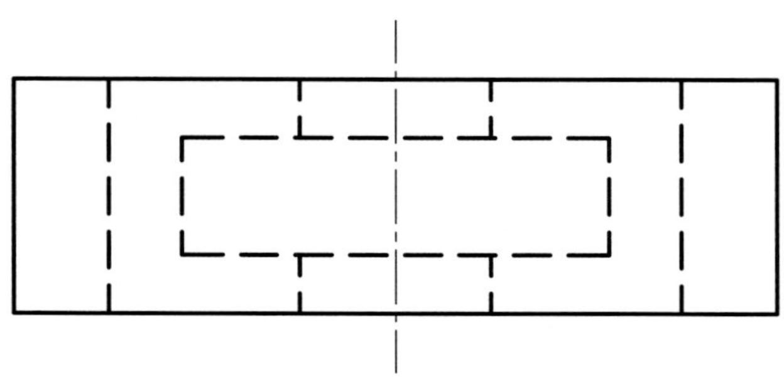

(Vista no necesaria)

PRUEBA Nº 37

EJERCICIO 1 [3 PUNTOS] Dibujar un triángulo isósceles del cual se sabe que:

- Su lado desigual **a** mide 50 mm.
- El incentro del triángulo dista 20 mm del lado **a**.

Nota: se explicará brevemente el procedimiento empleado para resolver el ejercicio.

EJERCICIO 2 [4 PUNTOS] Los puntos A(-20, 20, 40) y B(20, 40, 20) son los extremos de la diagonal de un cuadrado contenido en un plano perpendicular al plano horizontal de proyección. Se pide:

- Dibujar las proyecciones diédricas del cuadrado.
- Obtener la longitud del lado del cuadrado.
- Calcular el área de dicho cuadrado.
- Dibujar las proyecciones diédricas del segmento de igual longitud a AB perpendicular al plano que contiene al cuadrado y cuyo punto medio coincide con el centro del cuadrado.

Nota: datos en mm.

EJERCICIO 3 [3 PUNTOS] Dada la perspectiva de la figura 1, en la que se presenta una pieza con dos planos verticales de simetría, se pide:

Dibujar, a escala 5/4, las vistas normalizadas debidamente acotadas para su correcta representación.

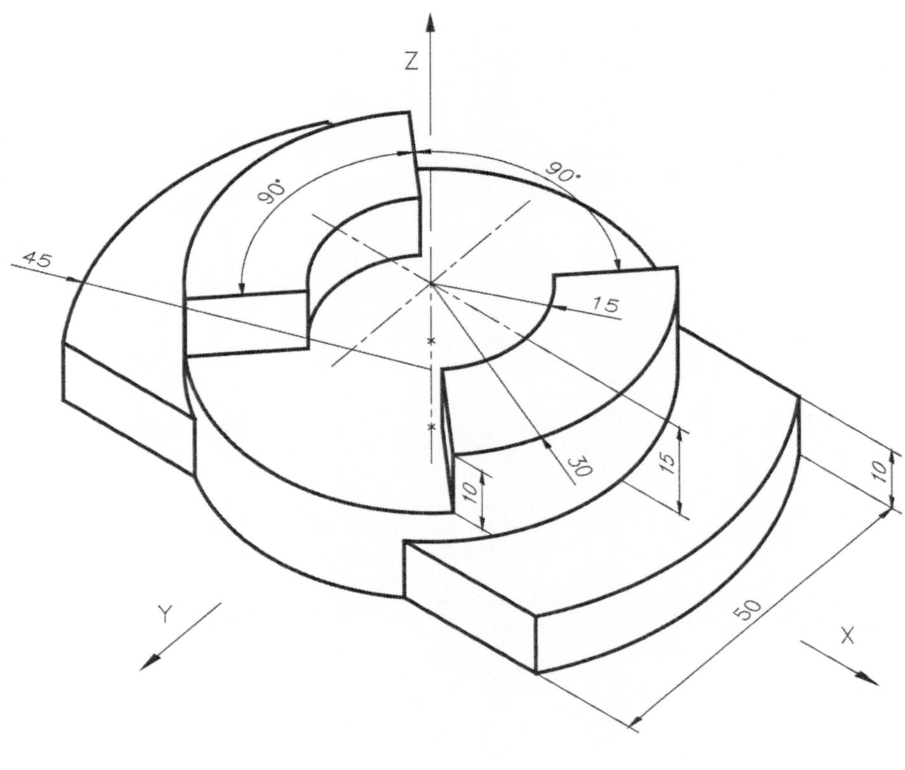

Figura 1
Cotas en mm

SOLUCIÓN EJ. 1

Procedimiento 1

Comentario: Dibujar el lado desigual $\overline{BC}$=50 mm y la circunferencia inscrita que tiene el centro en la mediatriz de $\overline{BC}$ y a 20 mm de su punto medio M. Las rectas tangentes a la circunferencia inscrita trazadas desde B y C contienen a los lados iguales del triángulo.

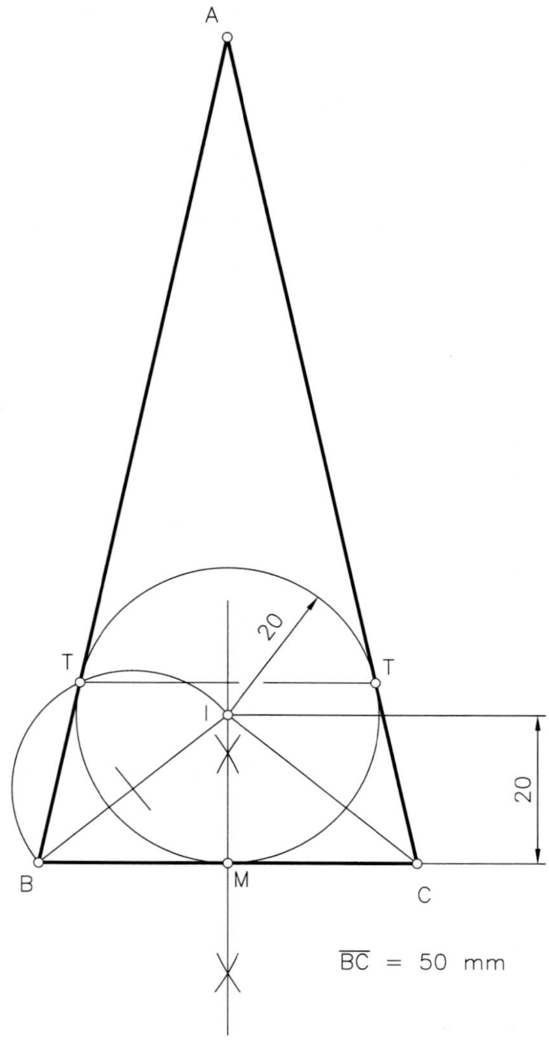

Procedimiento 2

Comentario: Dibujar el lado desigual $\overline{BC}$=50 mm y el centro I de la circunferencia inscrita. Los ángulos que forman las bisectrices BI y CI con los lados son iguales. Por simetría axial se obtienen los lados.

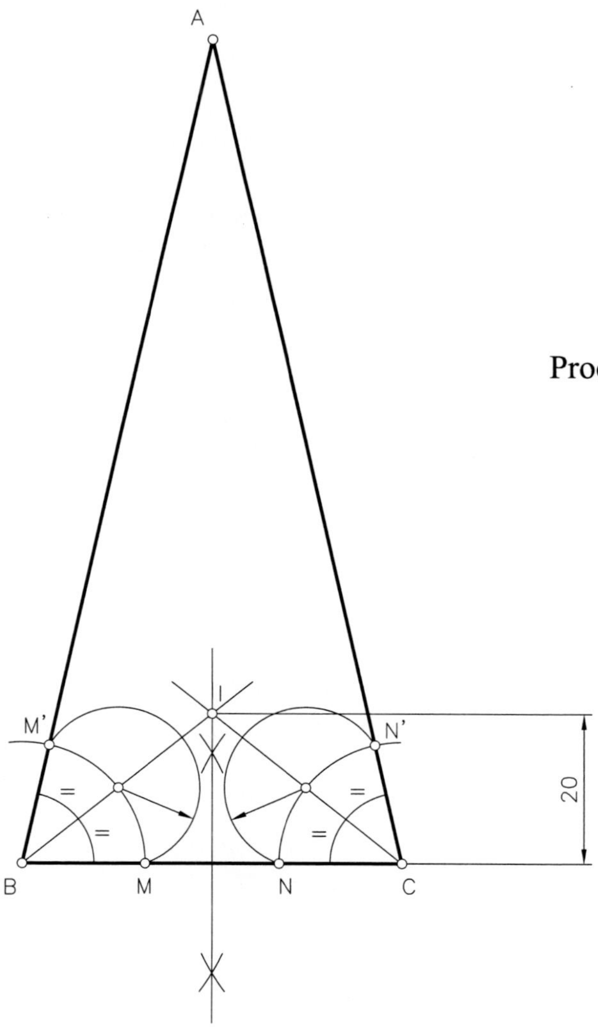

SOLUCIÓN EJ. 2

Procedimiento 1

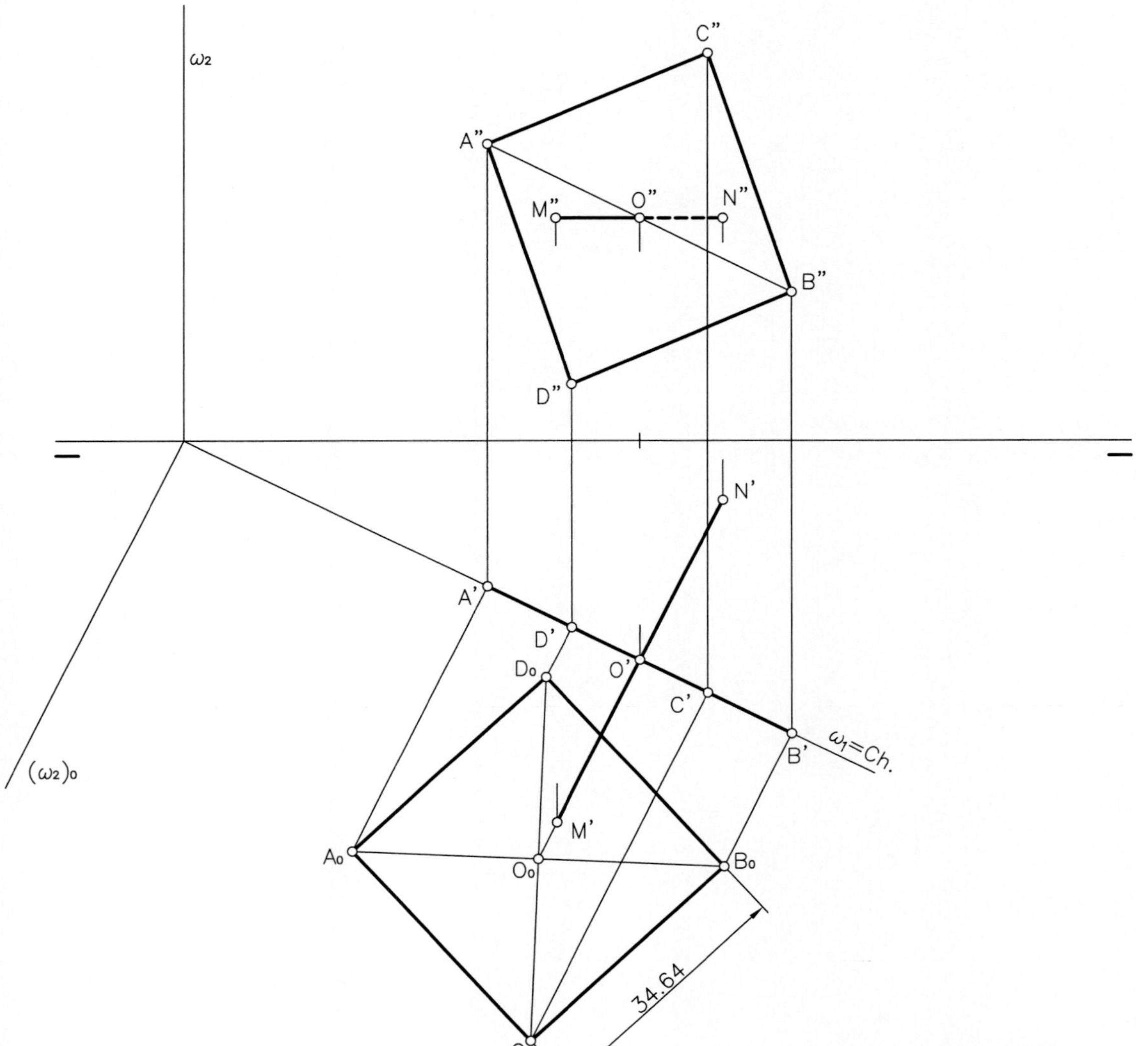

Comentario: Abatido el plano, se dibuja en verdadera magnitud el cuadrado de diagonal AB. El segmento MN, al ser perpendicular al plano proyectante horizontal, es horizontal y se proyecta en planta en verdadera magnitud.

Nota: Se han visualizado las partes vistas y ocultas del segmento MN considerando que el cuadrado es opaco.

SOLUCIÓN EJ. 2

Procedimiento 2

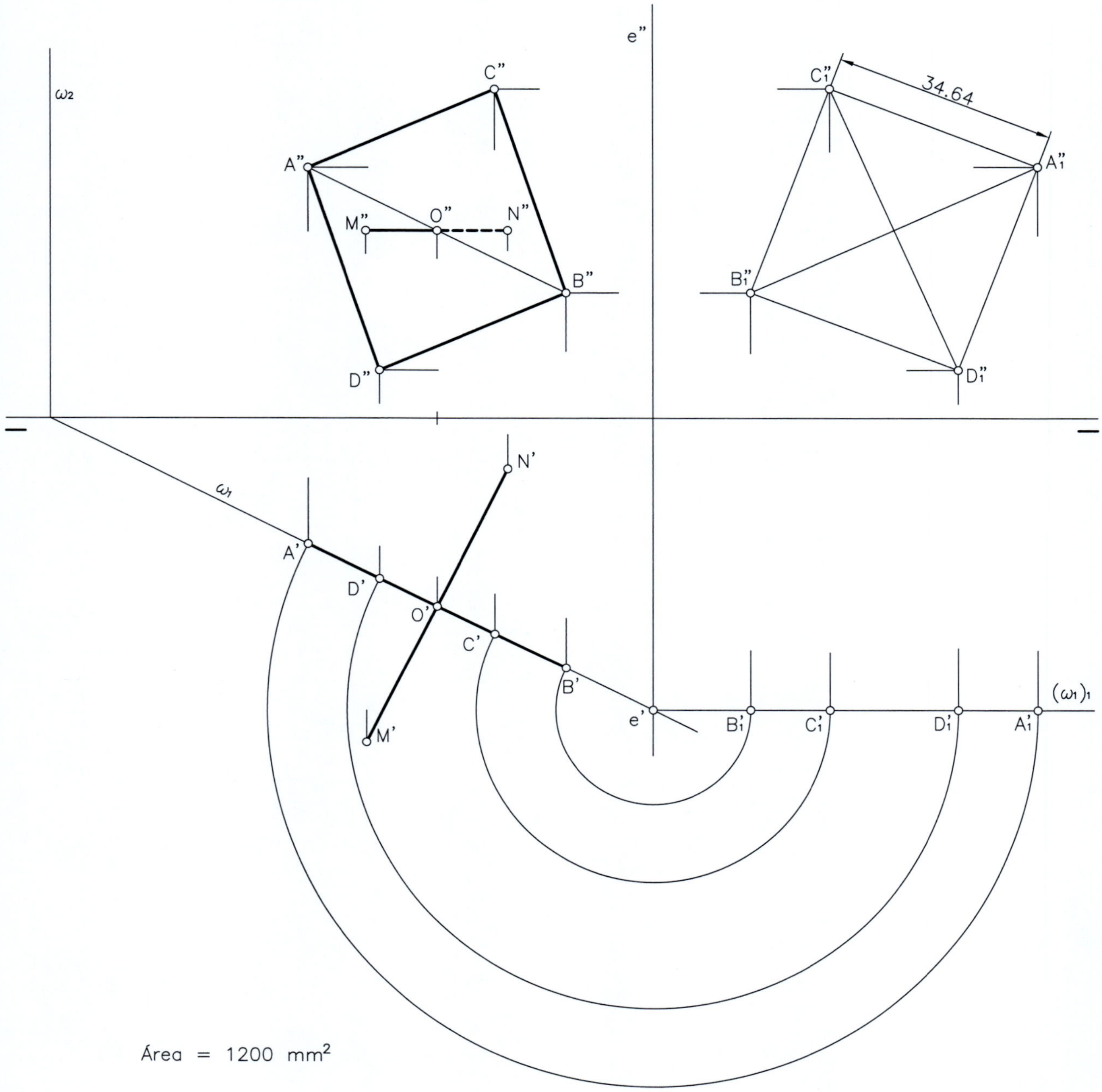

Comentario: Se gira el plano ω, en torno al eje vertical e, hasta transformarlo en paralelo al P.V. Se dibuja el cuadrado en verdadera magnitud y se calculan las magnitudes pedidas. Finalmente se deshace el giro hasta la posición inicial.

Nota: Se han visualizado las partes vistas y ocultas del segmento MN considerando que el cuadrado es opaco.

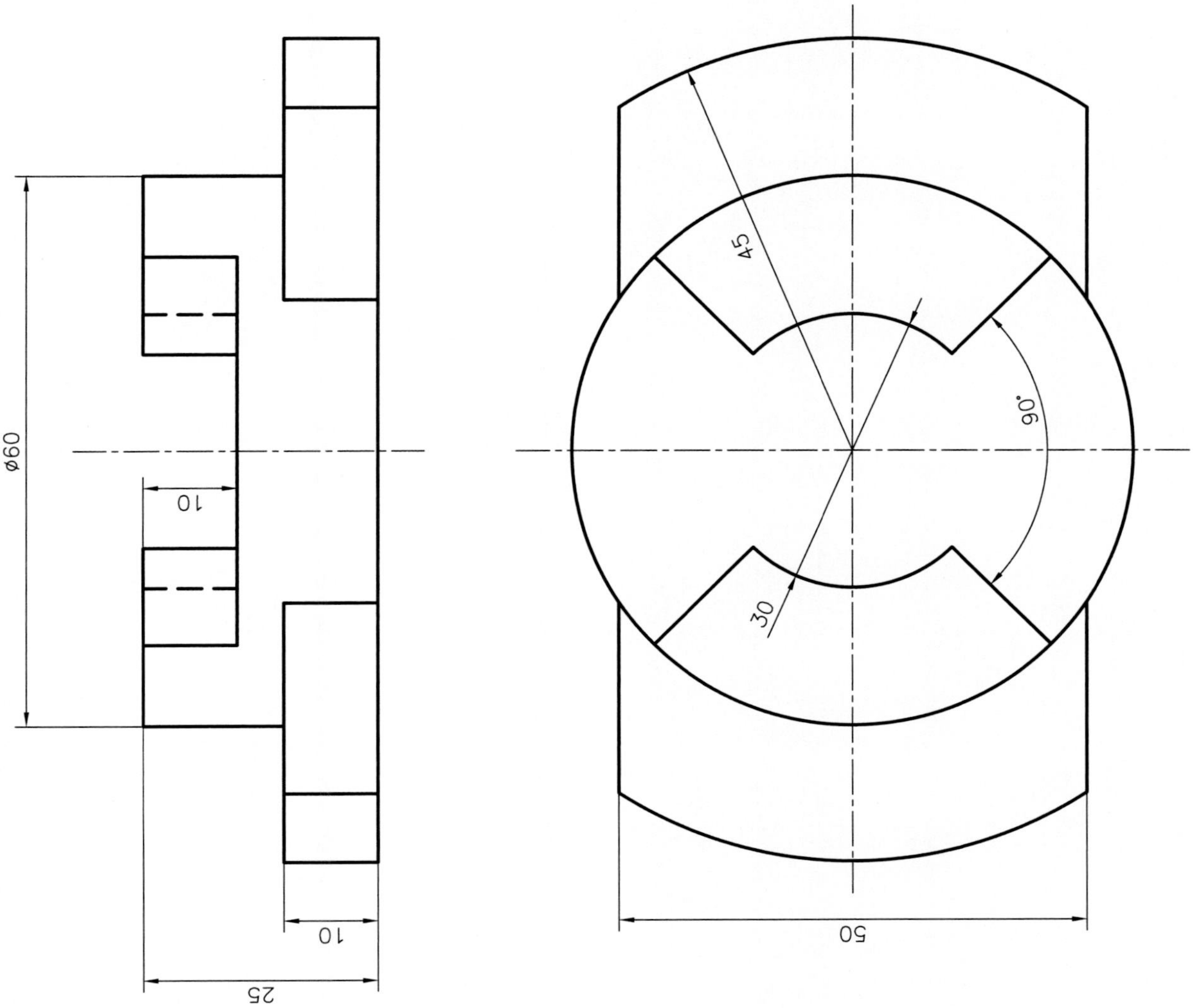

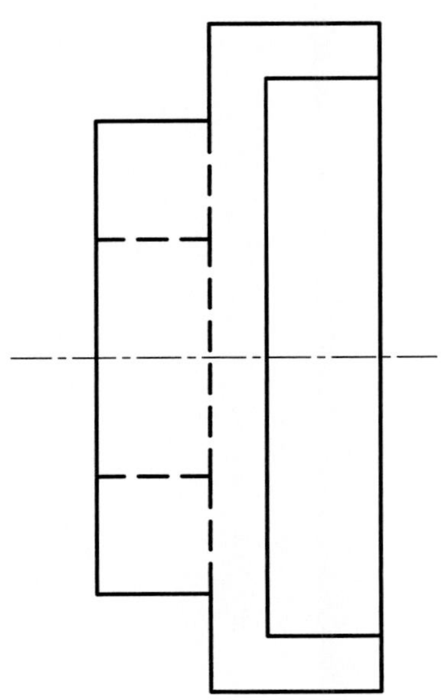

(Vista no necesaria)

SOLUCIÓN EJ. 3

Cotas en mm

Escala 5:4

PRUEBA Nº 38

EJERCICIO 1 [3 PUNTOS] Una circunferencia de radio 50 mm está circunscrita a un triángulo rectángulo cuyo cateto más pequeño mide 30 mm. Se pide:

- Dibujar el triángulo rectángulo definido.
- Dibujar todas las circunferencias de radio 15 mm tangentes interiormente a la circunferencia de radio 50 y tangentes exteriormente a los lados del triángulo.

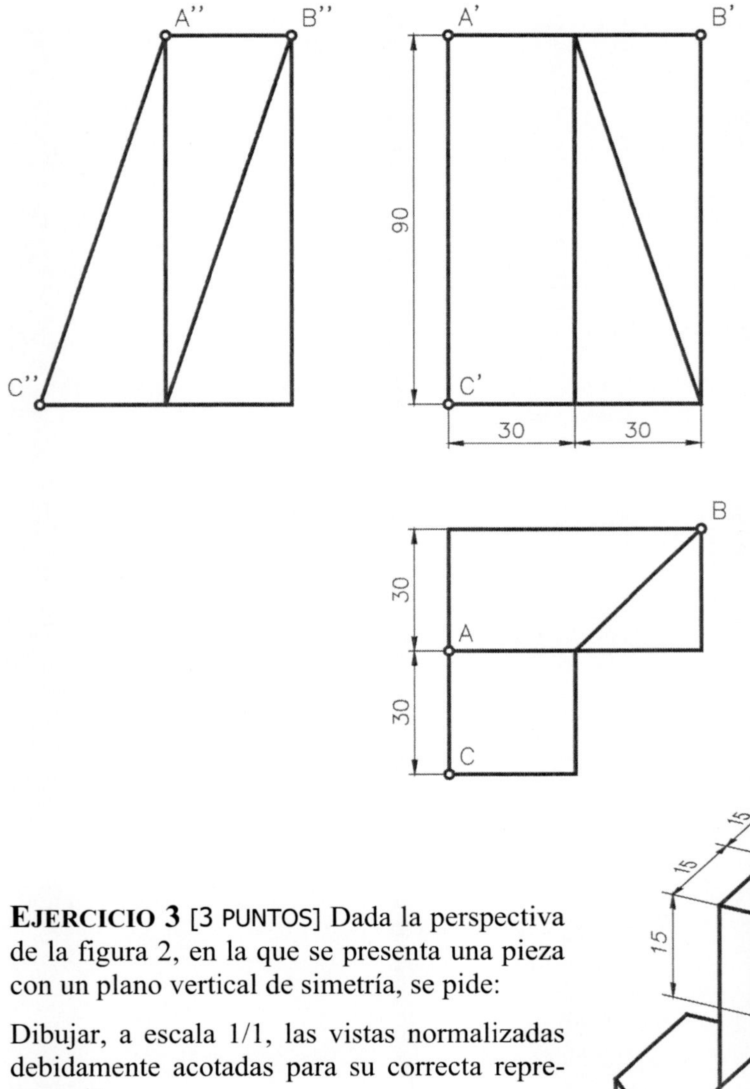

EJERCICIO 2 [4 PUNTOS] Dadas las vistas del sólido de la figura 1, se pide:

- Dibujar, a escala 3/2, la perspectiva isométrica del cuerpo.
- Dibujar la sección que produce en el cuerpo el plano que pasa por los puntos A, B, y C.

Figura 1
Cotas en mm

EJERCICIO 3 [3 PUNTOS] Dada la perspectiva de la figura 2, en la que se presenta una pieza con un plano vertical de simetría, se pide:

Dibujar, a escala 1/1, las vistas normalizadas debidamente acotadas para su correcta representación.

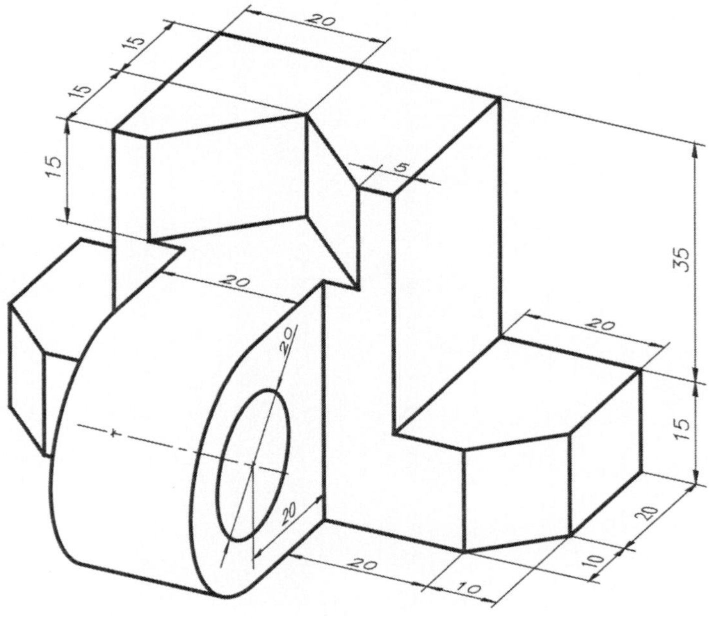

Figura 2
Cotas en mm

SOLUCIÓN EJ. 1

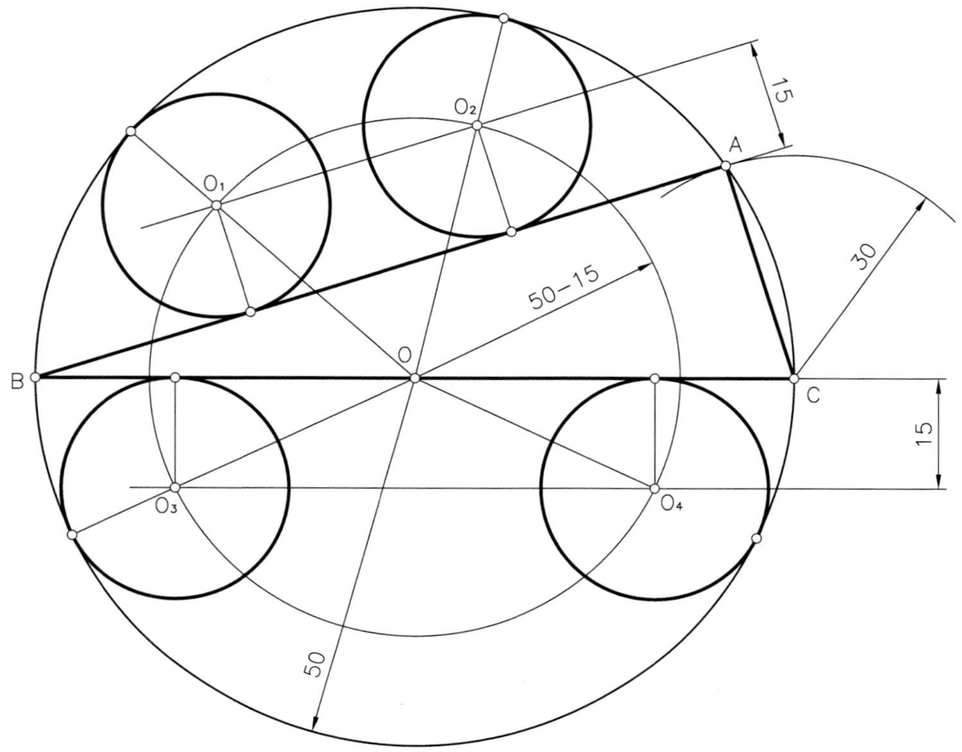

Propiedad

El lugar geométrico de los puntos que unidos con otros dos fijos B y C forman ángulos rectos, es una circunferencia de diámetro el segmento $\overline{BC}$ (arco capaz de 90°). Por tanto, un diámetro de la circunferencia es la hipotenusa del triángulo rectángulo buscado.

Comentario: Dibujar la circunferencia de radio 50 mm. Uno de sus diámetros, $\overline{BC}$, será la hipotenusa del triángulo solución. Un arco de centro C y radio 30 mm determina la posición del vértice A.

Los centros de las circunfrencias tangentes pedidas se encuentran en las intersecciones de la circunferencia concéntrica con la dada y radio diferencia de radios (50-15=35) y las rectas paralelas a 15 mm a la hipotenusa $\overline{BC}$ y al cateto $\overline{AB}$ (exteriores al triángulo).

SOLUCIÓN EJ. 2

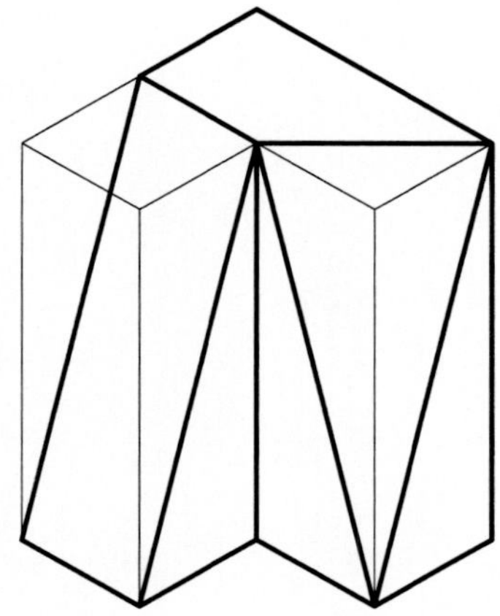

PIEZA SIN SECCIONAR

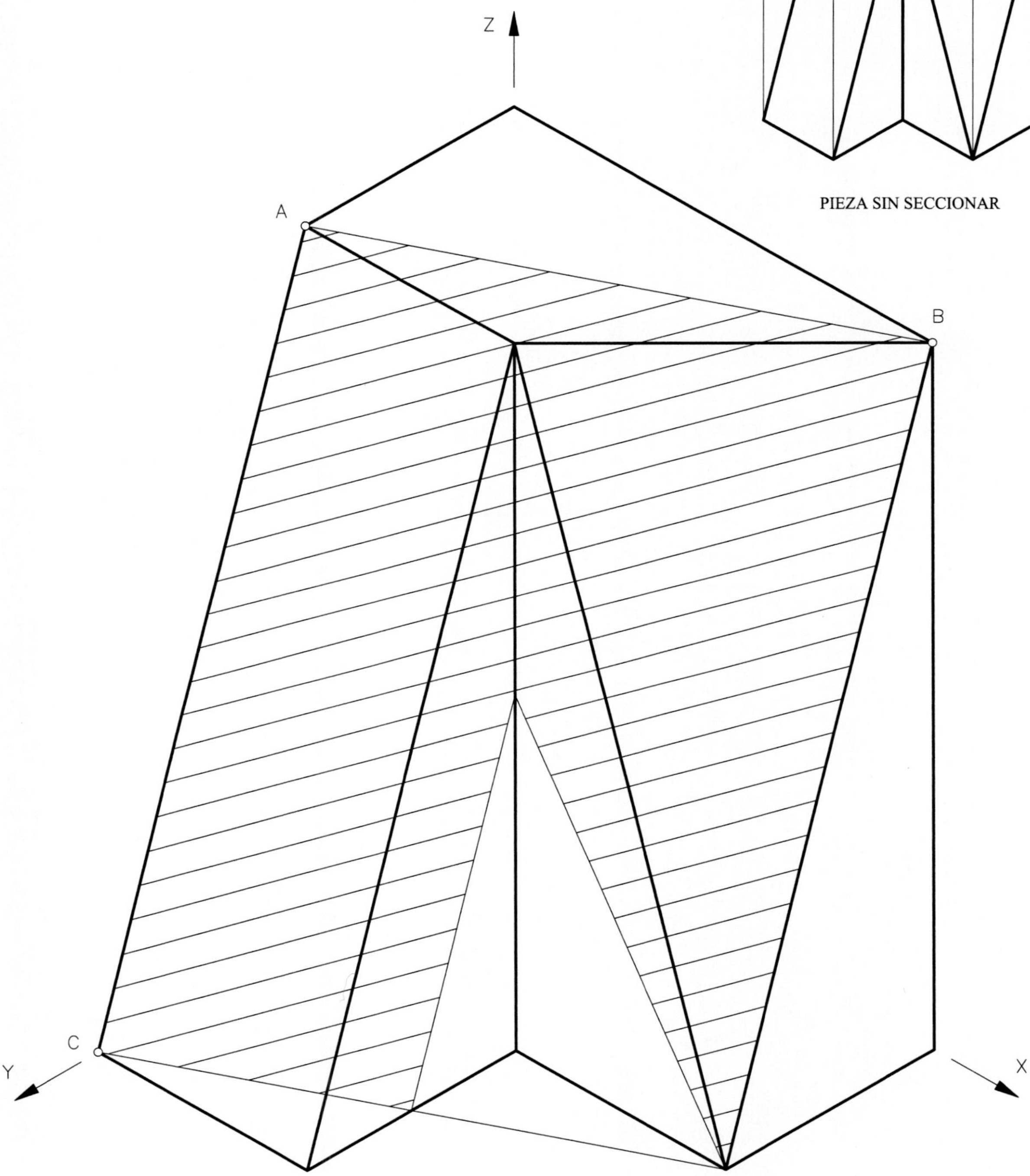

Comentario: La intersección AC coincide con la traza del plano ABC con el plano YZ del sistema de referencia. Por su parte, la arista AB es de obtención inmediata por situarse ambos puntos sobre una de las caras de la pieza (puntos coplanarios). El resto de intersecciones se determinan teniendo en cuenta que "las intersecciones de un plano cualquiera con dos planos paralelos son rectas paralelas".

Escala 3:2

SOLUCIÓN EJ. 3

Procedimiento 1

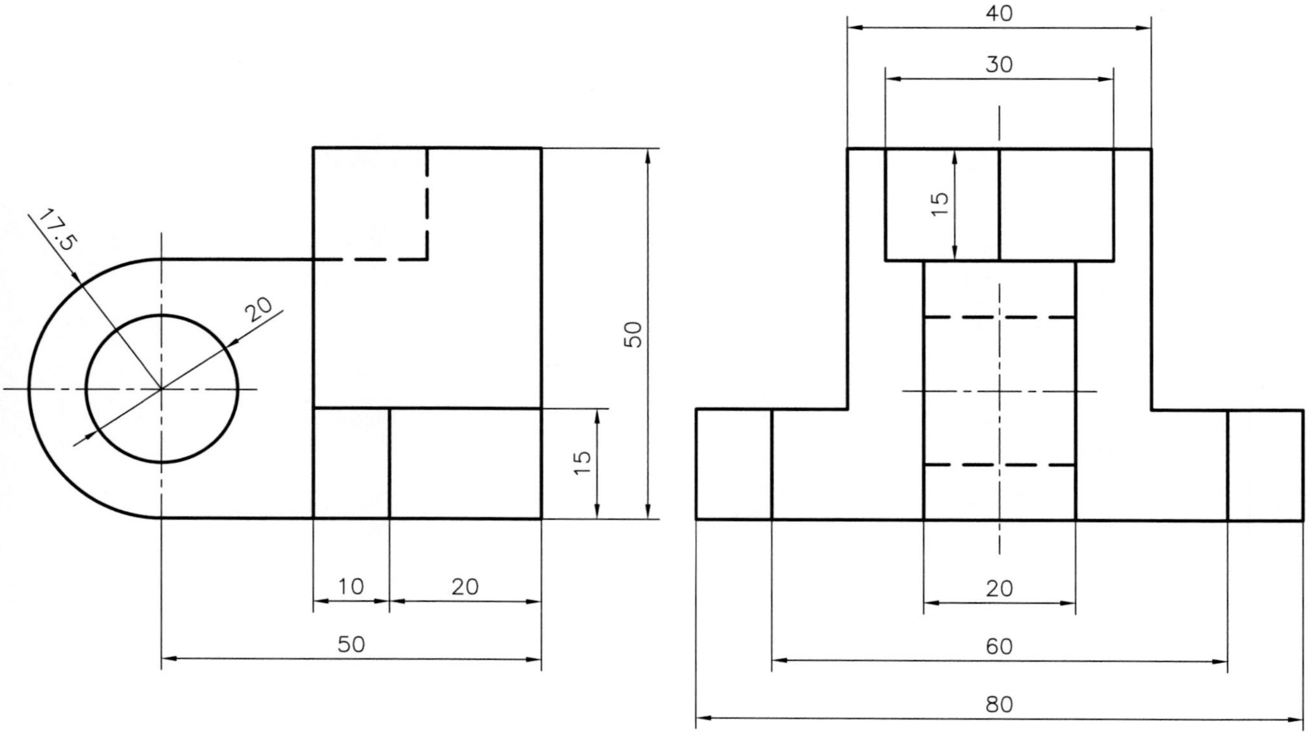

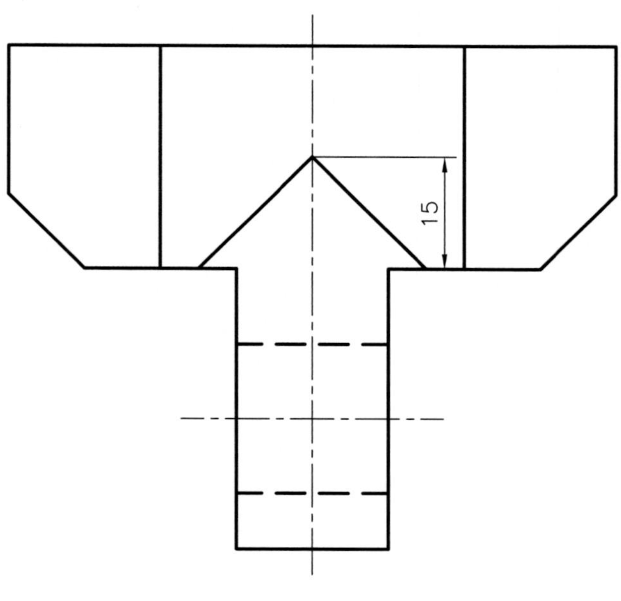

Cotas en mm

Escala 1:1

SOLUCIÓN EJ. 3

Procedimiento 2

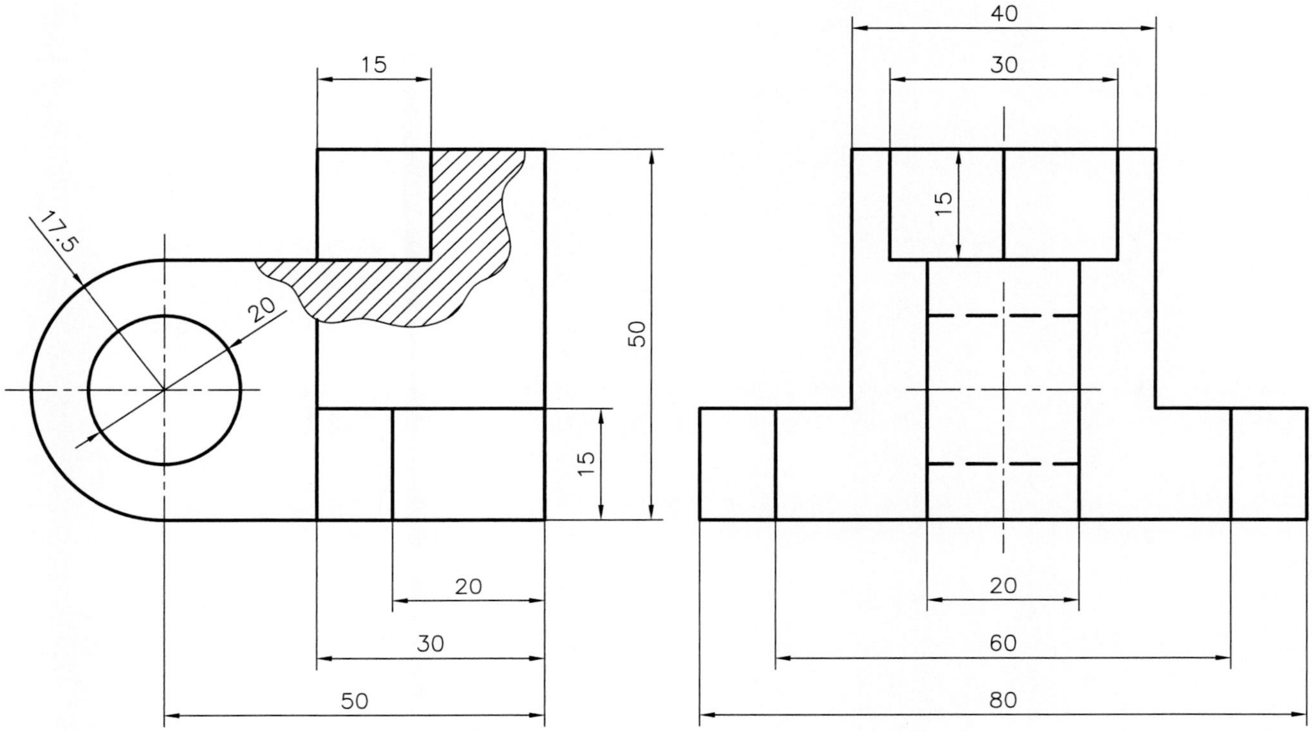

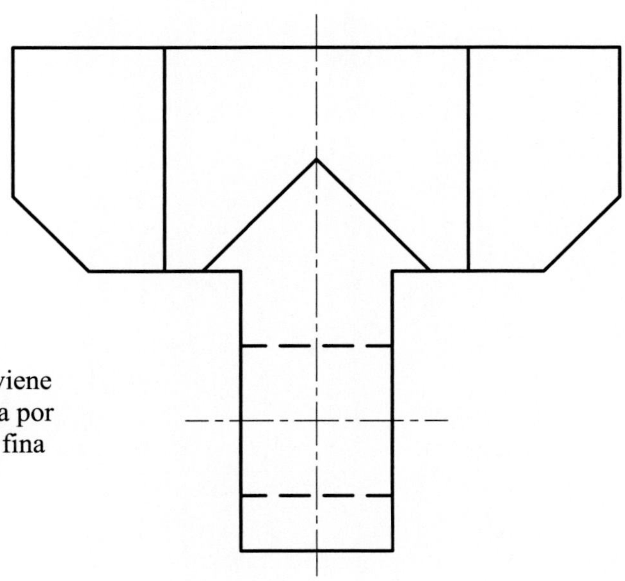

Cotas en mm

Escala 1:1

Comentario: Puede dibujarse un corte parcial si no conviene un corte total o un medio corte. El corte parcial se limita por una línea llena fina a mano alzada o por una línea llena fina con zigzag (Norma UNE 1-032-82. Cortes locales).

PRUEBA Nº 39

EJERCICIO 1 [3 PUNTOS] Se definen los puntos A, I y H según se indica en croquis de la figura 1. Además se sabe que:

- El punto A es uno de los vértices de un triángulo ABC.
- El punto I es el incentro del triángulo ABC.
- El radio de su circunferencia inscrita es de 30 mm.
- El ortocentro está sobre la recta que pasa por el punto H.

Se pide: Dibujar a escala 1/1 el triángulo ABC.

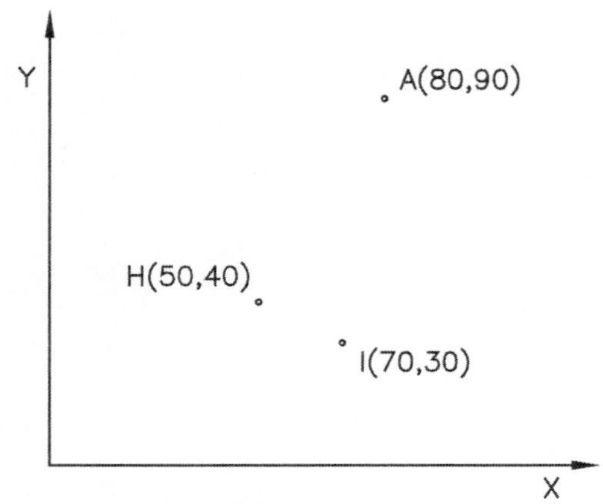

Figura 1

Se explicará brevemente el procedimiento empleado para resolver el ejercicio.

EJERCICIO 2 [4 PUNTOS] Los puntos A(-30, 30, 30), B(0, 30, 70) y C(50, 70, 30) definen la base de una pirámide de vértice el punto V(-40, 80, 80). Se pide:

- Dibujar las proyecciones diédricas de las aristas de la pirámide.
- Calcular la altura de la pirámide.

EJERCICIO 3 [3 PUNTOS] Dada la pieza que se representa en la perspectiva de la figura 2, se pide:

- Dibujar, a escala 1/1, las tres vistas normalizadas: planta, alzado y perfil.
- Acotar debidamente las vistas para su correcta definición.

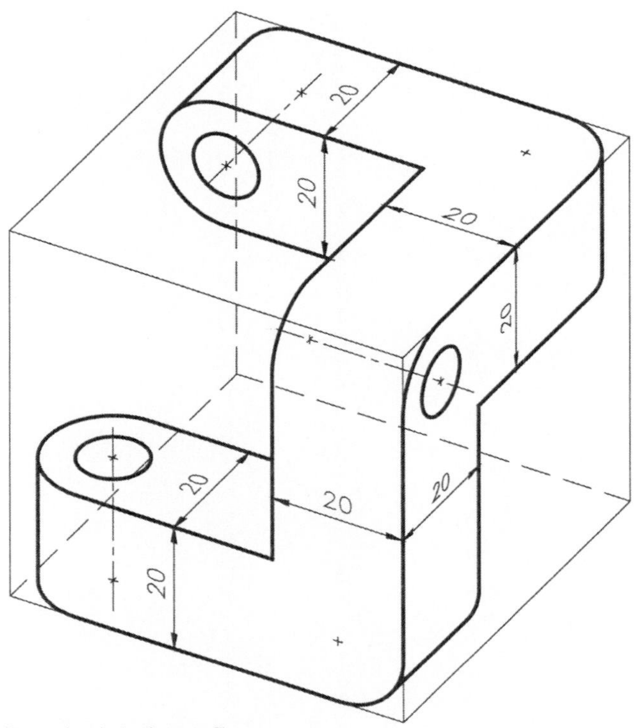

Figura 2
Cotas en mm

Radios de taladros: 5 mm
Radios exteriores: 10 mm

La pieza queda encajada
en un cubo de arista 60 mm

SOLUCIÓN EJ. 1

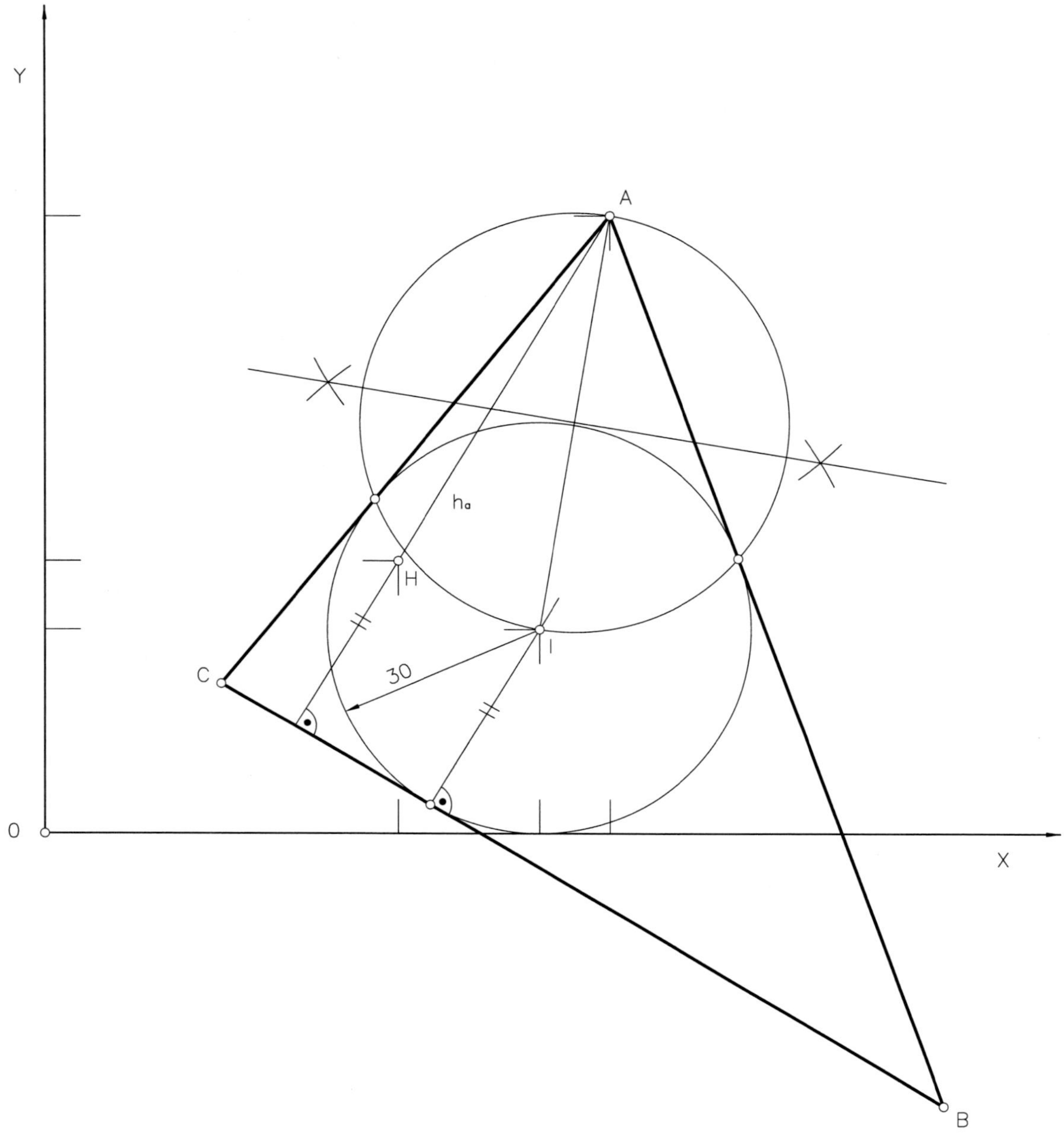

Comentario: Dibujados los puntos A, H e I, dibujar la circunferencia inscrita de centro I y radio 30 mm. Los tres lados son tangentes a ella, por tanto, las rectas tangentes desde A contienen a dos lados del triángulo. El tercer lado es perpendicular a la altura que parte del vértice A, con lo cual la recta tangente perpendicular a la altura h_a contiene al tercer lado.

SOLUCIÓN EJ. 2

Procedimiento 1

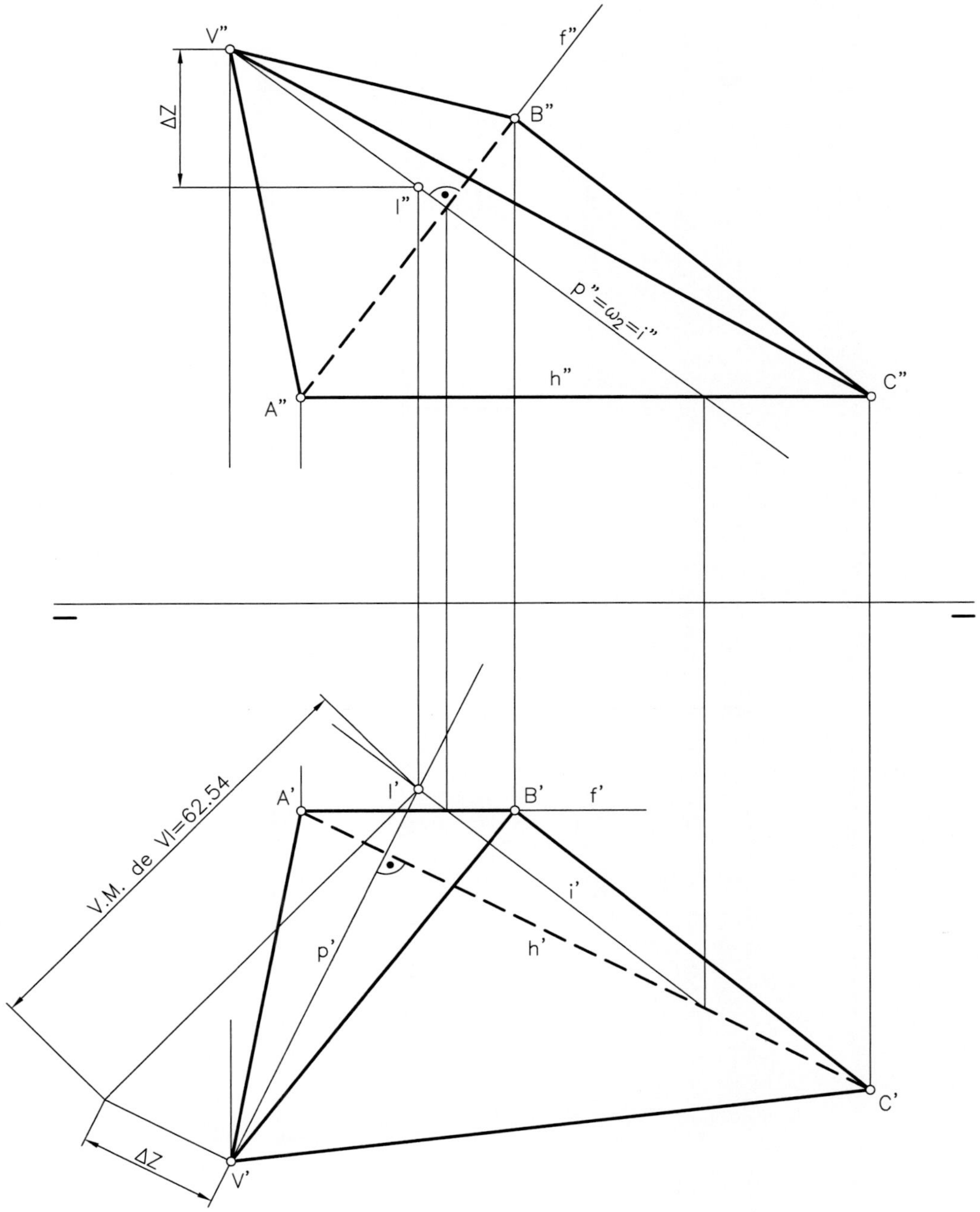

Comentario: Para la visualización de la pirámide se tiene en cuenta que el contorno aparente de una proyección es visto; del resto de los elementos son vistos, en cada proyección, los situados a mayor distancia del plano de la proyección.

Se calcula la altura de la pirámide como distancia del vértice V al plano de la base ABC. Para ello es necesario determinar previamente el punto I de intersección de la recta perpendicular p con el plano ABC.

SOLUCIÓN EJ. 2

Procedimiento 2

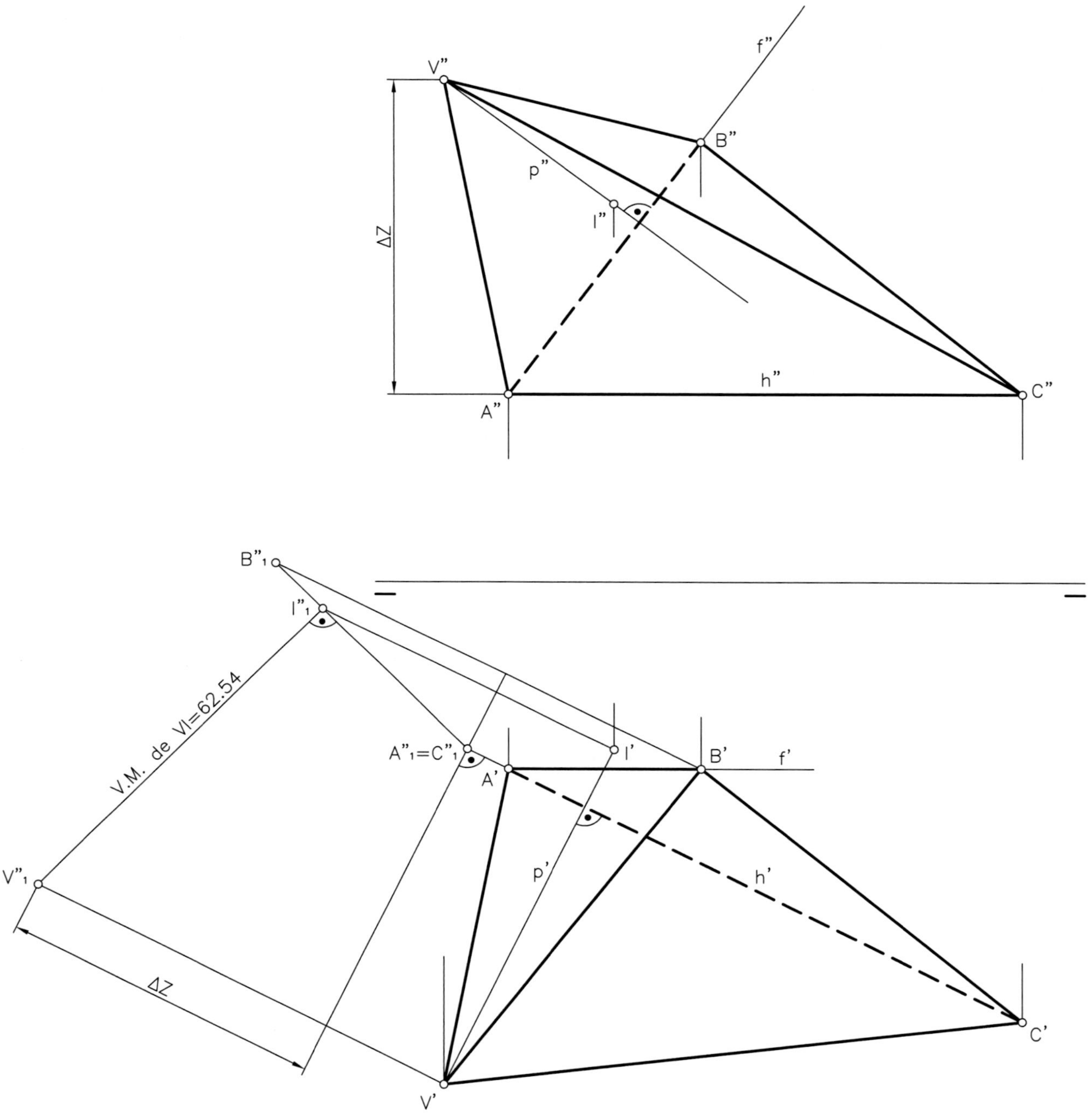

Comentario: Una vez visualizada la pirámide, se calcula su altura como distancia del vertice V al plano de la base ABC. En este caso mediante una proyección auxiliar se transforma el plano ABC en proyectante vertical: para lograrlo se fijan las líneas de referencia paralelas a h'. Con esta disposición de los datos se simplifica notablemente la obtención de la altura.

SOLUCIÓN EJ. 3

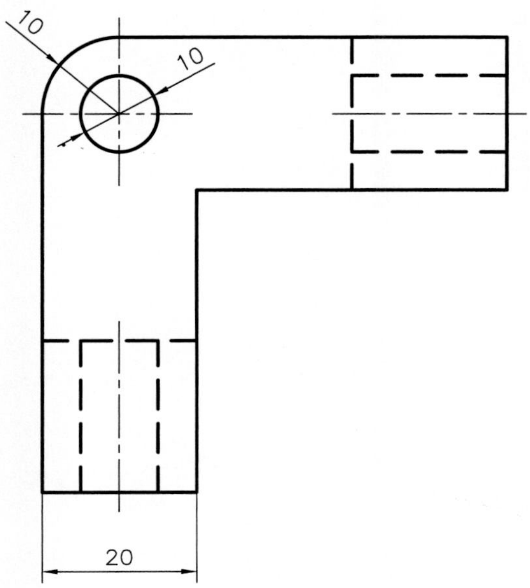

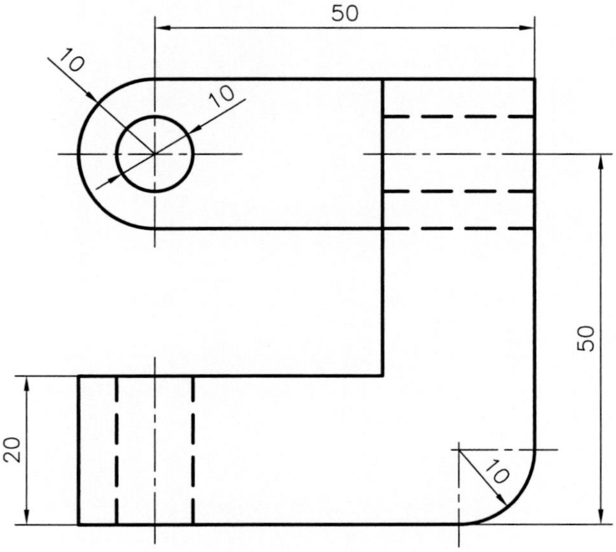

Cotas en mm

Escala 1:1

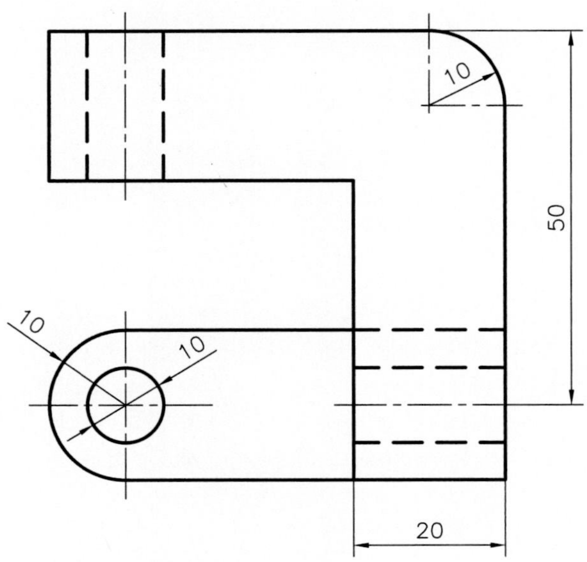

PRUEBA Nº 40

EJERCICIO 1 [3 PUNTOS] Definidos los puntos A y B según se indica en el croquis de la figura 1, se pide:

- Representar los puntos a escala 1/1.
- Obtener los puntos que equidisten del eje X y de los dos puntos A y B.

Se explicará brevemente el procedimiento empleado para resolver el ejercicio.

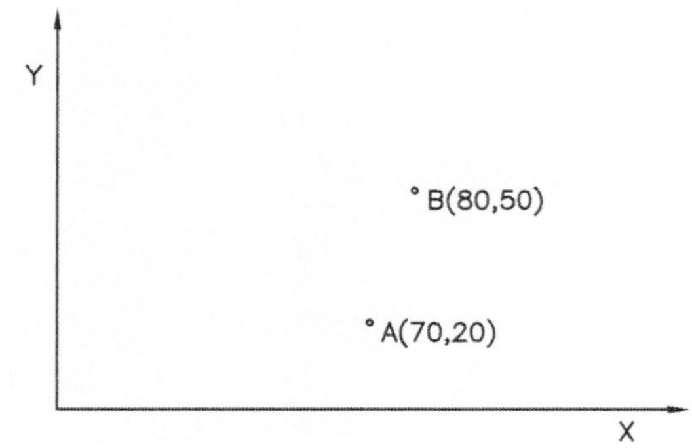

Figura 1

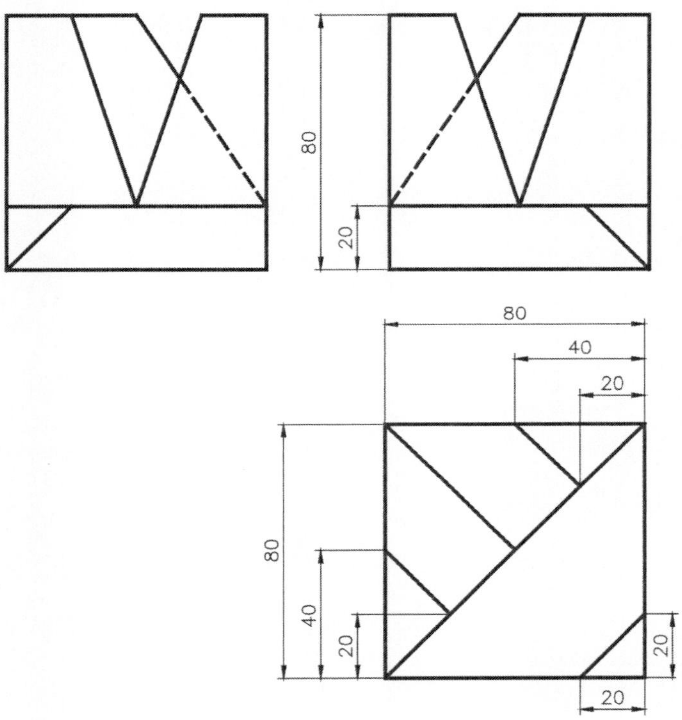

EJERCICIO 2 [4 PUNTOS] Dadas las vistas del sólido de la figura 2, se pide:

Dibujar, a escala 1/10, la perspectiva isométrica del cuerpo.

Figura 2
Cotas en cm

EJERCICIO 3 [3 PUNTOS] Dada la perspectiva de la figura 3, en la que se presenta una pieza con seis planos verticales de simetría, se pide:

Dibujar, a escala 1/1, las vistas normalizadas debidamente acotadas para su correcta representación.

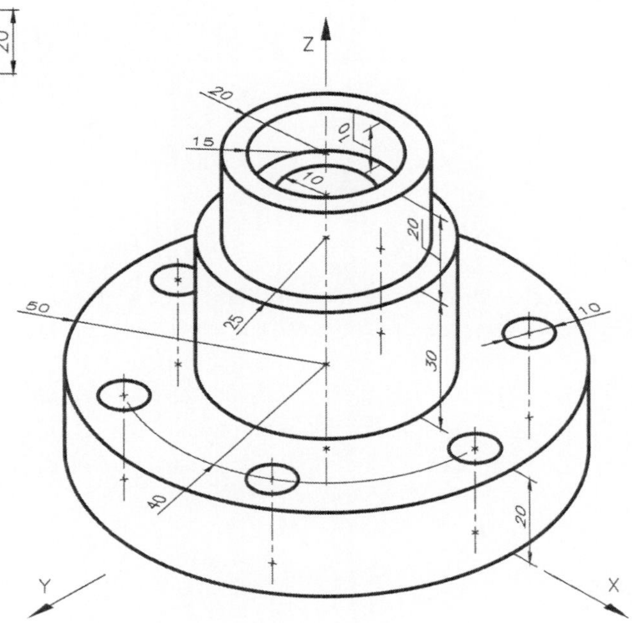

Figura 3
Cotas en mm

SOLUCIÓN EJ. 1

Procedimiento 1

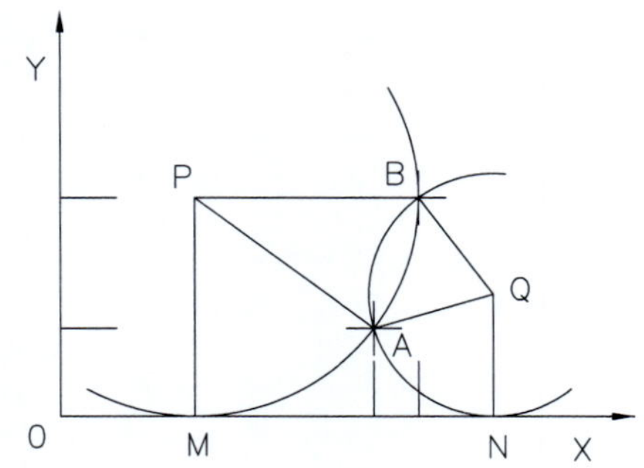

FIGURA DE ANÁLISIS

Los puntos solución P y Q que equidistan de A, B y del eje X, son centros de dos circunferencias que pasando por A y B, son tangentes a dicho eje.

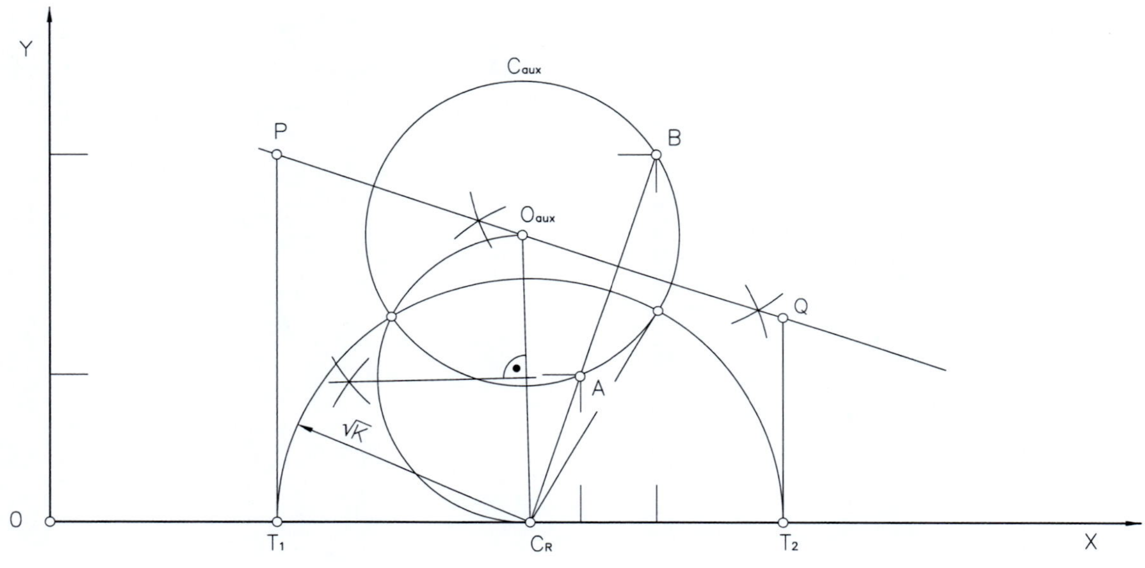

Comentario: Es un caso de tangencias que se resuelve por potencia. El centro radical C_R del eje de abscisas y del haz de circunferencias que pasan por A y B está en la intersección de la recta AB con el eje X.

Dibujar la mediatriz de $\overline{AB}$ y una circunferencia auxiliar que pase por A y B; trazar las tangentes a ella desde C_R. Así hallamos la potencia $\sqrt{K}$. Llevar la potencia a ambos lados de C_R y se obrtienen T_1 y T_2. Las perpendiculares al eje X por estos puntos de tangencia cortan a la mediatriz de $\overline{AB}$ en P y Q.

SOLUCIÓN EJ. 1

Procedimiento 2

Comentario: También se puede resolver por homotecia. Las circunferencias de centros P y Q y una <u>auxiliar</u> cualquiera tangente al eje de abscisas con centro en la mediatriz de $\overline{AB}$ son homotéticas (centro de homotecia O_+). Los puntos A_1 y A_2 son homotéticos del punto A, lo que permite localizar T_1 y T_2.

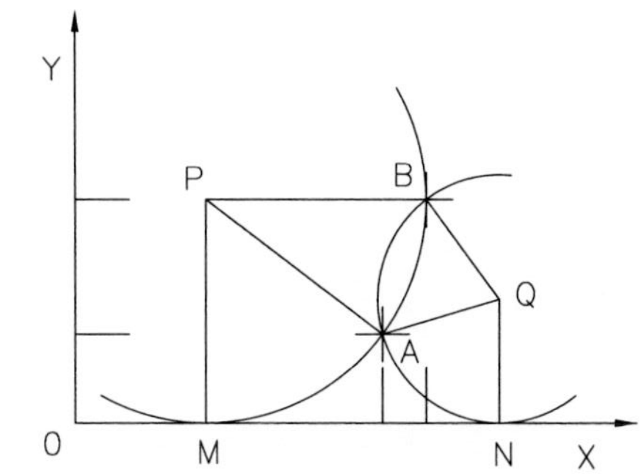

FIGURA DE ANÁLISIS

Los puntos solución P y Q que equidistan de A, B y del eje X, son centros de dos circunferencias que pasando por A y B, son tangentes a dicho eje.

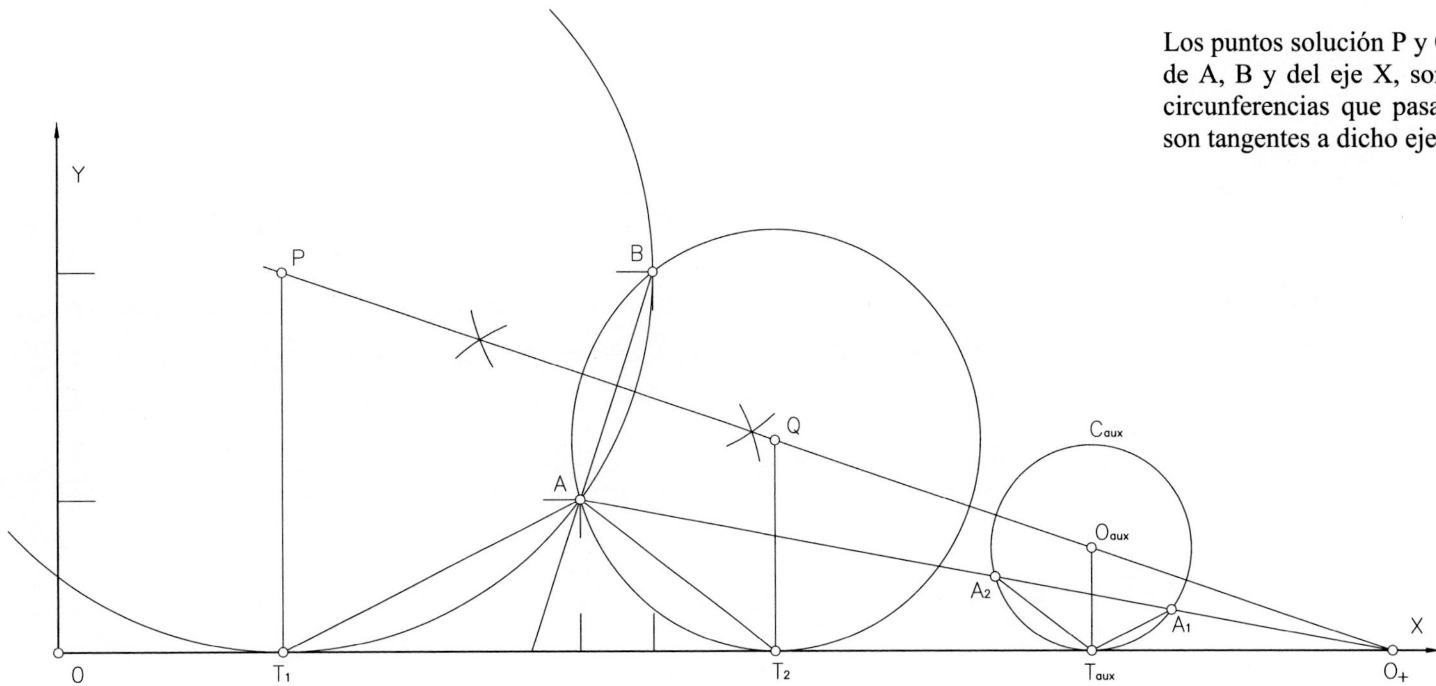

SOLUCIÓN EJ. 2

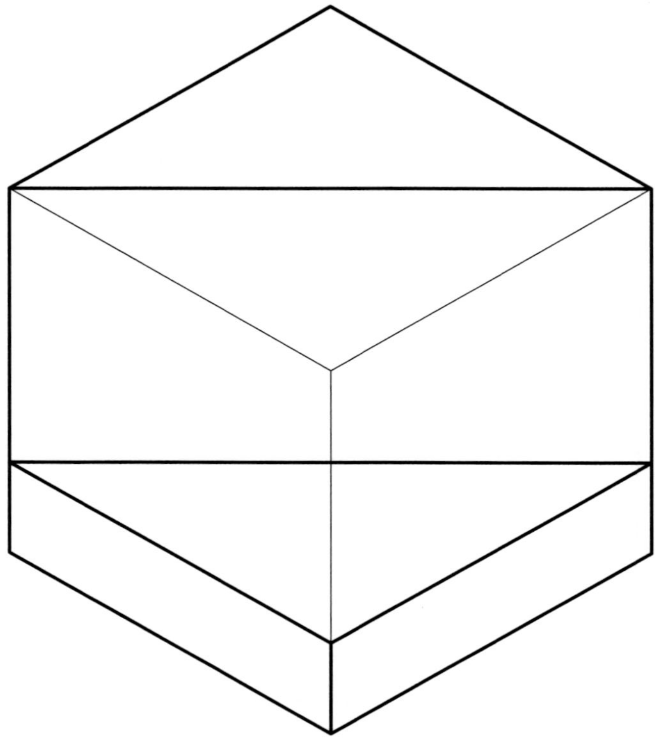

PIEZA INTERMEDIA

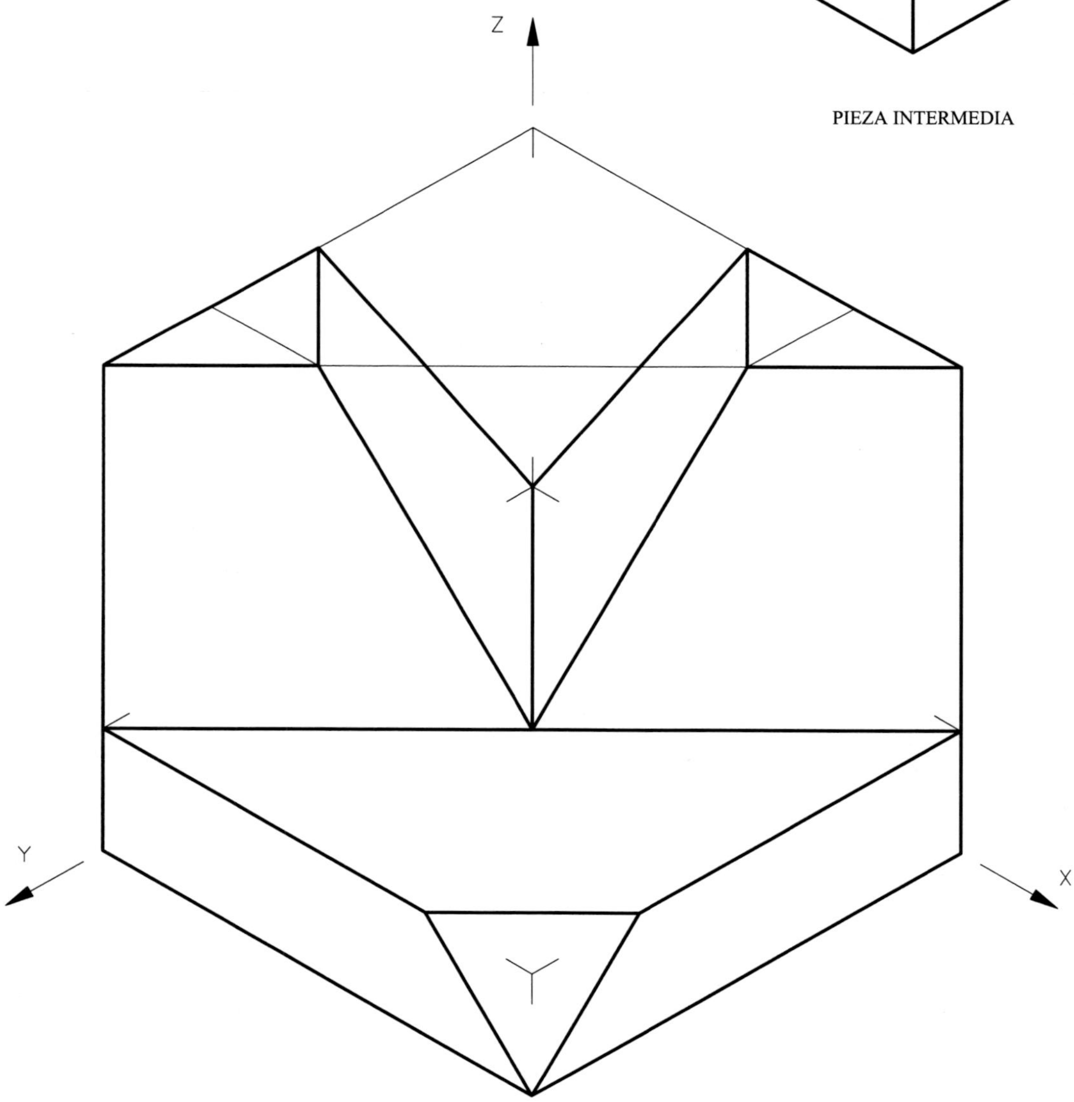

Escala 1:10

SOLUCIÓN EJ. 3

Comentario: Los taladros pueden ser acotados indirectamente por indicación del número de elementos (Norma UNE 1-039-94. Elementos equidistantes).

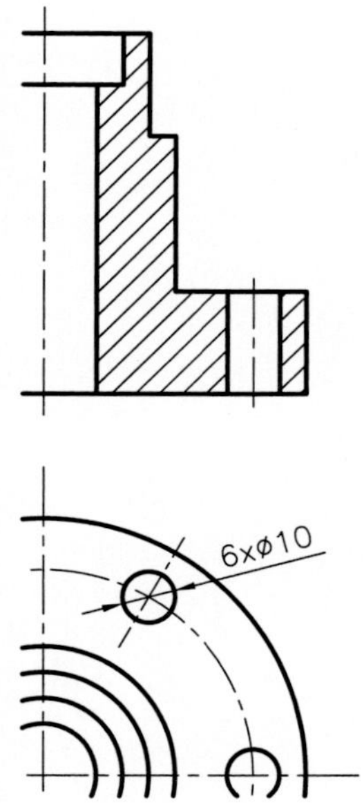

Escala 1:2

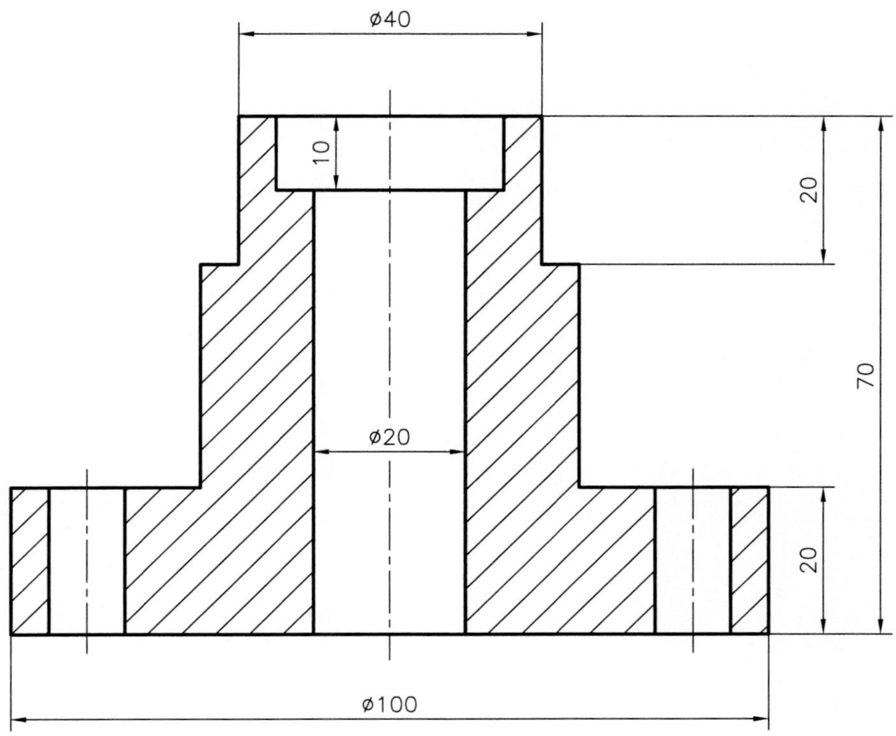

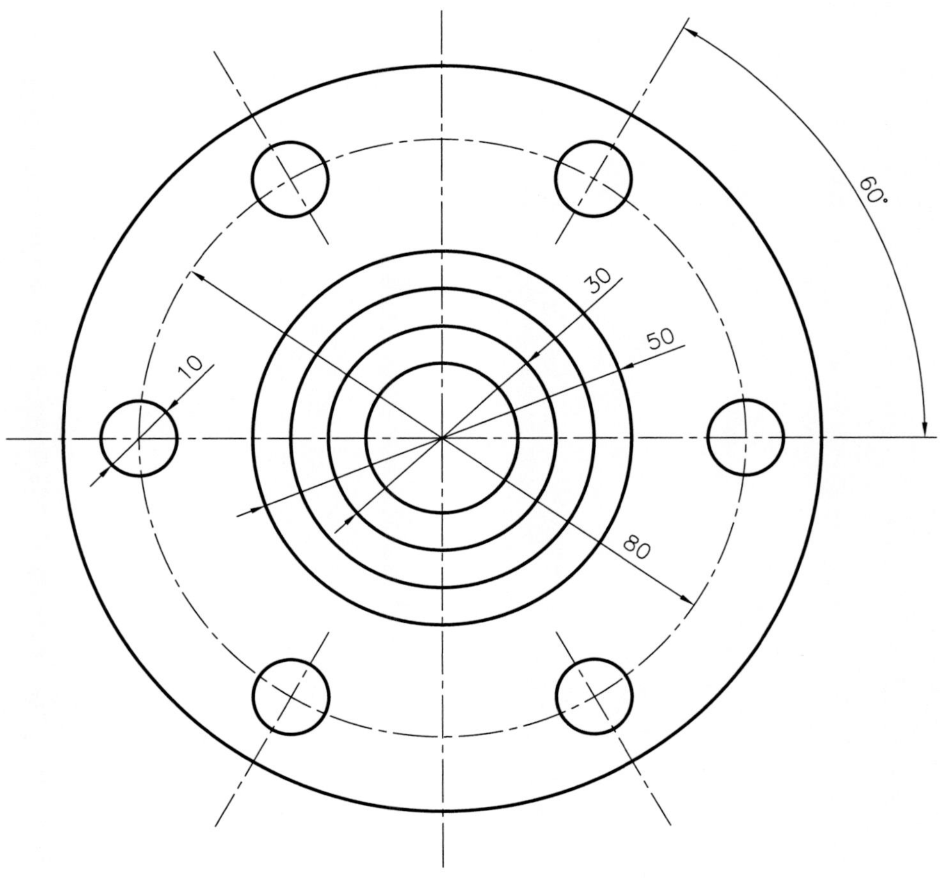

Cotas en mm

Escala 1:1

PRUEBA Nº 41

EJERCICIO 1 [3 PUNTOS] Dada una circunferencia C_1 de radio 25 mm y un punto O que dista de su centro 50 mm, se pide:

Dibujar las circunferencias C_2 homotéticas de C_1 sabiendo que el centro de homotecia es el punto O y la razón de homotecia $\sqrt{3}$ (Radio C_2 / radio $C_1 = \sqrt{3}$).

Todas las construcciones serán gráficas. No se aceptarán soluciones calculadas analíticamente.

EJERCICIO 2 [4 PUNTOS] El segmento definido por los puntos A(-30, 30, 30) y B(20, 30, 60) es una de las aristas de un cubo. Una de las caras que contienen esta arista está situada en un plano de canto (proyectante vertical). Se pide:

Dibujar las proyecciones diédricas de las aristas del cubo sabiendo que se sitúa por completo en el primer diedro.

EJERCICIO 3 [3 PUNTOS] Dada la perspectiva de la figura 1, en la que se presenta una pieza con dos planos de simetría, uno horizontal y otro vertical, se pide:

Dibujar, a escala 2/3, las vistas normalizadas debidamente acotadas para su correcta representación.

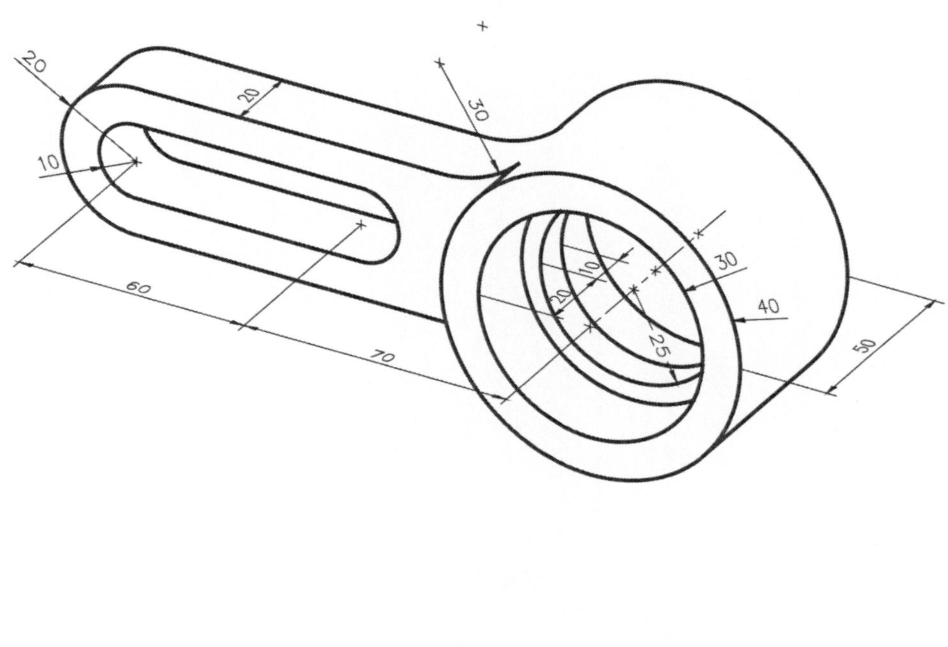

Figura 1
Cotas en mm

SOLUCIÓN EJ. 1

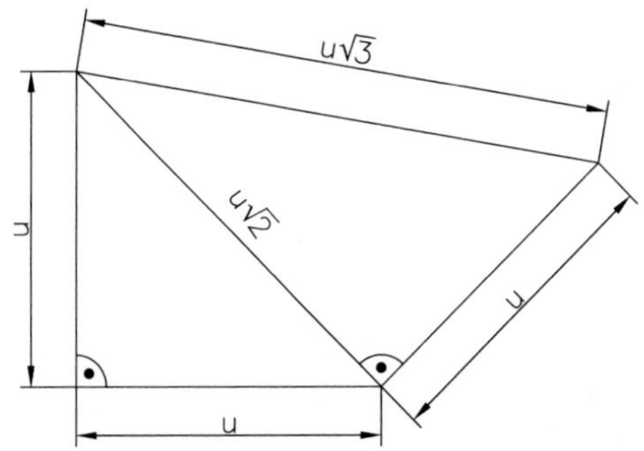

Comentario: En primer lugar se define gráficamente, en figura separada, la relación entre un segmento u y u$\sqrt{3}$.

Tomando O como centro de homotecia positivo, se dibuja un radio cualquiera de extremos O_1 y A_1 y se hallan sus homotéticos O'_1 y A'_1. Así obtenemos la circunferencia C'_1 con razón positiva. Otra posible solución sería C'_2 con razón de homotecia negativa. Esta segunda circunferencia es simétrica de la de centro O'_1 respecto de O.

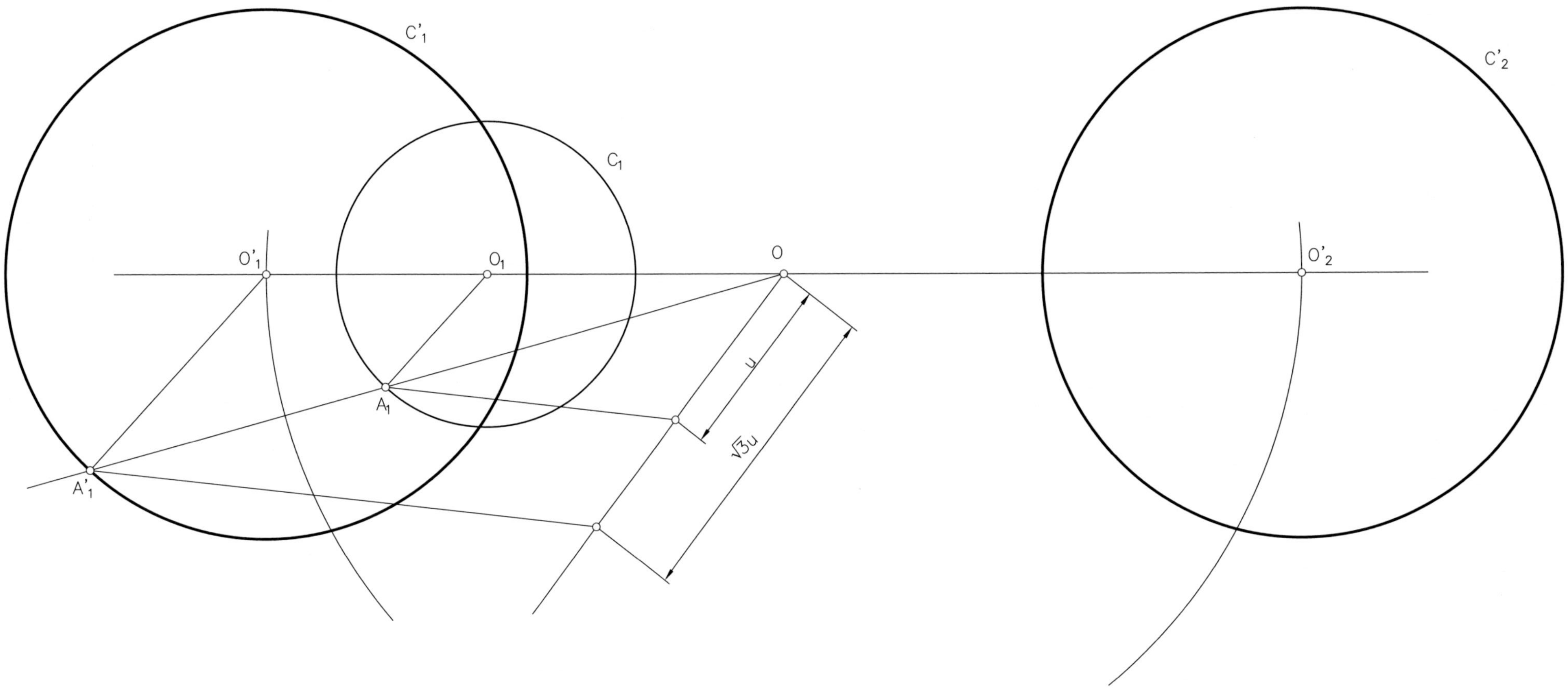

SOLUCIÓN EJ. 2

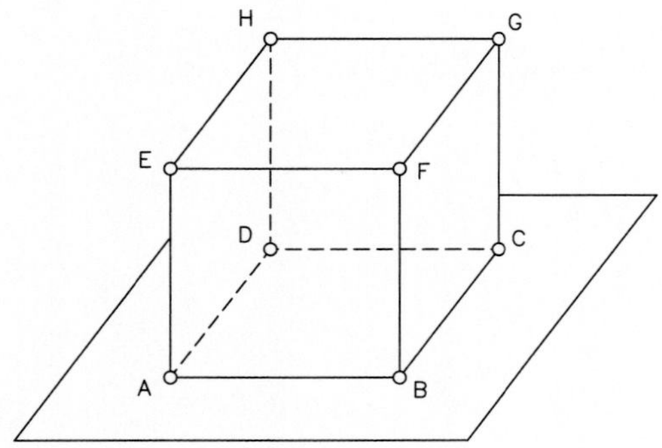

FIGURA DE ANÁLISIS

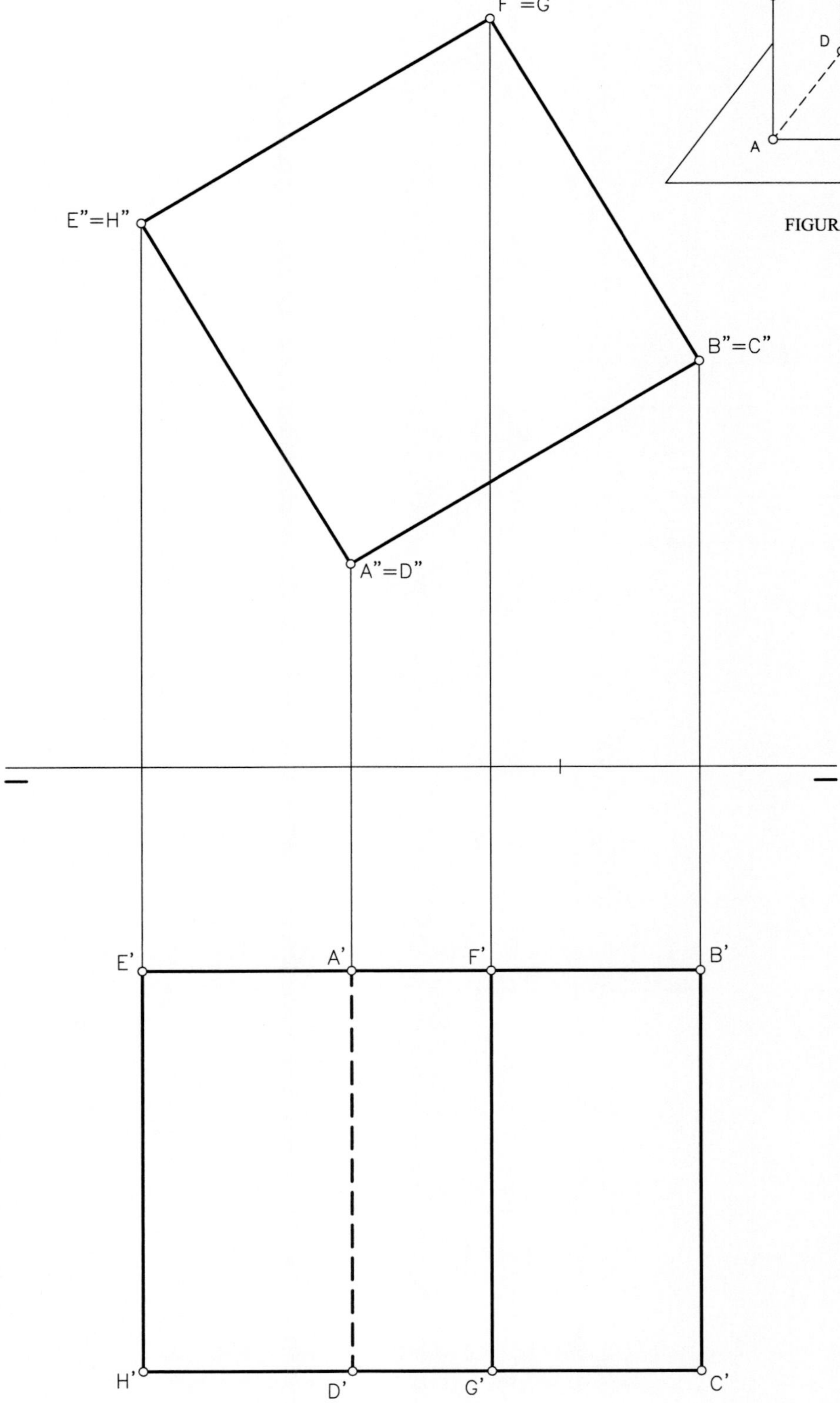

Comentario: En principio se hallan las proyecciones de la cara del cubo ABCD contenida en el plano proyectante vertical, para lo que no son necesarios ni abatimientos ni proyecciones auxiliares al ser la arista AB frontal.

Los cuatro vértices restantes se obtienen mediante rectas perpendiculares al plano de la cara anterior.

SOLUCIÓN EJ. 3

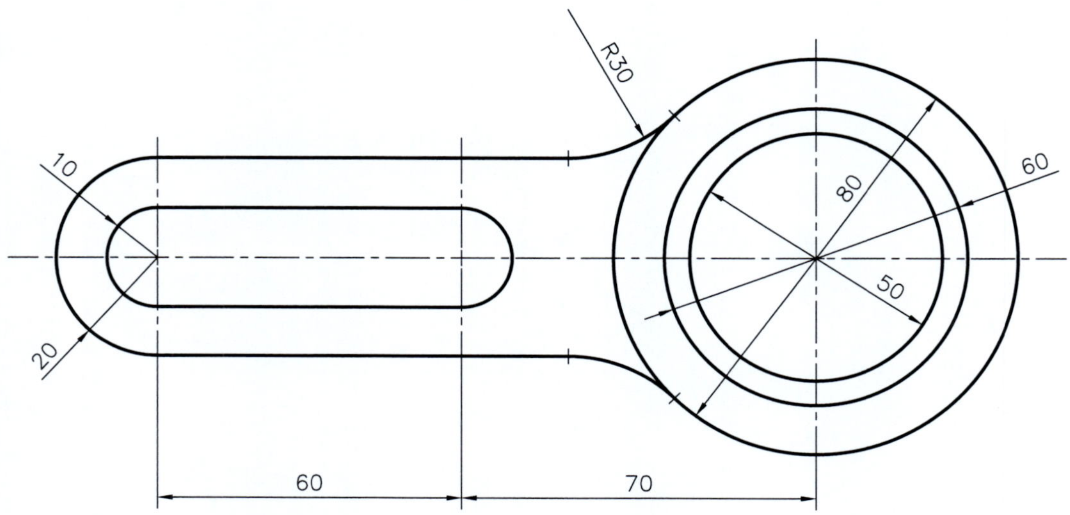

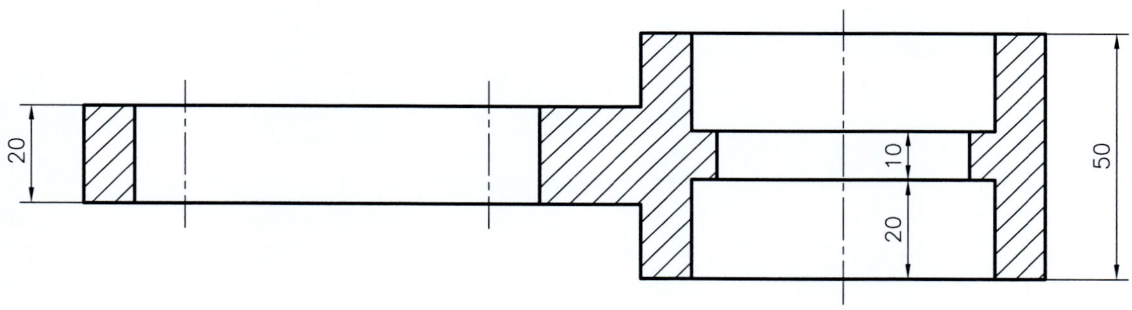

Cotas en mm

Escala 2:3

PRUEBA Nº 42

EJERCICIO 1 [3 PUNTOS] Los focos de una elipse distan 8 cm y sus vértices sobre el eje menor 6 cm. Se pide:

- Dibujar los otros dos vértices de la elipse.
- Dibujar uno de los puntos de la elipse en los cuales la tangente forme un ángulo de 30º con el eje mayor.

Se explicará brevemente el procedimiento empleado para resolver el ejercicio.

EJERCICIO 2 [4 PUNTOS] Dibujar la perspectiva caballera ($\varphi = 160^{\circ}$ y $\mu = 3/4$) de una pirámide cuya base, situada en el plano XOY, es un rombo cuyas diagonales de 80 y 120 mm son respectivamente paralelas a los ejes X e Y del triedro de referencia. El centro de dicho rombo se sitúa en el punto C(70, 70, 0) y el vértice de la pirámide está 100 mm por encima del punto C.

Obtener la sección que produce en la pirámide el plano paralelo al eje X que pasa por los puntos $P_1(0, 80, 10)$ y P_2 (0, 20, 60).

Nota: datos en mm.

EJERCICIO 3 [3 PUNTOS] Dada la perspectiva de la figura 1, en la que se presenta una pieza con dos planos verticales de simetría, se pide:

Dibujar, a escala 1/3, las vistas normalizadas debidamente acotadas para su correcta representación.

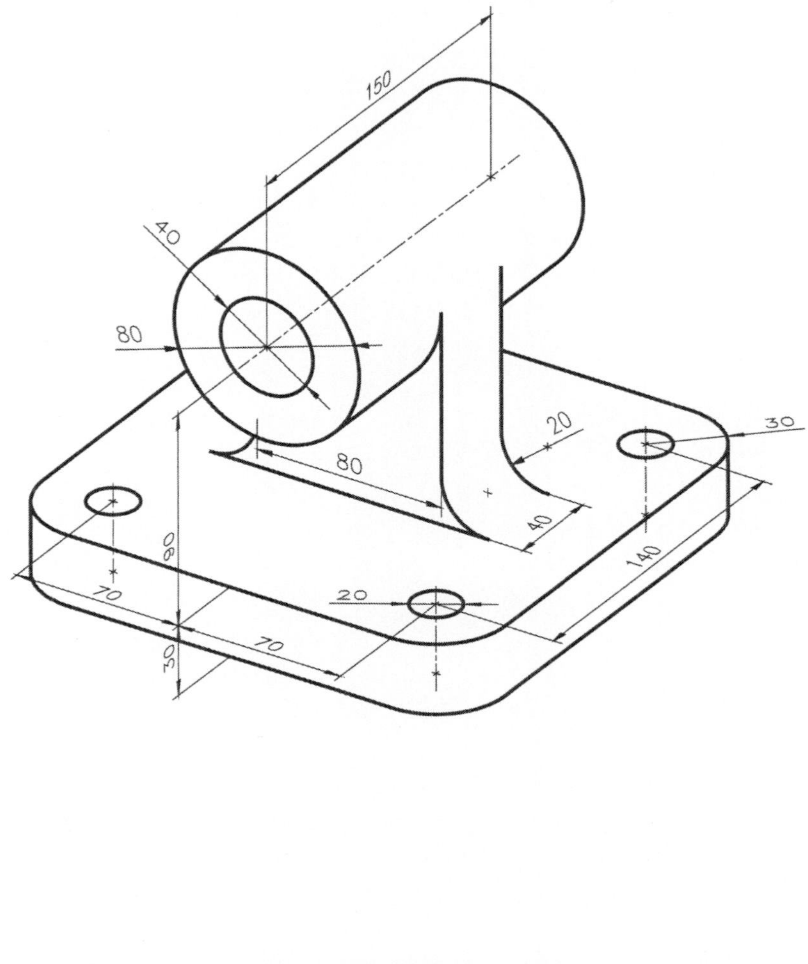

Figura 1
Cotas en cm

SOLUCIÓN EJ. 1

Procedimiento 1

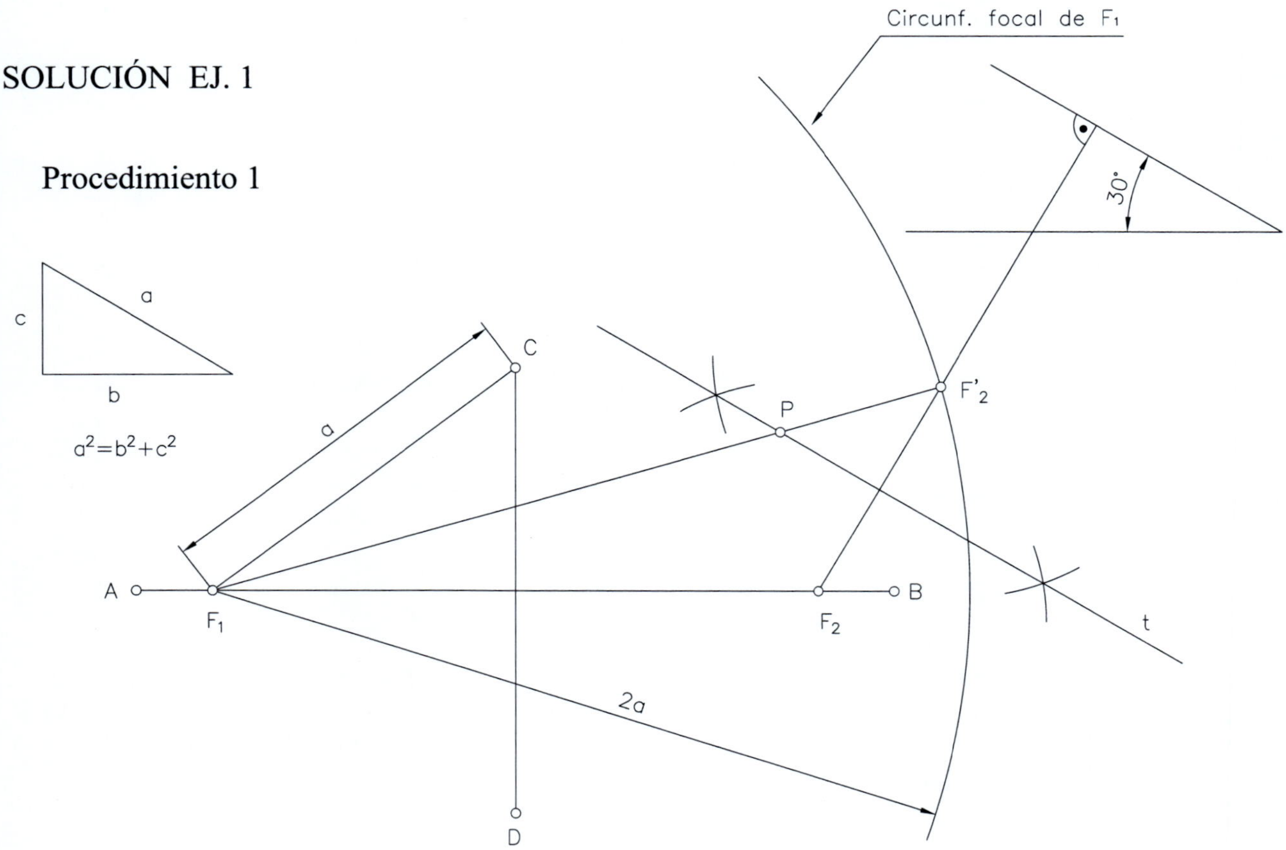

Comentario: Dibujados los segmentos $\overline{F_1F_2}$=80 mm y $\overline{CD}$=60 mm, el segmento $\overline{F_1C}$=a. La circunferencia focal es el lugar geométrico de los simétricos de los focos respecto de la tangente. La mediatriz del segmento $\overline{F_2F'_2}$ es la tangente pedida. El punto de tangencia P se encuentra en la intersección del segmento $\overline{F_1F'_2}$ y la tangente t.

Procedimiento 2

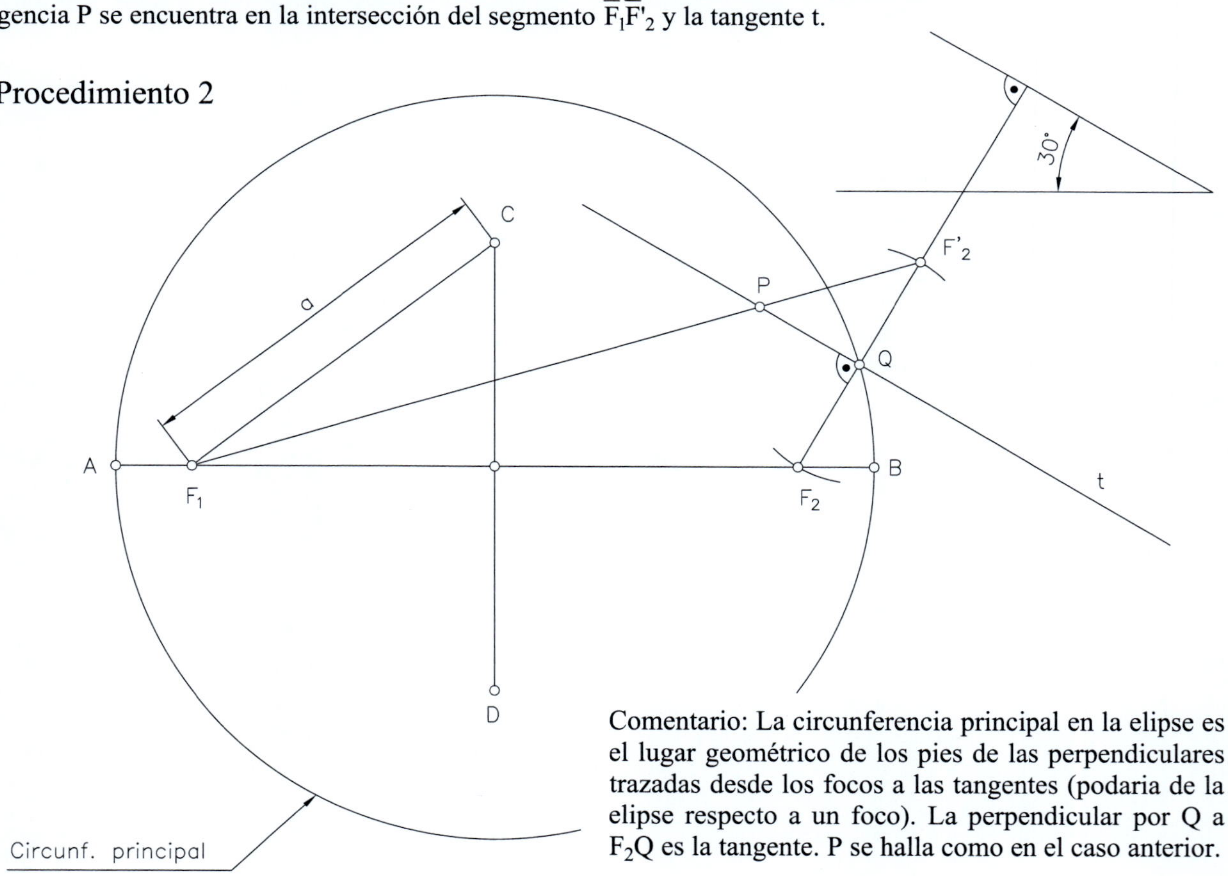

Comentario: La circunferencia principal en la elipse es el lugar geométrico de los pies de las perpendiculares trazadas desde los focos a las tangentes (podaria de la elipse respecto a un foco). La perpendicular por Q a F_2Q es la tangente. P se halla como en el caso anterior.

SOLUCIÓN EJ. 2

Procedimiento 1

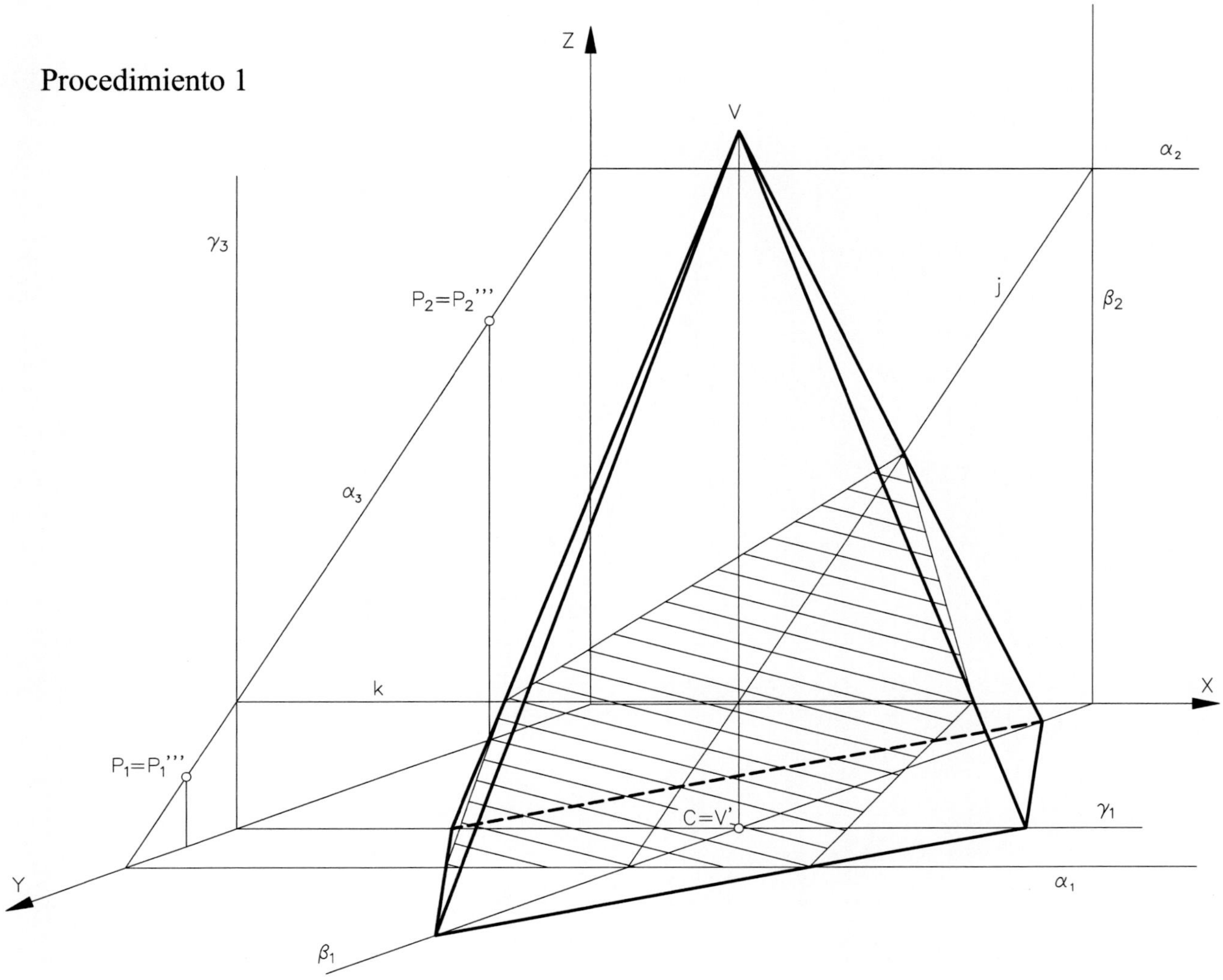

Comentario: Se dibujan las rectas j y k, intersecciones respectivamente de los planos de simetría β y γ, proyectantes horizontales, de la pirámide con el plano sección α. Las rectas j y k determinan sobre las aristas laterales los puntos de intersección con el plano α.

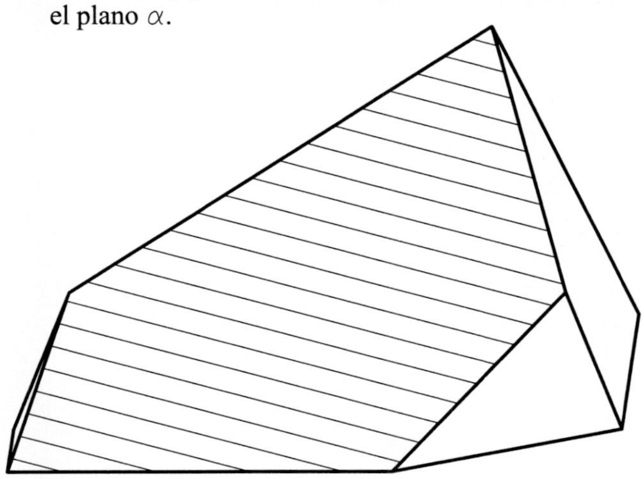

PARTE INFERIOR DE LA PIRÁMIDE

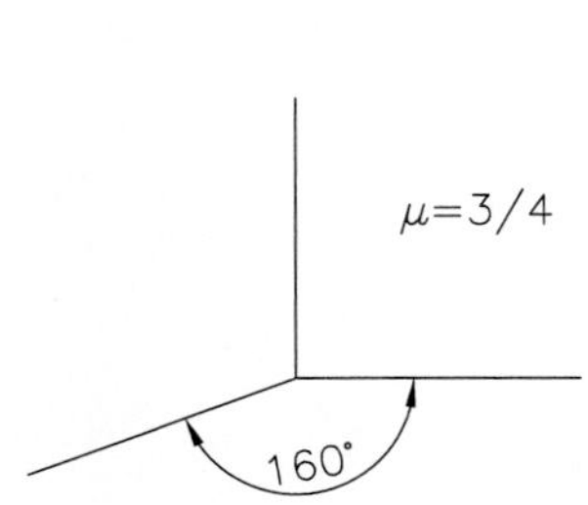

Escala 1:1

SOLUCIÓN EJ. 2

Procedimiento 2

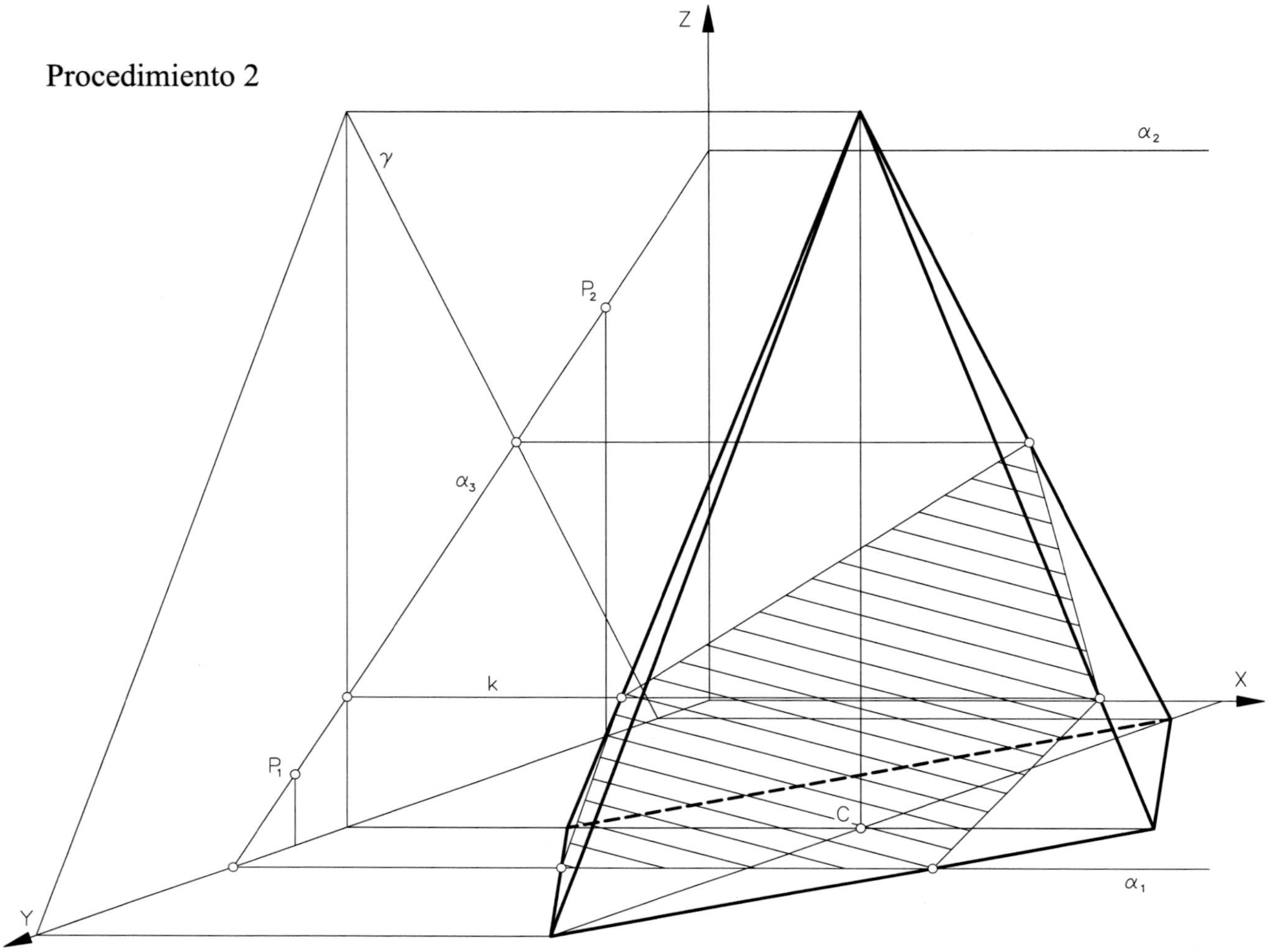

Comentario: Al ser el plano sección α proyectante respecto a YOZ, los puntos de intersección de α_3 con la proyección de las aristas sobre este plano nos permiten determinar las intersecciones de α con las aristas de la pirámide.
Se sobrentiende que al hablar de la pirámide y de sus proyecciones nos referimos a la proyección directa de la pirámide sobre el plano del dibujo y a sus proyecciones segundas.

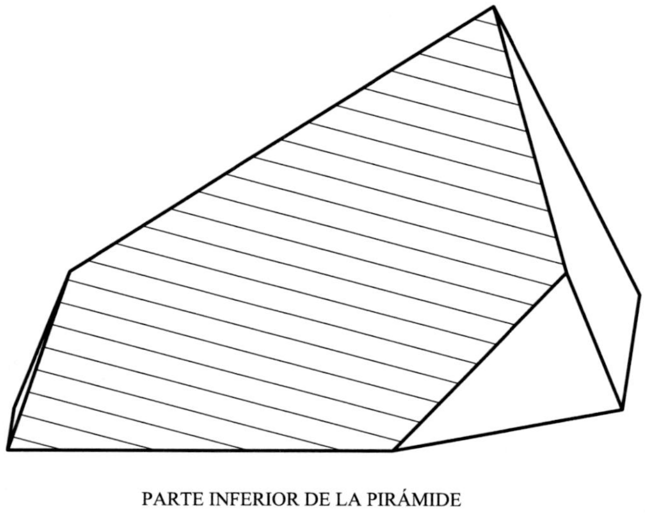

PARTE INFERIOR DE LA PIRÁMIDE

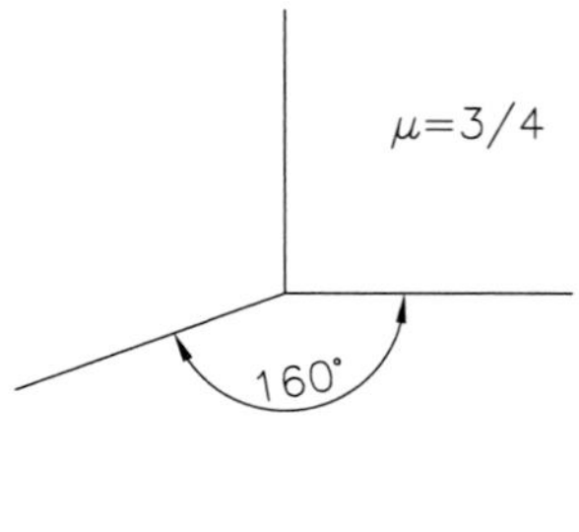

Escala 1:1

SOLUCIÓN EJ. 2

Procedimiento 3

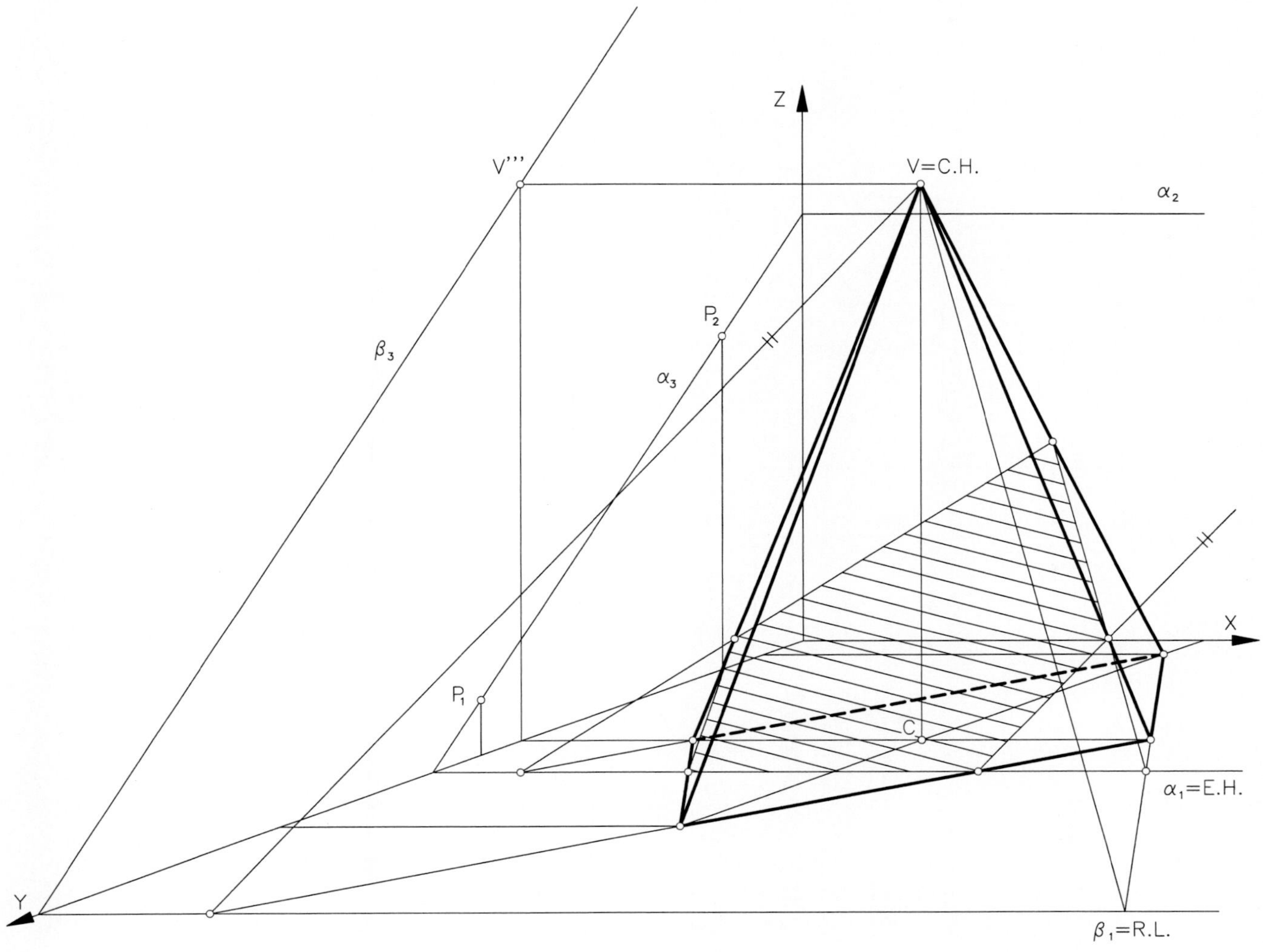

Comentario: Las secciones producidas en una superficie piramidal por dos planos cualesquiera (α y XOY) se relacionan mediante una homología de centro el vértice V de la pirámide, eje la intersección de los dos planos sección (α_1) y rectas límite las intersecciones de cada plano sección con el paralelo al otro que pase por el vértice de la pirámide (β_1, intersección de XOY con β, paralelo a α por V).

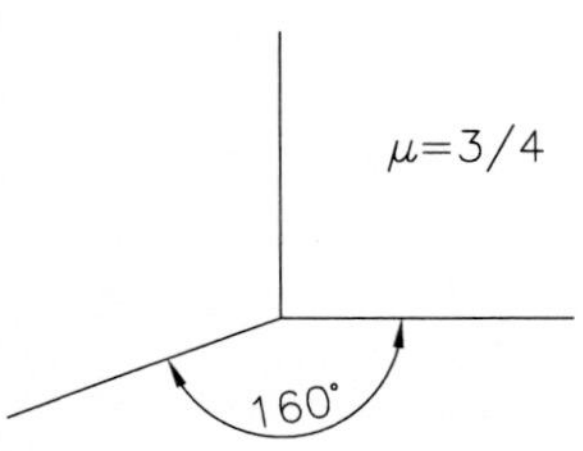

Escala 4:5

SOLUCIÓN EJ. 3

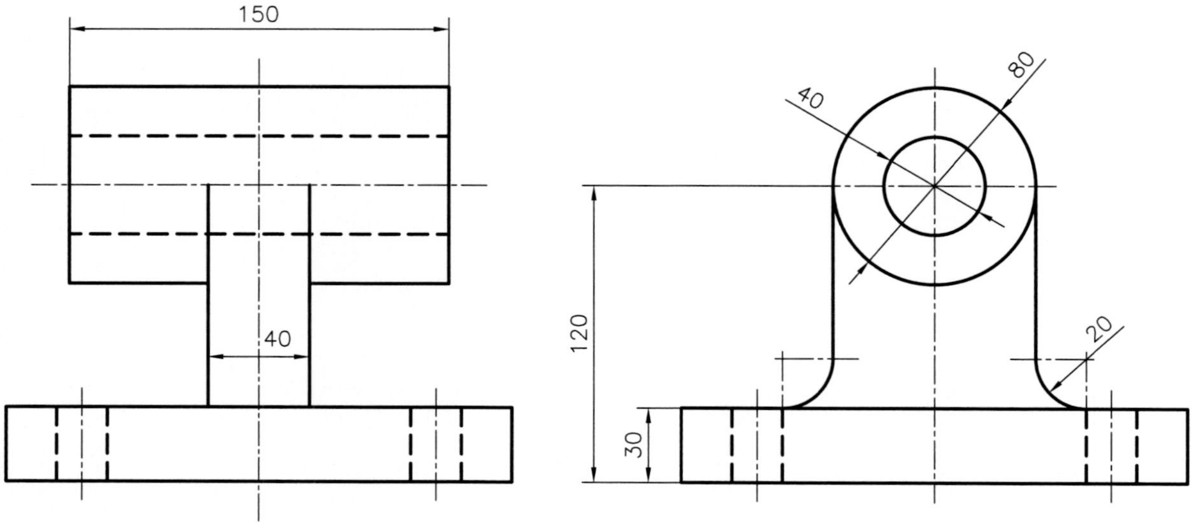

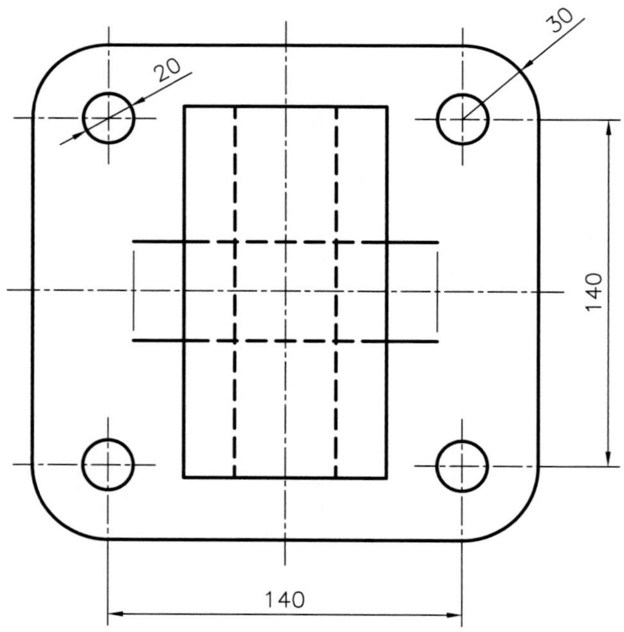

Comentario: Las líneas ficticias de intersección de superficies unidas por un redondeo pueden representarse mediante unas líneas finas llenas que no toquen los contornos (Norma UNE 1-032-82. Intersecciones ficticias).

Cotas en mm

Escala 1:3

PRUEBA Nº 43

EJERCICIO 1 [3 PUNTOS] Se desea enlazar los puntos P y Q por medio de tres segmentos:

- El primero, t_1, tangente desde P a la elipse de focos F y F' y eje mayor 50 mm.
- Segundo, t_2, tangente desde Q a la misma elipse.
- El tercero, e, es el arco de esa misma elipse que está delimitado por los puntos de tangencia T_1 y T_2. Basta con obtener 5 puntos de este arco de elipse.

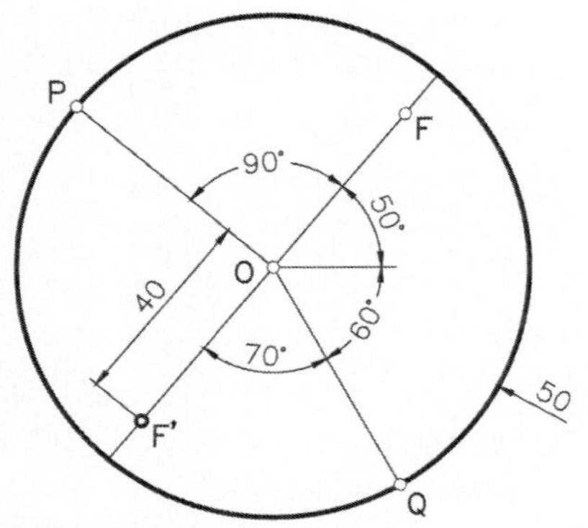

Figura 1

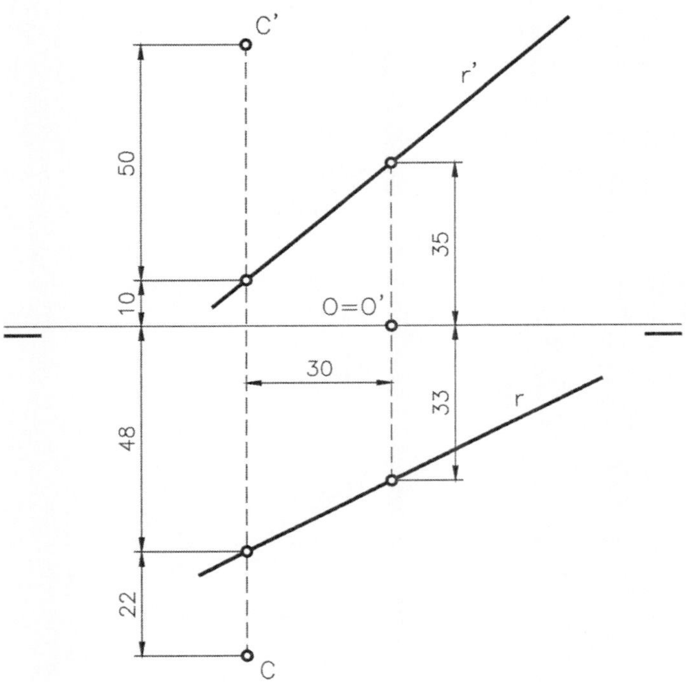

EJERCICIO 2 [4 PUNTOS] Dibujar las proyecciones diédricas de un triángulo equilátero cuyo lado AB pertenezca a la recta **r** y cuyo vértice C esté situado según se representa en la figura. Dibujar también las proyecciones diédricas del ortocentro H de ese triángulo.

Figura 2
Cotas en mm

EJERCICIO 3 [3 PUNTOS] Dibujar las vistas normalizadas precisas para representar correctamente la pieza a escala 1/1. La pieza dispone de un plano vertical de simetría y los taladros son pasantes.

Acotar según la Norma UNE las vistas para definir completamente su geometría.

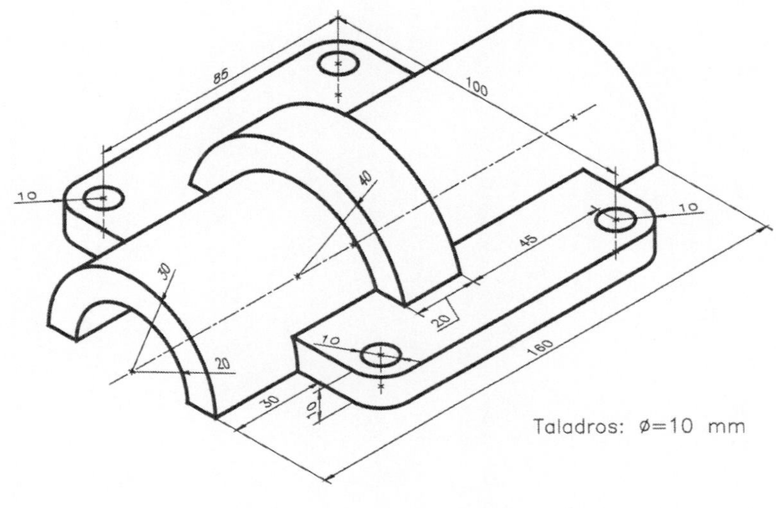

Figura 3
Cotas en mm

SOLUCIÓN EJ. 1

Procedimiento 1

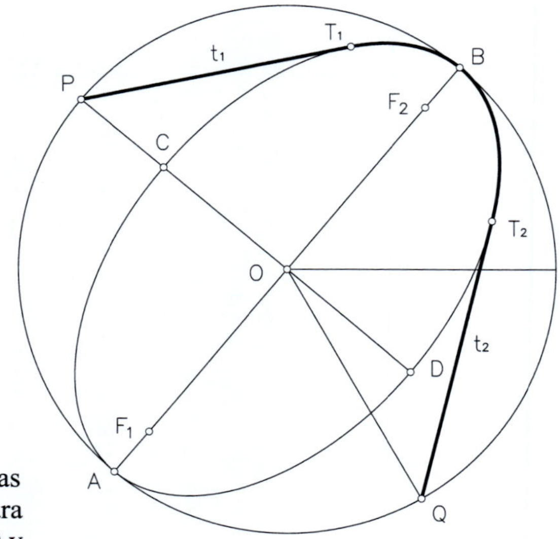

FIGURA DE ANÁLISIS

Comentario: Los simétricos F'_2 del foco F_2 respecto de las tangentes t_1 y t_2 se hallan en la circunferencia focal de F_1. Para definirlos se dibujan arcos de circunferencia de centros P y Q y radios $\overline{PF_2}$ y $\overline{QF_2}$. Las mediatrices de los segmentos $\overline{F_2F'_2}$ son las tangentes pedidas. Los puntos de tangencia T_1 y T_2 resultan de la intesección de las tangentes con los segmentos $\overline{F_1F'_2}$.

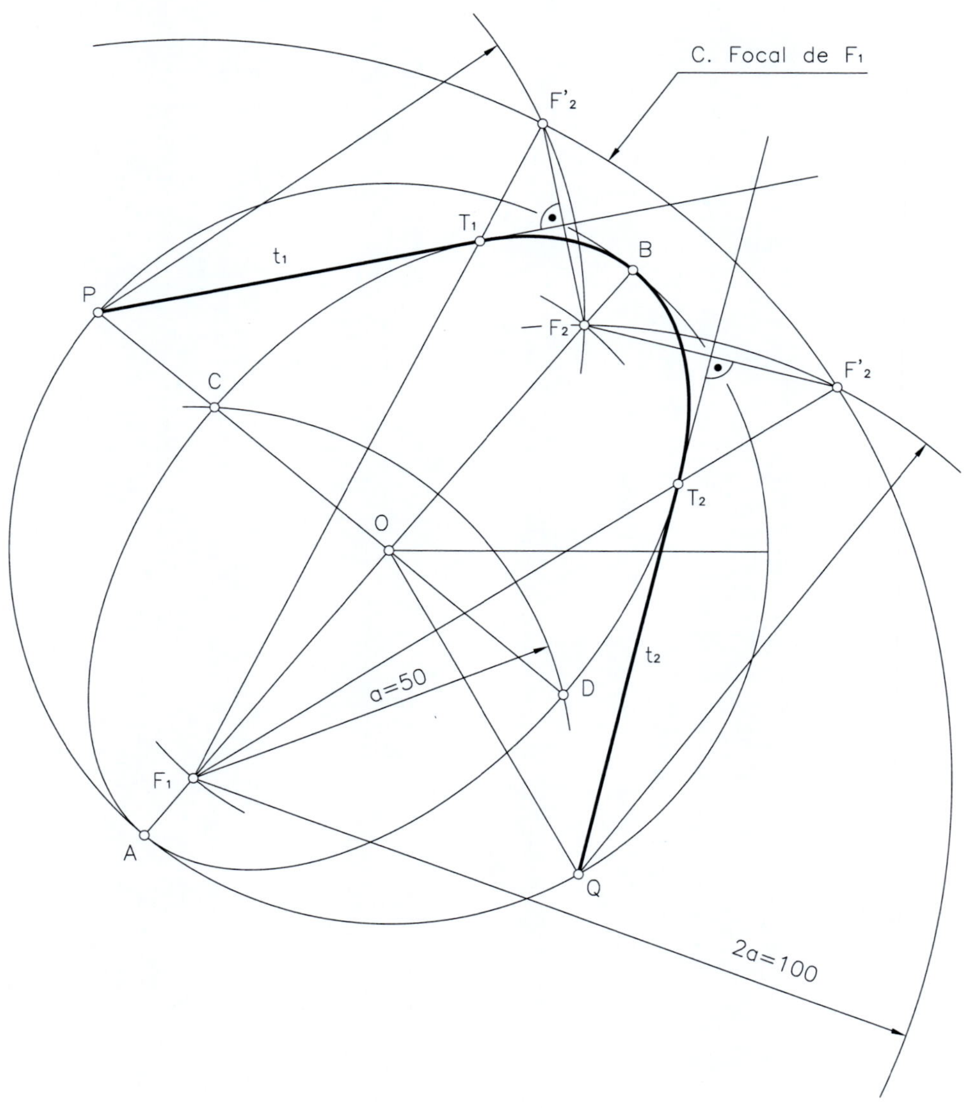

SOLUCIÓN EJ. 1

Procedimiento 2

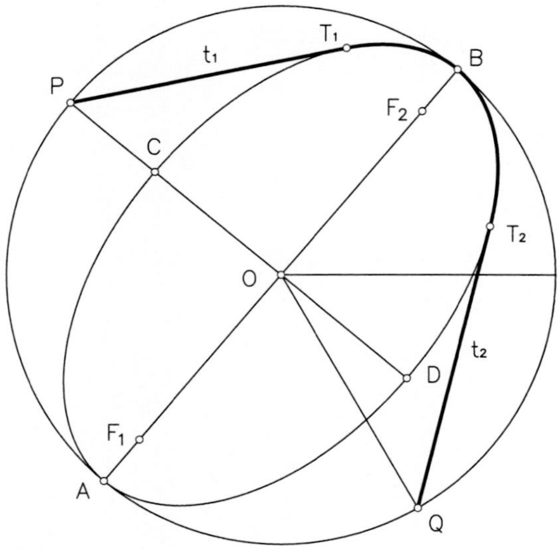

FIGURA DE ANÁLISIS

Comentario: Los pies de las perpendiculares trazadas desde un foco a las tangentes a la elipse pertenecen por definición a la circunferencia principal. Pueden obtenerse sendos puntos de paso de las tangentes t_1 y t_2 como intersección de la circunferencia principal con los arcos capaces de 90º sobre los segmentos $\overline{PF_2}$ y $\overline{QF_2}$, respectivamente.
Los puntos de tangencia T_1 y T_2 resultan de la intersección de las tangentes con los segmentos $\overline{F_1F'_2}$.

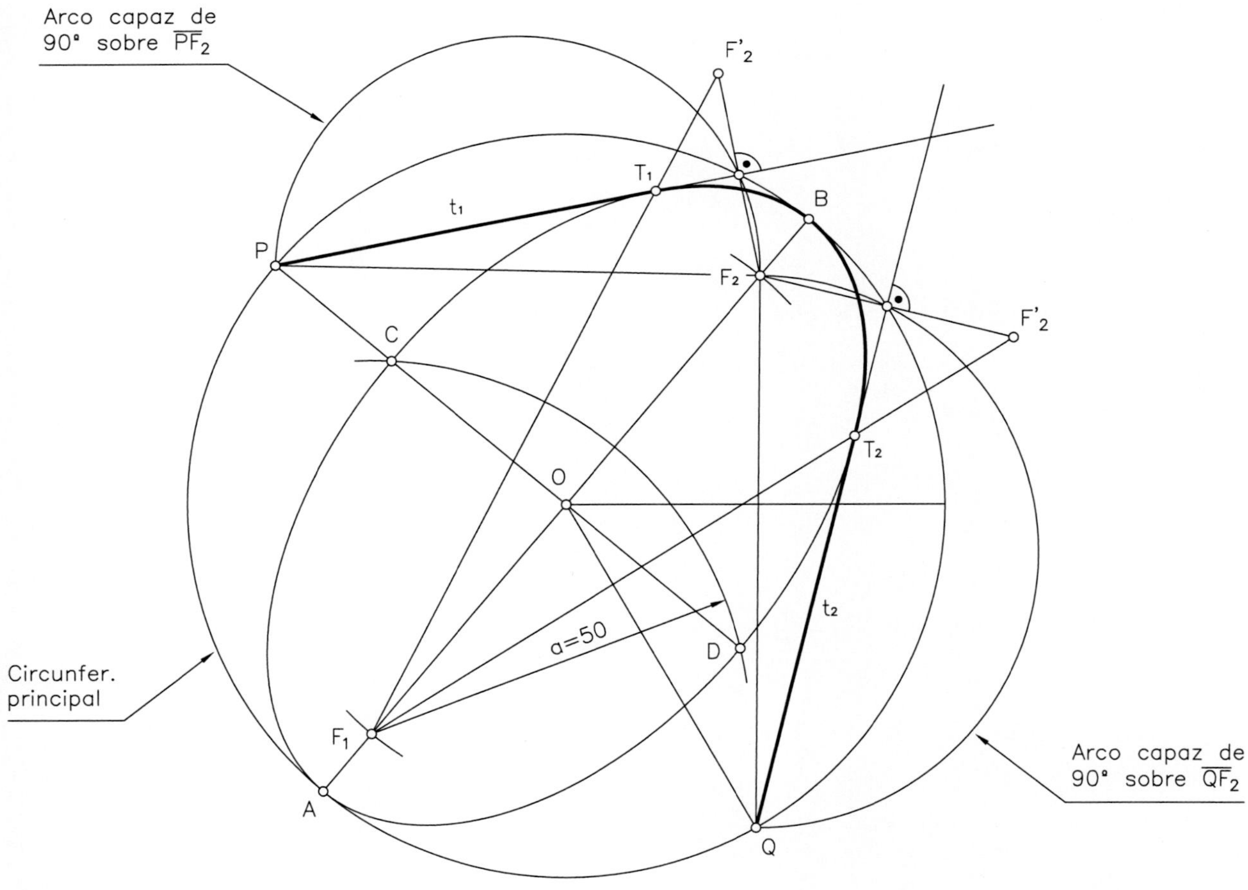

SOLUCIÓN EJ. 2

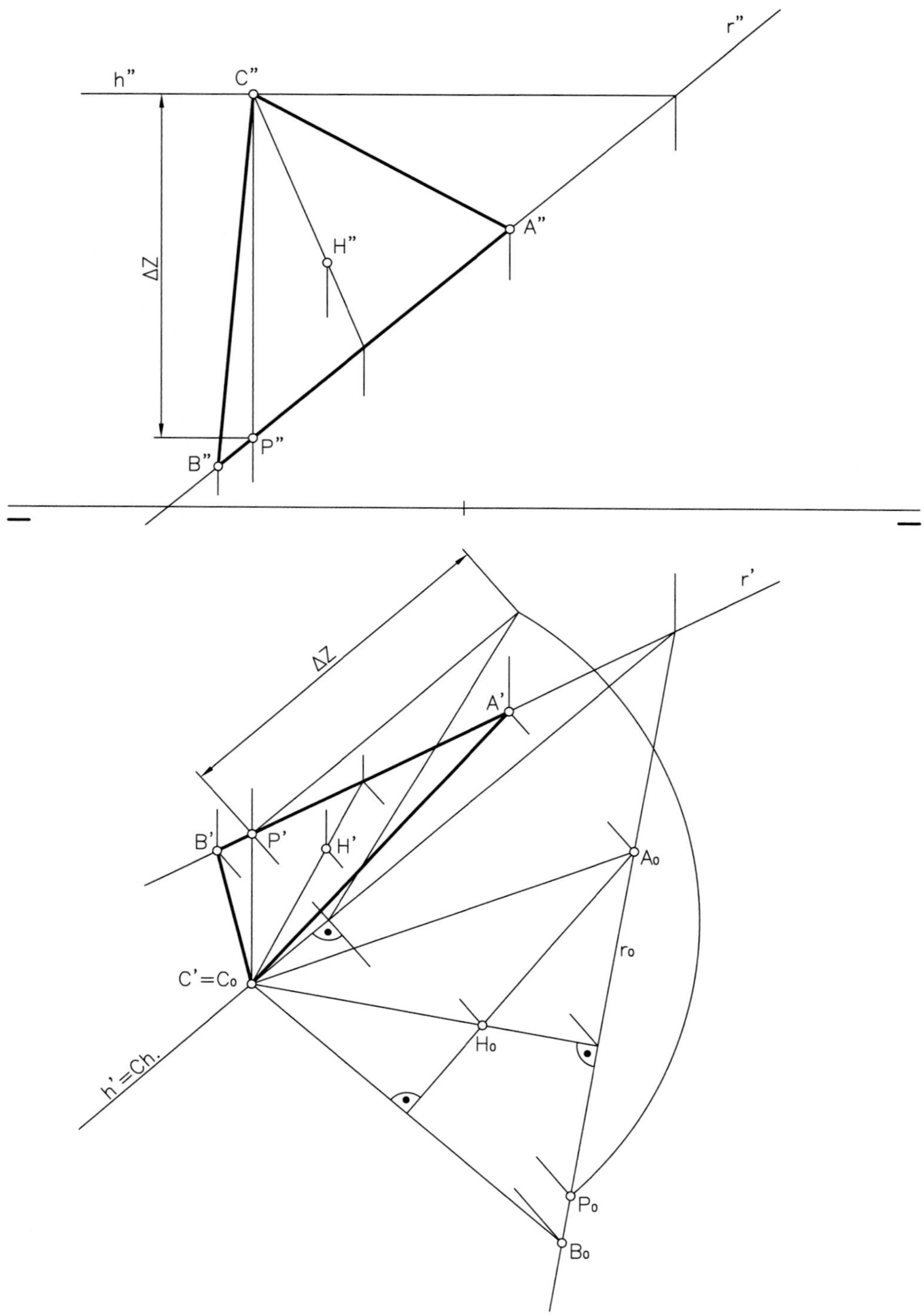

Comentario: El triángulo está contenido en el plano definido por la recta r y el punto C.
Se abate el plano empleando como charnela la horizontal de plano h, y se dibuja en el abatimiento el triángulo en verdadera magnitud.
El ortocentro H, punto de corte de las alturas, se obtiene en el abatimiento, si bien en este caso al tratarse de un triángulo equilátero coincide con el baricentro, punto de corte de las medianas.

SOLUCIÓN EJ. 3

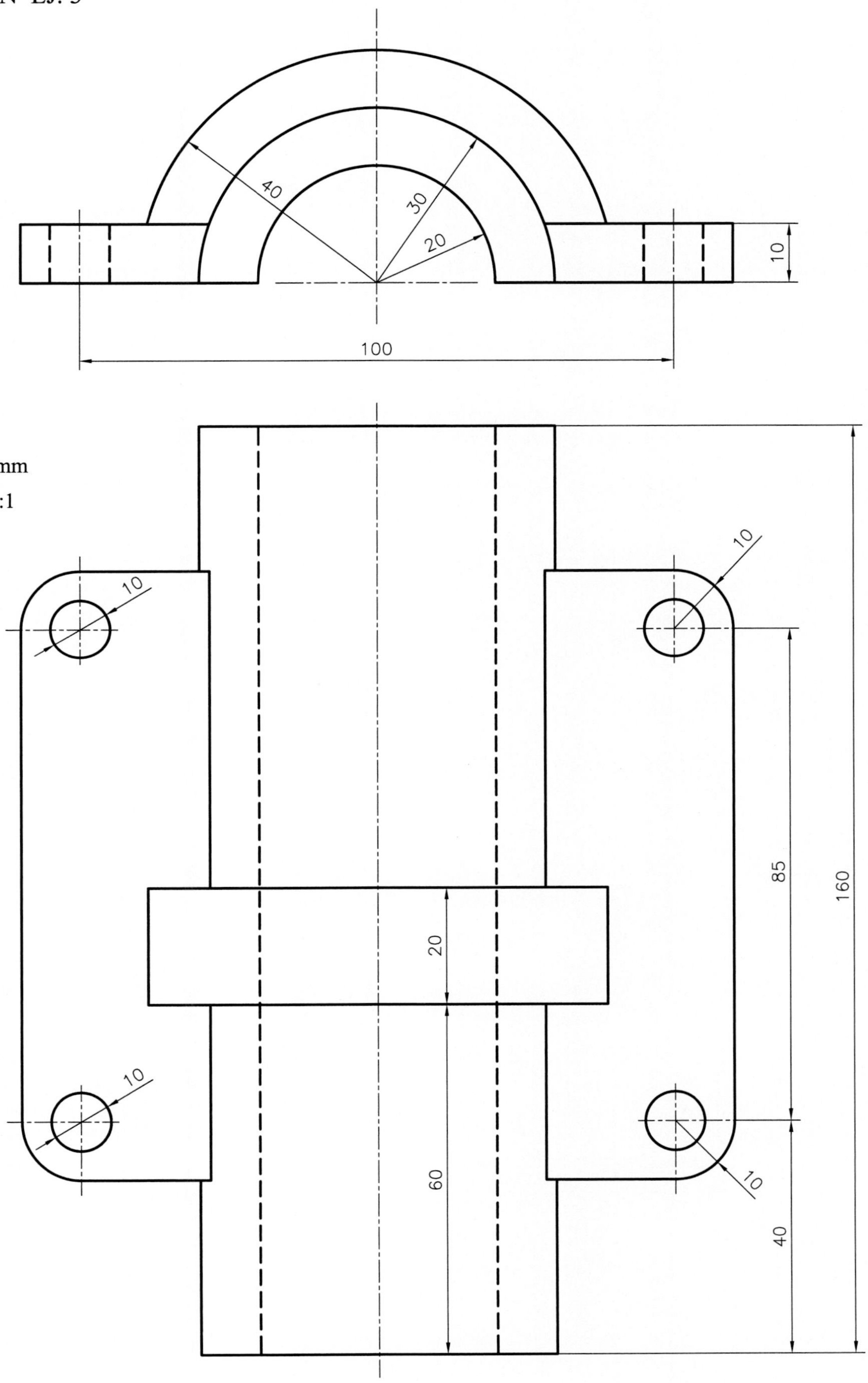

Cotas en mm

Escala 1:1

PRUEBA Nº 44

EJERCICIO 1 [3 PUNTOS] Dibujar un triángulo sabiendo que su lado c mide 100 mm y que las distancias de A y B al baricentro miden respectivamente 53 y 66 mm.

EJERCICIO 2 [4 PUNTOS] Dadas las vistas acotadas de la pieza, se pide representarla en perspectiva axonométrica isométrica a escala 1/1.

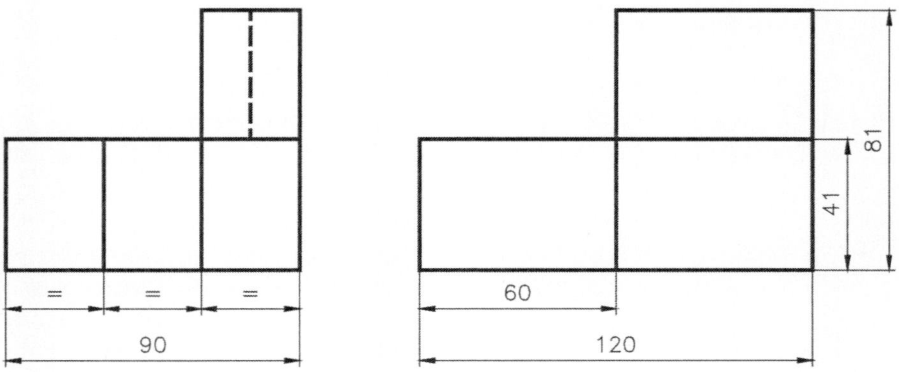

Figura 1
Cotas en mm

EJERCICIO 3 [3 PUNTOS] Dibujar las vistas normalizadas precisas para representar correctamente la pieza a escala 1/2. Los taladros son pasantes y la pieza es doblemente simétrica.

Acotar según la Norma UNE las vistas para definir completamente su geometría.

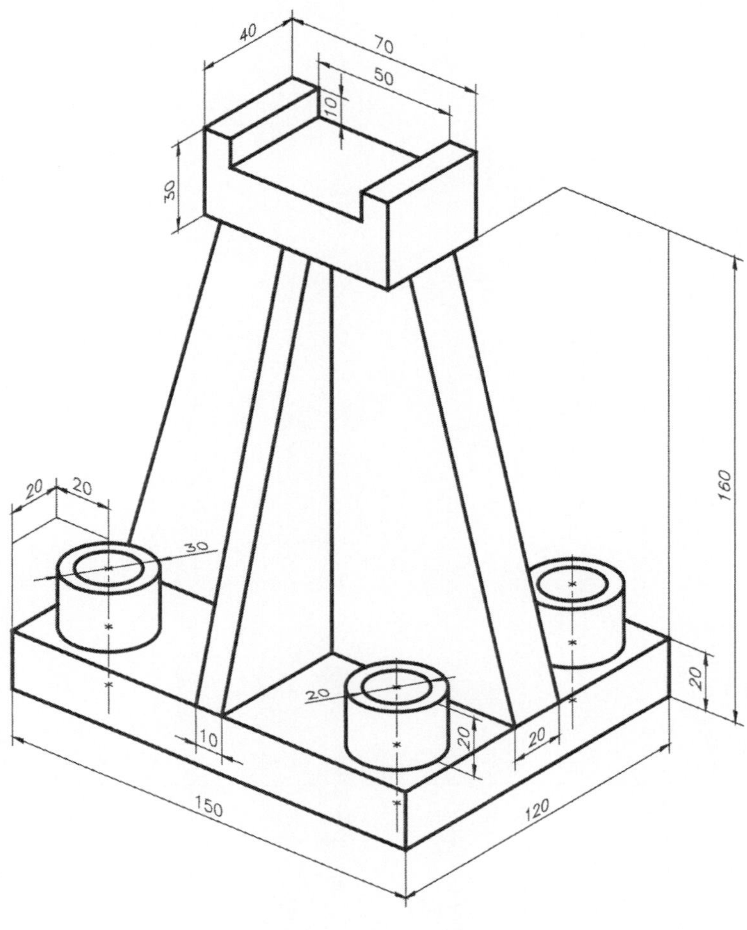

Figura 2
Cotas en mm

SOLUCIÓN EJ. 1

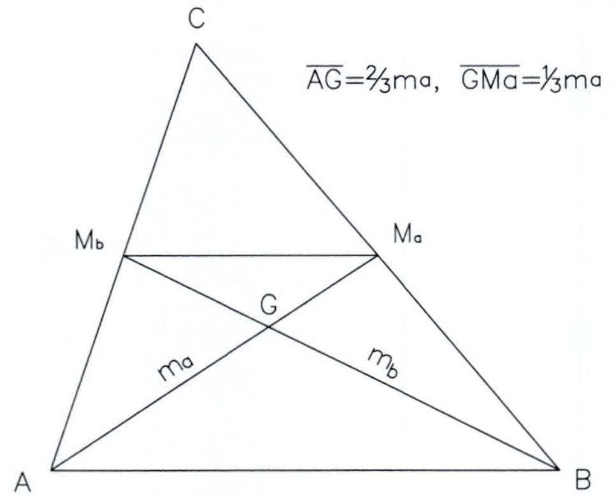

FIGURA DE ANÁLISIS

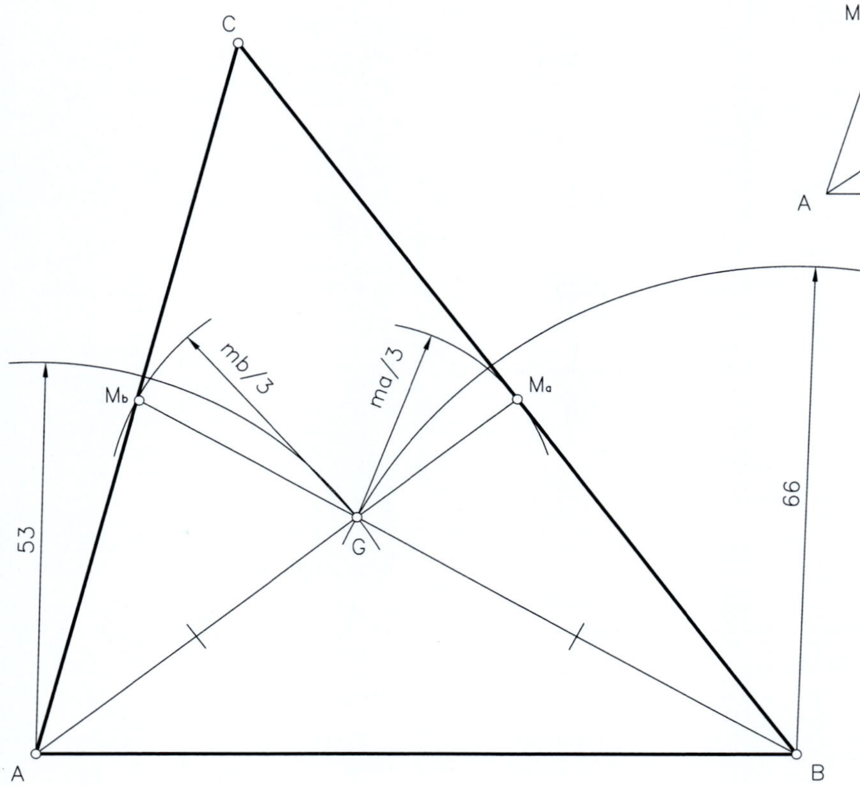

Procedimiento 1

Comentario: Dibujar el lado desigual $\overline{AB}$ = 100 mm y el baricentro G.

La distancia desde el baricentro a los puntos medios de los lados es igual a 1/3 de la mediana correspondiente. Uniendo A y B con los puntos medios de los lados, M_b y M_a, se obtiene el vértice C.

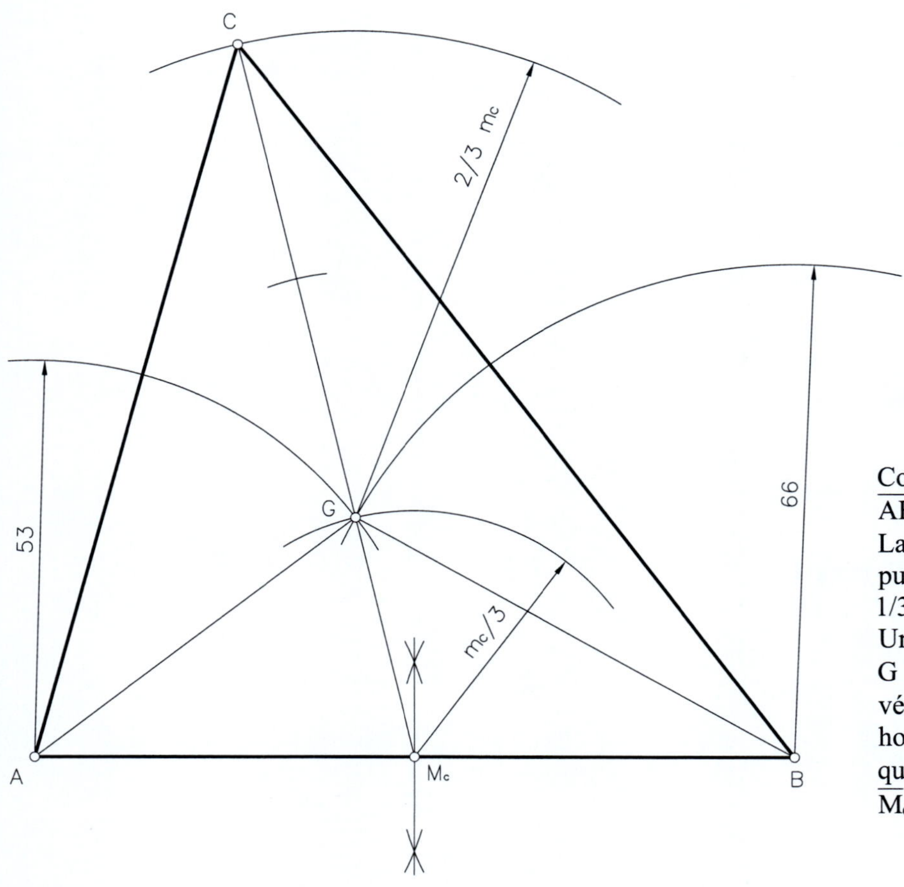

Procedimiento 2

Comentario: Dibujar el lado desigual $\overline{AB}$ = 100 mm y el baricentro G.

La distancia desde el baricentro a los puntos medios de los lados es igual a 1/3 de la mediana correspondiente. Uniendo M_c con G y llevando desde G el doble de $\overline{GM_c}$ se obtiene el vértice C (véase también como una homotecia de centro M_c y razón 3 que transforme el segmento $\overline{M_cG}$ en $\overline{M_cC}$).

SOLUCIÓN EJ. 2

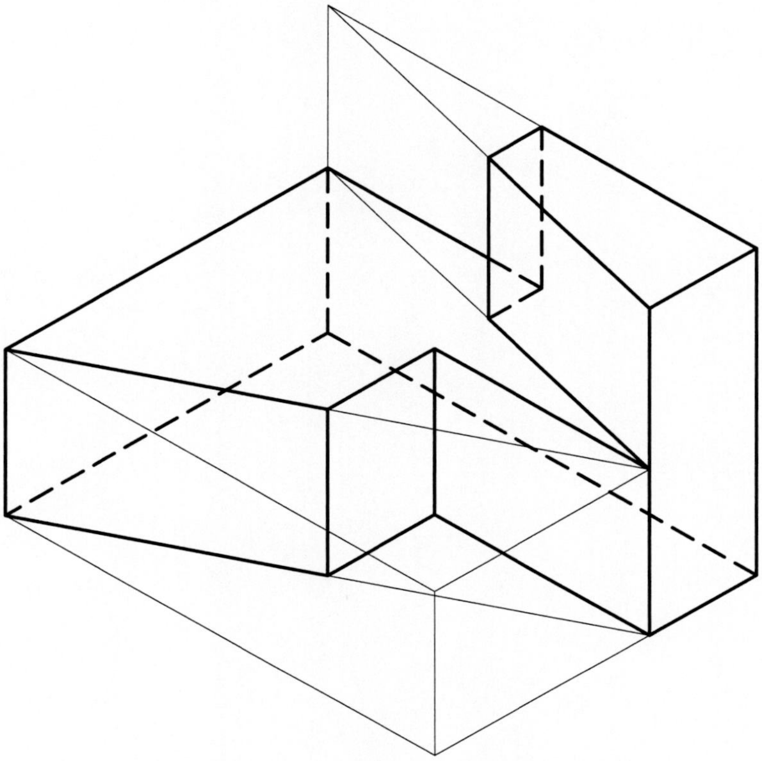

PIEZA INTERMEDIA

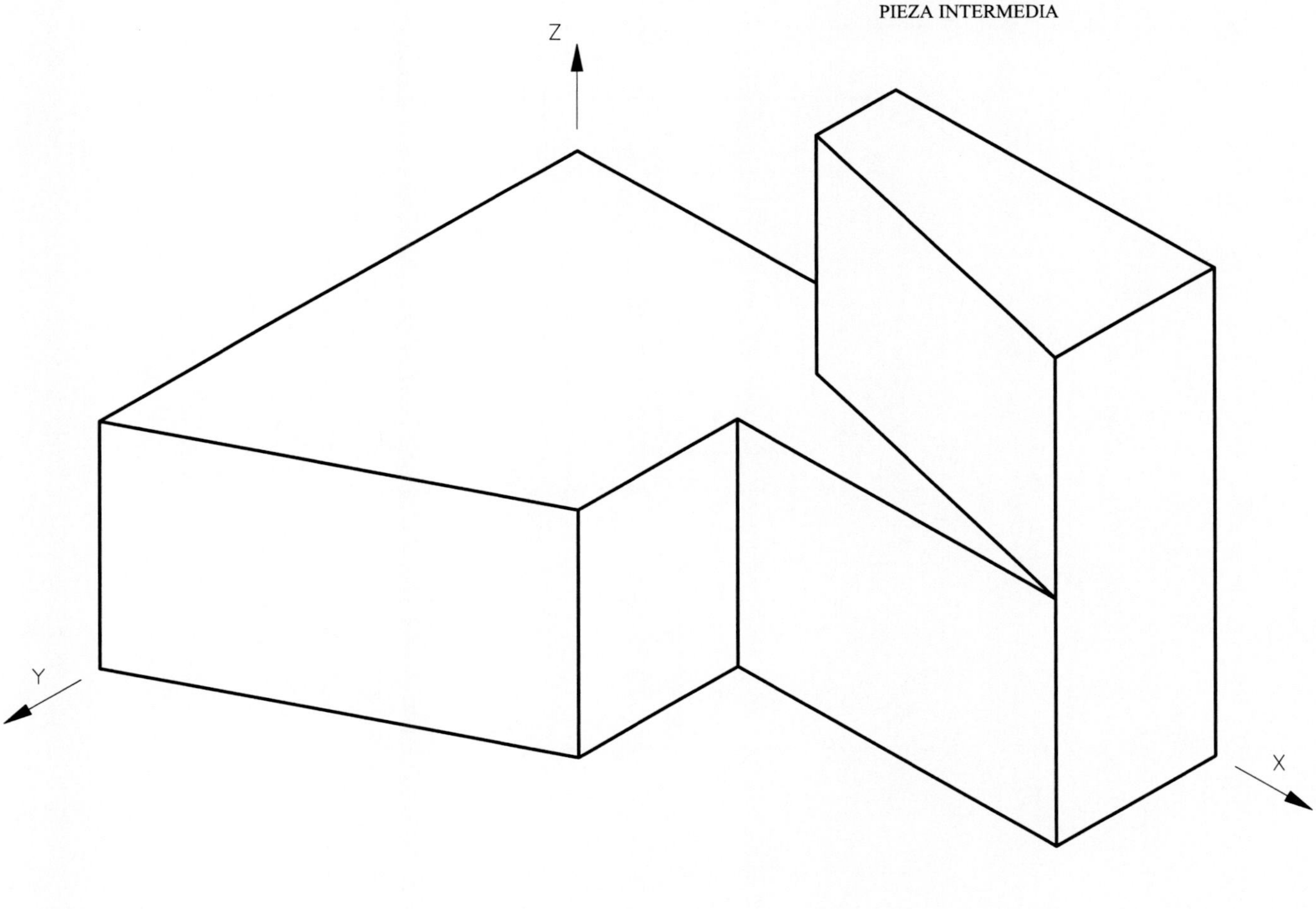

Escala 1:1

SOLUCIÓN EJ. 3

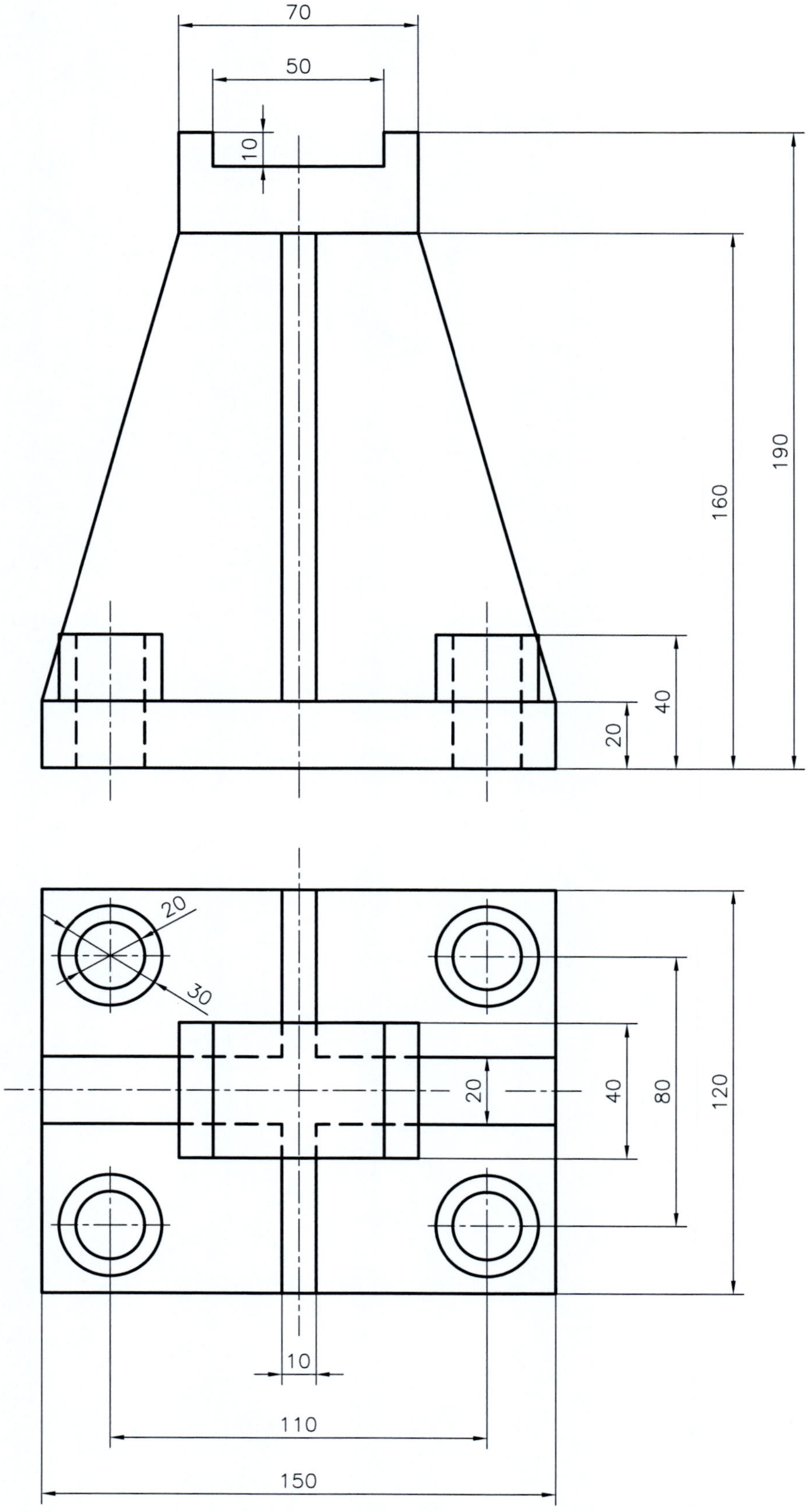

Cotas en mm

Escala 1:2

PRUEBA Nº 45

EJERCICIO 1 [3 PUNTOS] Realizar las siguientes construcciones gráficas elementales:

- Obtener los ejes radicales de las parejas de circunferencias dibujadas.
- Hacer una escala gráfica que mida centímetros a escala $1/\sqrt{3}$. Hacer la graduación para una longitud de 10 cm sin contraescala.

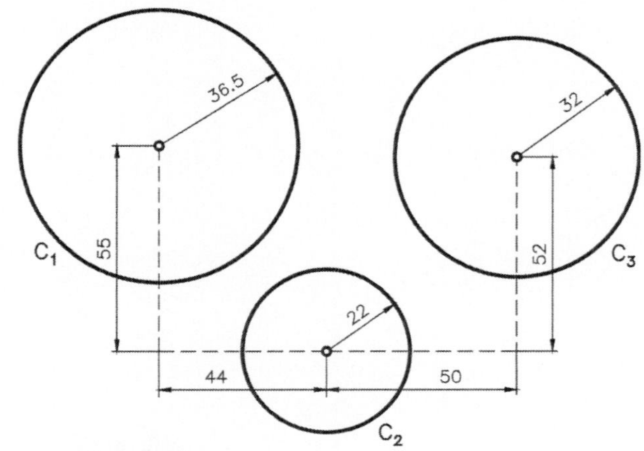

Figura 1

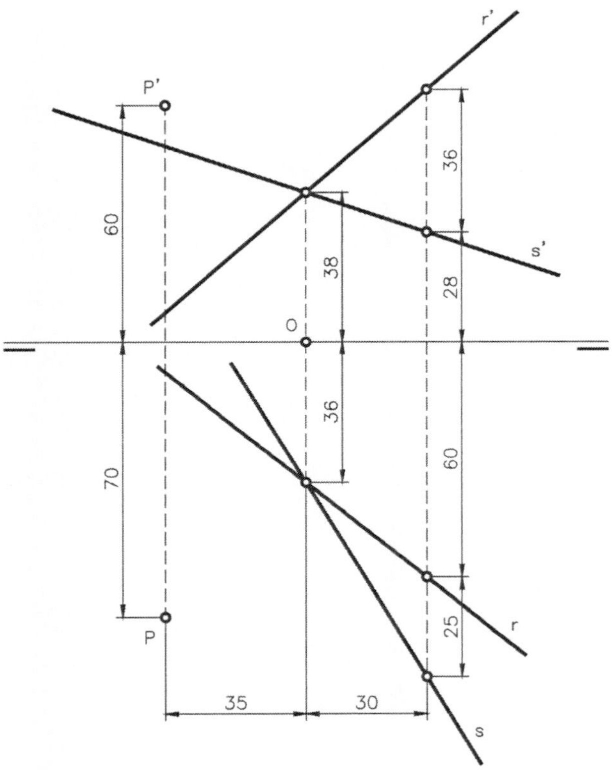

EJERCICIO 2 [4 PUNTOS] Dado el plano α definido por las rectas r y s, se pide:

- Obtener una recta **f** del plano α que diste 15 mm del plano vertical.
- Obtener una horizontal **h** del plano α que tenga 30 mm de cota.
- Obtener la proyección ortogonal del punto P sobre el plano α.
- Obtener la distancia **d** del punto P al plano α y escribir su medida en mm.
- Obtener una recta de máxima inclinación del plano α.

Figura 2
Cotas en mm

EJERCICIO 3 [3 PUNTOS] Dibujar las vistas normalizadas precisas para representar correctamente la pieza a escala 1/2. La pieza dispone de un plano de simetría. El taladro es pasante.

Acotar según la Norma UNE las vistas para definir completamente su geometría.

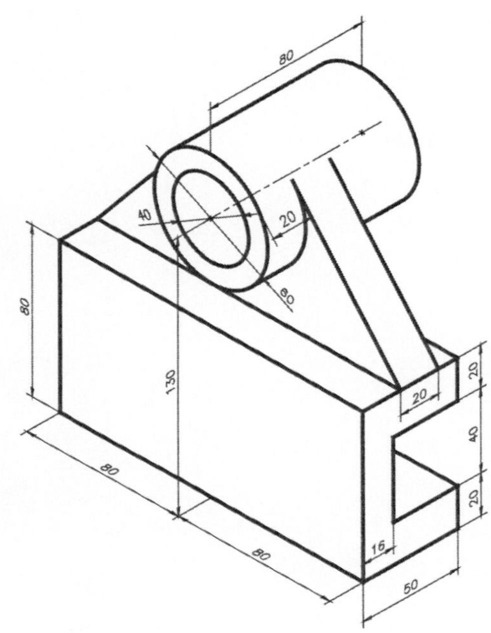

Figura 3
Cotas en mm

SOLUCIÓN EJ. 1

Hoja 1

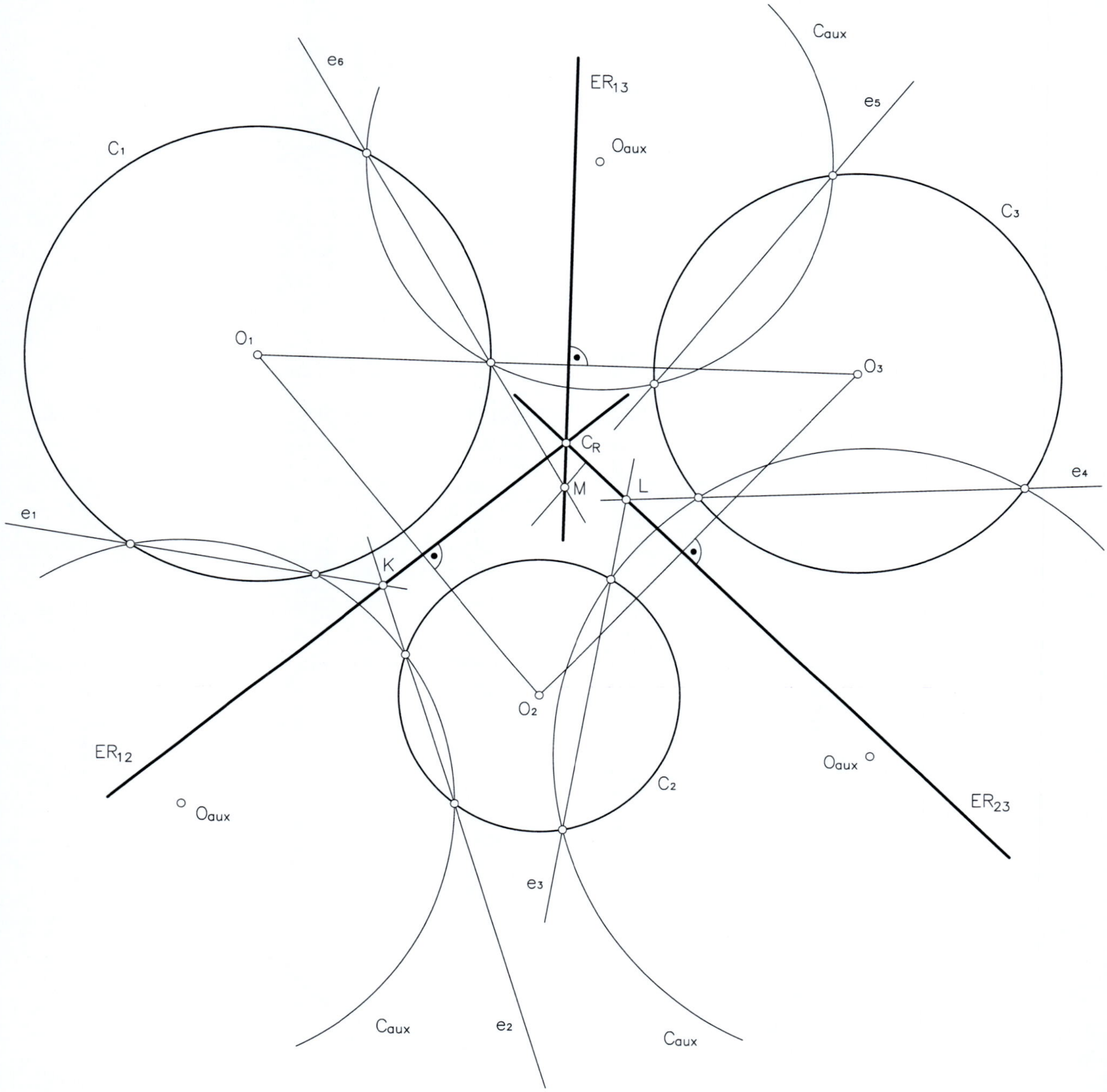

Comentario: Dibujando circunferencias auxiliares cualesquiera, que corten a dos parejas de las dadas se obtienen los ejes radicales e_1, e_2, ... e_6, los cuales se cortan dos a dos en puntos que pertenecen a los ejes radicales de las parejas de circunferencias C_1, C_2 y C_3, puntos K, L y M. Los ejes radicales ER_{12}, ER_{13} y ER_{23} pasan por estos puntos y son perpendiculares a las líneas de centros respectivas.
El punto de corte de los tres ejes radicales es el centro radical C_R.

SOLUCIÓN EJ. 1

Hoja 2

Comentario: Se puede escribir la expresión $1/\sqrt{3}$ de la forma $\sqrt{3}/3$.
Tomando un segmento unidad u, hallando $u\sqrt{3}$ y dividiéndolo en tres partes iguales, se puede establecer gráficamente la escala pedida.

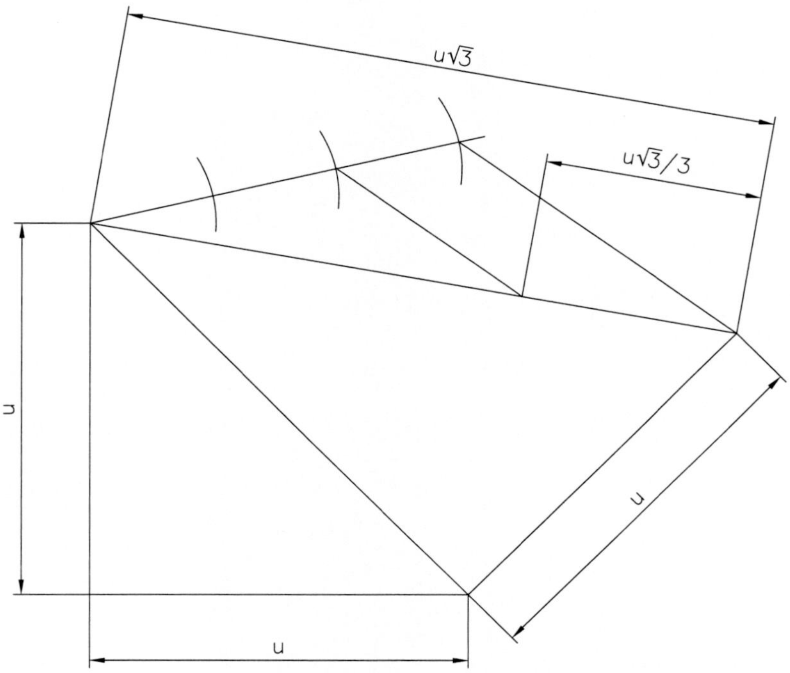

CONSTRUCCIÓN AUXILIAR

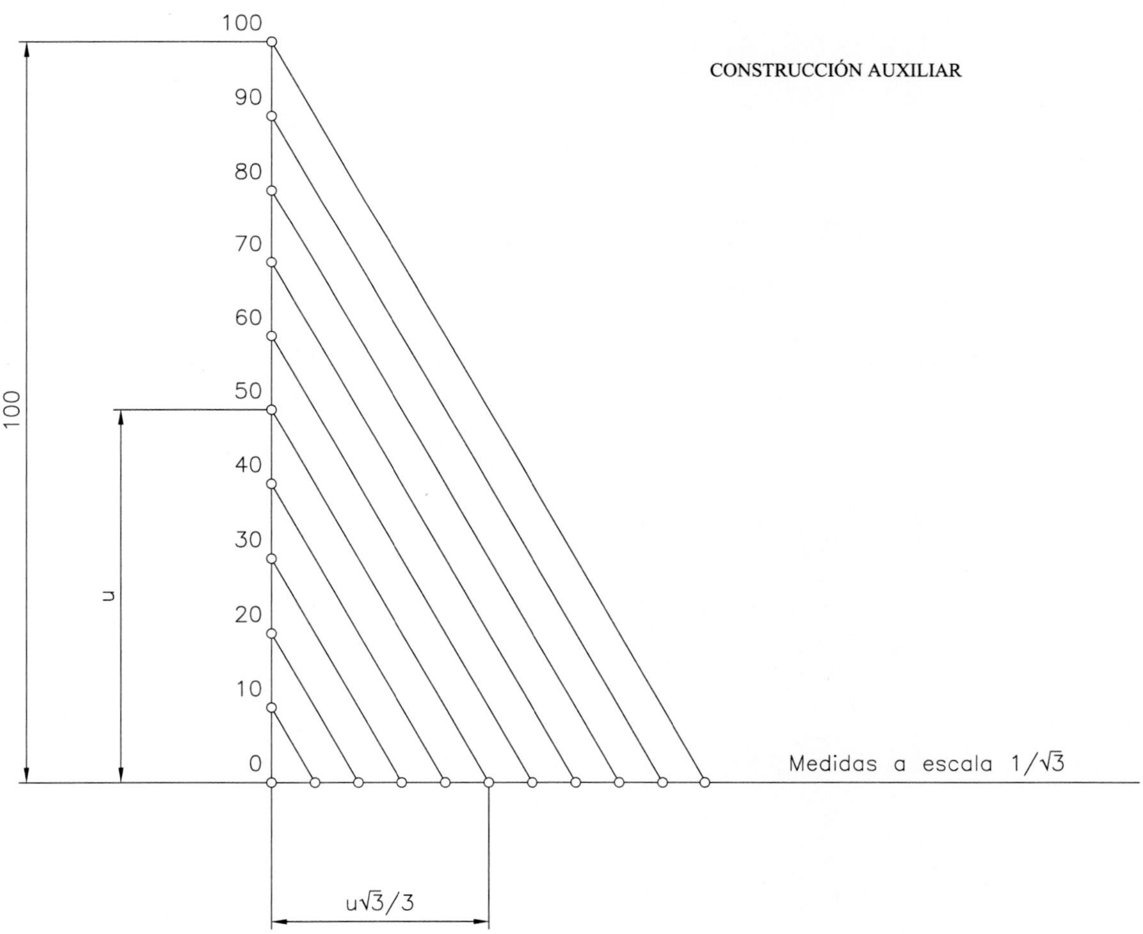

Comentario: Se dibujan dos semirrectas con el mismo origen y en una de ellas (la vertical en este caso) se lleva la escala real graduada en mm. Se trasladan los segmentos unidad u y $u\sqrt{3}/3$ y por proporcionalidad se obtiene la escala graduada pedida.

SOLUCIÓN EJ. 2

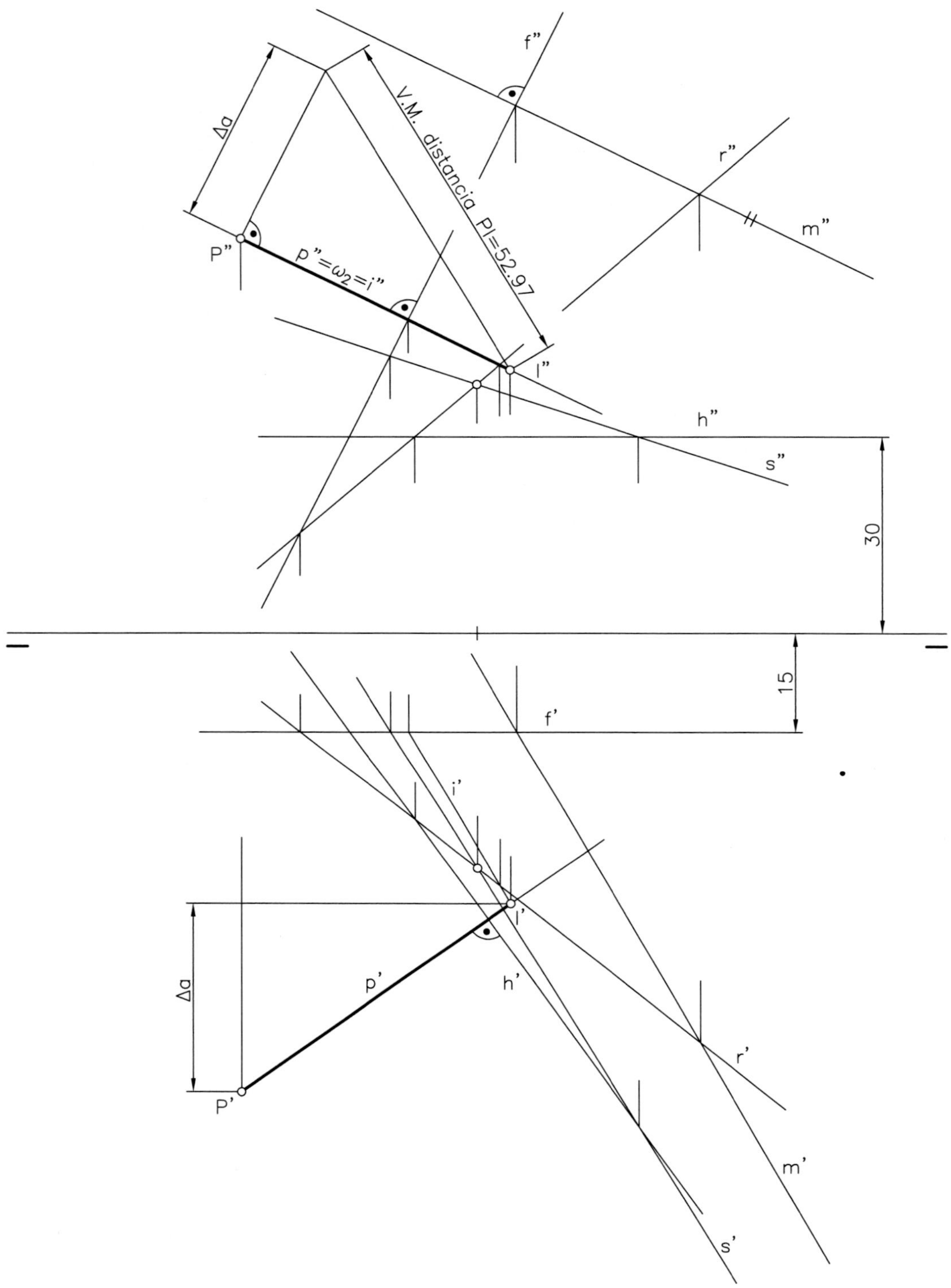

Comentario: Para conocer la distancia del punto P al plano (r, s) se determina la intersección de la recta perpendicular p que atraviesa el punto P con dicho plano (punto I). La distancia PI se calcula por diferencia de alejamiento.
La recta m de máxima inclinación del plano es coplanaria y su proyección vertical es perpendicular a las frontales del plano.

SOLUCIÓN EJ. 3

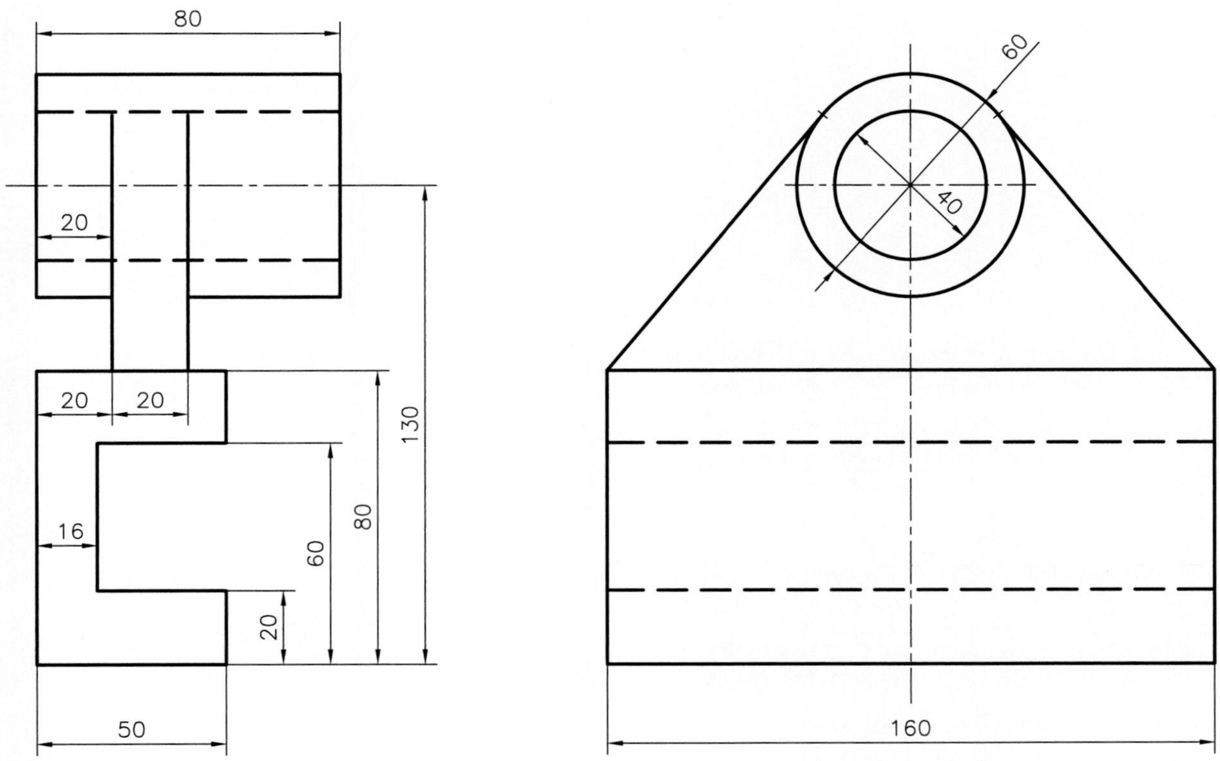

Cotas en mm

Escala 1:2

PRUEBA Nº 46

EJERCICIO 1 [3 PUNTOS] El trazado de la figura está compuesto por un segmento recto y tres arcos de circunferencia. Se pide obtener con toda exactitud la posición de los puntos de tangencia de estos 4 tramos.

Redondear, por último, el vértice agudo con una circunferencia de radio 15 mm.

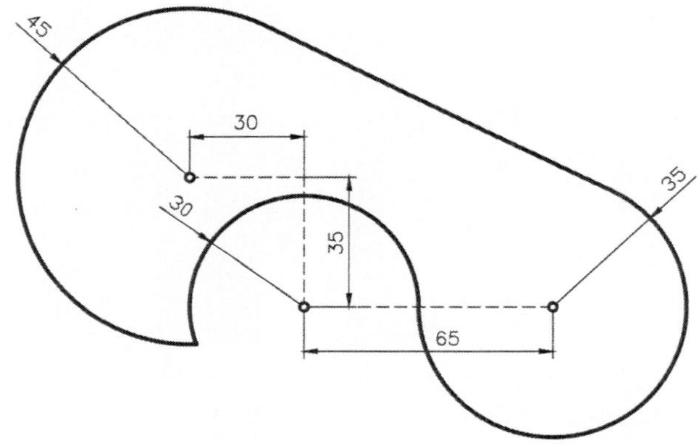

Figura 1 Cotas en mm

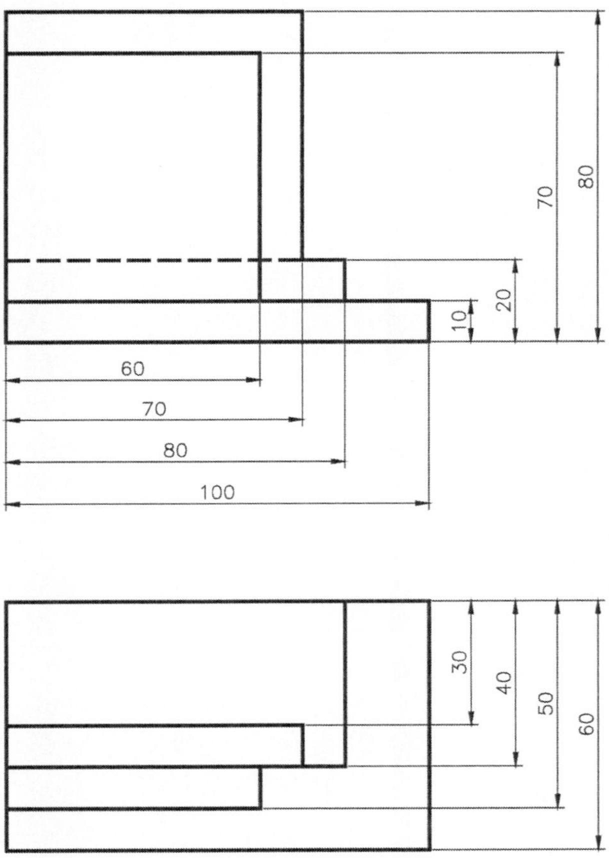

EJERCICIO 2 [4 PUNTOS] Dadas las vistas acotadas de la pieza, se pide representarla en perspectiva axonométrica isométrica a escala 1/1.

Figura 2
Cotas en mm

EJERCICIO 3 [3 PUNTOS] Dibujar las vistas normalizadas precisas para representar correctamente la pieza a escala 1/2. El taladro es pasante y la pieza dispone de cuatro planos verticales de simetría.

Acotar según la Norma UNE las vistas para definir completamente su geometría.

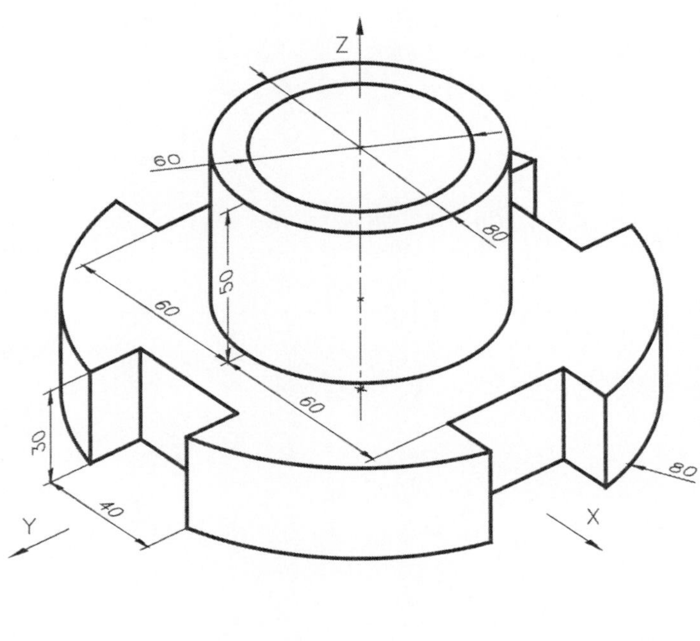

Figura 3
Cotas en mm

SOLUCIÓN EJ. 1

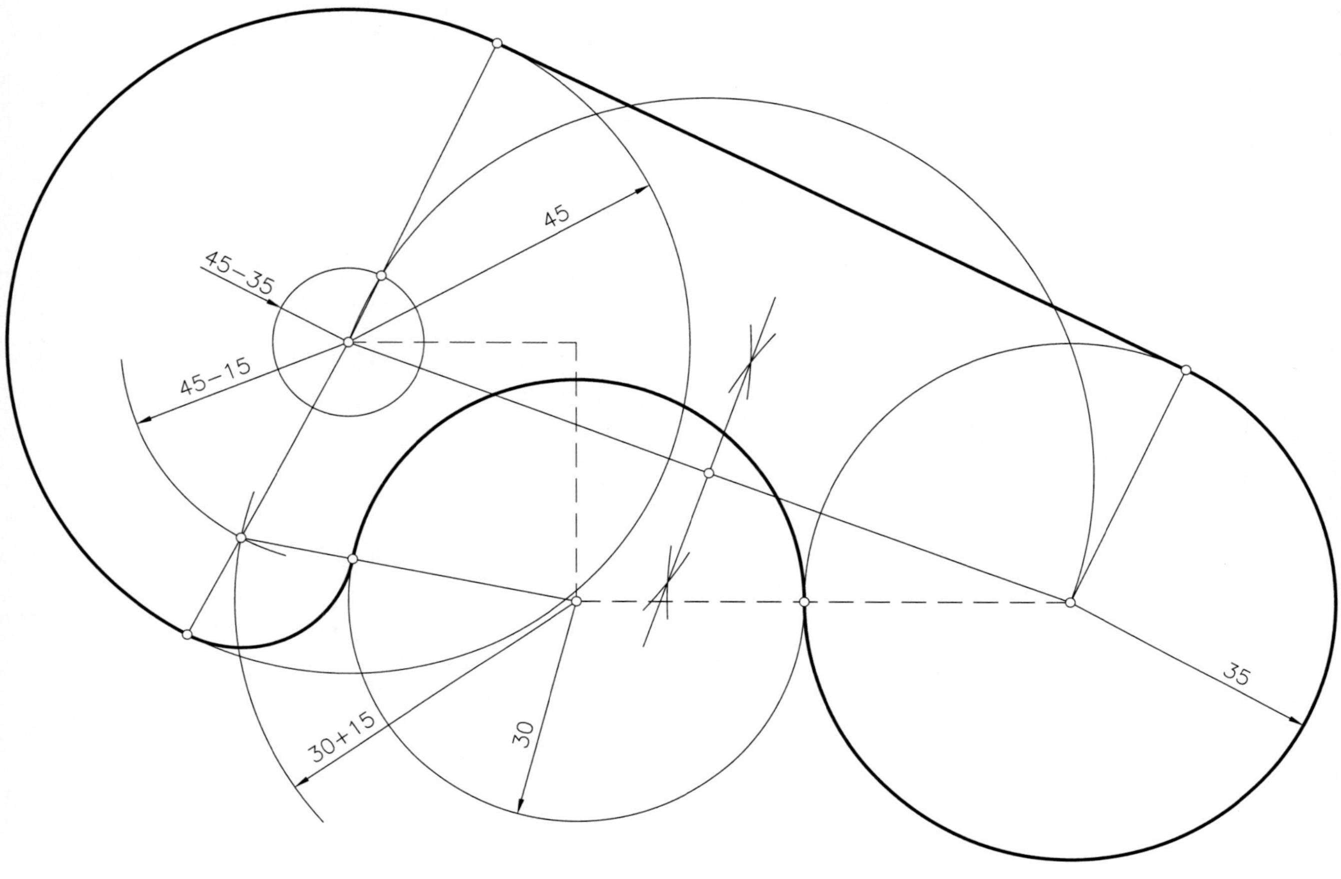

Comentario: Una vez dibujadas las tres circunferencias de radios 30, 35 y 45 mm, se procede como sigue. El tramo recto tangente se dibuja aplicando una contracción de 35 mm sobre las circunferencias de radio 35 y 45 mm, que reduce la primera a un punto.

El redondeo de radio 15 mm se dibuja aplicando dos dilataciones de 15 mm, una positiva sobre la circunferencia de radio 30 mm y otra negativa sobre la de radio 45 mm.

SOLUCIÓN EJ. 2

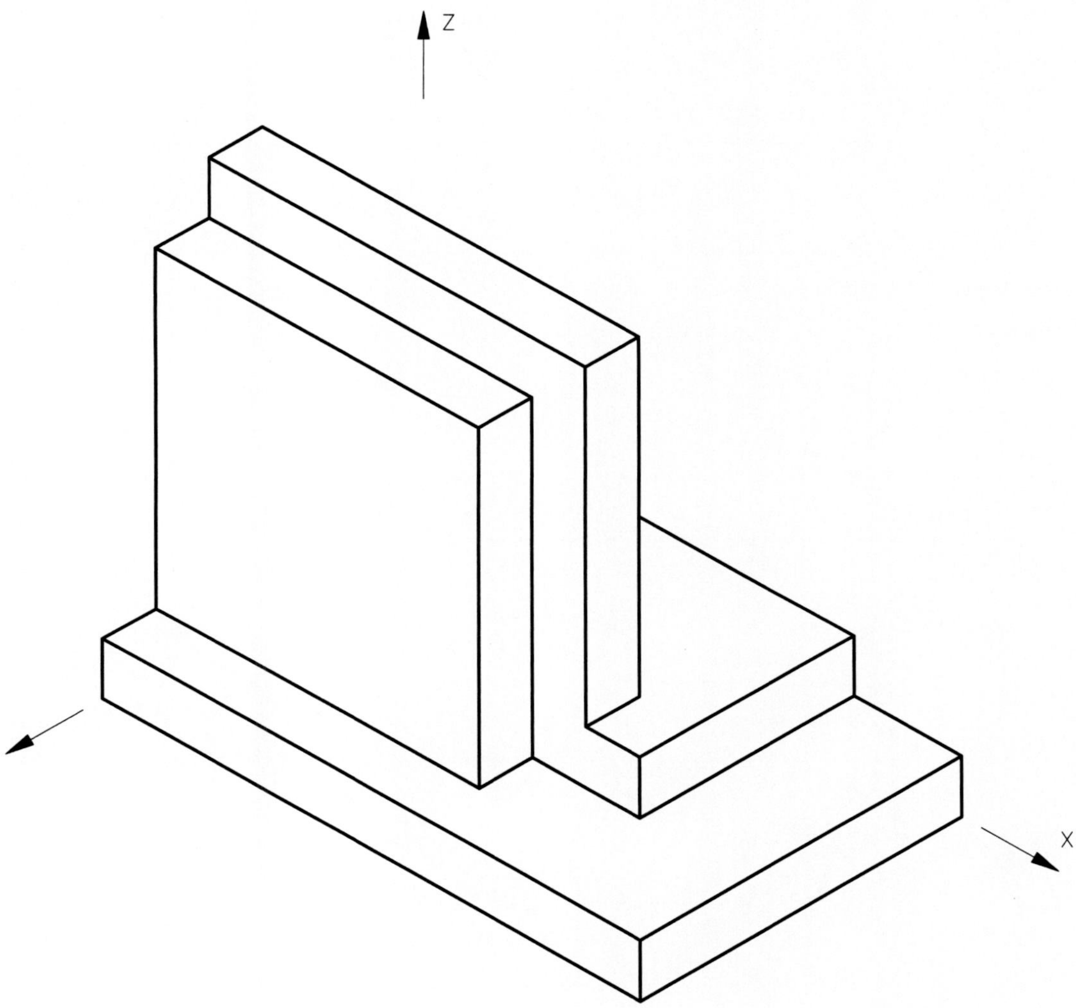

Escala 1:1

SOLUCIÓN EJ. 3

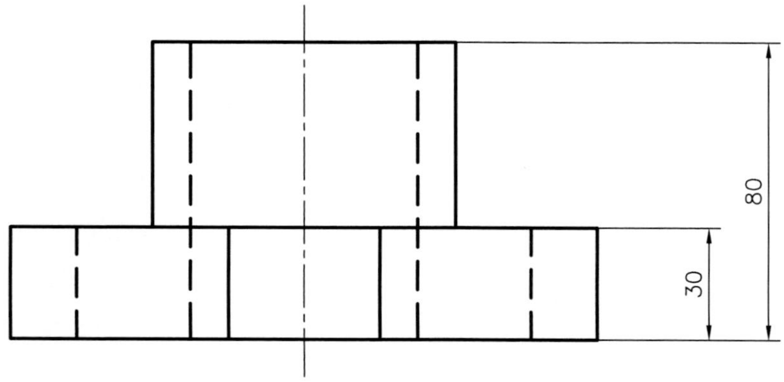

Cotas en mm

Escala 1:2

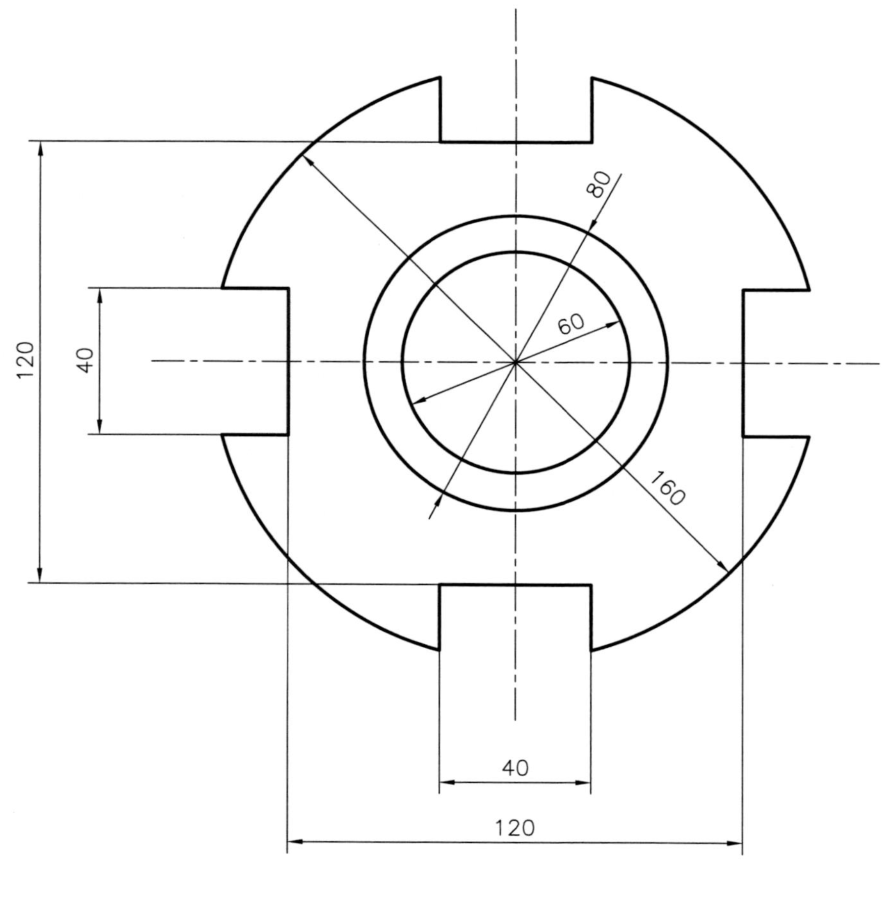

PRUEBA Nº 47

EJERCICIO 1 [3 PUNTOS] Las dos diagonales de un rombo están en proporción áurea y la suma de las mismas mide 10 cm. Se pide:

Dibujar el rombo así definido.

EJERCICIO 2 [4 PUNTOS] Del triángulo ABC se sabe lo siguiente:

- Las coordenadas de sus vértices son: A(-30, 30, 30), B(50, 70, 30) y C(0, ?, 70).
- El lado AC mide 80 mm.

Se pide:
Dibujar las proyecciones diédricas del triangulo ABC. Se dibujará la solución con el punto C de mayor alejamiento.

EJERCICIO 3 [3 PUNTOS] En la perspectiva de la figura 1 se presenta una pieza que tiene dos planos verticales de simetría. Se pide:

Dibujar, a escala 1/10, las vistas normalizadas debidamente acotadas para su correcta representación.

Figura 1
Cotas en cm

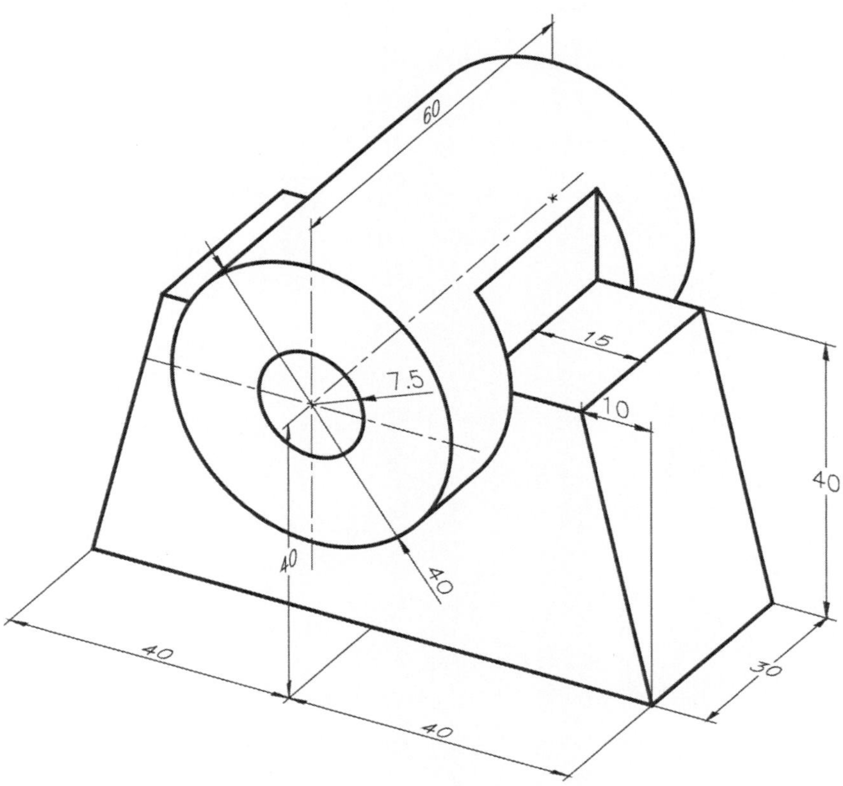

SOLUCIÓN EJ. 1

Procedimiento 1

Comentario: Una forma de dividir un segmento en media y extrema razón, o proporción áurea, es aplicando el concepto de potencia de un punto respecto de una circunferencia. $\overline{PM}$ es el segmento áureo del $\overline{PN}$. A su vez, $\overline{QN}$ es áureo de $\overline{PQ}$, con $\overline{PQ} = \overline{PM}$.

$\Phi = \overline{PN} / \overline{PQ} = \overline{PQ} / \overline{QN}$ (Φ: proporción áurea)

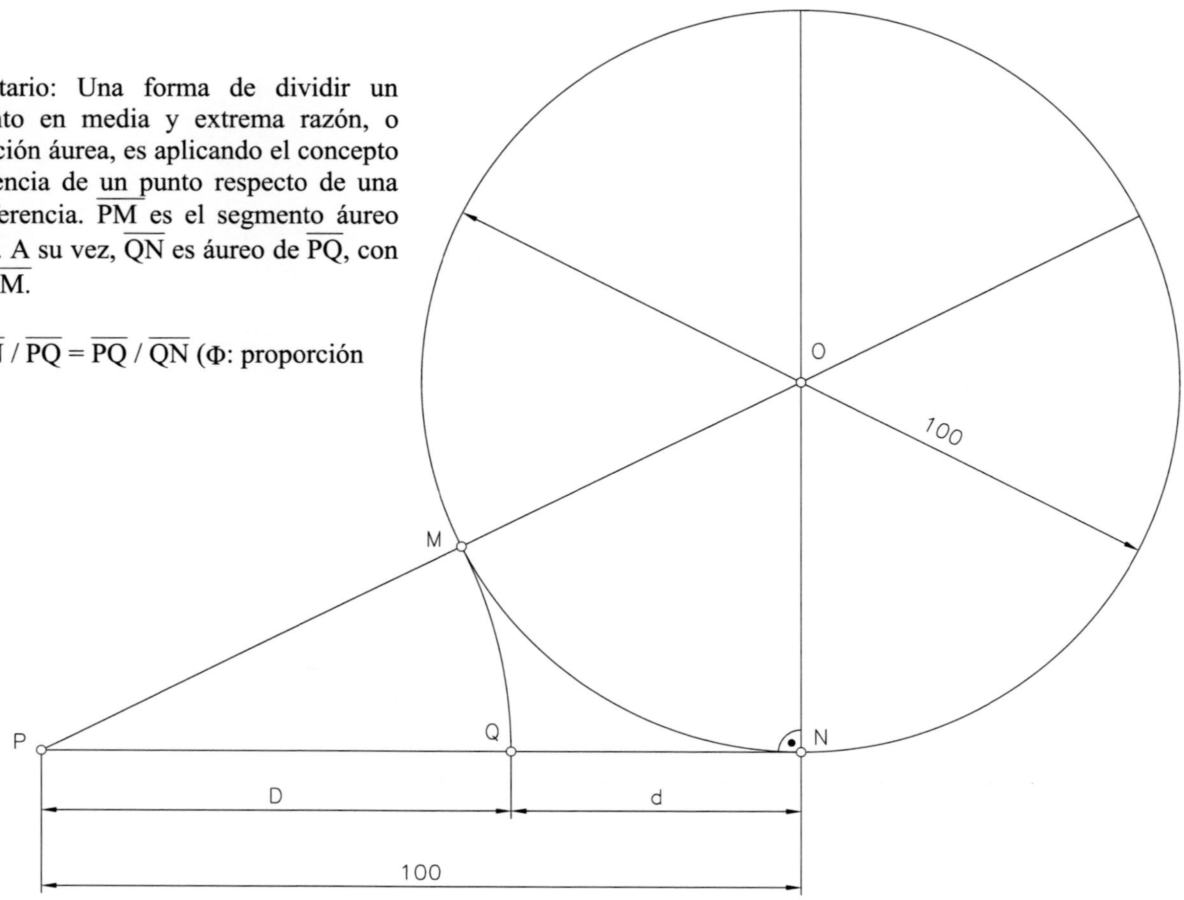

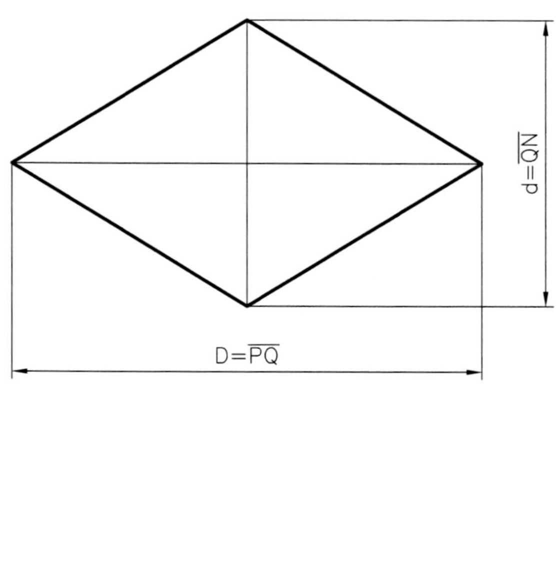

SOLUCIÓN EJ. 1

Procedimiento 2

Comentario: Otra forma de dividir un segmento en media y extrema razón, o proporción áurea, es aplicando la relación existente entre el lado de un pentágono regular y su diagonal, donde $\Phi = D_5/L_5$ (Φ: proporción áurea).
Aplicando una homotecia de centro O se puede comparar la suma del (lado+diagonal) de un pentágono regular cualquiera con la de la solución, de 100 mm.

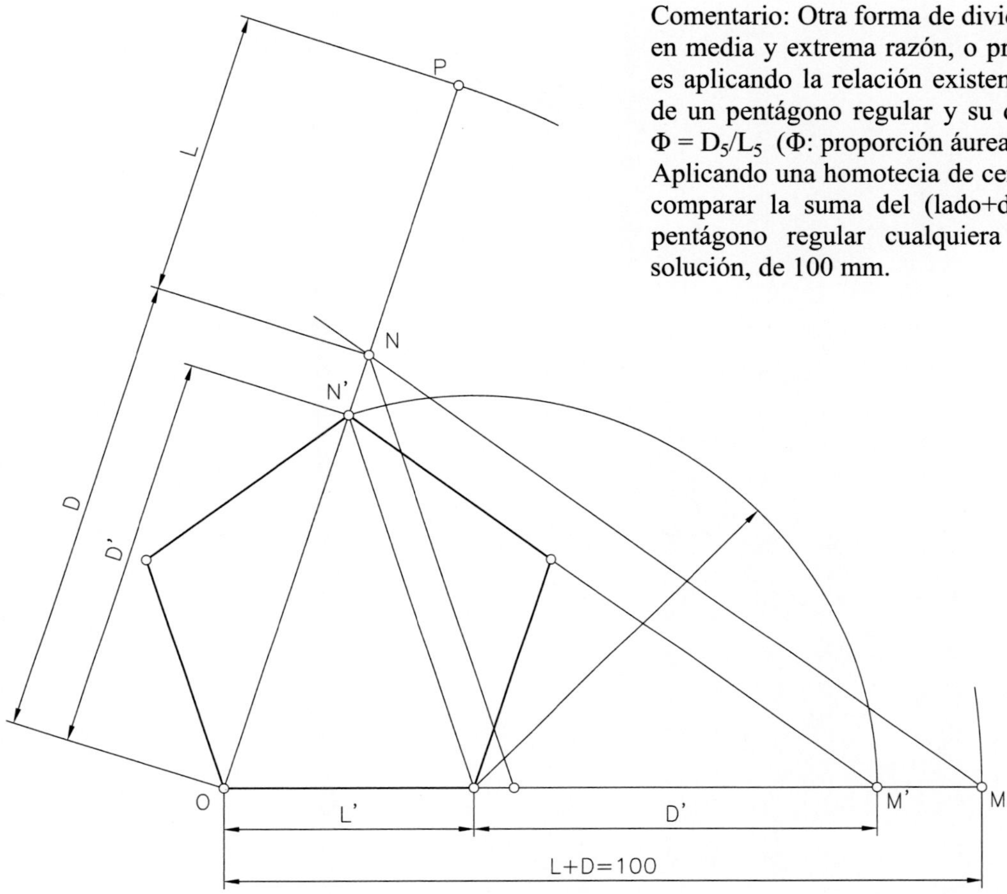

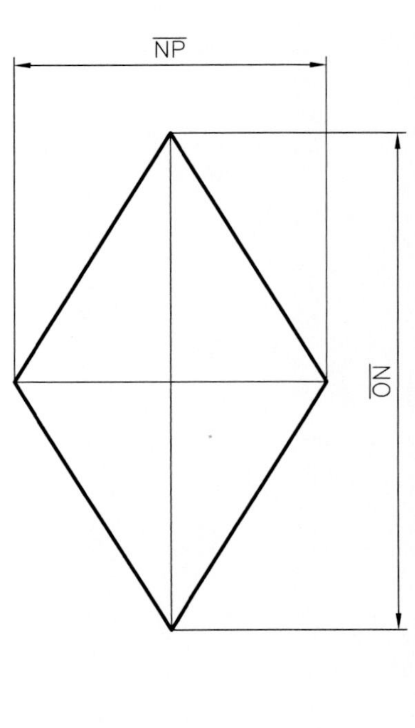

SOLUCIÓN EJ. 2

Procedimiento 1

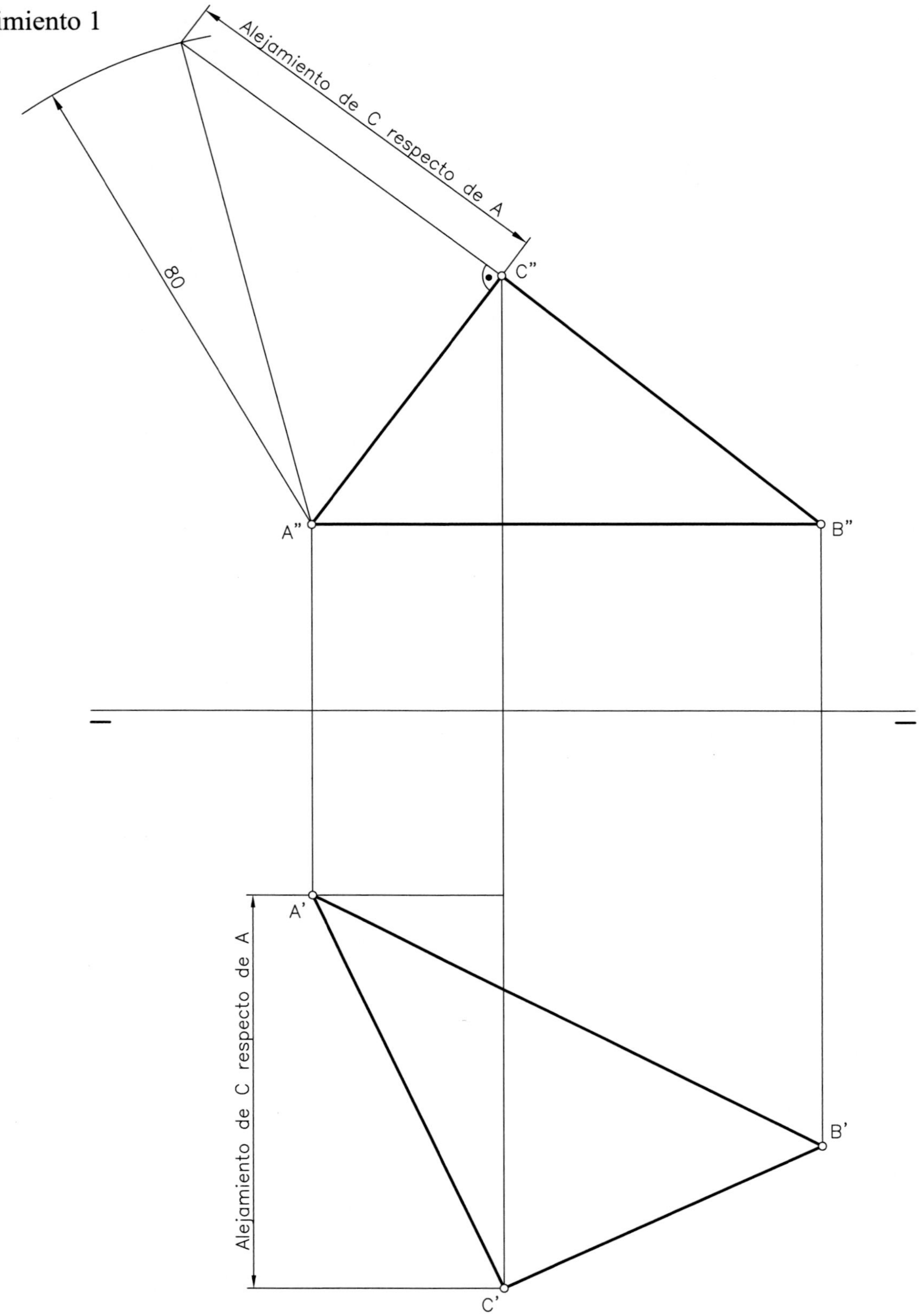

Comentario: El alejamiento del vértice C se obtiene relacionando: la proyección vertical del lado AC, la verdadera magnitud de dicho lado y el alejamiento relativo de C respecto de A.

SOLUCIÓN EJ. 2

Procedimiento 2

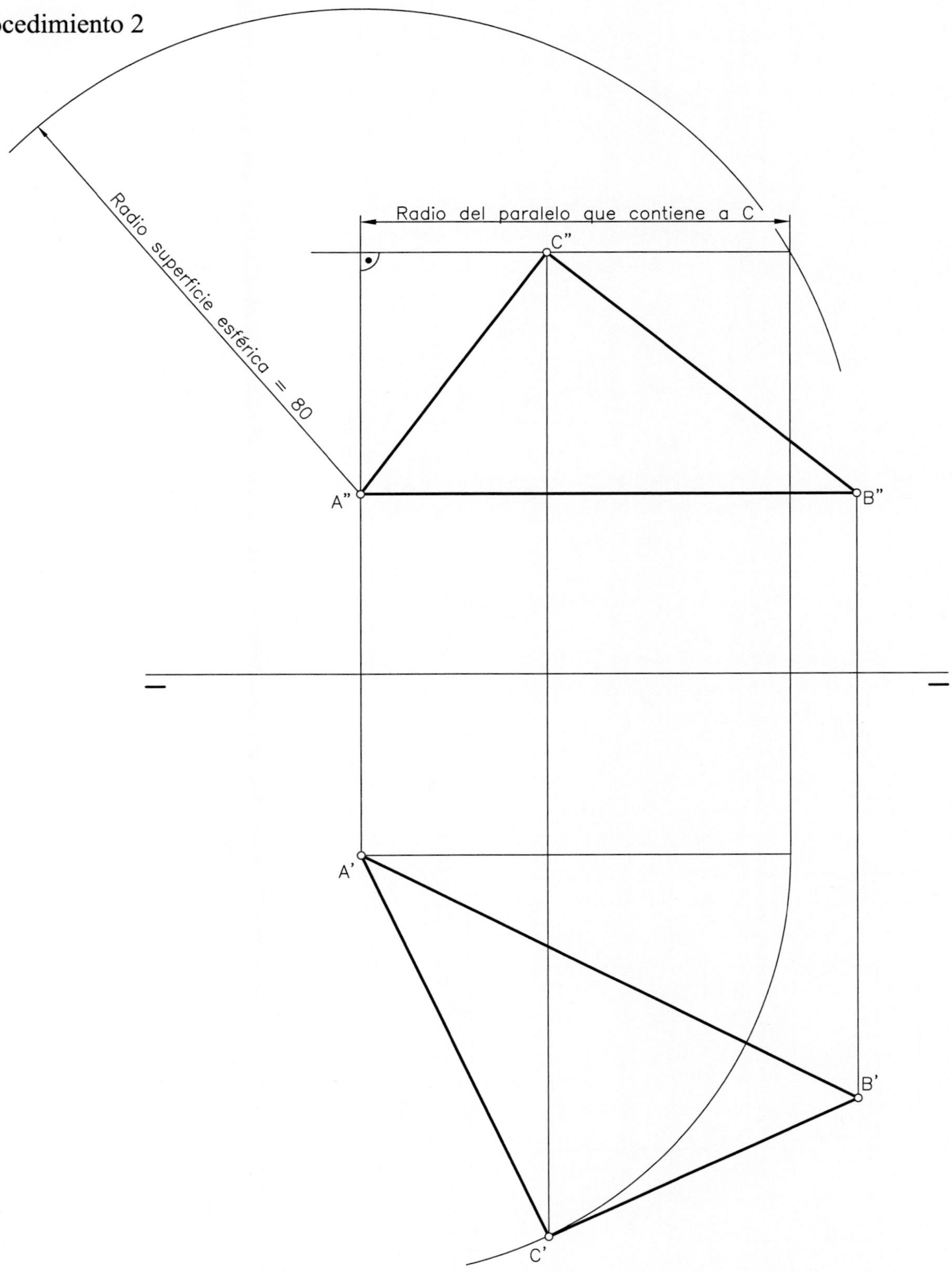

Comentario: El vértice C se sitúa en la intersección de una superficie esférica de centro A y radio 80 mm con la recta de punta que atraviesa el punto C. Basta trazar el paralelo a la cota de C para obtener directamente la proyección horizontal del punto.

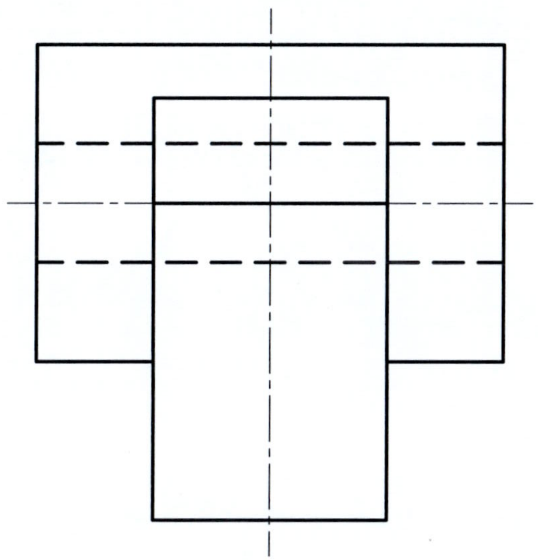

(Vista no necesaria)

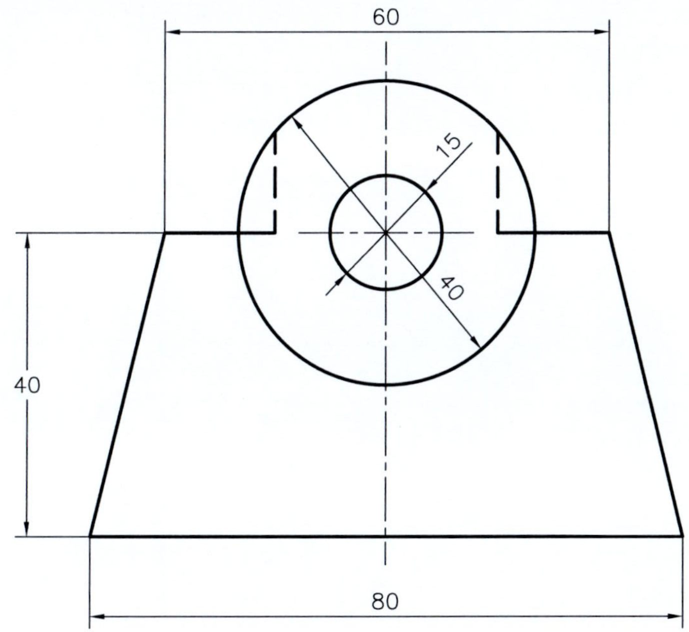

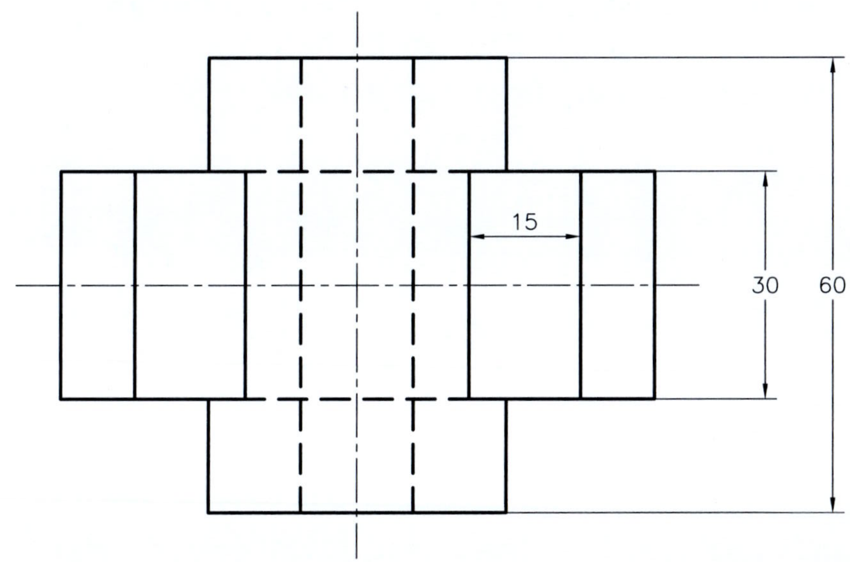

SOLUCIÓN EJ. 3

Comentario: Las cifras de cota deben inscribirse para ser leídas desde abajo de la hoja de dibujo. Las líneas de cota no horizontales se interrumpen preferentemente hacia el centro para la inserción de la cifra de cota (Norma UNE 1-039-94. Inscripción de las cifras de cota. Método 2).

Cotas en cm

Escala 1:10

PRUEBA Nº 48

EJERCICIO 1 [3 PUNTOS] En el croquis de la figura 1 se definen una circunferencia C y un punto P situado sobre el eje de abscisas. Se pide:

Dibujar las circunferencias tangentes a la circunferencia C y al eje de abscisas en el punto P.

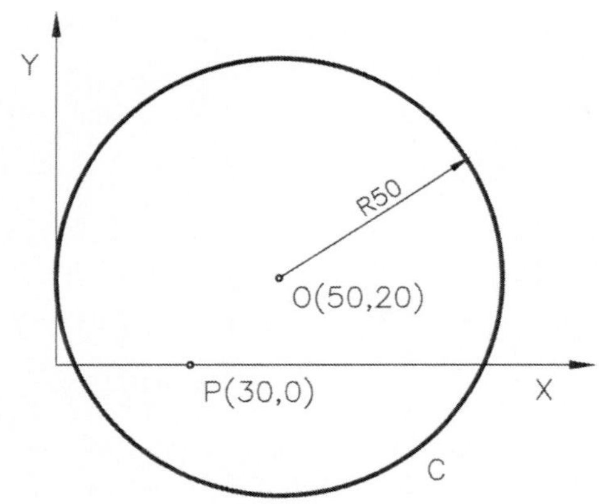

Figura 1

EJERCICIO 2 [4 PUNTOS] Dadas las vistas del sólido de caras planas de la figura 2, se pide:

- Dibujar, a escala 5/40, la perspectiva isométrica del cuerpo.
- Dibujar la sección que produce en el cuerpo el plano que pasa por los puntos A, B, y C.

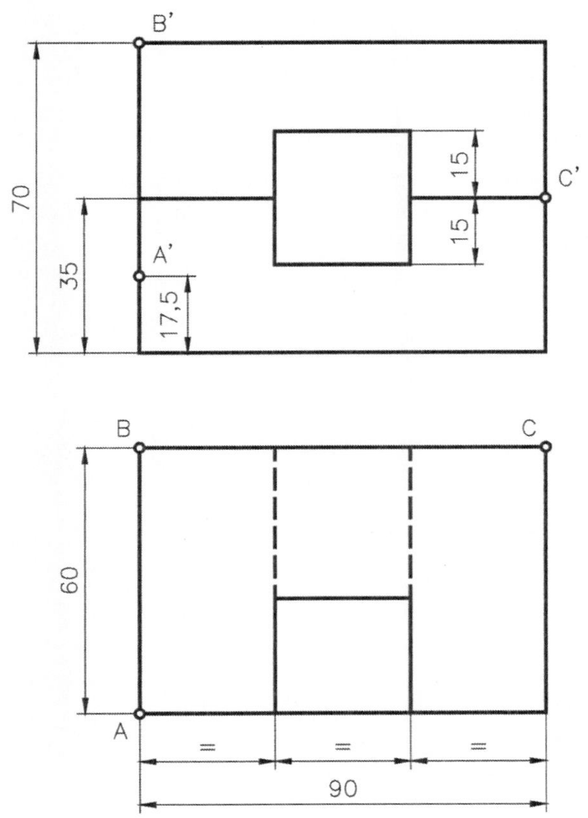

Figura 2
Cotas en cm

EJERCICIO 3 [3 PUNTOS] En la perspectiva de la figura 3 se presenta una pieza que tiene un plano vertical de simetría. Se pide:

Dibujar, a escala 1/15, las vistas normalizadas debidamente acotadas para su correcta representación.

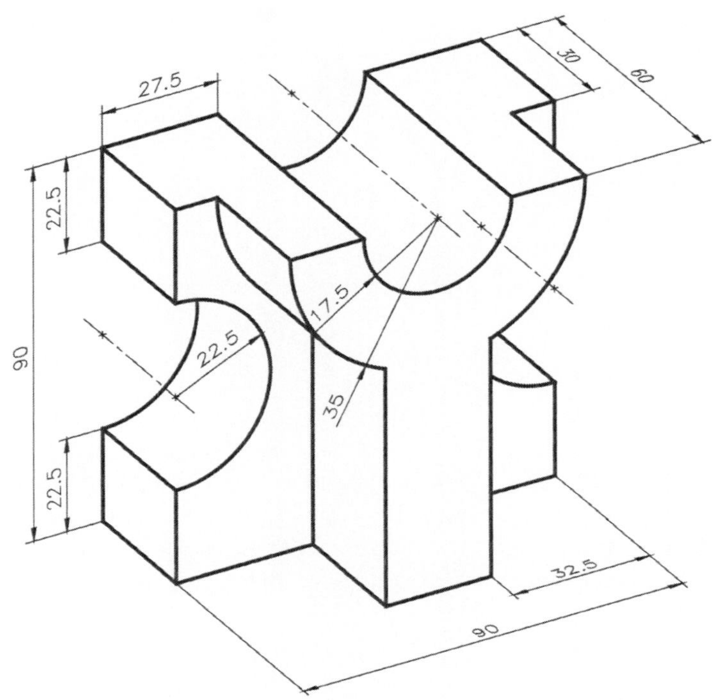

Figura 3
Cotas en cm

SOLUCIÓN EJ. 1

Procedimiento 1

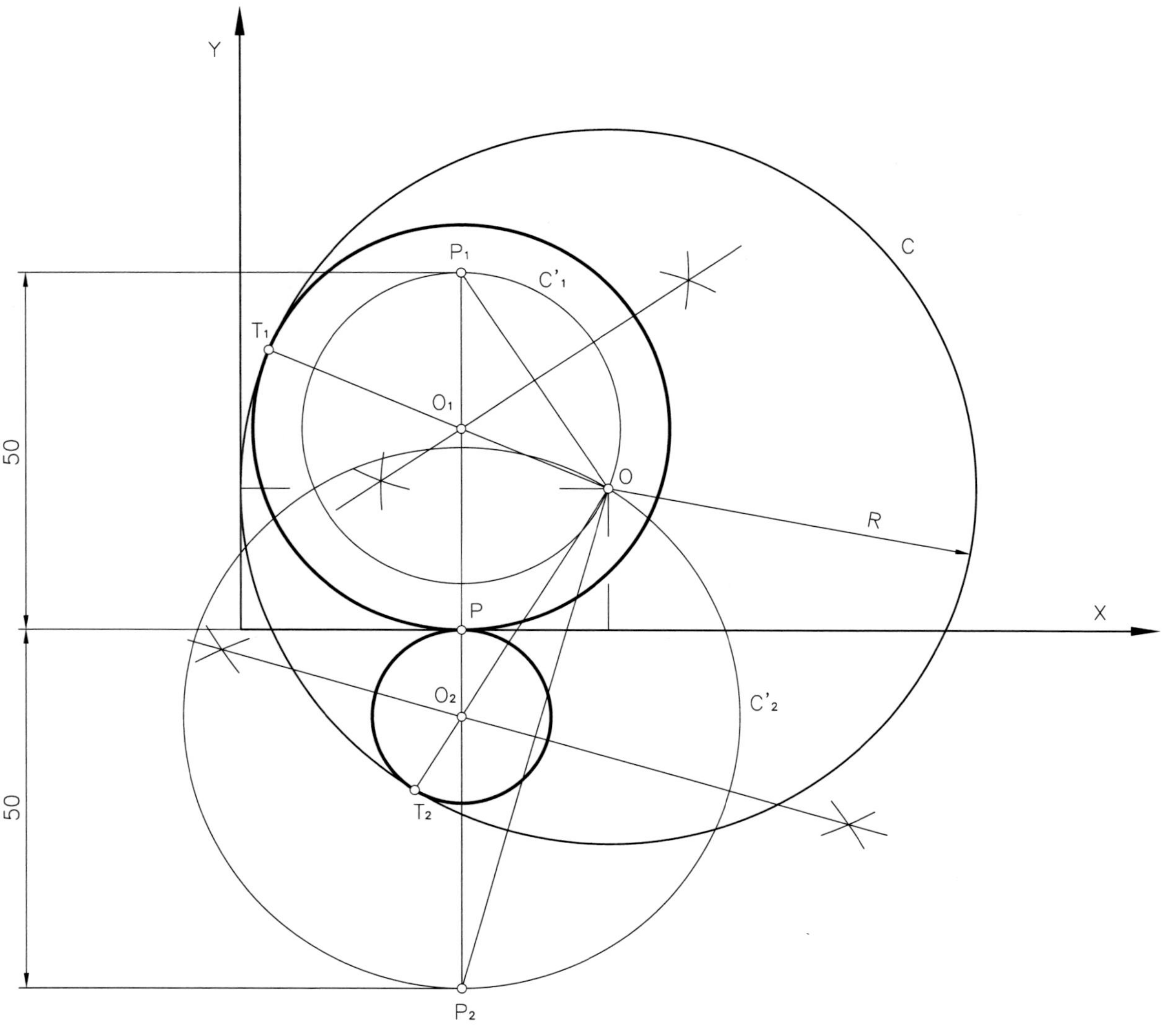

Comentario: Se contrae la circunferencia C dada hasta reducirla al punto O; en igual medida se desplazan el eje de abcisas y el punto P, dando lugar a los puntos P_1 y P_2 (donde $\overline{PP_1} = \overline{PP_2} = R = 50$ mm). Los centros de las circunferencias solución coincidirán con las intersecciones de las mediatrices de los segmentos $\overline{OP_1}$ y $\overline{OP_2}$ con la recta perpendicular al eje de abcisas por el punto P.

SOLUCIÓN EJ. 1

Procedimiento 2

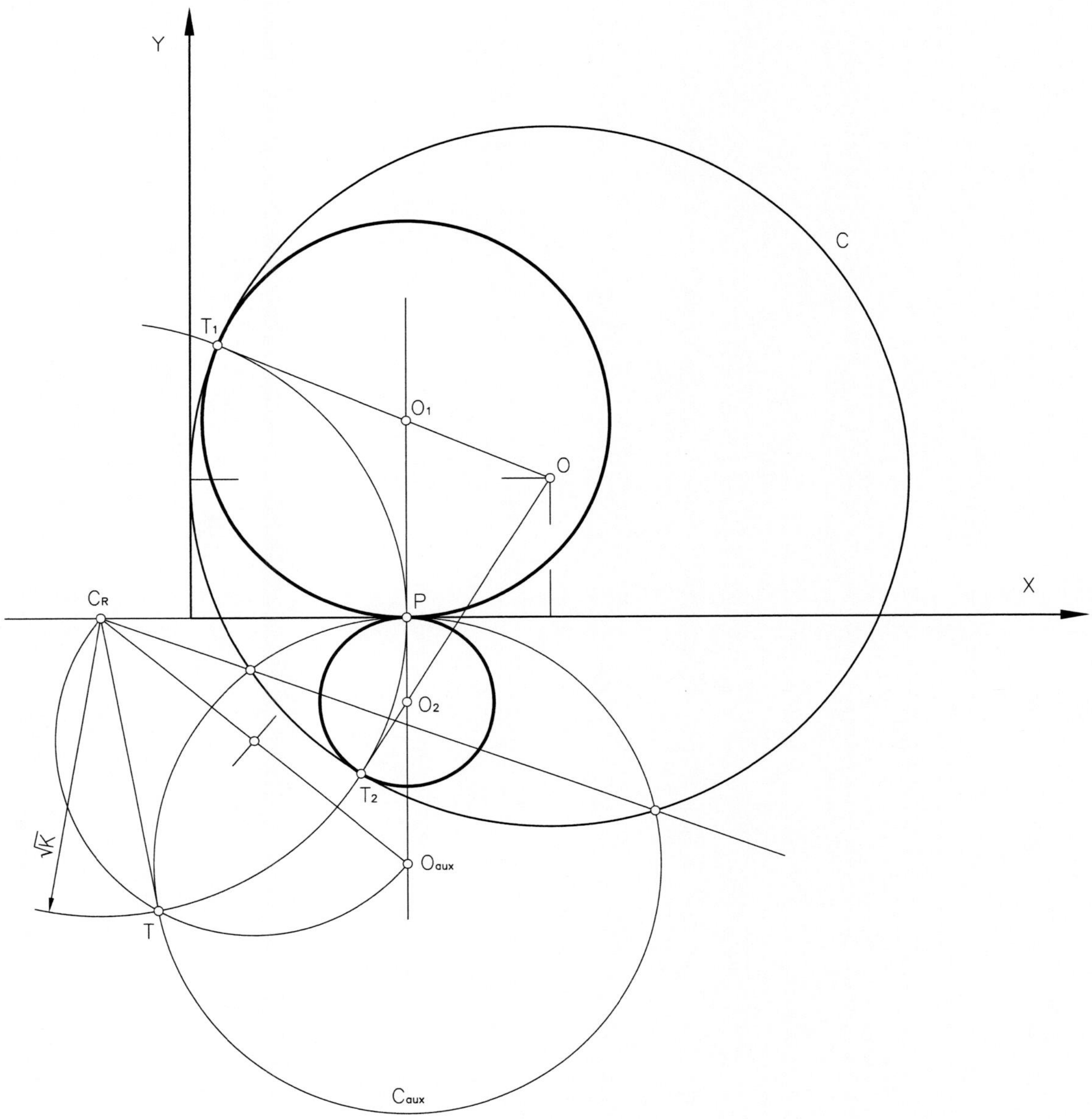

Comentario: Con ayuda de una circunferencia auxiliar se halla el centro radical C_R de la circunferencia C y el haz de circunferencias tangentes al eje de abscisas en el punto P. La tangente desde C_R a una de las circunferencias del haz permite hallar la potencia K y los puntos de tangencia T_1 y T_2. Las rectas OT_1 y OT_2 contienen a los centros O_1 y O_2.

SOLUCIÓN EJ. 1

Procedimiento 3

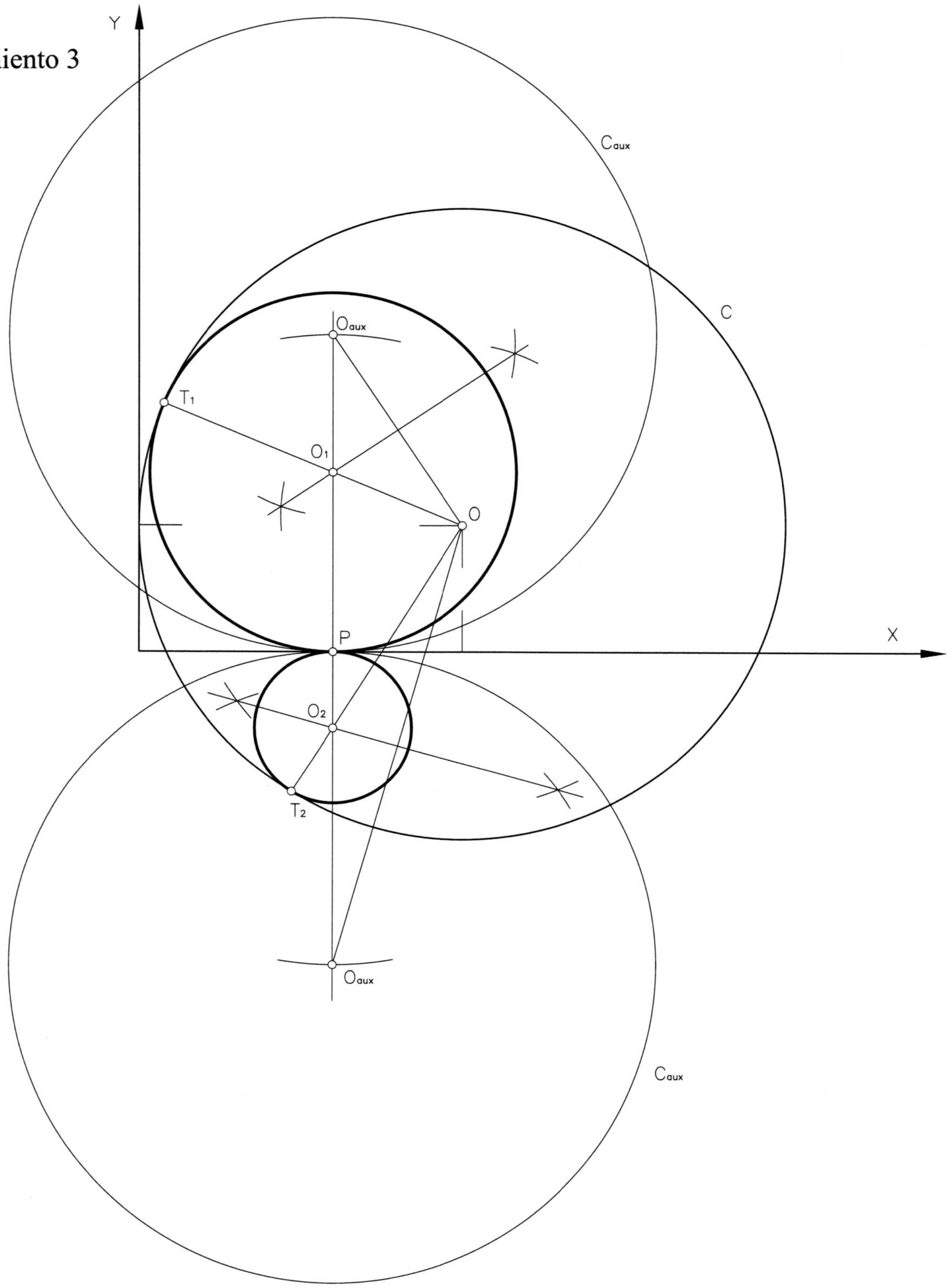

Comentario: Se puede sustituir la condición de tangencia al eje de abscisas en P por una condición de tangencia a una circunferencia C_{aux} de radio arbitrario que sea tangente al eje de abscisas en dicho punto. Si se escoge la circunferencia auxiliar C_{aux} con el mismo radio que C, el lugar geométrico de los centros de las circunferencias tangentes a ambas se localizará sobre la mediatriz del segmento $\overline{OO_{aux}}$.

Se dibujan dos circunferencias auxiliares tangentes al eje de abscisas en el punto P y del mismo radio que C. Los centros O_1 y O_2 de las circunferencias solución se encuentran en las mediatrices de los segmentos $\overline{OO_{aux}}$.

SOLUCIÓN EJ. 2

Comentario: Las intersecciones AB y BC son inmediatas al localizarse dichos puntos sobre caras de la pieza (puntos coplanarios); estas intersecciones coinciden respectivamente con las trazas del plano ABC con los planos YZ y XZ del sistema de referencia.

El resto de intersecciones se determinan teniendo en cuenta que "las intersecciones de un plano cualquiera con dos planos paralelos son rectas paralelas".

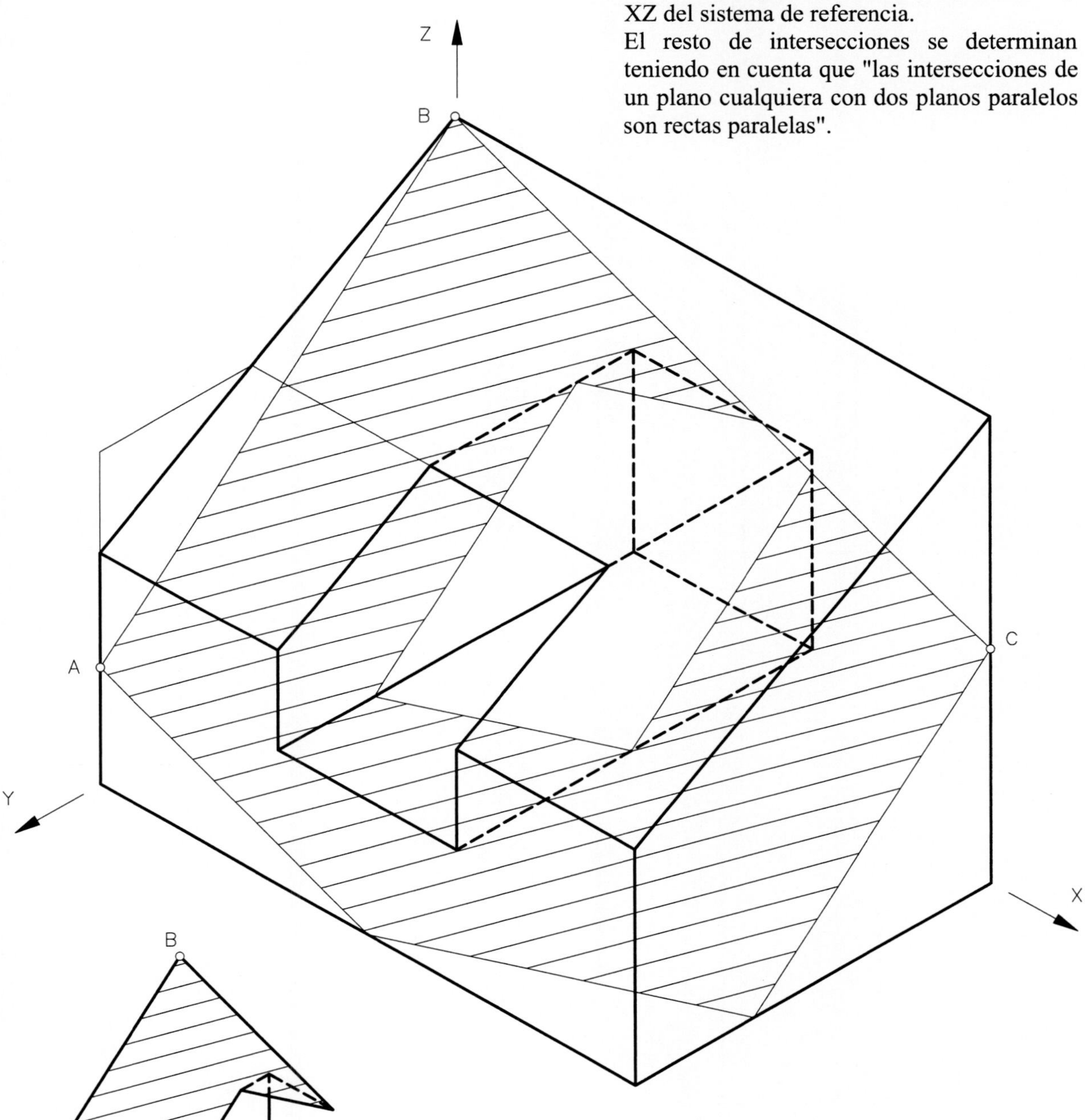

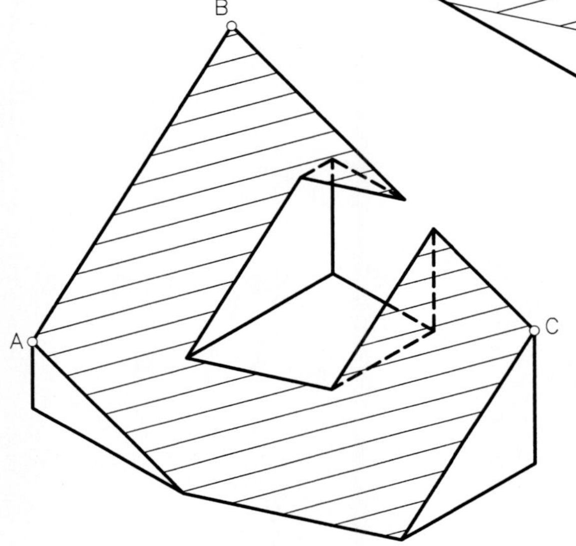

PIEZA CORTADA

Nota: se pide realizar este ejercicio a una escala no normalizada con objeto de simplificar la aplicación del coeficiente de reducción, redondeado a 0'8, facilitando así la resolución del ejercicio.

Escala 5:40

SOLUCIÓN EJ. 3

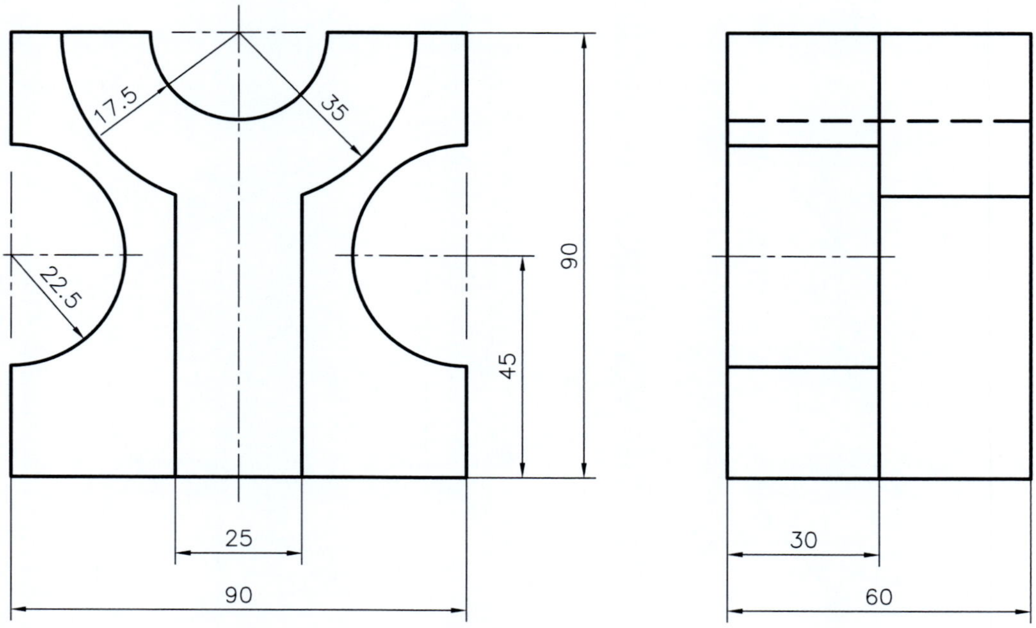

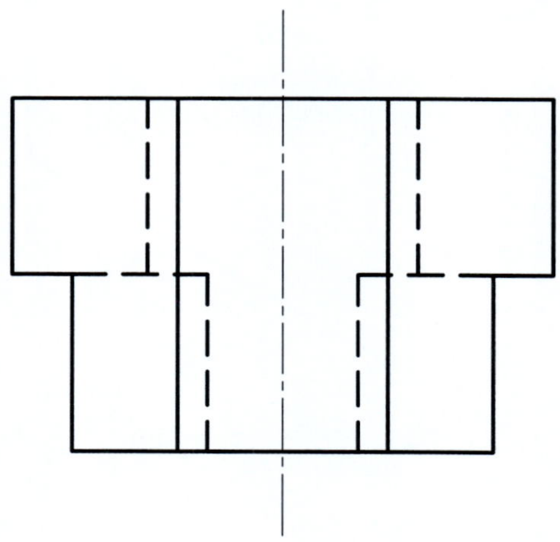

Cotas en cm

Escala 1:15

(Vista no necesaria)

PRUEBA Nº 49

EJERCICIO 1 [3 PUNTOS] Dibujar un pentágono regular en el que el radio de su circunferencia inscrita mida 5 centímetros.

Nota: El ejercicio se resolverá por métodos gráficos.

EJERCICIO 2 [4 PUNTOS] Dados: el punto P (-40, 80, 80) y la recta r que pasa por los puntos A(-30, 30, 30) y B(45, 30, 75), se pide:

Dibujar las proyecciones diédricas del triángulo equilátero que tiene un vértice en el punto **P** y el lado opuesto a éste sobre la recta **r**.

EJERCICIO 3 [3 PUNTOS] En la perspectiva de la figura 1 se presenta una pieza que tiene dos planos verticales de simetría. Se pide:

Dibujar, a escala 1/4, las vistas normalizadas debidamente acotadas para su correcta representación.

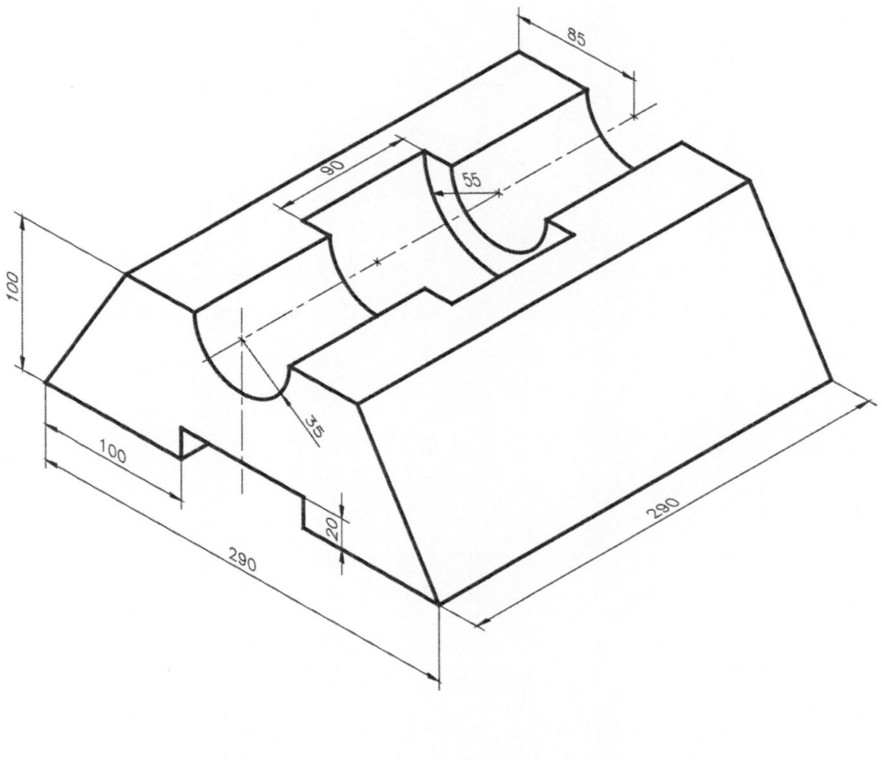

Figura 1
Cotas en mm

SOLUCIÓN EJ. 1

Procedimiento 1

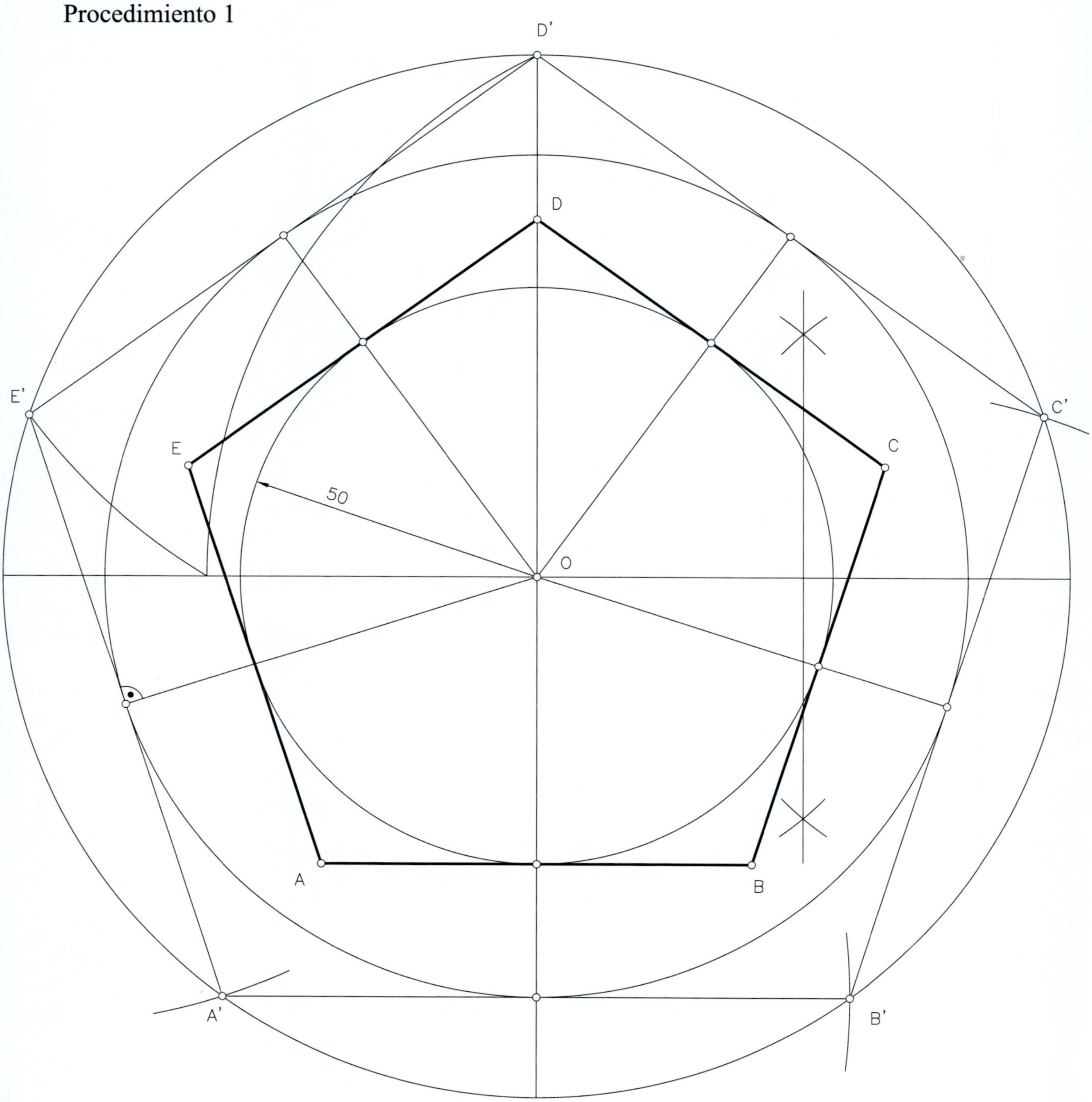

Comentario: Dibujar un pentágono regular A'B'C'D'E' inscrito en una circunferencia de radio arbitrario y su circunferencia inscrita. Mediante una homotecia de centro O, se transforma el pentágono en otro cuya circunferencia inscrita tenga de radio 50 mm.

SOLUCIÓN EJ. 1

Procedimiento 2

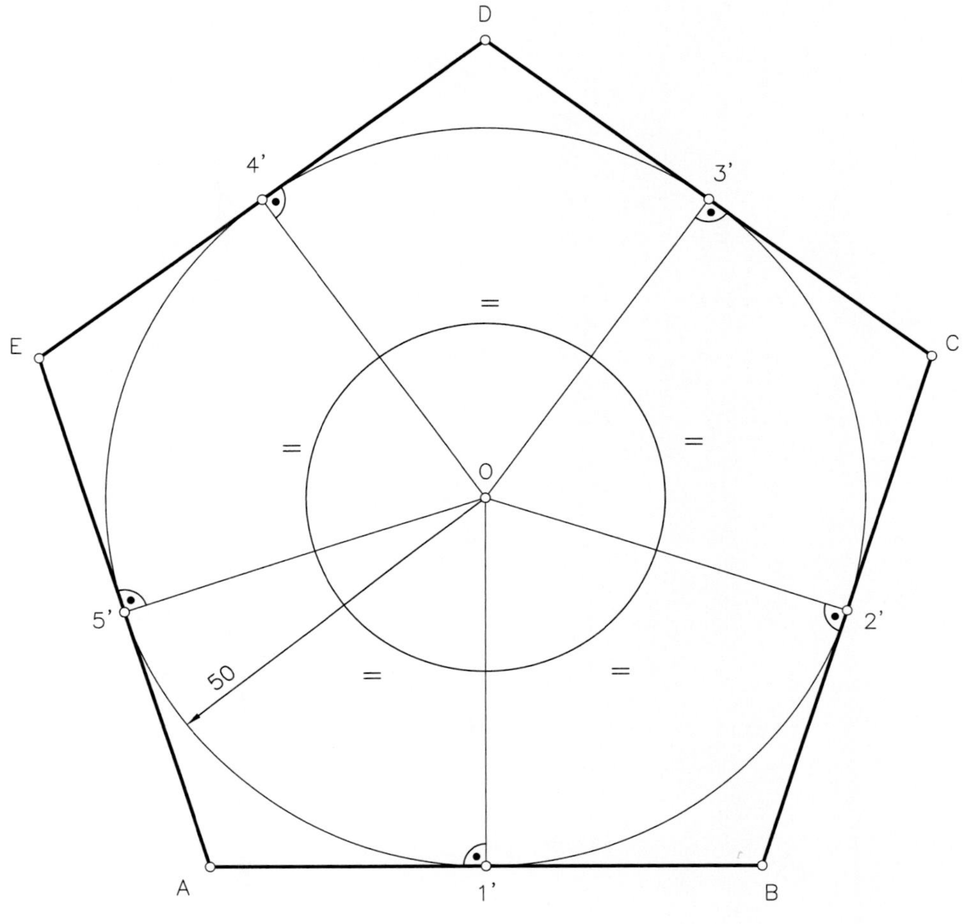

Comentario: Dibujar la circunferencia inscrita al pentágono que tiene de radio 50 mm.
Si se divide el ángulo completo en tantas partes iguales como lados tiene el polígono, en este caso cinco (cada ángulo mide: 360°/5 = 72°), las rectas tangentes a la circunferencia inscrita por los extremos de los radios 1', 2', 3', 4' y 5' contienen a los lados del pentágono solución.

SOLUCIÓN EJ. 2

Procedimiento 1

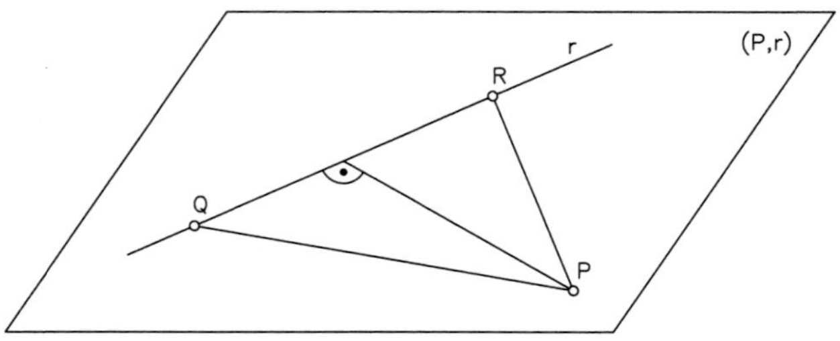

FIGURA DE ANÁLISIS

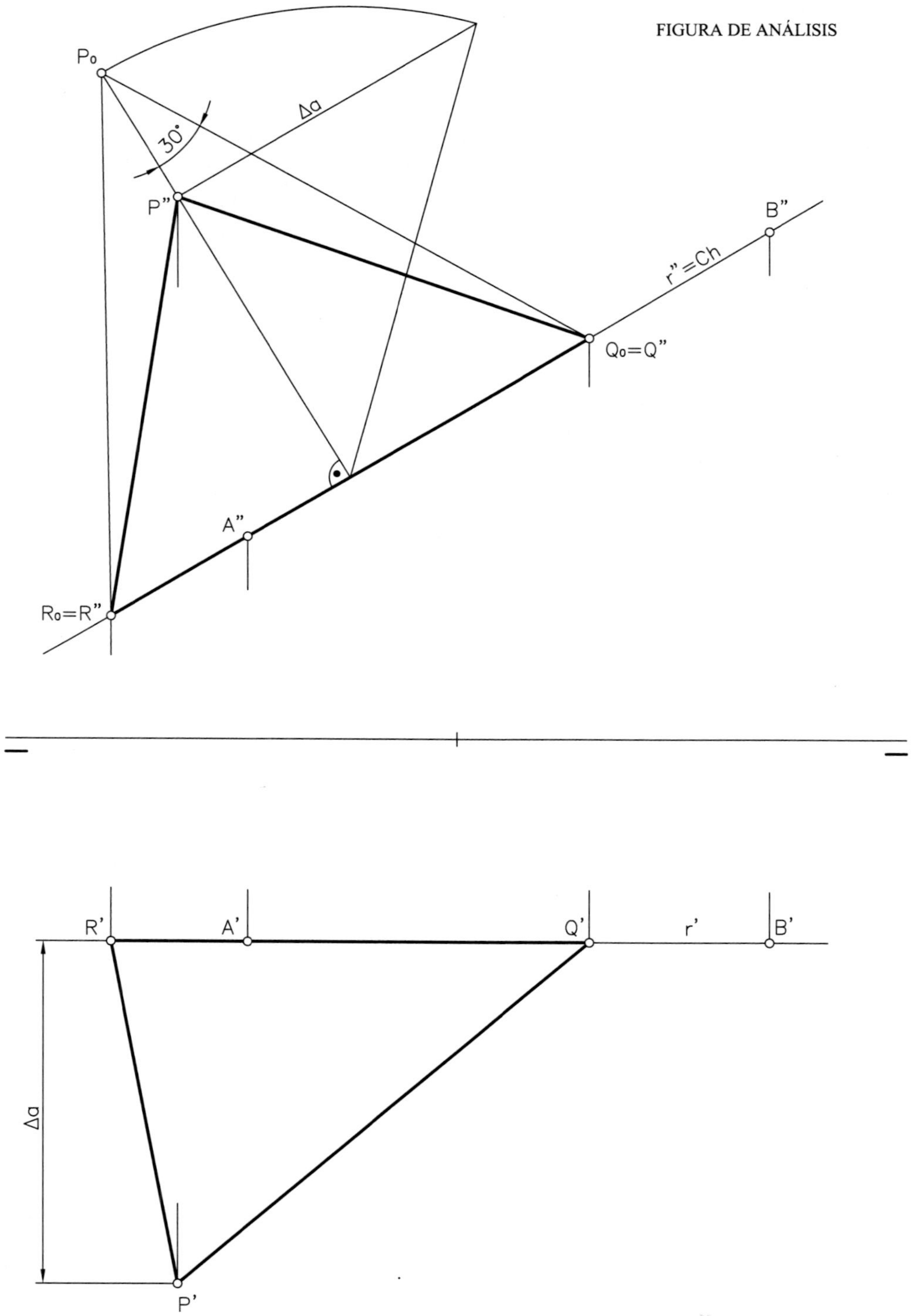

Comentario: El triángulo está contenido en el plano definido por el punto P y la recta r. En este caso para hallar las proyecciones empleamos un abatimiento sobre el P.V. siendo la charnela la frontal r.

SOLUCIÓN EJ. 2

Procedimiento 2

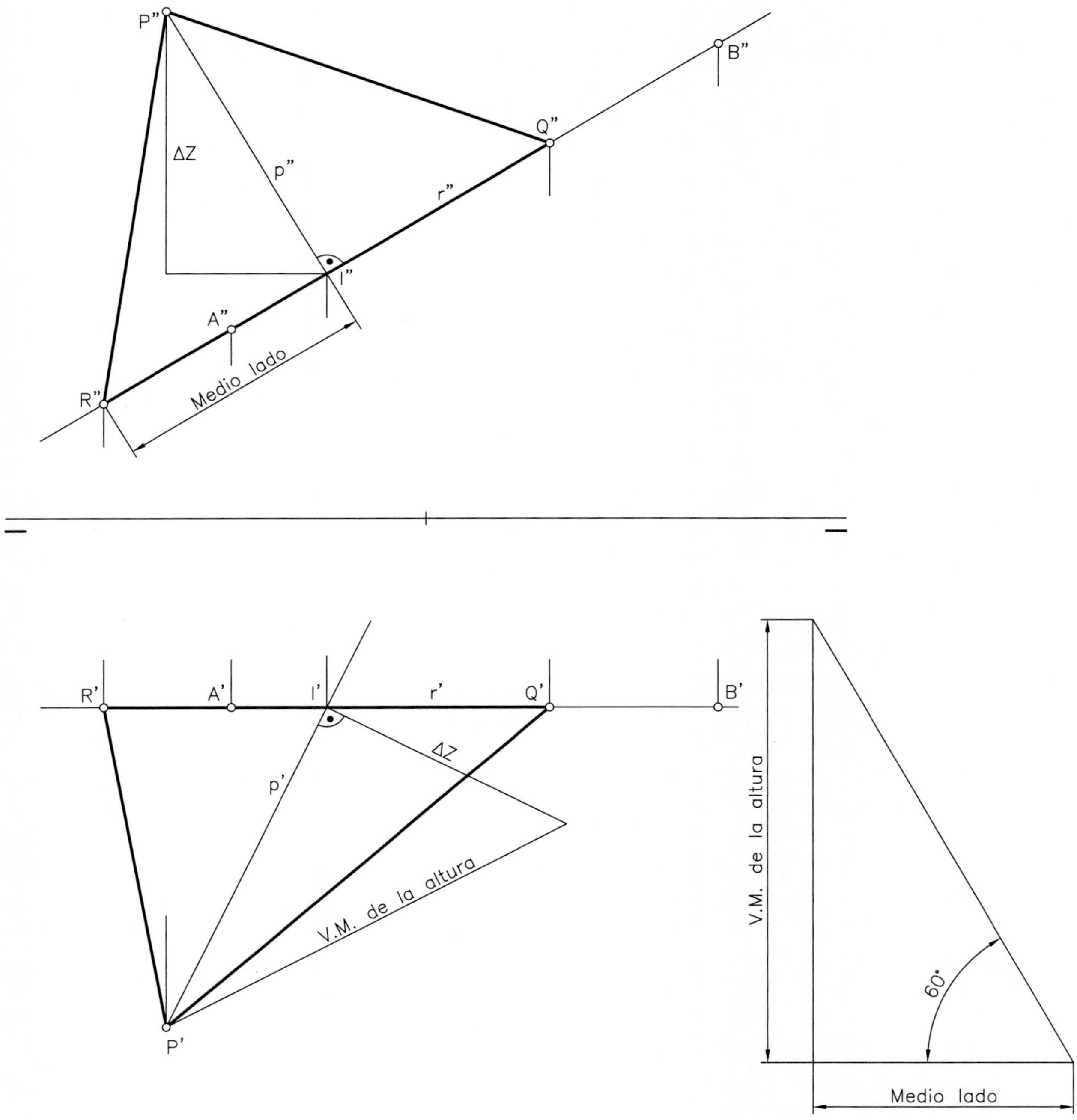

Comentario: La altura del triángulo es la distancia del punto P a la recta AB que, según el teorema de las tres perpendiculares, resulta de obtención inmediata. En función de la altura se obtiene la longitud del lado. Como en el alzado el lado situado en la recta AB se proyecta en verdadera magnitud y el punto I coincide con el punto medio del lado opuesto al vértice P, se completan directamente las proyecciones pedidas.

SOLUCIÓN EJ. 3

Procedimiento 1

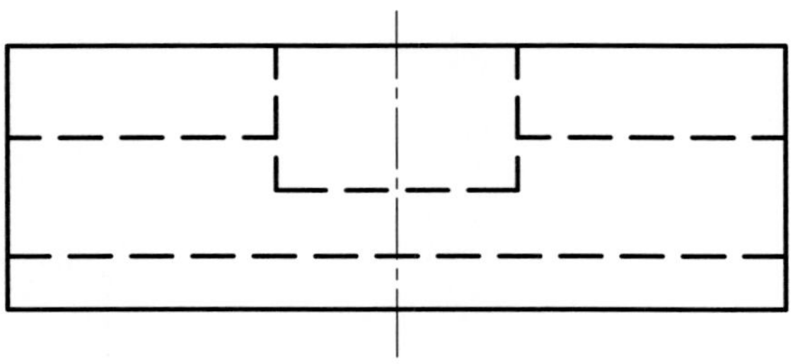

(Vista no necesaria)

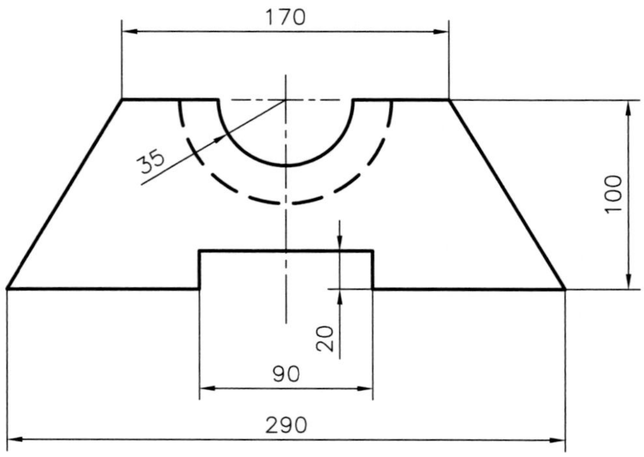

Cotas en mm

Escala 1:4

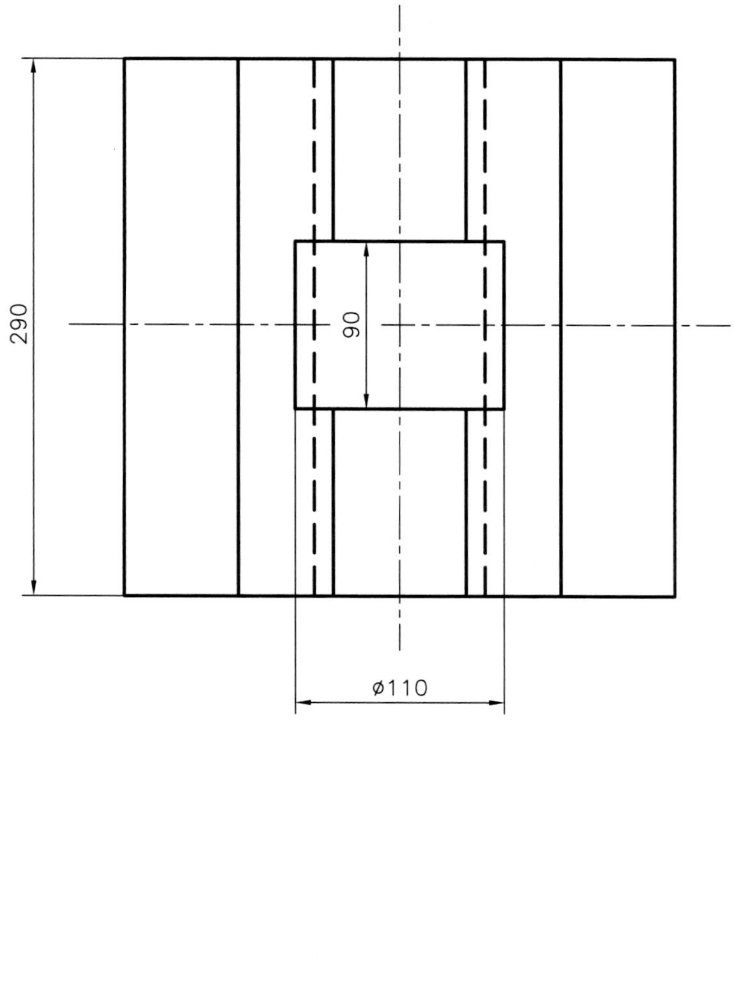

SOLUCIÓN EJ. 3

Procedimiento 2

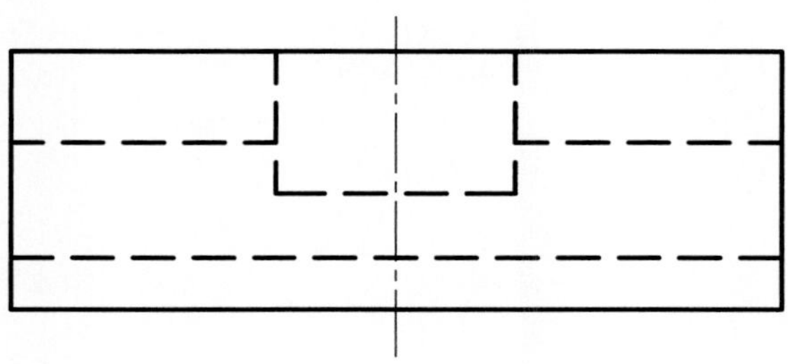

(Vista no necesaria)

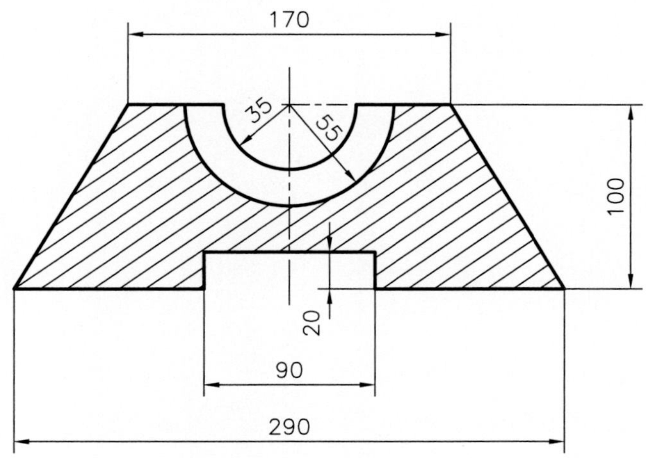

Cotas en mm

Escala 1:4

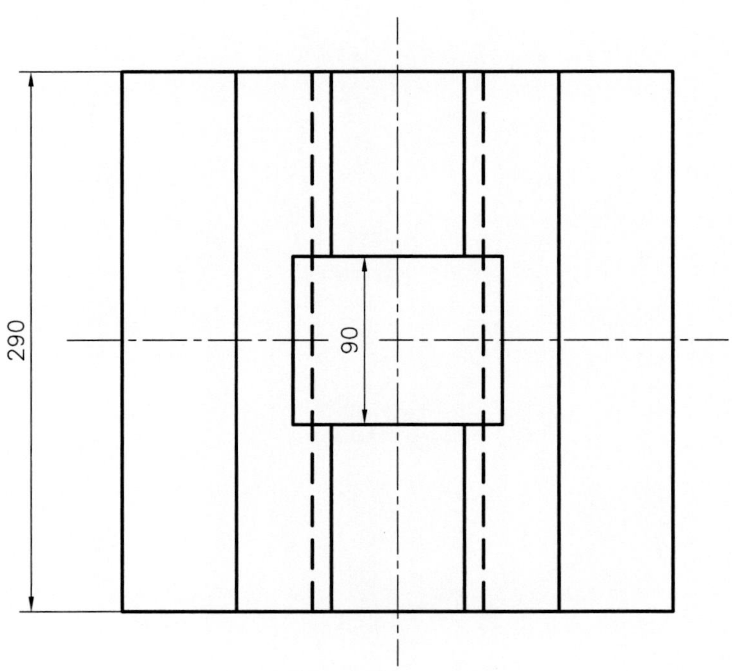

PRUEBA Nº 50

EJERCICIO 1 [3 PUNTOS] En el croquis de la figura 1 se definen dos circunferencias y un punto P situado sobre la de radio más grande. Se pide:

Dibujar las circunferencias tangentes a las dos circunferencias y que pasen por el punto P.

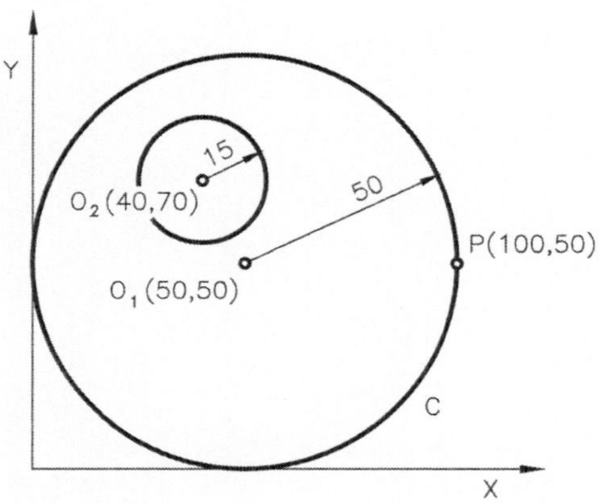

Figura 1

EJERCICIO 2 [4 PUNTOS] Dibujar a escala 1/20 la perspectiva caballera (φ=150º y μ = 3/4) de la pieza que se representa en la figura 2.

Nota: la posición respecto a los ejes del sistema de referencia será la que el alumno considere más conveniente.

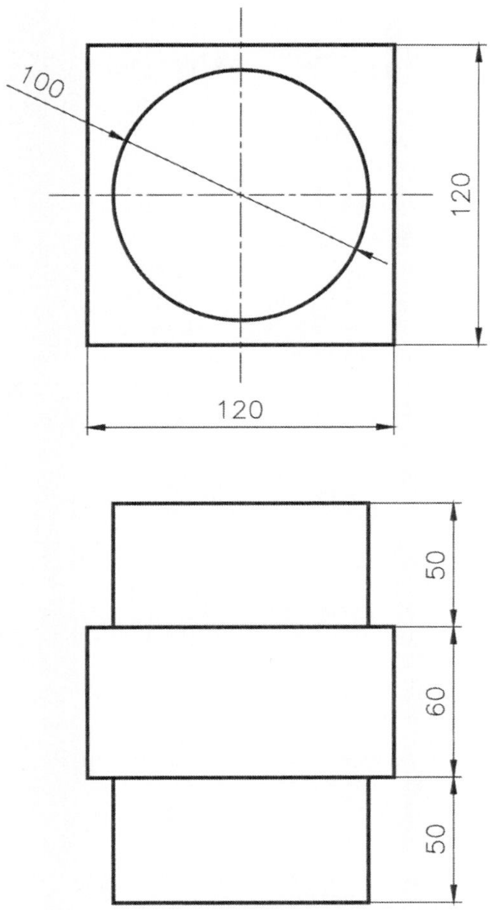

Figura 2
Cotas en cm

EJERCICIO 3 [3 PUNTOS] En la perspectiva de la figura 3 se presenta una pieza que tiene dos planos verticales de simetría. Se pide:

Dibujar, a escala 1/20, las vistas normalizadas debidamente acotadas para su correcta representación.

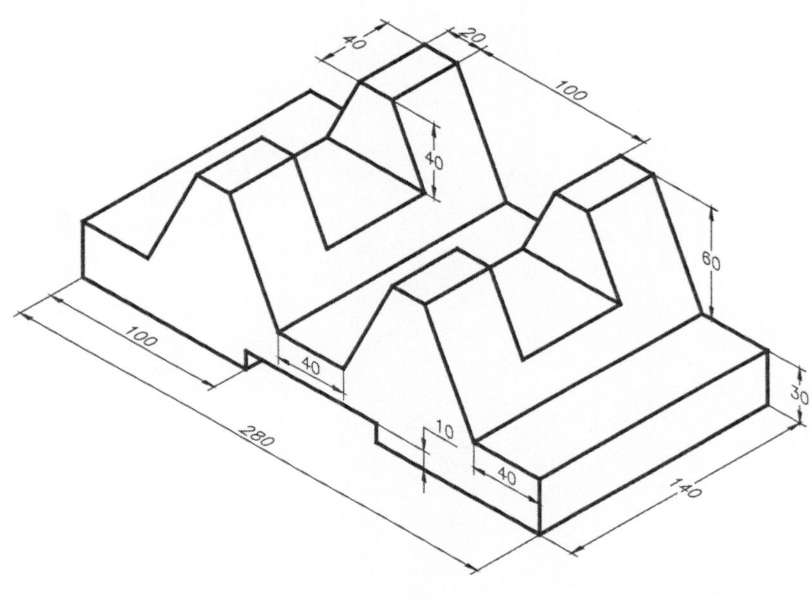

Figura 3
Cotas en cm

SOLUCIÓN EJ. 1

Procedimiento 1

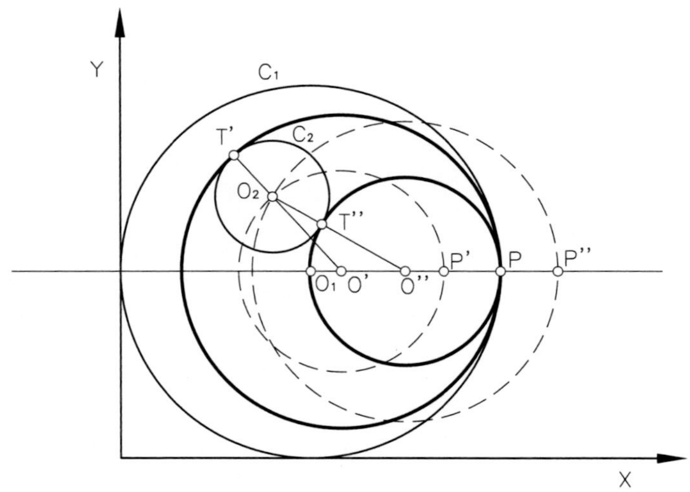

FIGURA DE ANÁLISIS

Comentario: Si se ejecutan dilataciones de las circunferencias solución de magnitud el radio R_2, positiva para la de centro O'' y negativa para la de centro O', el punto P se desplaza hasta P'' y P', respectivamente. Los centros O' y O'' de las soluciones se encuentran en las mediatrices de los segmentos $\overline{P'O_2}$ y $\overline{P''O_2}$.

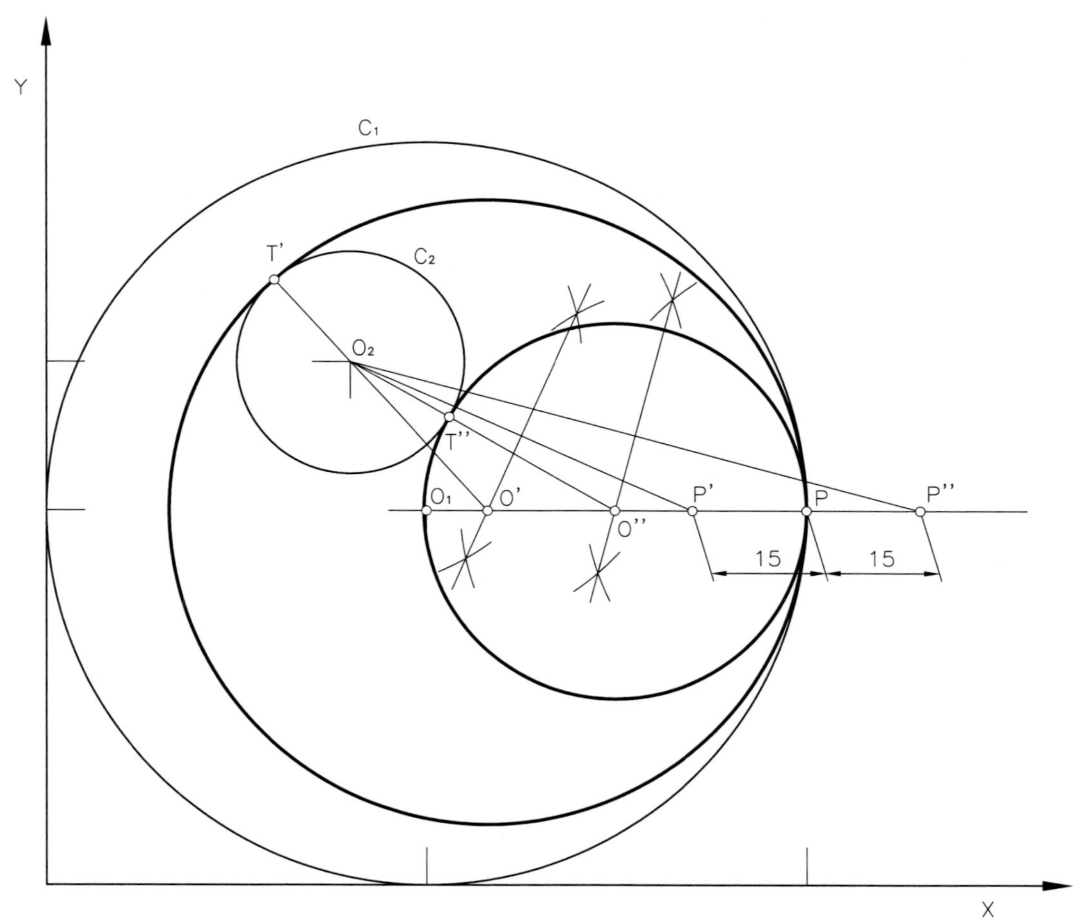

SOLUCIÓN EJ. 1

Procedimiento 2

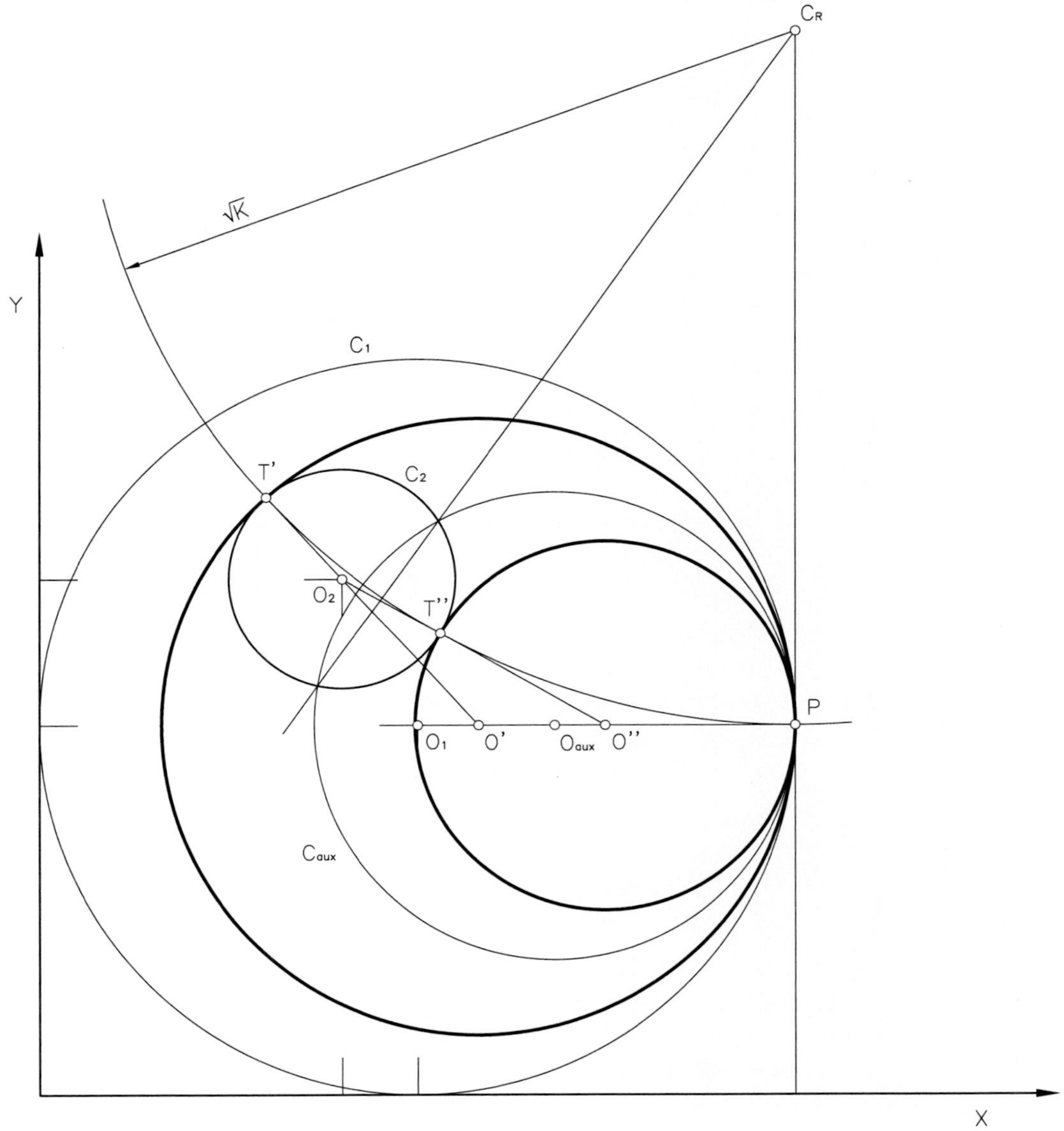

Comentario: Este ejercicio se puede resolver también aplicando el concepto de potencia de un punto respecto de una circunferencia. Con ayuda de una circunferencia auxiliar C_{aux} se localiza el centro radical C_R de la circunferencia C_2 y del haz de circunferencias tangentes a C_1 en P. Llevando la potencia $\sqrt{K} = \overline{PC_R}$ desde el centro radical, se obtienen los puntos de tangencia T' y T'' de las soluciones con la circunferencia C_2.

SOLUCIÓN EJ. 2

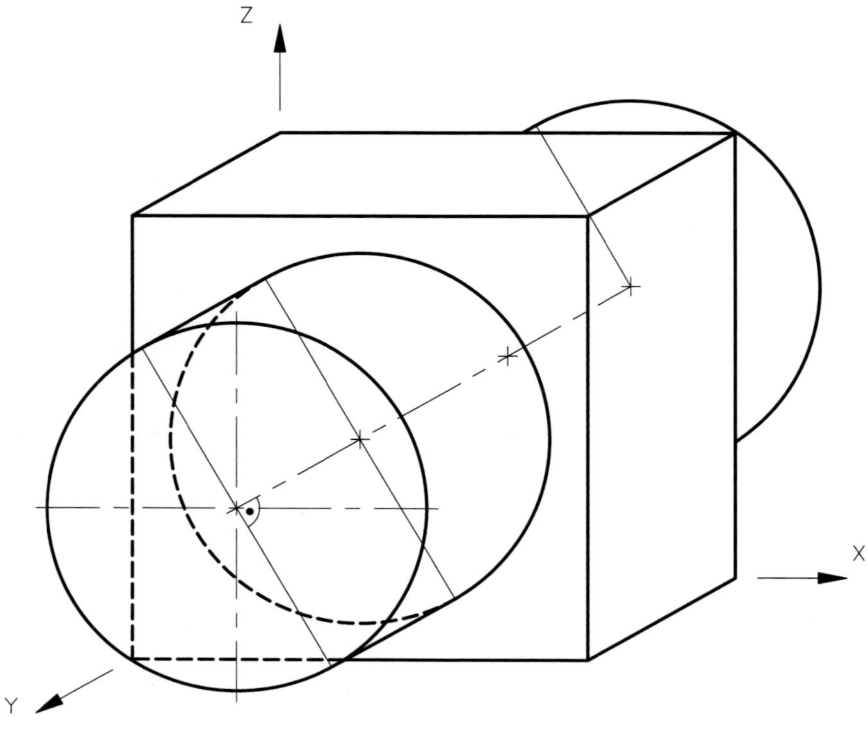

Comentario: Es importante definir los puntos de tangencia de las generatrices de contorno de las superficies cilíndricas. Estos puntos se determinan trazando perpendiculares a las generatrices y, por lo tanto, al eje del cilindro, por los centros de las secciones circulares.

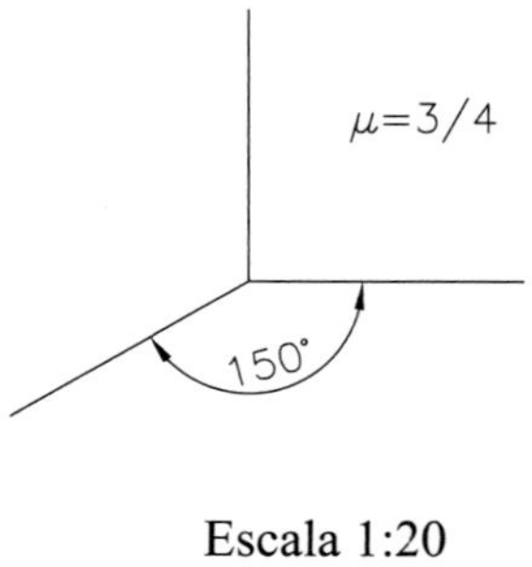

Escala 1:20

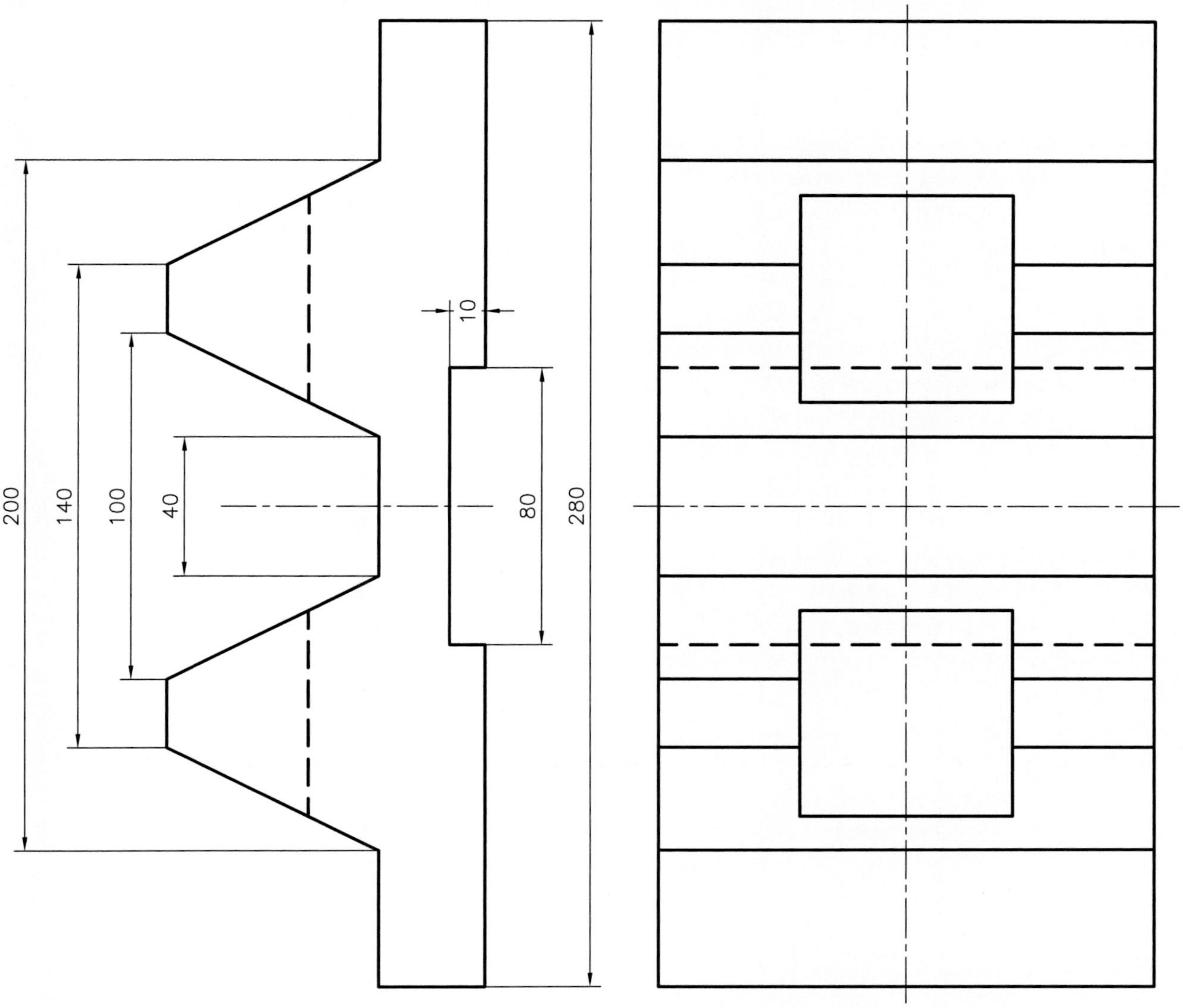

(Vista no necesaria)

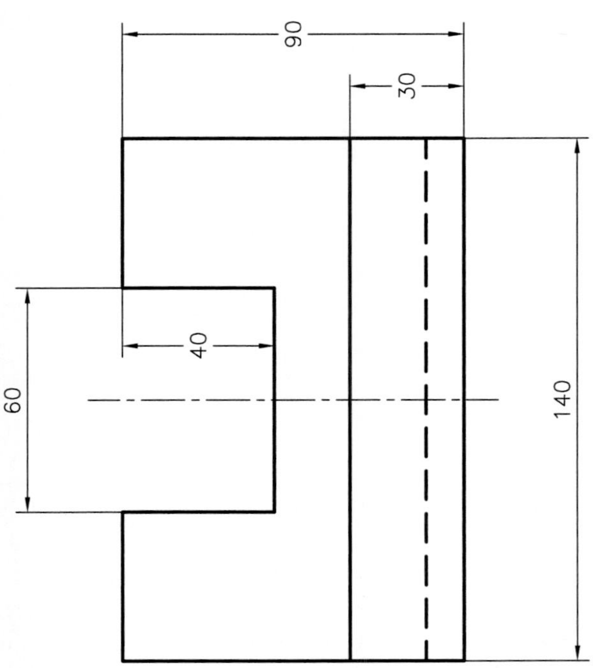

SOLUCIÓN EJ. 3

Procedimiento 1

Cotas en cm

Escala 1:20

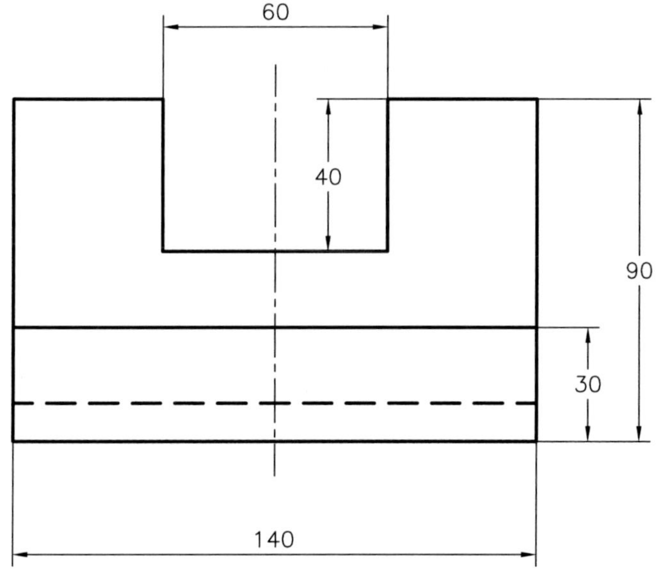

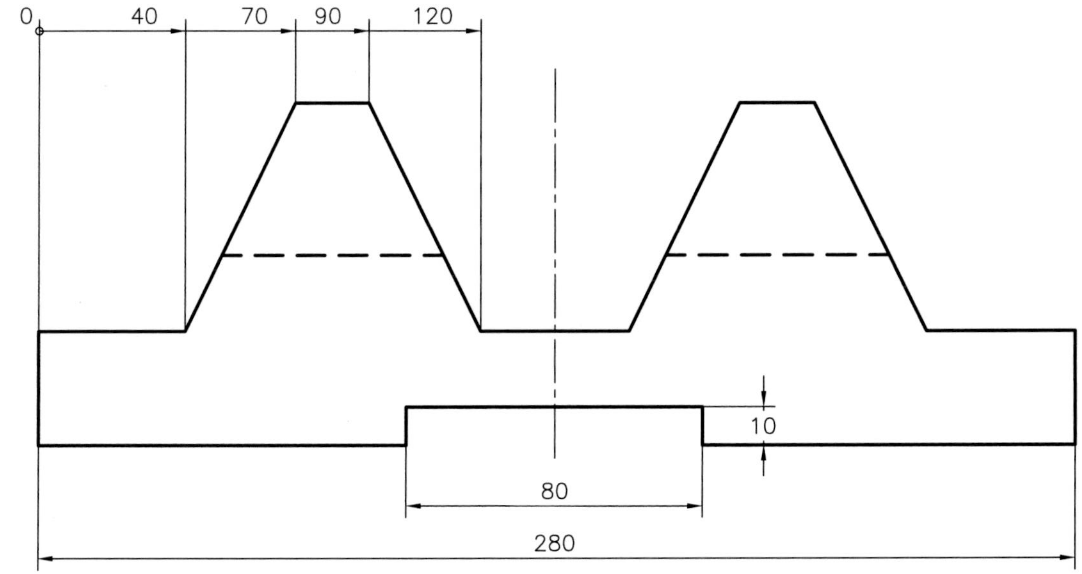

SOLUCIÓN EJ. 3

Procedimiento 2

Comentario: La acotación mediante cotas superpuestas es una acotación en paralelo simplificada que puede utilizarse siempre que falta espacio y siempre que, en ningún caso afecte a la legibilidad.
La indicación de origen debe situarse en el lugar conveniente y el extremo opuesto de cada línea de cota debe estar terminado únicamente por una flecha (Norma UNE 1-039-94. Acotación a partir de un elemento común).

Cotas en cm

Escala 1:20

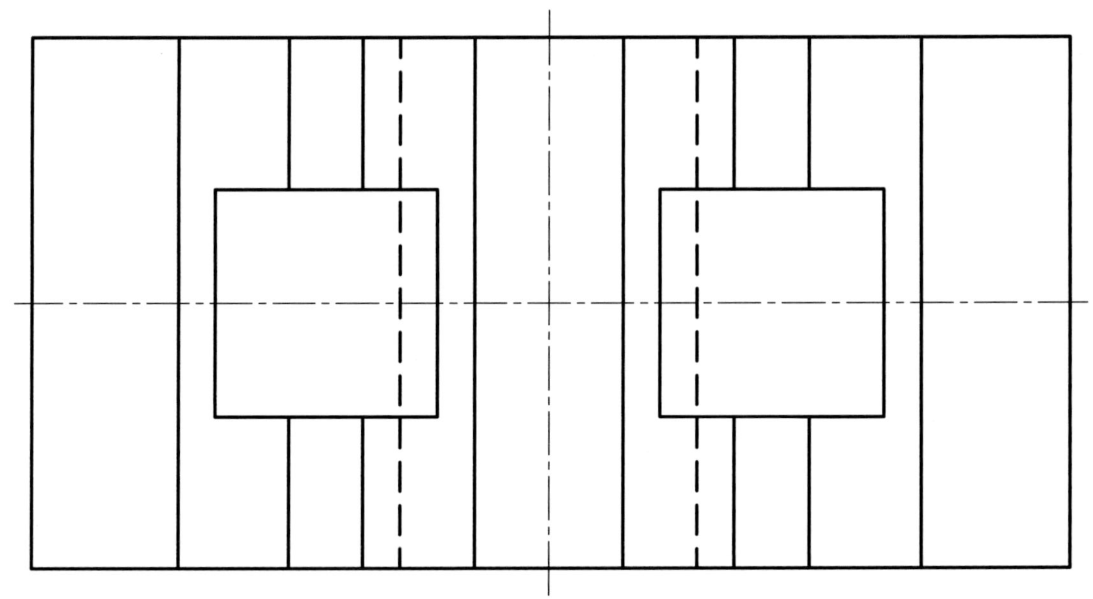

(Vista no necesaria)

PRUEBA Nº 51

EJERCICIO 1 [3 PUNTOS] Dibujar un triángulo rectángulo tal que:

- La relación entre las longitudes de sus catetos sea $\sqrt{2}$.
- Su hipotenusa mide 10 cm.

Notas:

- El problema se resolverá por métodos gráficos.
- No se borrarán las construcciones auxiliares.

EJERCICIO 2 [4 PUNTOS] Los puntos A(-40, 70, 10), B(0, 10, 50) y C(40, 30, 10) definen el plano α. Se pide:

Dibujar las proyecciones diédricas del triangulo simétrico del ABC respecto a la recta AB y coplanario con él.

EJERCICIO 3 [3 PUNTOS] En la perspectiva de la figura 1 se presenta una pieza que tiene dos planos verticales de simetría. Se pide:

Dibujar, a escala 1/10, las vistas normalizadas debidamente acotadas para su correcta representación.

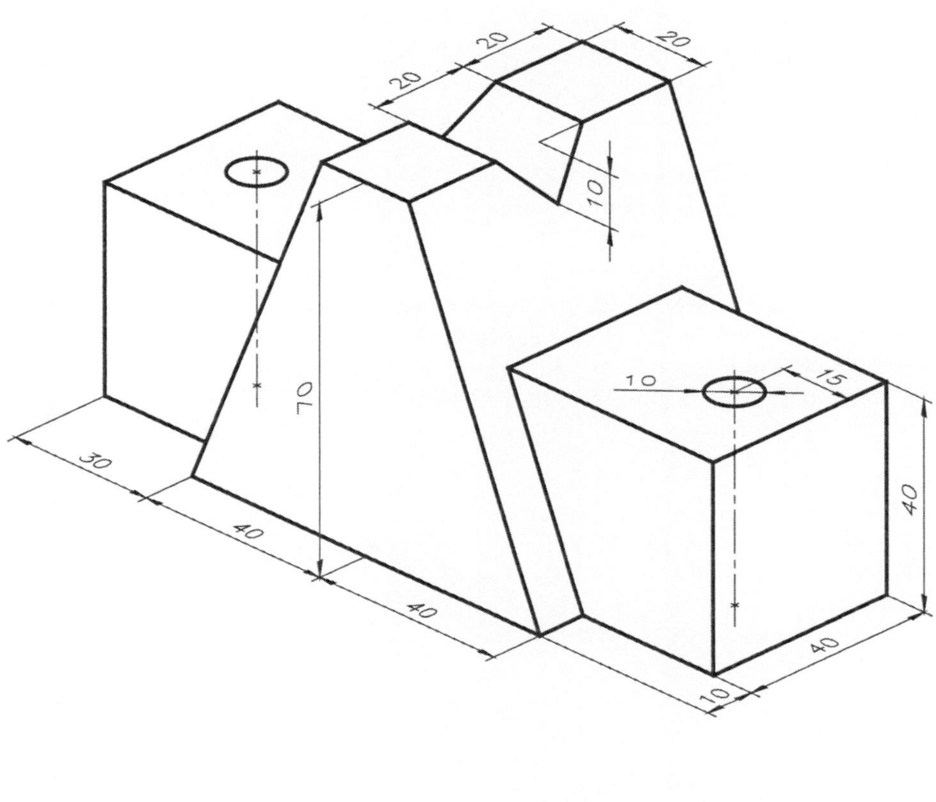

Figura 1
Cotas en cm

SOLUCIÓN EJ. 1

Comentario: En la construcción auxiliar se dibujan los segmentos unidad u y $u\sqrt{2}$, que posteriormente usaremos para construir el triángulo AB'C' semejante al pedido.

El problema se reduce a apoyar los extremos de un segmento de longitud conocida (100 mm), paralelo a una dirección ($\overline{B'C'}$), sobre las semirrectas AB' y AC'. Este objetivo se logra aplicando la traslación $\overline{DB}$.

Una manera alternativa de resolver el problema es aplicando una homotecia de centro A y razón 100/d sobre el triángulo AB'C'.

Procedimientos 1 y 2

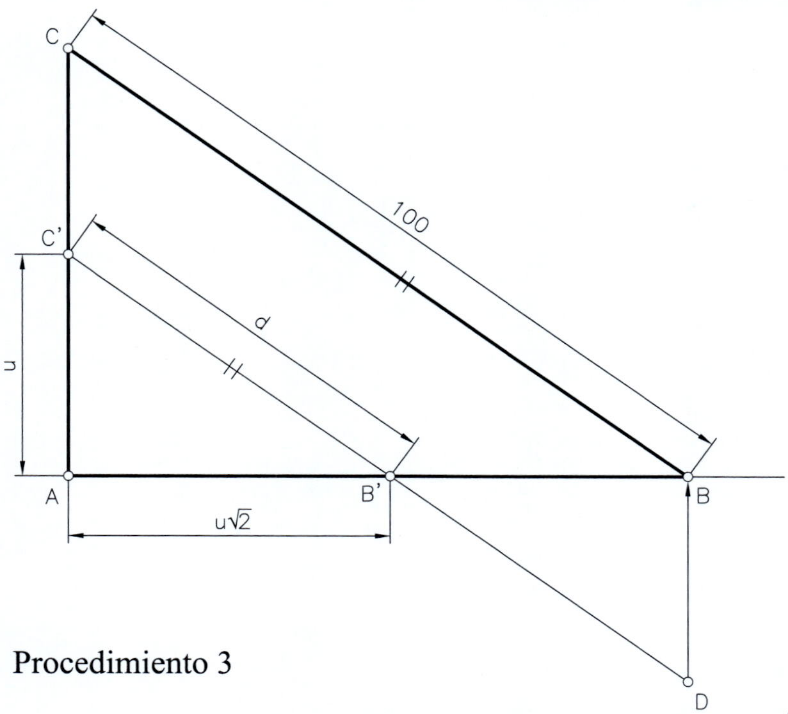

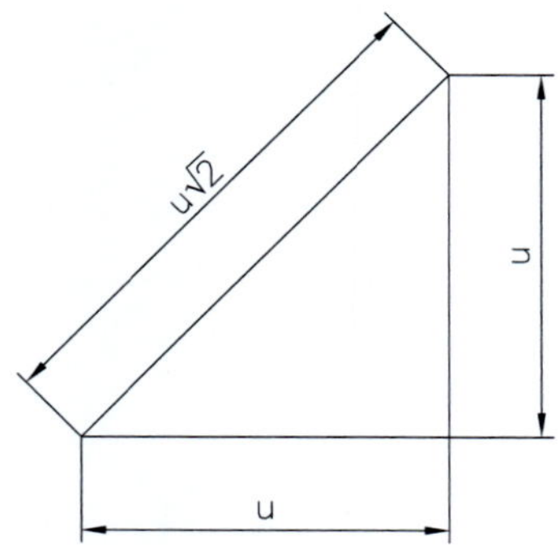

CONSTRUCCIÓN AUXILIAR

Procedimiento 3

Comentario: Aplicando el teorema del cateto en un triángulo rectángulo, se puede escribir: $c/a = y/c$, $b/a = x/b$, es decir: $c^2 = ay$, $b^2 = ax$. Despejando a en ambas expresiones e igualando, resulta que: $c^2/y = b^2/x$.

Si los catetos b y c tienen que ser proporcionales a 1 y $\sqrt{2}$, sus cuadrados serán proporcionales a 1 y a 2, es decir: $2/y = 1/x$.

Por otra parte, puesto que la hipotenusa es igual a (x+y), basta dividirla en tres partes iguales; la recta perpendicular por una de estas divisiones cortará a la semicircunferencia de diámetro 100 mm en el vértice A del triángulo.

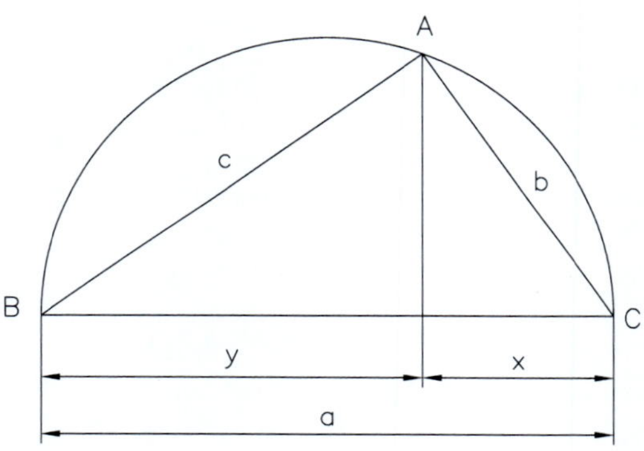

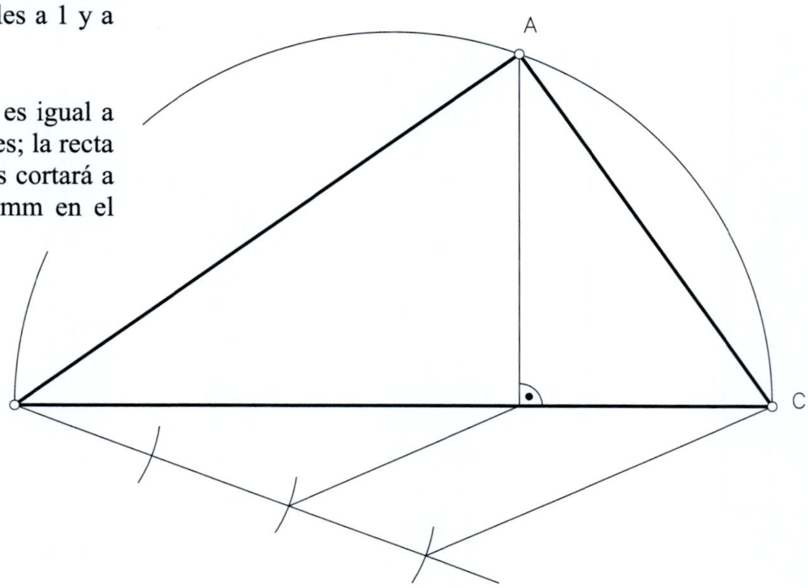

SOLUCIÓN EJ. 2

FIGURA DE ANÁLISIS

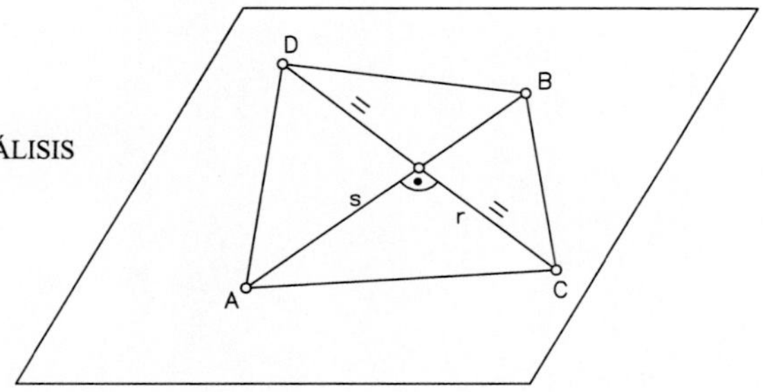

Procedimiento 1

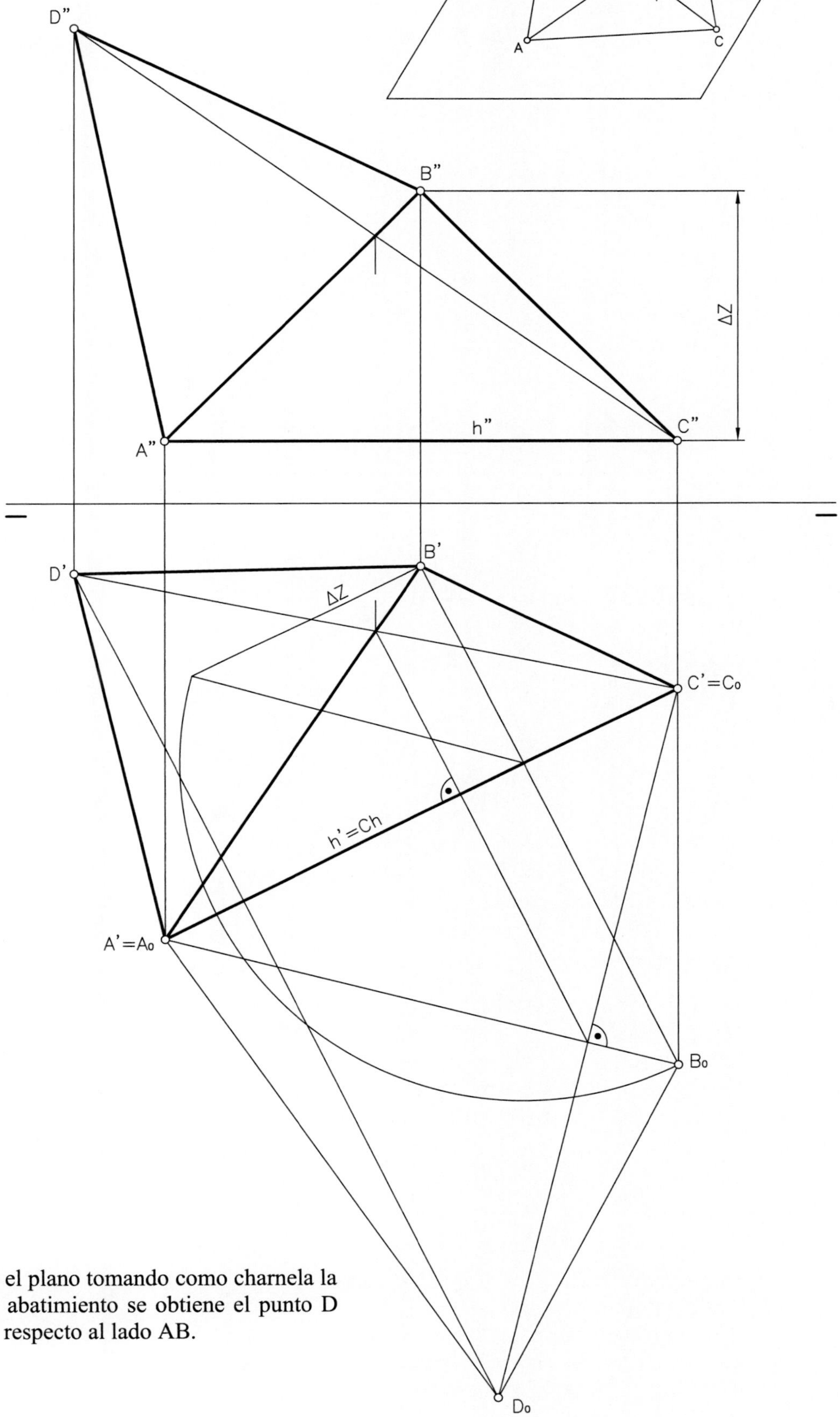

Comentario: Se abate el plano tomando como charnela la horizontal AC. En el abatimiento se obtiene el punto D como simétrico del C respecto al lado AB.

SOLUCIÓN EJ. 2

Procedimiento 2

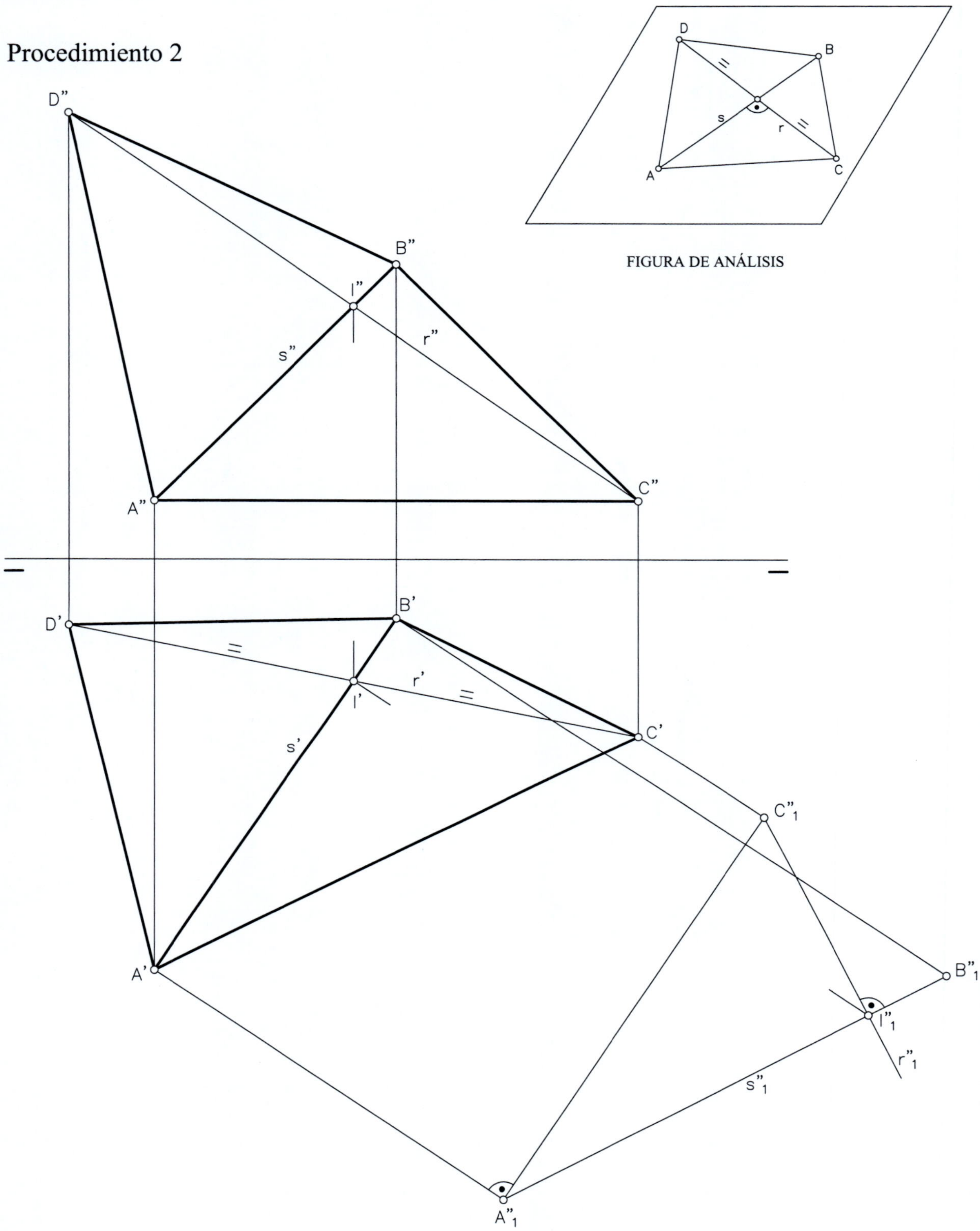

Comentario: El ejercicio se reduce a trazar por C una recta r perpendicular a la recta s que ha de cortarse con ella.
Transformando la recta s (A, B) en frontal mediante un alzado auxiliar y aplicando el teorema de las tres perpendiculares, obtenemos de forma directa la recta r. Sobre la recta r basta llevar distancias iguales a ambos lados de AB.

SOLUCIÓN EJ. 3

Comentario: Puede dibujarse un corte parcial si no conviene un corte total o un medio corte. El corte parcial se limita por una línea llena fina a mano alzada o por una línea llena fina con zigzag (Norma UNE 1-032-82. Cortes locales).

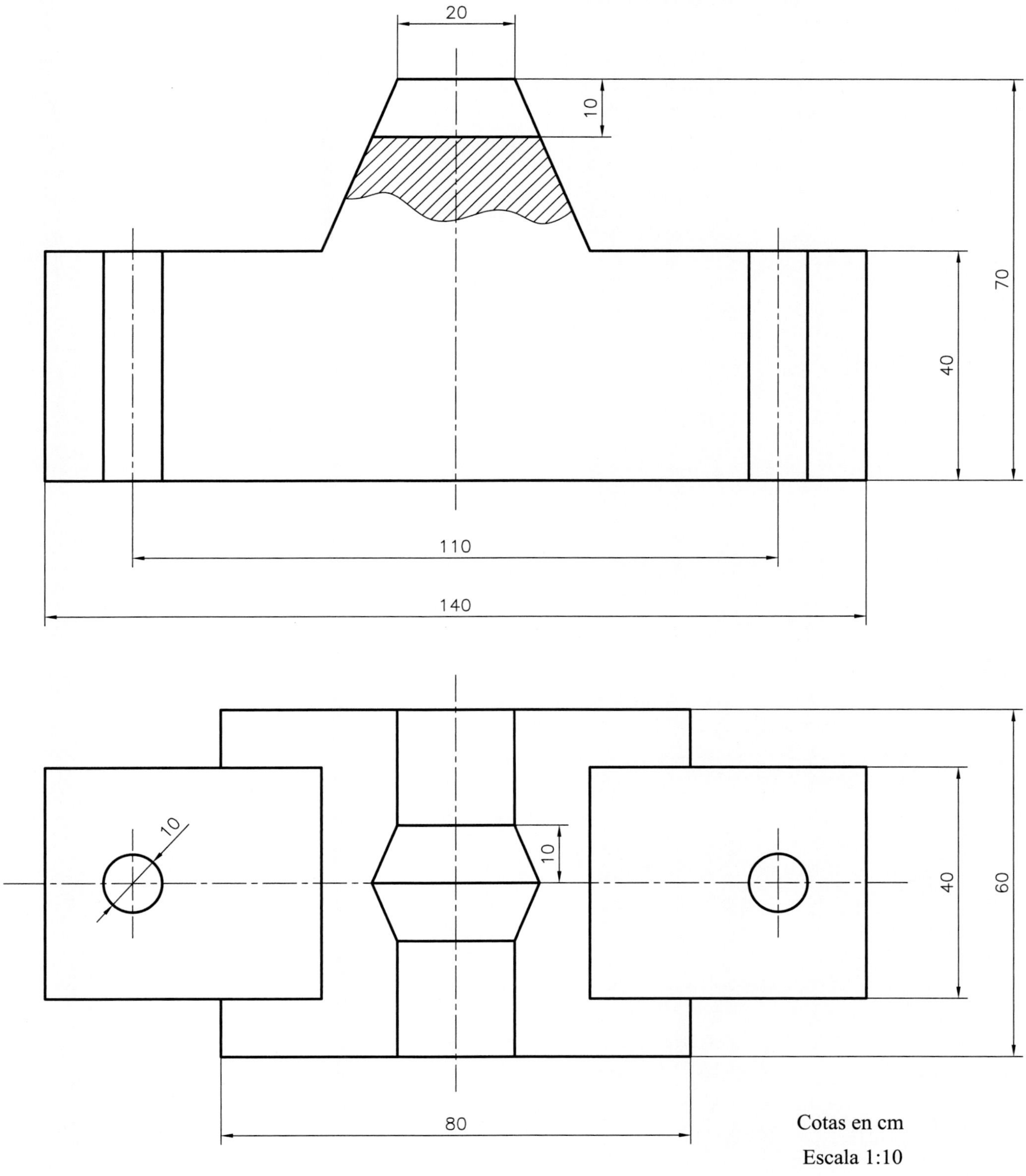

Cotas en cm

Escala 1:10

PRUEBA Nº 52

EJERCICIO 1 [3 PUNTOS] Dos puntos A y B distan 80 mm. Dibujar todos los pares de rectas paralelas que pasando por A y B disten 40 mm entre ellas.

Notas:

- El problema se resolverá por métodos gráficos.
- No se borrarán las construcciones auxiliares.

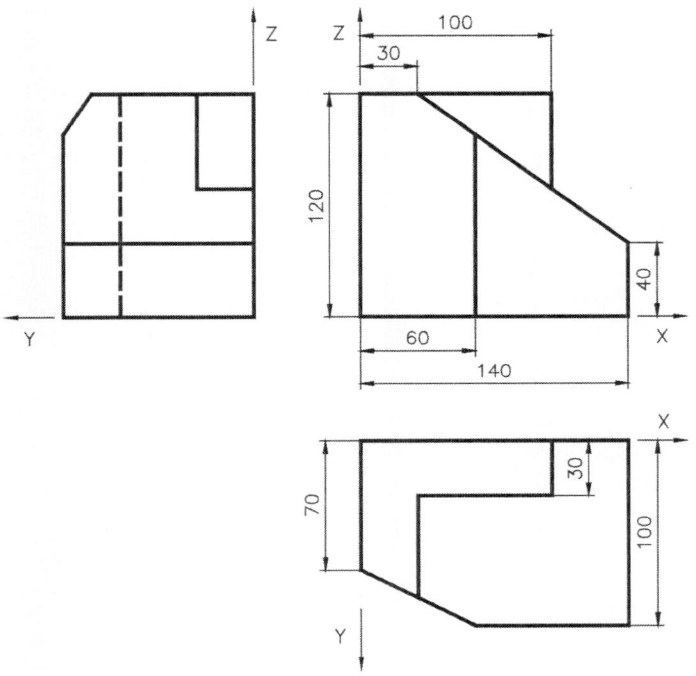

EJERCICIO 2 [4 PUNTOS] Dadas las vistas del sólido de caras planas de la figura 1, se pide:

Dibujar, a escala 5/80, la perspectiva isométrica del cuerpo.

Figura 1

Cotas en cm

EJERCICIO 3 [3 PUNTOS] En la perspectiva de la figura 2 se presenta una pieza que tiene un plano vertical de simetría. Se pide:

Dibujar, a escala 4/5, las vistas normalizadas debidamente acotadas para su correcta representación.

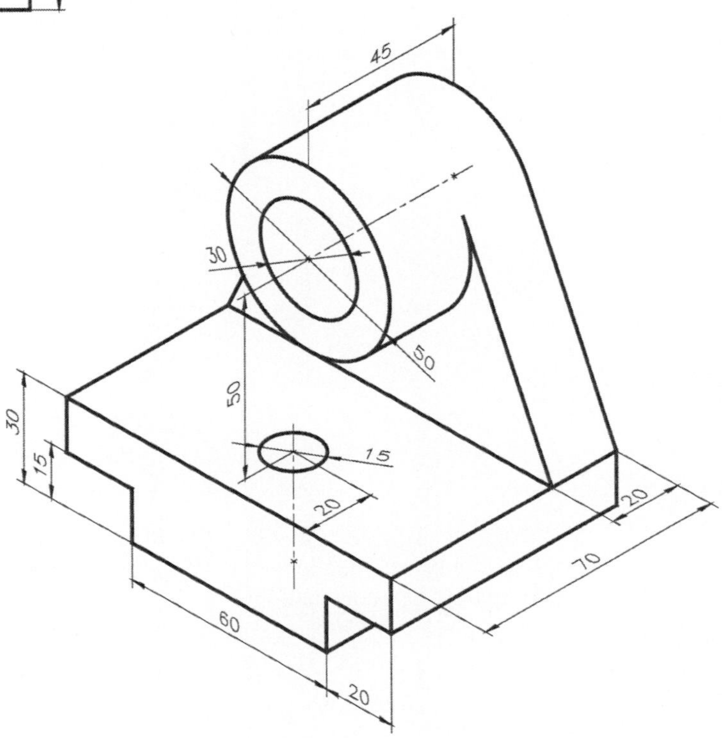

Figura 2

Cotas en mm

SOLUCIÓN EJ. 1

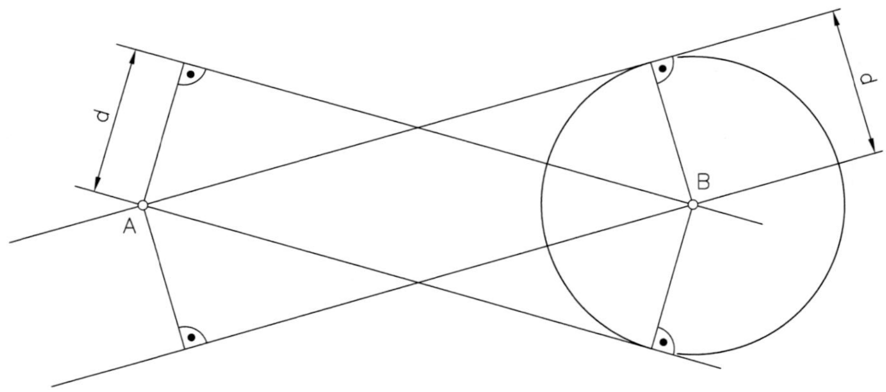

FIGURA DE ANÁLISIS

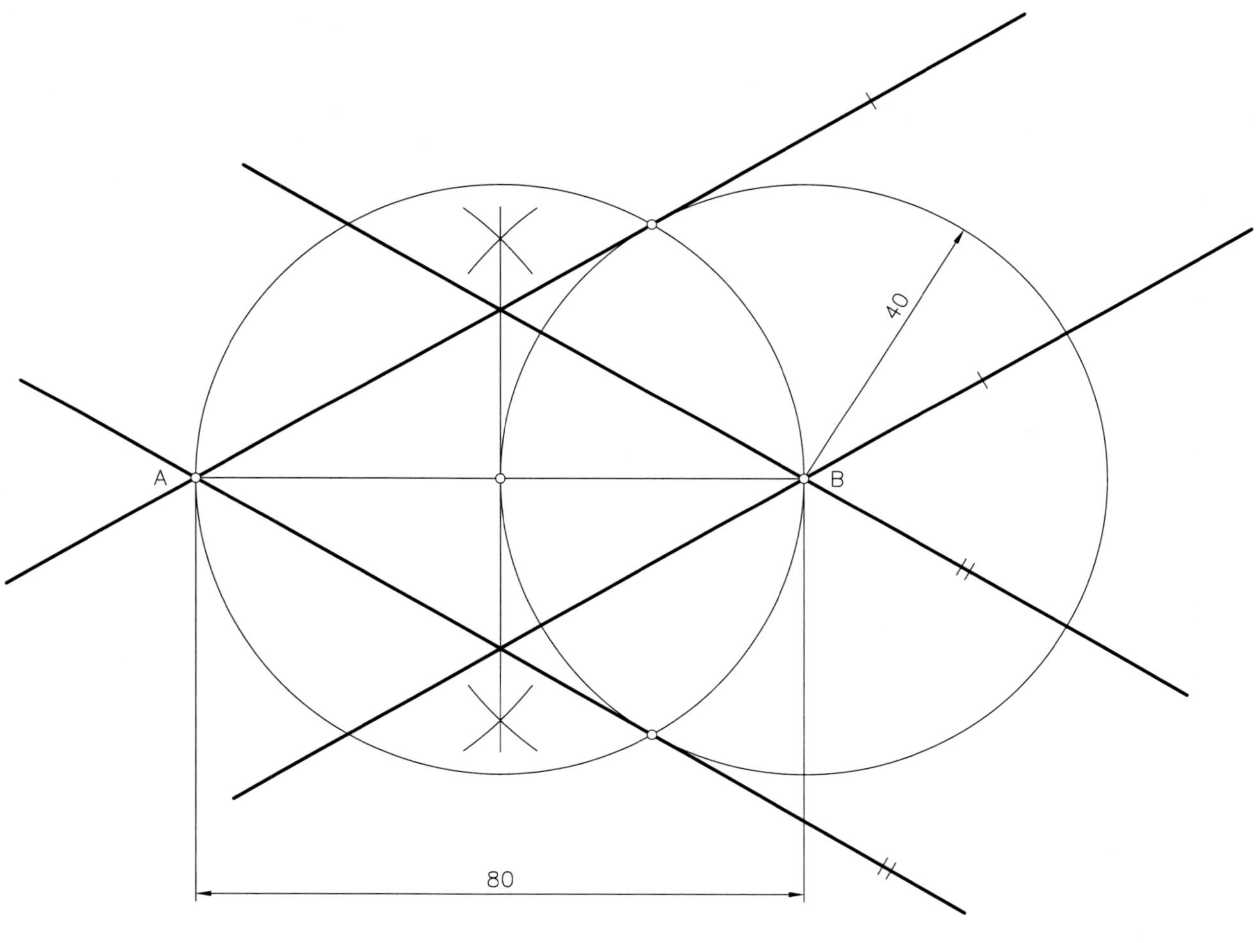

Comentario: Se dibuja una circunferencia auxiliar de radio d = 40 mm con centro en uno de los puntos. Las rectas tangentes a esta circunferencia trazadas desde el otro punto y sus paralelas son los pares de rectas pedidas.

SOLUCIÓN EJ. 2

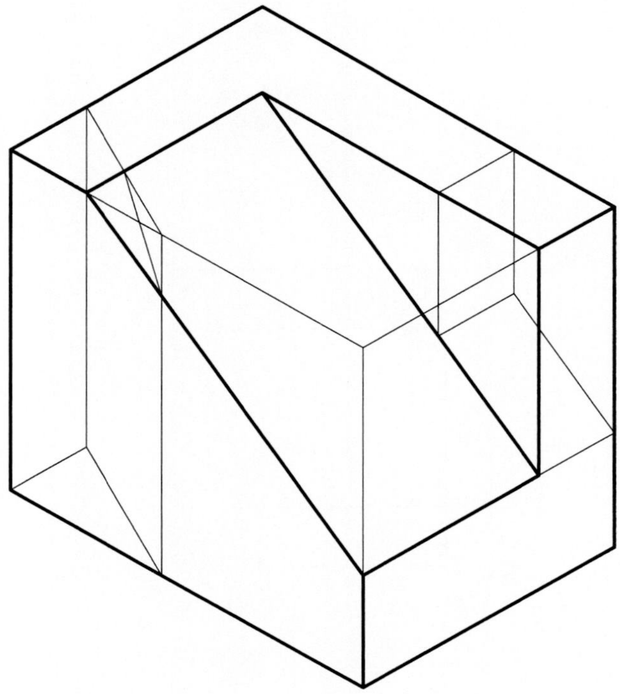

PIEZA INTERMEDIA

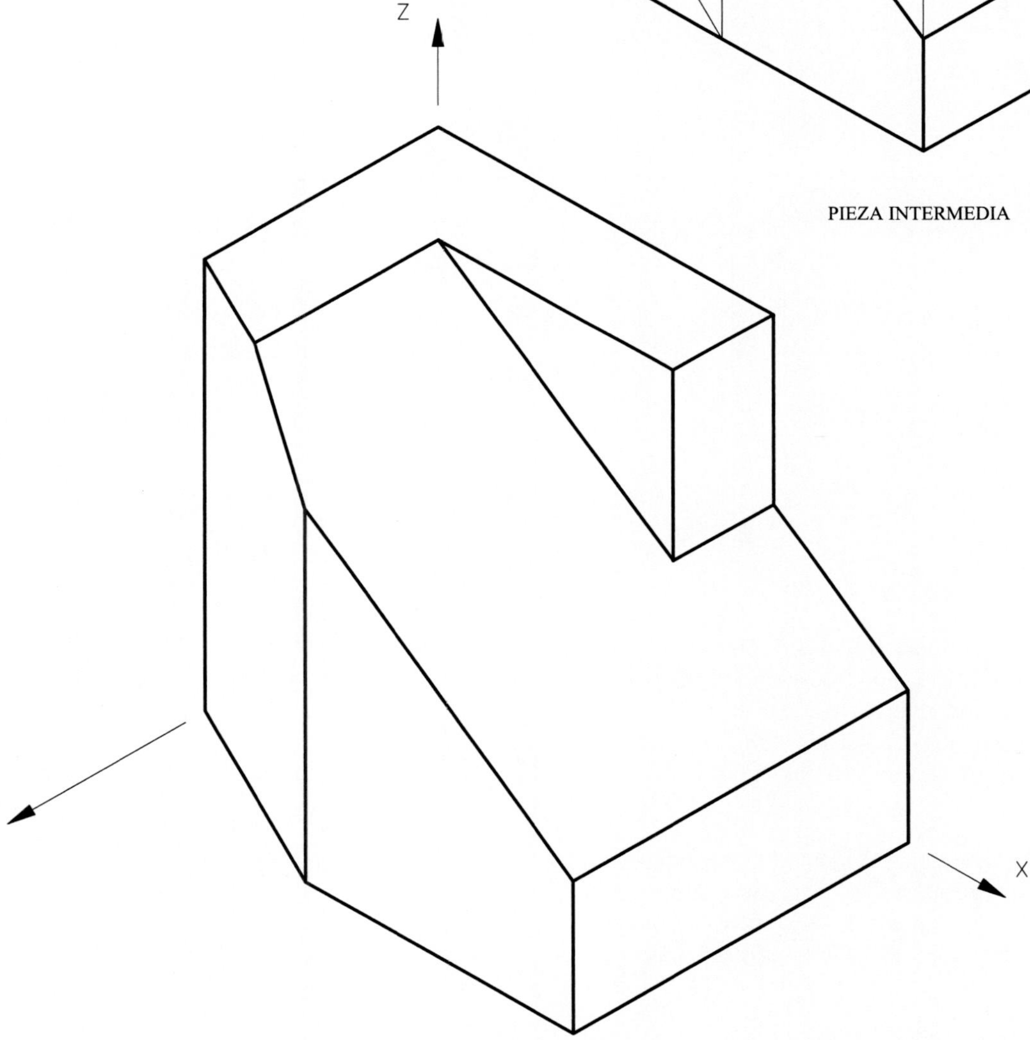

Nota: Se pide realizar este ejercicio a una escala no normalizada con objeto de simplificar la aplicación del coeficiente de reducción, redondeado a 0'8, facilitando así su resolución.

Escala 5:80

SOLUCIÓN EJ. 3

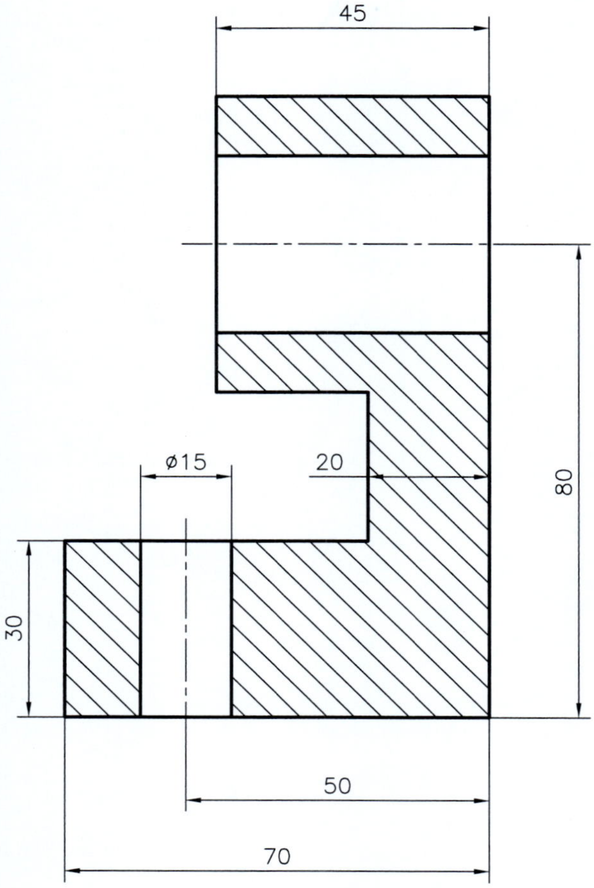

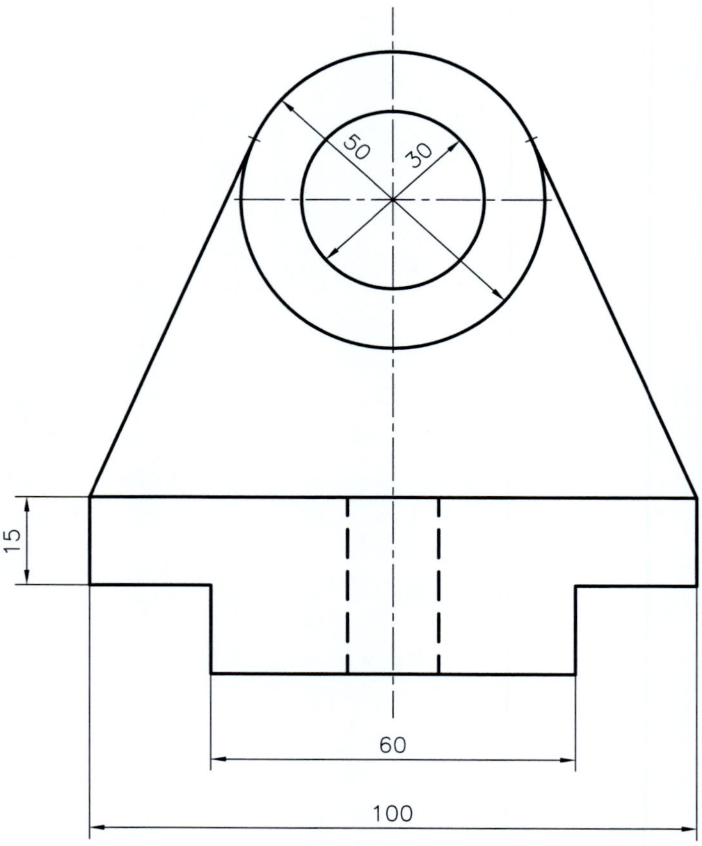

Comentario: Las líneas ficticias de intersección de superficies unidas por un redondeo pueden representarse mediante unas líneas finas llenas que no toquen los contornos (Norma UNE 1-032-82. Intersecciones ficticias).

Comentario: Cuando es evidente la localización del plano de corte no es necesaria ninguna identificación de su posición o su identificación (Norma UNE 1-032-82. Generalidades sobre los cortes).

Cotas en mm

Escala 4:5

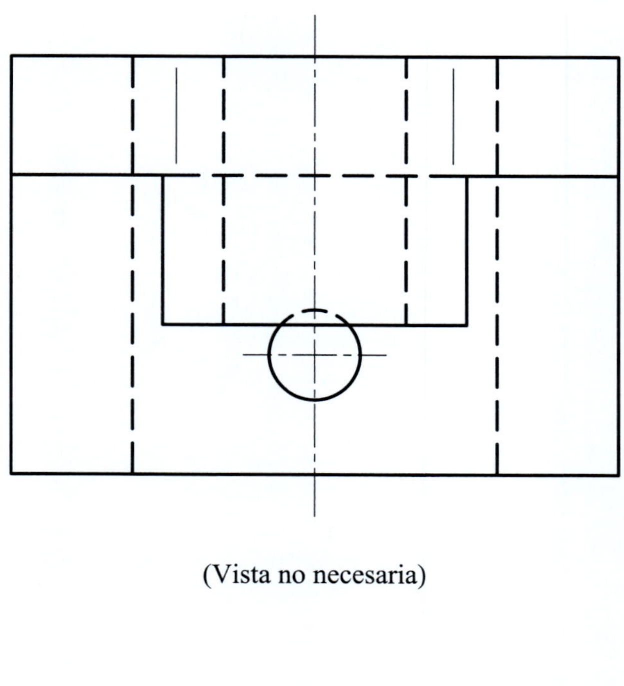

(Vista no necesaria)

PRUEBA Nº 53

EJERCICIO 1 [3 PUNTOS] En el croquis de la figura 1 se definen dos rectas, r y s, y un punto P. Se pide:

Dibujar las circunferencias tangentes a las dos rectas y que pasen por el punto P.

Notas:

- El problema se resolverá por métodos gráficos.
- No se borrarán las construcciones auxiliares.

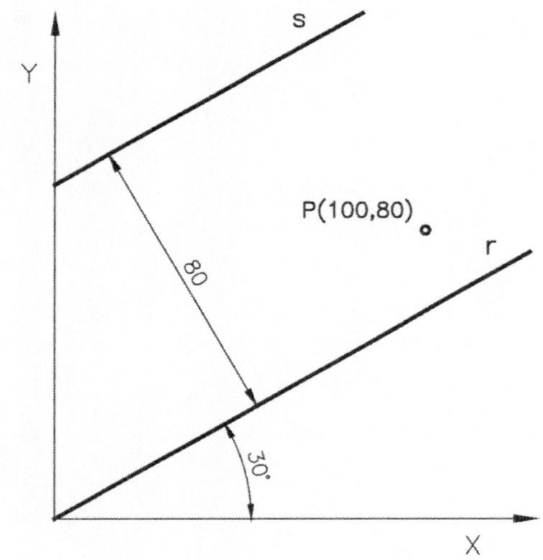

Figura 1
Cotas en mm

EJERCICIO 2 [4 PUNTOS] Los puntos A(-30, 30, 20), B(40, 80, 90) y C(60, 10, 60) definen el plano α. Se pide:

- Dibujar las proyecciones diédricas de la recta de perfil que pasa por el punto D(-70, 30, 70) y es paralela al plano α.
- Calcular gráficamente la distancia del punto D a la línea de tierra.

EJERCICIO 3 [3 PUNTOS] En la perspectiva de la figura 2 se presenta una pieza maciza de caras planas que tiene un plano vertical de simetría. Se pide:

Dibujar, a escala 1/2, las vistas normalizadas debidamente acotadas para su correcta representación.

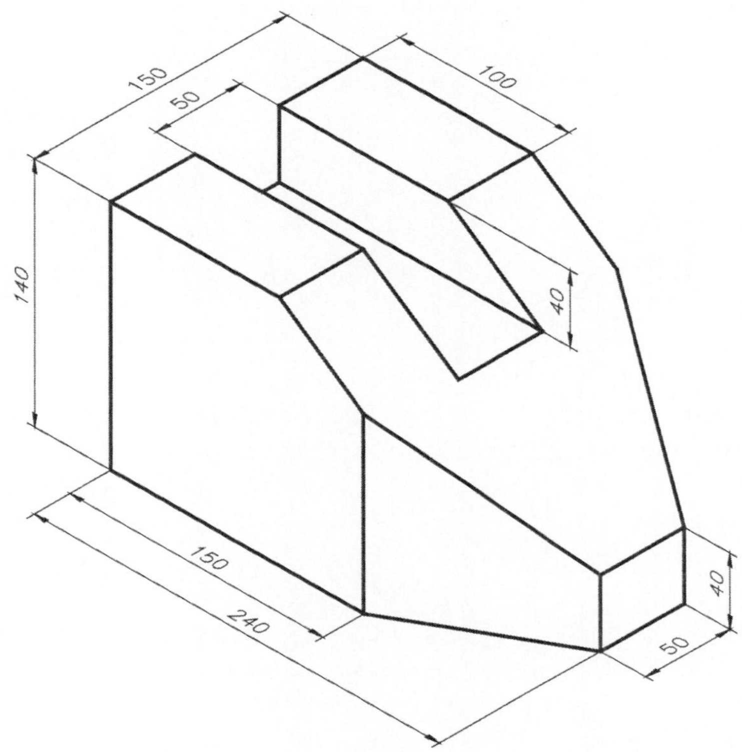

Figura 2
Cotas en mm

SOLUCIÓN EJ. 1

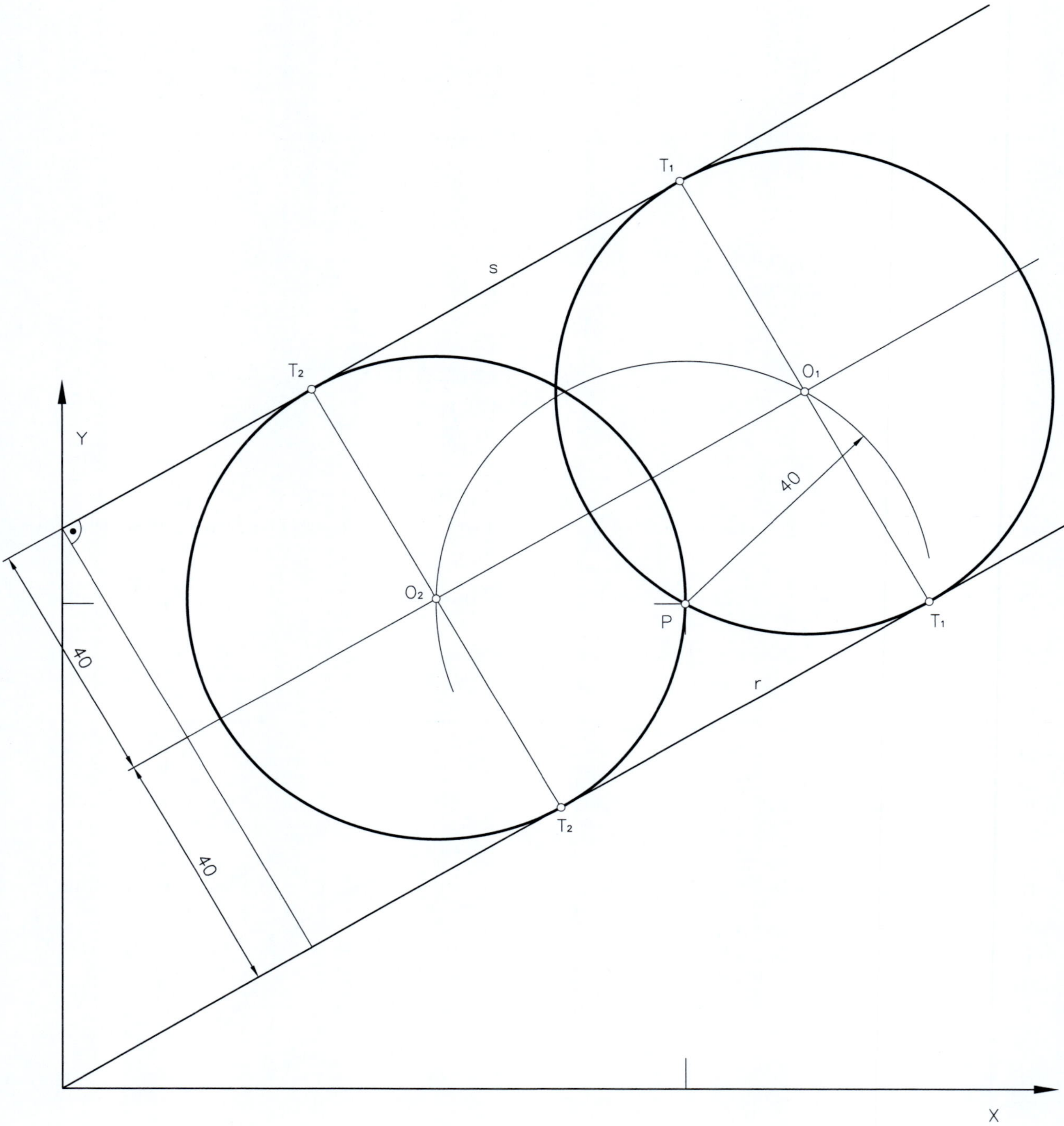

Comentario: Al ser r y s paralelas, el diámetro de las circunferencias solución es 80 mm. Los centros de las soluciones están en la intersección de la paralela media de r y s con el arco de centro P y radio 40 mm.

SOLUCIÓN EJ. 2

Procedimiento 1

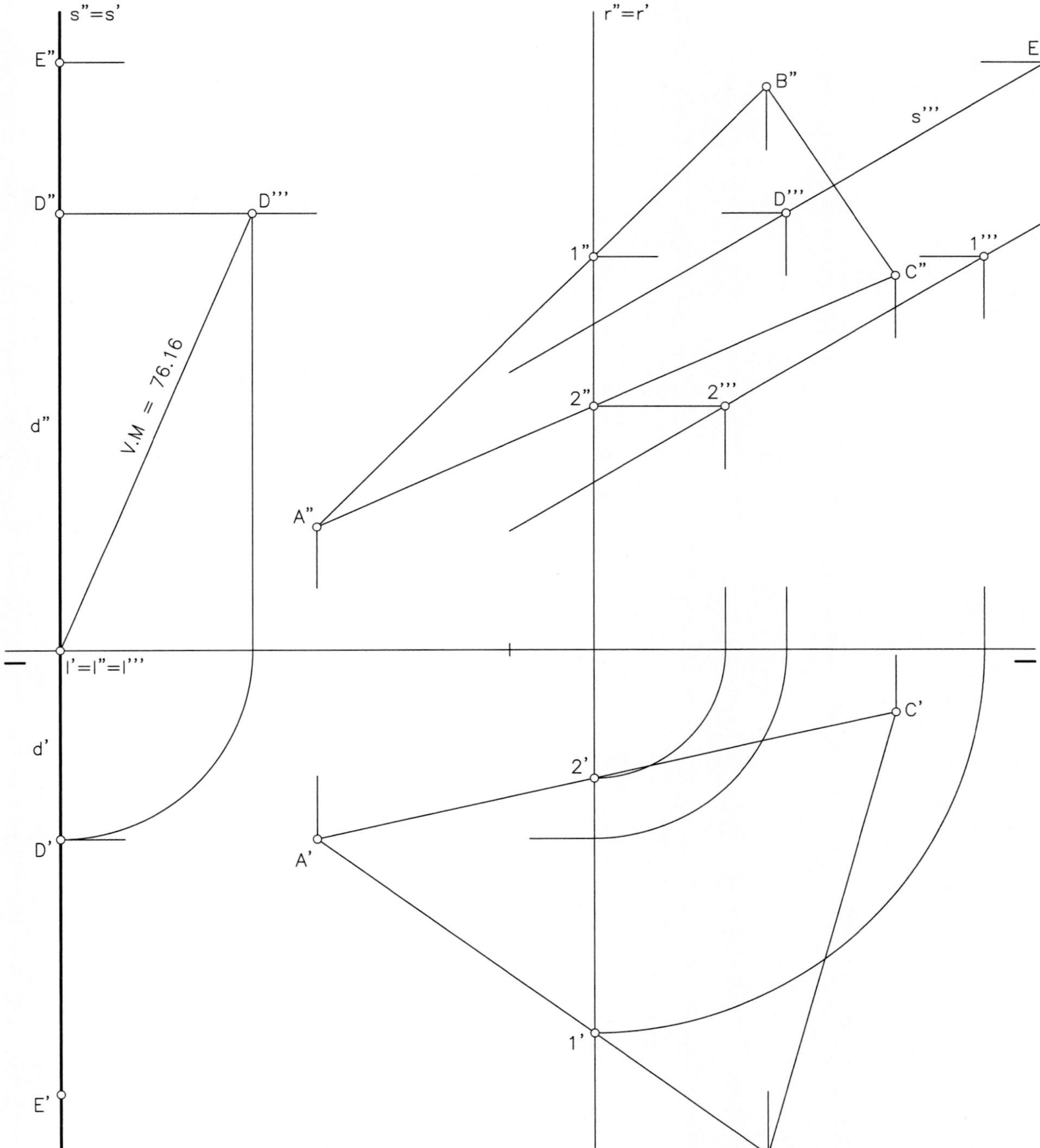

Comentario: Una recta es paralela a un plano cuando es paralela a una recta contenida en dicho plano. Se sitúa una recta de perfil en el plano ABC, recta 1-2. Por el punto D se traza la recta D-E paralela a la recta 1-2; para efectuar este trazado nos apoyamos en una tercera proyección.
La distancia del punto D a la L.T. la define el segmento D-I y su verdadera magnitud se obtiene en el perfil de dicho segmento.

SOLUCIÓN EJ. 2

Procedimiento 2

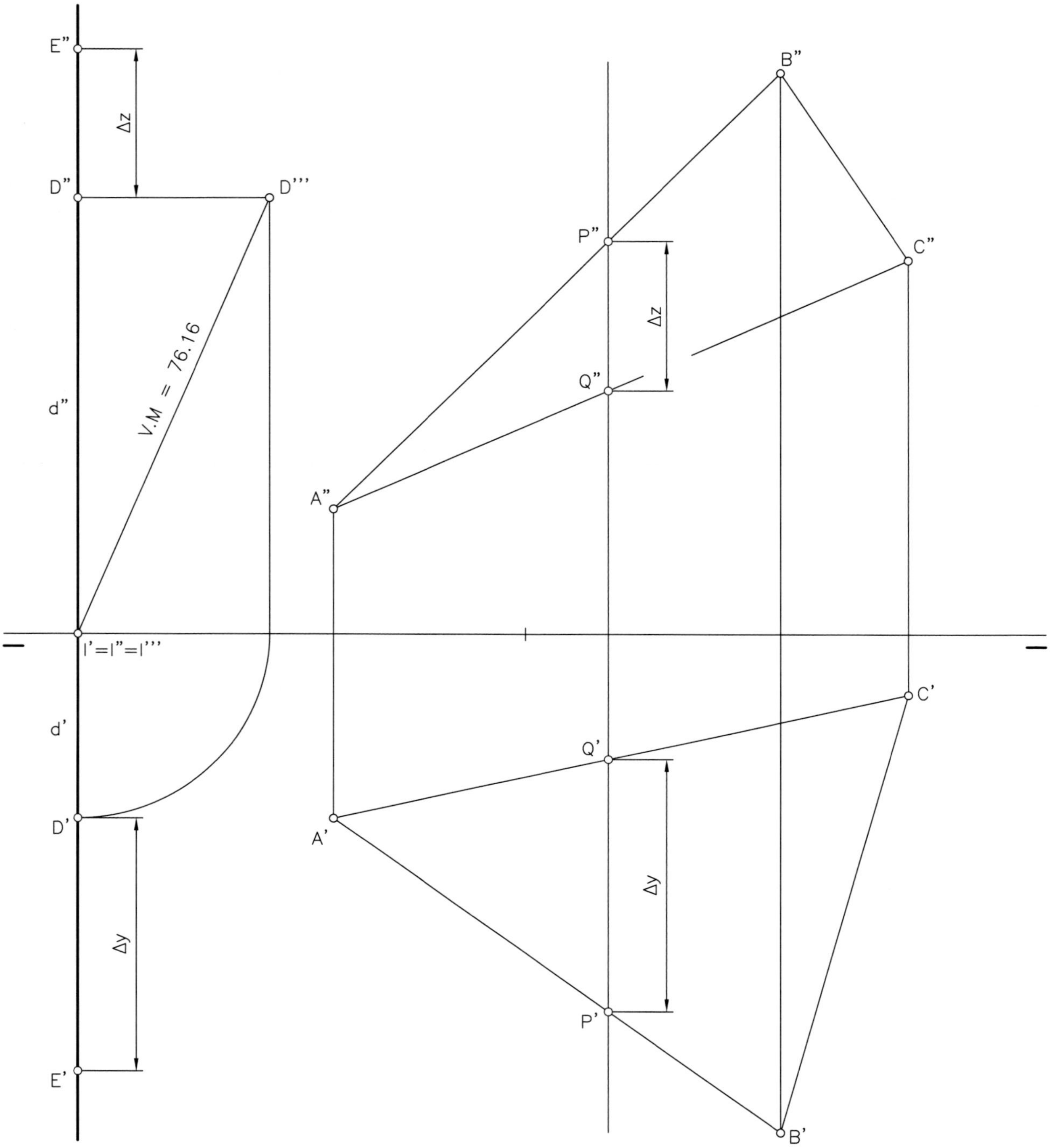

Comentario: Una recta es paralela a un plano cuando es paralela a una recta contenida en dicho plano.
Se sitúa una recta de perfil en el plano ABC, recta PQ. Por el punto D se traza una recta paralela a la recta PQ definida por los puntos D y E; para efectuar este trazado no es necesario apoyarse en una tercera proyección, teniendo en cuenta que los incrementos de coordenadas entre los pares de puntos que definen estas rectas han de ser iguales.
La distancia del punto D a la L.T. la define el segmento D-I y su verdadera magnitud se obtiene en el perfil de dicho segmento.

SOLUCIÓN EJ. 3

Comentario: Puede dibujarse un corte parcial si no conviene un corte total o un medio corte. El corte parcial se limita por una línea llena fina a mano alzada o por una línea llena fina con zigzag (Norma UNE 1-032-82. Cortes locales).

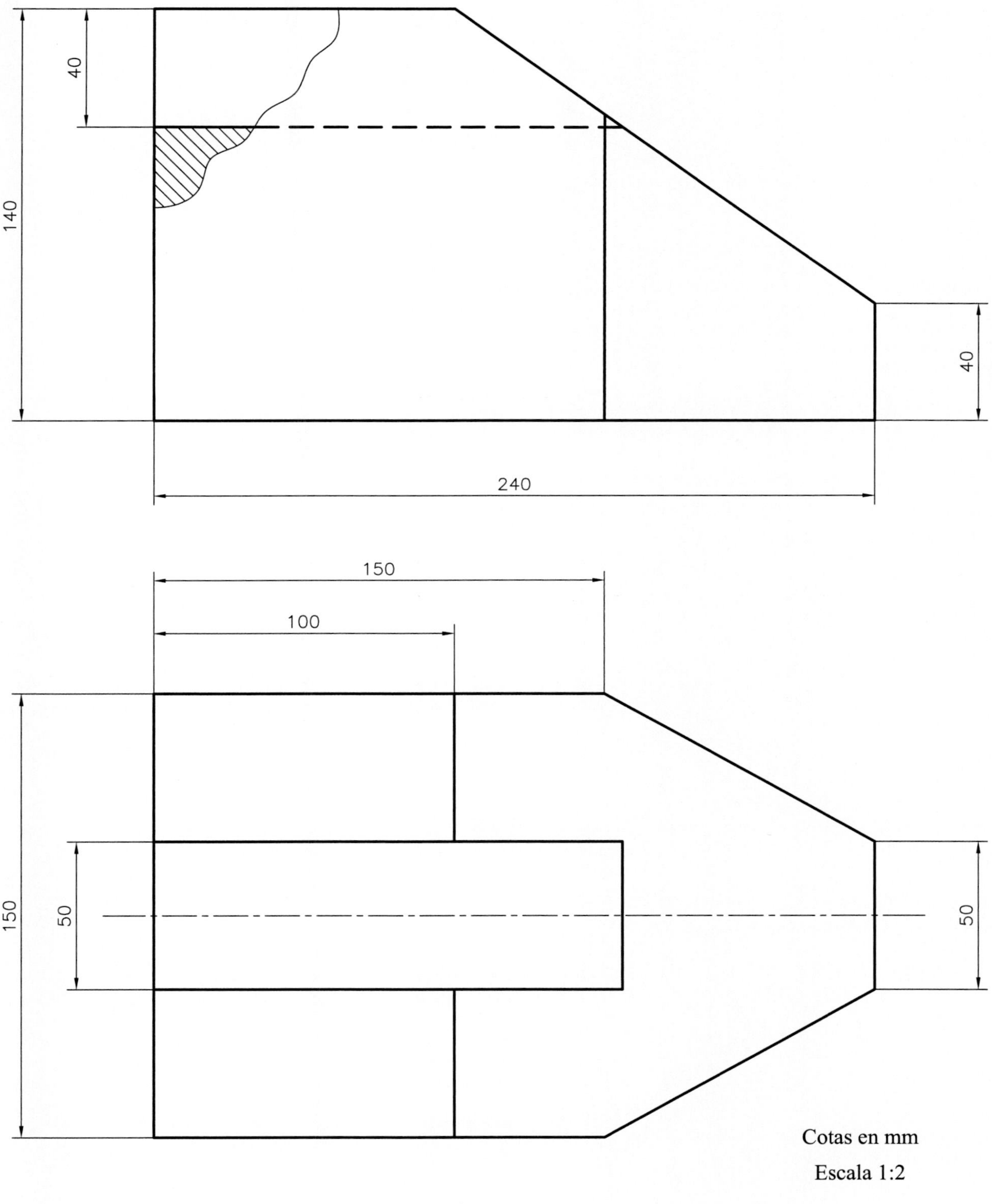

Cotas en mm

Escala 1:2

PRUEBA Nº 54

EJERCICIO 1 [3 PUNTOS] Dibujar un triángulo que cumpla las siguientes condiciones:

- Sus lados son proporcionales a 2, 3 y 4.
- El radio de su circunferencia inscrita mide 3 cm.

Notas:

- El problema se resolverá por métodos gráficos.
- No se borrarán las construcciones auxiliares.

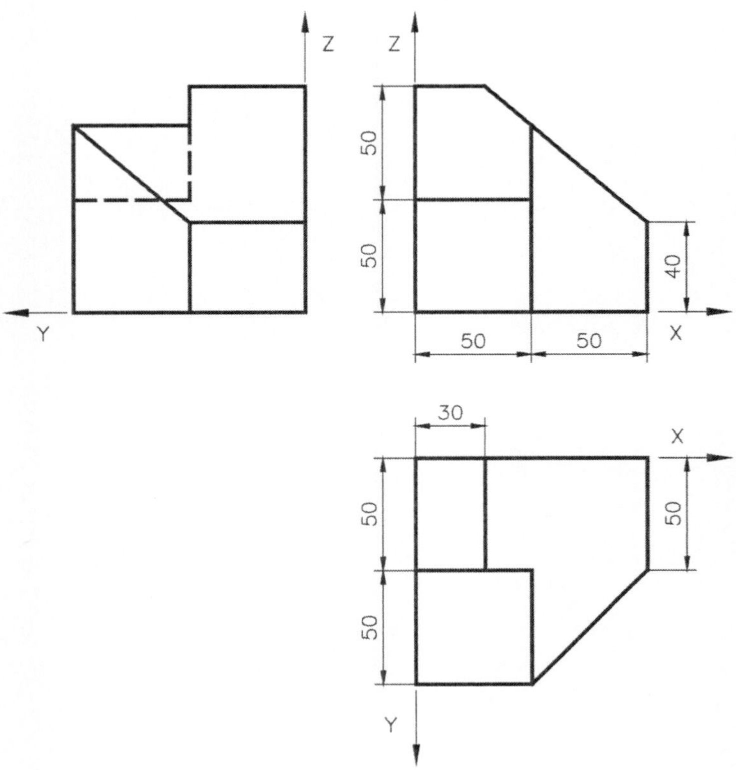

EJERCICIO 2 [4 PUNTOS] Dibujar a escala 1/10 la perspectiva isométrica de la pieza que se representa en la figura 1.

Figura 1
Cotas en cm

EJERCICIO 3 [3 PUNTOS] En la perspectiva de la figura 2 se presenta una pieza que tiene dos planos de simetría. Se pide:

Dibujar, a escala 4/5, las vistas normalizadas debidamente acotadas para su correcta representación.

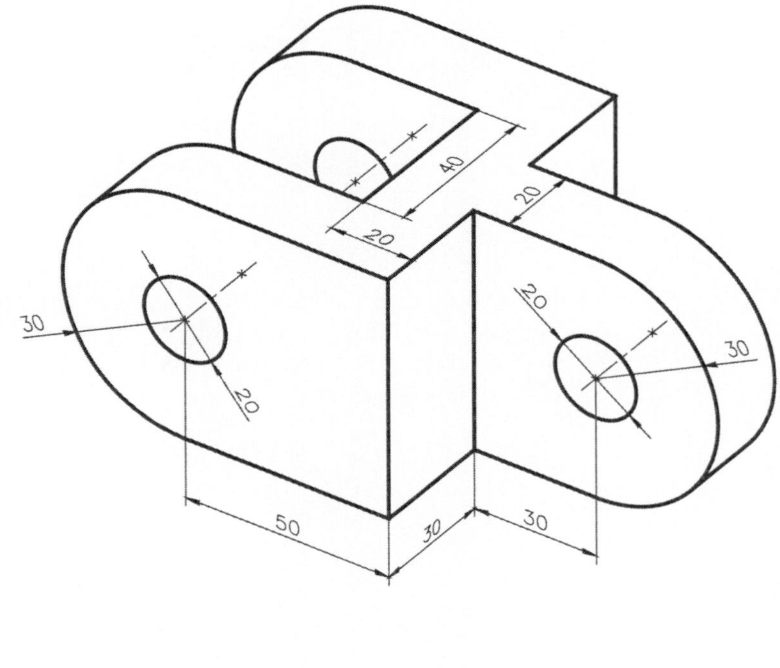

Figura 2
Cotas en mm

SOLUCIÓN EJ. 1

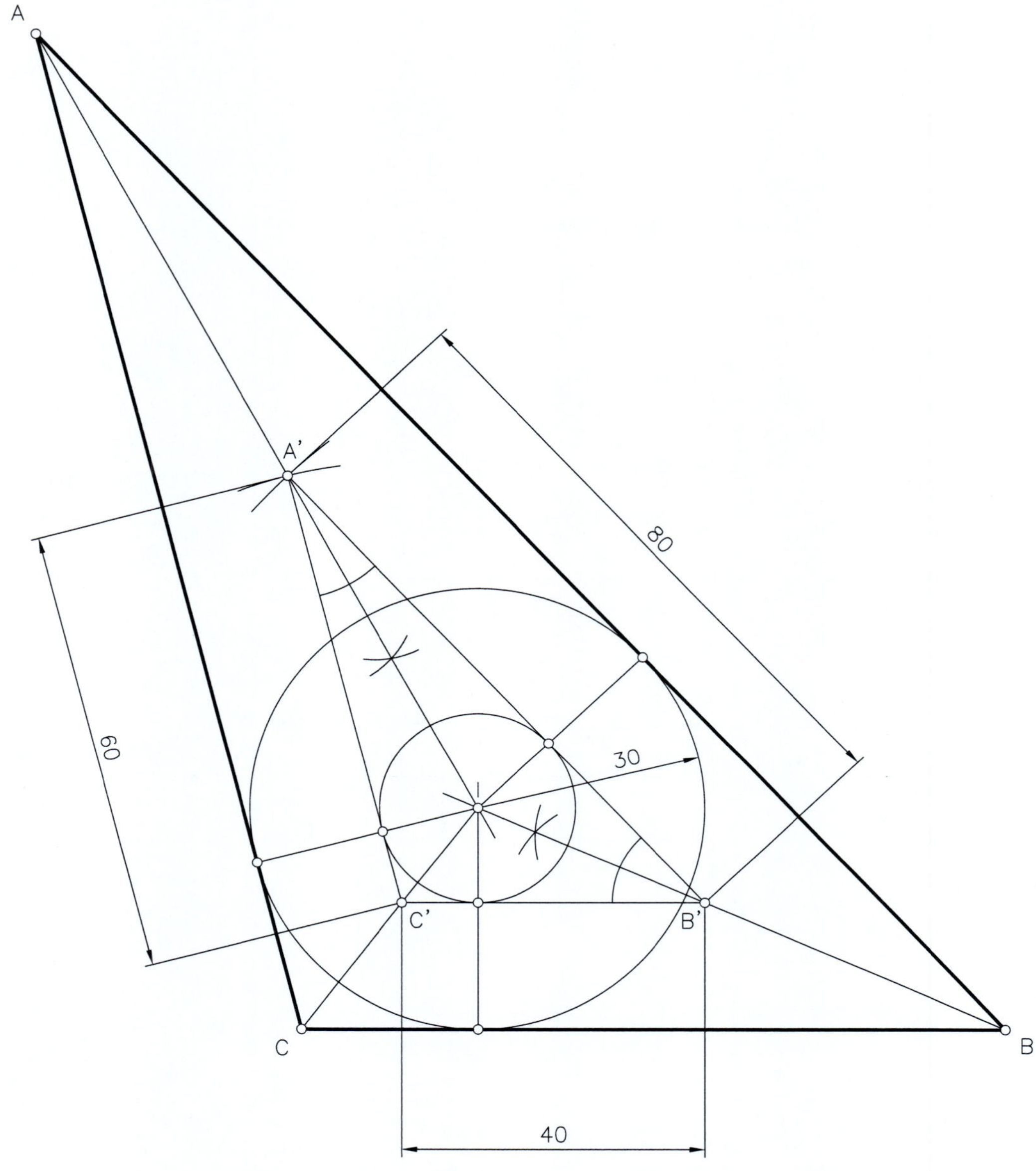

Comentario: Se dibuja un triángulo A'B'C' de lados proporcionales a 2, 3 y 4. Se halla el incentro I de este triángulo y se dibuja su circunferencia inscrita. Finalmente, se aplica una homotecia de centro I que transforme la circunferencia inscrita anterior en otra de radio 30 mm. Por paralelismo se completa el triángulo pedido.

SOLUCIÓN EJ. 2

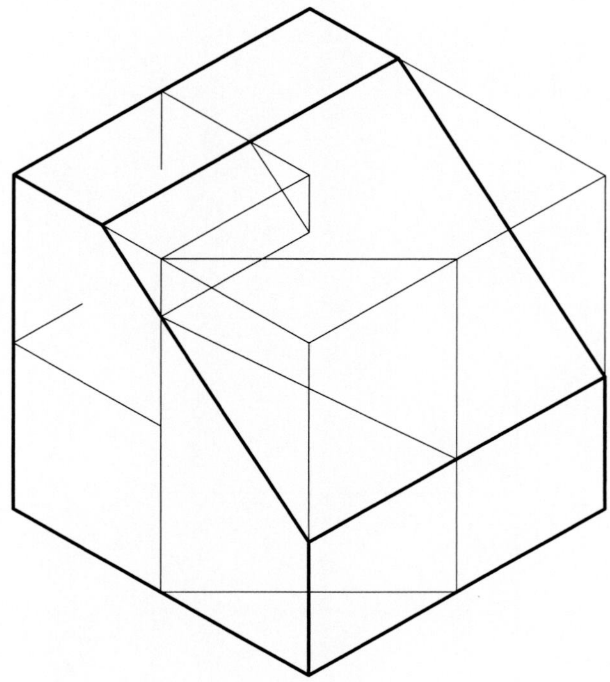

PIEZA INTERMEDIA

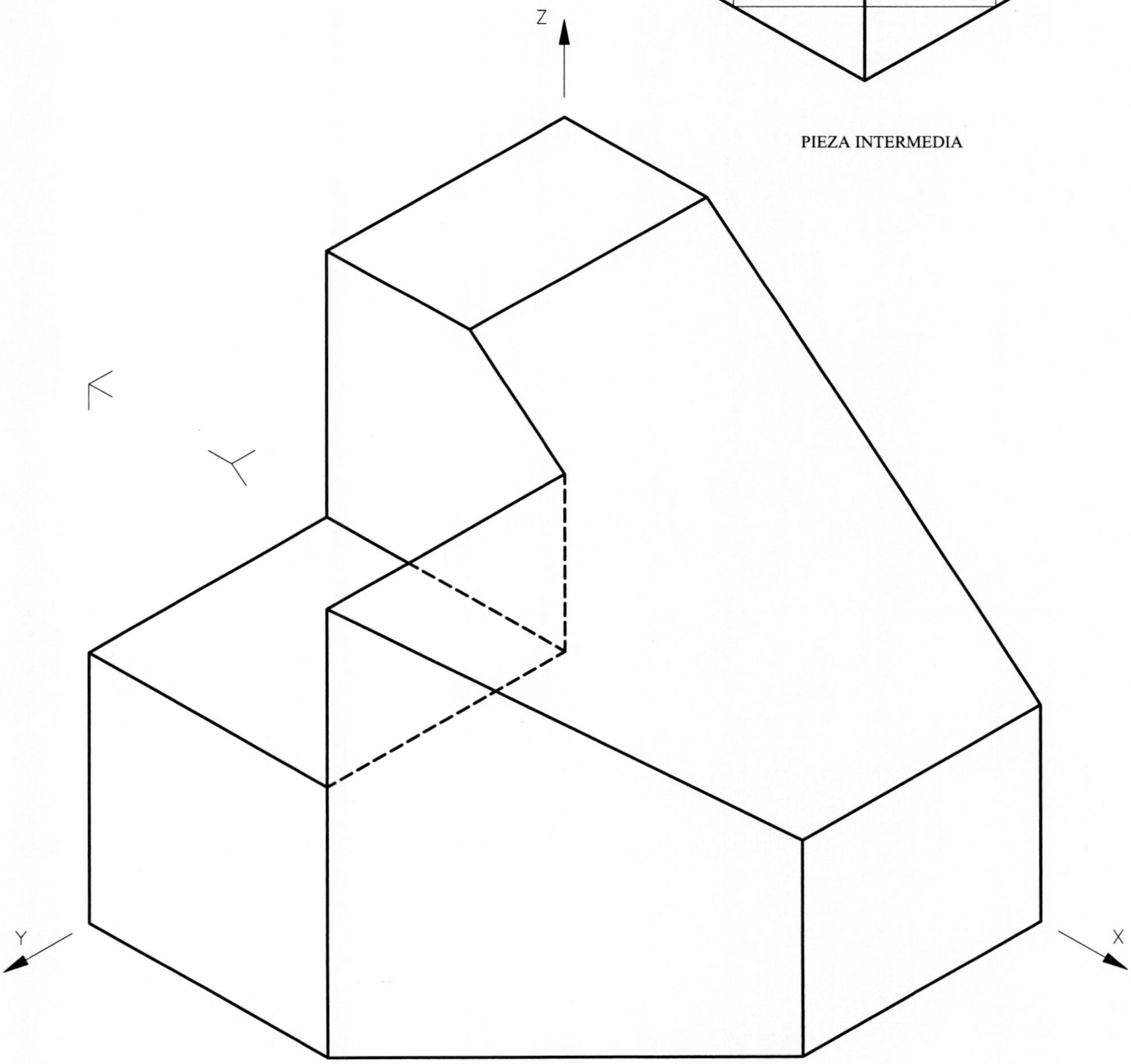

Escala 1:10

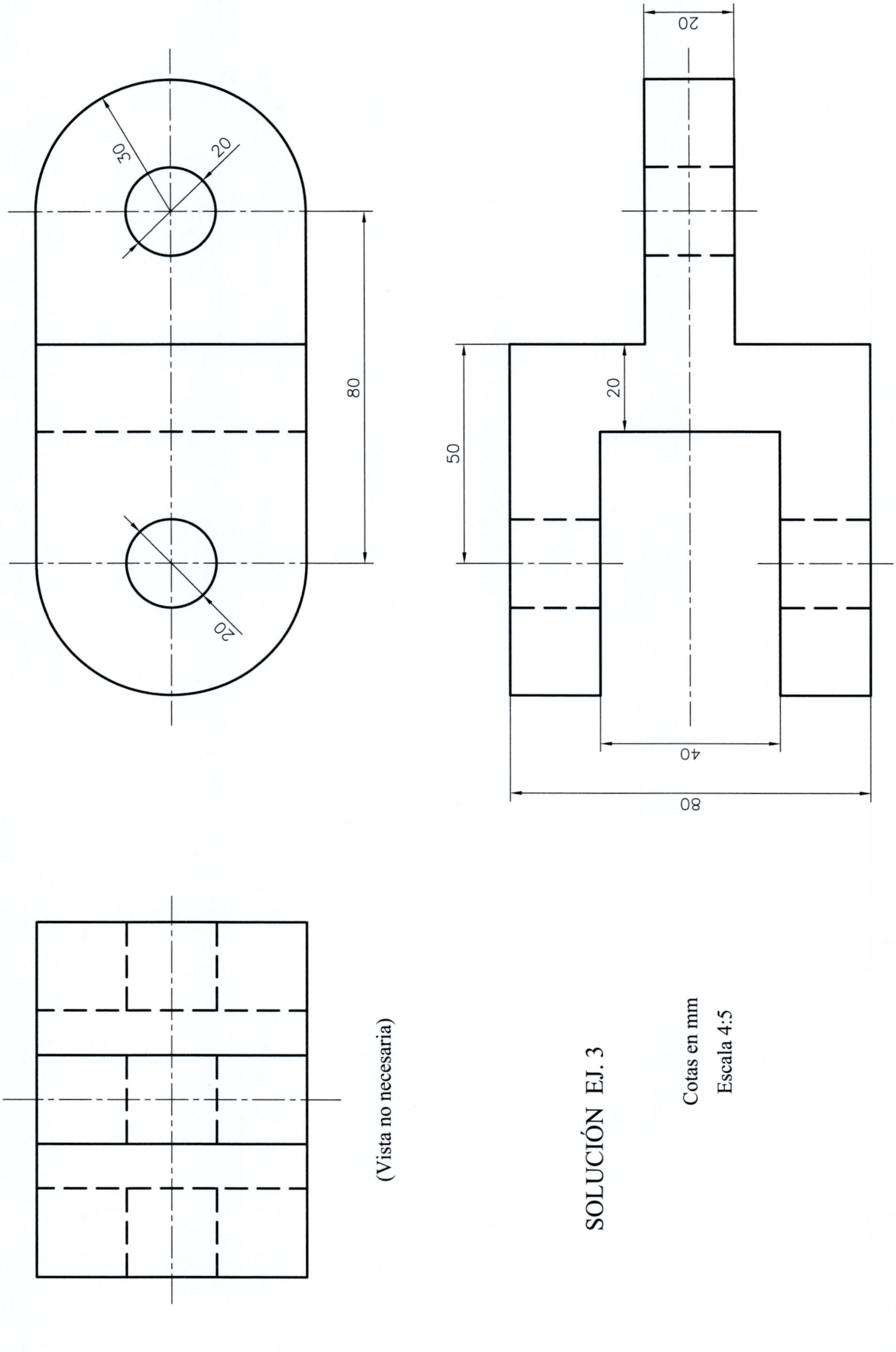

(Vista no necesaria)

SOLUCIÓN EJ. 3

Cotas en mm

Escala 4:5

PRUEBA Nº 55

EJERCICIO 1 [3 PUNTOS] Dados los puntos P y T, y la circunferencia C, definidos en el croquis de la figura 1, se pide:

Dibujar la circunferencia que pasa por el punto P y es tangente a la circunferencia C en el punto T.

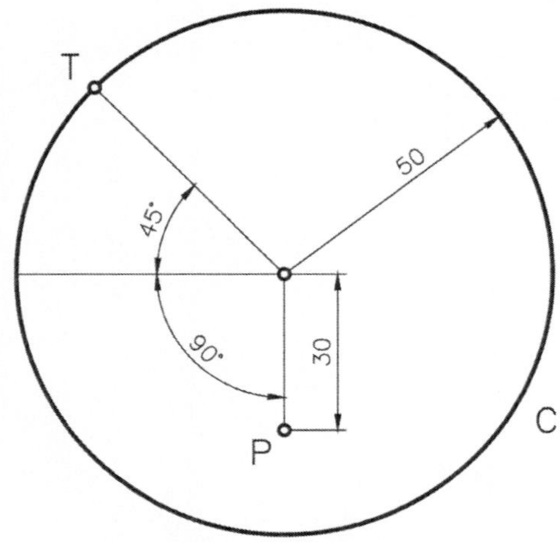

Figura 1
Cotas en mm

EJERCICIO 2 [4 PUNTOS] Dada la recta r que pasa por los puntos A(-40, 30, 20) y B(40, 10, 20), y el punto C(20, 60, 70), se pide:

Dibujar las proyecciones diédricas del triángulo equilátero que tiene un vértice en el punto C y los otros dos sobre la recta r.

EJERCICIO 3 [3 PUNTOS] En la perspectiva de la figura 2 se presenta una pieza que tiene un plano vertical de simetría. Se pide:

Dibujar, a escala 1/2, las vistas normalizadas debidamente acotadas para su correcta representación.

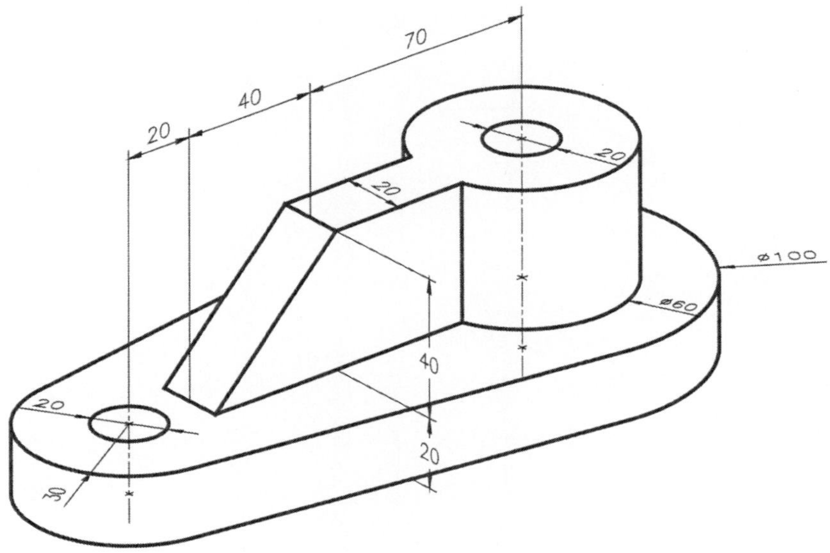

Figura 2
Cotas en mm

Notas para todos los ejercicios:

- Se resolverán por métodos gráficos.
- No se borrarán las construcciones auxiliares.
- Se destacará debidamente la solución.

SOLUCIÓN EJ. 1

Procedimiento 1

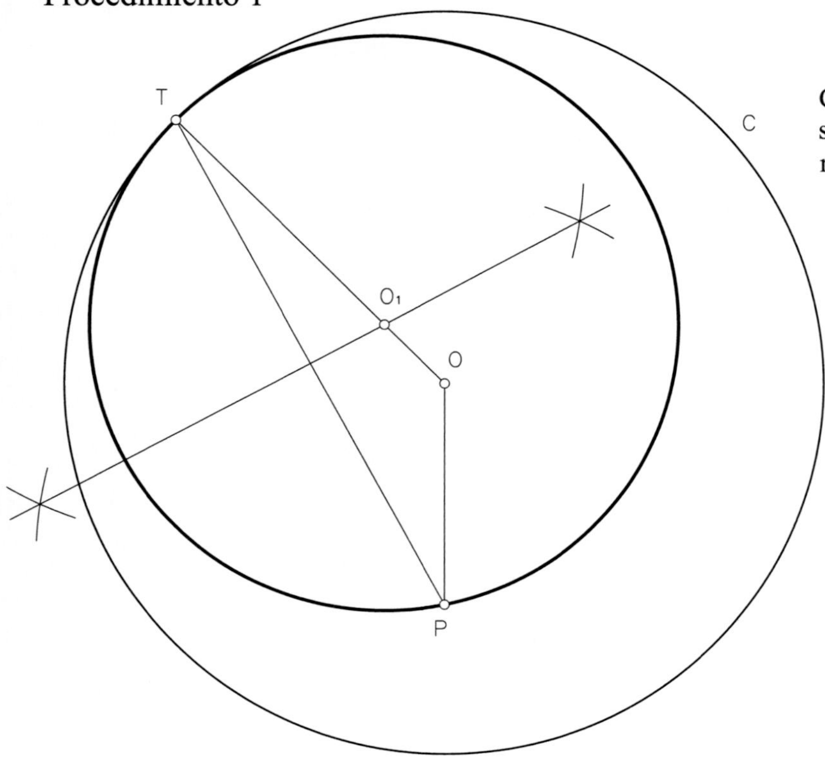

Comentario: El centro de la solución se encuentra en la intersección de la mediatriz de $\overline{PT}$ con el radio $\overline{OT}$.

Procedimiento 2

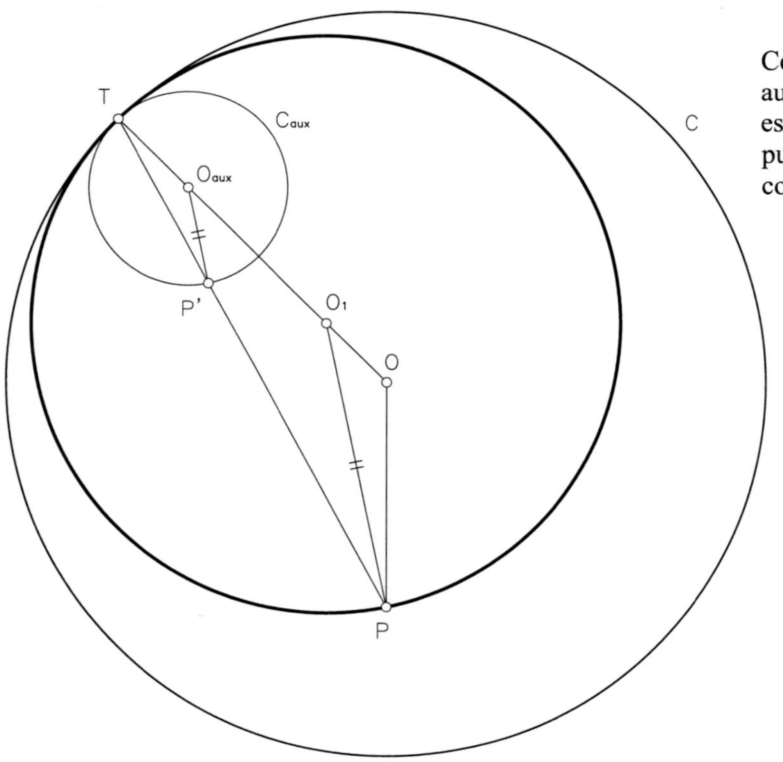

Comentario: Si se dibuja una circunferencia auxiliar tangente a la dada en T y se establece una homotecia de centro T, los puntos P y P', O_1 y O_{aux}, son homotéticos, como también lo es el radio que determinan.

SOLUCIÓN EJ. 2

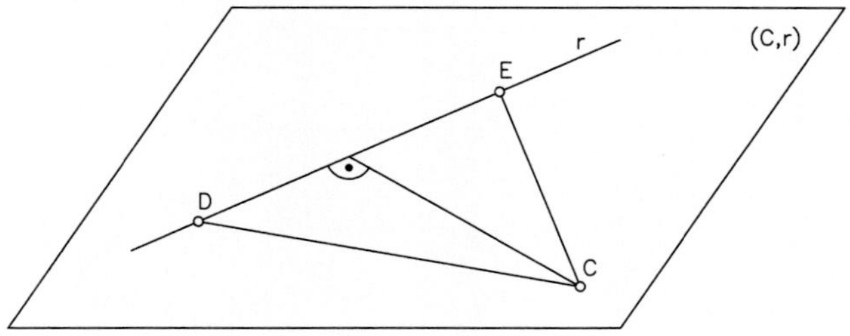

FIGURA DE ANÁLISIS

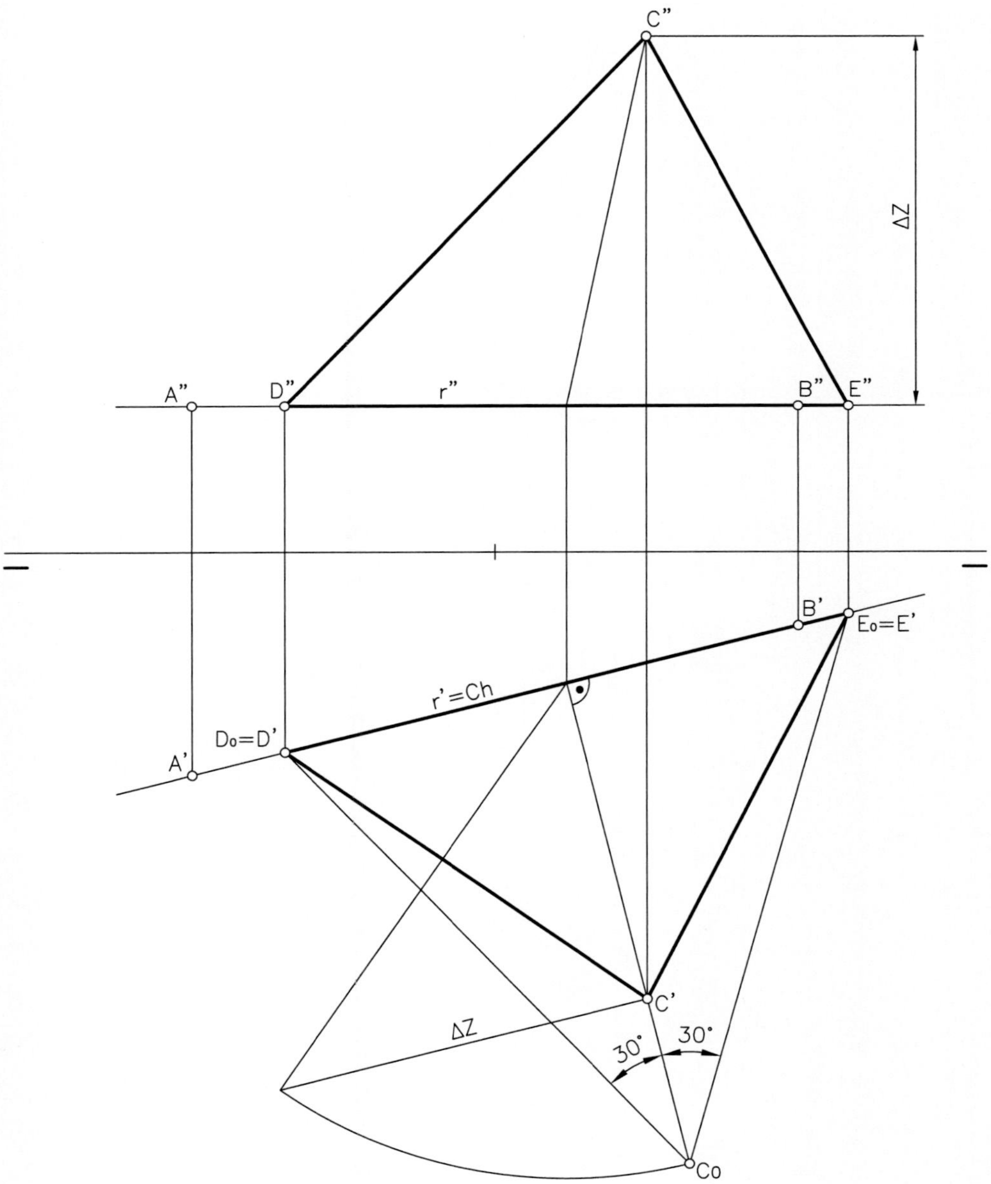

Comentario: El triángulo está contenido en el plano definido por el punto C y la recta r. En este caso para hallar las proyecciones empleamos un abatimiento sobre el P.H. siendo la charnela la horizontal r.

SOLUCIÓN EJ. 3

Procedimiento 1

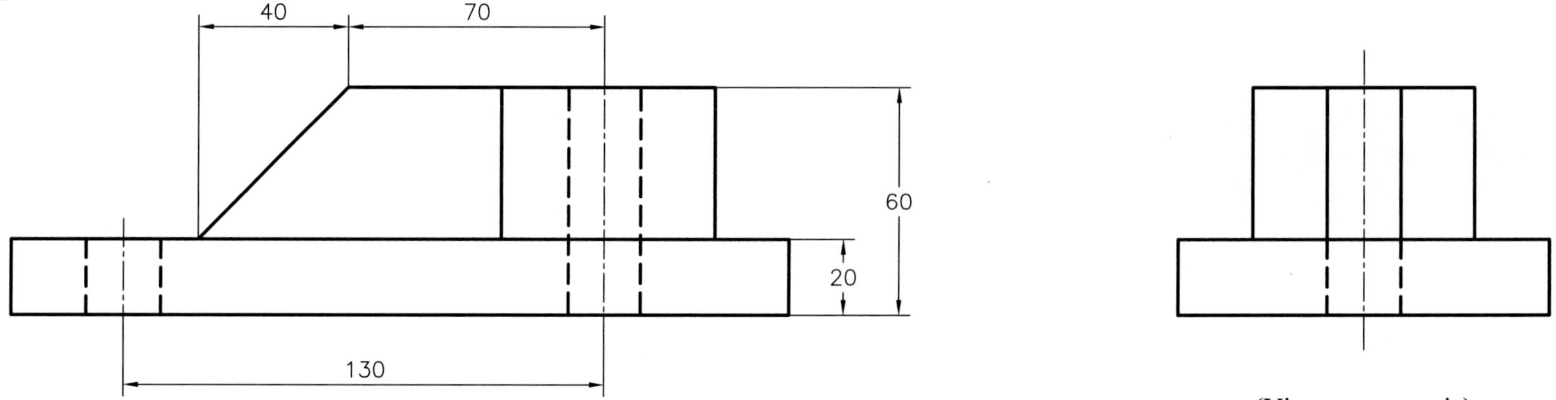

(Vista no necesaria)

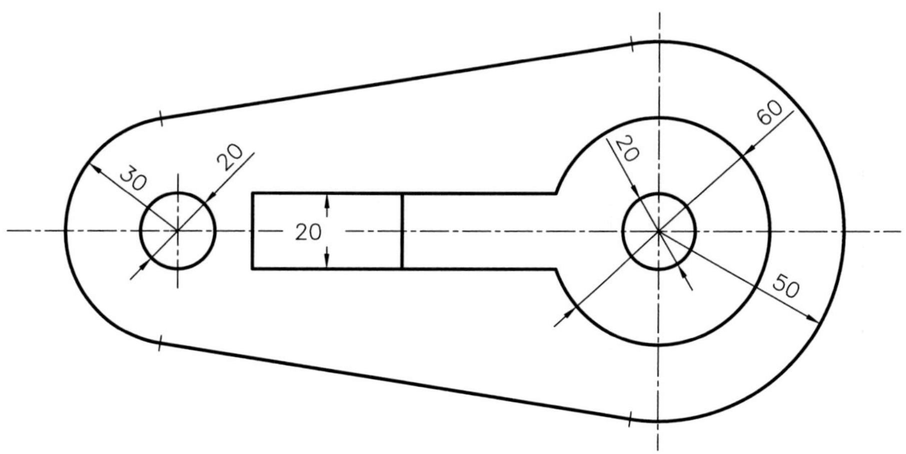

Cotas en mm

Escala 1:2

SOLUCIÓN EJ. 3

Procedimiento 2

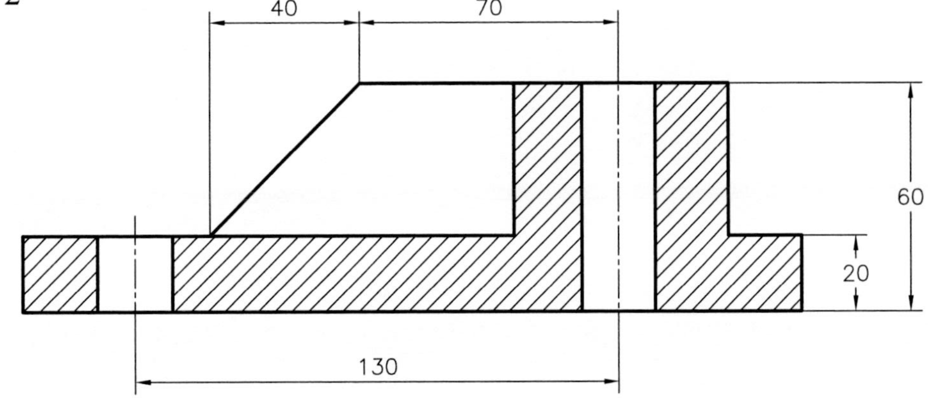

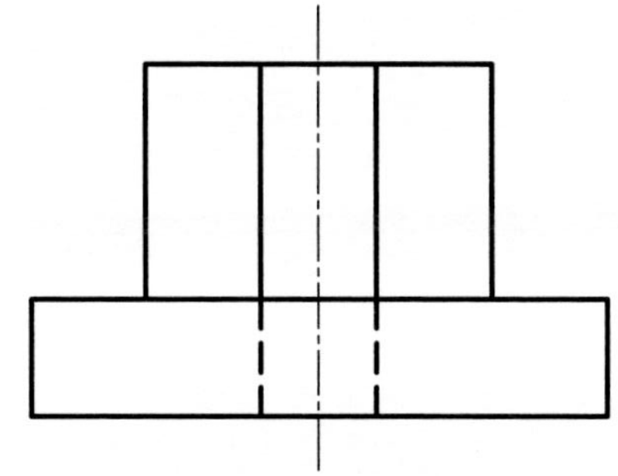

(Vista no necesaria)

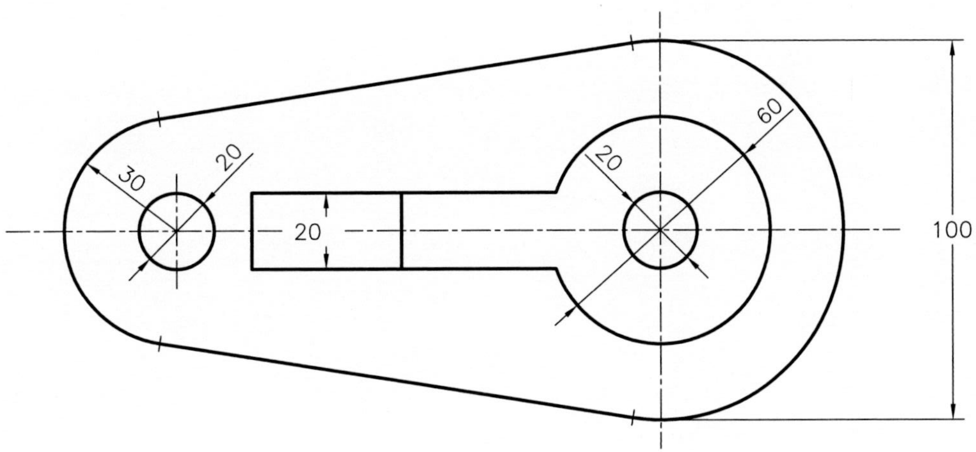

Comentario: Los nervios no se cortan longitudinalmente y, como consecuencia, no se rayan (Norma UNE 1-032-82. Generalidades sobre los cortes).

Cotas en mm

Escala 1:2

PRUEBA Nº 56

EJERCICIO 1 [3 PUNTOS] Dibujar un triángulo rectángulo ABC sabiendo que:

- La hipotenusa BC mide 10 cm.
- La proyección de la mediana m_b (correspondiente al vértice B) sobre la hipotenusa mide 8 cm.

EJERCICIO 2 [4 PUNTOS] Dibujar a escala 1/10 la perspectiva isométrica de la pieza que se representa en la figura 1.

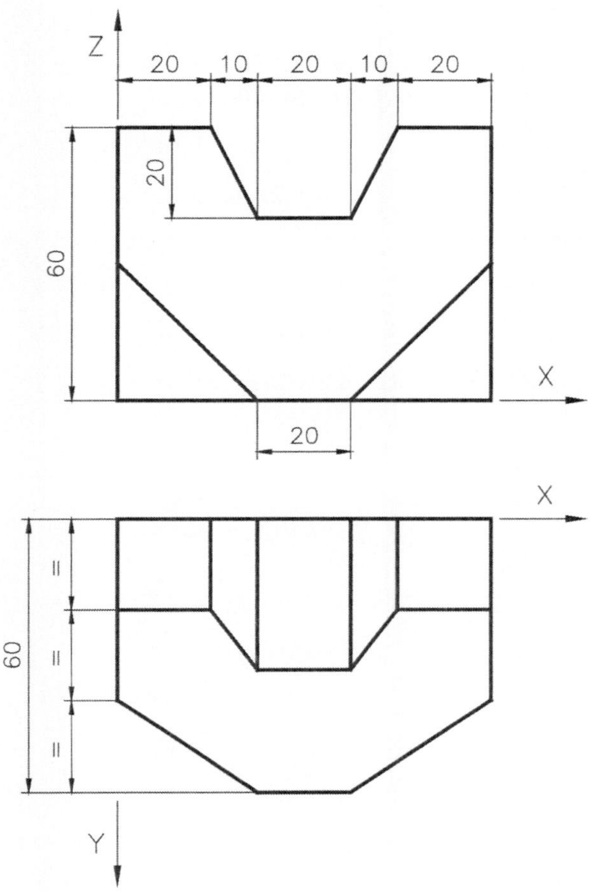

Figura 1
Cotas en cm

EJERCICIO 3 [3 PUNTOS] En la perspectiva de la figura 2 se presenta una pieza que tiene dos planos verticales de simetría. Se pide:

Dibujar, a escala 1/2, las vistas normalizadas debidamente acotadas para su correcta representación.

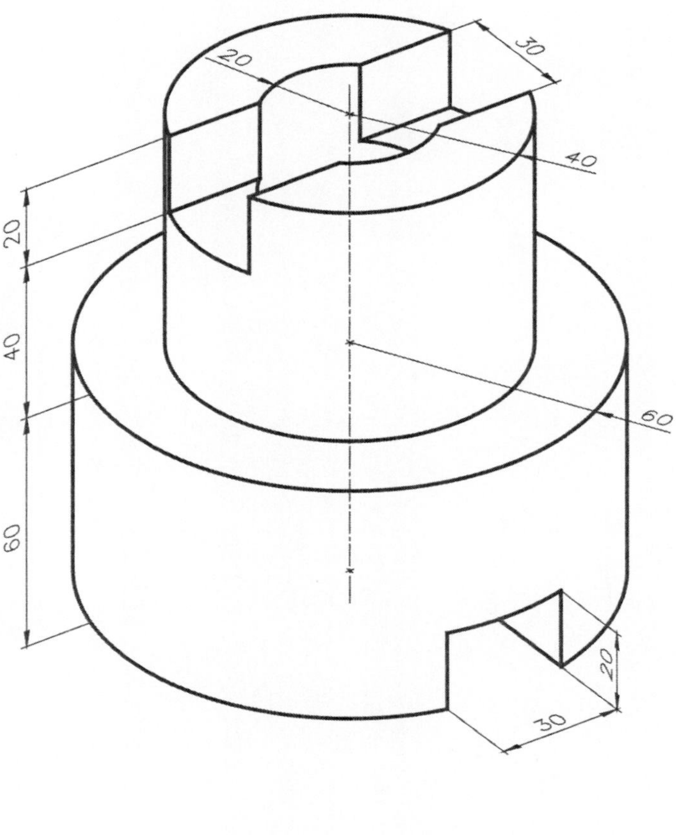

Figura 2
Cotas en mm

SOLUCIÓN EJ. 1

Procedimiento 1

Comentario: La proyección del cateto b sobre la hipotenusa, queda dividida en dos partes iguales por el punto L, proyección de M_b sobre la misma hipotenusa.

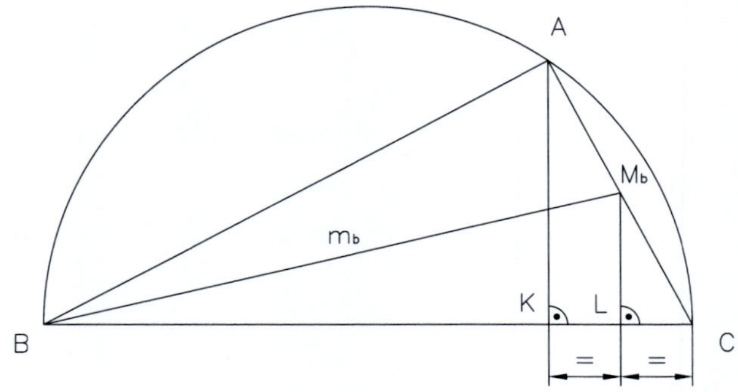

FIGURA DE ANÁLISIS

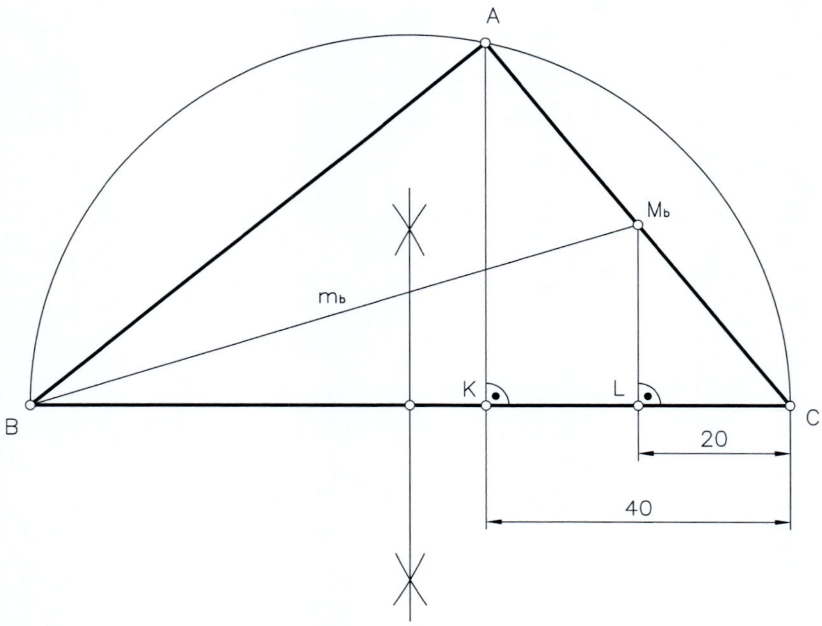

El vértice A del ángulo recto se encuentra en el arco capaz de 90° sobre la hipotenusa $\overline{BC}$ y en la perpendicular a ésta por el punto K.

$\overline{LC} = \overline{BC}-\overline{BL}$ = 100-80 = 20 mm
$\overline{KC}$ = 40 mm

Procedimiento 2

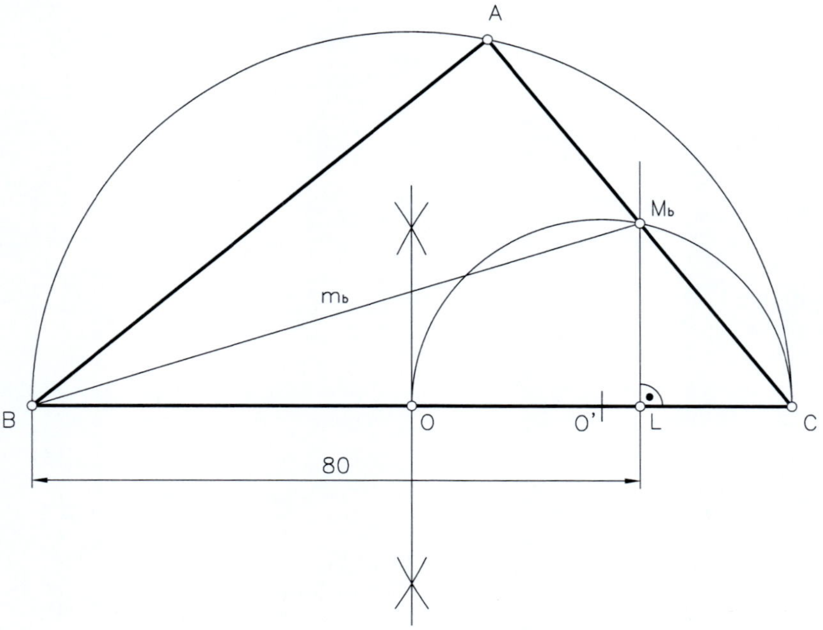

Comentario: Se conoce la proyección L del punto M_b sobre la hipotenusa ($\overline{BL}$ = 80 mm). Además, este punto debe situarse sobre una semicircunferencia homotética de la BAC, con centro C y razón 1/2 (BAC: arco capaz de 90º sobre BC).

SOLUCIÓN EJ. 2

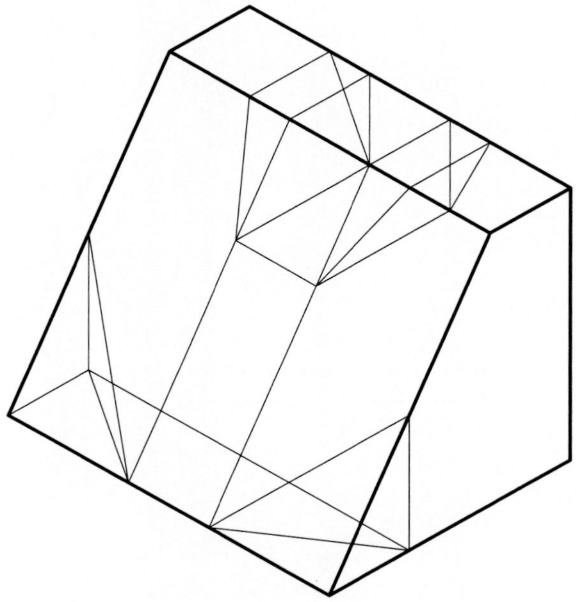

PIEZA INTERMEDIA

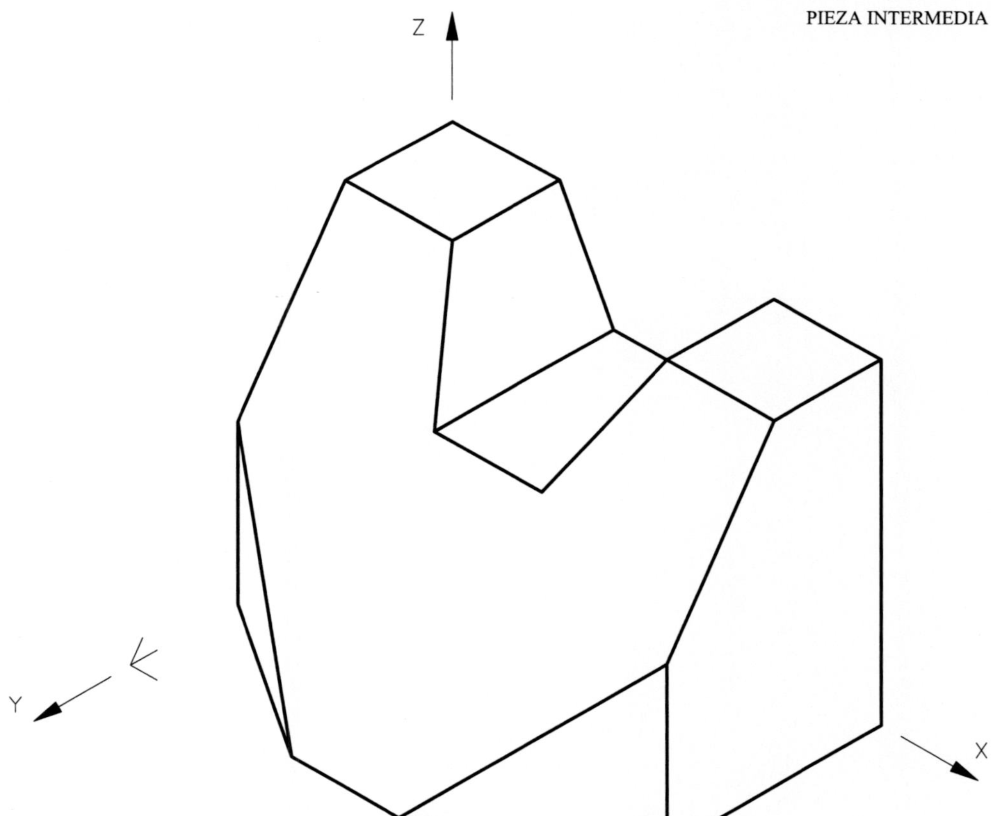

Escala 1:10

SOLUCIÓN EJ. 3

Procedimiento 1

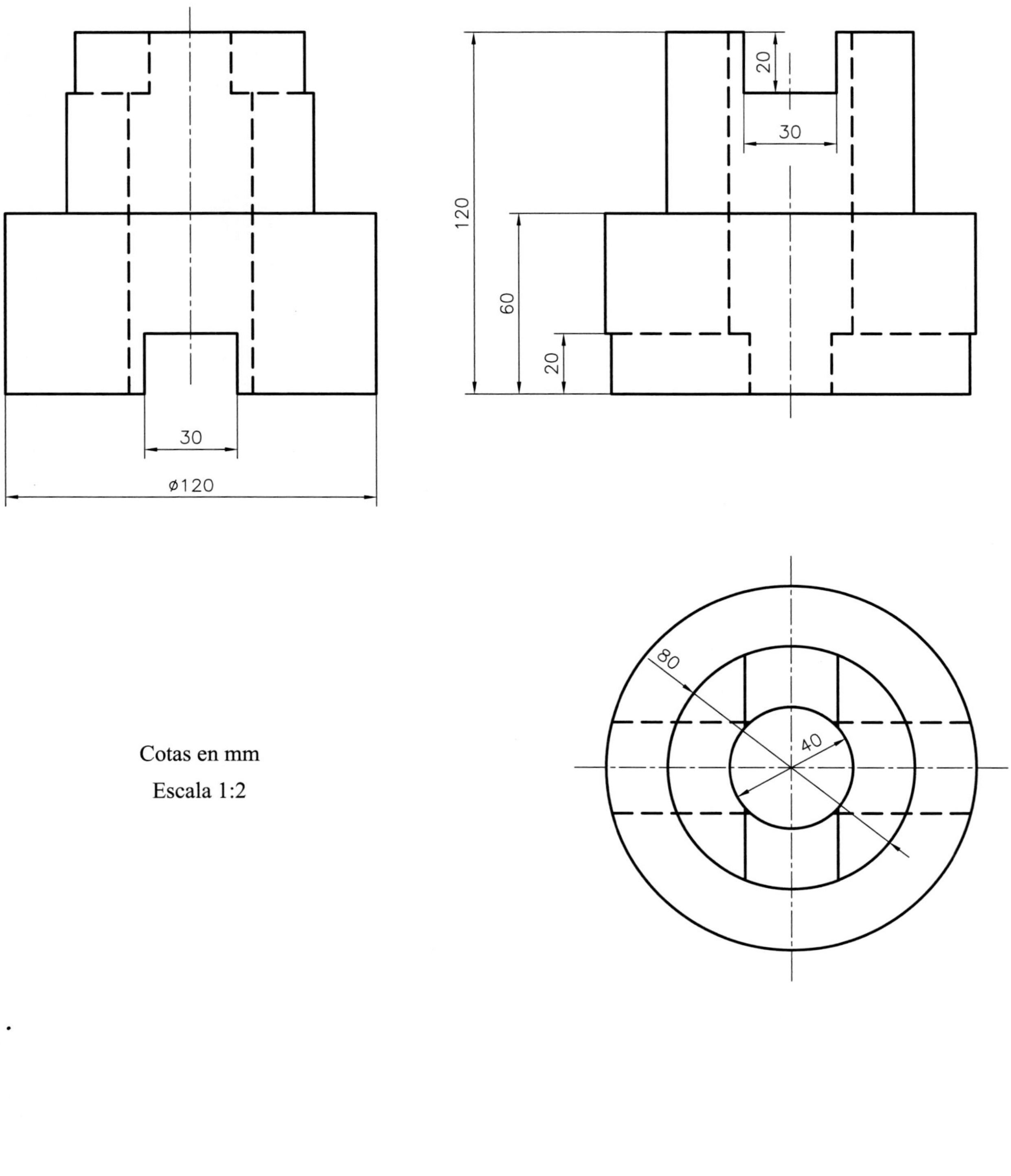

Cotas en mm

Escala 1:2

SOLUCIÓN EJ. 3

Procedimiento 2

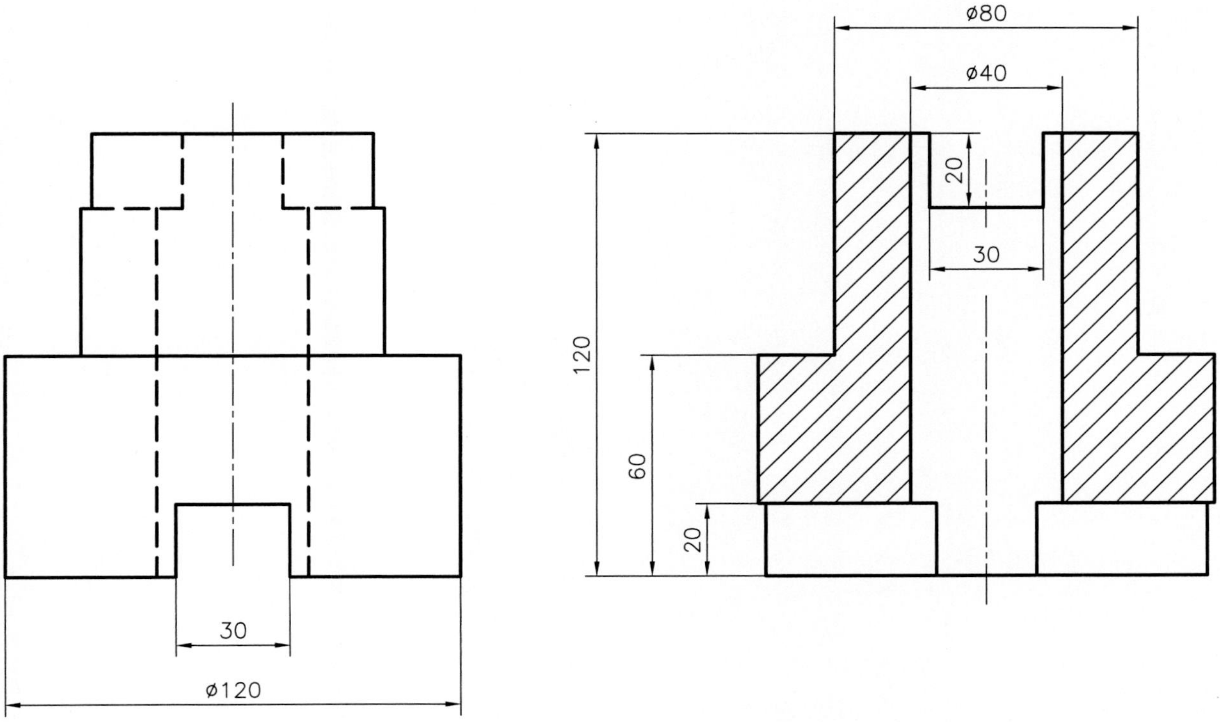

Cotas en mm

Escala 1:2

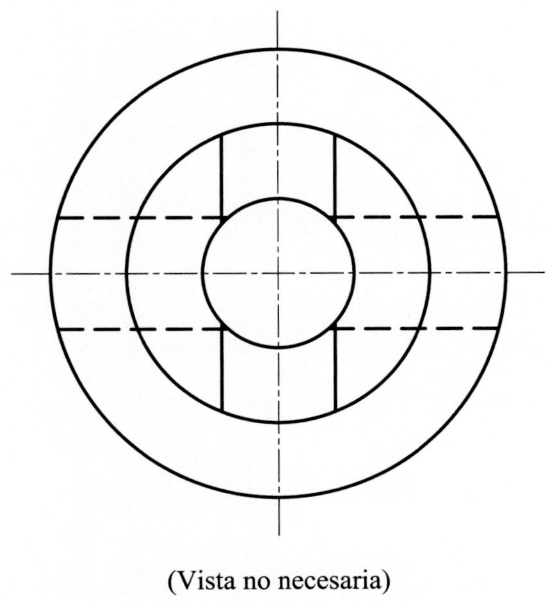

(Vista no necesaria)

PRUEBA Nº 57

EJERCICIO 1 [3 PUNTOS] Dibujar un triángulo isósceles ABC del cual se sabe que:

- El ángulo en el vértice desigual mide 30º.
- El radio de su circunferencia inscrita mide 30 mm.

EJERCICIO 2 [4 PUNTOS] Los puntos A(-40, 10, 90), B(-40, 50, 60) y C(40, 10, 60) definen el plano α. Se pide:

- Dibujar las proyecciones diédricas de la recta perpendicular al plano α que pasa por el origen de coordenadas.
- Calcular la distancia del origen de coordenadas al plano.

Datos en mm.

EJERCICIO 3 [3 PUNTOS] En la perspectiva de la figura 1 se presenta una pieza que tiene dos planos de simetría, uno vertical y otro horizontal. Se pide:

- Dibujar, a escala 1/4, las tres vistas normalizadas, planta, alzado y perfil.
- Acotar correctamente la representación hecha.

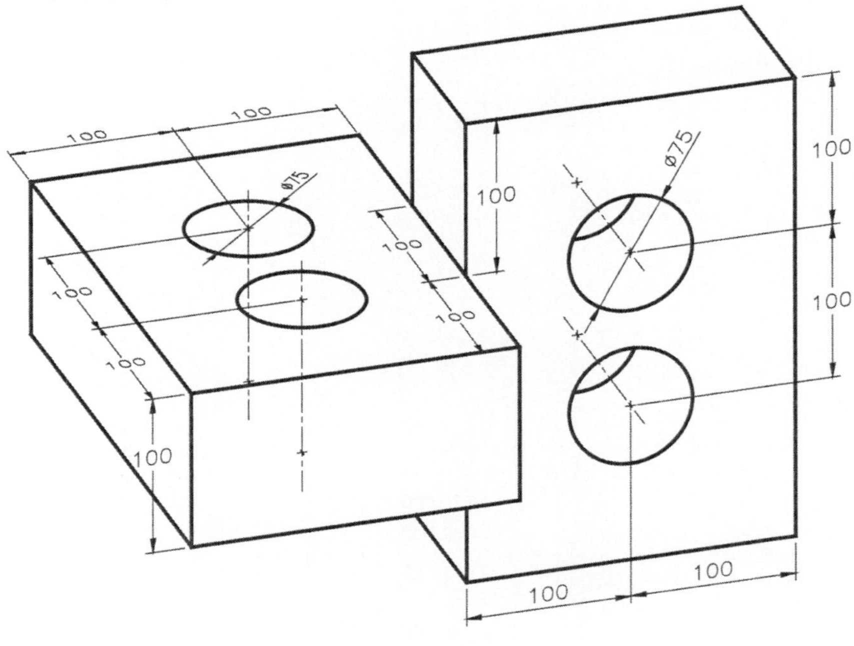

Figura 1
Cotas en mm

Notas para todos los ejercicios:

- Se resolverán por métodos gráficos.
- No se borrarán las construcciones auxiliares.
- Se destacará debidamente la solución.

SOLUCIÓN EJ. 1

Procedimiento 1

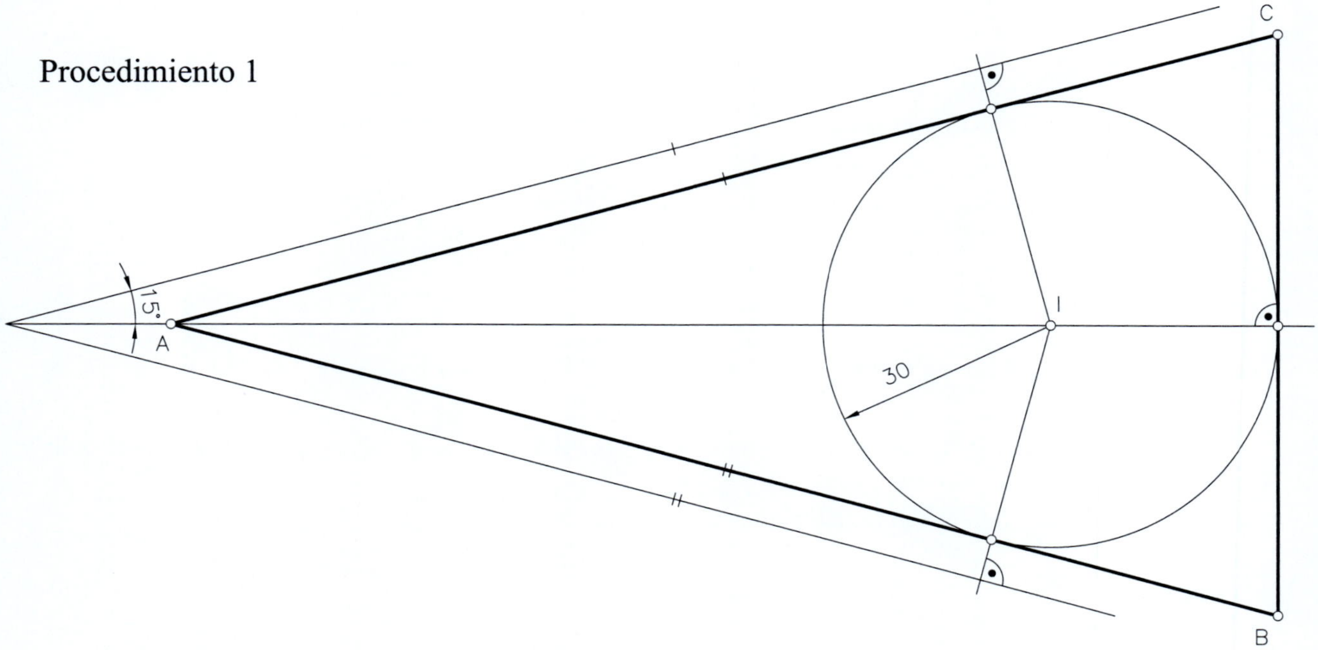

Comentario: Dibujada la circunferencia inscrita, trazar tangentes a ella que formen 30° entre sí (15° con la horizontal). El tercer lado es tangente a la circunferencia inscrita y perpendicular a la recta AI, bisectriz del ángulo de 30°.

Procedimiento 2

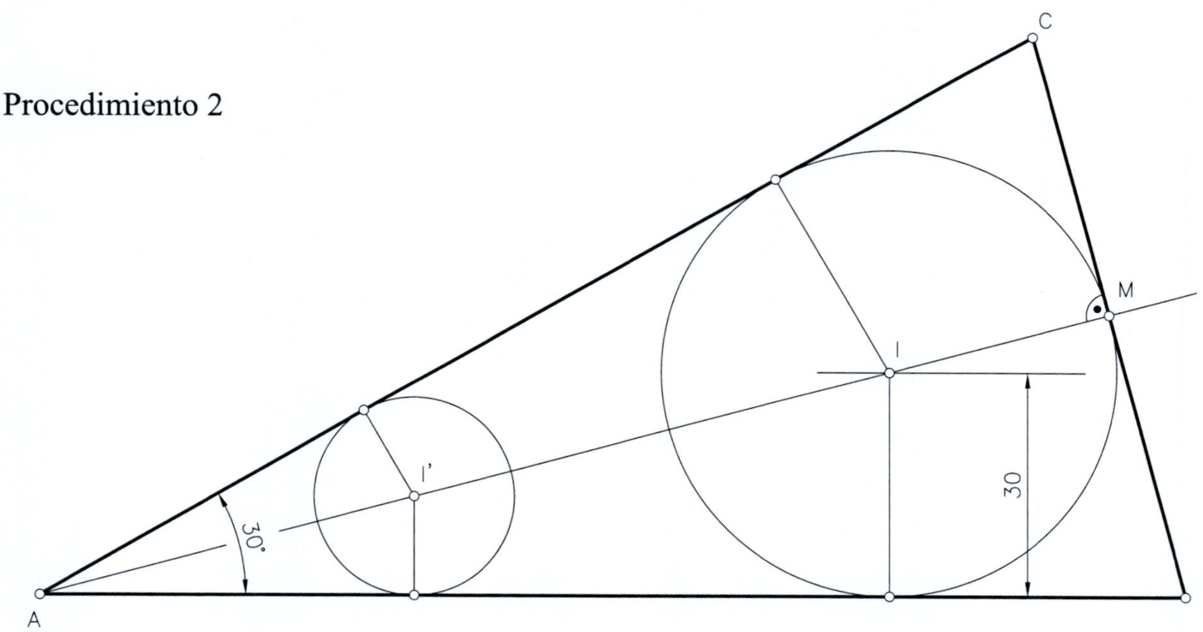

Comentario: Dibujar dos rectas que formen 30° y se intersequen en el punto A. Se dibuja una circunferencia cualquiera de centro I' tangente a las rectas anteriores y se ejecuta una homotecia de centro A que la transforme en la de radio 30 mm. El lado $\overline{BC}$ es perpendicular a la recta AI por M.

SOLUCIÓN EJ. 2

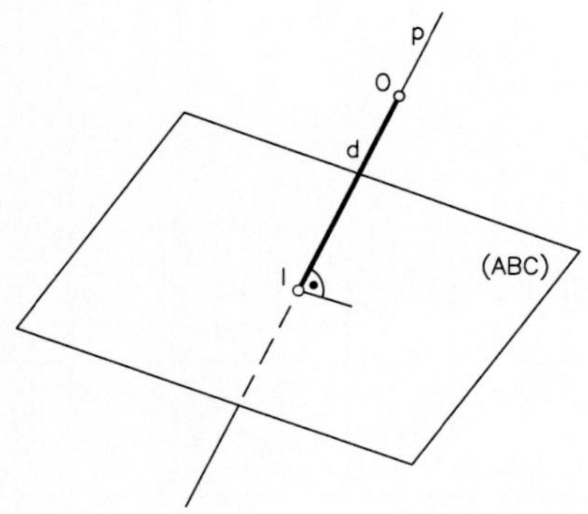

FIGURA DE ANÁLISIS

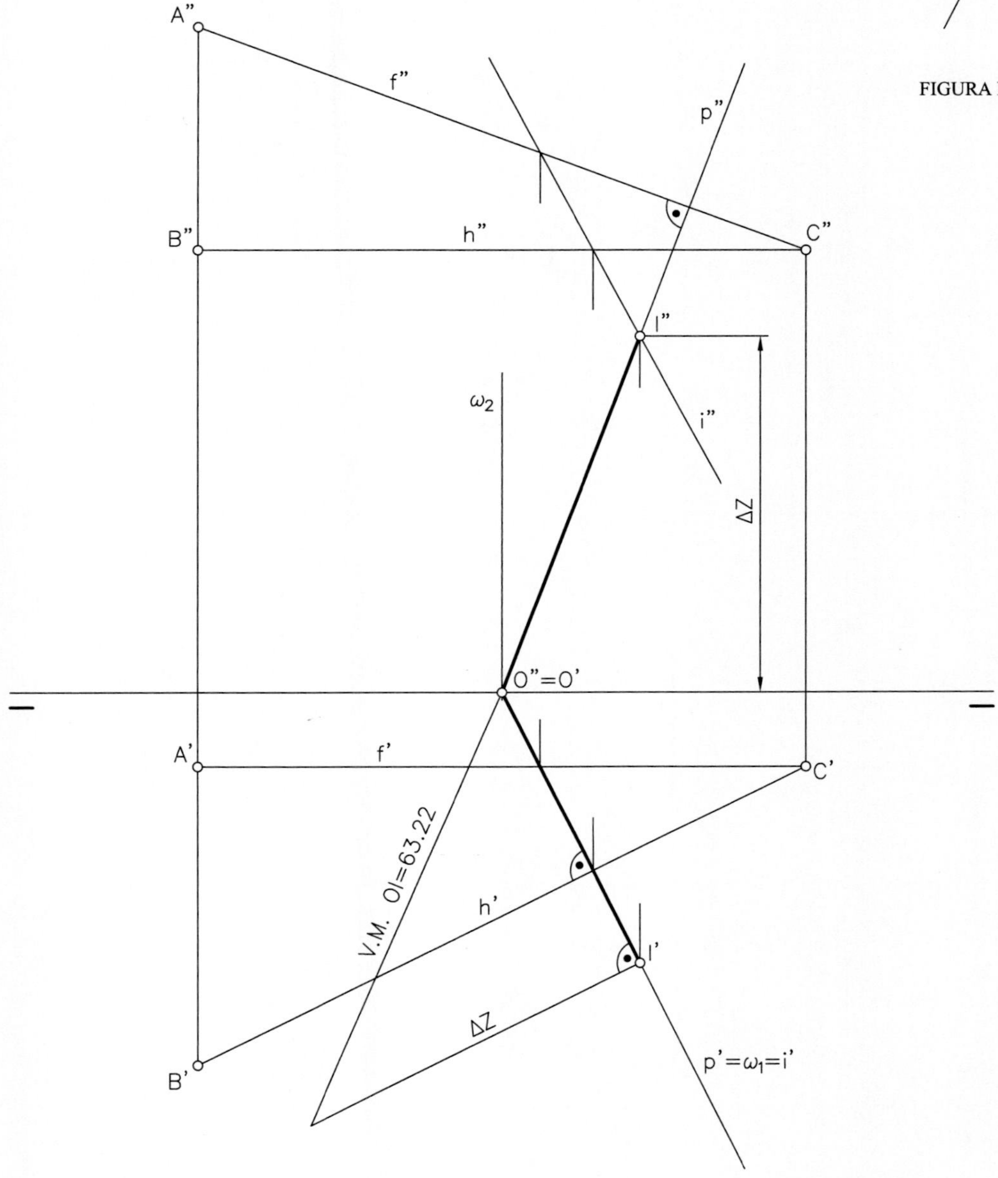

Comentario: Desde el origen, punto O, se traza la recta p perpendicular al plano ABC; esta operación se simplifica al tener en el plano dado directamente una horizontal y una frontal.
Con ayuda del plano proyectante ω se halla la intersección de la recta p con el plano ABC, punto I.
La distancia pedida la define el segmento OI. La verdadera magnitud se obtiene en este caso mediante diferencia de cota entre los puntos O e I.

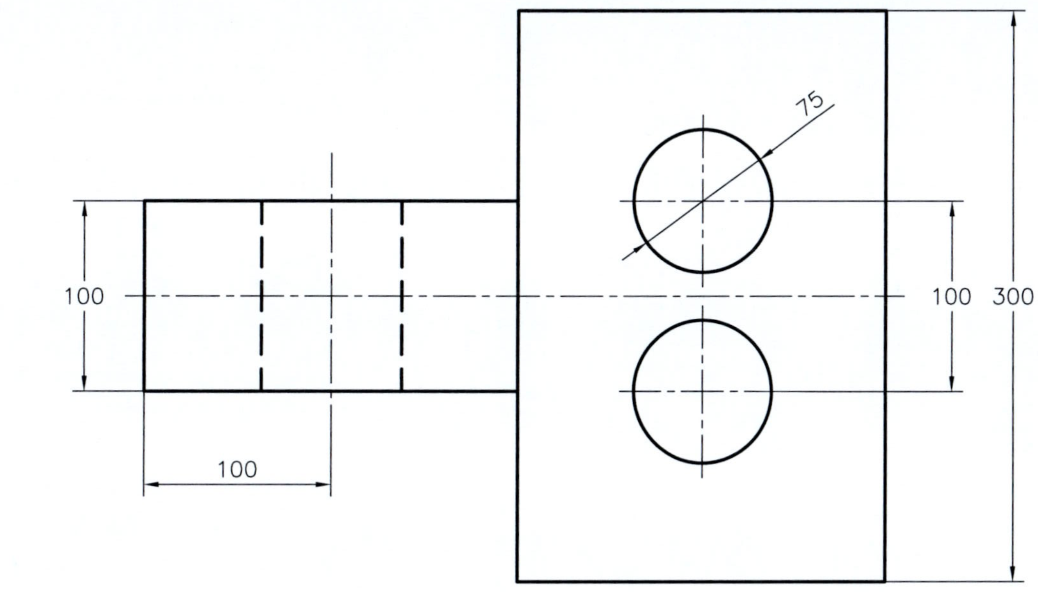

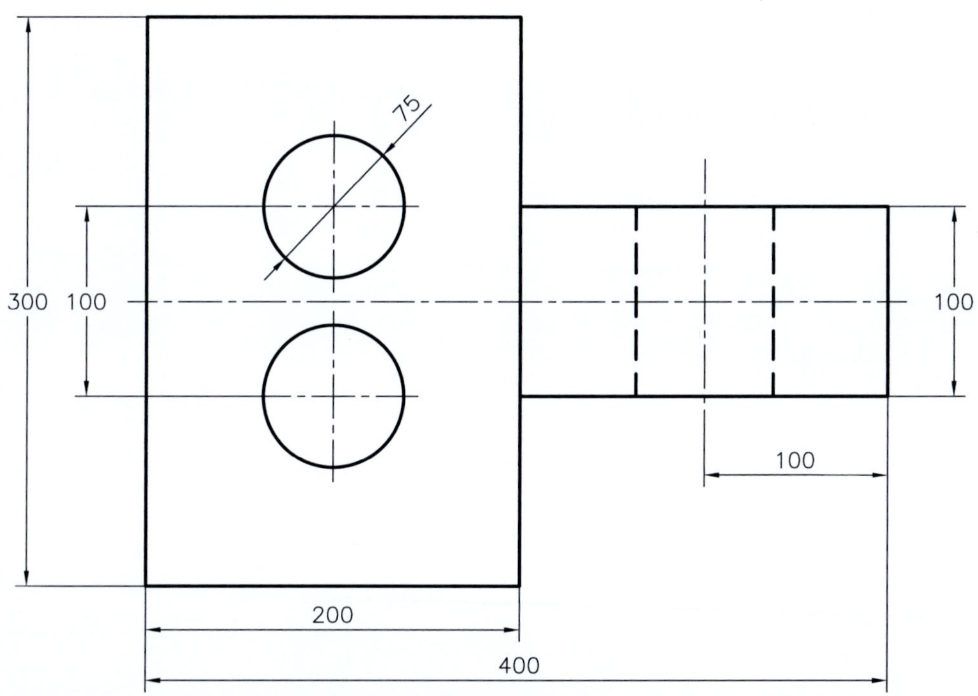

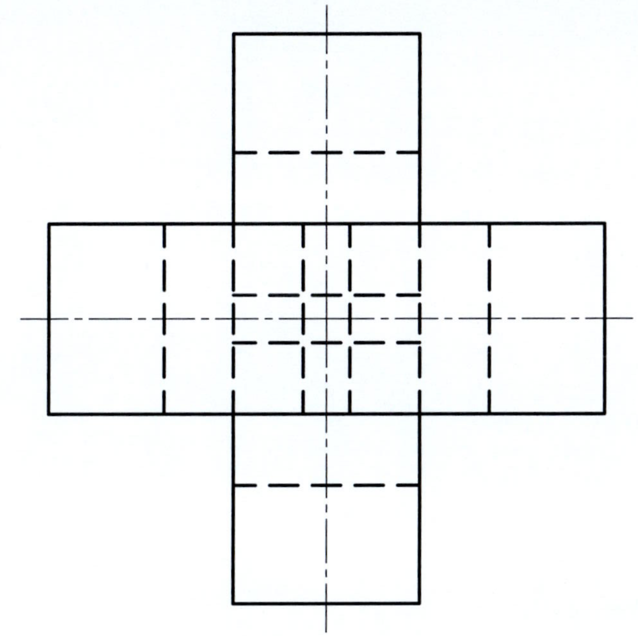

(Vista no necesaria)

SOLUCIÓN EJ. 3

Comentario: Las cifras de cota deben inscribirse para ser leídas desde abajo de la hoja de dibujo. Las líneas de cota no horizontales se interrumpen preferentemente hacia el centro para la inserción de la cifra de cota (Norma UNE 1-039-94. Inscripción de las cifras de cota. Método 2).

Cotas en mm

Escala 1:4

PRUEBA Nº 58

EJERCICIO 1 [3 PUNTOS] En la figura 1 se definen la recta r, la circunferencia C y el punto P. Se pide:

Dibujar las circunferencias que tienen su centro en la recta r, pasan por el punto P y son tangentes a la circunferencia C.

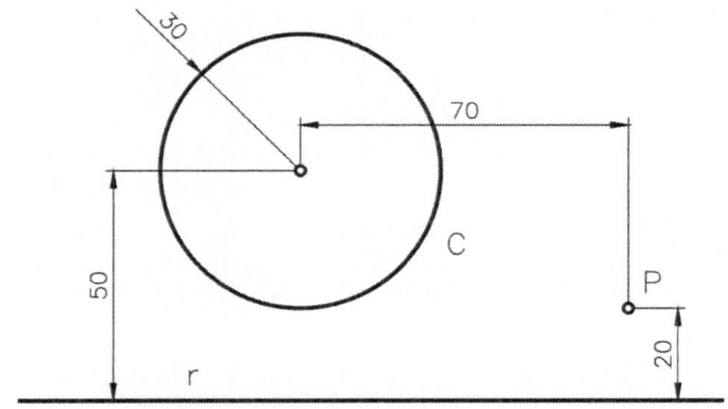

Figura 1

EJERCICIO 2 [4 PUNTOS] Dadas las vistas del sólido de caras planas de la figura 2, se pide:

Dibujar, a escala 1/10, la perspectiva isométrica del cuerpo.

Nota: se dibujarán las líneas ocultas en la perspectiva.

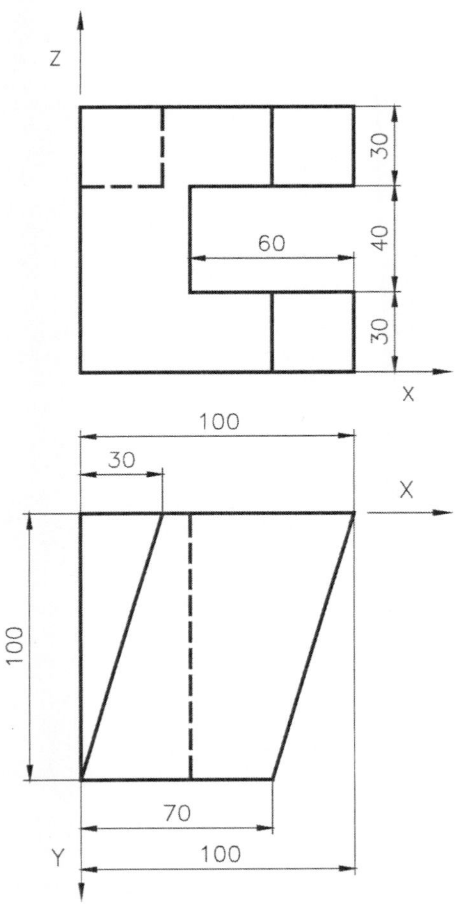

Figura 2
Cotas en cm

EJERCICIO 3 [3 PUNTOS] En la perspectiva de la figura 3 se presenta una pieza que tiene dos planos verticales de simetría. Se pide:

Dibujar, a escala 2/3, las vistas normalizadas debidamente acotadas para su correcta representación.

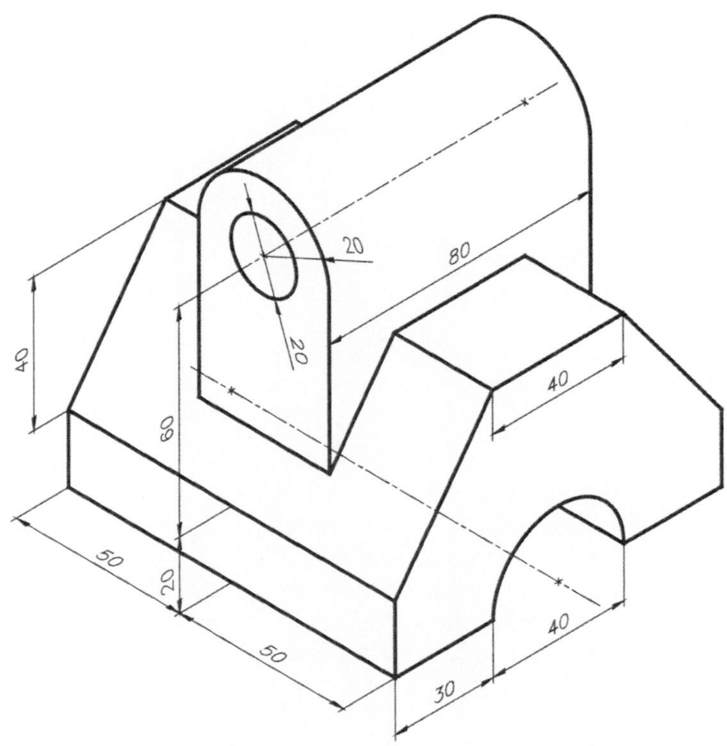

Figura 3
Cotas en mm

SOLUCIÓN EJ. 1

Procedimiento 1

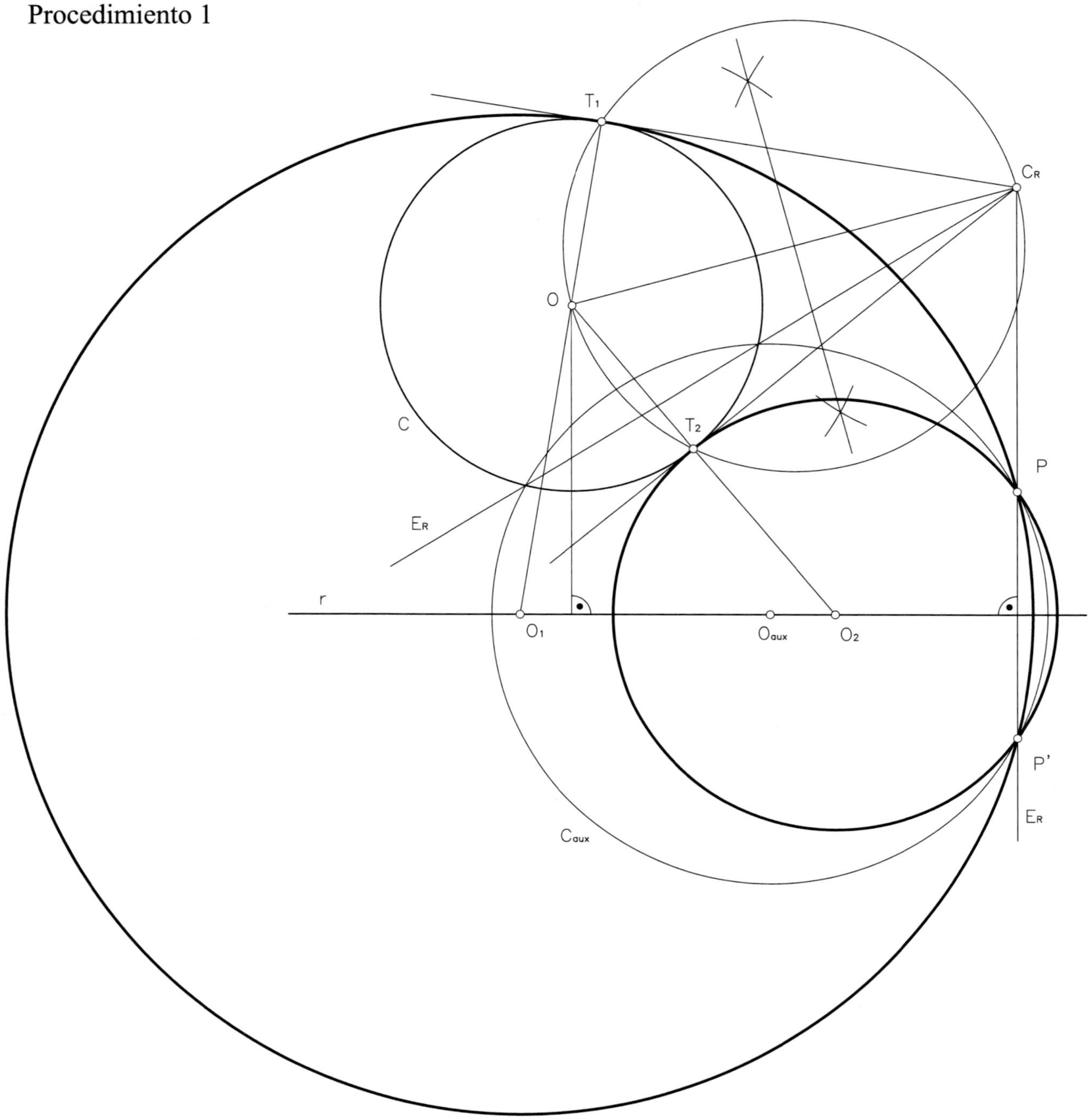

Comentario: Las circunferencias que tienen el centro sobre la recta r y pasan por el punto P también han de pasar por P', simétrico de P respecto de r. De esta manera, el problema se transforma en circunferencias tangentes a C que pasen por los puntos P y P'. Se resuelve el ejercicio aplicando potencia de un punto respecto de una circunferencia.

Con una circunferencia auxiliar hallamos el centro radical de C y del haz de circunferencias que atraviesan los puntos P y P'. Las tangentes a C trazadas desde C_R determinan los puntos de tangencia T_1 y T_2 sobre la circunferencia dato.

SOLUCIÓN EJ. 2

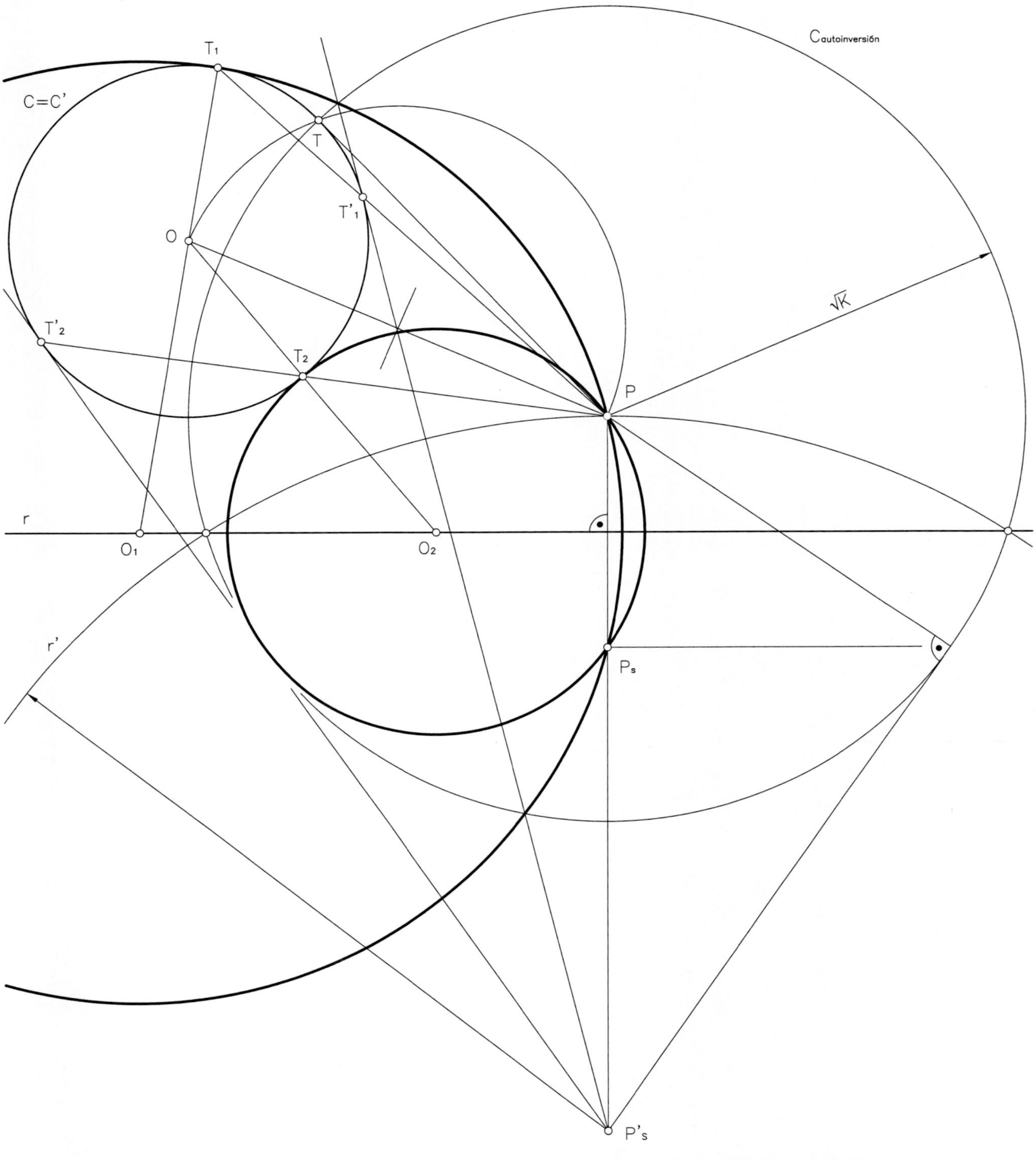

Comentario: Las circunferencias que tienen el centro sobre la recta r y pasan por el punto P también han de pasar por Ps, simétrico de P respecto de r. Este problema se puede resolver por inversión. Fijando P como centro de inversión, hacer la circunferencia C inversa de sí misma, C', con lo que la potencia de inversión es PT^2 (radio de la circunferencia de autoinversión al cuadrado). El inverso de Ps es P's. Las rectas tangentes a C' que pasan por P's tienen por inversas a las circunferencias solución. Los puntos de tangencia en C' son inversos de los de tangencia en C.

Nota: la recta r en la inversión se transforma en la circunferencia r' (no se necesita para la resolución de la tangencia).

SOLUCIÓN EJ. 2

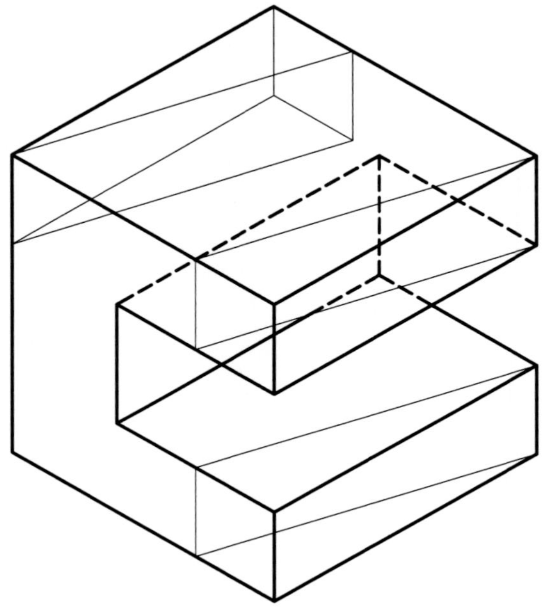

PIEZA INTERMEDIA

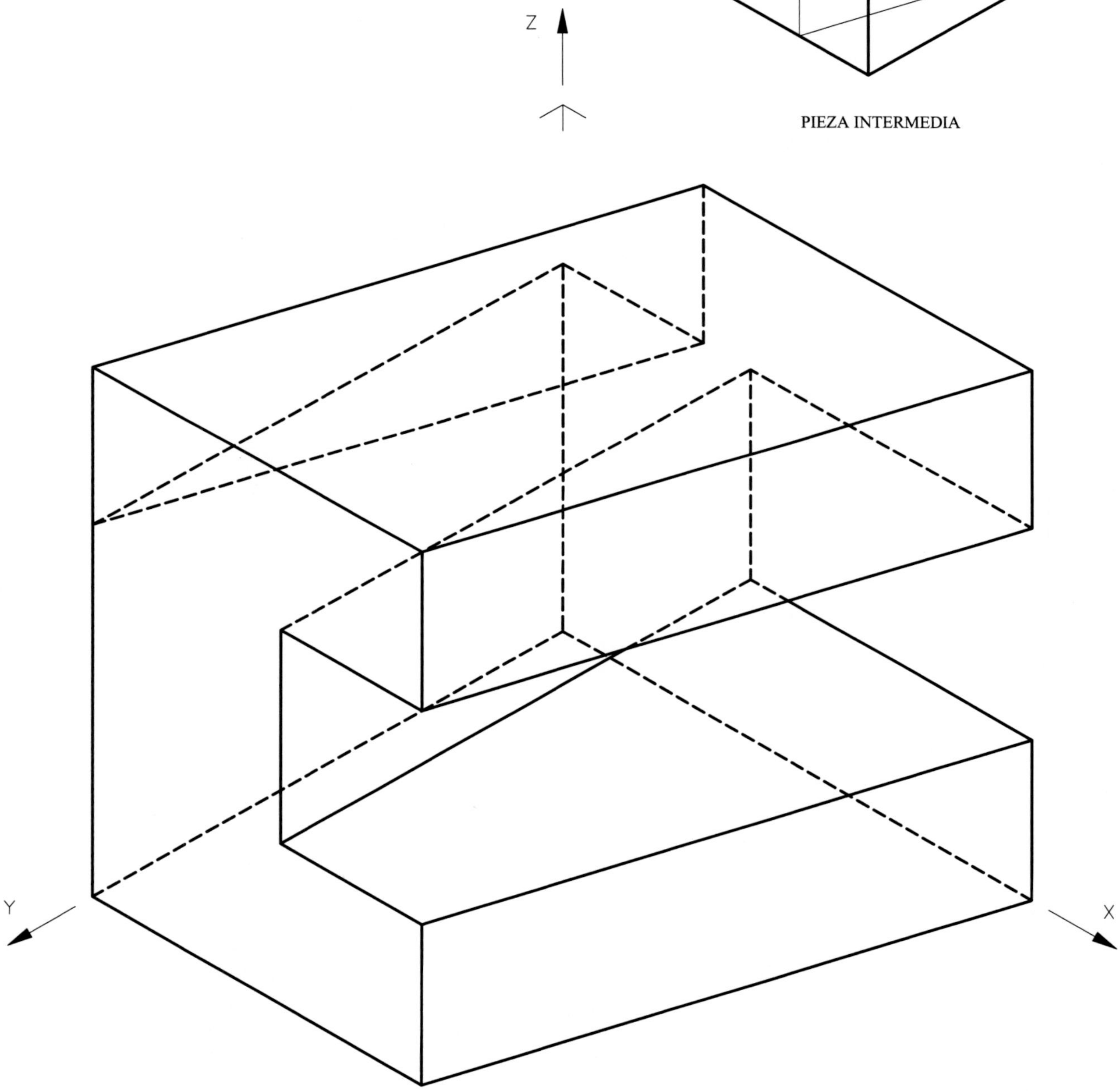

Escala 1:10

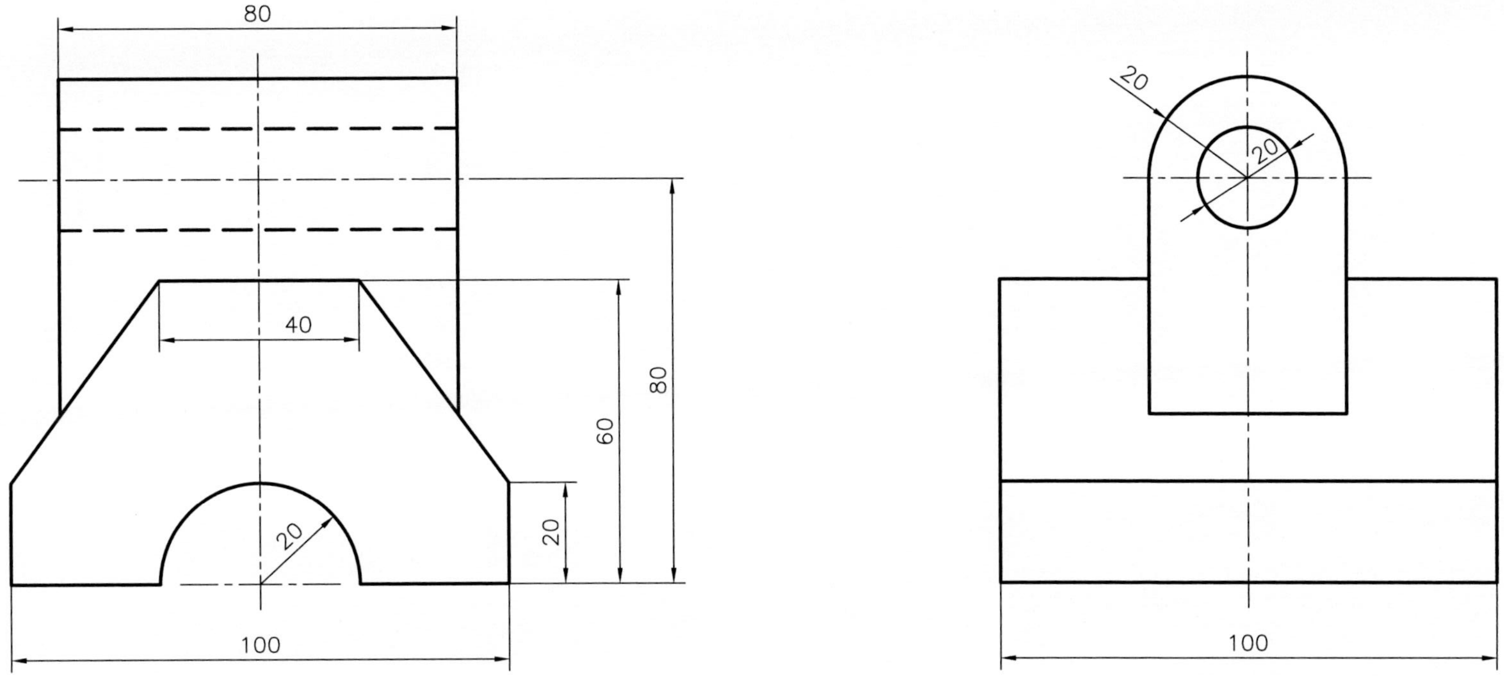

SOLUCIÓN EJ. 3

Comentario: La solución sería más correcta con un corte y una acotación simétrica pero no se exigirá en el examen.

Cotas en mm

Escala 2:3

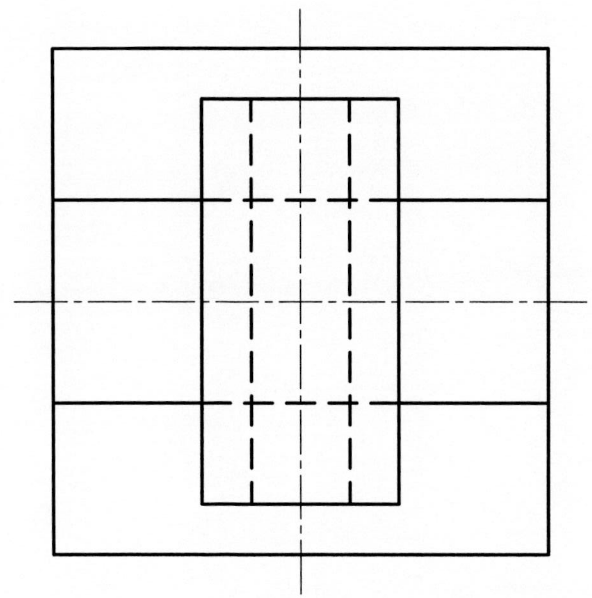

(Vista no necesaria)

PRUEBA Nº 59

EJERCICIO 1 [3 PUNTOS] Dados dos puntos A y D del plano separados 90 mm, se pide:

Dibujar una poligonal ABCD compuesta por tres tramos, cada uno de ellos de longitud 40 mm, de forma que el tramo central sea paralelo a una dirección que forma 30º con el segmento AD.

Notas:

- Se dibujarán todas las soluciones posibles.
- Se justificará brevemente el procedimiento empleado.
- No se admitirán las soluciones obtenidas por tanteo.

EJERCICIO 2 [4 PUNTOS] Sea el plano α(-60, 80, ?) y el punto P(0, 30, 40) contenido en él. Se pide:

- Dibujar las proyecciones diédricas del cubo que apoya una de sus caras en el plano α, de manera que uno de sus vértices coincida con el punto P y una de las aristas de dicha cara pertenezca al plano horizontal de proyección.
- Anotar en lugar bien visible la longitud de la arista.

Notas:

- Todas las cotas están expresadas en mm.
- Se escogerá la solución que deja al cubo completamente dentro del primer diedro.

EJERCICIO 3 [3 PUNTOS] En la perspectiva de la figura 1 se representa una pieza que tiene dos planos de simetría, uno horizontal y el otro vertical. Se pide:

Dibujar a escala 4/5 las vistas normalizadas debidamente acotadas para su correcta representación.

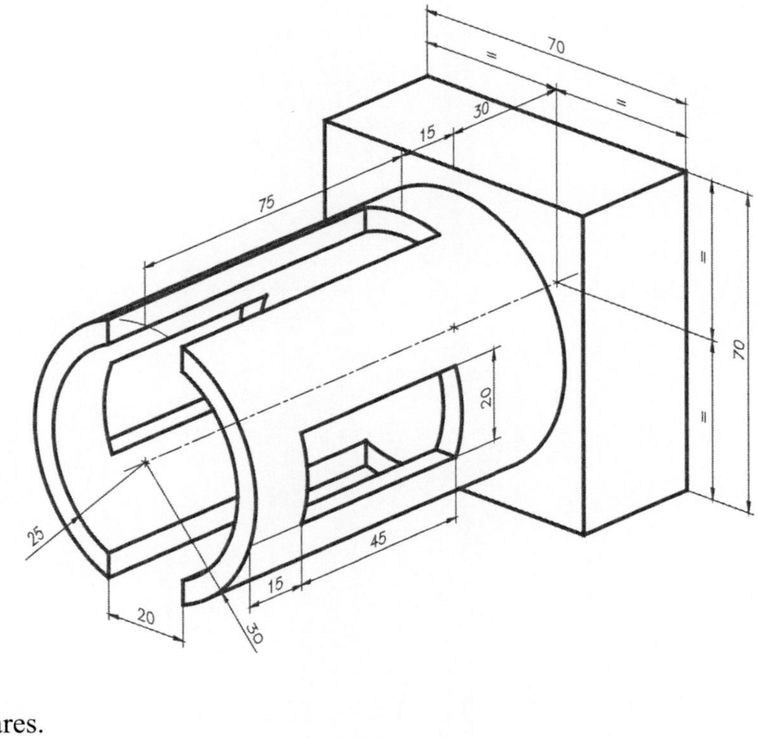

Figura 1
Cotas en mm

Notas para todos los ejercicios:

- Se resolverán por métodos gráficos.
- No se borrarán las construcciones auxiliares.
- Se destacará debidamente la solución

SOLUCIÓN EJ. 1

FIGURA AUXILIAR

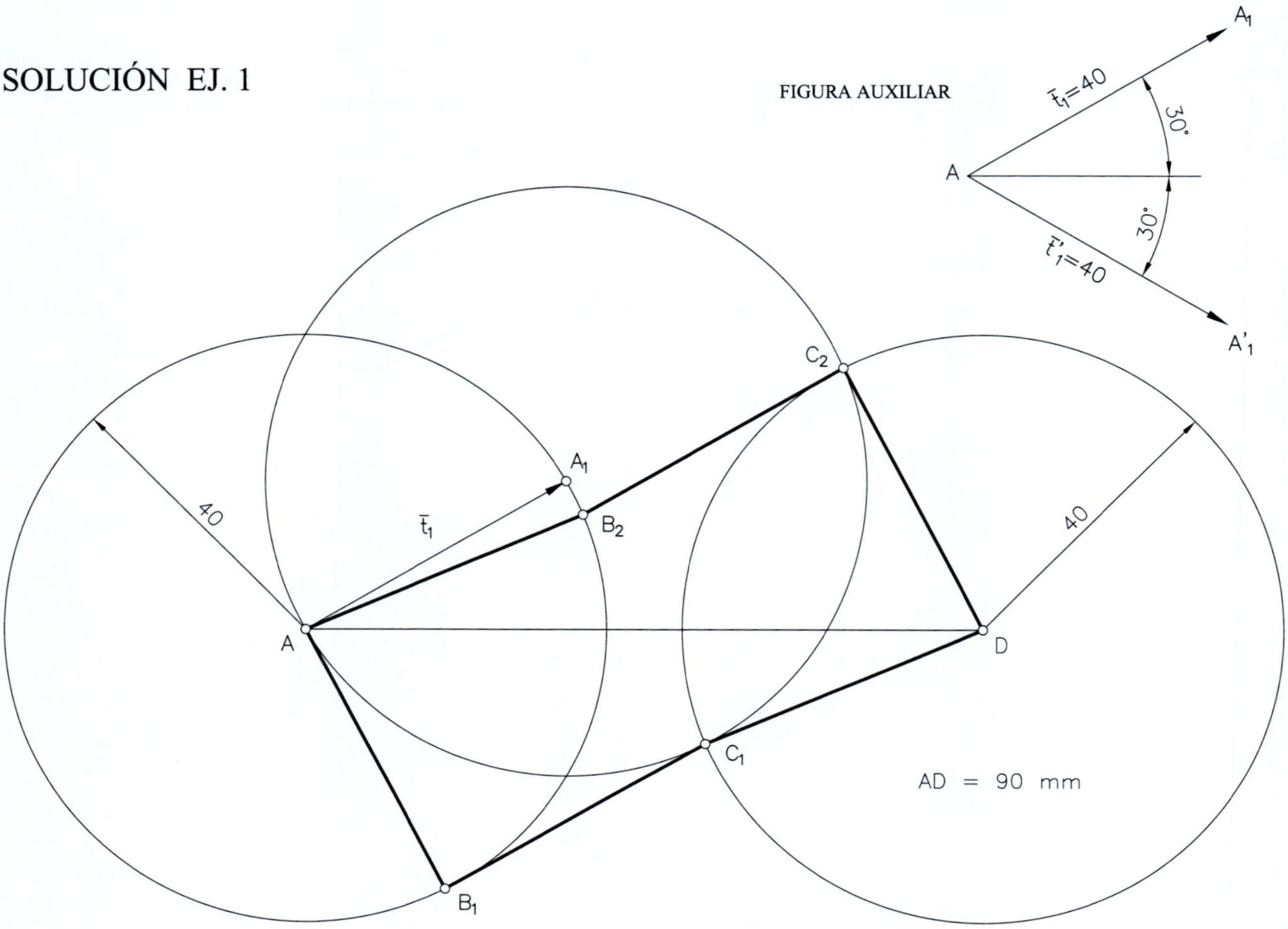

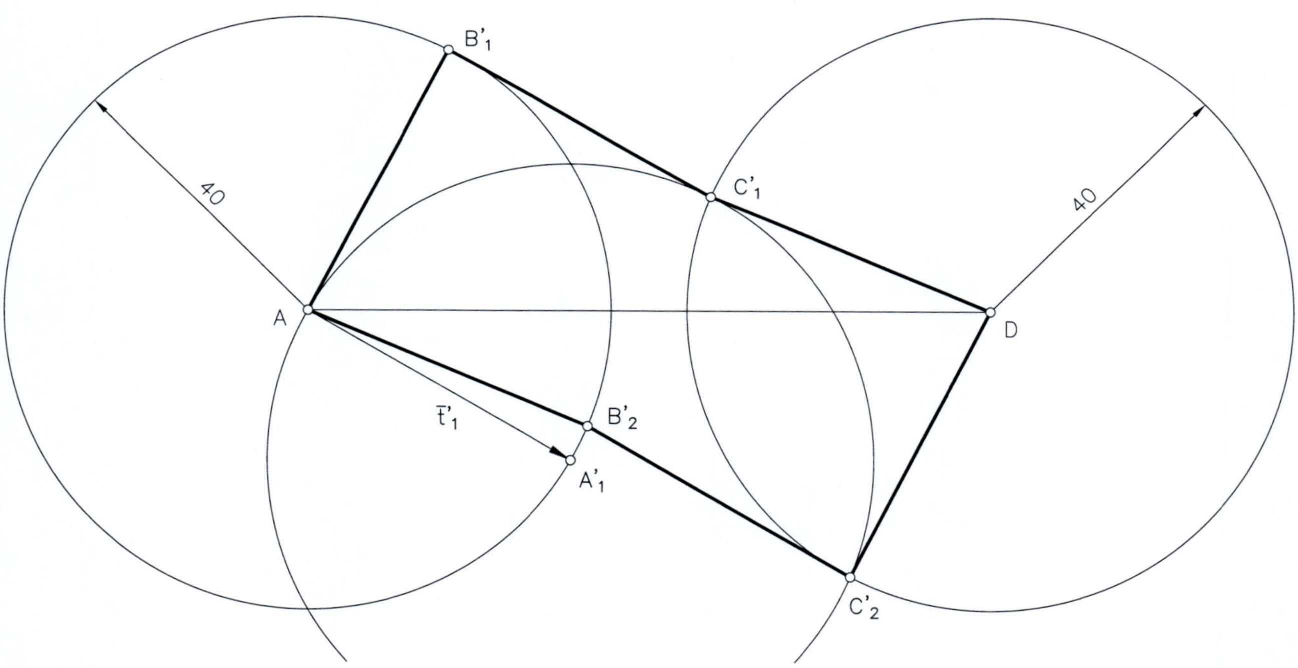

Comentario: Se dibujan dos circunferencias auxiliares de radio 40 mm centradas en los puntos A y D. Se trata de encajar un segmento de longitud y dirección conocidas entre ambas circunferencias: se aplica una traslación cuyo vector es paralelo y de igual longitud al del tramo central de la poligonal. Por intersección de la circunferencia trasladada con la segunda circunferencia se obtiene el extremo C_i del tramo central. El problema admite cuatro soluciones posibles, simétricas dos a dos respecto a la recta AD.

SOLUCIÓN EJ. 2

Procedimiento 1

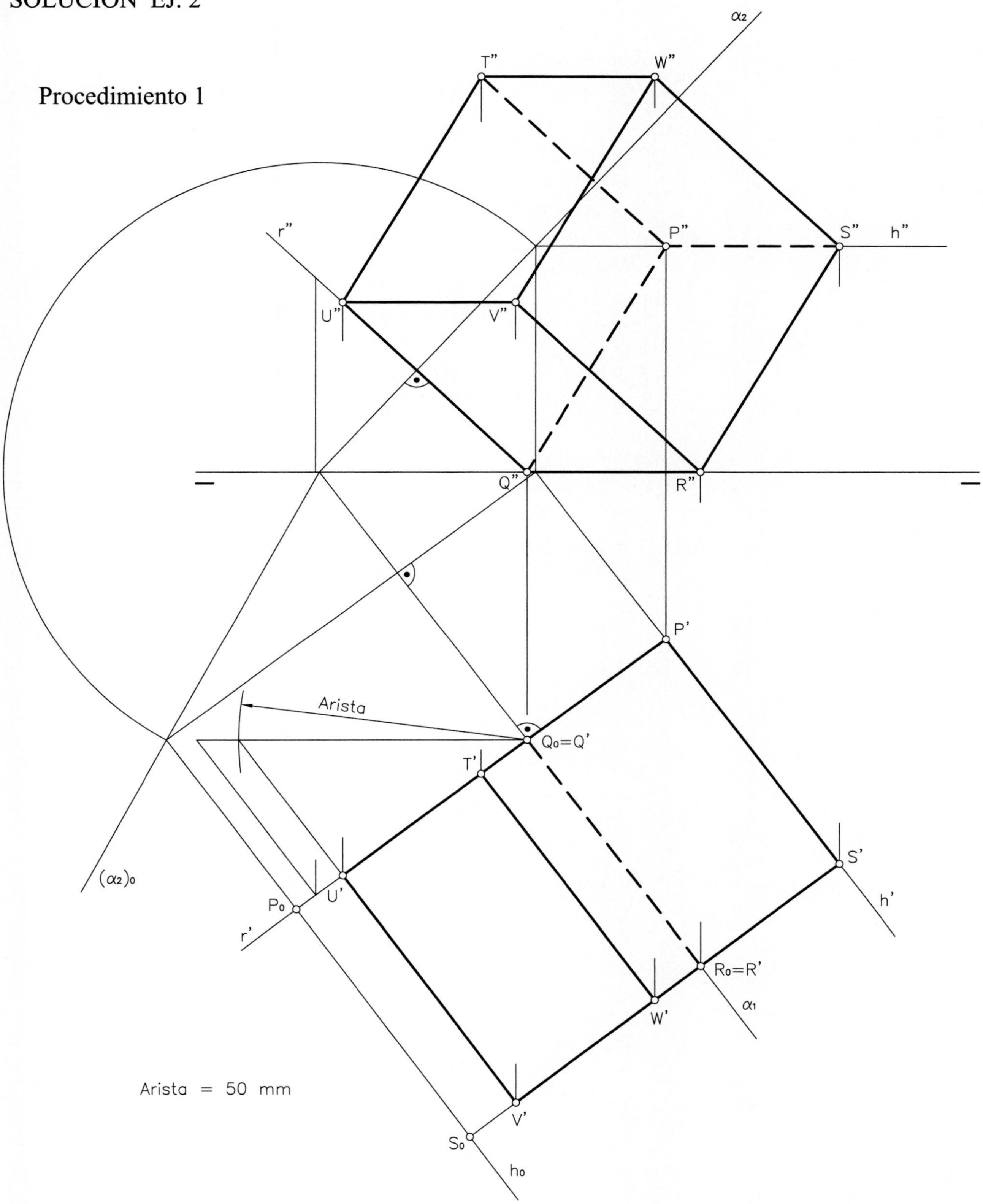

Comentario: Se abate el plano α sobre el horizontal para dibujar en verdadera magnitud la cara del cubo que se apoya en él. A continuación se desabate obteniendo la cara PQRS. Por los vértices anteriores se trazan rectas perpendiculares al plano α sobre las que se lleva la magnitud de la arista. Se completa el cubo por paralelismo.

SOLUCIÓN EJ. 2

Procedimiento 2

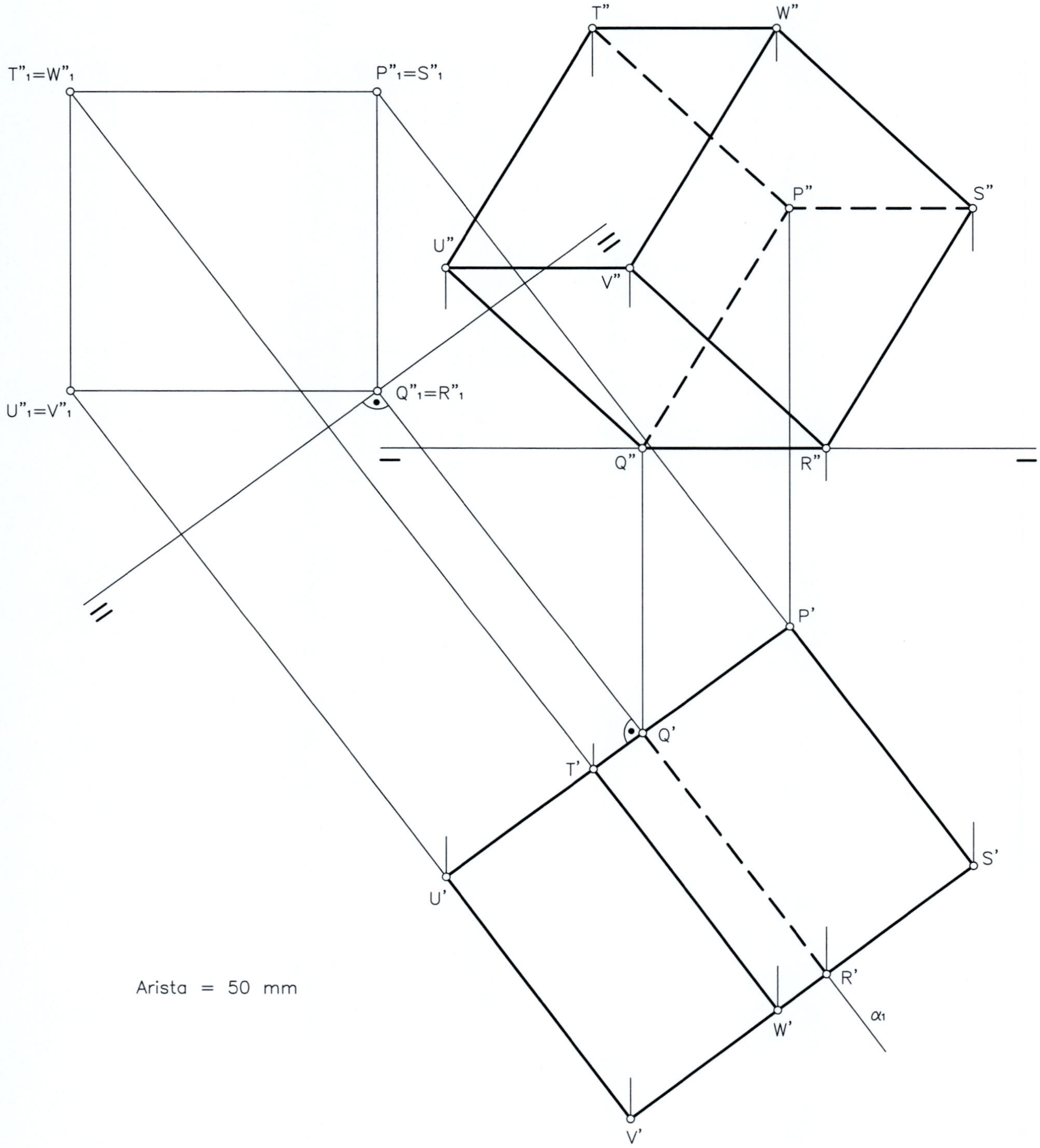

Comentario: Se efectúa un alzado auxiliar transformando α en proyectante vertical, con lo que la nueva proyección vertical del cubo se reduce a un cuadrado. Se retrocede a la posición inicial sabiendo que cuatro de las aristas del cubo, por ser horizontales, se proyectan en la planta en verdadera magnitud.

SOLUCIÓN EJ. 2

Procedimiento 3

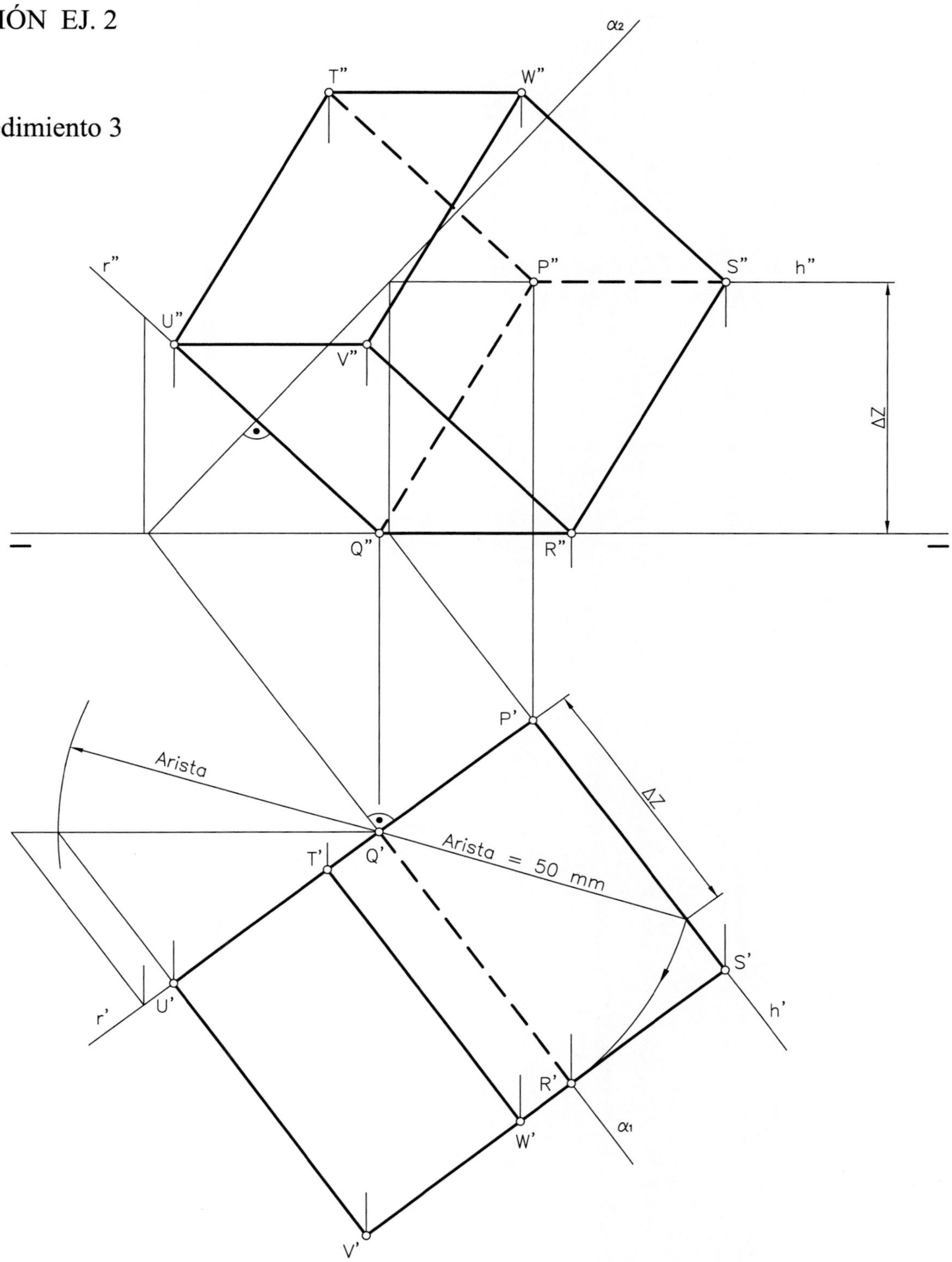

Comentario: La arista del cubo que pertenece simultáneamente al plano α y al horizontal de proyección tiene que coincidir con la traza horizontal y se proyecta en planta en verdadera magnitud.

Por el vértice P se traza la perpendicular a la traza horizontal del plano, obteniendo directamente el vértice Q (teorema de las tres perpendiculares). Mediante diferencia de cotas, entre los vértices P y Q, se obtiene la verdadera magnitud de la arista.

Llevada la arista desde el vértice Q, sobre la traza horizontal, se obtiene el vértice R. La cara contenida en el plano se completa directamente por paralelismo.

Por el vértice Q se traza la recta r perpendicular al plano α sobre la que se lleva la magnitud de la arista obteniendo el vértice U. Se completa el cubo por paralelismo.

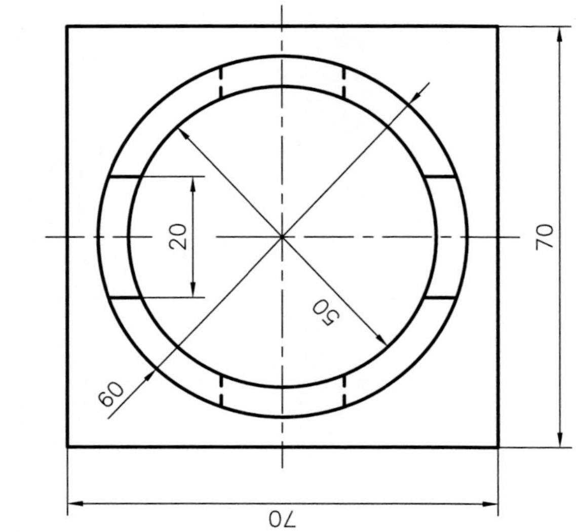

SOLUCIÓN EJ. 3

Cotas en mm

Escala 4:5

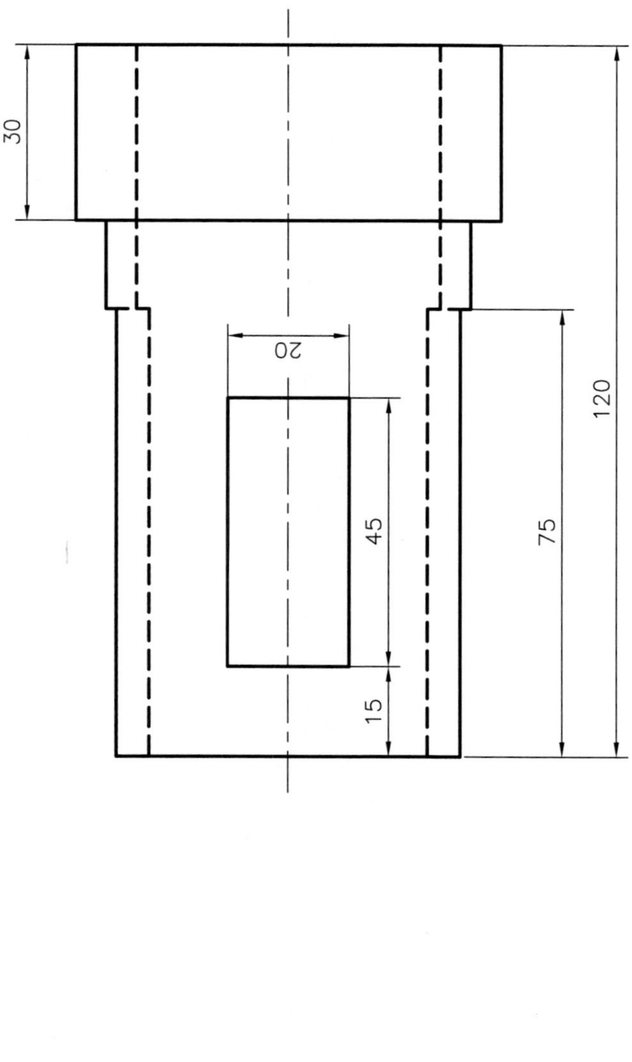

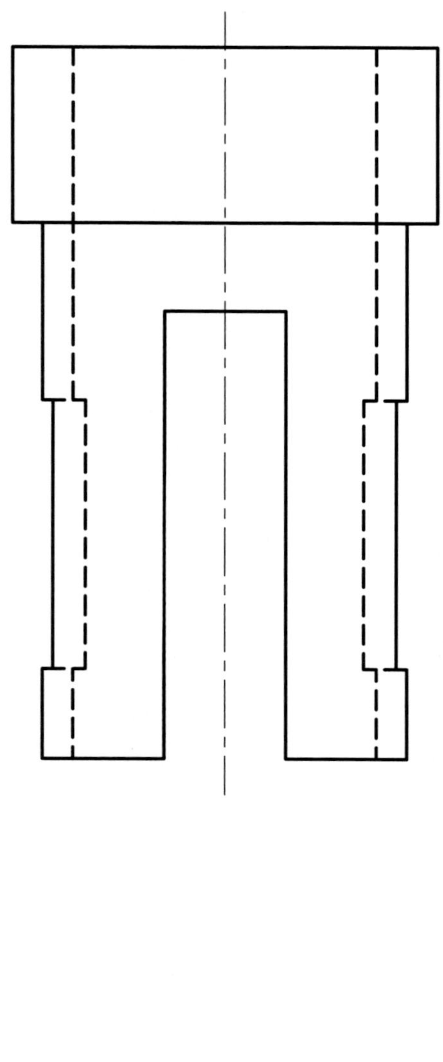

(Vista no necesaria)

PRUEBA Nº 60

EJERCICIO 1 [3 PUNTOS] Sea una elipse cuyos semiejes miden 50 y 30 mm (estas dimensiones se dispondrán paralelas a los ejes coordenados X e Y, respectivamente). Sea también una recta r que atraviesa el centro de la elipse y forma ángulos de 40º y 50º respectivamente con las partes positivas de los ejes X e Y. Se pide:

- Dibujar las tangentes a la elipse en los puntos de intersección de la misma con la recta r (tan sólo será necesario hallar uno de los puntos de intersección; el otro se obtendrá por simetría respecto al centro de la cónica).
- Dibujar las tangentes a la elipse paralelas a la recta r.
- Destacar el paralelogramo que circunscribe a la elipse y que queda definido por las tangentes halladas.

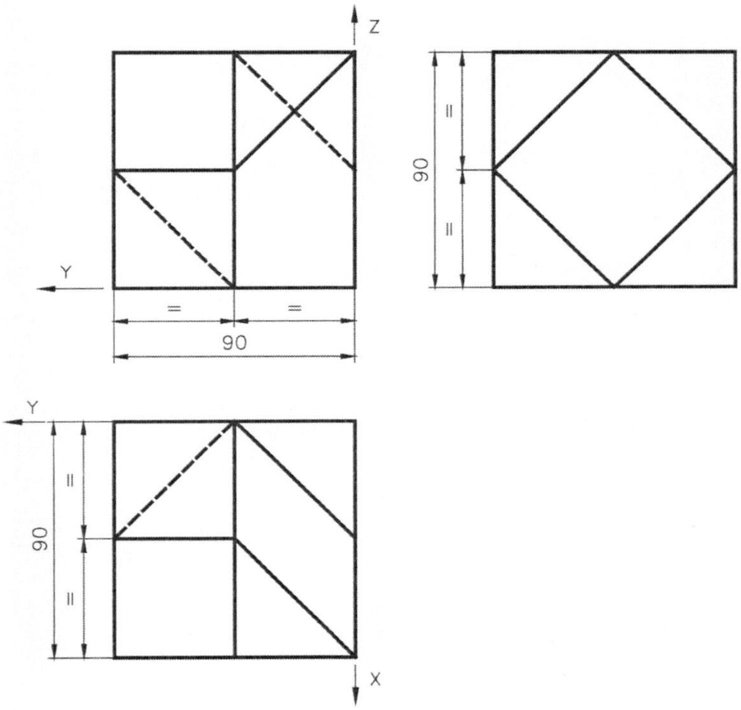

EJERCICIO 2 [4 PUNTOS] Dibujar a escala 1/15 la perspectiva caballera de la pieza que se representa en la figura 1. φ=150º y μ=4/5.

Nota: se dibujarán las aristas ocultas.

Figura 1
Cotas en cm

EJERCICIO 3 [3 PUNTOS] En la perspectiva de la figura 2 se representa una pieza que tiene dos planos verticales de simetría. Se pide:

Dibujar a escala 3/4 las vistas normalizadas debidamente acotadas para su correcta representación.

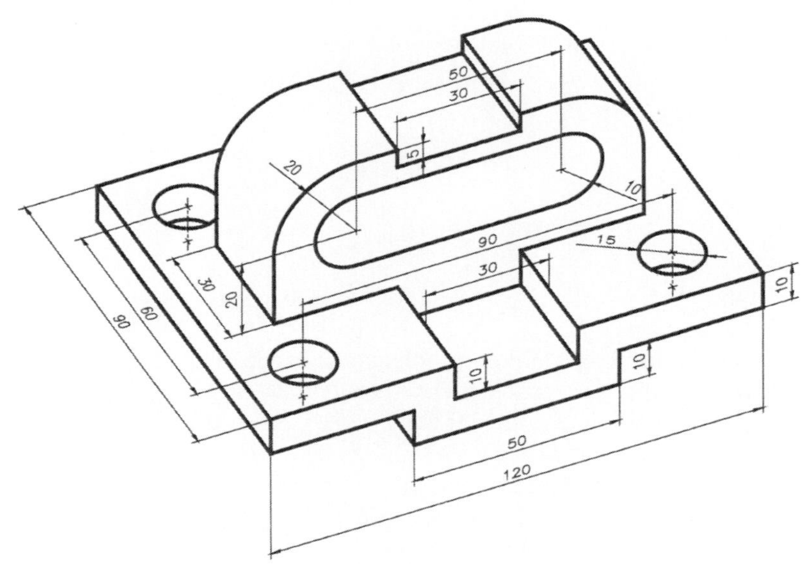

Figura 2
Cotas en mm

SOLUCIÓN EJ. 1

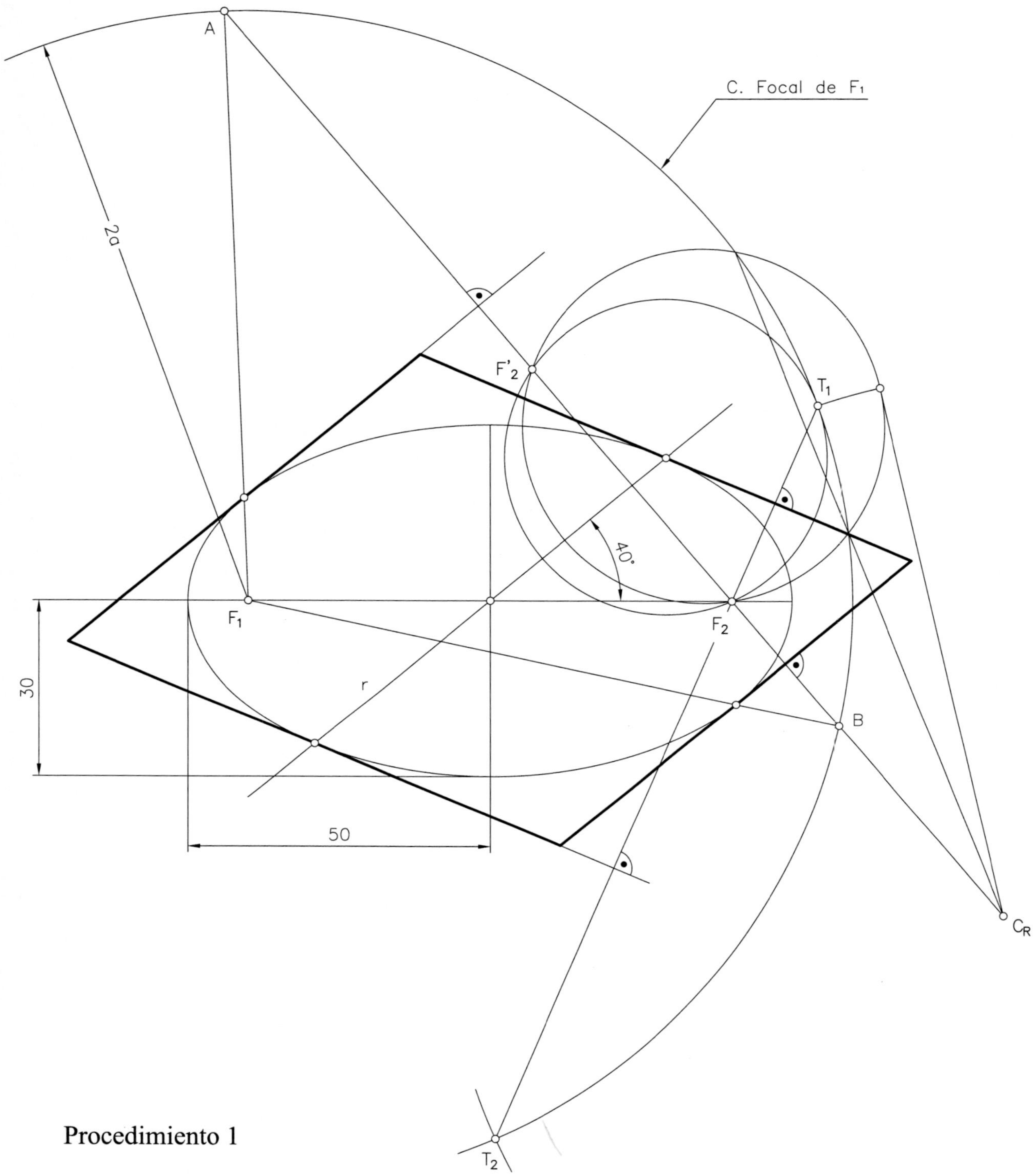

Procedimiento 1

Comentario: Se resuelve el problema aplicando propiedades fundamentales de la cónica:

- los puntos de intersección de la recta con la elipse coinciden con los centros de las circunferencias que son tangentes al círculo director del foco F_1 y pasan por el otro F_2 y por su simétrico, F'_2, respecto a la recta r;
- las tangentes a la elipse en los puntos de intersección con la recta r son mediatrices de los segmentos F_2T_1 y F_2T_2; las tangentes a la elipse paralelas a la recta r son las mediatrices de los segmentos F_2A y F_2B.

Nota: Obsérvese que no es necesario el dibujo de los puntos de intersección de la recta con la elipse para la resolución del ejercicio.

SOLUCIÓN EJ. 1

Procedimiento 2

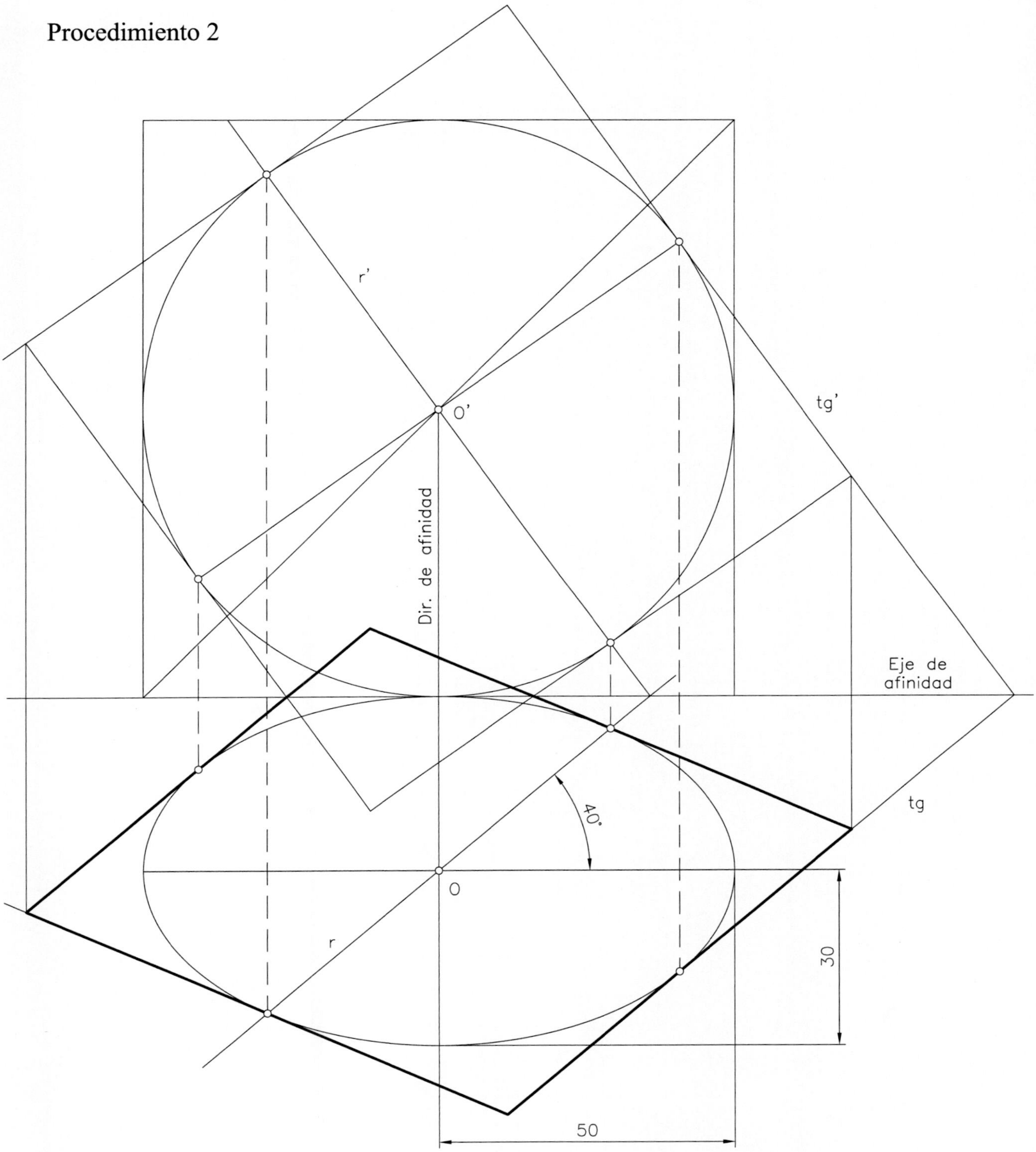

Comentario: Se establece una afinidad cuya dirección es ortogonal al eje mayor de la elipse, que transforme dos diámetros conjugados de la elipse en dos diámetros perpendiculares de la circunferencia. El problema se resuelve sobre la circunferencia afín. Una vez obtenidas las tangentes y los puntos de tangencia, se devuelven a la elipse.
Nota: Obsérvese que no es necesario el dibujo de los puntos de intersección de la recta con la elipse para la resolución del ejercicio.

SOLUCIÓN EJ. 2

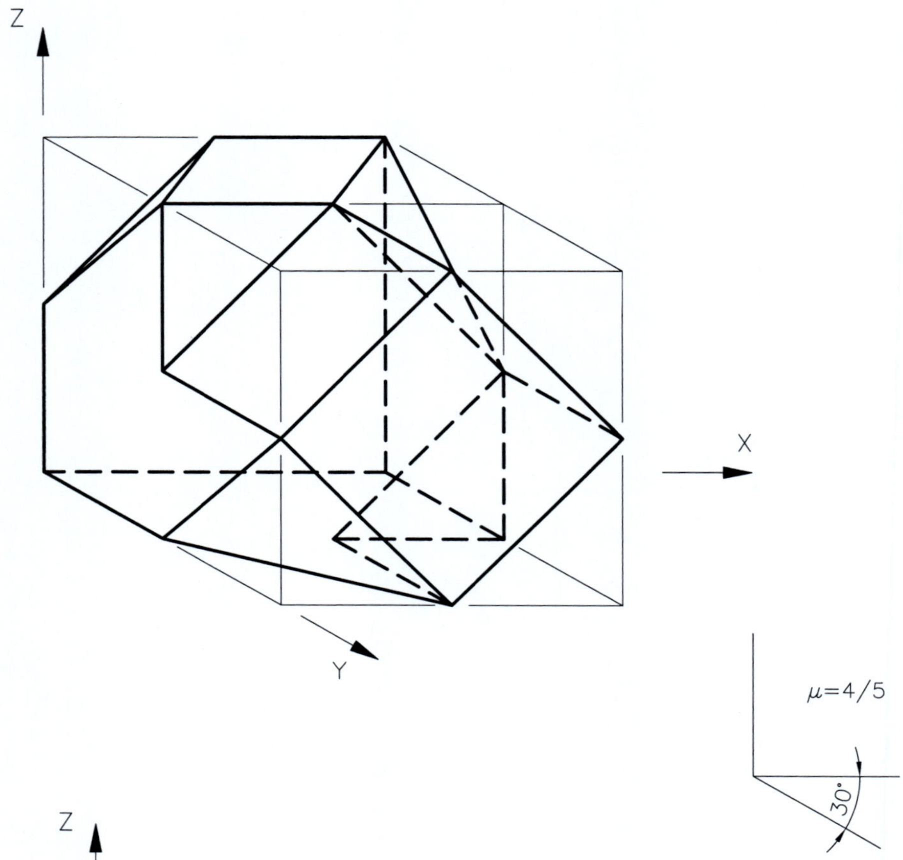

Escala 1:20

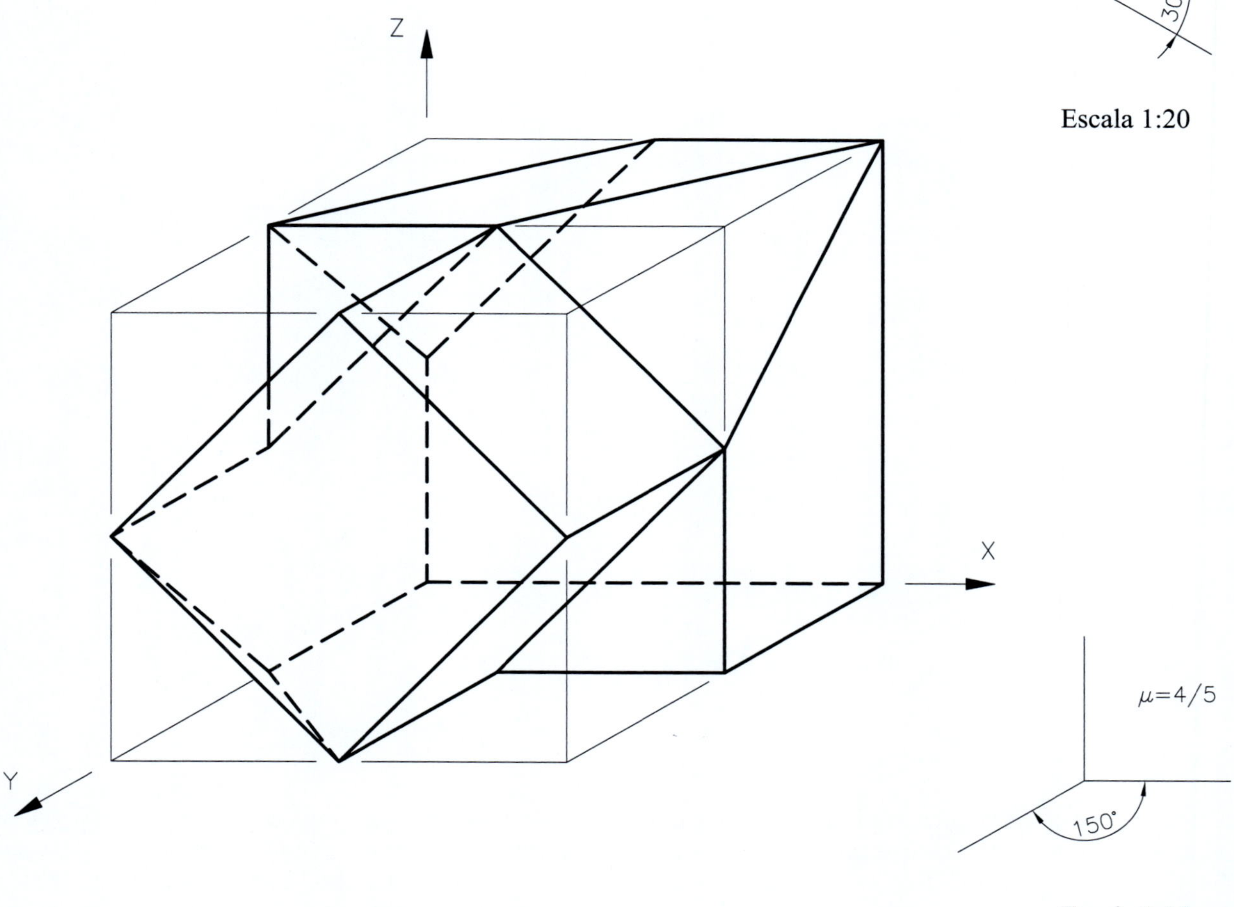

Escala 1:15

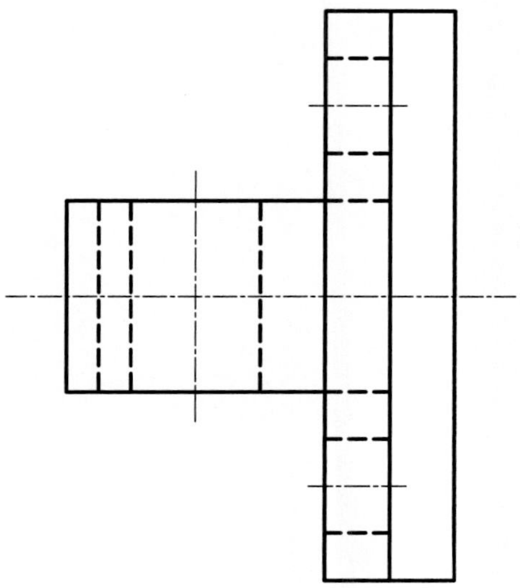

(Vista no necesaria)

SOLUCIÓN EJ. 3

Cotas en mm

Escala 3:4

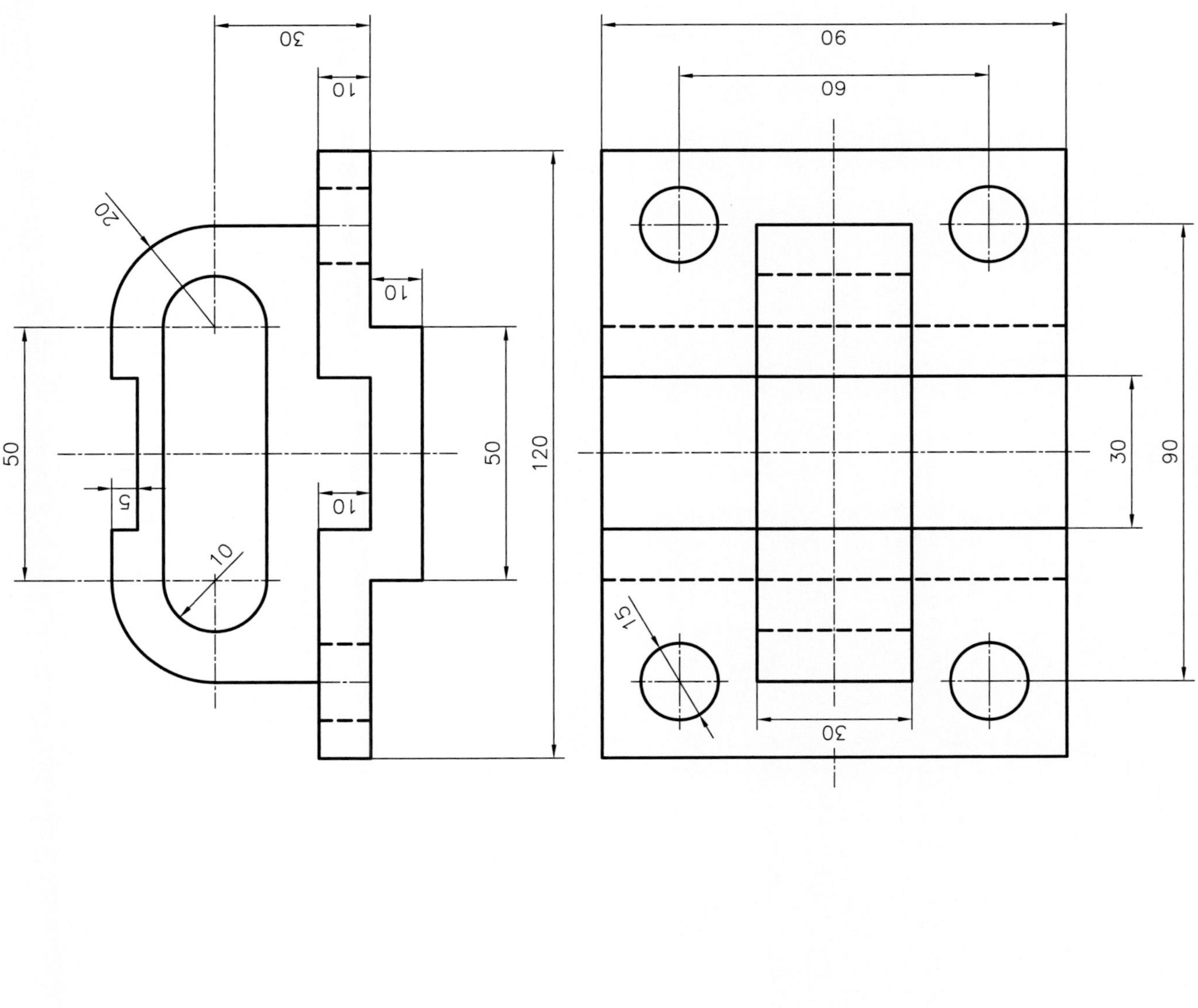

PRUEBA Nº 61

EJERCICIO 1 [3 PUNTOS] Se define el hexágono regular ABCDEF de lado 50 mm y la circunferencia de centro A y radio AB. Se pide:

Dibujar la circunferencia de menor radio que pasa por los puntos D y E, y es tangente a la circunferencia dato.

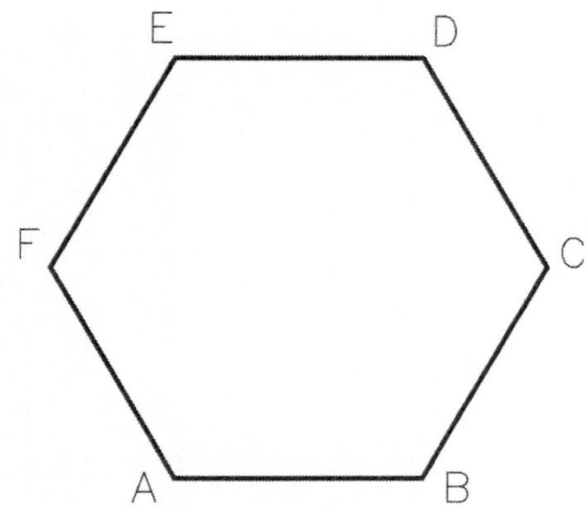

Notas:

- Se dejará destacado el punto de tangencia y el centro de la circunferencia solución.
- Se justificará brevemente el procedimiento empleado.
- No se admitirán las soluciones obtenidas por tanteo.

EJERCICIO 2 [4 PUNTOS] Sean datos el punto P(60, 30, 30) y la recta r que pasa por los puntos A(-60, 80, 20) y B(20, 20, 60). Se pide:

- Calcular gráficamente la mínima distancia del punto P a la recta r.
- Determinar las proyecciones diédricas del punto de la recta r más cercano al punto P.

Notas:

- Todas las cotas están expresadas en mm.
- Se justificará brevemente el procedimiento empleado en la resolución de este problema.

EJERCICIO 3 [3 PUNTOS] En la perspectiva de la figura 1 se presenta una pieza de caras planas. Se pide:

Dibujar, a escala 3/5, las vistas normalizadas debidamente acotadas para su correcta representación.

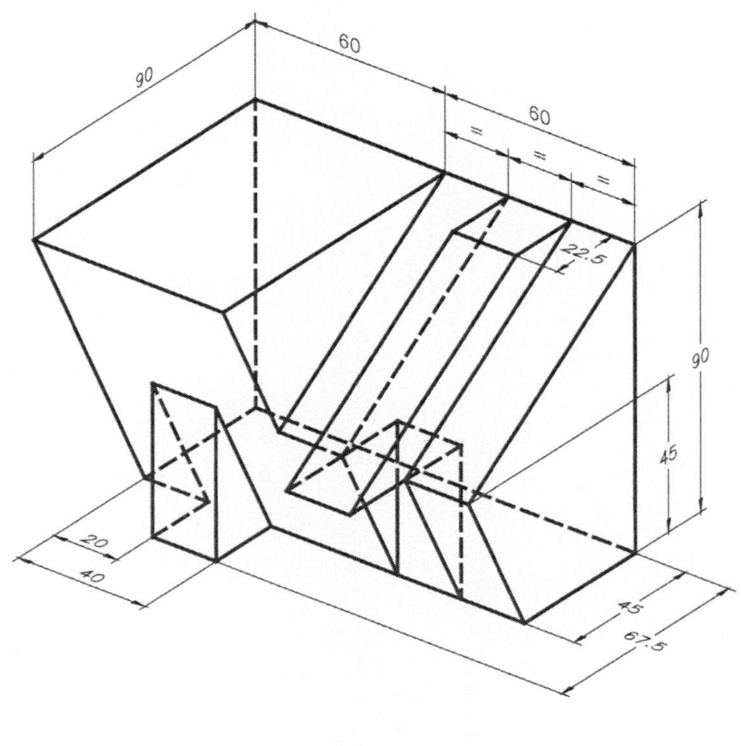

Figura 1
Cotas en mm

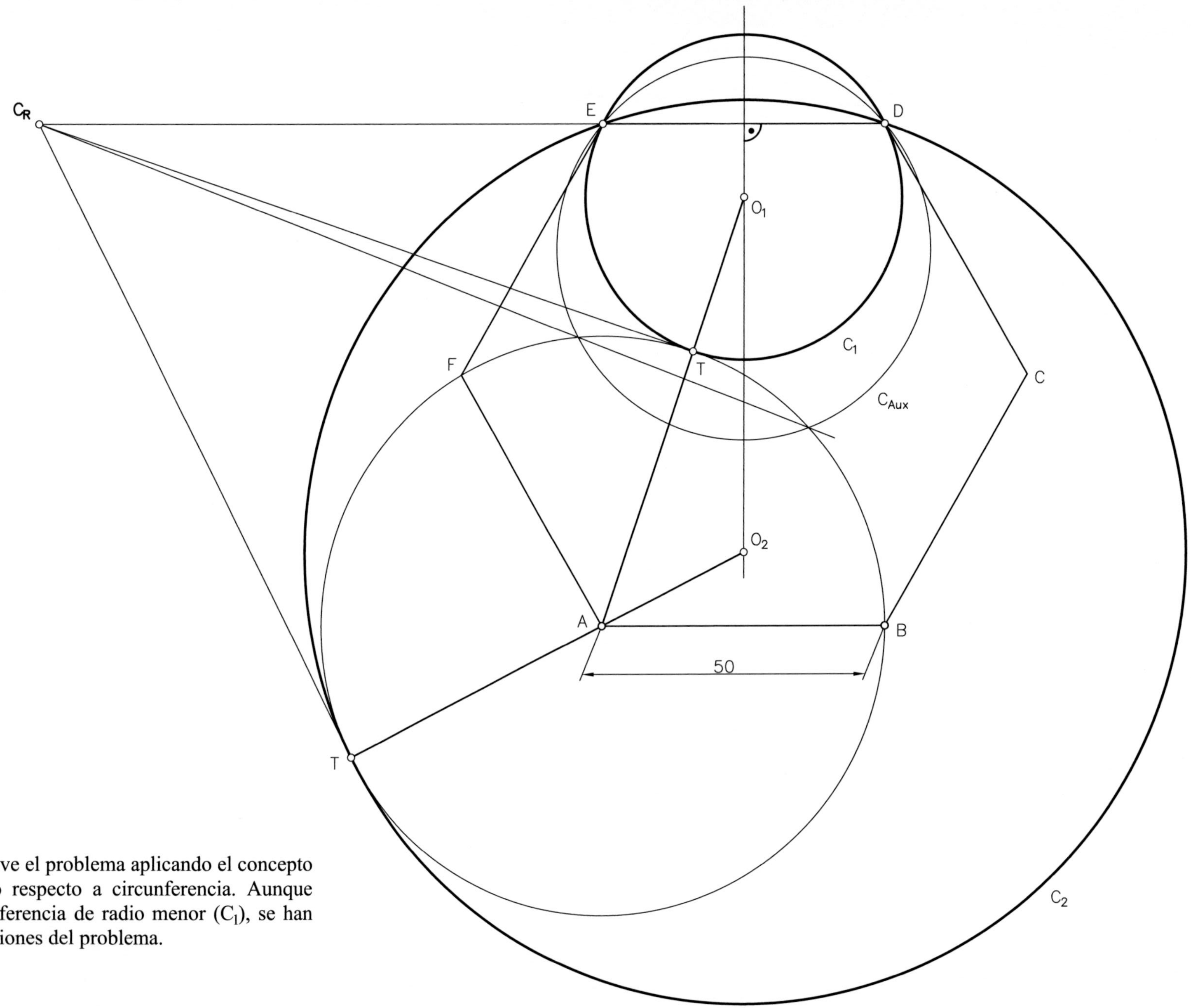

SOLUCIÓN EJ. 1

Procedimiento 1

Comentario: Se resuelve el problema aplicando el concepto de potencia de punto respecto a circunferencia. Aunque sólo se pide la circunferencia de radio menor (C_1), se han dibujado las dos soluciones del problema.

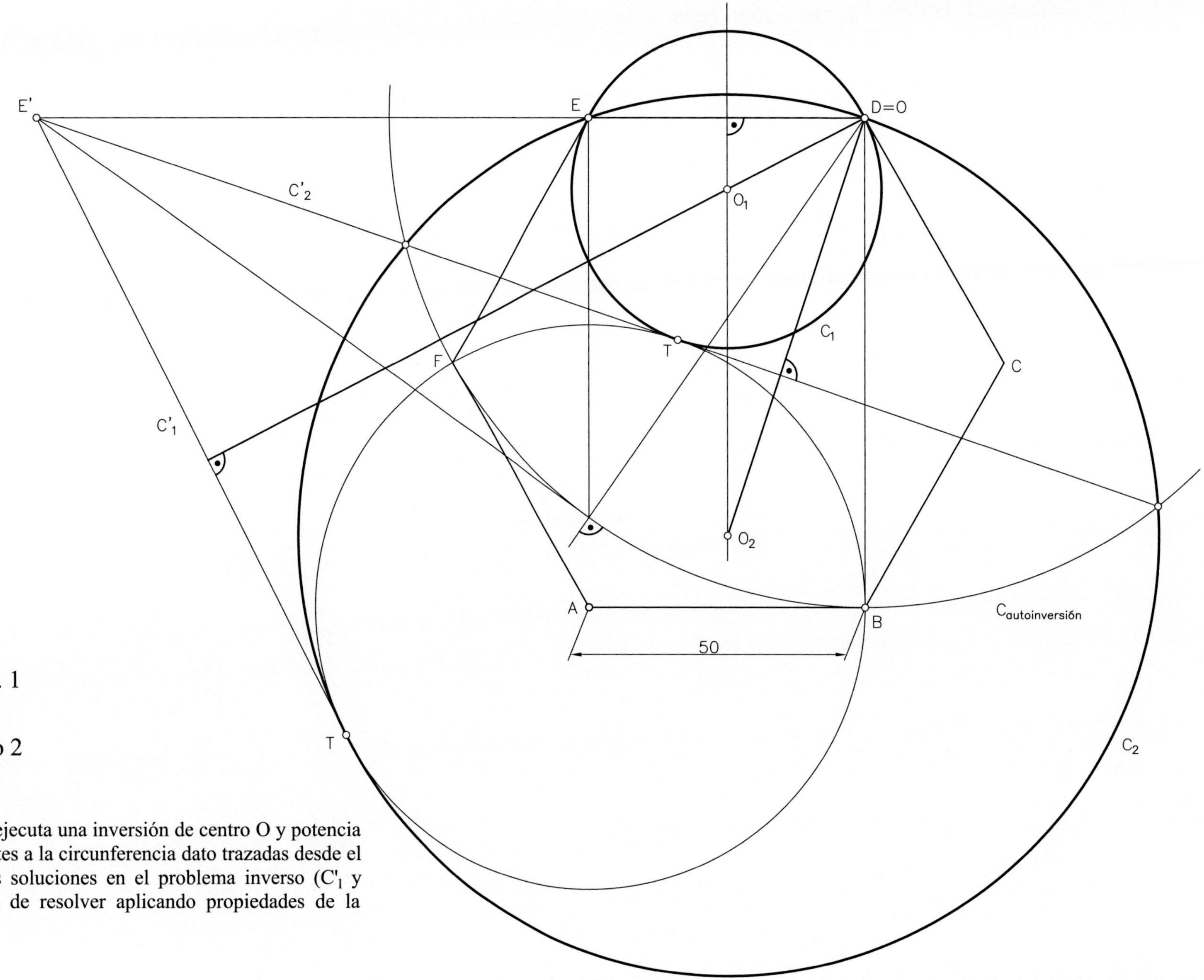

SOLUCIÓN EJ. 1

Procedimiento 2

Comentario: Se ejecuta una inversión de centro O y potencia DB^2. Las tangentes a la circunferencia dato trazadas desde el punto E' son las soluciones en el problema inverso (C'_1 y C'_2). Se termina de resolver aplicando propiedades de la inversión.

SOLUCIÓN EJ. 2

Procedimiento 1

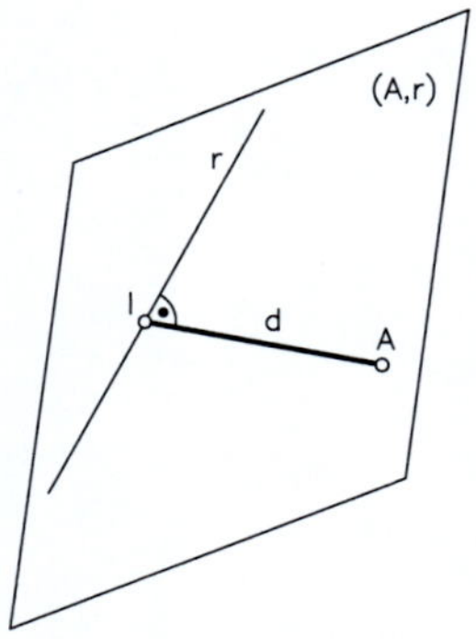

FIGURA DE ANÁLISIS

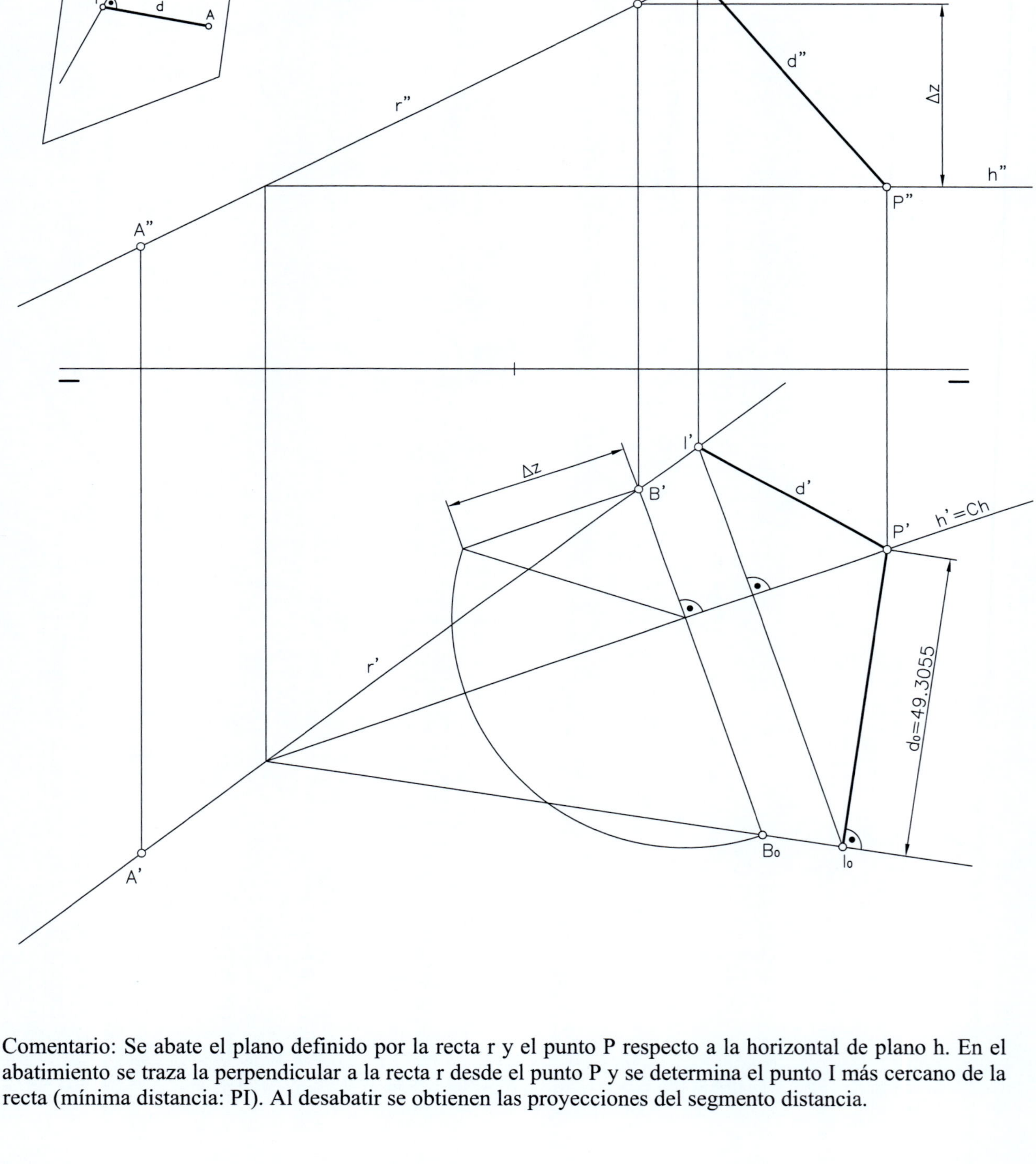

Comentario: Se abate el plano definido por la recta r y el punto P respecto a la horizontal de plano h. En el abatimiento se traza la perpendicular a la recta r desde el punto P y se determina el punto I más cercano de la recta (mínima distancia: PI). Al desabatir se obtienen las proyecciones del segmento distancia.

SOLUCIÓN EJ. 2

Procedimiento 2

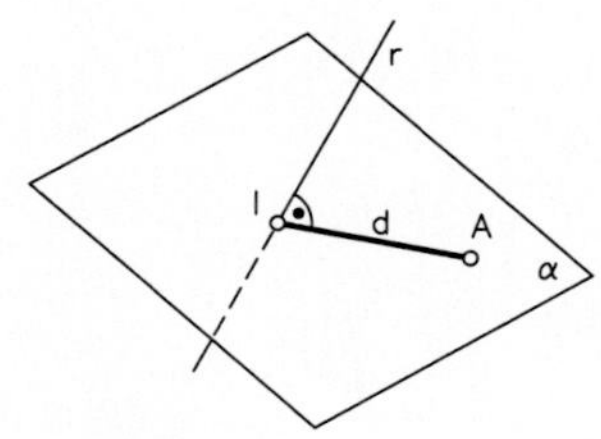

FIGURA DE ANÁLISIS

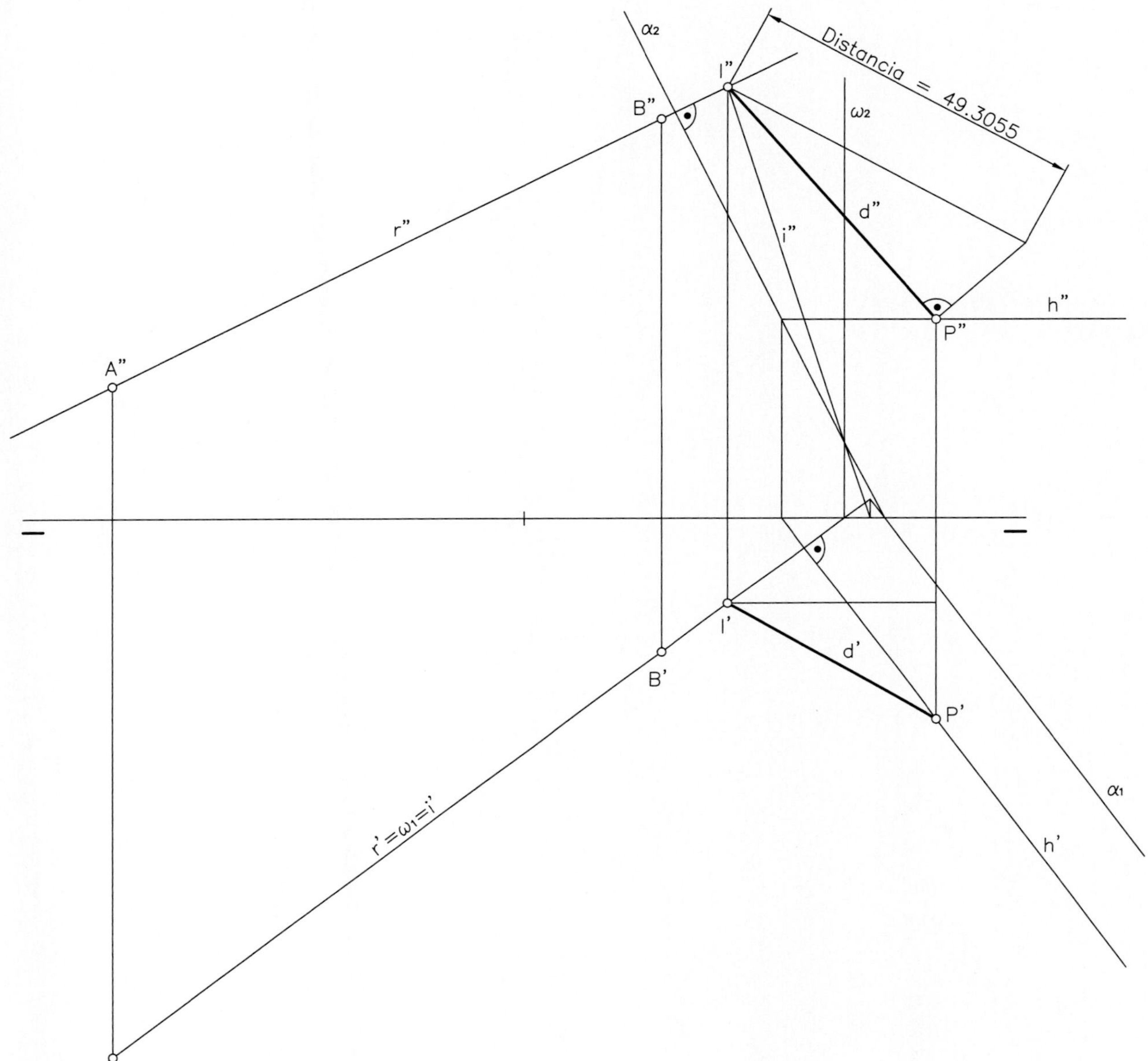

Comentario: Se define el plano perpendicular a la recta r por el punto P (plano α). Con el plano auxiliar ω se determina la intersección del plano anterior con la recta r (punto I). La distancia pedida la define el segmento (P, I). Por diferencia de alejamiento se calcula su verdadera magnitud.

SOLUCIÓN EJ. 2

Procedimiento 3

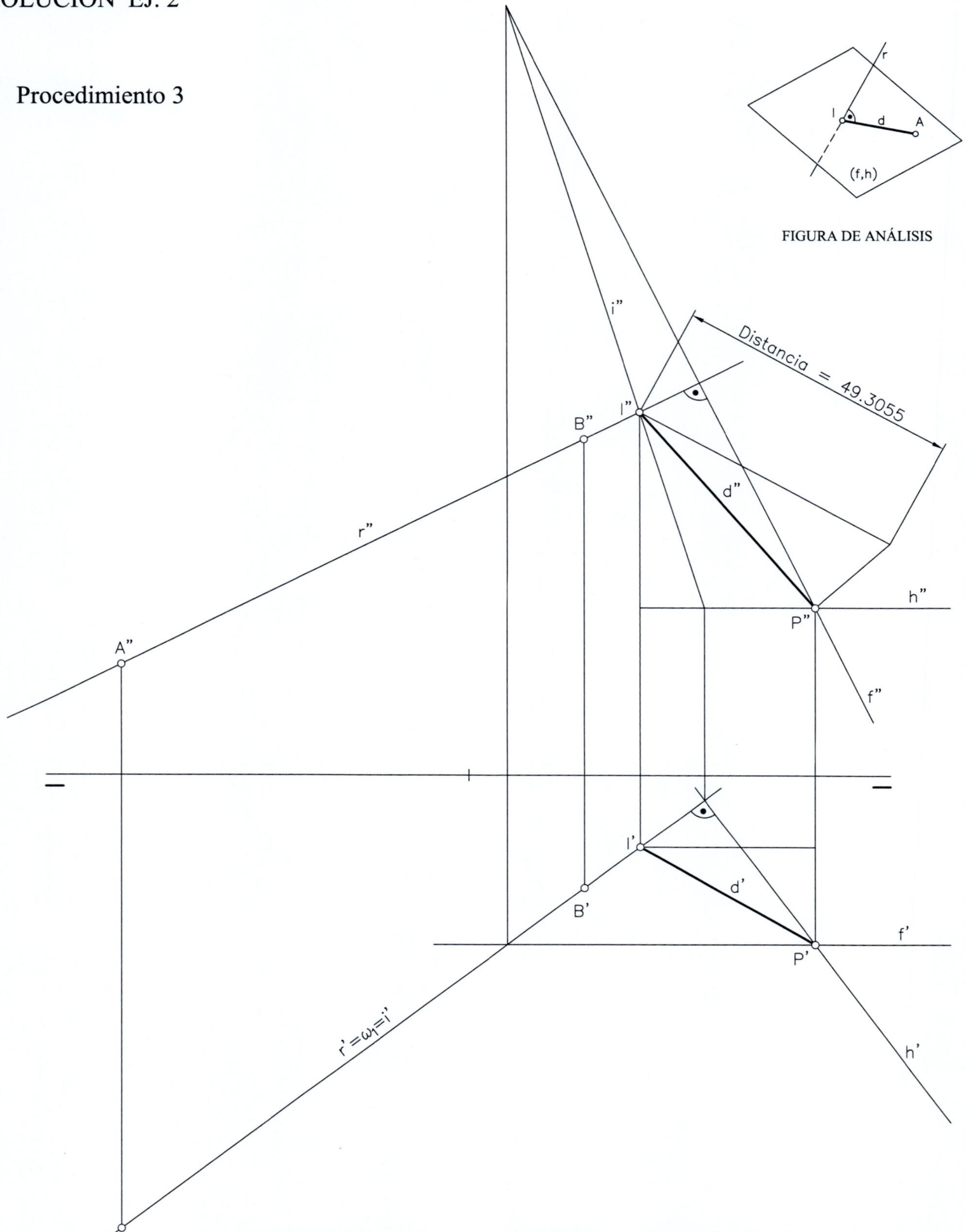

Comentario: Se define el plano perpendicular a la recta r por el punto P: plano (f, h). Con el plano auxiliar ω se determina la intersección del plano anterior con la recta r (punto I). La distancia pedida la define el segmento (P, I). Por diferencia de alejamiento se calcula su verdadera magnitud.

SOLUCIÓN EJ. 2

Procedimiento 4

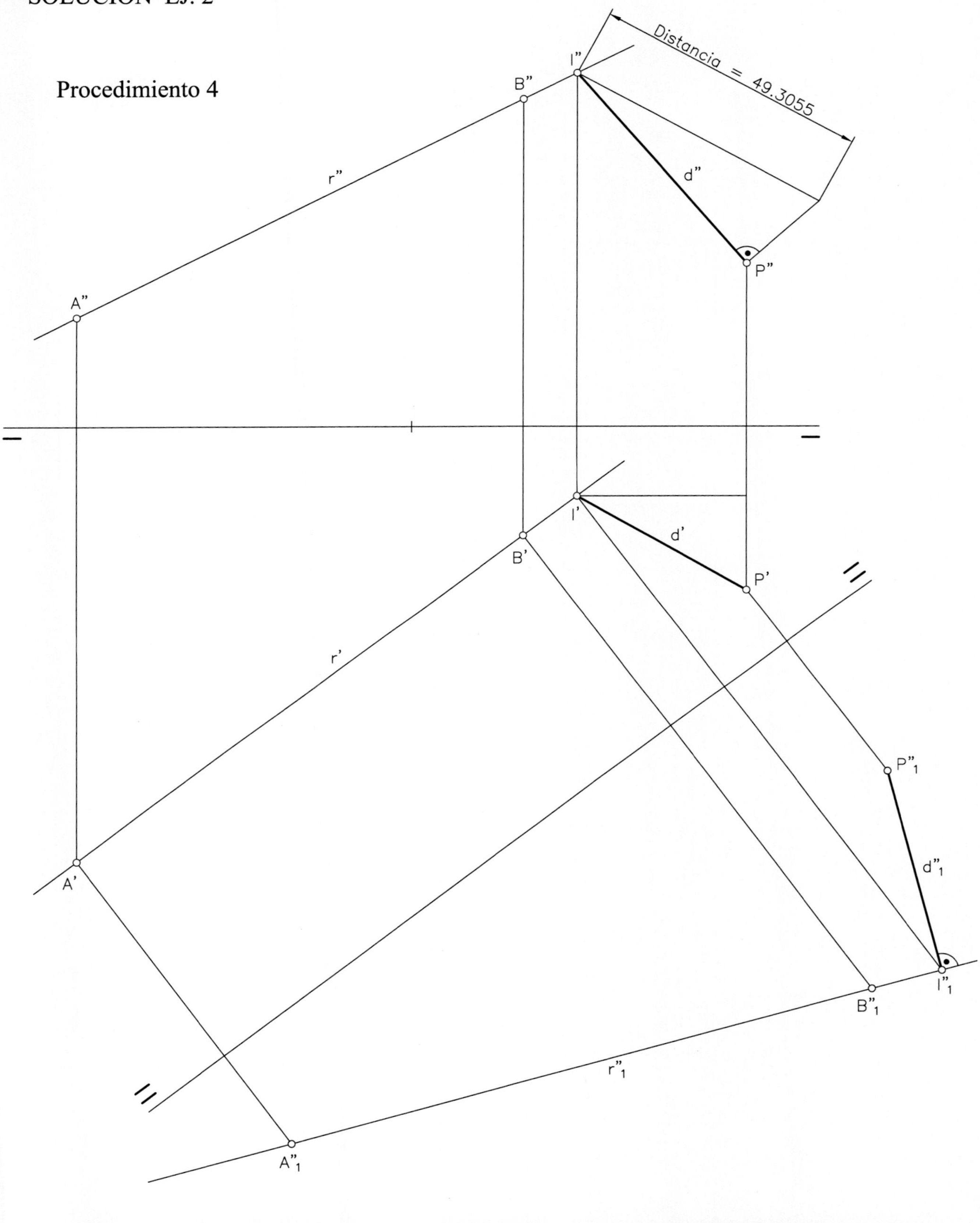

Comentario: Mediante un alzado auxiliar se transforma la recta r en frontal y aplicando el teorema de las tres perpendiculares se encaja directamente el segmento distancia. Por diferencia de alejamiento se obtiene la verdadera magnitud del segmento distancia.

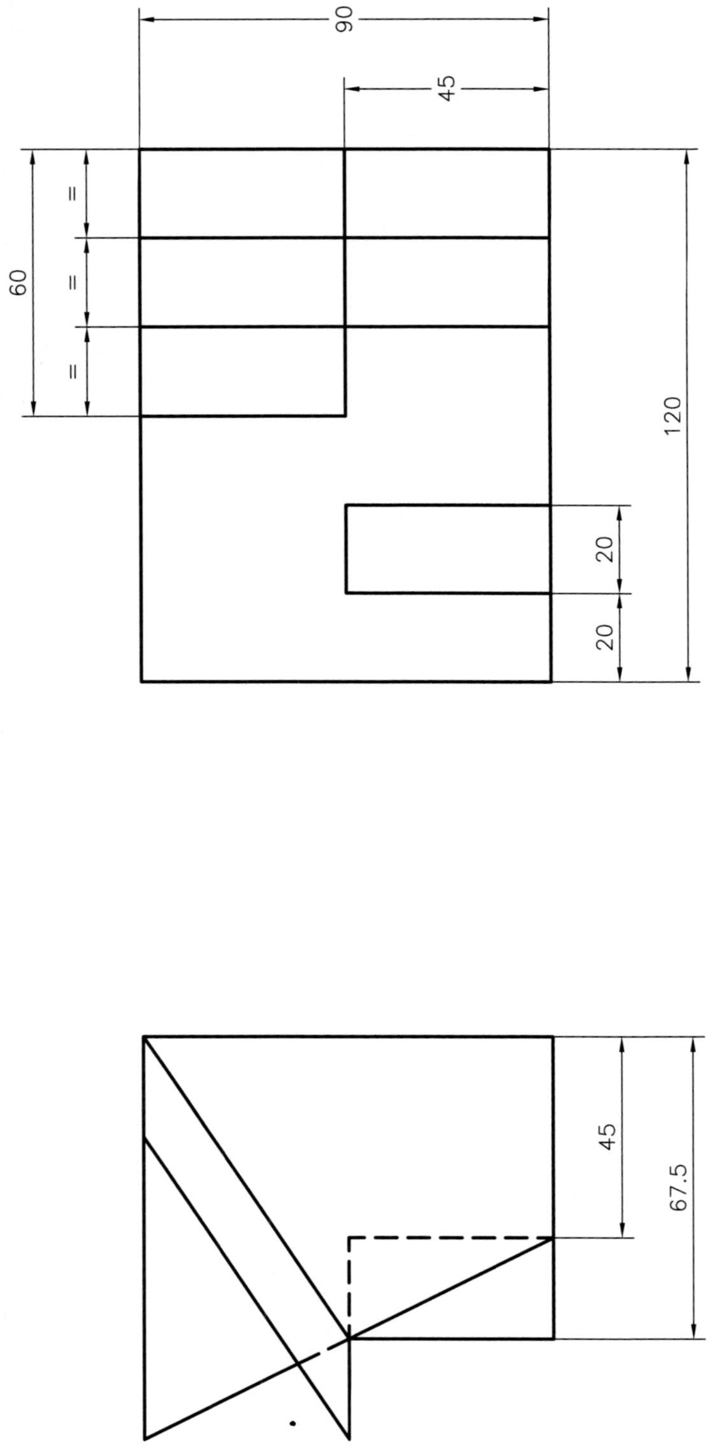

SOLUCIÓN EJ. 3

Cotas en mm

Escala 3:5

PRUEBA Nº 62

EJERCICIO 1 [3 PUNTOS] Sean datos los puntos A(0, 0), B(50, 0) y P(50, 50). Se pide:

- Dibujar el arco capaz de 30º sobre el segmento AB (se escogerá la solución por encima del segmento).
- Dibujar el arco capaz de 60º sobre el segmento AB (se escogerá la solución por encima del segmento).
- Trazar los segmentos rectilíneos cuyo punto medio coincide con P y cuyos extremos apoyan, uno sobre el arco capaz de 30º y el otro sobre el arco capaz de 60º.

Notas:

- Todas las cotas están expresadas en milímetros.
- Se dibujarán todas las soluciones posibles y se justificará brevemente el procedimiento empleado.
- No se admitirán las soluciones obtenidas por tanteo.

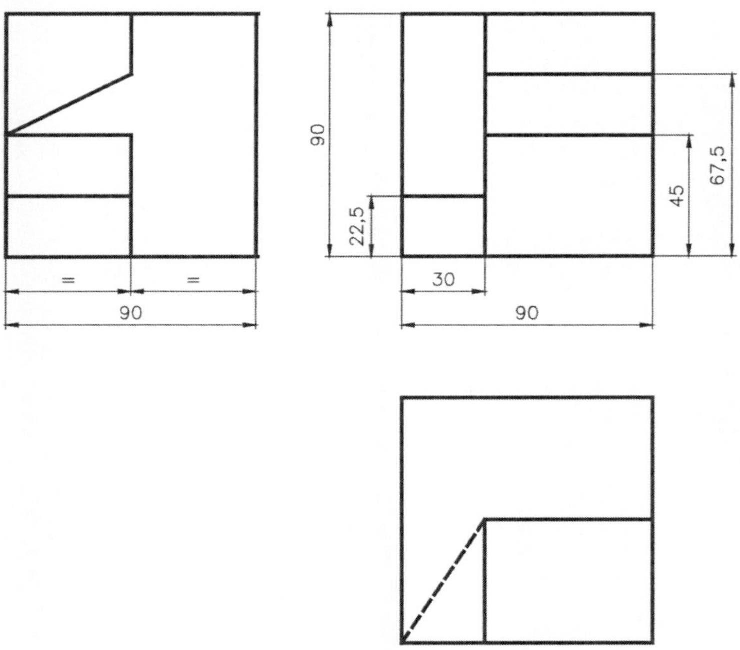

EJERCICIO 2 [4 PUNTOS] Dadas las vistas del sólido de caras planas de la figura 1, se pide:

Dibujar a escala 4/5 la perspectiva isométrica del cuerpo.

Figura 1
Cotas en mm

EJERCICIO 3 [3 PUNTOS] En la perspectiva de la figura 2 se representa una pieza que tiene dos planos verticales de simetría. Se pide:

Dibujar a escala 4/5 las vistas normalizadas debidamente acotadas para su correcta representación.

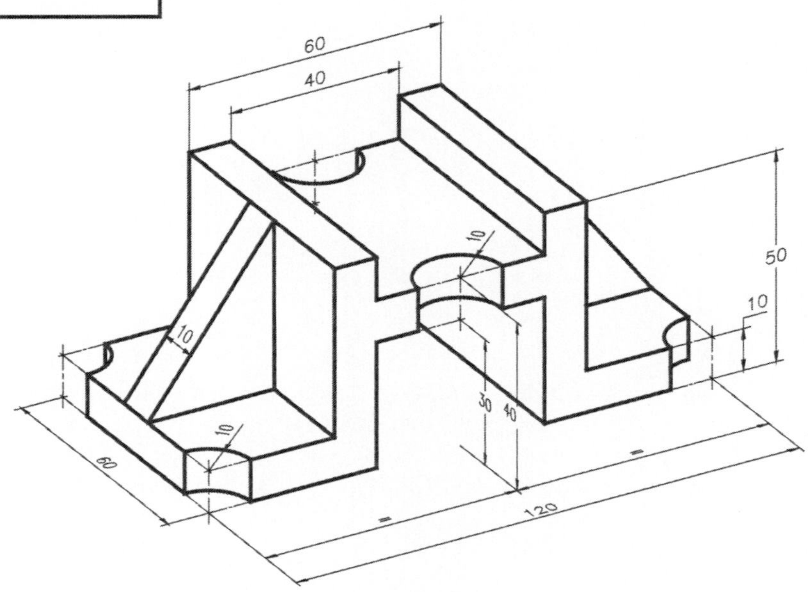

Figura 2
Cotas en mm

SOLUCIÓN EJ. 1

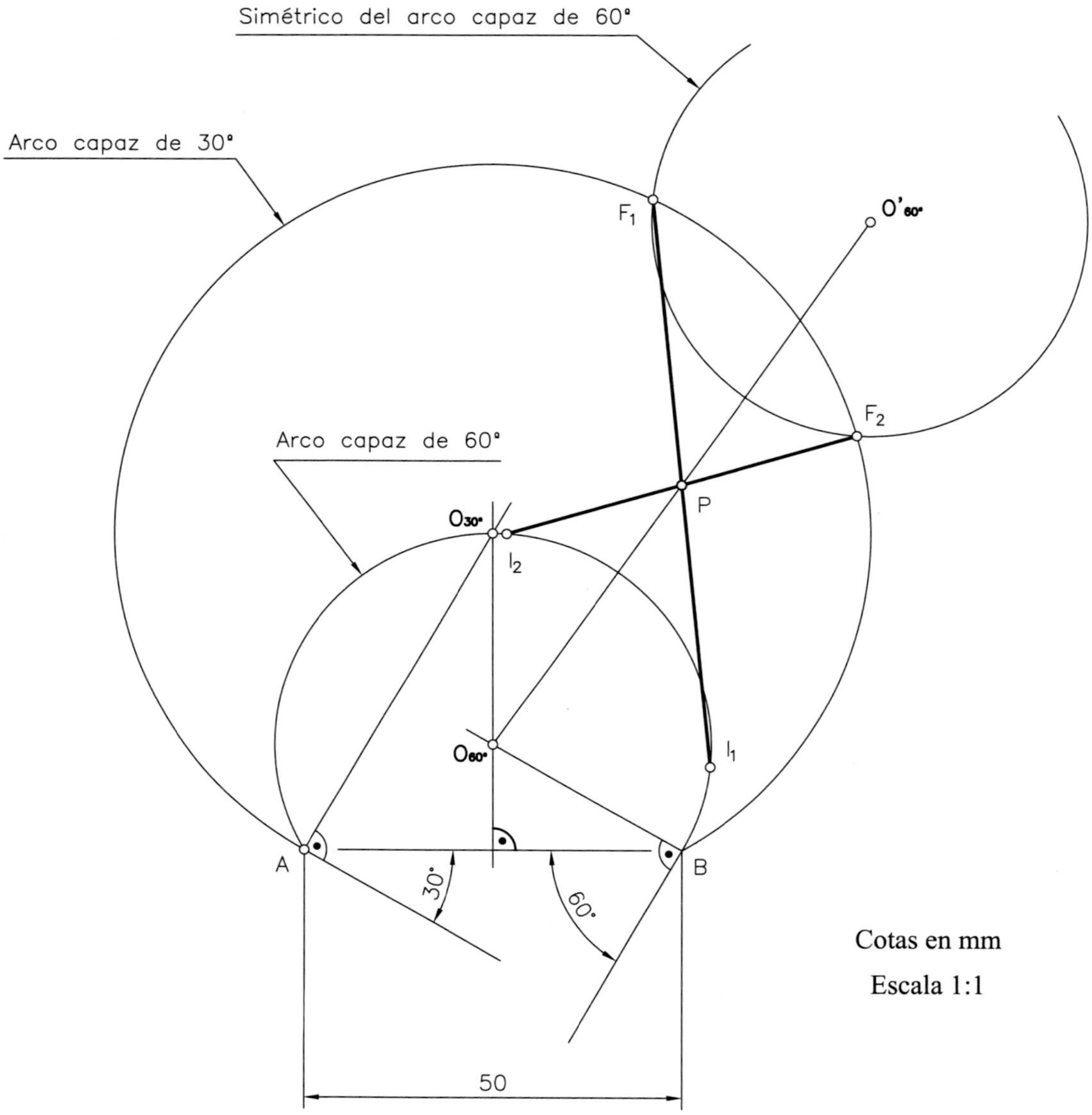

Cotas en mm

Escala 1:1

Comentario: Por los extremos del segmento $\overline{AB}$ se hacen pasar los arcos capaces de los ángulos dados. A continuación se ejecuta una simetría central con centro en el punto P: por intersección del arco capaz simétrico del de 60° respecto al punto P con el arco capaz de 30° se obtienen los extremos de los segmentos solución (F_1 y F_2). El problema admite dos soluciones.

SOLUCIÓN EJ. 2

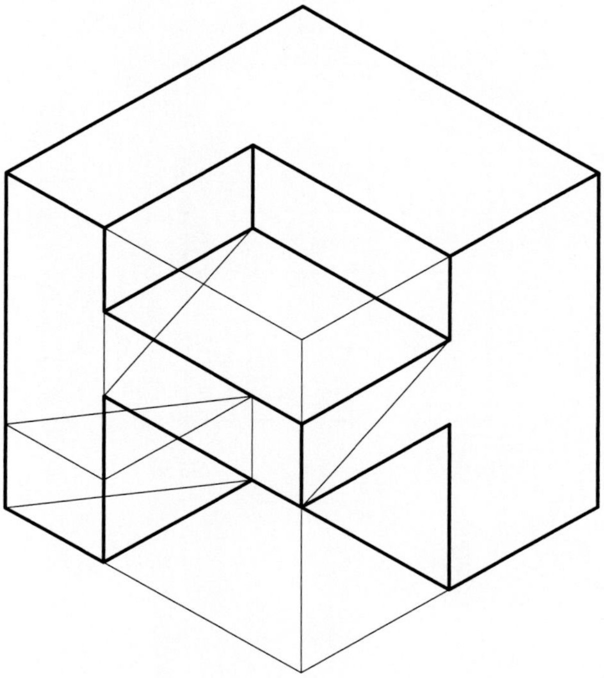

PIEZA INTERMEDIA

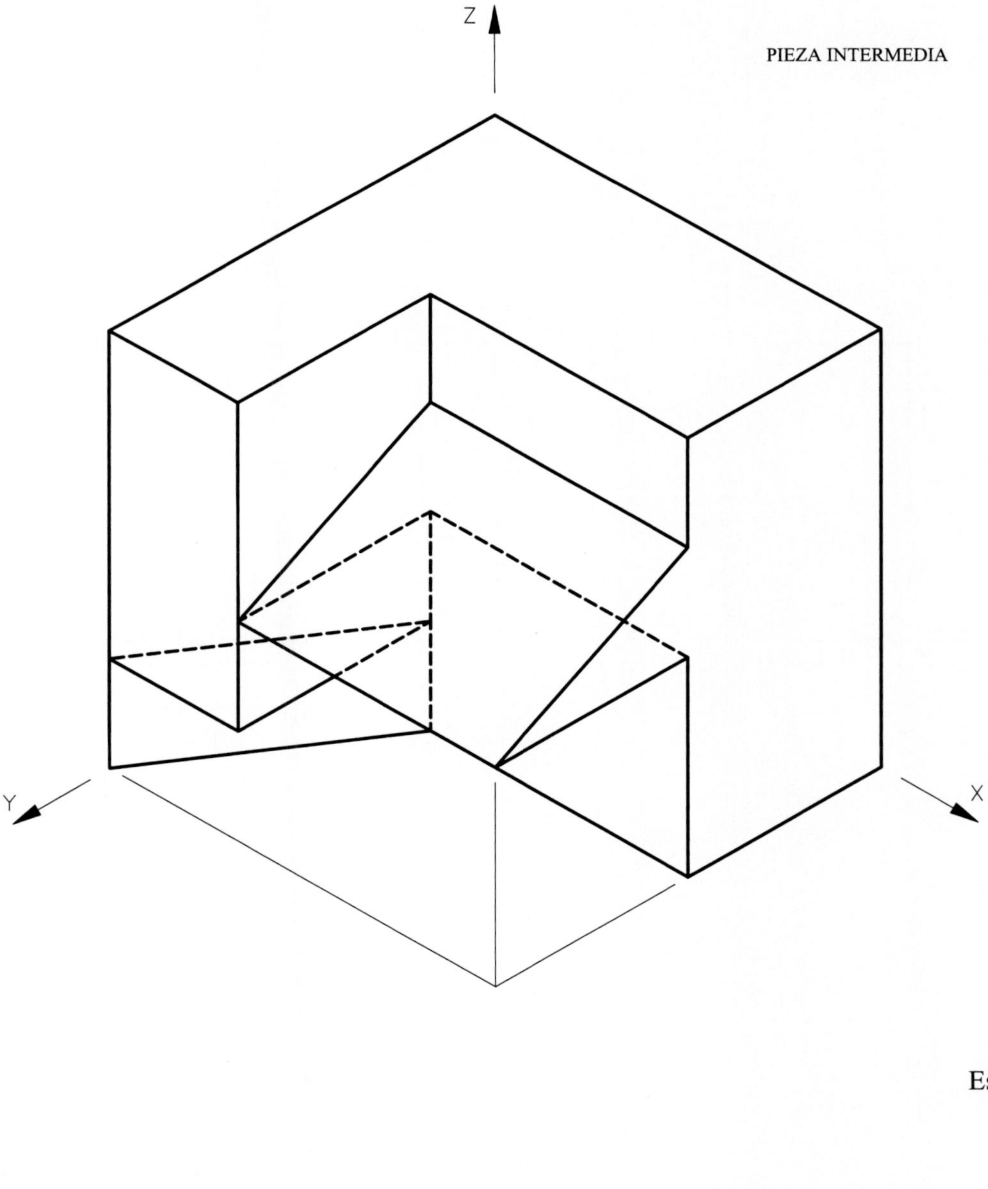

Escala 4:5

SOLUCIÓN EJ. 3

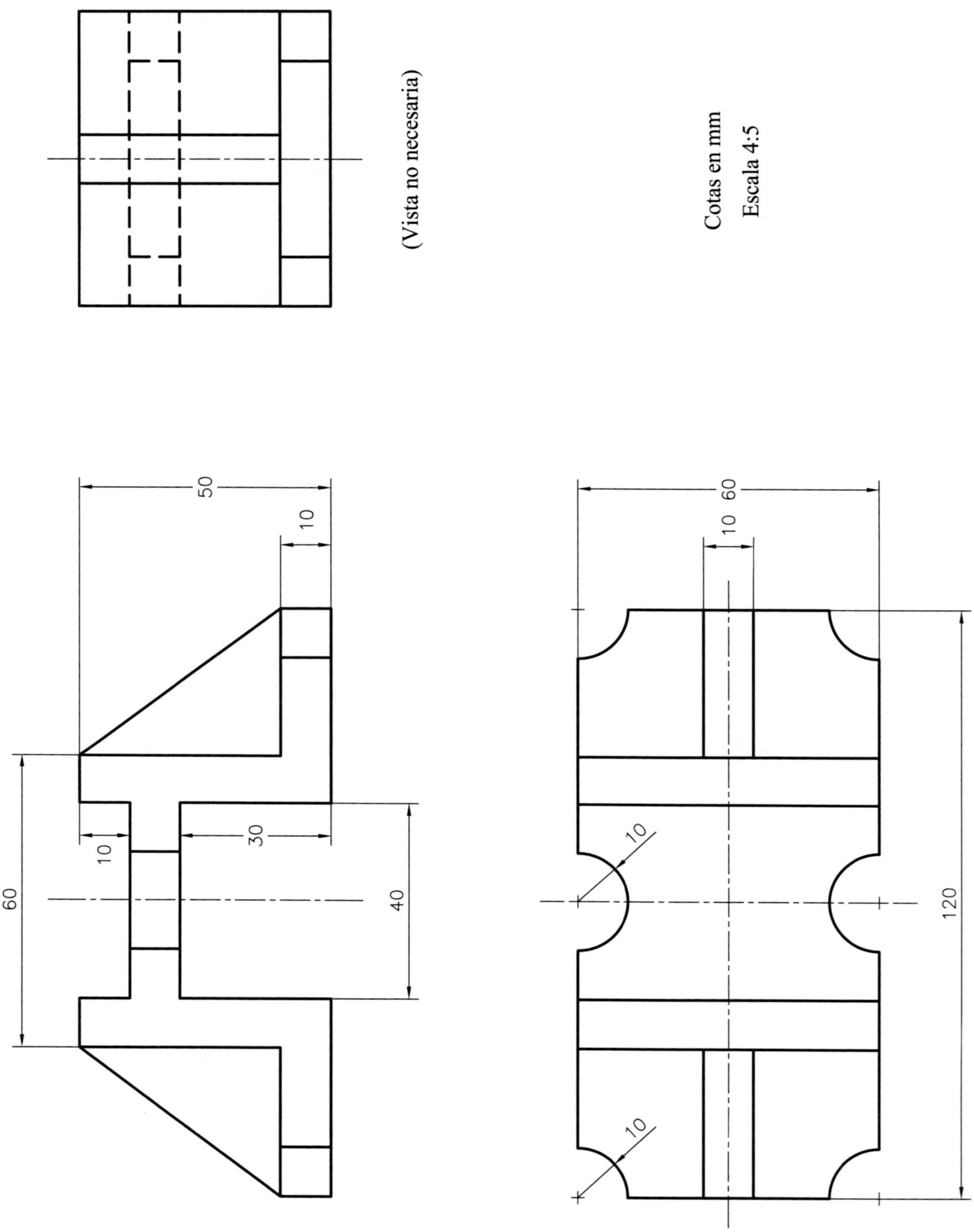

ÍNDICE DE TÉRMINOS POR TEMAS

Geometría plana

Escalas gráficas, 231

Lugares geométricos

Arco capaz, 19, 36, 100, 136, 154, 192, 221, 292, 328
Bisectriz, 22, 52, 80, 94, 108, 122, 132, 140, 182, 186
Circunferencia, 26, 27, 70, 94, 104, 112, 122, 123, 132, 140, 150, 160, 161, 166, 182, 192, 204, 205, 210, 230, 236, 246, 247, 248, 260, 261, 272, 276, 286, 302, 303, 308, 315, 320, 321
Circunferencia focal, 214, 220, 314
Circunferencia principal, 214, 221
Eje radical, 230
Elipse, 214, 220, 221, 314, 315
Esfera, 243
Mediana, 36, 37, 88, 178, 226
Mediatriz, 18, 19, 66, 112, 248, 261, 286, 314
Recta
Paralela, 14, 18, 62, 76, 88, 100, 132, 136, 154, 178, 272
Perpendicular, 36, 76, 122, 123, 246, 247, 248, 292
Tangente, 18, 19, 22, 186, 198, 214, 220, 221, 272, 298, 314, 315

Polígonos planos

Cuadrado, 42
Hexágono, 84
Octógono, 144
Paralelogramo, 48
Pentágono, 66, 170, 241, 252, 253
Rectángulo, 128
Rombo, 18, 19, 58, 240, 241
Trapecio, 62, 76, 154
Triángulo, 22, 32, 36, 37, 52, 80, 88, 100, 108, 178, 186, 198, 226, 266, 282, 292, 298

Proporción áurea, 66, 170, 240, 241

Teoremas

Cateto, 36, 266
Thales, 38, 88, 178
Tres perpendiculares, 255, 268, 311, 325

Transformaciones y artificios geométricos

Afinidad, 315
Contracción-Dilatación, 26, 70, 104, 150, 160, 166, 192, 236, 246, 261
Giro, 52
Homología, 217
Homotecia, 36, 52, 58, 66, 80, 84, 108, 123, 128, 140, 144, 170, 182, 205, 210, 226, 241, 252, 266, 282, 286, 292, 298
Inversión, 27, 161, 303, 321
Potencia, 27, 94, 204, 240, 247, 260, 302, 320
Simetría, 32, 42, 186, 248, 267, 328
Traslación, 37, 48, 62, 88, 118, 154, 178, 266, 308

Geometría descriptiva

Proyección diédrica

Artificios
Giros, 72, 156, 188
Proyecciones auxiliares, 72, 146, 200, 268, 310, 325
Elementos fundamentales
Plano, 23, 33, 129
Punto, 101, 109, 167, 222, 242, 243
Recta, 43, 44, 45, 129, 137, 145, 146, 232, 277, 278, 299
Figuras planas
Circunferencias, 81
Polígonos, 15, 63, 89, 90, 101, 109, 119, 155, 156, 167, 179, 187, 188, 222, 242, 243, 254, 255, 267, 268, 287
Intersecciones
Plano-plano, 45
Recta-plano, 53, 54, 71, 145, 146, 199, 200, 232, 299, 323, 324
Paralelismo, 33, 43, 44, 45, 63, 129, 277, 278
Perpendicularidad, 23, 71, 72, 145, 146, 179, 199, 200, 232, 268, 299, 309, 311, 322, 323, 324, 325
Poliedros
Cubo, 211, 309, 310, 311
Pirámide, 179, 199, 200

Proyección diédrica
Transformaciones geométricas, 15, 71, 72, 89
Verdaderas magnitudes
Ángulos, 53, 54
Áreas, 63, 119, 155, 156, 167, 187, 188, 254
Distancias, 53, 54, 71, 72, 137, 145, 146, 179, 187, 188, 199, 200, 232, 255, 277, 278, 299, 309, 310, 311, 322, 323, 324, 325

Otros sistemas de representación
Cortes y secciones planas, 28, 95, 105, 151, 162, 173, 183, 193, 215, 216, 217, 249
Determinación de ejes, 38, 59
Proyección caballera, 19, 49, 67, 77, 95, 105, 124, 133, 183, 215, 216, 217, 262, 316
Proyección isométrica, 28, 38, 59, 85, 113, 114, 115, 141, 151, 162, 171, 172, 173, 193, 206, 227, 237, 249, 273, 283, 293, 304, 329

Normalización

Conicidad, 180
Cortes locales, 158, 175, 195, 269, 279
Cotas superpuestas, 264
Cuerpos con superficies cilíndricas, 16, 20, 29, 34, 46, 60, 64, 73, 78, 82, 91, 96, 97, 102, 110, 138, 142, 152, 157, 158, 163, 168, 174, 175, 180, 184, 189, 194, 195, 201, 207, 212, 218, 223, 228, 233, 238, 244, 250, 256, 257, 269, 274, 284, 288, 289, 294, 295, 300, 305, 312, 317, 330
Cuerpos con superficies cónicas, 180
Cuerpos de caras planas, 24, 39, 50, 55, 68, 86, 106, 116, 120, 125, 130, 134, 147, 263, 264, 279, 326
Elementos equidistantes, 207
Intersecciones ficticias, 20, 78, 168, 218, 274
Secciones, 152, 207, 212, 257, 274, 289, 295
Simbología especial, 50, 110

"Cuando el labrador deja
en esta hora abierta ya
la tierra con los surcos,
nace de la obra hecha
gozo y calma. Cerca
de Dios se halla el
pensamiento".

Luis Cernuda

PUbliCan
Ediciones
Universidad de Cantabria
marzo, 2010